国外计算机科学教材系列

标准 C 语言基础教程

(第四版)

A First Book of ANSI C

Fourth Edition

[美] Gary J. Bronson 著

张永健 等译

電子工業出版社
Publishing House of Electronics Industry
北京 · BEIJING

内容简介

这是一本介绍用C语言进行计算机编程的经典教材。通过大量的实例和练习，全书系统介绍了数据类型、算术运算、逻辑运算、变量、条件语句、函数、数组、指针、字符串、结构、文件操作、位操作、宏、库函数等基本内容，使读者在阅读之后就能很快掌握C语言编程的精髓。讲解C++编程的一章也是本书的特色之一。书中每章都有大量的简答题和编程练习题，附录还列出了它们的答案。

本书结构合理，内容深入浅出，适合作为高等学校相关专业的本科和专科教材，也适合初学编程的自学者阅读。

A First Book of ANSI C, Fourth Edition
Gary J. Bronson 张永健

图书在版编目(CIP)数据

标准C语言基础教程/(美)盖瑞·J.布朗森(Gary J. Bronson)著；张永健等译. —4版.
北京：电子工业出版社，2018.1
(国外计算机科学教材系列)
书名原文：A First Book of ANSI C, Fourth Edition
ISBN 978-7-121-33272-2

I. ①标… II. ①盖… ②张… III. ①C语言-程序设计-高等学校-教材 IV. ①TP312

中国版本图书馆CIP数据核字(2017)第308655号

策划编辑：冯小贝
责任编辑：冯小贝
印　　刷：三河市鑫金马印装有限公司
装　　订：三河市鑫金马印装有限公司
出版发行：电子工业出版社
　　　　　北京市海淀区万寿路173信箱　邮编　100036
开　　本：787×1092　1/16　印张：37.25　字数：960千字
版　　次：2018年1月第1版(原著第4版)
印　　次：2022年8月第5次印刷
定　　价：89.00元

凡所购买电子工业出版社图书有缺损问题，请向购买书店调换。若书店售缺，请与本社发行部联系，联系及邮购电话：(010)88254888，88258888。

质量投诉请发邮件至zlts@phei.com.cn，盗版侵权举报请发邮件至dbqq@phei.com.cn。

本书咨询联系方式：fengxiaobei@phei.com.cn。

译 者 序

本书是 Gary J. Bronson 所著的 A First Book of ANSI C, Fourth Edition 的中译本，作者以相当清晰的 C 语言程序设计概念精辟地介绍了 C 语言的基础知识和基本结构，并以丰富的 C 语言编程经验循序渐进地引导学生进入神秘的 C 语言程序设计的殿堂。新版本中提供了更为完善的 ANSI C 语言的学习环境和更丰富的专业内容。

实践证明，在正确牢固地掌握了 ANSI C 语言的基础理论知识以后，进一步学习 C++ 语言、Java 语言等就不再是困难的事情。而入门是最重要的第一步，这本书为学生以及初学编程者提供了学习 C 语言的全面而准确的讲解及指导，特别是对学习 Windows 和 UNIX/Linux 环境下的 C 语言程序设计的学生而言，本书不失为难得的一本好书。

全书由国际关系学院张永健主持翻译并统筹专业术语的译法。翻译人员的具体分工如下。前言、第 1 章至第 4 章由张永健翻译，第 5 章由赵璐翻译，第 6 章和第 7 章由常征翻译，第 8 章由经乃鹏翻译，第 9 章由龙继文翻译，第 10 章至第 12 章由胡志强翻译，第 13 章由颜烨翻译，第 14 章由胡彦平翻译，第 15 章由鲁敏翻译，附录及封底由张思宇翻译。

在翻译过程中，参考了本书中文版 2006 年版本中的一些译法，并订正了其中的一些错误。译者对空军航空维修技术学院单先余老师所做的前期工作表示衷心感谢。

由于本书的翻译时间紧，且是多人共同完成的，译稿中如有不妥之处，欢迎广大读者批评指正。

译 者

前　　言

正如本书的前几版一样，这一版本的主要目的是使C语言成为一种可利用的应用程序编写语言。本书的前几版取得了成功，而且从学生和老师那里获得的评论来看，表明本书确实能够帮助他们学习和讲授C语言，这确实令人非常满意。基于此，第四版的目标依然与前三版相同：清晰地、无歧义地向初学C语言的学生以可以理解的方式讲解所有的主题。本书可以作为一般性的编程导论，尤其适合作为C语言的入门性教材，还可以作为进一步学习C++语言的基础。

这个版本中对许多内容进行了加强，包括如下这些：

- 展示真实的编程应用的新案例研究。
- 对输入数据验证技术的透彻解释。
- 对练习进行了扩充，使其既包含简答题也有编程练习。
- 大多数章节的末尾都包含一个“常见编译错误”表，它既针对UNIX编译器也针对Windows编译器。此外，多数章节的末尾还列出了常见的编程错误。
- 与计算机科学主题相关的历史注解。
- 增加了一章，介绍与计算机硬件和软件工程有关的内容。
- 将所有的程序和描述更新成满足C99 ANSI标准。

本书的独到之处

突出重点　本书在给出主题时采用的方式是让学生对现实世界的问题进行编程。这个特点被一位评审人员贴切地描述了，他写道：(本书的)深度在于使初学者感到困惑的那些问题上，这与那些只提供大量内容而没有包含有用的提示和捷径的(许多)教材形成了鲜明对比。

写作风格　我坚信，不是入门性的教材在教授学生知识——教授学生是老师的责任。作为一本有用的入门性教材，充当的一定是对起主导作用的老师的支持性角色。但是，只要老师搭建好了舞台，教材就必须鼓励学生掌握课堂中讲解过的材料。为此，教材对学生来说必须是表述清楚的。我所主要关注的，同时也是本书与众不同的特点之一，即它是为学生而写的。正如一位评审人员对本书前一个版本所说过的：本书关注的是学生而不是专业人员。

软件工程　从一开始，本书就向学生介绍了软件工程的基础知识。1.3节中将讲到算法以及用来描述算法的各种方法。1.4节中会继续讲解软件工程，这一节是介绍软件开发过程的。在后续所有演示软件开发过程实际应用的案例研究中，同样强调了软件工程。

指针介绍　本书第一版的一个特点是对指针的介绍，书中采用的是先用`printf()`函数显示变量的地址，然后才介绍用于实际存储这些地址的变量。与第一版出版时流行的间接描述方法相比，这种方法似乎更符合逻辑，它是一种解释指针变量的直观方法。从第一版开始，我高兴地看到使用`printf()`函数显示地址已经成为了介绍指针的标准方法。因此，尽管这种方法不再是本书独有的特点，但我仍对这种处理方式感到自豪，并将在这个新版本中继续使用它。

程序测试　教材中的每一个C语言程序都已经用Microsoft的Visual C++ .NET和UNIX编

译器成功编译并运行过，所有的程序都遵循 C99 ANSI 标准。书中使用的全部程序例题的源代码文件，都可以通过本书的配套网站免费获得。这样做就使学生可以用这些程序体验编程，并使学生能更容易地根据各节后面的练习的要求修改它们。

教学特点

为了使这门课程达到一流教学水平，本书具备如下的教学特点。

节后练习 除了前几个版本中提供的编程练习之外，书中的每一节几乎都包含大量的简答题。此外，所有简答题的答案都在附录 G 中给出，而所有编程练习的答案可由教师从本书的配套网站或出版社获得。

伪代码和流程图描述 伪代码在本书中处处被强调。学生还要学习流程图符号以及如何使用流程图来可视化地表示流程控制结构。

常见编程和编译器错误以及各章小结 每一章都用“编程和编译器错误”一节结尾。这一版本中新增加的是容易阅读的一个表，它的内容是由 UNIX 编译器和 Windows 编译器产生的编译器错误以及相关的错误消息。每一章中还包含了一个本章中涵盖的主要主题的小结。

编程注解和历史注解 散布在各章中标有“编程注解”的方框，强调的是重要的概念、有用的技术点以及专业程序员所使用的编程技巧。同样，“历史注解”强调的是与计算机硬件和软件发展史相关的重大历史事件和人物。

附录和答案 这一版本中对附录进行了扩充。这些附录中讲解的是运算符优先级、ASCII 码、标准 C 函数库、I/O 与标准错误重定向、浮点型数字存储以及创建个人 C 函数库。最后一个附录中给出的是全部简答题的答案。全部编程练习的答案可从网站 www.course.com 获得。

教辅资料

本书用于课堂教学时可获得如下教辅资料（教师可联系 Te_service@phei.com.cn 申请教辅资料）。

电子版本的教师手册 随本书提供的教师手册包含如下内容：

- 额外的帮助备课的指导材料，包括讲授主题的建议。
- 每章后面的所有问题的答案，包括编程练习的答案。

ExamView 本书与 ExamView 软件相配套。ExamView 是一个功能强大的考试软件包，允许教师创建并执行纸质试卷考试、（基于局域网的）计算机考试以及通过因特网进行的考试。ExamView 包含数百个与本书所涵盖的主题相关的问题，能为学生建立详细的学习指南。这些基于计算机和因特网的测试组件，使学生能在自己的计算机上进行考试，并能够节省教师的时间，因为每次考试都是自动评分的。

PowerPoint 演示 本教材的每一章都提供 PowerPoint 幻灯片。这些幻灯片是课堂演示的教学辅助手段，教师可以从网络上下载它们用于章节复习，也可以将它们打印出来发给学生。教师也可以为课堂上讲解的其他主题增加自己的幻灯片。

远程学习 Course Technology 公司通过 WebCT 和 Blackboard 提供在线课程，提供最全面的动态学习体验。将在线内容添加到某个课程中时，会增加许多内容：主题回顾、实践测试、复习题、作业、PowerPoint 演示等，而最重要的是，它是通向 21 世纪最重要的信息资源的大门。关于如何将远程学习引入课程的更多信息，请咨询当地的 Course Technology 公司的销售代表。

源代码 书中所用的源代码可从网站 www. course. com 获得。

答案文件 书中所有编程练习的答案可从网站 www. course. com 获得。

致谢

这一版本是过去几个成功版本的直接结果。在这一点上,最诚挚的感谢和感激要献给那些发现这几个版本对他们的 C 语言教学和学习有所帮助的教师和学生。

还要特别感谢 Course Technology 公司的编辑 Alyssa Pratt。他的眼光、一贯的信任以及对进度和细节的关注,使得本书得以成功完成。接下来,要感谢开发编辑 Ann Shaffer,是她对原始手稿进行了最广泛、最专业的编辑,能得到这样的编辑和建议是一件幸事。

此外,还要向下列评审人员表达谢意:

Saint Rose 学院的 John Avitabile

Colorado 大学 Colorado Springs 校区的 Pamela Carter

Hudson Valley 社区学院的 Andrew Hurd

Colorado 大学 Denver 校区的 Thami Rachidi

Colorado 大学 Denver 校区的 Eric Thompson

Blinn 学院的 John H. Town

每一位评审人员都对本书提出了详细和建设性的意见。在从原稿成型到成熟的整个编辑过程中,他们的建议、对细节的关注以及意见,都非常有帮助。

一旦评审过程完成,把最终手稿变成教材的任务,就取决于许多人而不是我一个人了。特别感谢产品编辑 Jennifer Roehrig、质量保证测试员 Serge Palladino、质量保证经理 Chris Scriver 以及完成了本书练习题答案的 Nicole Ashton,并要再次感谢负责协调整体事务的 Ann Shaffer。这个团队的贡献对我来说是难以置信而又非常重要的,非常感谢为这本书工作过的每一个人。

特别的感谢要献给为本书提供过材料的三位同事。首先,除了 Hudson Valley 社区学院的助理教授 Andrew J. Hurd 提供的大量编辑和技术的贡献之外,还要感谢他提供的编译器错误材料。非常感谢已从美国 Weber 州立大学退休的 R. Kenneth Walter,他愉快地提供了书中"历史注解"部分所使用的材料。特别的感谢还要献给我的第一位数学老师 Marie Scully-Bell,她教会我不管遇到多么难的问题,都一定能够克服,不管这样的难题是学术上的还是生活上的。她是我们有幸能在生命中遇到的特别的人之一。一如既往,书中的任何错误(就像我生活中的错误一样)都由我一人承担。

还要衷心感谢 Fairleigh Dickinson 大学的直接鼓励和支持。这包括不断的鼓励、支持,以及由 Kenneth Greene 博士和 Paul Yoon 博士提供的良好学术氛围。没有他们的支持,这本教材不可能写成。

最后,要深深地感激我的朋友、妻子和亲密的伙伴 Rochelle 给予的耐心、包容和爱。

致:Rochelle, Matthew, Jeremy, David Bronson

Gary Bronson

2006

目　录

第一部分　基础知识

第1章　计算机编程导论 ······ 2

1.1　历史和硬件 ······ 2

1.2　编程语言 ······ 8

1.3　算法 ······ 13

1.4　软件开发过程 ······ 17

1.5　案例研究:设计与开发 ······ 24

1.6　编程错误 ······ 28

1.7　小结 ······ 28

1.8　补充材料:数字存储码 ······ 29

第2章　C语言编程初步 ······ 31

2.1　C语言编程简介 ······ 31

2.2　编程风格 ······ 40

2.3　数据类型 ······ 43

2.4　算术运算 ······ 49

2.5　变量和声明 ······ 58

2.6　案例研究:温度转换 ······ 66

2.7　编程错误和编译器错误 ······ 70

2.8　小结 ······ 72

2.9　补充材料:内存分配 ······ 73

第3章　数据处理与交互式输入 ······ 79

3.1　赋值 ······ 79

3.2　数学库函数 ······ 88

3.3　交互式输入 ······ 92

3.4　格式化输出 ······ 102

3.5　符号常量 ······ 110

3.6　案例研究:交互式输入 ······ 112

3.7　编程错误和编译器错误 ······ 117

3.8　小结 ······ 119

3.9　补充材料:抽象简介 ······ 120

第二部分　控制流

第4章　选择 ······ 124

4.1　关系表达式 ······ 124

4.2 if 语句和 if…else 语句 …… 129
4.3 if…else 链 …… 139
4.4 switch 语句 …… 146
4.5 案例研究:数据验证 …… 152
4.6 编程错误和编译器错误 …… 156
4.7 小结 …… 158
4.8 补充材料:错误, 测试和调试 …… 160

第 5 章 循环 …… 165
5.1 基本的循环结构 …… 165
5.2 while 语句 …… 167
5.3 利用 while 循环求和及平均值 …… 174
5.4 for 语句 …… 184
5.5 案例研究:循环编程技术 …… 192
5.6 嵌套循环 …… 199
5.7 do…while 语句 …… 202
5.8 编程错误和编译器错误 …… 205
5.9 小结 …… 206

第 6 章 函数模块性(1) …… 209
6.1 函数声明与参数声明 …… 209
6.2 返回值 …… 221
6.3 案例研究:计算年龄标准 …… 229
6.4 标准库函数 …… 238
6.5 编程错误和编译器错误 …… 250
6.6 小结 …… 251

第 7 章 函数模块性(2) …… 252
7.1 变量的作用域 …… 253
7.2 变量存储类 …… 258
7.3 按引用传递 …… 264
7.4 案例研究:交换值 …… 275
7.5 递归 …… 281
7.6 编程错误和编译器错误 …… 286
7.7 小结 …… 287

第三部分 基础知识补充

第 8 章 数组 …… 290
8.1 一维数组 …… 290
8.2 数组初始化 …… 298
8.3 数组作为函数实参 …… 302
8.4 案例研究:计算平均值和标准差 …… 307

8.5 二维数组 …… 312
8.6 编程错误和编译器错误 …… 320
8.7 小结 …… 321
8.8 补充材料:查找和排序方法 …… 322

第9章 字符串 …… 342
9.1 字符串基础 …… 342
9.2 库函数 …… 352
9.3 输入数据验证 …… 358
9.4 格式化字符串 …… 364
9.5 案例研究:字符和单词计数 …… 367
9.6 编程错误和编译器错误 …… 372
9.7 小结 …… 373

第10章 数据文件 …… 375
10.1 声明,打开和关闭文件流 …… 375
10.2 读取和写入文本文件 …… 385
10.3 随机文件访问 …… 393
10.4 传递和返回文件名 …… 396
10.5 案例研究:创建和使用常量表 …… 399
10.6 写入和读取二进制文件 …… 408
10.7 编程错误和编译器错误 …… 412
10.8 小结 …… 413
10.9 补充材料:控制码 …… 414

第四部分 其他主题

第11章 数组,地址和指针 …… 418
11.1 数组名称作为指针 …… 418
11.2 指针操作 …… 423
11.3 传递和使用数组地址 …… 428
11.4 使用指针处理字符串 …… 435
11.5 使用指针创建字符串 …… 439
11.6 编程错误和编译器错误 …… 444
11.7 小结 …… 446

第12章 结构 …… 447
12.1 单一结构 …… 447
12.2 结构数组 …… 452
12.3 传递结构和返回结构 …… 456
12.4 联合 …… 463
12.5 编程错误和编译器错误 …… 465
12.6 小结 …… 466

第 13 章　动态数据结构 …… 467
13.1　链表简介 …… 467
13.2　动态内存分配 …… 474
13.3　栈 …… 479
13.4　队列 …… 485
13.5　动态链表 …… 491
13.6　编程错误和编译器错误 …… 497
13.7　小结 …… 499
第 14 章　其他功能 …… 501
14.1　新增的特性 …… 501
14.2　按位运算 …… 506
14.3　宏 …… 513
14.4　命令行参数 …… 515
14.5　编程错误和编译器错误 …… 519
14.6　小结 …… 520
第 15 章　C++ 简介 …… 521
15.1　C++ 中的过程化编程 …… 521
15.2　面向对象的 C++ …… 526
15.3　编程错误和编译器错误 …… 527
15.4　小结 …… 528
附录 A　运算符优先级表 …… 530
附录 B　ASCII 字符码 …… 531
附录 C　标准 C 语言库 …… 534
附录 D　输入，输出和标准错误重定向 …… 538
附录 E　浮点数存储 …… 540
附录 F　创建个人函数库 …… 542
附录 G　简答题答案 …… 543

第一部分

基础知识

第 1 章　计算机编程导论
第 2 章　C 语言编程初步
第 3 章　数据处理与交互式输入

第 1 章　计算机编程导论

1.1　历史和硬件

用机器执行计算的过程，几乎与有记录的历史一样古老。最早的计算工具是算盘，在当今的中国仍很常见，它就如同美国的手持式计算器。但是，这两类设备都需要人的直接参与才能使用。在算盘上将两个数相加要求拨动算珠，用计算器相加两个数则要求按下两个数字键和加号键。

据记载，建造一台可编程的计算机器的首次尝试，是在 1822 年由英国的 Charles Babbage 进行的。诗人 Lord Byron 的女儿 Ada Byron 开发出了一个指令集，可用于操作这台机器(实际上这台机器没有建造出来)。尽管这台被 Babbage 称为“分析引擎”的机器在他的有生之年没有被成功地建造出来，但是“可编程的机器”的概念得以保留。1937 年，美国爱荷华州立大学的 John V. Atanasoff 博士和一位姓名为 Clifford Berry 的研究生利用电子元器件部分地实现了这种机器(见图 1.1)。这台机器被称为 ABC(Atanasoff-Berry Computer)，运行时要求一位操作员控制外部的配线以执行预期的运算。因此，内部存储一组可替代的指令的目标还是没有达到。

图 1.1　Charles Babbage 的“分析引擎”

1939 年末爆发的第二次世界大战，使得开发计算机的需求更加强劲。这项工作的先驱之一是美国宾夕法尼亚大学摩尔工程学院的 John W. Mauchly 博士，他曾经拜访过 Atanasoff 博士并见过他的 ABC 机器。后来，Mauchly 博士就着手与 J. Presper Eckert 一起研制一种称为 ENIAC (Electrical Numerical Integrator and Computer)的计算机。这个项目的资金由美国政府提供。这台机器最早实现的功能之一是计算大炮发射的弹道的轨迹。到 1946 年完成时，ENIAC

已经包含 18 000 个真空电子管，质量约为 30 000 千克，每秒能执行 5000 次加法或 360 次乘法（见图 1.2）。

图 1.2　ENIAC

正当使用真空电子管的 ENIAC 的研制工作正在进行时，哈佛大学已经在从事利用机械继电器开关研制名为 Mark I 的计算机（见图 1.3）。Mark I 于 1944 年完成，不过它每秒只能执行 6 次乘法。这两台机器与 ABC 一样，都需要外部连线才能执行预期的运算。

图 1.3　Mark I

1949 年 5 月 6 日，随着剑桥大学 EDSAC（Electronic Delayed Storage Automatic Computer，电子延时存储自动计算机）的成功运行，能在机器内部存储指令和数据的计算机的目标终于实现了。除了能够执行计算外，EDSAC 还能够存储数据和指导计算机操作的指令。EDSAC 结合了一种存储器的形式，存储器的原理由 John Von Neumann 提出，它允许取得（retrieve）一条指令，然后取得执行该指令所需的数据。现在，相同的设计和操作原理仍然被大多数计算机所使用。唯一有显著改变的特点是用于制造计算机的元器件的大小和执行速度，以及存储在计算机中的程序类型。就整体而言，用于制造计算机的元器件被称为硬件(hardware)，而程序被称为软件(software)。

计算机硬件

计算机由称为硬件的物理元器件构造。硬件的用途是在一个已存储的程序的指导下使数据的存储和处理更方便。如果计算机硬件能够和人一样使用相同的符号存储数据，则数字 126 就可以用符号 1，2 和 6 存储。类似地，我们称为"A"的字母也可以用相同的符号存储在计算机硬件中。遗憾的是，计算机的内部器件要求一种不同形式的数字和字母表示方法。有必要先理解为什么计算机不能使用我们的符号之后，这样才能理解数字在机器内部是如何表示的。这将使理解用于存储和处理数据的计算机的实际部件更容易一些。

位与字节

计算机中最小和最基本的数据项是位(bit)。从物理上看，一个位实际上就是一个能开启或断开的开关。按照习惯，开启时的位置用 0 表示，而断开时的位置用 1 表示[①]。

> **历史注解：二进制的 ABC**
>
> 在几年的时间里，Iowa 州立大学的 Atanasoff 博士都在为如何设计一台能帮助他的研究生解决复杂的方程式求解问题的计算机器而大伤脑筋。他考虑建造一台基于二进制数的机器，二进制数是用于具有两个容易辨别状态(开和关)的机电装置最自然的系统，但他担心人们不会使用这种不是基于熟悉和方便的十进制系统的机器。
>
> 最后，1937 年在伊利诺伊州一家小旅馆里一个寒冷的夜晚，他终于下决心采用最简单且成本最小的二进制数(位)来制造他的计算机器。接下来的两年里，他和研究生 Clifford Berry 建造出了第一台电子数字计算机，称为 ABC(Atanasoff-Berry Computer)。从那以后，绝大多数的计算机就是二进制机器了。

单一的位只能表示值 0 和 1，这导致了位的可用性有限。因此，为了存储和传输数据，所有的计算机都将一定数量的位分成组。8 个位的组合可以形成一个更大的单元，它是一个几乎通用的计算机标准，称为 1 字节(byte)。1 字节的 8 个位中的每一个位，可以为 0 或 1，总共能够表示 256 种不同的模式(pattern)。这些模式由 00000000(8 个开关全开)到 11111111(8 个开关全关)以及二者之间所有的 0 和 1 的可能组合构成。每一个这样的模式，都能够用来表示字母表中的 1 个字母、单个的字符(美元符、逗号等)、1 位数字或者多位数字。由 0 和 1 组成的用来表示字母、数字以及其他单字符的模式的集合，被称为字符码(字符码中的 ASCII 码将在 2.1 节中介绍)。

对于类似名称和地址以及任何需要处理的文本而言，字符码是极其有用的。但是，对于算术数据，它几乎从来没有被使用过。这有两方面的原因。首先，将十进制数转换成字符码需要为每个数字准备一个代码。对于大数字，这会浪费计算机的内存空间。然而更基本的原因是：基于数字 10 的十进制计数系统本身就不被计算机内部的硬件所支持。前面说过，位是计算机的基本存储部件，它只能具备两种可能的状态之一，分别表示 0 和 1。这表明使用基于这两个状态的计数系统将更具意义，而事实也是如此。1.8 节中将讲解最常使用的基于 2 的计数系统。

---

① 遗憾的是，这个习惯有点武断，并且你常常会遇到相反的情况，开和关的位置分别表示为 1 和 0。

对于计算机内部的计数系统与十进制系统不同的情况，我们应该不会感到奇怪。例如，你也许已经熟悉了下面这两个计数系统，并且能够容易地识别它们。

- 罗马数字：XIV
- 哈希标记系统：~~////~~ ~~////~~ ////

部件

所有的计算机，从价值数百万美元的大型超级计算机到价值几百美元的小型桌面个人计算机，都必须执行一个最小的任务集，并具备完成下列任务的能力：

1. 接受输入，包括数据和指令。
2. 显示输出，包括文本和数字。
3. 存储数据和指令。
4. 对输入的数据或已存储的数据执行算术和逻辑运算。
5. 监督、控制和指导系统的全部操作和顺序。

图 1.4 中给出的是支持这些能力以及共同组成计算机硬件的那些计算机部件。

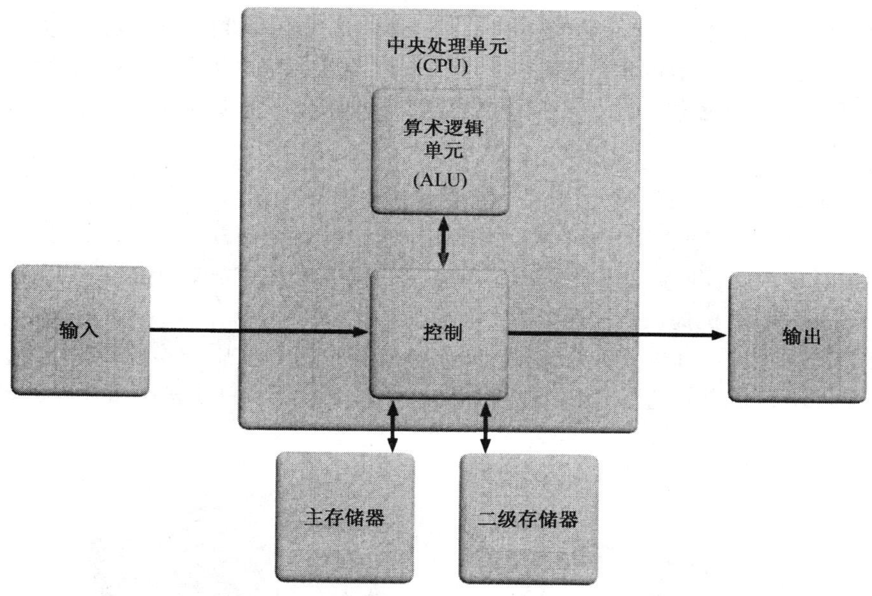

图 1.4　计算机的基本硬件单元

历史注解：图灵机

20 世纪 30 年代和 40 年代，Alan Mathison Turing(1912–1954)和其他人提出了一种描述计算机器应该能够做什么的理论。他的理论机器被称为图灵机，这台机器包含解决编程问题的最小操作集。通过给这样一台假设的计算机一组指令，Turing 希望能够证明所有的问题都可以解决。在证明的过程中获得的成果是：有些问题不能被任何机器解决，就像有些问题不能被人解决一样。在第一台电子计算机建造之前，Turing 的工作就奠定了计算机的理论基础。对于二战期间开发出了关键的密码破译计算机的团队而言，Turing 的贡献是使他的理论得以具体实现。

主存储器单元 这个单元按照字节顺序存储数据和指令。如果某个程序要操作计算机，则它必须驻留在主存储器中。主存储器将1个或多个字节组合成一个单元，称为字(word)。尽管更大尺寸的字有利于计算机速度和能力的提升，但这种提升是通过增加计算机的复杂性达到的。

早期的个人计算机(PC)，例如Apple IIe和Commodore计算机，在内部存储和传送由1字节组成的字。第一台IBM PC使用由2字节组成的字，而目前更多的基于Intel芯片的PC存储和处理由4字节组成的字。

字在计算机存储器中的排列类似于大旅馆中套间的排列，旅馆中的每个套间都由大小相同的房间组成。就像每个套间都有唯一的房号让顾客查找和确定它一样，计算机存储器中每个字也都有唯一的数字地址。与房号一样，字地址总是正的、无符号的、用于查找和确定用途的完整数字。此外，就像旅馆房间可以通过房门连接形成更大的套间一样，字也能够组合成更大的单元，以适应不同大小的数据类型。

作为物理设备，主存储器用随机访问存储器(RAM)构造，这意味着每一段存储器都能够像其他段那样被快速随机访问。主存储器还是易失性的(volatile)，无论存储的是什么内容，只要计算机的电源切断，这些内容就都会丢失。当程序正在执行时，该程序以及与之相关的数据总是存储在RAM中。计算机RAM的大小通常以用户可获得多少RAM的字节来标明。当前的PC存储器大小至少为512兆字节(1兆字节 = 1 MB)。

第二种类型的存储器为只读存储器(ROM)。ROM是非易失性的，当电源断开时它的内容不会丢失。因此，ROM总是包含不能被用户丢失或者改变的基本指令，这些指令包括：电源接通时启动计算机运行所必须的指令，在计算机运行时制造厂商要求必须永久可访问的其他指令。

中央处理单元 中央处理单元(CPU)由两个基本子单元组成：控制单元和算术逻辑单元(ALU)。控制单元指导和监督计算机的全部操作。它跟踪为存储器中下一条指令保留的位置、发出从系统的其他单元读取数据和把数据写到系统的其他单元所需要的信号，并且执行所有的指令。ALU则执行计算机提供的所有计算，如加、减、比较等。

CPU是计算机的核心元件，是最昂贵的部分。当前的CPU利用一片微芯片构造，称为微处理器。图1.5展示的是当前笔记本电脑中使用的一个代表技术发展水平的微处理器芯片及其内部结构。

图1.5 Intel微处理器展示

输入/输出单元 输入/输出(I/O)单元提供对计算机的访问，允许计算机输入和输出数据。这个单元是连接外围设备(如键盘、控制台屏幕和打印机)的接口。

辅助存储器　因为大容量 RAM 仍然相对昂贵且具有易失性，所以将它作为程序和数据的永久存储区是不实际的。而辅助存储设备可以实现这个用途。过去是将数据存储在穿孔卡片、纸带或者其他媒质上，但事实上现在所有的辅助存储器都是磁带、磁盘和只读光盘(CD-ROM)。

磁带和磁盘的表面涂有一层能够被磁化以存储数据的物质。当前的磁带每英寸能够存储几千个字符(1 英寸 = 2.54 厘米)，一盘磁带可以存储几百兆字节的数据。磁带本质上是一种顺序存储介质，这意味着它允许数据以一个从开始到结束的顺序流被写入和读出。如果希望存取磁带中部的某一块数据，则必须扫描所有在前面的数据，以找到这块数据。因为这个特点，磁带主要用于历史数据的大规模备份。

一种更方便的快速访问存取数据的方法是利用直接访问存储设备(DASD)，它允许计算机读写任何一个文件或程序，而不受它们在存储器介质上的位置的约束。在光盘(CD)出现之前，最流行的 DASD 是磁盘。磁性硬盘由一组围绕在同一根轴上的一个或几个钢性盘片组成。一个可移动的磁头臂将读写机械装置定位在可记录数据的盘片的上面，但二者并不接触。这样的配置如图 1.6 所示。

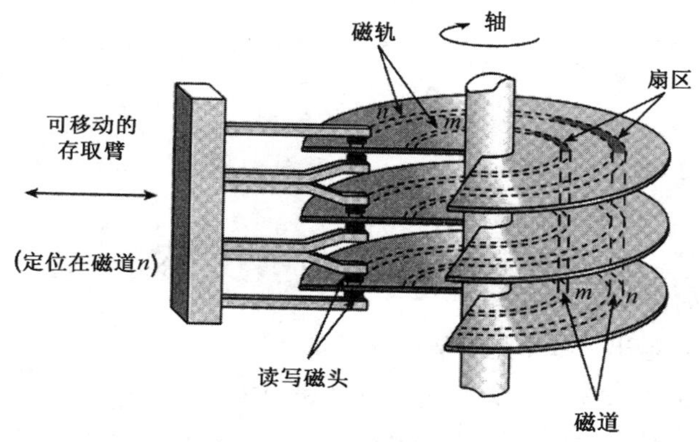

图 1.6　硬盘驱动器的内部结构

刚开始时，最常见的磁盘存储器是可移动软盘，它最流行的尺寸是直径 3.5 英寸，容量为 1.44 MB。后来出现了称为 Zip 盘的可移动磁盘，它有 250 MB 容量，而容量达到 650 MB 至 700 MB 的光盘(CD)是当前首选的辅助存储设备①。与存储容量极大增加同时发生的是计算机处理速度的快速提高以及计算机大小和价格的显著下降。1950 年价值一百多万美元的计算机硬件，现在用不到 500 美元就能买到具有同等处理能力的机器。打个比方，如果同样的下降速度发生在汽车行业，则一辆劳斯莱斯(Rolls-Royce)汽车现在用 10 美元就能买到！与 20 世纪 50 年代的计算机相比，现在的计算机的处理速度已经提高了几千倍，当前的计算机的计算速度以每秒几百万条指令(MIPS)甚至每秒几十亿条指令(BIPS)计算。作为比较，图 1.7 展示的是一台 20 世纪 80 年代早期的台式 IBM PC，而图 1.8 是一台 IBM 笔记本电脑。

图 1.7　最早的(20 世纪 80 年代)IBM 个人计算机

① 现在的辅助存储设备的容量已经大大超过了这一容量。

图 1.8 IBM 笔记本电脑

练习 1.1

简答题

1. 定义术语“位”。1 位能够表现什么值?
2. 定义术语“字节”。1 字节能够表现多少个不同的位模式?
3. 在计算机中如何用字节表示字符?
4. 定义术语“字”。给出一些常见计算机中字的大小。
5. CPU 的两个主要部分是什么? 每个部分的作用是什么?
6. RAM 与 ROM 有什么不同? 有什么相同?
7. a. 什么是输入/输出单元?
   b. 写出三个连接到输入/输出单元的设备名称。
8. 定义术语“辅助存储器”。给出三个辅助存储器的例子。
9. 顺序存储器与直接访问存储器有什么不同? 直接访问存储器的优点是什么?
10. 定义术语“微处理器”。给出日常生活中使用微处理器的三种情况。

1.2 编程语言

计算机就是一种由物理元器件组成的机器,比如图 1.8 中的笔记本电脑。与其他机器一样(比如飞机、汽车或割草机),计算机也必须先开启然后才能被驾驭或控制,以完成分配给它的任务。而完成任务的方式就是计算机区别于其他机器的地方。

例如,对于汽车,控制是由坐在汽车内的驾驶员提供的。而在计算机中,这个驾驶员被称为程序。更正式地说,计算机程序就一种数据和指令的结构化组合,用于操作计算机并产生特定的结果。用于程序或程序组的另一个术语是“软件”。本书中将交替使用这两个术语。

编程(programming)是指用一种计算机能够响应、其他程序员能够理解的语言编写这些指令的过程。能够用于构造程序的指令集,被称为编程语言(programming language)。可用的编程语言有多种形式和类型,设计这些不同形式和类型的语言的目的,是使编程过程更容易,它们或者专门针对某个硬件的特别属性，或者是为了满足某种应用的特殊要求。但是，在基本层面，所有的程序都必须最终被转换成机器语言程序，它是能够实际操作计算机的唯一程序类型。

> **历史注解：Ada Augusta Byron，Lovelace 的伯爵夫人**
>
> 当 Charles Babbage 在整个 19 世纪中期尝试建造一台分析引擎时，浪漫诗人 Lord Byron 的女儿 Ada Byron 是他的同事。Ada 的任务是开发算法，即用按步执行的指令的形式求解问题的方法，这些算法在分析引擎中的作用是计算数学函数的值。Babbage 的机器在他在世时没有制造出来，主要是因为当时的制造工艺还达不到部件所允许的误差。尽管如此，Ada 仍被公认为是世界上第一位计算机程序员，她出版过一本奠定了计算机编程基本原则的笔记集。现代的 Ada 编程语言就是用她的名字命名的。

机器语言

可执行的程序(executable program)就是能够操作计算机的程序。这样的程序总是以二进制数字序列的形式编写。二进制数字序列是计算机的内部语言，也被称为机器语言(machine language)程序。一个简单的机器语言程序例子如下，它只包含两条指令：

```
11000000000000000001000000000010
11110000000000000001000000000011
```

每一个构成一条机器语言指令的二进制数字序列，最少由两部分组成：指令部分和数据部分。指令部分被称为操作码(opcode，“operation code”的缩写)，它通常位于每一个二进制数的开始处，其作用是告知计算机要执行的操作，如加、减、乘等。二进制数的余下部分提供与数据有关的信息。

汇编语言

因为每一种类型的计算机，如 IBM PC，Apple Macintosh，Hewlett-Packard 计算机等，都有各自特定的机器语言，因此编写机器语言程序是非常单调乏味而又耗费时间的。编程方面的第一个进步是用单词风格的符号替代了二进制操作码，这些符号如 ADD，SUB，MUL 等，同时用十进制数和标签替代了存储器地址。例如，在下列指令集中，使用了单词风格的符号来将两个数相加(这两个数分别被称为 first 和 second)，并将相加的结果与第三个已知为 factor 的数相乘，而最后的结果被保存为 answer。

```
LOAD first
ADD second
MUL factor
STORE answer
```

使用这类符号记法的编程语言，称为汇编语言(assembly language)。因为计算机只能执行机器语言程序，所以在能够执行汇编语言之前，必须先将汇编语言中包含的指令集翻译成机器语言程序(见图 1.9)。将汇编语言程序翻译成机器语言程序的翻译程序，称为汇编器(assembler)。

图 1.9　必须先翻译才能执行的汇编程序

低级语言与高级语言

机器语言和汇编语言都是低级语言(low-level language),这是因为它们都使用了直接与某种类型的计算机相关的指令①。

因此,汇编语言程序被限制为只能用在某种特定的计算机类型上。但是,这样的程序允许利用每一类特定计算机的专有特性,如 IBM,Apple 或 Hewlett-Packard 的计算机,并通常能获得最快的执行速度。

与低级语言不同,高级语言使用类似人类的语言(例如英语),并能在所有计算机上运行,而不必考虑计算机的制造厂家是谁。C,C++,Visual Basic 和 Java 都是高级语言。例如,前面程序段里将两个数相加并将结果与第三个数相乘所用的汇编语言程序,在 C 语言中能够写成:

```
answer = (first + second) * factor;
```

用某种计算机语言(高级或低级)编写的程序,被称为源程序(source program)或源代码(source code)。对于用高级语言编写的程序,同样必须将它转换为在其上运行的计算机的机器语言,就像低级的汇编程序那样。这种转换可用两种方法完成。

当高级源程序中的每一条语句被单独地转换并立即执行时,这种编程语言就被称为解释语言(interpreted language),而执行这种转换的程序被称为解释器(interpreter)。

在执行任何单独的语句之前,当高级源程序中的所有语句作为一个完整单元转换时,这种编程语言就被称为编译语言(compiled language),而行这种转换的程序被称为编译器(compiler)。某种语言的编译版本和解释版本都能够存在,但典型情况下只有一种能够成为主流。例如,尽管存在 C 语言的解释版本,但 C 语言主要是编译语言。

图 1.10 给出了一个 C 源程序被编译成可执行的机器语言程序的过程。(这个图没有给出规划和分析程序设计的基本步骤,它们应该在输入第一行代码之前就进行。1.4 节中将讲解如何规划一个程序设计。)如图所示,程序员利用某种编辑器程序输入源程序。编辑器程序是一种高效的字处理程序,它是由编译器提供的开发环境的一部分。

将 C 语言代码翻译为可执行程序的过程开始于编译器。由编译器产生的输出被称为目标程序(object program),它是源代码的机器语言版本。源代码中还可以利用以前编译过的其他代码,这些代码可以是其他程序员提供的编译过的代码,也可以是编译器提供的已编译代码,比如计算平方根用的数学代码。在编译时,这些额外的机器语言代码必须与目标程序组合在一起,以创建最终的可执行程序。完成这些步骤是连接器(linker)的任务。

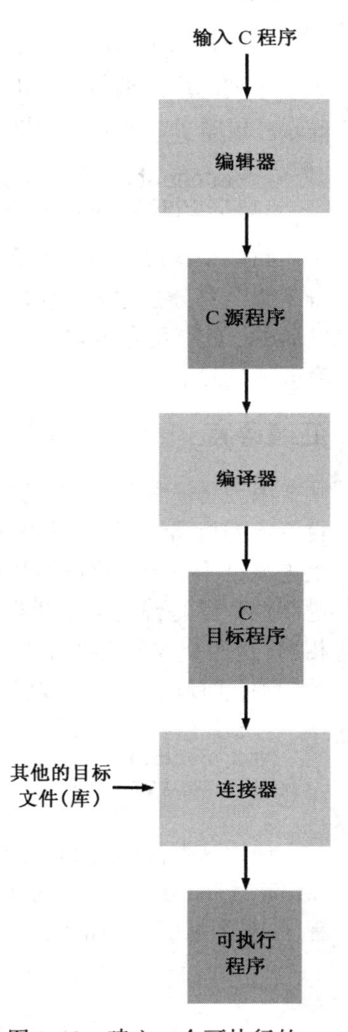

图 1.10 建立一个可执行的 C程序的编程步骤

① 实际上,低级语言是为了构造计算机的处理器而定义的。

连接过程的结果是一个完整的机器语言程序，它包含程序所要求的全部代码，并且已做好执行的准备。这个最终的机器语言程序就是可执行程序。过程的最后一步是将这个机器语言程序载入计算机的主存储器中，以便实际执行它。

过程语言与面向对象语言

高级语言最初都是过程语言(procedural language)。在过程语言中，那些可利用的指令被用于建立称为过程(procedure)的自包含单元。过程的用途是接收数据作为输入、以某种方式转换数据并产生特定结果作为输出。每一个过程都沿着如图 1.11 所示的路径有效地移动数据一步，并逐渐靠近最终期望的输出。

图 1.11　基本的过程操作

图 1.11 中展示的程序设计过程直接对应于用来构成一台计算机的输入、处理和输出的硬件单元。这并不意外，因为高级过程语言最初就是设计用来匹配和直接控制相应的硬件单元的。每一种计算机语言都用一个不同的名称来引用它的过程。例如，在 C 语言中，过程称为函数(function)；在 Java 中，过程称为方法(method)；而在 C++ 语言中，术语“方法”和“函数”都可使用。

按照已建立好的准则，一个编写规范的过程由组合在特定内部结构中的指令组成(这些准则将在 1.4 节中介绍)。遵循这些结构准则的过程，被称为结构化过程(structured procedure)。有效地增强了对这些结构的支持的高级过程语言，被称为结构化语言(structured language)，比如 C 语言。正因为如此，本书将经常使用术语“结构化语言”来表示这类增强了结构化过程的高级过程语言。

从 20 世纪 90 年代初开始，所有新出现的高级语言通常都已经是结构化语言。几年前，一种称为“面向对象”的新方法成为了主角。这些由 C++，Java，Visual Basic 和 C#组成的语言，被称为面向对象语言(object-oriented language)。

促使面向对象语言出现的原因之一，是图形化屏幕的发展以及对图形用户界面(GUI)的支持，这些 GUI 能够显示包含图形和文本的多个窗口。在这样的环境中，屏幕上的每个窗口都可以看成是与颜色、位置和大小等特性有关的对象。一个面向对象的程序必须首先定义它要操作的对象，这包含描述对象的一般特征，然后指定一些特定的过程去处理这些特征，如改变大小和位置以及在对象间传递数据等。但是，面向对象语言在它们的过程中仍然保留并结合了结构化特性。因此，C++，Java 和 C#都使用了一些在 C 语言中能够找到的基本的结构化过程类型。事实上，C++ 就是为了使 C 语言能扩展到包含对象而特别设计的。这些扩展将在第 15 章中介绍。

在这些较新的编程语言中，C 语言是唯一仍被广泛使用的结构化语言。事实上，在许多情况下，C 语言都是专业程序员的最爱，特别是在设计处理大量数据的程序、需要快速开发、要求很专业的结果指标或者构造复杂的操作系统程序时。因此，作为学习较新的面向对象编程语言的基础，或者作为一个本身就能够用于许多应用的编程语言，学习 C 语言对程序员而言依然是有价值的。

应用软件与系统软件

计算机程序的两种逻辑分类是应用软件(application software)和系统软件(system software)。

应用软件由执行用户要求的特定任务所编写的程序组成。本书中的大多数例子都是应用软件。

系统软件是一种程序集，这些程序必须能够用于任何能使计算机工作的计算机系统。20 世纪 50 年代和 60 年代，在早期的计算机环境中，用户不得不从零开始用手工装入系统软件，以准备计算机的工作，方法是调整面板上几排开关的状态。那些最初用手工输入的命令用于引导(boot)计算机，术语“引导”由语句“靠自己的努力(bootstraps)成功”派生而来。如今，所谓的引导装入程序(bootstrap loader)被包含在内部的 ROM 中，并且是永久的、自动执行的计算机系统软件的一部分。

用于操作和控制计算机的全部系统程序集，被称为操作系统(operating system)。由现代操作系统处理的任务包括内存管理、CPU 时间分配、输入和输出单元的控制(如键盘、屏幕和打印机)以及所有的辅助存储设备的管理。许多操作系统都将程序按需要划分为在磁盘和内存之间移动的段或页，以处理一些很大的程序，并可处理同时发生的多用户事件。这样的操作系统允许多位用户同时在计算机上运行程序，给每位用户的印象是计算机和设备是他独占的。这样的操作系统被称为多用户系统(multiuser system)。此外，许多操作系统，包括大多数视窗化环境，允许每一位用户运行多个程序。这样的操作系统被称为多道程序(multiprogrammed)或多任务(multitasking)系统。

C 语言的发展

20 世纪 70 年代，AT&T 公司贝尔实验室的 Ken Thompson，Dennis Ritchie 和 Brian Kernighan 最早开发出了 C 语言。除了能直接访问计算机内部硬件外，C 语言还具有高级结构化语言的特性，它被称为“专业程序员的语言”。C 语言允许程序员“查看”计算机存储器，并可直接更改保存在计算机存储器中的数据。C 语言的标准由美国国家标准学会(ANSI)制订并维护。

20 世纪 80 年代，在 AT&T 公司工作的 Bjarne Stroustrup 开发了作为 C 语言的扩充的 C++ 语言。这种新语言包含了 C 语言中的绝大部分功能，但它是一种面向对象的语言。C 语言与 C++ 语言之间的这种紧密关系，就给出了 C++ 程序为什么会包含相当数量的结构化 C 语言类型代码的原因。事实上，现在许多 C 语言程序是用 C++ 编写的，但是被限制只使用 C 语言独有的那些特征。

练习 1.2

简答题

1. 定义下面这些术语。
   - a. 计算机程序。
   - b. 程序设计。
   - c. 编程语言。
   - d. 高级语言。
   - e. 低级语言。
   - f. 机器语言。
   - g. 汇编语言。
   - h. 面向过程的语言。
   - i. 面向对象的语言。
   - j. 源程序。

k. 编译器。

l. 汇编器。

2. a. 给出高级语言与低级语言的差异。

   b. 给出面向过程的语言与面向对象的语言的差异。

3. 给出汇编器、解释器和编译器的差异。

4. a. 假设有如下的操作码：

   11000000 表示将第一个操作数加到第二个操作数

   10100000 表示从第二个操作数减去第一个操作数

   11110000 表示将第二个操作数乘以第一个操作数

   11010000 表示将第二个操作数除以第一个操作数

   将如下的指令翻译成普通文字：

操作码	第一个操作数地址	第二个操作数地址
11000000	000000000001	0000000000010
11110000	000000000010	0000000000011
10100000	000000000100	0000000000011
11010000	000000000101	0000000000011

   b. 假定下列地址中包含的数据如下所示，给出由练习 4a 中所列指令产生的结果：

地址	存储在地址中的值(十进制)
00000000001	5
00000000010	3
00000000011	6
00000000100	14
00000000101	4

5. 使用汇编语言符号重新编写练习 4a 中所列出的机器级指令。使用符号名称 ADD，SUB，MUL 和 DIV 分别表示加、减、乘和除运算。在编写这些指令时，使用十进制值表示地址。

6. 假设 $A = 10$，$B = 20$，$C = 0.6$，给出如下汇编语言类型语句集的数字化结果。对于这个练习，LOAD 指令相当于输入一个数值到计算器的显示屏，ADD 指令表示加，MUL 指令表示乘。

```
LOAD    A
ADD     B
MUL     C
```

1.3 算法

在编写 C 语言程序之前，程序员必须清楚地理解将要使用的数据、预期的结果以及获得结果所需的步骤是什么。产生结果所选择的步骤，被称为算法(algorithm)。更精确地说，算法就是描述应该如何处理数据才能获得预期的输出的按步执行的指令序列(sequence of instruction)。本质上说，算法就是这个问题的答案："将用什么方法解决这个问题？"

只有清楚地理解将要使用的数据并且选择了某个算法(即获得所期望结果所需的特定步骤)之后，才能够对程序进行编码。说得更明白一些，程序设计就是将所选择的算法翻译成计算机能够使用的某种语言的过程。在本书中，程序设计就是将这些步骤转换成 C 语言程序的过程。

为了说明算法，考虑一个简单的问题。假设程序要计算1～100的数之和，图1.12展示了可以用来解决这个问题的两种方法，每一种方法都可以建立一个算法。

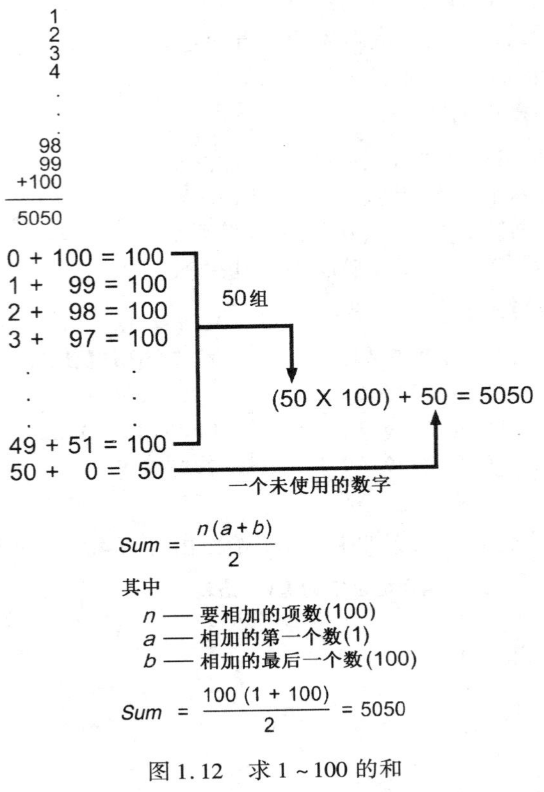

图1.12　求1～100的和

历史注解：Al-Khwarizmi

大约在公元825年，最伟大的数学家之一Mohammed Ibn Musa al-Khwarizmi写了一篇名为"换算与计算"(Ilm al-jabr wa'l muqabalah)的论文，单词"algorithm"(算法)就是从名字al-Khwarismi得来的，而单词"algebra"(代数学)是从他的作品标题中的单词"al-jabr"得来的。

历史注解：年轻的高斯

德国数学天才Johann Carl Fredrich Gauss(高斯，1777－1855)在他会说话之前就能够"计算"。在两岁时，他就发现了父亲账本中的一处错误。

有一天在学校，高斯的老师要求同学们将1～100的数字相加，老师本以为这个任务会使学生们忙乎一阵子，但令人吃惊的是，高斯几乎立即就将结果写在石板上并断定"就是它"。高斯解释到：可以将前面的数字与后面的数字写成数字级数并逐项相加，得到101的50倍，这样，和就是100/2 × 101。在他10岁时，高斯就发现了$1 + 2 + \cdots + n = (n/2)(n+1)$。

在解决这样的问题时，大多数人会不厌其烦地用一种详细的逐步进行的方式列出可能的备选方案(如图1.12所示)，然后选择某种算法来解决这个问题。这是因为大多数人没有用算法概念来思考，而是采用启发式的思维。例如，如果必须更换漏气的汽车轮胎时，就不会思考所需要的全部步骤，而只会简单地更换轮胎或者请求别人的帮助。这就是启发式思维的例子。

遗憾的是，计算机无法响应启发式的命令。一个普通的语句(例如，"将1～100的数相加”)对计算机不表示任何意义，因为计算机只能响应以某种可接受的语言(如 C 语言)编写的算法命令。为了成功地给一台计算机编程，必须清楚地理解算法命令与启发式命令之间的这种差异。计算机是一种“算法响应”的机器，而不是“启发式响应”的机器。不能要求计算机去换轮胎，或者将 1 ~ 100 的数相加，而是必须向计算机提供一套详细的、逐步的、能全面形成一个算法的指令集。例如，指令集：

将 *n* 设置为 *100*
将 *a* 设置为 *1*
将 *b* 设置为 *100*
计算 *sum* = *n*(*a*+*b*)/*2*
显示 *sum*

就构成了一个详细的方法或算法，用于得到 1 ~ 100 的和。注意，这些指令并不是计算机程序。与必须用计算机能够识别的语言编写的程序不一样，算法可以用各种方法编写或描述。

当使用短语描述算法(处理步骤)时，这种描述就被称为伪代码(pseudocode)，比如上面的例子；当使用数学方程式描述算法时，这种描述就被称为公式(formula)；当使用经过特殊定义的图形形状描述算法时，这种描述就被称为流程图(flowchart)，流程图对算法提供的是图 1.13 中所示符号的图形表示法。图 1.14 展示了在描述一个求三个数的平均值的算法中这些符号的用法。

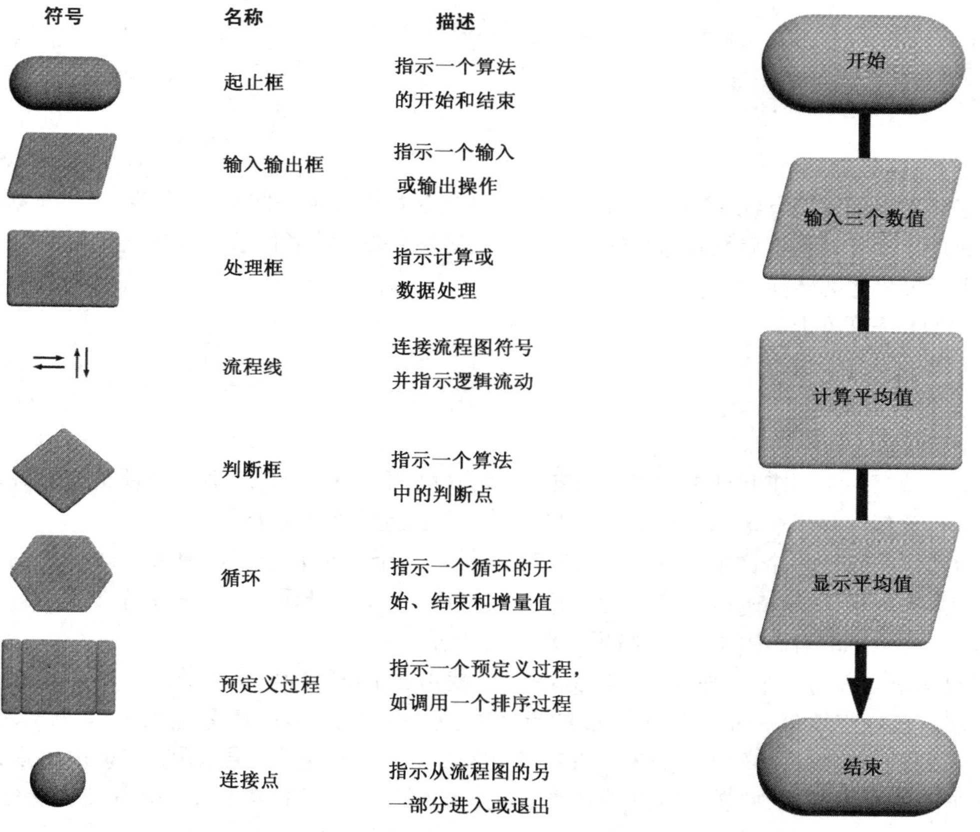

图 1.13　流程图中的符号

图 1.14　计算三个数的平均值的流程图

由于修改流程图比较麻烦，所以程序员更愿意使用伪代码来表示算法的逻辑。与定义了标准符号的流程图不一样，伪代码的构造不存在标准的规则。任何自然语言短语都可以用作伪代码来描述一个算法。例如，下面的伪代码就是可接受的，它描述了计算三个数的平均值所需要的步骤。

```
将三个数输入计算机
将这些数相加并将和值除以 3，计算平均值
显示平均值
```

只有当程序员选择了某个算法并理解了所要求的步骤之后，他才能用计算机语言的语句编写这个算法。

一旦选择了某个算法，就必须将它转换为能够被计算机使用的形式。用某种语言(例如 C 语言)将算法转换成计算机程序的过程，被称为给算法编码(coding the algorithm)，如图 1.15 所示。从这一步骤产生的程序指令，被称为程序代码(program code)，或简称为代码(code)。从下一章开始，本书将主要介绍如何开发算法以及如何在 C 语言中表示这些算法。

图 1.15　为算法编码

练习 1.3

简答题

1. 确定和列出完成如下任务的逐步过程(注：这些任务都没有唯一的正确答案，这个练习的目的是让读者熟悉将启发式命令转换为等价的算法，并使读者能够在与这两类思维有关的思考过程之间转换。
   a. 修复漏气的轮胎。
   b. 打电话。
   c. 去商店买面包。
   d. 烤火鸡。
2. 确定并编写一个要求将两杯水彼此交换的算法(列出步骤)。假设第三个杯子能够临时用来存放任一杯子中的水。每个杯子在倒入新水之前应该冲洗干净。
3. 用自然语言编写一个详细的、逐步的指令集，计算一个含有 h 个 5 角硬币(half-dollar)、q 个 2 角 5 分硬币(quarter)、n 个 5 分硬币(nickel)、d 个 1 角硬币(dime)和 p 个 1 美分硬币(penny)的小猪钱罐中的钱数，结果的单位为美元。
4. 用自然语言编写一个详细的、逐步的指令集，找出三个整数中的最小数。
5. a. 用自然语言编写一个详细的、逐步的指令集，计算付一个 TOTAL 数量的账单所需要的最少纸币的数量。例如，如果 TOTAL 为 97 美元，则用美国流通纸币，应该由 1 张 50 美元的纸币、2 张 20 美元的纸币、1 张 5 美元的纸币和 2 张 1 美元的纸币组成。假设只有 100 美元、50 美元、20 美元、5 美元和 1 美元的纸币可用。
   b. 假设账单只用 1 美元的纸币付账，重新求解练习 5a。

6. a. 编写一个算法，找出一个随机排列的姓名表中名字“Jones”首次出现的位置。
   b. 如果姓名表按字母顺序排列，则应该如何改进练习 6a 的算法。
7. 编写一个算法，确定任一语句中字母 e 的总出现次数。
8. 编写一个算法，将三个数按升序排序(从最低到最高)。

1.4　软件开发过程

现代社会正变得越来越复杂，随之出现的问题也变得复杂了。因此，求解问题就成为了一种生活方式。比如固体废料处理、全球变暖、国际金融、污染、核扩散等问题，就是新出现的问题，该如何解决这些问题是对人类技术和能力的挑战。

大多数问题的解决方案要求考虑周全的计划，并需要预先考虑解决方案是否是适当的和有效的。对于大多数程序设计问题而言，需要考虑的因素也是如此。例如，通过反复试验为移动电话网络编写软件，或者为百货商店创建库存管理程序时，就需要考虑同样的因素。这样的解决方案最好的结果是费用昂贵但效果良好，最坏的情况是损失惨重，脱离现实。

每一个研究领域都有其使用的系统方法的命名规则，这种系统方法用来设计问题的解决方案。在科学界，这种方法被称为科学方法(scientific method)，而在工程学科中，这种方法被称为系统方法(systems approach)。为了理解需要解决的问题，建立一个有效的且适当的软件解决方案，专业软件开发人员使用一种称为软件开发过程(software development process)的方法。这个过程由如下 4 个阶段组成。

阶段 1：确定程序的需求
阶段 2：设计与开发
　　步骤 1：分析问题
　　步骤 2：选择一个全面解决方案算法
　　步骤 3：编写程序
　　步骤 4：测试并改正程序
阶段 3：文档编制
阶段 4：维护

如图 1.16 所示，前三个阶段会经常改进并相互影响，直到最终的设计和程序被开发出来为止。此外，在设计与开发阶段，可能会发现问题并没有被全面地明确或分析，因此需要在前期步骤中做进一步的工作，以完成程序。这些阶段都将在后续的小节中讨论。

阶段 1：确定程序的需求

这个阶段以问题或程序的特定要求的陈述开始，被称为程序需求(program requirement)。这一阶段的任务是确保程序需求被明确地陈述，并且要理解期望达到的目标是什么。例如，假设你收到来自主管的一封简短电子邮件，内容如下：我们需要一个提供关于圆的信息的程序。

这不是一个定义清晰的需求。它没有明确说明一个良好定义的问题，因为它没有准确地告诉我们要求什么信息。如果立即开始编写程序去解决这个缺少明确表达的问题，则将是一个严重的错误。为了澄清并定义这个问题描述，需要做的第一步是联系主管，准确地定义要得到的信息是什么(它的输出)以及能够提供的数据是什么(它的输入)。

假设这样做了，并且知道了实际想要的是对给定半径的圆计算并显示周长的一个程序。只有在了解了什么是一个清楚的陈述时，才可以进入下一步。

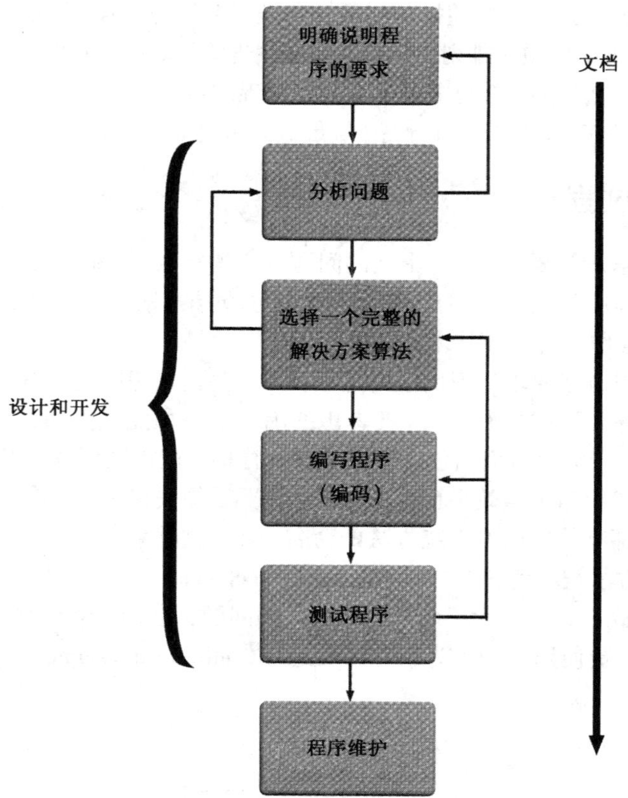

图1.16 软件开发过程

阶段2:设计与开发

一旦确定了程序的需求，构成程序设计过程核心的设计与开发阶段就可以开始了。这个阶段由如下4个步骤组成。

步骤1:分析问题 这个步骤要求确保问题确实已经被清楚地说明和理解了，并且已经为选择解决这个问题的算法提供了必要的信息。只有在理解了如下要素时，问题才被认为是清楚地定义了。

- 必须获得的输出
- 产生预期的输出所要求的输入数据
- 将输入与输出相关联的公式

作为分析阶段的结论，这三项中的每一项都必须清楚地定义。

进行问题分析时，许多程序员新手喜欢首先确定输入数据，而在以后确定想要的输出，专业程序员则愿意以相反的方式工作。首先考虑输出似乎有些奇怪，但输出正是程序希望得到的结果，是构造程序的首要目的。知道了这个目标并将它牢记在心，能使你将专注于程序的重要方面。不过，如果觉得一开始就确定输入数据会更方便一些，也可以这样做。

步骤2:选择一个全面解决方案算法 这一步是确定并选择一个解决问题的算法。有时，得到一个全面解决方案算法相当容易，有时候可能会复杂一些。例如，确定某人口袋里零钱的数量或者确定一个矩形的面积的程序就相当简单。但是，制造业公司的库存跟踪与控制系统的构建就要复杂得多。在一些更完整的例子中，原始解决方案算法通常需要改进和细化，直到它极为详细地指明了全部的解决方案为止。这种细化的一个例子将在本节的后面给出。

在最普通的形式中，一种可应用于大多数 C 语言程序的全面解决方案算法是

获得问题的输入
计算期望的输出
报告计算的结果

这三个任务几乎是每个问题的主要责任，我们将这个算法称为问题求解算法（Problem - Solver Algorithm）。这种算法的框图如图 1.17 所示。

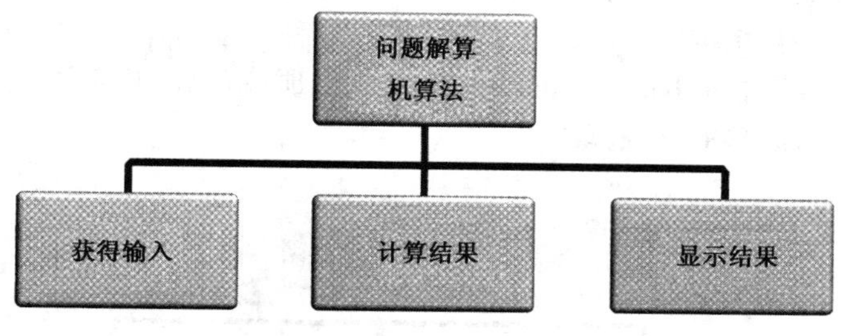

图 1.17　问题求解算法

例如，假设要求计算一个已知半径的圆的周长，则问题求解算法如下。

设置半径值 r
利用公式 $C = 2\pi r$，计算周长 C
显示 C 的值

对于只需执行一个或几个计算的小型应用，通常这个问题求解算法本身就足够了。不过，对于较大的程序，则必须细化原始算法，将它分拆为几个较小的算法，并指明这些小算法之间该如何衔接。下面将描述细化的完成过程。

细化算法　对于大型的应用，原始解决方案算法通常从问题求解算法开始，必须将它细化并组织成较小的算法，并指明这些小算法之间该如何衔接。为了达到这一目的，解决方案的描述必须从最高级（最顶端）需求开始，并向下逐步细化，直到可以构造出能满足需求的部分为止。

为了便于理解，假设有一个要求跟踪库存零件数量的计算机程序。这个程序所要求的输出是描述库存的全部零件和每种零件的数量，输入是每种零件的初始存货量、销售量、退货数以及购买量。

开始时，程序设计者可能将这个程序的全面解决方案算法组织成如图 1.18 底部所示的三个问题求解算法部分。它被称为算法的一级结构框图（first-level structure diagram），因为它代表了最初的、还不够详细的、用于解决方案算法的结构的首次尝试。

只要有了最初的算法结构，就能将它细化，直到这些方框中表示的任务被完整定义为止。例如，图 1.18 中的两个数据输入部分应该进一步细化到指定输入数据的规定。由于为不可预见性的和人为的错误做规划是系统设计人员的责任，因此还必须为修改已经输入的错误数据以及删除前面输入的值定义某些规定。报告部分也可以用类似的方法细化。

图 1.19 展示的是进一步细化了的库存跟踪系统的二级结构框图。

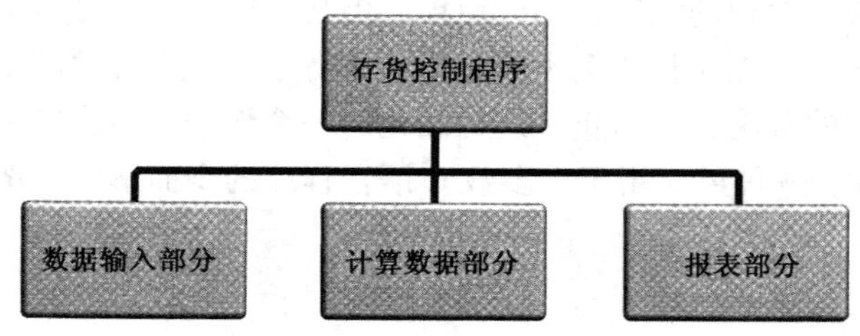

图1.18 一级结构框图

注意，这种设计将产生一个树状结构，当从这个结构的顶部向底部移动时，各个级的分支就体现出来了。当设计完成时，在较低的方框中所设计的每一个任务，通常就表示一个简单的算法，这些简单算法会被结构中较高的算法所使用。这种类型的算法开发方法，被称为自顶向下的算法开发(top-down algorithm development)，它从最顶端开始，在向下达到最后一组算法的过程中，会开发出越来越多的详细算法。

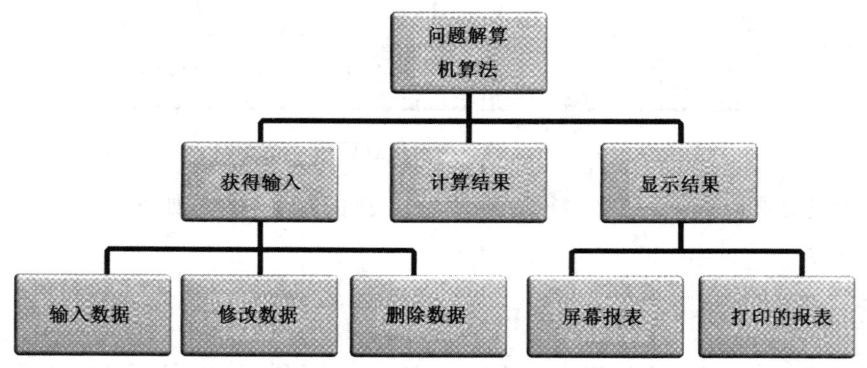

图1.19 二级细化结构框图

步骤3:编写程序 这个步骤是将选定的解决方案算法翻译成C语言计算机程序。这一步也被称为编码算法。

如果分析步骤和解决方案步骤已经正确地完成，则编写程序的过程本质上就有些机械了。但是，在一个设计良好的程序中，组成程序的语句应该遵守已经在解决方案步骤中定义的某些定义良好的结构，这些结构控制程序的执行。存在如下几种类型的结构：

1. 顺序(sequence)
2. 选择(selection)
3. 迭代(iteration)
4. 调用(invocation)

顺序结构定义了程序执行指令的次序。它指明了指令将用它们在代码中出现的次序执行，除非被某种其他类型的结构特意改变了。

根据某个条件的结果，选择结构提供了在不同的指令之间进行挑选的能力。例如，在执行除法之前可以检查作为被除数的值。如果值为0，则除法将不能执行，而且会向用户发出一个警告消息。值不为0时则可以执行除法操作。选择结构以及它在C语言中的编码方法，将在第4章讲解。

重复(repetition)，也称为循环(looping)和迭代(iteration)，提供了根据某个条件的值重复地执行同一个操作的能力。例如，学生的成绩可以被重复地输入和相加，直到输入了一个负的成绩值为止。在这个例子中，负成绩值的输入就是重复地输入并相加成绩结束的条件。在此刻，能够执行求全部成绩平均值的计算。循环结构以及它在 C 语言中的编码方法，将在第 5 章讲解。

调用，即在需要时运行指定的代码段。调用结构以及它在 C 语言中的编码方法，将在第 6 章和第 7 章讲解。

步骤 4:测试并改正程序　测试的目的是验证程序运行正确并且确实满足了它的要求。理论上，测试应该揭露所有存在的程序错误(在计算机术语中，程序错误被称为 bug①)。实际工作中，程序测试要求检查所有可能的语句执行组合。考虑到需要付出的时间和精力，这通常是一个不可能达到的目标，除非是极其简单的程序(4.8 节中将说明为什么这通常是一个不可能达到的目标)。

对大多数程序而言，穷举测试根本不现实。正因为如此，就出现了各种不同的测试方法。就最基本层面而言，测试应是一种自发的行为，以确保程序能正确运行并产生有意义的结果。必须仔细考虑测试希望达到的目标以及测试中将使用什么样的数据。如果测试发现了一个错误(bug)，就必须着手调试程序，这一过程包括定位错误、改正它以及验证它的正确性。要着重指出的是，尽管测试可能揭露错误的存在，但并不能表明错误不存在。于是，虽然测试找出了一个 bug，但这一事实并不表明另外的 bug 没有潜伏在程序中。

为了捕捉并改成程序中的错误，首要的是开发出一组测试数据，以判断程序是否会给出正确答案。事实上，在正式的软件测试中，一个可接受的步骤是在编写代码之前就规划测试过程并创建出有意义的测试数据。这有助于程序员更加客观地理解程序必须做什么。因为在编码之后再进行测试，会下意识地回避使用导致程序失败的测试数据，而在编码之前就规划测试过程并创建测试数据，从本质上就避免了这种情况的出现。测试应该检查程序将被使用的每一种可能的情形。这意味着测试应该使用在合理范围内的数据以及在可接受范围内的数据，而用无效数据进行测试时程序应该检测和报告为无效数据。事实上，为复杂问题开发良好的验证测试和数据，可能比编写程序本身要更困难。

阶段 3:文档编制

实践中，在完成编程工作几个月之后，大多数程序员就会忘记程序中的许多细节。如果自己或者其他程序员以后必须对程序进行修改，重新理解这个原来的程序是如何工作的就可能需要许多宝贵的时间。良好的文档编制就能防止这种情况的出现。

这样多的工作变成了无用的或者已经丢失，这样多的任务必须重做，都是因为文档编制不完全，从而证明了在问题求解过程中文档编制是最重要的一步。实际上，有许多关键的文档需要在分析、设计、编码和测试步骤中建立。完整的文档编制要求收集这些文档、添加额外的材料，并用对你或你的机构最有用的形式呈现它。

虽然并不是每个人都用相同的方法将这些文档分类，但有 6 类文档基本适用于所有的问题解决方案。这 6 类文档是

① 这个术语的出现相当有意思。1945 年 9 月的一天，当哈佛大学的 MARK I 计算机上运行的一个程序停止运行时，Grace Hopper 发现故障是由一个进入电子电路的死飞蛾引起的。15 时 45 分，她在工作日志上这样记录了这个偶发事件:“#70 继电器……(飞蛾)在继电器中。首次发现的 bug 实例”。

1. 要求陈述
2. 要进行编码的算法描述
3. 代码内的注释
4. 按时间所做的修改和变更的描述
5. 运行的样本测试，包括每次运行使用的输入以及获得的输出
6. 用户手册，它是如何使用程序的详细说明

一个大机构的团队中任何可能使用程序的人的“换位思考”——从秘书到程序员再到用户——将有助于使重要的文档的内容和设计更清楚。文档编制阶段从阶段 1 正式开始，一直延续到维护阶段。

阶段 4：维护

这个阶段关心的是问题改正、修改程序以满足变化的需求以及增加新的特性。维护经常是需重点付出努力的阶段，也是主要的利润来源和持久事件最长的工程阶段。开发程序可能只需花几天或数月的时间，而维护可能要持续几年甚至几十年。文档编制得越好，维护阶段就越有效率，而客户和用户也会越高兴。

图 1.20 展示了维护时间与开发和设计相比较时的相对比例。

图 1.20 中显示出维护现有程序的成本大约是全部编程成本的 70%。学生们通常会觉得奇怪，因为他们习惯于解决一个问题并继续转向一个不同的问题。但是，商业和科学领域不这样操作。在这些领域中，一个应用或想法通常建立在前一个之上，并可能要求数月或数年的工作。这在程序设计中尤其如此。一个应用程序可能花了几周或几个月的时间编写，而维护可能会持续好几年，以不断添加新的特性。由于通信、网络、光纤以及新的图形显示技术的发展，导致经常需要最新的软件产品。

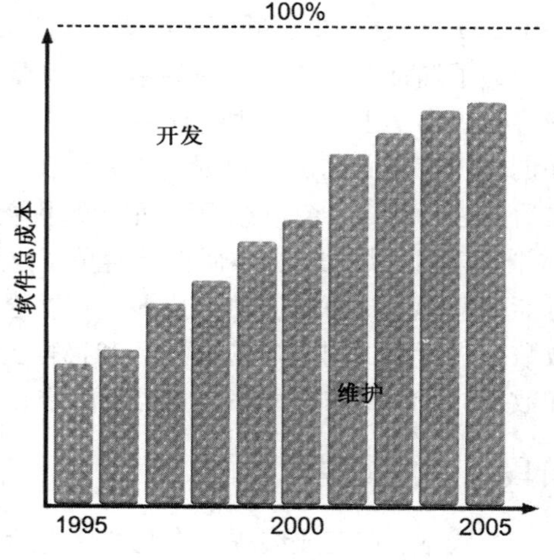

图 1.20　维护是主要的软件成本

维护(改正、修改或者增强)程序的难易程度，与阅读并理解程序的难易程度有关。正如前面所讲，这取决于程序在设计时的关注程度和高质量文档编制的可用性。

备份

尽管不是正式的软件开发过程的一部分，但在编写程序时进行备份也是至关重要的。在修订程序的过程中，很容易就会将程序的当前工作版本修改得面目全非。利用备份的副本，就能够毫不费力地恢复到工作的前一个阶段。一个可以使用的程序的最终工作版本，至少应该有两个备份。在这一点上，另一句有用的程序设计格言是：“如果不介意从头再来，备份就无关紧要了”。维护程序的三项基本原则是

1. 备份!
2. 备份!!
3. 备份!!!

大多数机构会在能够容易获取的地方至少保持一个备份，而将另一个备份放在防火保险箱中或放在遥远的地方。

练习 1.4

简答题

1. 列出并描述软件开发过程中的 4 个主要阶段。
2. 一封来自部门领导 R. Karp 女士的电子邮件写道："解决我们的库存问题"。针对这封邮件回答下列问题。
   a. 你的首要任务是什么？
   b. 该如何完成这项任务？
3. 假设要求创建一个 C 语言程序，计算一个小猪钱罐中的钱数，单位为美元。目前流通的硬币种类有 5 角、2 角 5 分、1 角、5 分和 1 分。不要给这个程序编码，而是回答下列问题。
   a. 对于这个编程问题，要求有多少个输出？
   b. 这个问题有多少个输入？
   c. 给出将输入项转换成输出项的公式。
   d. 用下列样本数据测试练习 3c 中编写的公式：5 角硬币数为 0、2 角 5 分硬币数为 17、1 角硬币数为 24、5 分硬币数为 16、1 分硬币数为 12。
4. 假设要求创建一个 C 语言程序，根据距离公式 *distance* = *rate* * *elapsed time* 计算距离值，单位为英里（1 英里 = 1.6093 千米）。不要给这个程序编码，而是回答下列问题。
   a. 对于这个编程问题，要求有多少个输出？
   b. 这个问题有多少个输入？
   c. 给出将输入项转换成输出项的公式。
   d. 用下列样本数据测试练习 4c 中编写的公式：*rate* = 55 英里/小时，*elapsed time* = 2.5 小时。
   e. 如果 *elapsed time* 的单位为分钟而不是小时，应该如何修改练习 4c 中的公式？
5. 假设要求创建一个 C 语言程序，根据距离公式 *Ergies* = *Fergies* * *Lergies* 计算 *Ergies* 的值。（注：全部公式项都是虚构的）。不要给这个程序编码，而是回答下列问题。
   a. 对于这个编程问题，要求有多少个输出？
   b. 这个问题有多少个输入？
   c. 给出将输入项转换成输出项的公式。
   d. 用下列样本数据测试练习 5c 中编写的公式：*Fergies* = 14.65，*Lergies* = 4。
6. 假设要求创建一个 C 语言程序，显示如下的姓名和地址：

   Mr. J. Swanson
   63 Seminole Way
   Dumont, NJ 07030

   不要给这个程序编码，而是回答下列问题。
   a. 对于这个编程问题，要求有多少个输出行？
   b. 这个问题有多少个输入？
   c. 存在将输入项转换成输出项的公式吗？给出理由。

7. 要求要求创建一个C语言程序，假设汽车最初以88英尺/秒(即60英里/小时，1英尺 = 0.3048米)的速度行驶，驾驶员用制动器以12英尺/平方秒的减速度均匀减速。使用公式 $distance = st - (1/2)dt^2$，其中 s 为汽车的初速度，d 是减速度，t 是所花时间。不要给这个程序编码，而是回答下列问题。
   a. 对于这个编程问题，要求有多少个输出？
   b. 这个问题有多少个输入？
   c. 给出将输入项转换成输出项的公式。
   d. 用问题中给出的样本数据测试练习7c中编写的算法。

许多程序设计问题要求不仅一开始就要与客户谈判，而且还要面对在程序设计已经开始后客户还可能要求新增信息的情况。练习8到练习13的目的是使你熟悉可能面对的某些情形，它们对自由程序员尤其有用。

8. 许多首次从事程序或系统开发的人都认为，编码是程序开发最重要的一个方面。他们觉得自己知道需要什么，并且认为程序员只需花很少的分析时间就可以开始编码。作为一名程序员，与这样的人一起工作能够预想到有什么隐患？
9. 许多需要程序的人都试图与程序员签订一个包含固定开发费用的合同(预先确定支付的总费用)。这种安排对用户的有利条件是什么？对程序员的有利条件是什么？对用户和程序员都不利的条件是什么？
10. 许多自由程序员更愿意按小时收费。为什么应该如此？在什么条件下给客户一个固定报价将有利于程序员呢？
11. 曾经雇佣过程序员的人通常希望有一个清楚的程序设计工作的陈述，包括程序功能的完整描述、交货日期、付款安排和测试要求等。这种要求对用户的有利条件是什么？对程序员的有利条件是什么？对用户和程序员都不利的条件是什么？
12. 一家计算机商店要求编写一个销售记录程序。该商店每周营业6天，每笔销售记录平均要求100个字符，商店平均每天有15笔生意。店老板要求确定必须为两年期间的全部销售记录保留多少个字符。估计值是多少？
13. 你正在为一位新客户创建一个销售记录系统。操作员输入系统中的每一笔销售记录，包括所售商品的描述、购买该商品的公司的名称和地址、商品的价值以及做这笔交易的人的代码。这个信息最多由300个字符组成。客户必须雇佣一名或多名数据录入员将以前的手工记录转成计算机记录。他们目前有5000多条销售记录，将这些记录输入系统需花多少时间？估计值是多少？(提示:为了解决这个问题，必须做一个假设，也就是一位录入员平均每分钟能够输入多少单词，以及每个单词的平均字符数是多少)？

1.5 案例研究:设计与开发

这一节将把软件开发过程的设计与开发阶段(阶段2)应用到下面的程序需求规范中。

> 圆的周长 C 可由公式 $C = 2\pi r$ 确定，其中π是常量3.1416(精确到4位小数)，r 是半径。利用这个公式，编写一个C语言程序，计算半径为2英寸(1英寸 = 2.54厘米)的圆的周长。

步骤 1:分析问题

这一步验证程序说明的完整性，并证实已对所要求的东西有完整的理解。

a. 确定期望的输出　在此过程中，应关注要求陈述中类似“计算”、“打印”、“确定”、“查找”或“比较”这样的表述。对于上面的样本程序的要求，关键的短语是“计算圆的周长”，它明确了一个输出项目(圆的周长)。由于这个问题没有其他类似的短语，因此只要求有一个输出项。

b. 确定输入项　在明晰了期望的输出之后，必须确定所有的输入项(如果觉得在明晰输出之前确定输入项会更方便一些，也可以这样做)。在这一阶段，区分输入项与输入值是非常重要的。输入项是输入量的名称，而输入值是能够用于输入项的特定的数字或数量。例如，在前面的程序要求中，输入项是圆的半径。虽然在这个问题中这个输入项有一特定的数字值(已知量 2)，但是实际的输入值在这个阶段通常是不重要的。

这个时候并不一定需要输入值，因为输入与输出之间的关系一般与特定的输入值无关。决定公式的因素是明确输出项和输入项以及它们之间的特殊约束。注意，不管赋予输入项的特定值如何(除非公式存在特定的约束)，输入项和输出项之间用公式表达的关系总是正确的。尽管没有特定值的输入项就不能产生一个实际的输出项值，但是输入与输出之间的正确关系可由公式表达。

c. 列出将输入与输出相关联的公式　最后一步是确定如何根据输入得到输出，这可通过由二者确定的公式回答。在本例中，关系由公式 $C = 2\pi r$ 提供，式中 C 是输出项，r 是输入项。要再次提醒的是，这个公式不要求列出特定的输入值，它只是明确了输入项与输出项之间的关系。

如果不清楚如何从给定的输入获得所要求的输出，则可能需要更清楚的需求陈述。换句话说，需要获得关于问题的更多信息。

d. 执行人工计算　利用给出的公式，下一步是用特定的输入值检查公式的正确性。用手工或计算器执行一个人工计算，以确保真正理解了问题。人工计算的另一个好处是以后可以将结果用在测试阶段中验证程序的运行。这样，当最终的程序用其他数据运行时，就足以相信计算出来的是正确的结果了。

在这一步，需要将特定输入值赋予公式所使用的输入项中，以得到期望的输出。对于这个问题，存在一个输入值:半径为 2 英寸。将这个值代入公式，可获得圆的周长 $C = 2\pi r = 2 \times 3.1416 \times 2 = 12.5664$ 英寸。

步骤 2:选择一个全面解决方案算法

上一节中给出的通用问题求解算法是

获得问题的输入
计算期望的输出
报告计算的结果

为了确定圆的周长，算法应变成:

将半径值 r 设置为 2
利用公式 $C = 2\pi r$，计算周长 C
显示 C 的值

步骤 3:编写程序

程序 1.1 中给出的是计算一个半径为 2 英寸的圆的周长的代码。因为还没有介绍 C 语言,所以这个程序对你来说可能不太熟悉,但是你应该能够理解关键的行正在做些什么。为了帮助理解,程序中添加了行号,这些行号从来就不是 C 语言程序的组成部分,但为了易于标识不同的 C 语句,本书中将总是插入行号。

在本例中,程序遵循一个顺序次序,每一条语句都用严格的顺序次序依次执行。但是,为了帮助理解,注释(符号/*和*/之间的文本)已经包含在第 5 行、第 7 行和第 8 行中。尽管所有的程序行要到下一章才会全面解释,但是现在只需注意这三行语句并利用这些注释将它们与分析阶段选择的算法相联系。

在第 5 行中,定义了供程序使用的名称 radius 和 circumference。程序没有对这些名称附上任何意义(例如,名称 r 和 c, x 和 y,或者 in 和 out 都同样可以定义),但是应该总是选择更具描述性的和对实际问题有些含义的名称。在第 7 行中,名称 radius 被赋予了一个值,而在第 8 行中,为名称为 circumference 的项计算出了一个值。最后,在第 9 行中,输出了 circumference 的值。

程序 1.1

```
 1  #include <stdio.h>
 2
 3  int main()
 4  {
 5    float radius, circumference;   /* 声明输入和输出项目 */
 6
 7    radius = 2.0;     /* 设置半径的值 */
 8    circumference = 2.0 * 3.1416 * radius;   /* 计算周长的值 */
 9    printf("The circumference of the circle is %f\n", circumference);
10
11    return 0;
12  }
```

当执行程序 1.1 时,产生的输出如下。

```
The circumference of the circle is 12.566400
```

步骤 4:测试并改正程序

因为这个程序只执行一个计算,因此测试程序 1.1 实际上就是验证唯一的输出是否正确。由于输出与前期的手工计算结果一致,因此现在就能够使用这个程序来计算不同半径的圆的周长,并确信结果会是正确的。

练习 1.5

简答题

1. 假设程序员在程序 1.1 中没有使用名称 radius 和 circumference,而是使用了名称 rad 和 cir,确定程序中必须修改的那些行并重写这些行,以反映名称的变化。

2. 假设除了圆的周长之外还要求计算圆的面积。则必须对程序 1.1 做哪些修改才能满足这个额外的要求？

3. 要求编写一个程序，将 86 千米(kilometer)转换为英里(mile)数。千米与英里之间的转换关系是 $mile = 0.625 \times kilometer$。不要给这个程序编码，而是回答下列问题。
   a. 为这个问题编写一个完整的程序需求规范。
   b. 给出程序所要求的输出。
   c. 确定程序有多少个输入。
   d. 给出将输入项转换成输出项的公式。
   e. 用给定的输入值进行人工计算。
   f. 为这个问题提供一个解决方案算法。

4. 1627 年，美国曼哈顿岛被卖给了荷兰定居者，花了大约 24 美元。假设要求建立一个程序来回答如下的问题：如果这次卖出的收入一直存放在荷兰银行，年利率为 5%，按复利计算。到 2006 年末的余额将是多少？程序应该显示如下输出，需用实际值替换下面的 x。

   Balance as of December 31, 2006, is *xxxxxx*.

   不要给这个程序编码，而是回答下列问题。
   a. 为这个问题编写一个完整的程序需求规范。
   b. 给出程序所要求的输出。
   c. 确定程序有多少个输入。
   d. 给出将输入项转换成输出项的公式。
   e. 用给定的输入值进行人工计算。
   f. 为这个问题提供一个解决方案算法。

5. 假设要求创建一个 C 语言程序，计算并显示两个人一周的总工资和净收入。第一个人的工资为每小时 8.43 美元，第二个人的为每小时 5.67 美元。两个人总工资的 20% 为收入税，税前总工资的 2% 为医疗保险费。不要给这个程序编码，而是回答下列问题。
   a. 对于这个编程问题，要求有多少个输出？
   b. 给出将输入项转换成输出项的公式。
   c. 这个问题有多少个输入？
   d. 用下列样本数据测试练习 5c 中编写的公式：第一个人每周工作 40 小时，第二个人每周工作 35 小时。
   e. 为这个问题提供一个解决方案算法。

6. 统计学应用中使用的标准正态差 z 的公式是：$z = (X - \mu) / \sigma$，其中 μ 为均值，σ 为标准差。假设要求建立一个 C 语言程序，计算并显示 $X = 85.3$，$\mu = 80$，$\sigma = 4$ 时标准正态差的值。不要给这个程序编码，而是回答下列问题。
   a. 对于这个编程问题，要求有多少个输出？
   b. 这个问题有多少个输入？
   c. 给出将输入项转换成输出项的公式。
   d. 用问题中给出的数据测试练习 6c 中编写的公式。
   e. 为这个问题提供一个解决方案算法。

7. 描述指数增长的方程式是:$y = e^x$。假设要求创建一个C语言程序，计算 y 的值。不要给这个程序编码，而是回答下列问题。
   a. 对于这个编程问题，要求有多少个输出?
   b. 这个问题有多少个输入?
   c. 给出将输入项转换成输出项的公式。
   d. 如果 $e = 2.718$，$x = 10$，测试练习7c中编写的公式。
   e. 为这个问题提供一个解决方案算法。

1.6 编程错误

学习任何编程语言时，经常会犯一些基本的错误，而这些错误在你之前其他程序员初学者也同样犯过。每一种编程语言都有自己的一套常见编程错误在等待着粗心的人，这些错误往往会令人沮丧。与这一章讲解的内容有关的几个最常见的错误如下所示。

1. 没有花足够的时间了解问题或者设计合适的算法，就匆忙去编写并执行程序。对于这一点，有必要记住一条编程谚语:“没有充分理解问题，就不可能设计出成功的程序”。一句与此等价的类似谚语是:“编程所花的时间越短，调试和完成所用的时间就会越长”。
2. 忘记备份程序。在丢失一个花费了大量时间编码的程序之前，几乎所有的新程序员都会犯这个错误。
3. 没有理解计算机只能响应明确定义的算法。告诉一台计算机将一组数字相加，与告诉朋友将这些数字相加完全不同。计算机只接受用编程语言描述的加法的精确指令。

1.7 小结

1. 创建一台能自我操作的计算机器的首次尝试是在1822年由Charles Babbage进行的。这一概念随着1937年在爱荷华州立大学ABC机器的建造变成了现实。这台机器是使用二进制计数方案存储和操作数据的第一台计算机。
   最早的大规模数字计算机是1946年美国宾夕法尼亚大学摩尔工程学院建造的ENIAC，但是，这台机器要求外部配线才能指导它的操作。
   第一台采用存储程序概念的计算机是英国剑桥大学建造的EDSAC。设计这台机器时所使用的操作原理，是由数学家John Von Neumann提出的，这些原理仍然被当今制造的大多数计算机所使用。
2. 用来构造计算机的物理元器件，被称为硬件。
3. 用来操作计算机的程序，被称为软件。
4. 编程语言有多种形式和类型。机器语言程序也称为可执行程序，它包含能够被计算机执行的二进制代码。汇编语言程序允许为数学运算和存储器地址使用符号名称。在执行之前，用汇编语言编写的程序必须使用称为汇编器的翻译程序转换为机器语言。机器语言和汇编语言都是低级语言。
5. 编译语言和解释语言都是高级语言。这表示它们的指令是用类似某种书写语言(如英语)编写的，并且能够在各种类型的计算机上运行。编译语言要求一个将程序翻译为机器语言形式的编译器，而解释语言要求一个做这个翻译的解释器。

6. 算法就是描述应该如何执行操作才能获得预期的输出的按步执行的指令序列。
7. 软件开发过程由如下 4 个阶段组成：
   - 确定程序需求规范
   - 设计与开发
   - 文档编制
   - 维护
8. 设计与开发阶段由如下 4 个良好定义的步骤组成：
   - 分析问题
   - 选择一个全面解决方案算法
   - 编写程序
   - 测试并改正程序
9. 编写（或编码）一个将解决方案算法翻译为某种计算机语言（如 C 语言）的程序。
10. 编写程序时，可以使用如下 4 种基本的控制结构：
   - 顺序
   - 选择
   - 迭代
   - 调用
11. 尽管备份程序不是正式的软件开发过程的一部分，但至少保存一个副本是非常重要的。这个副本被称为备份副本，或简称为备份。

1.8 补充材料：数字存储码

将整数存储在计算机内存单元时，最常用的编码方式被称为 2 的补码（two's complement）。这种编码用一种特定的位模式与每个整数（正值或负值）相联系。

一个看成数字值（如 10001011）的位模式，被称为二进制数（binary number）。确定二进制整数的十进制值的最简单方法，是首先构造一个简单的称为值框（value box）的设备。图 1.21 展示了一个用于单字节的值框（为方便起见，在下面的讨论中假设字由一个字节组成，尽管讨论过程同样适用于更大的字）。

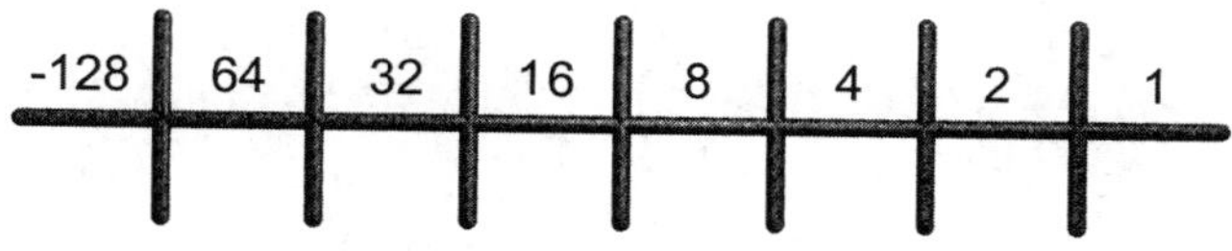

图 1.21 一个用于 2 的补码转换的 8 位值框

在图 1.21 展示的值框中，每个值在数学上都表示 2 的递增幂。由于 2 的补码数必须能够表示正整数和负整数，最左边的位置除了有最大的绝对量值之外，还有一个负号。

为了将一个任意二进制数（如 10001101）转换为它的对应十进制值，只需将位模式插入值框中并将那些在其下面有 1 的值相加。这样，如图 1.22 所示，位模式 10001101 表示整数 -115。

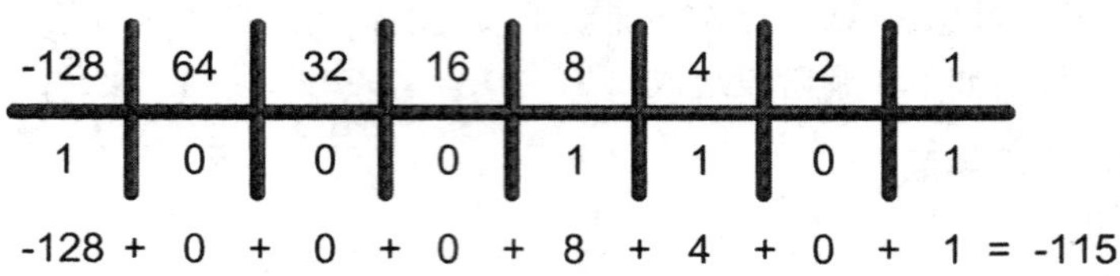

图 1.22 将 10001101 转换为十进制数

再看看值框可知，第一位为 1 的任何二进制数都表示一个负数，而第一位为 0 的任何位模式都表示一个正数。值框也能反向使用，将十进制整数转换为对应的二进制位模式。事实上，有些转换能够通过观察进行。例如，十进制数 -125 可通过将 3 与 -128 相加获得。这样，}二进制表示是 10000011，这等于 -128 + 2 + 1。类似地，数字 40 的 2 的补码表示是 00101000，即 32 + 8。

尽管值框转换方法看起来很简单，但这个方法与 2 的补码二进制数的数学基础直接有关。2 的补码的二进制代码的原始名称是加权符二进制代码(weighted - sign binary code)，它与值框直接相关。正如名称“加权符”所暗示的那样，每个位所在的位置都有一个 2 的自乘幂和符号的权或值。除了最左边的位之外，所有的位符号都是正的，而最左边或最重要的位的符号是负的。

第 2 章　C 语言编程初步

C 语言程序由一个或多个称为函数(function)的过程构成。但是，每一个程序都必须至少包含一个名称为 main 的函数。这一章通过讲解 main 函数的结构和另一个广泛用于在监视器上显示输出的函数 printf，开始 C 语言编程基础知识的介绍。此外，还将讲解 C 语言的基本数据类型、变量和声明，它们几乎构成了所有计算的基础。本章和下一章中，将完成几乎在所有 C 语言程序中都会使用的基本输入、处理以及输出语句的介绍。

2.1　C 语言编程简介

正如 1.2 节中所讲，C 语言是一种过程语言，这意味着能够使用指令来创建自包含的单元，这种单元在 C 语言中被称为函数。函数的用途是接收输入的数据，并用某种方式转换这个数据，产生特定的结果。

图 2.1 展示了一个典型的 C 语言程序的结构。由程序员创建的函数，或者由 C 语言编译器提供的函数，可充当新函数的基础，所有这些函数都能集成到一个完整的源程序中。可以将函数理解成一台把接收的数据转换为产品成品的小型机器。图 2.2 展示的函数接收两个输入数据，并将这两个数相乘产生一个输出。正如图 2.2 所示，外界与这个函数的接口是它接收的输入以及产生的输出。输入转换为输出的过程，被封装和隐藏在函数内部。在这一点上，可以将函数理解成一个提供特定用途操作的单元。

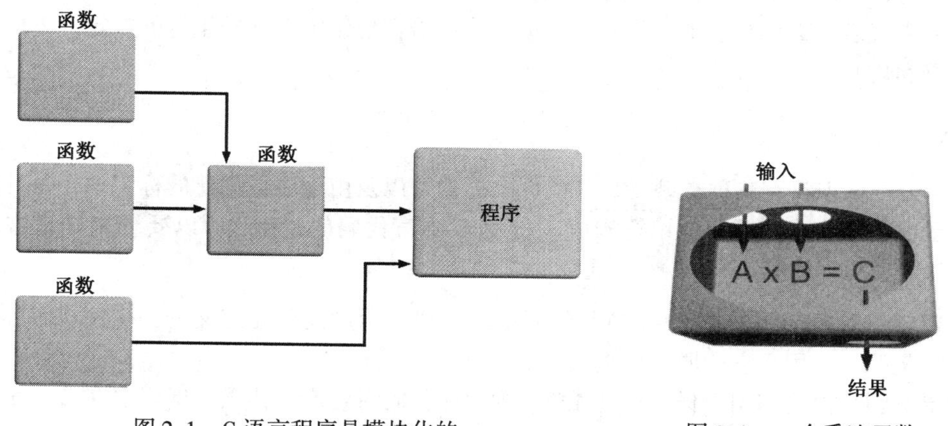

图 2.1　C 语言程序是模块化的　　图 2.2　一个乘法函数

事实上，C 语言提供的大量函数集都被集中存放在称为标准库(standard library)的文件集中①。完全能够在标准库的基础上构建许多程序，这样就极大地提高了编程生产力，并且减少了出错的机会。

---

① 标准库由 15 个头文件组成，它们在附录 C 中详细描述。这些头文件的每一个都可打开和查看。你可以在计算机上搜索它们中的任何一个(如 stdio.h)。

作为一个例子，我们将1.5节中开发的程序1.1复制为程序2.1。这个程序在第8行计算圆的周长值，圆的半径为2，它是在第7行设置的。程序由一个从第3行开始的名称为 main 的函数组成。main 函数的内部，在第9行使用了名称为 printf 的第二个函数，这个函数由一个文件名称为 stdio.h 的C语言标准库提供(这是在第1行中通知编译器在编译这个程序时要包含这个头文件的原因)。printf 函数专门用于在计算机的监视器上显示数据，在第99中它被用于显示在第8行中计算出的 circumference 的值。程序段中之所以包含这些行号，只是为了方便在书中引用它们时能够区分每一条C语言语句。

程序2.1

```
1   #include <stdio.h>
2
3   int main()
4   {
5     float radius, circumference;   /* 声明输入和输出项目 */
6
7     radius = 2.0;    /* 设置半径的值  */
8     circumference = 2.0 * 3.1416 * radius;   /* 计算周长的值  */
9     printf("The circumference of the circle is %f\n", circumference);
10
11    return 0;
12  }
```

程序2.1全部由单词和符号组成，即英镑符号、尖括号、圆括号、分号、大括号、符号/*和*/以及等于号和星号。每一个符号的含义都将在这一章中给出。函数名称以及允许在程序中使用的所有单词，比如 radius 和 circumference，对编译器而言具有特殊的含义，它们统称为标识符(identifier)。在命名函数和数据项时，应选择能对其他程序员传达某些关于这个函数和数据项代表什么的概念的标识符，并应遵循C语言规则中选择标识符的规定。下面分别讨论标识符和规则。

标识符

C语言中标识符有三种类型:保留字、标准标识符以及由程序员创建的标识符。每种标识符都有自己的特殊要求。因为标识符构成了所有C语言代码的基础，所以要分别探讨这三种标识符。

保留字　保留字(reserved word)是编程语言为特定用途而预先定义的一个字，而且保留字只能用特定的方式用于它的原本用途。

如果试图将保留字用于任何其他用途，则编译代码时将产生错误。保留字在C语言中也被称为关键字(keyword)，本书中将交替使用它们。

表2.1中列出了完整的C语言关键字清单。随着编程课程的深入，将会了解应该在什么地方使用这些关键字、为什么要使用它们以及如何使用。

> **编程注解:标记**
>
> 在计算机语言中，标记(token)是语言里具有唯一含义的最小单元。因此，保留字、程序员定义的标识符以及所有的专用数学符，比如+和-，都被认为是C语言中的标记。

表 2.1　C 语言中的关键字

auto	default	float	register	struct	volatile
break	do	for	return	switch	while
case	double	goto	short	typedef	
char	else	if	signed	union	
const	enum	int	sizeof	unsigned	
continue	extern	long	static	void	

标准标识符　标准标识符是 C 语言中预先定义的字，它们具有预定义的用途，但是程序员能够重新定义这个用途。大多数标准标识符都是 C 语言标准库提供的函数名称。表 2.2 中列出了一些标准标识符。

表 2.2　一些标准标识符

abs	fopen	isalpah	rand	strcpy
argc	free	malloc	rewind	strlen
argv	fseek	memcpy	scanf	tolower
calloc	gets	printf	sin	toupper
fclose	isacii	puts	strcat	ungetc

将标准标识符只用于它们的原始用途，是一种良好的编程实践。例如，标准标识符 rand 是标准库中提供的一个 C 语言函数的名称，这个函数能够用来创建一个或多个随机数的集合，这在构建仿真程序时非常有用。但是，在某些情况下，程序员可以开发一个专门的或更有效的随机数产生函数，并将它命名为 rand，这样做可能会更好。

由程序员创建的标识符　C 语言中大量使用的标识符都是由程序员选用的，它们被称为“由程序员创建的标识符”。这种类型的标识符也被称为“由程序员创建的名称”，可用于命名数据和函数。

程序员创建的名称必须遵守 C 语言的标识符规则（保留字和标准标识符也如此），这意味着它们可以是遵循如下规则的字母、数字或下画线(_)的任意组合。

1. 标识符的首字符必须是字母或下画线。
2. 只有字母、数字或下画线可以跟在首字母之后，不允许有空格。此外，程序员创建的标识符不能是保留字（见表 2.1）。

注意，程序 2.1 中由程序员创建的名称 radius 和 circumference 遵守以上规则。

从实际情况来看，将程序员创建的标识符限制为少于 14 个字符且最多不超过 20 个字符是一个好主意，这样做有助于防止可能的输入错误。

将几个单词组合成一个明显就能看出函数或数据的用途，这样的标识符也是有帮助的。在老式 C 语言程序中，程序员通常只使用小写字母，有时会用下画线分开一个较长标识符中的单词，比如 calculate_payment。在新式 C 语言程序中，一般不使用下画线，而是将第一个单词之后的每一个单词的首字母都大写。程序员创建的有效标识符的例子如下。

```
checkItems      displayAMessage      randomNumbers
hoursWorked     tempConversion       multByTwo
```

程序员创建的无效标识符的例子如下。

- 4ab7（用数字开头，违反规则 1）

- 4e*6(包含特殊字符, 违反规则 2)
- calculate total(包含空格, 违反规则 2)
- while(为保留字)

有时会遇到全部由大写字母组成的标识符。这种标识符通常用来表示符号常量, 将在第 3 章讨论。

除了必须遵循 C 语言的标识符规则之外, C 语言中的函数名称后面还必须总是跟随一对圆括号(后面会讲解这样做的原因)。一个好的函数名称, 应该传达该如何使用它的某些信息。因此, 标识符 degToRadians()应该是一个将度数转换为弧度的函数, 这是一个好的名称(注意, 这里已经在标识符的后面包含了所要求的圆括号, 它清楚地标记出这是一个函数名称)。这里的这个名称有助于确定函数的作用。下面这种标识符:

```
easy    duh    justDoIt    mary    bill    theForce
```

并没有指明它们的用途。它们是不好的程序设计例子, 应该避免。标识符应该总是描述性的, 能够表明它的用途或者能传达该如何使用的信息。

最后需着重理解的是, C 语言是一种大小写敏感的编程语言。这意味着它会区分大写字母和小写字母。因此, 在 C 语言中 TOTAL, total 和 TotaL 代表三种截然不同的标识符。

main()函数

C 语言的优点之一, 是在规划程序时能够首先确定需要什么样的函数以及应该如何将它们联系起来。接着, 可以编写每一个函数以完成它们应当执行的任务。

为了提供函数以及每一条语句的有序定位和执行, 每一个 C 语言程序都必须有且只有一个名称为 main()的函数。保留字 main 会告知编译器应该从什么地方开始程序的执行。有时, main()函数被称为驱动函数, 因为它会通知其他函数将要操作的顺序(见图 2.3)[①]。

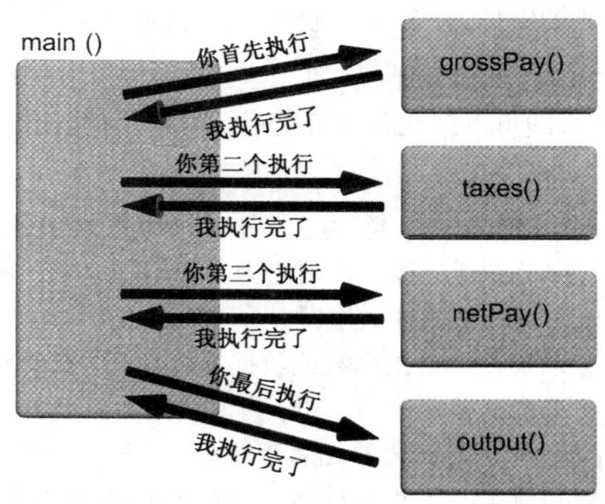

图 2.3 main()函数控制着所有其他函数

① 从 main()执行的函数可以依次执行其他的函数。但是每一个函数总是返回到开始执行它的函数,即使是main()函数也是这样的,它把控制返回给有效地开始 main()函数的操作系统。

图 2.4 展示了一个完整的 main()函数，它使图 2.3 中显示的每一个函数都按列出的顺序执行。函数的第一行，这里是 int main()，被称为函数的首部行。函数的首部行总是该函数的第一行，它包含三部分信息：

1. 函数返回的数据类型(如有)
2. 函数的名称
3. 送入函数的数据类型(如有)

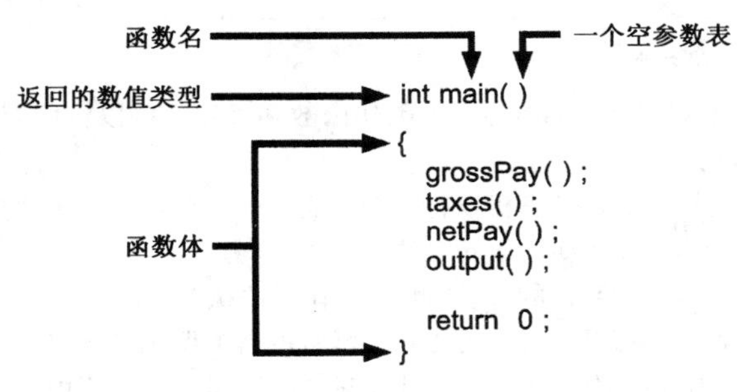

图 2.4　一个简单的 main()函数

函数名称之前的关键字定义了它完成操作后返回的值类型。在函数名称前放置关键字 int(见表 2.1)，表示该函数会返回一个整数值。类似地，跟随在函数名称后面的空圆括号，表明在运行时不需要向函数传递数据。在运行时传递给函数的数据被称为函数的实参(argument)。大括号{和}将构成函数的语句封装起来，这样，它们就确定了函数的开始处和结束处。大括号内的语句确定了函数的功能。在执行函数时，使计算机执行某些特定动作的所有语句都必须以分号结尾。这样的语句被称为可执行语句(executable statement)，它将随着对 C 语言的逐步讲解而更详细地描述。

程序员将会命名和编写许多自己的 C 函数。事实上，本书的后续部分主要讲解的是如何确定需要什么样的函数(包括 main()函数)、如何编写函数以及如何将它们组合为一个可运行的 C 语言程序。但是，每一个程序都必须有一个 main()函数。在讲解如何将数据传递给函数和从函数返回数据之前(它们是第 6 章的主题)，图 2.4 中所展示的首部行将用于所编写的全部程序。根据这种结构，为方便起见可以将开头两行：

```
int main()
{
```

理解成“程序的开始”，将最后两行：

```
  return 0;
}
```

理解成“程序的结尾”。

幸运的是，许多有用的函数已经编写好了，并且已经包含在标准库内。下面将讲解如何用这些函数来创建一个 C 语言程序。

printf()函数

所有 C 语言编译器都提供的最有用的函数之一，是名称为 printf()的函数。正如其名所示，这个函数是一个打印函数，它会格式化数据并将数据发送到标准的系统显示设备。对于大多数系统而言，显示设备就是监视器屏幕。printf()函数会将程序提供给它的任何数据都打印出来。例如，如果将消息“Hello there world!”提供给 printf()函数，则这个消息将会被 printf()函数打印(或在终端上显示)。将数据或消息输送给函数，被称为“向函数传递数据”。程序员能够将消息“Hello there world!”传递给 printf()函数，方法是将这条消息包含在双引号中并将它们放置在函数名称中的圆括号里，如下所示：

```
printf("Hello there world!");
```

> **编程注解：可执行语句与不可执行语句**
>
> 本书中讲解的许多 C 语言语句，都能够用来创建函数和程序。可以将所有语句分成两个大类：可执行语句和不可执行语句。
>
> 在执行程序时，可执行语句会使计算机执行某个特定动作。例如，通知计算机显示输出或者加减数值的语句，就是可执行语句。可执行语句必须用分号结尾。
>
> 不可执行语句，是描述程序或数据的某些特性，但在程序执行时不会使计算机执行任何动作的语句。例如，函数首部行和注释都是不可执行语句。函数的首部明确地定义函数的开始，但在程序执行时不会使计算机采取特定的动作。类似地，注释只供阅读程序的人使用。在编译器编译源代码时，所有的注释都会被忽略。

函数名称中圆括号的用途，是给函数提供一个能够将信息传递给它的“漏斗”(见图 2.5)。前面说过，通过圆括号传递给函数的项，被称为函数的实参。

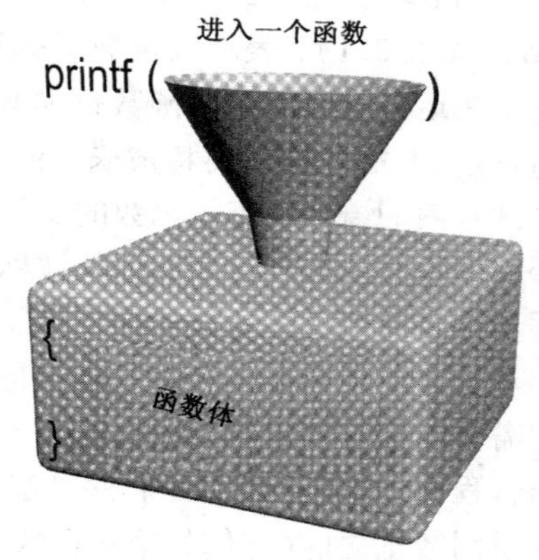

图 2.5 将消息传递给 printf()函数

现在将所有这些语句放入一个能够在计算机上运行的 C 语言程序中。观察程序 2.2，注意，每一行开始处的数字不是程序代码的一部分，它们只是行号，以使引用程序的各个部分更容易。

程序 2.2

```
 1  /*
 2  文件名： Pgm2-2.cpp
 3  描述：显示 "Hello there world!"
 4  程序员： G. Bronson
 5  日期： 6/15/06
 6  */
 7
 8  #include <stdio.h>
 9  int main()
10  {
11    printf("Hello there world!");
12
13    return 0;
14  }
```

程序的前 6 行代码，在第 1 行用斜线和星号的组合/*开始，而第 6 行用匹配的星号和斜线组合*/结束，它们构成了一个注释语句块。注释(comment)是由程序员添加的关于代码的注解，以便使自己(或其他程序员)能够跟踪程序各个部分的用途。注释不是给计算机的实际指令，只是供程序员阅读的说明。因此，注释内的任何内容都不必遵守标识符的规则。

注释可以由一行或多行组成，所有包含在/*和*/之间的字符都是注释。下一节中将对注释有更多的讨论，这里只需重点理解的是每一个源代码程序都应该以与这里类似的注释开始。这些开头的注释行至少应该提供如下信息：其下保存源代码的文件名称、关于程序的一个简短描述、程序员的姓名以及程序最后修改的日期。对于本书中包含的所有程序，文件名都与本书中提供的源代码文件的名称相关。

第 7 行是一个空行，插入这一行的目的，是使程序更容易阅读。空行可以随意添加或删除，对程序的执行没有影响。

程序的第 8 行：

```
#include <stdio.h>
```

是一个预处理器命令。预处理器命令以一个英镑符#开始，在编译器将源程序翻译成机器码之前，它会执行某个动作。特别地，#include 预处理器命令会使所命名的文件(这里是 stdio.h)的内容插入到#include 命令出现的地方。因为文件 stdio.h 放置在使用#include 命令的 C 语言程序的顶部(即头部)，因此它被称为头文件(header file)。特别地，stdio.h 文件为 printf()函数提供了一个合适的接口，因此应该在使用 printf()函数的所有程序中包含它。如程序 2.2 中所示，预处理器命令不用分号结尾。

位于预处理器命令之后的是程序的 main()主函数的开始。C 语言程序中的单词 main 会告知计算机程序在哪里开始。因为一个程序只能有一个开始点，所以每一个 C 语言程序都必须有且只有一个 main()函数。这个 main()函数只包含两条语句。记住，可执行语句必须用分号结尾。main()函数中的第一条语句发起 printf()函数的执行，并将一个实参传递给它。如 1.4 节中所说，这种方式的正式名称为请求(invoke)函数，更常见的称呼是调用(call)函数。在这个特定的例子中，调用并执行了标准 C 语言库中的 printf()函数，这个函数中的语句会执行。传递给函数的实参是消息“Hello there world!”。当 printf()函数显示这个消息并完成执行时，计算机在第 13 行遇到 return 语句。return 语句会完成 main()函数内的处理，将控制返回操作系统。

编程注解：什么是语法

编程语言的语法就是一组明确地表达“语法上正确”的语句的规则。一条语法正确的 C 语言语句，应具有为编译器而指定的恰当形式。只有这样，编译器才会接受它而不会产生错误消息。

单一的语句或程序，有可能在语法上是正确的而在逻辑上是错误的。这样的语句尽管在构造时没有错误，但仍会产生不正确的结果。这与一个语法正确而没有含义的日常句子有些类似。例如，尽管句子“看见树在跑”在语法上是正确的，且包含有名词和动词，但它没有什么实际意义。

由于 printf()函数是作为标准 C 语言库的一部分提供的，因此不必编写它，只需正确地调用它就可以使用。像所有的 C 语言函数一样，printf()函数也是用于执行一个特定的任务，即打印结果。它是一种多用途的函数，能够以多种不同的形式打印结果。当消息传递给 printf()函数时，会将它正确地打印(输出)到屏幕上。

C 语言中的消息称为字符串(string)，因为它们是由字母、数字以及特殊字符构成的字符序列组成的。字符串的开头和结尾需用双引号包围起来。这样，程序 2.2 的第 11 行

```
11  printf("Hello there world!");
```

将传递给这个函数的消息放置在函数圆括号内的双引号中，如上所示。程序的输出(即显示在屏幕上的结果)是

```
Hello there world!
```

下面再分析一个程序，以了解 printf()函数的多用途功能。看一下程序 2.3，它的作用是什么？为了使程序易于阅读，在 return 语句的前面放入了一个空行，后面的程序中都会这样做。

程序 2.3

```
/*
文件名: Pgm2-3.cpp
描述：测试程序
程序员: G. Bronson
日期: 6/15/06
*/

#include <stdio.h>

int main()
{
  printf("Computers, computers everywhere");
  printf("\n as far as I can C");

  return 0;
}
```

当执行程序 2.3 时，会产生如下输出。

```
Computers, computers everywhere
as far as I can C
```

你可能觉得奇怪，为什么\n 没有出现在输出中。将字符\和 n 放在一起使用时，它们被称为换行转义序列，这会通知 printf()函数在新的一行中开始打印。在 C 语言中，反斜线字符(\)通过改变下一个字符的含义，将跟随它的字符进行“转义”，而不是对它按常规解释。如果将程序 2.3 中的第二个 printf()函数调用中的反斜线删除，则字符 n 就会当做字母 n 输出，这样输出就是

```
Computers, computers everywheren as far as I can C
```

换行转义序列可以放置在传递给 printf()函数的消息内的任何位置。下面这个程序的输出是什么？

```
#include <stdio.h>
int main()
{
  printf ("Computers everywhere\n as far as\n\nI can see");

  return 0;
}
```

这个程序的输出如下。

```
Computers everywhere
as far as

I can see
```

练习 2.1

简答题

1. 下面的函数名称是否有效？如果有效，它们是否为描述性的名称？描述性的函数名称能够传达关于该函数功能的一些信息；如果它们无效，给出理由。

```
m1234()   invoices()    abcd()     A12345()   1A2345()
power()   salestax()    do()       while()    int()
add5()    newBalance()  newBal()   netPay()   12345()
taxes()   a2b3c4d5()    absVal()   amount()   $taxes()
```

2. 假设已经编写好了如下函数：

```
input(), salestax(), balance(), calcbill()
```

从名称来看，它们的功能大概是什么？

3. 为完成如下任务的函数选择有效的标识符名称。
   a. 找出一组数中的最大值。
   b. 找出一组数中的最小值。
   c. 将小写字母转换成大写字母。
   d. 将大写字母转换成小写字母。
   e. 由小到大排列一组数。
   f. 按字母顺序排列一组名字。
4. 如果遇到换行转义序列，printf()函数会将下一个要显示的字符定位到新一行的开始处。下一个字符的定位实际上代表了两个完全不同的操作。你认为它们是什么？

编程练习

1. a. 用 printf()函数编写一个 C 语言程序，第一行显示你的名字，第二行显示街道地址，第三行显示城市名、州名和邮政编码。
   b. 在计算机上运行练习 1a 中编写的程序。
2. a. 编写一个 C 语言程序，打印如下的诗句：

```
Computers, computers everywhere
as far as I can see
I really, really like these things,
Oh joy, Oh joy for me!
```

   b. 在计算机上运行练习 2a 中编写的程序。
3. a. 为了打印如下的内容，需使用多少条 printf()语句？

```
Part No.   Price
T1267      $6.34
T1300      $8.92
T2401      $65.40
T4482      $36.99
```

   b. 为了打印出练习 3a 中的表格内容，最少需使用多少条 printf()语句？为什么不用最少的 printf()函数调用来编写这个程序？
   c. 编写一个完整的 C 语言程序，得到练习 3a 中所示的数据。
   d. 在计算机上运行练习 3c 中编写的程序。

4. a. 大多数计算机操作系统都提供重定向的能力，可以将 printf()函数产生的输出到打印机或者直接保存到硬盘文件中。有关重定向功能的描述，请参阅附录D的第一部分。
   b. 如果你的计算机支持输出重定向，利用这个特性运行为练习4a中编写的程序。将程序的显示重定向到一个名为 poem 的文件。
   c. 如果你的计算机支持将输出重定向到打印机，利用这个特性运行为练习4a中编写的程序。

2.2 编程风格

作为程序员，要时刻牢记使程序容易被用户理解的重要性。在忘记某个程序的细节之后很久，有可能将程序员召回来为某些其他用途扩充或者修订它。如果以前编写这个程序的程序员无法抽身，则可能会求助于一位以前从来没有看过程序代码的另一位程序员。使程序更容易阅读的两个重要特性是：缩排一致性和注释。

缩排

正如前面所见，构成 main()函数的所有语句都包含在函数名称后面的大括号内。尽管每一个C语言程序中都必须包含 main()函数，但C语言并不要求单词 main、圆括号或大括号用任何特定的形式放置。上一节中使用的形式

```
int main()
{
   这里是程序的语句;

   返回 0;
}
```

实际上是为了清晰性和易于阅读而特意选择的①。例如，也可以使用下面这个一般形式的 main()函数。

```
int main
(
){  第一条语句; 第二条语句;
第三条语句; 第四
条语句; }
```

注意，可以将多条语句放在一行上，一条语句也能够跨越多行。除了包含在双引号内的消息、函数名称和保留字之外，C语言会忽略所有的空白符。空白符(white space)指的是一个或多个空格、制表符和新行的任意组合。例如，在确保不拆分消息“Hello there world!”，或者确保不使 printf 和 main 的函数名称跨越两行之后，改变程序2.2中的空白符并删除所有的注释，会得到如下有效的程序。

```
int
main
(
){printf
("Hello there world!"
);return 0;}
```

① 如果这个程序的语句之一是调用 printf()函数，那么#include <stdio.h>预处理命令必须调用。如果main()函数在完成之前不返回任何数值，适宜的第一行应该是 void main()。

尽管这样的 main()函数也能够编译并运行，但它是一个极差的编程风格的样本，这样的程序难于阅读和理解。出于可读性的考虑，main()函数应该写成如下的标准形式。

```
int main()
{
  这里是程序的语句;

  返回0;
}
```

在这个标准形式中，函数名称与所要求的圆括号一起放置在从左上角开始的一行上。函数体的开始大括号放在下一行，并放置在函数名称的第一个字母的下方。类似地，结束函数的大括号放置在函数最后一行的开始处。这种结构用来突出该函数是一个独立的单位。

在函数体内，所有程序语句都缩排两个空格。缩排是另一种良好的编程实践，对于类似的语句组都使用同一缩排形式时更是如此。回顾一下程序 2.3，看看两个 printf()函数调用是如何使用同一缩排形式的。

随着对 C 语言的理解和掌握程序的加深，可以建立起自己的缩排标准。但是要记住的是：程序内的缩排形式应该是统一的。这样做的目的是建立设计良好的、能让你和其他程序员都易于理解的程序。

注释

正如前面所讲，注释是程序内的解释性说明。只要使用得当，注释有助于阐明一个完整的程序、一组特定的语句或者一行语句的功能。

符号/*(中间没有空格)表示注释的开始，而符号*/(中间同样没有空格)是注释的结束①。例如，下面的行都是注释行。

```
/* 这是一个注释 */
/* 这个程序输出一条消息 */
/* 这个程序计算平方根 */
```

注释能够放置在程序内的任意位置，它对程序的执行没有影响。计算机会忽略所有的注释，它的唯一目的是方便人们阅读程序。

注释既可以单独成行，也能够与程序语句放在同一行。例如：

```
printf("Hello there world!");  /*  这是一个对 printf()的调用 */
```

注释还能够连续跨越两行或多行，如下所示。

```
/* 这个注释用于演示将注
释放置在多行的情况 */
```

不存在嵌套注释的情况，即在一个注释内包含另一个注释。例如，下面的注释将导致编译器错误。

```
/* 这个嵌套的注释 /* 总是 */ 无效的 */
```

C 语言的注释能够跨越多行，这样的注释被分类为块注释。

程序 2.4 展示了程序中注释的用法。

① 另外，某些编译器允许用双斜线(//)指明一个注释的开始，这样的注释在它所编写的行的尾端结束。

程序 2.4

```
1   /*
2   文件名: Pgm2-4.cpp
3   描述: 测试程序——这个程序显示一个消息
4   程序员: G. Bronson
5   日期: 6/15/06
6   */
7
8   #include <stdio.h>
9
10  int main()
11  {
12    printf("Hello there world!"); /* 调用 printf() */
13
14    return 0;
15  }
```

第一个注释(第 1～6 行)占据了这个程序顶部的多行。正如本章前面看到的那样，这是放置描述程序员、最后修改日期、存放源代码的文件位置以及程序功能的简短注释的一个好位置(为了节省本书的空间，由于所有的程序都是由作者编写的，只有当需要这个注释来补充附加材料时，才会在程序的顶部包含这种简短描述的注释。) 位于 printf() 函数调用结尾处的第二个注释，是与可执行语句同行的注释例子。

程序结构应当使它易于被人阅读和理解，过多的注释反而没有必要。如果函数和变量的名称(将在 2.5 节描述)经过精心挑选，使它能将函数或变量的作用传达给阅读程序的人，则这种结构本身将会更具自解释性。但是，即使经过仔细规划，程序的结构、函数和变量的名称仍可能无法提供所有必要的说明。这时，就应该包含注释来增加解释性。没有注释的含糊不清的代码，肯定不是好的编程实践。过多的注释同样是不可取的，因为这暗示程序员在选取描述性的标识符和使代码具备自解释性方面考虑不周。

练习 2.2

简答题

1. a. 下面的程序能运行吗?

```
#include <stdio.h>
int main() {printf("Hello there world!"); return 0;}
```

   b. 为什么练习 1a 中的程序不是一个好程序?

2. a. 在消息中使用反斜线时，反斜线字符会改变紧跟在它后面的那个字符的含义。如果希望输出反斜线字符，则必须通知 printf() 改变或转义反斜线字符被常规解释的方式。应该使用哪个字符来改变单一反斜线字符被解释的方式?

   b. 利用练习 2a 的答案，编写输出一个反斜线字符的转义序列。

编程练习

1. a. 重新编写下面的这个程序，使其满足良好的编程实践。

```
#include <stdio.h>
int main(
){
printf
(
"The time has come"
return 0;
);
```

b. 编译并执行练习 1a 中编写的程序。

2. a. 重新编写下面的这个程序，使其满足良好的编程实践。

```
#include <stdio.h>
int main
(){printf("Newark is a city\n");printf(
"In New Jersey\n"); printf
(It is also a city\n"
); printf(In Delaware\n"
);return 0;}
```

b. 编译并执行练习 2a 中编写的程序。

3. a. 重新编写下面的这个程序，使其满足良好的编程实践。

```
#include <stdio.h>
int main(){printf("Reading a program\n");printf(
"is much easier\n"
);printf("if a standard form for main is used\n")
;printf ("and each statement is written\n");printf(
"on a line by itself\n")
);return 0;}
```

b. 编译并执行练习 3a 中编写的程序。

4. a. 重新编写下面的这个程序，使其满足良好的编程实践。

```
#include <stdio.h>
int main
(){printf("Every C program"
);printf
("\nmust have one and only one"
);
printf("main function"
);
printf(
"\n the escape sequence of characters")
;printf(
"\nfor a new line can be placed anywhere"
);printf
("\n within the message passed to  printf()"
);return 0;}
```

b. 编译并执行练习 4a 中编写的程序。

2.3　数据类型

C 语言程序能够以不同的方式处理不同的数据类型。例如，计算银行存款利息要求对数字型数据进行数学运算，而按字母顺序排列姓名清单则要求对字符型数据进行比较运算。此外，有些运算不能应用于某些类型的数据。例如，将人的名字相加没有意义。这样，C语言只允许在确定的数据类型上执行确定的运算。

允许的数据的类型以及为每种类型定义的适当的运算，被统称为数据类型(data type)。数据类型的正式定义是：一组值和能够应用于这些值的一组操作。例如，尽管所有整数值组成了一个值的集合，但是这个值集不能成为一个数据类型，除非也包含了一组对这些值的操作。当然，这些操作就是我们所熟悉的数学运算和比较运算。值集与这些操作的组合，就得到了一个真正的数据类型。

内置数据类型(built-in data type)，是集成在编程语言里一起提供的数据类型。内置数据类型也称为基本类型(primitive type)。C语言的内置数据类型，由如图2.6所示的两个基本数字类型和表2.3中列出的运算组成。如表2.3所示，内置数据类型的主要运算使用方便的数学符号。这个表还列出了位运算，它将在14.2节中详细讨论。

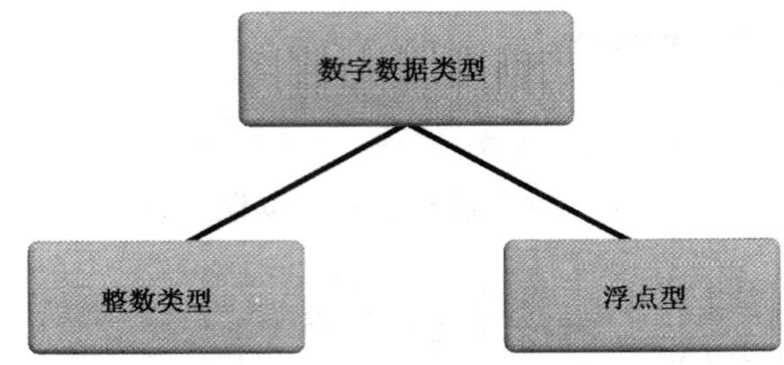

图2.6 内置数据类型

表2.3 C语言的内置数据类型

数据类型	提供的运算
整型	+, -, *, /, %, =, ==, !=, <=, >=, sizeof(), 位运算(见14.2节)
浮点型	+, -, *, /, =, ==, !=, <=, >=, sizeof()

在介绍C语言的内置数据类型时，将利用字面值。字面值(literal)就是某种数据类型可接受的一个值。术语“字面值”体现了一个明确地标识本身的值的事实(字面值的另一个名称是常量)。例如，所有的数字(比如2, 3.6和-8.2)都被称为字面值，因为它们会按照字面意义显示它们的值。像“Hello World!”这样的文本也被称为字面值，因为显示的是文本本身。日常生活中使用的字面值一般是数字和单词。2.5节中将给出一些非字面值的例子——自身不显示但可以利用标识符来存储和访问的值。

整型数据类型

C语言中提供了7种内置整型数据类型，如图2.7所示。各种整型数据类型之间的本质差异是每种类型使用的存储空间量，这直接影响了每种类型能够表示的值的范围。两个最重要的整型数据类型是int类型和char类型，后面的两个小节中将会讲解它们。这两种整型数据类型几乎在所有的应用程序中都会大量用到。

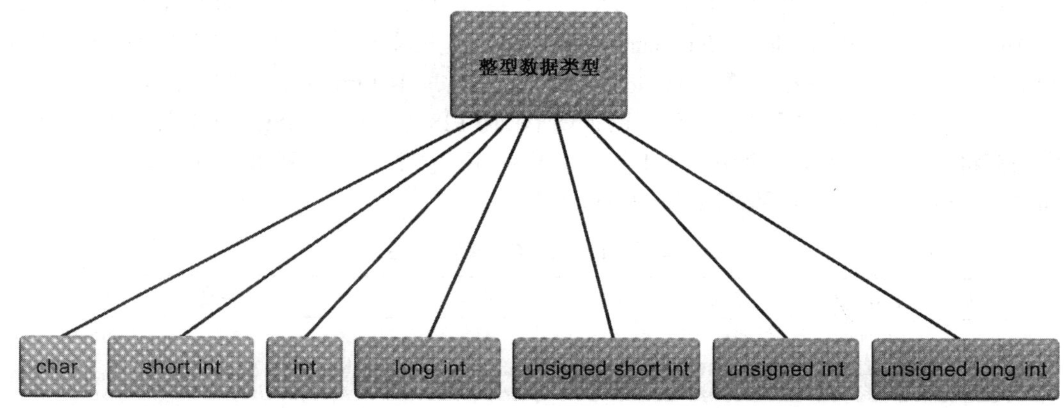

图 2.7　C 语言的整型数据类型

使用其他数据类型的原因，主要是为了适应特定的情形(很小或很大的数字范围)而提供的。这样，就使程序员能够通过选择与应用程序的要求相符的最小内存量，达到最大化地利用内存的目的。与今天的计算机相比，当时的计算机内存容量非常小且极其昂贵，所以在编写应用程序时这是一个主要的考虑因素。尽管这不再是大多数程序所关心的事，但在需要时它仍然使程序员可以优化内存的使用。通常，这种情况发生在工程应用中，例如家用电器和汽车的控制系统。

int 数据类型　int 数据类型支持的值集是数学上称为整数的数字。整型值只由数字组成，数字之前可以有加号(+)或减号(-)。因此，整型值可以是数字 0 或者是不带小数点的任何正数和负数。有效的整数值的例子如下。

0	–10	1000	–26 351
5	+25	253	+36

正如这些例子显示的那样，整数可以包含一个符号，但不允许有逗号、小数点或专用符号(如美元符)。无效的整数值的例子如下。

$255.62	3.	1492.89
2,523	6,243,892	+6.0

对于每种数据类型能够存储的最大(最正的)和最小(最负的)整数值，不同的编译器有自己的内部限定①。大多数当前的 C 语言编译器采用的最常见的存储分配方法，允许的整数值的范围如下。

–2 147 483 648 到 2 147 483 647②

char 数据类型　char 数据类型用于存储单个的字符。字符包括字母表中的大小写字母、0 ~ 9 的十个数字以及加号(+)、美元符($)、小数点(.)、逗号(,)、减号(-)、惊叹号(!)等特殊字符。单个字符的值是由一对单引号所包围的一个字母、数字或特殊符号。有效的字符值的例子如下。

```
'A'   '$'   'b'   '7'   'y'   '!'   'M'   'q'
```

---

① 编译器强制的限制能够在 limits.h 头文件中发现并被定义为 INT_MAX 和 INT_MIN。它们也能够从一个 C 语言程序内显示(见 2.9 节程序 2.11)。

② 有趣的是，在所有的情形中负的整数数字的数量总是比正的整数数字的数量多 1，这是由于整型存储器的 2 的补码方法的原因，1.8 节已说明过。

通常，字符字面值使用 ASCII 码或 ANSI 码存储在计算机中。ASCII 的发音为 ASS - KEE，它是 American Standard Code for Information Interchange(美国标准信息交换码)首字母的缩写词。ANSI 的发音为 ANN - SEE，它是 American National Standards Institute(美国国家标准协会)首字母的缩写词。这是一个包含 256 个代码的扩展集，前 128 个代码与 ASCII 码相同。每一个这样的代码都将单个字符赋予一个由 0 和 1 组成的特殊模式。表 2.4 中列出了 ASCII 码和 ANSI 码中都采用的位模式与大小写字母之间的对应关系。

表 2.4　字母的 ASCII 码和 ANSI 码

字母	代码	字母	代码	字母	代码	字母	代码
a	01100001	n	01101110	A	01000001	N	01001110
b	01100010	o	01101111	B	01000010	O	01001111
c	01100011	p	01110000	C	01000011	P	01010000
d	01100100	q	01110001	D	01000100	Q	01010001
e	01100101	r	01110010	E	01000101	R	01010010
f	01100110	s	01110011	F	01000110	S	01010011
g	01100111	t	01110100	G	01000111	T	01010100
h	01101000	u	01110101	H	01001000	U	01010101
i	01101001	v	01110110	I	01001001	V	01010110
j	01101010	w	01110111	J	01001010	W	01010111
k	01101011	x	01111000	K	01001011	X	01011000
l	01101100	y	01111001	L	01001100	Y	01011001
m	01101101	z	01111010	M	01001101	Z	01011010

利用表 2.4，我们能够确定字符(例如‘J’，‘O’，‘N’，‘E’和‘S’)是如何保存在使用 ASCII 码的计算机中的。这个 5 字符的序列要求 5 个不同的存储代码(每个字母一个代码)，并应像图 2.8 所展示的那样被存储。

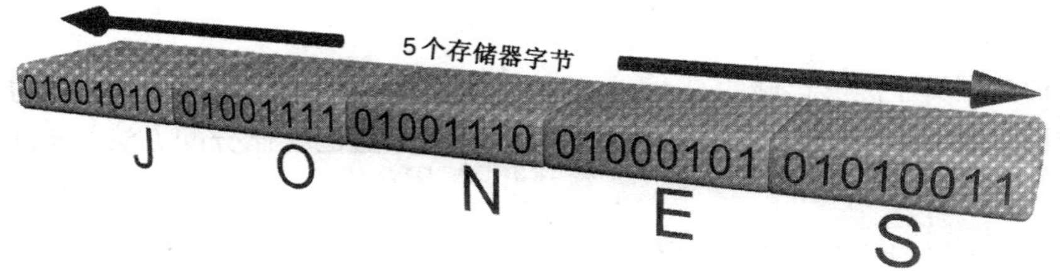

图 2.8　字母 JONES 在计算机中的存储方式

转义符　反斜线字符(\)也被称为转义符(escape character)，在 C 语言中它有特殊的含义。当反斜线直接放置在一组经选择的字符前面时，就会通知编译器应将这些字符转义，而不是按常规的方式理解它们。反斜线与这些特定字符的组合，被称为转义序列(escape sequence)。2.1 节中已经遇到过使用换行转义序列`\n`的一个例子。表 2.5 中列出了 C 语言最常用的转义序列。尽管表 2.5 中所列的每个转义序列都由两个不同的字符构成的，但这两个中间没有插入空白符的字符组合，会使编译器创建表 2.5 中 ASCII 码栏里列出的单一位模式。

表 2.5　转义序列

转义序列符	描述	含义	ASCII 码
`\n`	换行符	移到一新行	00001010
`\t`	水平制表符	移到下一水平制表位	00001001
`\v`	垂直制表符	移到下一垂直制表位	00001011
`\b`	退格符	移回一个空格	00001000
`\r`	回车符	光标返回(把光标移到当前行的开始处——用于套印)	00001101
`\f`	换页符	发出一个换页指令	00001100
`\a`	警报	发出一个警报(通常是一个铃声)	00000111
`\\`	反斜线	插入一个反斜线字符(把一个实际的反斜线字符放置在一字符串内)	01011100
`\?`	问号	插入一个问号字符	00111111
`\`	单引号	插入一个单引号字符(把一个内单引号放置在一组外单引号内)	00100111
`\"`	双引号	插入一个双引号字符(把一个内双引号放置在一组外双引号内)	00100010
`\`*nnn*	八进制数	数字 *nnn*(*n* 是一个数字)被认为是八进制数	—
`\x`*hhhh*	十六进制数	数字 *hhhh*(*h* 是一个数字)被认为是十六进制数	—
`\0`	空字符	插入一个空字符,它被定义为具有数值 0	00000000

浮点数据类型

浮点值也被称为实数(real number),它可以是包含一个小数点的数字 0 或者任何正数和负数。浮点数的例子如下所示。

```
+10.625    5.    -6.2    3251.92    0.0    0.33    -6.67    +2.
```

注意,数字 5.,0.0 和 +2. 被分类为浮点数,而不带小数点的相同的数字(5,0, +2)是整数。像整数值一样,实数中也不允许出现特殊符号(如美元符和逗号)。无效的实数的例子如下。

```
5,326.25      24     6,459     $10.29     7.007.645
```

C 语言支持三种浮点数据类型:浮点型(`float`)、双精度型(`double`)和长双精度型(`long double`)。这些数据类型之间的差别是编译器为每种类型所使用的存储空间量。大多数编译器为双精度浮点数使用的存储空间量是浮点数的两倍,这使得双精度浮点数的精度大约为浮点数的两倍。由于这个原因,浮点值有时也被称为单精度数(single-precision),而双精度浮点值被称为双精度数(double-precision)。但是,每种数据类型实际的存储量分配取决于编译器(使用 2.9 节中介绍的 `sizeof()`运算符,可以显示编译器为每种数据类型提供的存储量。)ANSI C 语言标准只要求双精度浮点数至少有浮点数一样的精度数量,而长双精度浮点数至少有双精度浮点数一样的精度数量。由当前的 C 编译器提供的典型值的范围在表 2.6 的右列给出[①]。

---

① 编译器为最大浮点数强制的限制能够在 `float.h` 头文件中找到并被定义为 `FLT_MAX`,`DBL_MAX` 和 `LDBL_MAX`。最小的负数值必须使用附录 E 中提供的信息进行计算。

表 2.6　浮点数据类型

类型	数值范围
浮点型	-1.401 298 464 3e -45 到 3.402 823 466 3e +38
双精度和长双精度型	-4.940 656 458 412 465 4e -324 到 1.797 693 134 862 315 8e +308

浮点型字面值用数字之后添加的 f 或 F 表示，长双精度型字面值用数字之后的 l 或 L 表示。如果没有这些后缀，则浮点数默认为双精度型①。例子如下。

- 9.234 是一个双精度字面值
- 9.234f 是一个浮点型字面值
- 9.234L 是一个常双精度字面值

这些数字的唯一不同是计算机存储它们时可能使用的存储量。如果要求小数点右边有 6 个以上的有效数字，则这种差别就变得重要了，应该使用双精度型浮点数。附录 E 中描述了用于浮点数的二进制存储格式以及它对数字精度的影响。因为浮点数据类型提供的精度比大多数应用程序所要求的精度更高，因此将总是在要求浮点数的任何程序中都使用这一数据类型。

指数记法

浮点数也能够写成指数记法的形式，指数记法类似于科学记数法，通常用来以紧凑格式表示很大或很小的值。表 2.7 中展示了如何将带小数点的数字表示成指数记法。

表 2.7　以指数记法表示的小数数字

小数记数法	指数记数法
1625.	1.625e3
63 421.	6.3421e4
.007 31	7.31e-3
.000 625	6.25e-4

在指数记法中，字母 e 代表指数(exponent)，跟随在 e 之后的数字表示 10 的幂，它表明为了获得标准的小数数值而应该移动小数点的位数。如果 e 后面的数字为正，则向右移动小数点；如果为负，则向左移动。例如，1.625e3 中的 e3 表示将小数位向右移动三位，使它变成 1625；7.31e-3 中的 e-3 表示将小数位向左移动三位，使它变成 0.00731。

编程注解：什么是精度

在数字理论中，术语“精度”通常被称为数值精确性。在这种上下文环境中，可以使用类似“这个计算精确或精密到 5 位小数”的语句。这意味着小数点后第 5 位数字已经被四舍五入，而数字的精度范围是 ±0.00005。

在计算机程序设计中，可以将精度李烈为一个数字的精确性，也可以理解为这个数字的有效位数，“有效位数”被定义为显然正确的位数个数加 1。例如，如果数字 12.6874 已经被四舍五入到第

① 在早期的编译器中默认值是浮点型，而把 L 添加到数字之后表示双精度型。

4 位小数位，则称这个数字精确(或精密)到第 4 位小数位是正确的。换句话说，除了已经被四舍五入的第 4 位小数位之外，这个数字中其他所有数位都是精确的。类似地，也可以称同一个数字有 6 位精度，这表示它的前 5 位数字是正确的，而第 6 位数字已经被四舍五入了。描述精度的另一种方法是说 12.6874 有 6 位有效数字。

数字中的有效位数，不需要与显示位数的个数有任何关系。例如，如果数字 687.45678921 有 5 位有效数字，则它只精确到数值 687.46，其中最后一位被四舍五入了。用类似的方法，许多大型金融应用程序中的美元值经常被四舍五入到最接近 10 万美元的数值。例如，在这种应用程序中，一个显示的美元值 12 400 000 就没有精确到最接近的美元值。如果这个数值被指定为具有三个有效位，则它只精确到了 10 万位。

练习 2.3

简答题

1. 定义数据类型时必要的两个部分是什么？
2. a. 什么是内置数据类型？
   b. C 语言提供的两种基本内置数据类型是什么？
3. a. C 语言程序中使用最多的两种整型数据类型是什么？
   b. 表示一个有小数点的数时使用最多的数据类型是什么？
4. 确定适用下列数据的数据类型。
   a. 4 个成绩的平均值。
   b. 一个月中的天数。
   c. 金门大桥的长度。
   d. 某个州的彩票中奖号码。
   e. 从纽约州布鲁克林到新泽西州纽瓦克的距离。
   f. 指明某种成分类型的单字符前缀。
5. 将下列数字转换成标准的小数形式。

   6.34e5　1.95162e2　8.395e1　2.95e-3　4.623e-4

6. 将下列小数用指数记法表示。

   126.　656.23　3426.95　4893.2　.321　.0123　.006789

7. 名称 KINGSLEY 在使用 ASCII 码的计算机内应该如何存储。也就是说，为名称 KINGSLEY 画一个与图 2.8 类似的图。
8. 用你的姓氏字母重做练习 7。
9. 因为编译器将不同的存储量分配给整型、浮点型、双精度浮点型和字符型值，讨论程序如何能够提醒编译器它将使用的各种值的数据类型。

2.4　算术运算

前一节中介绍了与 C 语言内置数据类型对应的每一种值的类型和范围，这一节将讲解能够用于这些值的各种算术运算。

整数和实数可以进行加、减、乘、除运算。尽管在执行算术运算时不将整数和实数混在一起通常会更好一些，但在同一算术表达式中使用不同的数据类型时仍然能够获得可预料的结果。更为惊奇的是，甚至可以将字符数据与字符数据或整型数据相加减，并能得到有用的结果(例如，'A' + 1 的结果是字符'B')。这是可能的，因为字符是用整型存储代码保存的。

用于算术运算的运算符，被称为算术运算符(arithmetic operator)，这些运算符如下所示。

运算	运算符
加	+
减	-
乘	*
除	/
模	%

如果不理解列表中的术语“模”，则可以暂时不考虑它，在本节的后面会讲到它的用法。这个列表中的所有运算符，都被称为二元运算符(binary operator)。这个术语表明，这类运算符要求有两个操作数来产生一个结果。操作数(operand)可以是字面值，也可以是一个具有与它相关联的值的标识符。简单的二元算术表达式由连接两个字面值的二元运算符组成，形式如下。

字面值　运算符　字面值

简单的二元算术表达式的例子如下。

```
3 + 7
18 - 3
12.62 + 9.8
.08 * 12.2
12.6 / 2.
```

这些例子中，算术运算符旁边的空格只是为了清晰性而插入的，可以删除它们而不会影响表达式的值。注意，C 语言中的表达式必须用直线形式输入。因此，在 C 语言表达式中，12.6 除以 2 必须按照 12.6 / 2 的形式输入，而不能按下列代数式的方式输入：

$$\frac{12.6}{2}$$

显示数字值

任何算术表达式的值都能够通过 printf()函数显示，显示时要求将两个项传递给 printf()函数:一个通知函数在什么位置用什么形式显示结果的控制字符串，以及要显示的值。前面曾说过，传递给函数的项称为实参(argument)，它们总是位于函数名称后面的圆括号内。实参间必须用逗号分开，以便函数知道一个实参在哪里结束，下一个实参从哪里开始。例如，语句

```
printf("The total of 6 and 15 is %d", 6 + 15);
```

第一个实参是字符串“The total of 6 and 15 is %d”，第二个实参是表达式 6 + 15。

传递给 printf()函数的第一个实参，必须总是一个字符串。包含转换控制序列(conversion control sequence)的字符串，如%d，称为控制字符串(control string)①。对printf()函数而言，转换控制序列具有特殊的含义，它们通知函数显示的值是什么类型以及在什么位置显示它。转换控制序列也被称为转换规则(conversion specification)或格式指定符(format specifier)。

转换控制序列总是以一个%符号开始，用一个转换字符结束(c,d,f等)。表2.8中列出了最常用的三种转换控制序列，它们分别用于显示整型值和浮点型值。下一章中将看到，还存在格式化字符和更多的转换字符，这些格式化字符能够放置在%符号和转换字符之间，以更精确地指定输出中显示的值的位置。转换控制序列中的百分符%，会通知printf()在字符串中该符号所在的位置输出一个值。跟随在百分符%后面的字母，表示printf()要显示的值的类型。如表2.8中所列，直接放在%后的d表示printf()要用十进制格式显示整数值。

表2.8　转换控制序列

序列符	含义
%d	按十进制数显示一个整数
%c	显示一个字符
%f	按小数点后有六位数的小数形式(如有必要,用0填充)显示这个浮点数

当printf()在它的控制字符串中遇到一个转换控制序列时，它就用下一个实参的值替换这个转换控制序列的位置。因为下一个实参是表达式6 + 15，其值为21，它就是要显示的值。这样，语句

```
printf("The total of 6 and 15 is %d", 6 + 15);
```

产生的输出是

```
The total of 6 and 15 is 21
```

就像%d转换控制序列通知printf()要显示一个整型值一样，转换控制序列%f(f代表浮点数)表明要显示一个带小数点的数。例如，语句

```
printf ("The sum of %f and %f is %f", 12.2, 15.754, 12.2 + 15.754);
```

产生的输出是

```
The sum of 12.200000 and 15.754000 is 27.954000
```

正如这个显示表明的那样，转换控制序列%f使printf()在小数点的右边显示6位数字。如果数字没有6个小数位，就将0加到它的后面以填充小数部分；如果多于6位小数，就将小数部分四舍五入为6位。

警告:printf()函数不对提供给它的值进行检查。如果使用整数转换控制序列(例如%d)，但为这个函数提供的值是一个浮点数或双精度数，则显示的值将取决于编译器。这意味着显示的值取决于编译器中printf()函数的实现，但不管浮点值是多少，大多数编译器都会显示为0。同样，如果使用浮点数转换控制序列%f，但对应的数字为整数，则显示的值也取决于编译器(不管整数值是多少，大多数编译器都会显示为0.0)。

---

① 更正式地说，控制字符串应称为控制说明符(control specifier)。我们将使用这个更具描述性的术语——控制字符串，以强调所使用的是一个字符串。

程序2.5演示了使用printf()显示各种表达式的不同结果。

程序2.5

```
 1  #include <stdio.h>
 2  int main()
 3  {
 4    printf("%f plus %f equals %f\n", 15.0, 2.0, 15.0 + 2.0);
 5    printf("%f minus %f equals %f\n", 15.0, 2.0, 15.0 - 2.0);
 6    printf("%f times %f equals %f\n", 15.0, 2.0, 15.0 * 2.0);
 7    printf("%f divided by %f equals %f\n", 15.0, 2.0, 15.0 / 2.0);
 8
 9    return 0;
10  }
```

这个程序的输出如下。

```
15.000000 plus 2.000000 equals 17.000000
15.000000 minus 2.000000 equals 13.000000
15.000000 times 2.000000 equals 30.000000
15.000000 divided by 2.000000 equals 7.500000
```

程序2.5中4个printf()语句(第4~7行)的每一条,都将4个实参传递给printf()函数:1个控制字符串和3个值。每一个控制字符串内都有3个%f转换控制序列(分别用于显示一个值)。每条printf()语句内的转义序列\n,只是用来在显示一行后开始一个新行。

如表2.8所列,字符数据用%c转换控制序列显示。例如,语句

```
printf("The first letter of the alphabet is an %c.", 'a');
```

产生的输出是

```
The first letter of the alphabet is an a.
```

因为字符是用整型数据类型存储的,所以用于字符的数字代码能够用表2.8中所列的任何整型转换控制序列显示。例如,程序2.6就显示了用于存储字符'a'和'A'的整数代码。

程序2.6

```
#include <stdio.h>
int main()
{
  printf("\nThe first letter of the alphabet is %c", 'a');
  printf("\nThe decimal code for this letter is %d", 'a');
  printf("\nThe code for an uppercase %c is %d\n", 'A', 'A');

   return 0;
}
```

这个程序的输出如下。

```
The first letter of the alphabet is a
The decimal code for this letter is 97
The code for an uppercase A is 65
```

可以利用附录 B 来检验这些值，以理解前面显示的十进制值确实正确地对应了指定字母的 ASCII 整数代码。如上所示，使用%c 转换控制序列会使 `printf()`函数显示字母的文本值而不是它的数字值。

表达式类型

在最普通的形式中，表达式(expression)就是能够通过计算产生一个值的运算符和操作数的任意组合。一个只包含整型值作为操作数的表达式，被称为整型表达式(integer expression)，表达式的结果是一个整型值。类似地，一个操作数中只包含浮点值(单精度型和双精度型)的表达式，被称为浮点型表达式(floating-point expression)，或者称为实型表达式(real expression)，这种表达式的结果是一个双精度值。一个既包含整型值又包含浮点值的表达式，被称为混合模式表达式(mixed-mode expression)。尽管较好的做法是不将整型值与浮点值混用在一个算术运算中，但这种混合运算结果的数据类型由下列规则确定：

1. 如果两个操作数都为整数，则运算结果为整数。
2. 如果某个操作数为实数，则运算结果为双精度值。

注意，算术表达式的结果从来不会是单精度值。这是因为在执行 C 语言程序时，当求值算术表达式时，程序会临时将所有单精度数转换为双精度数。

整数除法

如果不加注意，两个整数值相除可能会得到相当奇怪的结果。例如，表达式 15 / 2 的结果是一个整数 7。由于两个整数相除的结果是一个整数，而整数不能包含小数部分，所以得不到值 7.5。两个整数相除时，结果中的小数部分(即余数)总是会被丢弃(即截去了)。因此，9 / 4 得 2，而 18 / 3 得 5。

不过，程序中经常需要保留整数除法的余数。为此，C 语言提供了一个包含符号% 的算术运算符。这个运算符被称为模运算符或求余运算符，它能捕获一个整数被另一个整数相除时的余数(对模运算符使用非整数值将导致编译器错误)。例如：

- 9%4 得 1(即 9 被 4 除的余数为 1)
- 17%3 得 2(即 17 被 3 除的余数为 2)
- 15%4 得 3(即 15 被 4 除的余数为 3)
- 14%2 得 0(即 14 被 2 除的余数为 0)

更精确地说，模运算符首先确定跟随在% 运算符后的被除数能够被前面的除数相除的次数，然后返回余数。

取反

除了二元算术运算符之外，C 语言中还提供了一元运算符。一元运算符(unary operator)是只对一个操作数操作的运算符。某中的一个一元运算符使用了与二元运算符减号(-)相同的符号。一个数字值前面的减号表示取反这个数(将这个数的符号颠倒过来)。

表 2.9 中总结了到目前为止已经讨论过的 6 种算术运算，并列出了每个运算符根据所含操作数的数据类型产生的结果数据类型。

表2.9　算术运算符总结

运算	运算符	类型	操作数	结果
加	+	二元	两个都是整数	整数
			一个操作数不是整数	双精度浮点数
减	-	二元	两个都是整数	整数
			一个操作数不是整数	双精度浮点数
乘	*	二元	两个都是整数	整数
			一个操作数不是整数	双精度浮点数
除	/	二元	两个都是整数	整数
			一个操作数不是整数	双精度浮点数
模	%	二元	两个都是整数	整数
			一个操作数不是整数	双精度浮点数
求反	B	一元	整数或浮点数	同操作数

运算符的优先级和结合性

除了像5 + 12 和.08 * 26.2 这样的简单表达式以外，还可以创建更复杂的算术表达式。与大多数其他的编程语言一样，在编写包含多个算术运算符的表达式时，C 语言要求遵循某些规则，这些规则如下。

1. 两个二元算术运算符不能放在一起。例如，5 * %6 是无效的，因为运算符 * 和% 相互紧挨着放在一起。
2. 圆括号可以用来分组表达式，而且包含在圆括号内的所有表达式都会首先计算。这使得可以利用圆括号来将求值顺序变成任何期望的次序。例如，表达式(6 + 4) / (2 + 3)中，会首先计算6 + 4 和2 + 3，得到10 / 5，然后得到结果2。
3. 圆括号对中也可以包含其他的圆括号对。例如，表达式((2 * (3 + 7)) / 5 是有效的，其结果为4。在圆括号内包含圆括号时，总是会先计算最里面的圆括号中的表达式的值。计算过程从最里面的圆括号对开始，延续到最外面的圆括号，直到所有圆括号中的表达式都被计算完为止。结束圆括号(右圆括号)的数量，必须总是等于开始圆括号(左圆括号)的数量，以免它们不成对。
4. 圆括号不能用于表示乘法，乘法必须使用乘法运算符 * 。例如，表达式(3 + 4) (5 + 1)是无效的，正确的表达式是(3 + 4) * (5 + 1)。

   圆括号应该明确指定操作数的逻辑组合，应给编译器和程序员清楚地指出期望的算术运算的次序。尽管圆括号内的表达式总是被首先计算，但是在圆括号内外，包含乘法运算符的表达式会按照运算符的优先级(或优先权)进行计算。优先级分为如下三级：

- P1——首先执行取反运算。
- P2——接着执行乘法、除法和模运算。包含多个乘法、除法或模运算符的表达式，在遇到每一个运算符时按从左到右的顺序计算。例如，在表达式 35/7%3 * 4 中，运算的优先级相同，所以遇到每一个运算符时将按从左到右的顺序执行。这样，首先执行除法，得到表达式 5%3 * 4；接下来执行模运算，得到结果 2；最后计算 2 * 4，结果为 8。
- P3——最后执行加法和减法运算。包含多个加减法的表达式，在遇到每一个运算符时按从左到右的顺序计算。

除了优先级外，运算符还有结合性(associativity)，即具有相同优先级的运算被计算的次序，如规则 P2 中所示。例如，对于表达式 6.0 ＊ 6 / 4，其结果是(6.0 ＊ 6) / 4 的 9.0，还是 6.0 ＊ (6 / 4)的 6.0？答案是 9.0。因为 C 语言的运算符结合性，与通常的从左到右的数学乘法运算中使用的结合性相同，如规则 P2 指出的那样。

表 2.10 中列出了本节中讨论过的运算符的优先级和结合性。位于表 2.10 顶部的运算符，要比底部的运算符具有更高的优先级。在包含多个不同优先级运算符的表达式中，具有较高优先级的运算符会比优先级较低的运算符先使用。例如，在表达式 6 + 4 / 2 + 3 中，因为除法运算符比加法有更高的优先级(规则 P2)，所以首先执行除法，得到一个中间结果 6 + 2 + 3。然后，从左到右执行加法，产生最终结果 11。

表 2.10　运算符的优先级和结合性

运算符	结合性
一元减(-)	从右到左
＊ / %	从左到右
+ -	从左到右

最后，使用表 2.10 计算一个包含不同优先级的运算符的表达式，比如 8 +5 ＊7%2 ＊4。因为乘法和模运算符的优先级比加法运算符的高，所以会首先求值这两个运算的结果，求值时使用从左到右的结合性，然后再计算加法。这样，整个表达式的计算过程如下。

```
8 + 5 * 7 % 2 * 4 =
   8 + 35 % 2 * 4 =
        8 + 1 * 4 =
            8 + 4 = 12
```

练习 2.4

简答题

1. 下面列出的是正确的代数表达式和与它们对应的错误的 C 语言表达式。找出这些错误并写出正确的 C 语言表达式。

	代数表达式	C 语言表达式
a.	(2)(3) + (4)(5)	(2)(3) + (4)(5)
b.	$\frac{6 + 18}{2}$	6 + 18 / 2
c.	$\frac{4.5}{12.2 - 3.1}$	4.5 / 12.2 - 3.1
d.	4.6(3.0 + 14.9)	4.6(3.0 + 14.9)
e.	(12.1 + 18.9)(15.3 - 3.8)	(12.1 + 18.9)(15.3 - 3.8)

2. 给出下列整数表达式的值。

a. 3 + 4 ＊ 6

b. 3 ＊ 4 / 6 + 6

c. 2 ＊ 3 / 12 ＊ 8 / 4

d. 10 ＊ (1 + 7 ＊ 3)

e. 20 - 2 / 6 + 3

f. 20 - 2 / (6 + 3)

g. (20 - 2) / 6 + 3

h. (20 - 2) / (6 + 3)

i. 50 % 20

j. (10 + 3) % 4

3. 给出下列浮点表达式的值。

a. 3.0 + 4.0 * 6.0

b. 3.0 * 4.0 / 6.0 + 6.0

c. 2.0 * 3.0 / 12.0 * 8.0 / 4.0

d. 10.0 * (1.0 + 7.0 * 3.0)

e. 20.0 - 2.0 / 6.0 + 3.0

f. 20.0 - 2.0 / (6.0 + 3.0)

g. (20.0 - 2.0) / 6.0 + 3.0

h. (20.0 - 2.0) / (6.0 + 3.0)

4. 计算下列混合模式表达式的值并列出结果的数据类型。求值表达式时，要注意所有中间计算结果的数据类型。

a. 10.0 + 15 / 2 + 4.3

b. 10.0 + 15.0 / 2 + 4.3

c. 3.0 * 4 / 6 + 6

d. 3 * 4.0 / 6 + 6

e. 20.0 - 2 / 6 +3

f. 10 + 17 * 3 + 4

g. 10 + 17 / 3. + 4

h. 3.0 * 4 % 6 + 6

i. 10 + 17 % 3 + 4

5. 假设 amount 为整数值 1，m 为整数值 50，n 为整数值 10，p 为整数值 5，计算下列表达式的值。

a. n / p + 3

b. m / p + n - 10 * amount

c. m - 3 * n + 4 * amount

d. amount / 5

e. 18 / p

f. -p * n

g. -m / 20

h. (m + n) / (p + amount)

i. m + n / p + amount

6. 假设 amount 为值 1.0，m 为值 50.0，n 为值 10.0，p 为值 5.0，重做练习 5。

7. 指出下列语句中的错误。

```
a. printf("%d," 15)
b. printf("%f", 33);
c. printf(526.768, 33, "%f %d");
```

8. 给出下列程序的输出。

```
#include <stdio.h>
int main()  /* 整型数相除的程序示例 */
{
  printf("answer1 is the integer %d", 27/5);
  printf("\nanswer2 is the integer %d", 16/6)

  return 0;
}
```

9. 给出下列程序的输出。

```
#include <stdio.h>
int main()  /* %运算符的程序示例 */
{
  printf("The remainder of 9 divided by 4 is %d", 9 % 4);
  printf("\nThe remainder of 17 divided by 3 is %d", 17 % 3);

  return 0;
}
```

10. 尽管前面着重探讨的是涉及整数和浮点数的运算，但 C 语言还允许将字符和整数相加减。之所以能够这样操作，是因为字符是用整数代码(为整型数据类型)存储的。这样，就可以在算术表达式中随意混用字符和整数了。例如，如果计算机使用 ASCII 码，则表达式‘a’ + 1 等于‘b’，而‘z’ - 1 等于‘y’。类似地，‘A’ + 1 等于‘B’，而‘Z’ -1 等于‘Y’。利用这个背景，给出如下表达式的字符结果(假设所有的字符都用 ASCII 码存储)。

a. ‘m’ - 5

b. ‘m’ + 5

c. ‘G’ + 6

d. ‘G’ - 6

e. ‘b’ - ‘a’

f. ‘g’ - ‘a’ + 1

g. ‘G’ - ‘A’ + 1

11. 除了用于显示整型值的%d 转换控制序列外，%o 可用来将一个整型值显示为八进制数(基数为 8)，而%x 会显示为十六进制数(基数为 16)。利用这个信息以及表 2.11(其中列出了十进制数字 1 ~ 15 和它们的八进制和十六进制表示法之间的对应关系)，确定下列程序的输出。

```
#include <stdio.h>
int main()
{
 printf("The value of the decimal number 9 in octal is %o.\n", 9);
 printf("The value of the decimal number 9 in hexadecimal is %x.\n",9);
 printf("The value of the decimal number 14 in octal is %o.\n",14);
 printf("The value of the decimal number 14 in hexadecimal is %x.\n",14);

 return 0;
}
```

表 2.11　不同数制系统下数字的对应关系

系统	数值														
十进制(基为 10)	1	2	3	4	5	6	7	8	9	10	11	12	13	14	15
八进制(基为 8)	1	2	3	4	5	6	7	10	11	12	13	14	15	16	17
十六进制(基为 16)	1	2	3	4	5	6	7	8	9	A	B	C	D	E	F

编程练习

1. 输入并执行程序2.5。
2. 输入并执行程序2.6。
3. 编写一个C语言程序，显示表达式3.0 * 5.0，7.1 * 8.3 - 2.2和3.2 / (6.1 * 5)的结果。手工计算这两个表达式的值，以验证程序产生的结果是正确的。
4. 编写一个C语言程序，显示表达式15/4，15%4和5 * 3 - (6 * 4)的结果。手工计算这两个表达式的值，以验证程序产生的结果是正确的。
5. a. 编写一个C语言程序，使用%d转换控制序列分别显示小写字母a，m和n的十进制整数值。这些字母的显示值与附录B中所列的值相同吗？

   b. 扩展练习5a中编写的程序，显示与换行转义序列\n对应的整数值。
6. 输入并执行下列程序，确定编译器所支持的最大整数值和最小整数值。

```
#include <stdio.h>
#include <limits.h>   /* 包含int数据类型的最小和最大设定值 */

int main()
{
 printf("The smallest integer value that can be stored is %d\n",INT_MIN);
 printf("The largest integer value that can be stored is %d\n", INT_MAX);

 return 0;
}
```

2.5 变量和声明

计算机程序中使用的所有数据，都必须保存在计算机的内存单元中，并且也是从这里取回的。每个内存单元(memory location)都有唯一的地址，这与旅馆的房间号码相似。考虑图2.9中演示的内存情况。为了方便表示，假设这些内存单元中第一组第一个单元的开始地址为1652，用于存储一个整数，而第二组第一个内存单元从地址2548开始，用于存储第二个整数。

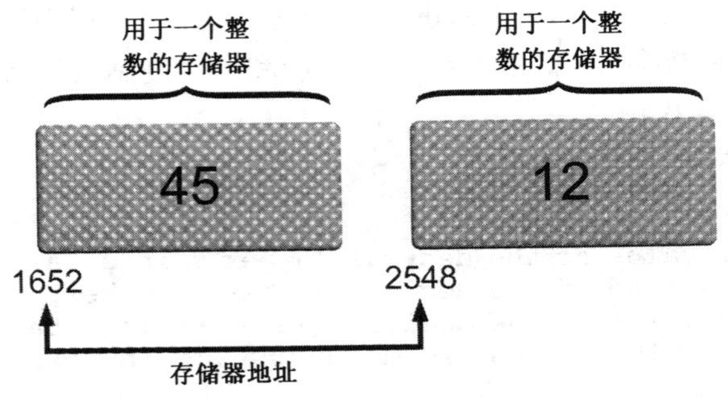

图2.9 用于存储两个整数的内存

在高级语言(例如C语言)出现以前，通过为每个数据值所保留的一组内存单元的第一个单元的地址，可以引用这个内存单元。例如，图2.9中将数字45存储在第一组内存单元，将数字12存储在第二组内存单元，所要求的指令为

将45放入单元1652中

将12放入单元2548中

只有每组内存单元中的第一个地址是需要的，因为它提供了存储或取回的起始点。一旦这个起始点已知，则为每种值类型所保留的正确单元地址就能自动获得。

将上面保存的两个数相加，并将结果保存在另一组内存单元中，假设其起始单元地址为 45，则要求一个相当于下面的语句

将单元 1652 的内容与单元 2548 的内容相加
将结果存储到单元 3000 中

显然，这种存储和取回的方法是很麻烦的。在高级语言中(如 C 语言)，用符号名称来替换实际的内存地址，这些符号名称被称为变量(variable)。变量只是由程序员为计算机内存单元赋予的名称。之所以称为“变量”，是因为存储在变量中的值能够改变或者修改。对于程序员使用的每一个名称，计算机都会跟踪对应该名称的内存单元。命名变量就好像在旅馆房间的门上挂了一个房间名，可以通过这个名称来指定这个房间(或这套房间)，例如那个“蓝色房间”，而不必使用实际的房间号。

变量名称的选择权留给了程序员，但要遵循程序员创建标识符时所用的命名规则。为了方便起见，下面重复 2.1 节中的这些规则：

1. 变量名称必须以字母或下画线开始，并且只能包含字母、下画线或数字，不能包含任何空格、逗号或特殊符号，比如( ) & , $ # . ! \ ?。
2. 变量名称不能是关键字(见表 2.1)。

通常，对变量名称存在 255 个字符的限制，但是这个限制取决于编译器。对于实际的问题，变量名称应该总是描述性的，并应限制到大约不超过 20 个字符(更完整的命名规则在这一节的编程注解中提供)。例如，对于用于存储一组成绩总分数的变量，好的名称可以是 `gradesSum` 或 `gradesTotal`。那些没有表明所存储值用途的变量名称，例如 `goForIt`，`lindabill` 和 `duh`，不应当使用。与所有标识符一样，变量名称也是大小写敏感的。

编程注解：选择变量名称

1. 应让变量名称是描述性的，以便你(或其他程序员)能够立即理解每个变量的用途。
2. 将变量名称的长度限制为大约 20 个字符以内。这可减少不必要的字符输入，并能最小化输入错误。
3. 变量名称应以字母而不是下画线(_)开始。编译器定义的变量经常用下画线作为第一个字母，所以不应将程序中变量名称的第一个字符定义为下画线。这样做可以防止任何潜在的名称冲突。
4. 在一个由多个单词组成的变量名称中，应大写第一个单词之后的每一个单词的第一个字母。因此，变量名称 `gradesSum` 比 `gradessum` 更可取。
5. 应使用表明变量对应于什么内容的变量名称，而不应使用表明该如何计算它的名称。因此，诸如 `area` 这样的变量名称是可接受的，而像 `computeArea` 这样的名称是不可接受的。
6. 应添加限定词，如 `Avg`，`Min`，`Max` 和 `Sum`，以完善变量名称的定义。因此，如果变量用于保存一组平均成绩，则 `gradesAvg` 比 `average` 更可取。
7. 对于循环计数变量(在第 5 章中讲解)，应使用单字母变量名称，如 `i`，`j` 和 `k`。

现在，假设将图 2.10 中展示的地址 1652 的第一个内存单元命名为 `num1`，将内存单元 2548 命名为 `num2`，而内存单元 3000 被命名为 `total`。

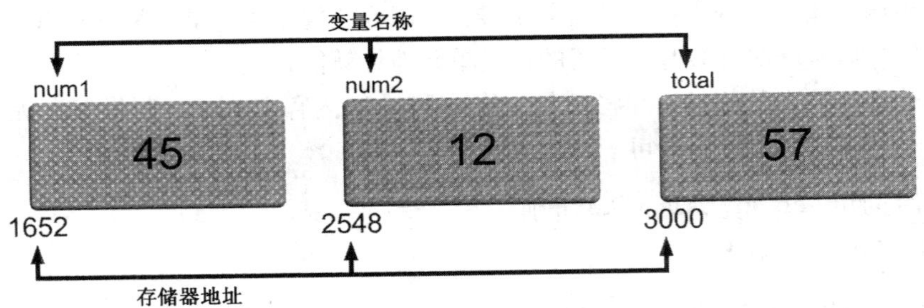

图 2.10　命名内存单元

利用这些变量名称，将 45 存储在单元 1652 中、将 12 存储在单元 2548 中并将这两个单元的内容相加的操作，可由下面的 C 语言语句完成。

```
num1 = 45;
num2 = 12;
total = num1 + num2;
```

这三条语句都被称为赋值语句(assignment statement)，因为它通知计算机将一个值赋予(即将一个数值保存到)一个变量。赋值语句总是包含一个等于号(=)以及与这个等于号左边直接相连的一个变量名称。等于号右边的值首先确定，然后会将这个值赋予等于号左边的变量。在赋值语句中包含空格，可以使代码更易阅读，但这并不是必须的。在下一章中，将对赋值语句进行更详细的讨论，这里只利用它们将数值保存到变量中。

变量名称是有用的，因为它使程序员无需关注数据在计算机内部的具体存储位置。在程序中只需要使用变量名称，而让编译器去考虑数据在内存中的实际存储位置。但是，在将值存入变量之前，C 语言要求明确地声明要存入变量中的数据的类型。必须预先通知编译器将用于存储字符的变量名称、用于存储整数的变量名称或用于存储浮点数的变量名称。

声明语句

命名和指定能够存储在变量中的数据类型，可以通过声明语句完成。函数内的声明语句紧挨在函数的开始大括号之后，并与所有 C 语言语句一样必须用分号结束。包含声明语句的 C 语言函数的一般形式如下。

```
函数名称()
{
   声明语句;
   其他语句;
}
```

形式最为简单的声明语句，需提供一个数据类型和一个变量名称，语法如下。

```
dataType    variableName;
```

其中 dataType 指定一个有效的 C 语言数据类型，variableName(变量名称)是用户选择的标识符。

用于存储整数数值的变量用关键字 int 声明，指明 int 数据类型并具有形式

```
int    variableName;
```

这样，声明语句

```
int sum;
```

就将 sum 声明为一个能存储整数数值的变量名称。

存储单精度浮点值的变量用关键字 `float` 声明，而存储双精度浮点值的变量用关键字 `double` 声明。例如，语句

```
float firstNumber;
```

将 `firstNumber` 声明为一个能存储单精度浮点值的变量。类似地，语句

```
double secondNumber;
```

将 `secondNumber` 声明为一个能存储双精度浮点值的变量。

声明语句同时执行软件和硬件两项任务。从软件的观点来看，声明语句提供了一个方便的、位于前面的全部变量和它们的数据类型的列表。在这种编程方式中，变量声明也避免了由于程序内变量名称拼写错误而产生的常见的和讨厌的错误，因为任何错误拼写的名称都将被编译器标记为无效名称。

除了软件任务之外，声明语句还能够执行一项独特的硬件任务。由于每种数据类型都有自己的存储要求，编译器只有在知道变量的数据类型之后才能够为它分配足够的内存。用于这个硬件任务的声明语句也被称为定义语句(definition statement)，因为它定义或通知编译器需要多少内存用于数据存储。

这一节中给出的声明语句都会执行这个硬件任务，因此它们也是定义语句。第 7 章中将看到不产生任何新的内存分配的声明语句，而只是用来声明或提醒程序以前已经建立的数据类型和已经存在的变量。

图 2.11 展示了同时完成定义任务的声明语句所执行的一系列操作。这个图显示了定义语句(或者也可理解为同时产生内存分配的声明语句)将每一组存储单元的第一个单元“贴上”一个名称“标签”。当然，这个名称就是变量的名称，它被计算机用来正确地定位为每个变量所保留的内存区域的起始字节。

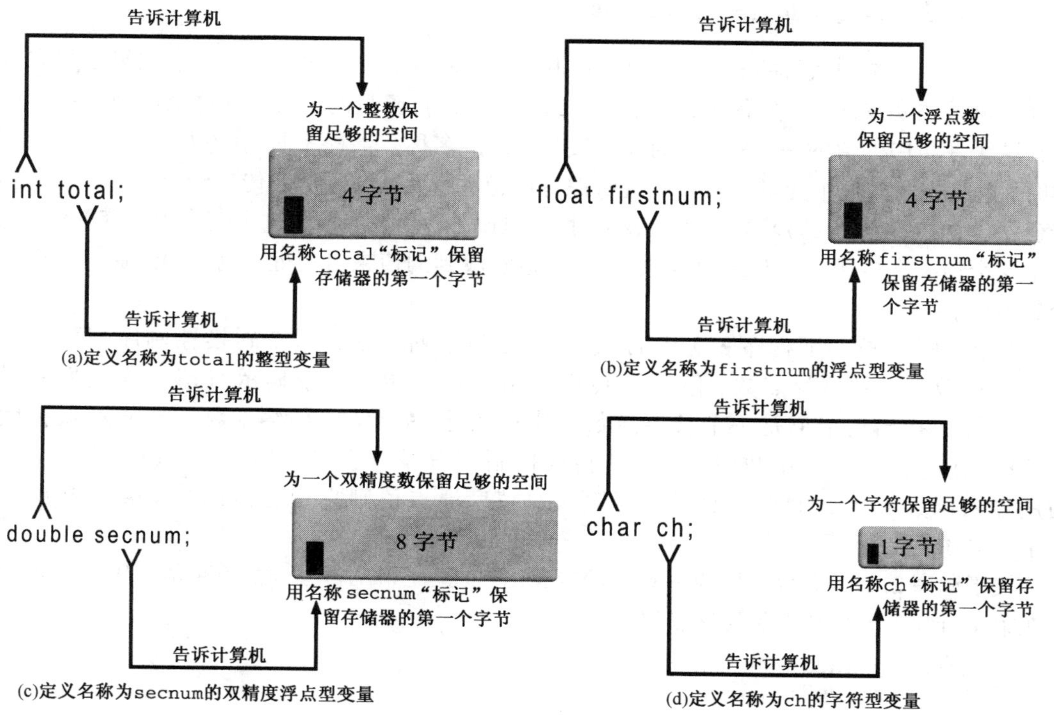

图 2.11　定义各种不同类型的变量

在程序内声明变量之后，通常程序员会将它用来引用这个变量的内容(即变量的值)，程序员完全不必关心这个值在内存中的保存位置。

程序2.7演示了4个浮点型变量的声明和使用情况。printf()函数用于显示某个变量的内容。

程序2.7

```
1   #include <stdio.h>
2   int main()
3   {
4     float grade1;    /* 声明 grade1 为浮点型变量 */
5     float grade2;    /* 声明 grade2 为浮点型变量 */
6     float total;     /* 声明 total 为浮点型变量 */
7     float average;   /* 声明 average 为浮点型变量 */
8
9     grade1 = 85.5f;
10    grade2 = 97.0f;
11    total = grade1 + grade2;
12    average = total/2.0;
13    printf("The average grade is %f\n",average);
14
15    return 0;
16  }
```

程序2.7中的声明语句的放置是简单明了的，但是很快就会看到，这4条单独的声明语句能够组合成一条声明语句。当执行程序2.7时，产生的输出如下。

```
The average grade is 91.250000
```

对于程序2.7中执行的printf()函数调用，有两点需在此提及。首先，如果变量名称是传递给函数的实参之一，如程序2.7中传递给printf()函数的实参，则这个函数只是接收保存在这个变量中的值的一个副本，而没有接收变量的名称。当程序遇到函数圆括号中的变量名称时，它首先转向这个变量并取得变量所保存的值，然后，将这个值传递给函数。因此，当一个变量包含在printf()函数的实参表中时，printf()函数会接收这个变量中保存的值，然后显示这个值。在内部，printf()函数并不知道它收到的值来自何处，也不知道保存这个值的变量名称。

其次，需分析一下程序2.7中的%f转换控制序列。尽管这个转换控制序列可用于单精度浮点数和双精度浮点数，但%lf转换控制序列也能够用于显示双精度浮点型变量的值。字母l指出这个值是一个长浮点数，其实就是一个双精度浮点数。当显示双精度浮点值时，在printf()函数中省略“l”转换控制字符没有影响。但是，下面将会看到，当使用输入函数scanf()时，如果需要输入双精度浮点值则它是必需的。scanf()函数将在下一章介绍。

关于程序2.7需最后解释的一点是给变量grades1和grades2的赋值。因为这两个变量在第4行和第5行被声明为浮点型：

```
4  float grade1;
5  float grade2;
```

而在第 9 行和第 10 行被赋予了浮点值：

```
9   grade1 = 85.5f;
10  grade2 = 97.0f;
```

这些浮点值分别由跟随数字 85.5 和 97.0 后的 f 标明①。这样做的理由（如 2.3 节中解释的那样），是如果浮点型数字的默认类型为双精度（这是大多数 Windows 编译器的情况），则任何带小数点的数都将被看成双精度值。

但是，许多 C 语言程序员通常会省略 f，而让编译器在进行赋值时将双精度值转换为浮点值。这样做的唯一缺点是在编译时编译器会发出一个警告消息（而不是错误消息）。因此当收到这个消息时，只需注意到这个消息是因为在编译器应该默认为双精度型值的地方使用了浮点型，因此可以忽略这个警告消息②。

就像整型、单精度型和双精度型变量在使用之前必须声明一样，用于存储字符的变量同样必须先声明。字符型变量用保留字 char 声明，例如，声明

```
char ch;
```

将 ch 声明成一个字符变量。程序 2.8 演示了这个声明语句并且用 printf()显示了保存在字符变量中的值。

程序 2.8

```
#include <stdio.h>
int main()
{
  char ch; /*  声明一个字符型变量  */

  ch = 'a'; /*  把字母a存入ch */
  printf("\nThe character stored in ch is %c.", ch);
  ch = 'm'; /*  现在把字母m存入ch */
  printf("\nThe character now stored in ch is %c.", ch);

  return 0;
}
```

当执行程序 2.8 时，产生的输出如下。

```
The character stored in ch is a.
The character now stored in ch is m.
```

注意，程序 2.8 中保存在变量 ch 中的第一个字母是 a，第二个字母是 m。因为一个变量一次只能保存一个值，将值 m 赋予变量 ch 时会自动覆盖 a。

具有相同数据类型的变量，总是能够集合在一起用一条声明语句声明。例如，程序 2.7 中使用的 4 个独立的声明：

---

① 同在 2.3 节中介绍过的一样，使用浮点型而不是双精度浮点型作为默认的浮点数据类型的编译器，f 是不需要的，因为所有带小数点的数字都被假设是浮点型的。

② 完全避免这个警示消息的另一个方法是只使用已经被声明为双精度型的浮点变量。

```
float grade1;
float grade2;
float total;
float average;
```

能够用一条声明语句取代：

```
float grade1, grade2, total, average;
```

在一条声明语句中声明多个变量，只需给定一次这些变量的数据类型，将所有的变量用逗号分开，而且只需在末尾用一个分号来结束声明。每个逗号之后的空格是为了可读性而插入的，不是必须的。

初始化

声明语句也能够用来将一个初始值保存到所声明的变量中。例如，声明语句

```
int numOne = 15;
```

不仅将 numOne 声明为一个整型变量，而且为它提供了一个值 15。这个值被称为初始值(initial value)，将在变量首次创建时保存到这个变量中。当声明语句提供初始值时，就称这个变量被初始化(initialized)。因此在这个例子中，可以认为在创建 numOne 变量时将它初始化为 15。类似地，声明语句

```
float grade1 = 87.0f;
float grade2 = 93.5f;
float average;
```

声明了三个双精度变量并为其中两个提供了初始值。

字面值、只使用字面值的表达式(如 87.0 + 12 - 2)以及使用字面值和前面已被初始化的变量的表达式，在声明语句中都能够用做初始化值(initializer)。

练习 2.5

简答题

1. 下面的变量名称是否有效？如果无效，请给出理由。

```
proda     c1234     abcd      c3        12345
newbal    while     $total    new bal   a1b2c3d4
9ab6      sum.of    average   grade1    finGrad
```

2. 下面的变量名称是否有效？如果无效，请给出理由。还要指出哪些有效的变量名称因为没有传达变量的信息而不应该使用。

```
Salestax   a243    r2d2     firstNum   ccA1
Harry      sue     c3p0     average    sum
Maximum    okay    a        awesome    goforit
3sum       for     tot.a1   c$five     netpay
```

3. a. 编写一条声明语句，将变量 count 声明成用于保存整数值。
   b. 编写一条声明语句，将变量 grade 声明成用于保存浮点值。

c. 编写一条声明语句，将变量 yield 声明成用于保存双精度值。

d. 编写一条声明语句，将变量 initial 声明成用于保存字符值。

4. 写出下列变量的声明语句。

a. 用于保存整数值的 num1，num2 和 num3。

b. 用于保存浮点值的 grade1，grade2，grade3 和 grade4。

c. 用于保存双精度值的 tempa，tempb 和 tempc。

d. 用于保存字符值的 ch，let1，let2，let3 和 let4。

5. 写出下列变量的声明语句。

a. 用于保存整数值的 firstnum 和 secnum。

b. 用于保存单精度值的 price，yield 和 coupon。

c. 用于保存双精度值的 maturity。

6. 将下列每条声明语句重新编写为三条单独的声明语句。

a. `int month, day = 30, year;`

b. `double hours, rate, otime = 15.62;`

c. `float price, amount, taxes;`

d. `char in_key, ch, choice = 'f';`

7. a. 给出如下程序中每一条语句的作用。

```
#include <stdio.h>
int main()
{
  int num1;
  int num2;
  int total;

  num1 = 25;
  num2 = 30;
  total = num1 + num2;
  printf("The total of %d and %d is %d\n.",num1,num2,total);

  return 0;
}
```

b. 当运行上面的程序时，它的输出是什么？

8. 每个变量都至少有三个部分与它相关，这些部分是什么？

9. a. 用于阐述正方形与矩形的关系的句子可以是“所有的正方形都为矩形，但不是所有的矩形都为正方形”。用类似的手法，写出一个描述定义语句与声明语句的关系的句子。

b. 在 C 语言中，为什么必须将定义语句放置在任何其他使用所定义变量的语句之前？

编程练习

1. 编写并执行一个 C 语言程序，计算并显示半径为 2.57 英寸（1 英寸 = 2.54 厘米）的圆的周长。相关公式是：*circumference* = (2π)*radius*，其中π为常量 3.1416。在程序中使用变量名称 *radius* 和 *circumference*。提示：参见程序 2.1。

2. 编写并执行一个 C 语言程序，计算并显示半径为 2.57 英寸的圆的面积。相关公式是：*area* = $\pi \times radius^2$，其中π为常量 3.1416。在程序中使用变量名称 *radius* 和 *area*。提示：计算 $radius^2$ 时，可使用表达式 *radius* * *radius*。

3. a. 编写并执行一个 C 语言程序，计算并显示宽为 3.5 英寸、高为 5.48 英寸的矩形的面积。相关公式是:*area* = *length* * *width*。在程序中使用变量名称 *length*, *width* 和 *area*。
   b. 修改练习 3a 中编写的程序，同时计算并显示矩形的周长。相关公式是:*perimeter* = 2(*length* + *width*)。
4. 编写并执行一个 C 语言程序，计算并显示一年中的分钟数。
5. 假设花费 889 美元购买了一台膝上型计算机，销售税率为 6%。编写并执行一个 C 语言程序，计算并显示总的购买价格。
6. 如果在饭馆的消费额为 check 美元，向其支付的金额为 paid 美元，则应找回的金额(按美元计)可以用如下的 C 语言语句计算:

```
/* 计算零钱中美分的数量 */
change = (paid - check) * 100;
/* 计算零钱中美元的数量 */
dollars = change / 100;
```

   a. 根据上面的语句编写一个 C 语言程序，计算用 10 美元支付 6.07 美元的消费额之后找回的零钱中的 1 美元钞票以及 2 角 5 分、1 角、5 分和 1 分硬币的数量。
   b. 不编译或执行程序，人工分析程序中每条语句的作用并确定遇到每条语句时每个变量中保存的值。
   c. 验证完算法能够正确工作后，编译并执行程序。验证程序产生的结果是正确的。在验证完程序能够正确地工作之后，利用它计算使用一张 20 美元钞票支付 12.36 美元后找回的零钱。
7. a. 编写一个 C 语言程序，将整数 15 保存到变量 `num1` 中，将整数 18 保存到变量 `num2` 中(应确保将它们声明成整型变量)。让程序计算它们的和以及平均值。将和值保存在名称为 `total` 的变量中，平均值保存在名称为 `average` 的变量中(计算平均值的语句是:`average = total /2.0;`)。用 `printf()`函数显示和值及平均值。
   b. 必须将变量 average 声明成什么样的数据类型，才能确保计算并显示的结果正确?

2.6 案例研究:温度转换

应用 2.5 节中介绍的软件开发过程，这个案例研究在创建完整的 C 语言程序时使用了双精度型变量。

> 你的朋友打算去西班牙，西班牙使用的温度单位是摄氏温度。要求你提供一个华氏温度与摄氏温度的对照表。两种温度单位的转换公式是:*Celsius* = 5 / 9(*Fahrenheit* - 32)，其中 *Celsius* 表示摄氏温度，*Fahrenheit* 表示华氏温度。开始时，需要编写并测试程序，将华氏温度 75 度转换为对应的摄氏温度值。

在下一章中，将讲解如何在程序运行时输入温度值，而第 5 章中将讲解如何建立一个完全的温度对照表。

步骤 1:分析问题

这是一个非常简单的问题，它包含如下内容。

a. 要求的输出

```
float celsius        /* 摄氏温度 */
```

b. 输入数据

```
float fahrenheit    /* 华氏温度 */
```

c. 将输入转换成输出的公式

```
  Celsius = 5.0/9.0 * (fahrenheit - 32.0)
/* 注意使用的都是浮点型数值 */
```

全部使用浮点数的原因是：与整型华氏温度值对应的摄氏温度值可能是非整型值。而且，在以后还可以使用非整型的华氏温度值。

步骤 2：选择解决方案算法

这个问题能够用 1.5 节中介绍的问题求解算法解决。这个问题的算法如下。

将华氏温度值设置为 75
利用下面的公式计算对应的摄氏温度：
$Celsius = 5.0/9.0 * (Fahrenheit - 32.0)$
显示摄氏温度值

为了确保已经正确地给出了算法，现在进行一次手工计算。将华氏温度值 75 用到这个转换公式中，得到的摄氏温度值是 23.89 度。这个计算的结果将用于验证程序的输出。所以一旦得到了验证，就可以将这个程序用于转换其他的华氏温度值。

步骤 3：编写程序

程序 2.9 提供了完成这一功能所需要的代码。

程序 2.9

```
1   /* 转换华氏温度为摄氏温度 */
2
3   #include <stdio.h>
4   int main()
5   {
6     float celsius;
7     float fahrenheit = 75;   /* 声明和初始化 */
8
9     celsius = 5.0/9.0 * (fahrenheit - 32.0);
10    printf("The Celsius equivalent of %5.2f degrees Fahrenheit\n",
11                                                    fahrenheit);
12    printf("   is %5.2f degrees\n", celsius);
13
14    return 0;
15  }
```

其中，第 1 ~ 5 行遵循开始 C 语言程序的标准格式。第 6 行和第 7 行

```
6  float celsius;
7  float fahrenheit = 75;   /* 声明和初始化 */
```

提供两条声明语句:将变量 celsius 和 fahrenheit 声明为浮点类型,并将 fahrenheit 的值初始化为 75①。第 8 行是一个空行,它的作用是将声明语句与程序的其他部分隔开。

第 9 行

```
9  celsius = 5.0/9.0 * (fahrenheit - 32.0);
```

将当前保存在 fahrenheit 中的值(即 75)通过算法中列出的公式计算出 celsius 值。后面是显示华氏温度和对应摄氏温度值的两条输出语句。

当编译并执行程序 2.9 时,产生的输出如下。

```
The Celsius equivalent of 75.0 degrees Fahrenheit
   is 23.89 degrees
```

注意,在需求规范中没有明确指定关于输出显示格式的某些假设,这是很常见的。需求规范通常不会完整地描述应该如何给出输出。在这种状况下,就像这里一样,程序员不仅可以随意设置输出的格式,而且事实上应该这样做。但是,如果要求对输出格式进行设置,则应该总是给出一个输出样本,或者应该为输出的格式要求提供更多的指导。这有就可以使运行程序的人同意输出的格式,或者对它提出调整意见。在你的编程生涯中应对这种情况有所准备,因为在输出显示上如果无法最终明确,则许多用户将会感到不安。

步骤 4:测试并调试程序

开发过程的最后一步是测试程序。如果显示的值与前面手工计算的结果一致,则对程序就可以有某种程度的信心了,就可以在运行它时使用不同的华氏温度值。如果计算 celsius 的值的赋值语句中没有正确地放置圆括号,则所显示的值应该与手工计算的值不符,这表明程序中存在错误。

练习 2.6

编程练习

1. a. 输入并执行程序 2.9。
   b. 修改程序 2.9,将华氏温度 86.5 度转换为对应的摄氏温度值。
2. 1955 年,Brooklyn Dodgers 棒球队赢了 98 场比赛,输了 55 场比赛。利用这一信息,编写、编译并执行一个 C 语言程序,计算并显示这个队在这一年中的胜率(获胜百分比)。
3. a. 编写、编译并执行一个 C 语言程序,计算一个小猪钱罐中的美元数。钱罐中现有 12 个 5 角硬币、20 个 2 角 5 分硬币、32 个 1 角硬币、45 个 5 分硬币和 27 个 1 分硬币。
   b. 手工验证程序计算出的值。验证程序无误后,将其修改成计算包含 0 个 5 角硬币、17 个 2 角 5 分硬币、19 个 1 角硬币、10 个 5 分硬币和 42 个 1 分硬币的美元数。
4. 一年中光传播的距离称为 1 光年。假设光以 3×10^8 m/s 的速度传播,计算 1 光年的距离。相关公式是:*distance* = *speed* * *time*。提示:需计算一年中的秒数。

---

① 注意在使用双精度类型为默认类型的编译器上,这将产生一个能够忽略的编译器警示消息(正确的初始化应该使用数值 75f)。在使用浮点类型为默认类型的编译器上,没有警示发布。

5. a. 编写并执行一个 C 语言程序，计算并显示进行一次 150 英里行程所耗费的时间（1 英里 = 1.6093 千米）。计算耗费时间的公式是：`elapsed time = distance / average speed`。假设平均速度（`average speed`）是 65 英里/小时。在程序中使用变量名称 `time`，`distance` 和 `avgSpeed`。
   b. 手工验证程序计算出的值。验证程序无误后，将其修改成计算 204 英里行程的耗费时间，假设平均速度是 68 英里/小时。
6. a. 编写并执行一个 C 语言程序，计算并显示 1 ~ 100 的数的总和。公式为：$sum = (n/2)(2 \times a + (n-1)/d)$，其中 n 表示要相加的项数，a 为第一个数，d 为数字之间的差值。
   b. 手工验证程序计算出的值。验证程序无误后，将其修改成计算 100 ~ 1000 的整数和。
7. a. 编写一个 C 语言程序，计算并显示连接坐标为(3,7)和(8,12)的两点的线的斜率值。连接坐标为($x1$,$y1$)和($x2$,$y2$)的两点的线的斜率是$(y2 - y1)/(x2 - x1)$。
   b. 验证程序产生的结果是正确的。
   c. 一旦验证了程序产生的输出是正确的，将它修改成计算连接坐标分别为(2,10)和(12,6)的两点的线的斜率。
   d. 如果两点的坐标分别为(2,3)和(2,4)，则会导致除 0 的后果。该如何处理这种情况？
8. a. 时钟中使用的钟摆由于下列原因可以保持相当精确的计时：当钟摆的长度比它摆动的最大弧度相对较大时，完成一次摆动的时间与钟摆的质量和摆动的最大位移量都无关。当满足这个条件时，完成一次摆动的时间与钟摆长度的关系满足公式：

   $$length = g[time/(2\pi)]^2$$

   其中π精确到 4 位小数，等于 3.1416，g 是重力常数，等于 32.2 英尺/秒^2。完成摆动的时间单位为秒，钟摆的长度单位为英尺。利用这个公式编写一个 C 语言程序，计算并显示 1 秒内完成 1 次摆动周期所需要的钟摆长度。长度结果应该显示成英寸且应具有如下格式：

   ```
   The length to complete one swing in one second is: ______
   ```

   其中的下画线空格需用程序计算出的实际值取代。
   b. 在计算机上编译并执行练习 8a 中编写的程序。进行一次手工计算，以便验证程序产生的结果。
9. a. 修改练习 8 中编写的程序，使其计算用 2 秒完成 1 次摆动周期所需的钟摆长度。
   b. 在计算机上编译并执行练习 9a 中编写的程序。
10. 一个直接连接的电话网络，是网络中所有的电话机都直接相连，而不要求存在中央交换站来建立两部电话机之间的通话。例如，华尔街上的金融机构就使用这样一种网络来维持公司之间直接的和持续开放的电话线路。维持一个直接连接的 n 部电话机的网络所需要的直接线路数量，由下列公式给定：

    $$lines = n(n-1)/2$$

例如，直接连接 4 部电话机要求有 6 条单独的线路(见图 2.12)。如果在这个网络中再增加一部电话机，则需要增加 4 条线路，总共 10 条线路。
利用这个公式，编写一个 C 语言程序，确定 100 部电话机所要求的直接线路的数量。如果向这个网络再增加 10 部电话机，则要求新增多少条线路?

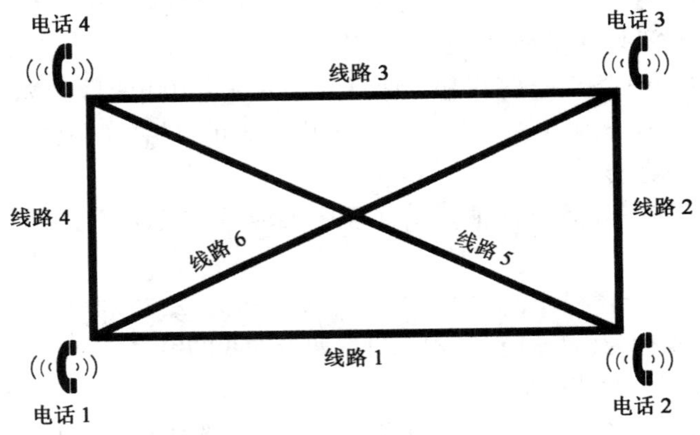

图 2.12 直接连接的 4 部电话机

11. a. 修改练习 10 中编写的程序，使其计算并显示 1000 部彼此直接相连的电话机所需的总线路数。
    b. 在计算机上编译并执行练习 11a 中编写的程序。

2.7 编程错误和编译器错误

在使用本章中讲解的材料时，应注意如下的编程错误和编译器错误。

编程错误

1. 遗漏了 main 后面的圆括号对(参见“编译器错误”部分)。
2. 遗漏或不正确地键入了表示函数体开始处的开始大括号(参见“编译器错误”部分)。
3. 遗漏或不正确地键入了表示函数体结束处的结束大括号(参见“编译器错误”部分)。
4. 函数名称拼写错误，例如将 printf()误写成 print()(参见“编译器错误”部分)。
5. 对传递给 printf()函数的字符串忘记使用双引号(参见“编译器错误”部分)。
6. 在每一条可执行语句的末尾遗漏了分号(参见“编译器错误”部分)。
7. 忘记用转义序列\n 来指示新的一行。
8. 忘记声明程序中使用的所有变量。这一错误能够被编译器检测到，对所有未声明的变量都会产生一个错误消息(参见“编译器错误”部分)。
9. 将错误的数据类型值保存到已声明的变量中。编译器不会检测到这种错误，而是在执行时会将所赋的值转换为变量的数据类型。
10. 在将值赋予变量之前，就在表达式中使用这个变量。当计算这样的表达式时，将会使用变量中随意保存的任何值，因此结果将是没有意义的。
11. 错误地执行整除运算。这种错误通常掩藏在一个大型表达式中，而且检测起来会非常麻烦。例如，表达式

```
3.425 +2 / 3 +7.9
```

产生的结果与表达式

```
3.425 +7.9
```

产生的结果相同，因为 2 / 3 的整除结果是 0。

12. 没有清楚地理解后果会怎样就在同一表达式中混合不同的数据类型。由于 C 语言中允许表达式“混合”数据类型，因此需要弄清楚求值的顺序以及所有中间计算结果的数据类型。作为通用规则，最好是不在一个表达式中混合不同的数据类型，除非想要某个特殊的效果。
13. 没有在 printf()函数调用中针对实参的数据类型包含正确的转换控制序列。
14. 当将多个实参传递给 printf()函数时，没有用跟随一个逗号的双引号封闭函数中的控制字符串。
15. 忘记用逗号分开传递给 printf()函数的所有实参。根据我的经验，上面的第 3，5，6，7 条错误是最常见的。一种有用的做法是编写一个简单的程序，特意引入这些错误，每次一个，看看编译器会产生什么样的错误消息。这样，当这些错误消息由于疏忽而出现时，就已经对理解并改正它们有些体验了。

编译器错误

下面的表格总结了 UNIX 和 Windows 编译器中典型的编译器错误消息。

错误	基于 UNIX 编译器的错误消息	基于 Windows 编译器的错误消息
遗漏 main 函数的首部行的括号	(S) Definition of function main requires parentheses.	error:: 'main': looks like a function definition,but there is no formal parameter list; skipping apparent body.
遗漏 main 函数体中的开始大括号	(S) Syntax error: possible missing ';' or ',' (S)Parameter declaration list is incompatible with declarator for main.	注意:你将收到的错误信息取决于这个函数中的语句.这些错误的行号直接在跟随首行的那一行开始.典型的错误消息将包含 syntax error: missing ';' before identifier ...missing storage-class or type specifiers syntax error: 'return' syntax error: '}'
遗漏 main 函数体中的结束大括号	(S) Syntax error: possible missing ';' or ',' ? (S) Unexpected end of file.	end of file found before the left brace '{' was matched
错误拼写 printf	ERROR: Undefined symbol	identifier not found,even with argument-dependent lookup
遗漏在传递给 printf()中的字符串中开始和结束双引号	(S) String literal must be ended before the end of line. (S) Syntax error: possible missing ')' ?	newline in constant
遗漏在一个可执行语句的终止处的分号	(S) Syntax error: possible missing ';'S or ','?	syntax error: missing ';'
忘记声明一个程序中的所有变量	(S) Undeclared identifier	undeclared identifier

(续表)

错误	基于 UNIX 编译器的错误消息	基于 Windows 编译器的错误消息
遗漏注释开始处的开始符	(S) Definition of function this requires parentheses. (S) Syntax error:possible missing '{'? 注意:编译器正在告诉你它不能认可跟随这个错误后这些行的任何东西	注意:你将收到的错误信息取决于跟随这个注释的语句。这些错误的行号将直接跟随缺少/*的那一行开始。一个警示,同这个下面的相似,也将被提及。warning: '*/' found outside of comment
遗漏注释的结束符	(S) Comment that started on line...must end before the end of file.	unexpected end of file found in comment
在初始化中用逗号初始化一个数字变量。例如,int val =1,234;将产生错误	(S) Syntax error	syntax error:'constant'

2.8 小结

1. C 语言程序由一个或多个称为函数的模块组成。其中的一个函数必须是 main(),它标识了 C 语言程序的起始点。
2. 函数是算法的 C 语言描述。
3. 许多类似 printf() 的函数都以标准函数库的形式提供,这些库由 C 语言编译器提供。
4. 简单的 C 语言程序只由一个名称为 main() 的函数组成。
5. 位于函数名称之后的函数体,具有下面的通用形式:

```
{
  所有的程序语句都在这里;
}
```

6. 在执行程序时,可执行语句会使计算机执行某个特定动作。
7. 所有的可执行 C 语言语句都必须用分号结尾。
8. printf()函数用于显示文本或数字结果,它的第一个实参可以是用双引号封闭起来的文本,文本会在屏幕上直接显示,文本中可以包含用于格式控制的换行转义序列。
9. 目前 C 语言程序中几乎都会使用的两种基本数据类型是整数和双精度数(旧的 C 语言程序使用单精度数而不是双精度数)。编译器会为每一种数据类型分配不同数量的内存。
10. 表达式是一个或多个由运算符分隔的操作数序列。操作数可以是常量、变量或者另外的表达式。值与表达式联系在一起。
11. 表达式根据它所使用的运算符的优先级和结合性进行计算。
12. printf()函数可以用来显示所有的 C 语言数据类型值。用于显示整型、浮点型(单精度和双精度)以及字符型值的转换控制序列分别为%d, %f 和%c。
13. C 语言程序中的每一个变量,都必须声明为它能够保存的值的类型,并且变量只能在

声明之后才能使用。此外，相同类型的变量可以用一条声明语句声明。变量声明语句的通用语法是

数据类型　　变量名；

而且，变量可以在声明时被初始化。

14. 包含声明语句的简单 C 语言程序的形式如下。

```
#include <stdio.h>
int main()
{
  声明语句;
  其他语句;
  return 0;
}
```

15. 声明语句的作用是将函数的有效变量名称告知编译器。当变量声明使计算机为这个变量保留内存单元时，声明语句也被称为定义语句（目前所遇到的声明语句都是定义语句）。

2.9　补充材料：内存分配

C 语言的一个特点是允许程序员查看值的保存位置以及它是如何保存的。这使得程序员能够看到计算机的内部存储情况，并在必要时可将 C 语言当做低级语言，直接操作计算机的内部。

这一节将介绍这些特性，以便在希望或需要时能够看到变量的数据在程序执行期间是如何存储的、存储在什么地方。对于许多初级程序员而言，这些特性提供了洞察程序内部工作方式的能力。对于专业程序员，它们提供在大多数其他高级语言中没有提供的能力和编程功能。对于高级编程应用来说，这些功能是无价的。

整型数据类型

对于 int 型数据类型，大多数当前的 C 语言编译器通常提供的允许值范围是 -2 147 483 648 至 +2 147 483 647，见 2.3 节。这一节中将给出所有 C 语言的整型数据类型的范围，还将给出应该如何查看特定编译器所采用的数据类型。

表 2.12 的第二列中给出了每一种整型数据类型通常的值范围。由每种 C 编译器提供的、在 limits.h 头文件中列出的、定义这些值的标准标识符在第三列中给出。最后，第四列给出了用于存储每种数据类型的字节数。正是这一列中给出的内存数量直接确定了第二列中给出的值范围。

表 2.12　整型数据类型的存储

数据类型名称	数值范围	标识符（在 limits.h 头文件中）	内存大小（字节，见 1.8 节）
char	-128 到 +127	SCHAR_MIN　SCHAR_MAX	1
short int	-32 768 到 +327 67	SHRT_MIN　SHRT_MAX	2
int	-2 147 483 648 到 +2 147 483 647	INT_MIN　INT_MAX	4

(续表)

数据类型名称	数值范围	标识符(在 limits.h 头文件中)	内存大小(字节,见1.8节)
long int	−2 147 483 648 到 +2 147 483 647	LONG_MIN LONG_MAX	4
unsigned short int	0 到 65 535	USHRT_MAX	2
unsigned int	0 到 4 294 967 295	UINT_MAX	4
unsigned long int	0 到 4 294 967 295	ULONG_MAX	4

可以用如下两种方法直接检查由编译器为每种数据类型提供的值范围。(1)在 limits.h 头文件中找到第三列中给出的标识符名称;(2)使用C语言程序来显示由这些标识符定义的值。检查每种数据类型的值范围的程序将在后面给出。此外，在第四列中给出的每种数据类型的内存大小能够用 sizeof()函数确定。检查每种数据类型的内存大小的程序将在后面给出。

在提供检查值范围的程序之前，需强调两件事情。首先，注意表2.12中长整型(long int)提供与整型(int)相同的值范围和相同数量的内存(4字节)。ANSI C标准的唯一要求是 int 必须至少提供与 short int 一样多的内存，long int 必须至少提供与 int 一样多的精度。在第一台桌面计算机系统上(20世纪80年代)，计算机的内存容量是有限的，为 short int，int 和 long int 的内存分配是不同的，short int 通常使用1字节，int 用2字节，而 long int 用4字节。

其次，注意 short int，int，long int 以及与它们对应的无符号类型(表中最后三行)之间的不同。无符号(unsigned)数据类型只提供非负值(即0和正值)。为了将这些无符号数据类型与它们的对应类型相区别，short int，int 和 long int 数据类型的正式名称为有符号(signed)数据类型。

表2.12中所有的无符号整数类型提供的正数值范围，是对应的有符号类型所提供范围的两倍。这种超大的正数值范围，是通过将对应的有符号类型的负数值范围(绝对值)与正数值范围相加的方式得到的。

关键字 short，long 和 unsigned 被称为限定符(qualifier)，因为它们限定了关键字 int 的含义。如果省略关键字 int，则这些限定符的含义不会改变。因此，short int 数据类型也能够被指定为 short 类型，unsigned short int 能够被定义成 unsigned short 类型，对于 long 整型数据类型也是如此。现在，几乎已经不使用这些被限定的整型类型了。在早期的桌面应用中，对 int 值进行 −32,768 ~ +32,767 的限定是重要的。现在的 int 值范围已经是负的20亿到正的20亿，使用 unsigned int 型使正数值加倍，或者使用 long 型使正数值和负数值加倍，已经是无需考虑的因素了。

利用表2.12中列出的标准标识符，程序2.10显示了某个编译器为每一个C语言的有符号整型数据类型提供的实际值的范围。注意，需要包含 limits.h 头文件(第2行)。这个头文件是必要的，因为它包含要访问和显示的标准标识符。

程序 2.10

```
1  #include <stdio.h>
2  #include <limits.h> /* 包含最小和最大的规格 */
3  int main()
4  {
5    printf("The smallest character code that can be stored is %d\n", SCHAR_MIN);
```

```
  printf("The largest character code that can be stored is %d\n", SCHAR_MAX);
  printf("The smallest integer value that can be stored is %d\n", INT_MIN);
  printf("The largest integer value that can be stored is %d\n", INT_MAX);
  printf("The smallest short integer value that can be stored is %d\n",SHRT_MIN);
  printf("The largest short integer value that can be stored is %d\n", SHRT_MAX);
  printf("The smallest long integer value that can be stored is %d\n", LONG_MIN);
  printf("The largest long integer value that can be stored is %d\n", LONG_MAX);

  return 0;
}
```

这个程序的输出如下。

```
The smallest character code that can be stored is -128
The largest character code that can be stored is 127
The smallest integer value that can be stored is -2147483648
The largest integer value that can be stored is 2147483647
The smallest short integer value that can be stored is -32768
The largest short integer value that can be stored is 32767
The smallest long integer value that can be stored is -2147483648
The largest long integer value that can be stored is 2147483647
```

注意，这里显示的值与表 2.12 中列出的值相同①。

sizeof()运算符

利用 C 语言的 sizeof()运算符，可以直接确定由编译器为任何数据类型（整型和浮点型）或变量保留的字节数。采用的方法是将数据类型或变量的名称包含在这个运算符的圆括号内，然后显示返回的值。sizeof()运算符是一个内置运算符，不需要使用算术运算符执行运算。程序 2.11 利用这个运算符确定为 int，char，short 和 long 整型类型保留的内存数量。

程序 2.11

```
#include <stdio.h>
int main()
{
  printf("Data Type        Bytes\n");
  printf("---------        -----\n");
  printf("char               %d\n", sizeof(char));
  printf("short int          %d\n", sizeof(short));
  printf("int                %d\n", sizeof(int));
  printf("long int           %d\n", sizeof(long));
  printf("float              %d\n", sizeof(float));
  printf("double             %d\n", sizeof(double));
  printf("long double        %d\n", sizeof(long double));

  return 0;
}
```

① 无符号整型类型用的标准标识符在 limits.h 文件中通常作为十六进制数提供。因此，它们的显示要求转换为十进制数与表 2.12 中列出的数值匹配。

程序的输出与编译器有关。也就是说，每种编译器都会正确地报告它为相应的数据类型分配的内存数量。当在使用Visual C. net编译器的计算机上运行时，产生的输出如下所示。

```
Data Type        Bytes
---------        -----
char               1
short int          2
int                4
long int           4
float              4
double             8
long double        8
```

sizeof()运算符返回对应于1个字符的字节数，此处1个字符被定义为使用1字节。因为几乎所有的编译器都为每个字符使用1字节，所以由sizeof()运算符返回的值就是真正的字节数①。

地址②

图2.13　一个典型的变量

与每一个变量都有关的三项主要内容是它的数据类型、它所保存的值以及它保存在内存的什么位置。变量使用的内存字节数，与它的数据类型相关。用于保存变量的内存字节的第一个地址，被称为变量的地址(variable's address)。这些项之间的关系如图2.13所示。

程序员通常只关心变量的数据类型和它的值，很少会注意值所存储的位置(它的地址)。例如，分析一下程序2.12。

程序2.12

```
#include <stdio.h>
int main()
{
  int num = 22;

  printf("The value stored in num is %d.",num);
  printf("\nThe computer uses %d bytes to store this value", sizeof(int));

  return 0;
}
```

当执行程序2.12时，产生的输出如下。

```
The value stored in num is 22.
The computer uses 4 bytes to store this value
```

程序2.12显示了保存在整型变量num中的值(22，即它的内容)，还显示了整数所使用的内存数量。程序2.12提供的信息展示在图2.14中。

---

① 为一个字符数据类型保留的位的数量在limits.h文件中被指定为CHAR_BIT。

② 这一节是可选学的，前提条件是已经理解1.8节中介绍的字节和字。

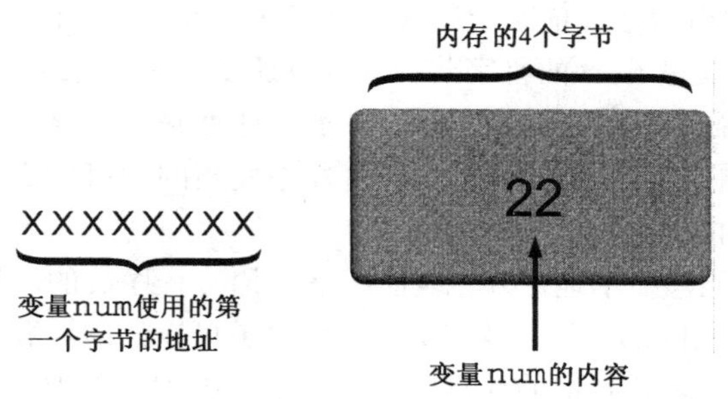

图 2.14　由程序 2.12 提供的信息

我们能够更进一步——获得变量 num 对应的真正地址。显示的地址对应于计算机的内存为这个变量保留的首字节的地址。显示地址的能力是 C 语言独有的(实际上，这是用指针直接操作地址的一种衍生功能，指针将在第 11 章和第 13 章中讲解)。不管怎样，显示地址都是一个有用的工具，能够有效地查看计算机的内存，并且能够清晰地看到数据在内存中的实际保存位置。

为了得到变量(例如 num)的地址，必须紧挨在变量名称的前面使用 C 语言的地址运算符 &(& 和变量名称之间没有空格)，它表示取地址。例如，&num 表示 num 的地址，&total 表示 total 的地址，而 &price 表示 price 的地址。程序 2.13 使用地址运算符显示了变量 num 的地址。

程序 2.13

```
#include <stdio.h>
int main()
{
  int num = 22;

  printf("num = %d The address of num is %d\n.", num, &num);

  return 0;
}
```

这个程序的输出如下。

```
num = 22 The address of num is 124484.
```

图 2.15 给出了程序 2.13 的输出所提供的更多地址信息。

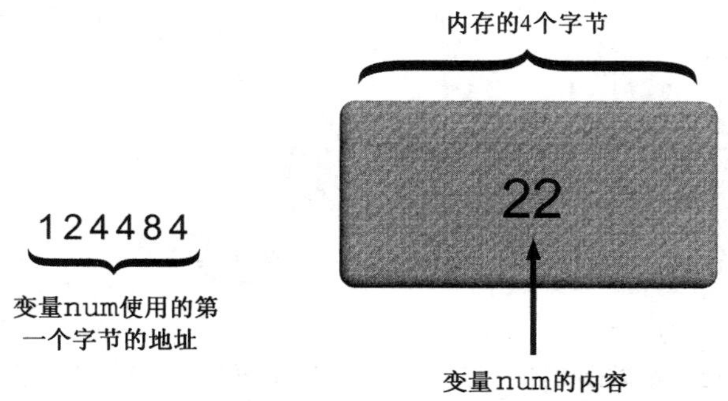

图 2.15　变量 num 存储情况的更完整图示

显然，程序 2.13 输出的地址依赖于运行这个程序的计算机。但是，每次执行程序 2.13 时，它总是会显示用于保存变量 num 的首字节的地址。还要注意，地址使用了转换控制序列%d 输出，这个转换控制序列强制地址按整数显示，显示的地址是 printf()函数的十进制格式的地址表示①。这个显示结果对地址在内部是如何由程序使用的没有什么影响，它只是提供了一种有助于理解地址是什么的表示。

我们将看到，除了能够显示地址外，地址还是 C 语言程序员的一种强有力的编程工具。地址提供了直接进入计算机内部工作区的能力，使程序员可以访问计算机的基本存储结构。这向 C 语言程序员提供了在大多数其他的计算机语言中没有的编程能力。

练习 2.9

编程练习

1. 在计算机上输入、编译并执行程序 2.10，得出编译器为每一种 C 语言的有符号整型数据类型提供的值范围。
2. 在计算机上输入、编译并执行程序 2.11，得出编译器为每一种 C 语言的数据类型分配了多少字节。
3. 输入、编译并执行程序 2.13，得出计算机在内存中存储变量 num 的位置。
4. a. 编写一个 C 语言程序，使其包含如下的声明语句

   ```
   char key, choice;
   int num, count;
   long date;
   float yield;
   double price;
   ```

   需在程序中用到地址运算符和 printf()函数，显示对应于每个变量的地址。

   b. 运行练习 4a 中编写的程序后，画一张计算机如何保留程序中的变量用的内存图。在这张图上填入程序显示的地址。
5. 修改练习 4a 中编写的程序，显示计算机为每种数据类型保留的内存数量(使用 sizeof()运算符)。利用这个信息和练习 4b 中提供的地址信息，判断计算机是否用声明它们时的次序为这些变量保留了内存。

---

① 更正确地说，应该使用%p 转换控制序列符，它是用于地址的转换控制序列符。原因是地址不是一个整型类型，而是一个独特的数据类型，可以或不可以像一个整数那样要求相同的存储器数量。因为%p 转换控制序列符按十六进制(基数 16)数字显示地址，而按十进制(基数 10)数字理解地址通常是指导性的，因此我们使用%d。在这个位置，也可以使用%u 转换控制序列符，它强制地址按无符号整型数据类型处理。

第3章　数据处理与交互式输入

第2章讲解了如何存储数据，介绍了变量和声明语句，并描述了如何用 printf()函数来显示输出数据。这一章将继续对C语言进行介绍，讲解如何用赋值语句和数学函数处理数据，还会讲解使用户能够在程序运行时输入数据的 scanf()函数。也会涉及关于 printf()函数的更多信息，它使输出数据能够更加精确地进行格式化。

3.1　赋值

第2章中讲过，赋值语句用于将一个值赋予变量。赋值语句也是C语言中执行计算的最基本语句。赋值语句的通用语法是：

变量 = 操作数；

其中等于号是赋值运算符，等于号右边的操作数(operand)可以是常量、变量或表达式。将常量作为操作数的赋值语句例子如下。

```
length = 25;
width = 17.5;
```

在这些赋值语句中，等于号右边的常量值被赋予等于号左边的变量。需着重指出的是，C语言中的等于号与代数中的等于号的含义不同。赋值语句中的等于号使计算机首先确定等于号右边操作数的值，然后将这个值存储(即赋予)在等于号左边的变量中。按照这个解释，C语言语句 length = 25;应被理解成“length 被赋予值 25”。赋值语句中的空格是为了可读性而插入的。

2.5节曾讲到，当声明变量时，可以对它赋予一个初始值。如果这个初始赋值不在声明语句内进行，则可以使用赋值语句首次将一个值赋予变量时进行初始化。当然，后续的赋值语句可以用来改变赋予变量的值。例如，假设下列语句按先后顺序执行，且前面没有值被预先赋予变量 length：

```
length = 3.7;
length = 6.28;
```

第一条赋值语句将值3.7赋予名称为 length 的变量。由于这是赋予该变量的第一个值，因此可以说“length 被初始化为3.7”。下一条赋值语句使计算机将值6.28赋予 length 变量。值3.7被新值6.28覆盖，因为变量一次只能保存一个值。可以将等于号左边的变量想象成一个大型停车场中的一个临时车位。就像一个车位每次只能停放一辆车一样，变量也只能每次保存一个值。将一个新值“泊入”变量中，会自动使计算机移出以前“泊入”的任何值。

除了常量以外，赋值语句等于号右边的操作数也可以是变量或任何有效的C语言表达式。因此，赋值语句中的表达式能够用来利用2.4节中介绍过的算术运算符来执行计算。使用包含这些运算符的表达式的赋值语句的例子如下。

```
sum = 3 + 7;
diff = 15 - 6;
product = .05 * 14.6;
tally = count + 1;
newTotal = 18.3 + total;
taxes = .06 * amount;
interest = principal * rate;
average = sum /items;
slope = (y2 - y1) / (x2 - x1);
```

和其他赋值语句一样，等于号右边表达式的值会首先计算，然后将计算出的值保存到等于号左边的变量中。例如，在赋值语句 `interest = principal * rate;`中，会首先计算表达式 `principal * rate` 的值。然后，这个值会被保存到变量 `interest` 中。

在编写赋值语句时，有两点必须着重考虑。由于等于号右边的表达式会首先计算，所以如果希望结果有意义，表达式中使用的所有变量都必须初始化。例如，对于赋值语句 `interest = principal * rate;`，只有在程序员预先将有效的值赋予变量 `principal` 和 `rate` 后，才会产生一个有效的值存储到变量 `interest` 中。这样，语句序列

```
principal = 1000;
rate = .035;
interest = principle * rate;
```

就能够保证我们知道前面的两个值是用于获得将存储在等于号左边的变量中的计算值。

第二个需要考虑的事项是:因为表达式的值还保存到等于号左边的变量中，所以只能有一个变量紧挨在等于号的左边。例如，表达式

```
amount + 1892 = 1000 + 10 * 5
```

是无效的。这里，等于号右边的表达式的计算结果是整数1050，它只能被保存到一个变量中。因为 `amount + 1892` 不是一个有效的变量名称，所以计算机不知道在什么位置存储这个计算值。

程序3.1演示了在计算矩形面积时赋值语句的用法。

程序3.1

```
#include <stdio.h>
int main()
{
  float length, width, area;

  length = 27.2;
  width = 13.8;
  area = length * width;
  printf("The length of the rectangle is %f", length);
  printf("\nThe width of the rectangle is %f", width);
  printf("\nThe area of the rectangle is %f", area);

  return 0;
}
```

当执行程序3.1时，产生的输出如下。

```
The length of the rectangle is 27.200000
The width of the rectangle is 13.800000
The area of the rectangle is 375.360000
```

留意一下程序 3.1 中语句的执行顺序。程序用关键字 main 开始，依顺序逐条执行语句，直到结束大括号为止。对所有程序而言，顺序控制流的执行都如此。计算机每次执行一条语句，执行时并不知道下一条语句是什么。这就是为什么表达式中使用的所有操作数，在表达式被计算之前都必须赋值的原因。

当计算机执行第 8 行中的语句 area = length * width;时，它使用在赋值执行时存储在变量 length 和 width 中的任何值。在使用表达式 length * width 之前，如果它们没有被明确地赋予值，则计算机将使用这些变量在被引用时碰巧占据这些变量的任意值①。计算机不会“提前”看到程序后面可能赋予它们的值。

在 C 语言中，赋值语句中使用的等于号本身是一个运算符，这与大多数其他高级语言处理这个符号的方式不同。在 C 语言中，等于号被称为赋值运算符(assignment operator)。作为运算符，它在 2.4 节中介绍的所有二元和一元算术运算符中的优先级最低，这解释了在赋值语句中的所有算术运算符在赋值之前都将执行的原因。

由于等于号是 C 语言中的一个运算符，所以在同一条语句中进行多次赋值是允许的。例如，在语句 a = b = c = 25;中，所有的赋值运算符都有相同的优先级。这个运算符的结合性是从右到左，所以最终的计算结果按下面的顺序进行：

```
c = 25;
b = c;
a = b;
```

它会使数字 25 分别赋予每一个变量，因此可以表示为

```
a = (b = (c = 25));
```

这样，一条语句 a = b = c = 25;就相当于下面三条独立的语句。

```
c = 25;
b = 25;
a = 25;
```

隐式类型转换

数据类型转换发生在赋值运算符的两边。这意味着等于号右边表达式的值将被转换为等于号左边变量的数据类型。例如考虑赋值语句 result =4;，其中 result 已经被声明成一个双精度变量。这样，整数值 4 将被转换到双精度值 4.0，并且正是这个值被赋予了 result。这种赋值运算符两边的自动转换，被称为隐式类型转换(implicit type conversion)。从整数转换到浮点数据类型时，极少会发生问题。但是，反过来会导致计算问题。这是因为，从浮点数到整数结果的隐式转换，将导致小数部分丢失。

例如考虑赋值语句 answer = 2.764;，其中 answer 已经被声明成 int 类型。由于赋值运算符的左边是一个整型变量，所以双精度值 2.764 会被截为整数值 2 并存储在变量 answer 中。对于这种情况，隐式类型转换在从较高精度数据类型转换到较低精度数据类型时，编译器会发出警告。

① 多数编译器将发出一个警示：使用了一个未被初始化的变量，但程序可编译。

编程注解:左值与右值

在几乎所有的编程语言中,如果在同一条语句中允许使用能够进行多次赋值的运算符,则经常会遇到术语“左值”(lvalue)和“右值”(rvalue)。左值指的是在赋值运算符左边的任何有效量,右值指的是在赋值运算符右边的任何有效量。

例如,前面遇到过的每个变量,都可以是左值或右值(即变量可以出现在赋值运算符的左边或右边)。第 8 章中将看到,一个声明为数组的变量不能既是左值又是右值,而数组变量则可以。

单个数字只能是右值。更一般而言,能够得到值的任何表达式都是右值。

显式类型转换(强制转换)

除了在赋值语句两边自动进行的隐式类型转换之外,C 语言还提供由用户指定的显式转换。用来将一种类型的值转换成另一种类型的运算符,被称为强制类型转换运算符。它是一种一元运算符,语法为

(*dataType*) *expression*

其中,位于 *expression*(表达式)之前的 *dataType* 就是期望获得的数据类型。例如,如果 sum 为一个双精度浮点型变量,则表达式(int)sum 的值是通过截去 sum 的小数部分而获得的一个整数值。

赋值的其他方式

尽管只能有一个变量可以直接放在赋值表达式中等于号的左边,但等于号左边的变量也能够用于等于号的右边。例如,赋值表达式 sum = sum + 10 就是有效的。显然,在代数方程中,一个变量绝不可能等于它本身加上 10。但是,在 C 语言中,表达式 sum = sum + 10 不是一个方程——它是一个分两步计算的表达式。第一步是计算 sum + 10 的值,第二步是将这个计算出的值保存在变量 sum 中。下面这个程序的输出是什么?

程序 3.2

```
#include <stdio.h>
int main()
{
  int sum;

  sum = 25;
  printf("\nThe number stored in sum is %d.",sum);
  sum = sum + 10;
  printf("\nThe number now stored in sum is %d.\n",sum);

  return 0;
}
```

赋值语句 sum = 25;会通知计算机将 25 保存在变量 sum 中,如图 3.1 所示。程序 3.2 中对 printf()的第一次调用,会使保存在 sum 中的值通过消息“The number stored in sum is 25”显示。第二条赋值语句 sum = sum + 10;,会使计算机取得保存在 sum 中的值 25 并

将 10 与它相加，得到数 35。然后，数 35 会被保存在等于号左边的变量中，即变量 sum。以前保存在 sum 中的值 25，会被删除并用新的值 35 替换，如图 3.2 所示。

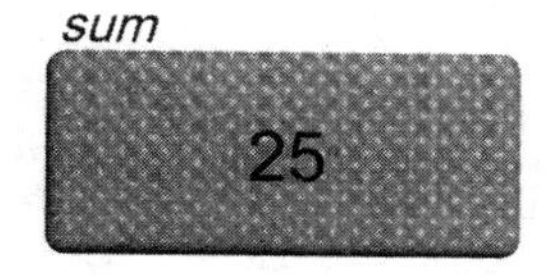

图 3.1　保存在 sum 中的整数 25

类似 sum = sum + 25;这样的在运算符两边都使用同一个变量的赋值表达式，能够用下列赋值运算符编写。

例如，表达式 sum = sum + 10;能够写成：sum += 10;。类似地，表达式 price *= rate;与表达式 price = price * rate;等价。

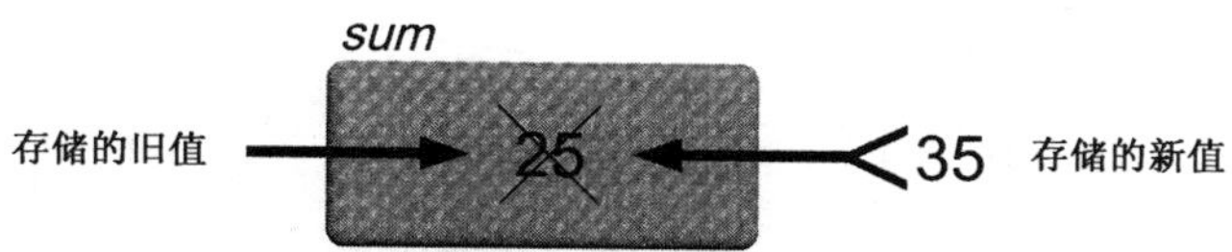

图 3.2　语句 sum = sum + 10;使一个新值保存在 sum 中

在使用这些新的赋值运算符时，注意运算符左边的变量会作用于右边的整个表达式。例如，表达式 price *= rate + 1 等价于表达式 price = price * (rate + 1)，而不是 price = price * rate + 1。

累加计算

类似于 sum += 10;或者等价的 sum = sum + 10;这样的赋值表达式，在程序设计中是常见的。在数据被一次一个数地输入进行累加求和时，就可以使用这类表达式。例如，如果希望将数字 96，70，85 和 60 依次相加时，就可以使用表 3.1 中的语句。

表 3.1　将 96，70，85 和 60 相加时的语句和结果值

语句	sum 中的值
sum = 0;	0
sum = sum + 96;	96
sum = sum + 70;	166
sum = sum + 85;	251
sum = sum + 60;	311

第一条语句将变量 sum 初始化为 0。这会移除以前保存在它中的任何会使最后的和无效的值。这种以前被保存的值，如果没有将它初始化为一个指定的值或者已知的值，经常称为垃圾值（garbage value）。当相加每一个值时，保存在 sum 中的值会相应地增加。完成最后一条语句后，sum 中保存的就是全部已相加的数的总和。

程序 3.3 通过显示在每进行一次相加之后 sum 的内容，演示了这些语句的效果。

程序 3.3

```
#include <stdio.h>
int main()
{
  int sum;

```

```
    sum = 0;
    printf("\nThe value of sum is initially set to %d.", sum);
    sum = sum + 96;
    printf("\n sum is now %d.", sum);
    sum = sum + 70;
    printf("\n sum is now %d.", sum);
    sum = sum + 85;
    printf("\n sum is now %d.", sum);
    sum = sum + 60;
    printf("\n The final sum is %d.\n", sum);

    return 0;
}
```

这个程序的输出如下。

```
The value of sum is initially set to 0.
sum is now 96.
sum is now 166.
sum is now 251.
The final sum is 311.
```

尽管程序3.3不是一个实用的程序(手工地将它们相加更容易一些),但它确实演示了具有形式

变量 = 变量 + 新值;

的语句反复使用的求和效果。在学习完第5章中讲解的循环语句之后,就会发现存在这种类型的语句的许多应用。

计数

存在一种特殊的赋值语句类型,它与累加语句非常相似,这种语句就是计数语句。计数语句的形式为

变量 = 变量 + 固定数值;

计数语句的几个例子如下。

```
i = i + 1;
n = n + 1;
count = count + 1;
j = j + 2;
m = m + 2;
kk = kk + 3;
```

在这些例子中,同一个变量名称被用在了等于号的两边。执行完一条语句后,变量的值会增加一个固定量。前三个例子中,变量 i,n 和 count 的增加量为1;接下来的两个例子中,变量的增加量为2;最后一个中变量 kk 的增加量为3。

对于变量加1或者减1的特殊情况,C语言提供了两个一元运算符。利用自增运算符 ++,表达式 variable = variable + 1 能够被替换成表达式 variable++ 或者 ++variable。自增运算符的几个例子见表3.2。

表 3.2　自增运算符的例子

表达式	可选择的运算
i = i + 1	i++ 和 ++i
n = n + 1	n++ 和 ++n
count = count + 1	count++ 和 ++count

程序 3.4 演示了自增运算符的用法。

程序 3.4

```
#include <stdio.h>
int main()
{
  int count;

  count = 0;
  printf("\nThe initial value of count is %d.", count);
  count++;
  printf("\n count is now %d.", count);
  count++;
  printf("\n count is now %d.", count);
  count++;
  printf("\n count is now %d.", count);
  count++;
  printf("\n count is now %d.\n", count);

  return 0;
}
```

这个程序的输出如下。

```
The initial value of count is 0.
count is now 1.
count is now 2.
count is now 3.
count is now 4.
```

当 ++ 运算符出现在变量之前时，它被称为前置自增运算符（prefix increment operator）；当出现在变量之后时，就被称为后置自增运算符（postfix increment operator）。当被增加的变量用在赋值表达式中时，要特别注意前置自增运算符和后置自增运算符的不同。例如，表达式 k = ++n;在一个表达式中做了两件事：首先，将 n 的值增加 1，然后，将 n 的新值赋予变量 k。因此，这条语句就等价于下面两条语句。

```
n = n + 1;      // 首先增加 n 的值
k = n;          // 将 n 的值赋给 k
```

使用后置自增运算符的赋值表达式 k = n++;，则将这一过程反过来。后置自增操作是在赋值完成之后才进行的。因此，语句 k = n++;会首先将 n 的当前值赋予 k，然后将 n 的值增加 1。这等价于下面两条语句。

```
k = n;          // 将 n 的值赋给 k
n = n + 1;      // 然后增加 n 的值
```

除了自增算术运算符之外，C 语言中还提供了一个自减运算符 --。正如所期望的那样，表达式 variable -- 和 -- variable 都与表达式 variable = variable - 1 等价。

自减运算符的几个例子见表 3.3。

表 3.3　自减运算符的例子

表达式	可选择的运算
i = i - 1	i -- 和 --i
n = n - 1	n -- 和 --n
count = count - 1	count -- 和 --count

当 -- 运算符出现在变量之前时，它被称为前置自减运算符(prefix decrement operator)；当出现在变量之后时，就被称为后置自减运算符(postfix decrement operator)。当 -- 运算符出现在变量之前时，它被称为前置自减运算符(prefix decrement operator)；当出现在变量之后时，就被称为后置自减运算符(postfix decrement operator)。例如，表达式 n-- 和 --n 都将 n 的值减 1。它们与较长的表达式 n = n - 1 等价。但是，与自增运算符一样，当用在赋值表达式中时，前置自减运算符和后置自减运算符会产生不同的结果。例如，表达式 k = --n 在将 n 的值赋予 k 之前会先将 n 的值减 1，而表达式 k = n -- 会先将 n 的当前值赋予 k，然后将 n 的值减 1。

利用自增和自减运算符，通常能够显著减少存储需求并增加执行速度。例如，考虑如下三条语句。

```
count = count + 1;
count += 1;
count++;
```

它们都执行相同的功能，但是当这些指令被编译并执行时，存储需求一般是第一条语句最高而最后一条语句最低。

练习 3.1

简答题

1. 找出并改正如下程序中的错误。

a.
```
#include <stdio.h>
int main()
{
  width = 15

  area = length * width;
  printf("The area is %d",area
  return 0;
}
```

b.
```
#include <stdio.h>
int main()
{
  int length, width, area;

  area = length * width;
  length = 20;
  width = 15;
  printf("The area is %d",area);
  return 0;
```

c.
```
#include <stdio.h>
  int main()
  {
    int length = 20; width = 15, area;

    length * width = area;
    printf("The area is %d",area);

    return 0;
  }
```

2. 假设 a = 10.6, b = 13.10, c = -3.42, 确定下列各项的值。

   a. `(int) a`
   b. `(int) b`
   c. `(int) c`
   d. `(int)(a + b)`
   e. `(int) a + b + c`
   f. `(int)(a + b) + c`
   g. `(int)(a + b + c)`

3. 解释为什么表达式 `a - b = 25` 无效的而表达式 `a - (b = 25)` 有效。

编程练习

1. a. 编写一个 C 语言程序，计算并显示 32.6，55.2，67.9 和 48.6 的平均值。
   b. 在计算机上运行练习 1a 中编写的程序。
2. a. 编写一个 C 语言程序，计算一个水池的容积。计算容积的公式是：*volume* = *length* * *width* * *depth*。假设水池的长度(*length*)为 25 英尺(1 英尺 = 0.3048 米)，宽度(*width*)为 10 英尺，深度(*depth*)为 6 英尺。
   b. 在计算机上运行练习 2a 中编写的程序。
3. a. 编写一个 C 语言程序，将华氏温度(*Fahrenheit*)转换为摄氏温度(*Celsius*)。转换公式为：*Celsius* = 5.0/9.0 * (*Fahrenheit* - 32.0)。利用程序将 98.6 华氏度转换成对应的摄氏温度并显示结果。
   b. 在计算机上运行练习 3a 中编写的程序。
4. a. 编写一个 C 语言程序，将 2.36 英里的路程用英尺表示。1 英里 = 5280 英尺。
   b. 在计算机上运行练习 4a 中编写的程序。
5. a. 编写一个 C 语言程序，计算一个小猪钱罐中的美元数。钱罐中现有 12 枚 5 角硬币、20 枚 2 角 5 分硬币、32 枚 1 角硬币、45 枚 5 分硬币和 27 枚 1 分硬币。
   b. 在计算机上运行练习 5a 中编写的程序。
6. a. 编写一个 C 语言程序，确定一架飞机起飞前在跑道上滑行的距离。确定距离 d 的公式是 $d = 1/2at^2$(单位为 m)，其中 a 是飞机的加速度(单位为 m/s^2)，t 为飞机离地前在跑道上滑行的时间(单位为 s)。假设加速度为 3.5 m/s^2，滑行时间为 30 s。
   b. 在计算机上运行练习 6a 中编写的程序。
7. a. 世界上最长的悬吊桥之一，是位于纽约市的弗拉德诺-纳罗斯桥，它将布鲁克林与斯塔腾岛相连。在建造这座钢桥时，由于温度的变化会引起钢铁膨胀，所以需要设置余量。桥的长度变化 ΔL(单位为 m)由公式 $\Delta L = L * 12 * 10 - 6 * \Delta T$ 给定，其中 L 是这座桥横跨的距离(单位为 m)，$12 * 10^{-6}$ 是钢铁的热膨胀系数，ΔT 是这座桥将经历的温度变化范围(单位为℃)。利用这个公式编写一个C语言程序，计算这座桥的伸缩量，假设它的横跨距离为13 000 m，温度变化范围为100℃。注:伸缩功能是由大桥表面的伸缩接头提供的，当温度变化时，这些接头会自动膨胀或者收缩。

b. 在计算机上运行练习7a中编写的程序。

8. a. 拉伸一个弹簧一段距离 d(单位为m)所需要的功 W(单位为J)，由公式 $W = 1/2kd^2$ 给定，其中 k 为弹性系数(单位为N·m)，它是弹簧硬度的度量。利用这个公式，编写一个C语言程序，计算一个具有弹性系数300 N·m的弹簧拉伸0.55 m所需要做的功。

b. 在计算机上运行练习8a中编写的程序。

3.2 数学库函数

尽管加、减、乘、除等运算容易在赋值语句内用C语言的算术运算符完成，但是对于求幂、计算平方根、求绝对值等运算，C语言中并不存在这样的运算符。为了使这类计算变得容易，C语言中提供了标准数学函数供程序使用。其中最有用的一些函数总结在表3.4中(6.2节中提供了一个更完整的、包含三角函数的集合)。除了最后一个外，这个表中的所有函数都要求传递给它们的是浮点型值(单精度或者双精度)，而唯一的返回值为双精度浮点型。最后一个函数abs()，要求的实参类型为int型，返回值也为int型。

表3.4 常用的数学函数(所有函数都要求math.h头文件)

函数	描述	例子	返回值	注释
sqrt(x)	x的平方根	sqrt(16.00)	4.000 000	x取整数值将导致编译器错误
pow(x,y)	x自乘到y次幂(x^y)	pow(2,3) pow(81,.5)	8.000 000 9.000 000	x和y允许取整数值
exp(x)	e自乘到x次幂(e^x)	exp(-3.2)	0.040 762	x取整数值将导致编译器错误
log(x)	x的自然对数(基数e)	log(18.697)	2.928 363	x取整数值将导致编译器错误
log10(x)	x的常用对数(基数10)	log10(18.697)	1.271 772	x取整数值将导致编译器错误
fabs(x)	x的绝对值	fabs(-3.5)	3.500 0000	x取整数值将导致编译器错误
abs(x)	x的绝对值	abs(-2)	2	一个x的浮点型数值返回数值0

为了演示C语言中数学函数的使用，考虑一个名称为sqrt()的函数，它计算一个数的平方根。某个数的平方根是用下面的表达式计算的。

```
sqrt(一个数据)
```

其中的函数名称为sqrt，它的后面跟随一对圆括号，括号里面是希望计算其平方根值的一个数。函数名称后面的圆括号，与我们已经看到的printf()函数中的圆括号一样，有效地提供一个“漏斗”，数据能够通过它传递。

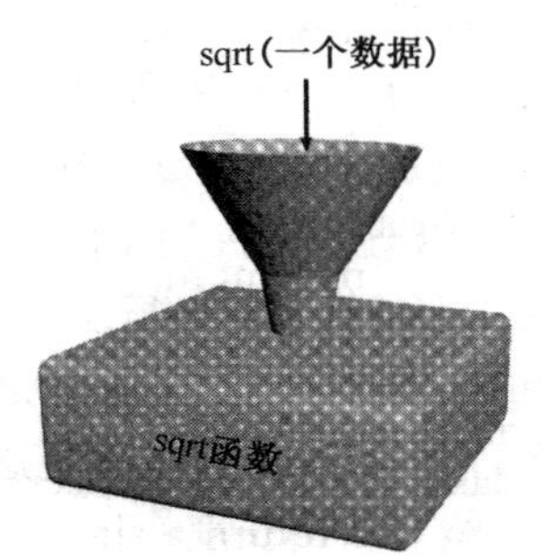

图3.3 向sqrt()函数传递数据

位于圆括号中的数据，被称为函数的实参(argument)。图 3.3 演示了 sqrt()函数的这个概念。

可以将函数本身当成一个“黑盒子”，而实参构成了对这个盒子的输入。盒子的输出是输入值的平方根。函数如何执行将输入转换为输出的操作，被有效地隐藏在盒子内部。

传递给 sqrt()函数的实参，必须是一个浮点值(单精度或者双精度型)，如果传递的是一个整型值，则会导致编译器错误。sqrt()函数计算其实参的平方根，然后将它以双精度型返回。例如，表 3.5 中列出了 sqrt()函数各种实参值的计算结果。

表 3.5　sqrt()函数的使用举例

表达式	返回值
sqrt(4.0)	2.000 000
sqrt(17.0)	4.123 106
sqrt(25.0)	5.000 000
sqrt(1043.29)	32.300 000
sqrt(6.4516)	2.540 000

为了使用表 3.4 中列出的数学函数，必须在程序中包含下面这条预处理器语句①。

```
#include <math.h>
```

只要包含了这个头文件，就能够调用任何数学函数，方法是指定函数的名称，并且在它后面的圆括号中放入任何希望传递给它的数据(见图 3.4)。

函数名　　传递到函数的数据

这部分标识被调用的函数　　这部分把数据传递到函数

图 3.4　使用函数并向它传递数据

因为所有的数学函数都返回一个数字值，所以它们可以用于能够有效使用表达式的任何地方。确切地说，它们只能用做右值，决不能充当左值。关于左值和右值的定义，请参见 3.1 节中的“编程注解”部分。例如程序 3.5 中，由 sqrt()和 pow()函数返回的值在第 7 行和第 8 行直接显示，而在第 10 行中，返回值被赋予了变量 result。

程序 3.5

```
1  #include <stdio.h>
2  #include <math.h>
3  int main()
4  {
5    double result;
6
7    printf("The square root of 6.456 is %f\n", sqrt(6.456));
8    printf("7.6 raised to the 3rd power is %f\n", pow(7.6, 3));
9
10   result = fabs(-8.24);
11   printf("The absolute value of -8.24 is %f\n", result);
12
13   return 0;
14 }
```

① 如果使用的是 UNIX 或 Linux 操作系统，则在编译程序时必须包含 -lm 选项。

这个程序的输出如下。

```
The square root of 6.456 is 2.540866
7.6 raised to the 3rd power is 438.976000
The absolute value of -8.24 is 8.240000
```

正如程序3.5 中所示，传递给数学函数的实参并不要求一定是常量，它可以是表达式，但要求该表达式能够被计算成一个所期望的数据类型的值。例如，下列函数的实参都是有效的表达式。

- `sqrt(4.0 + 5.3 * 4.0)`
- `sqrt(x)`
- `pow(y, z)`
- `fabs(2.3 * alpha)`
- `fabs(theta - phi)`

首先计算的是圆括号内的表达式，以产生一个特定的值。因此，在用于上述表达式之前，变量 x，y，z，alpha，theta 和 phi 都必须被赋予某个值。在计算完实参的值之后，会将它传递给函数。

函数本身也可以作为一个较大的表达式的一部分。例如，下面两条语句都是有效的。

```
x = 3.0 * sqrt(5 * 33 - 13.91) / 5;
```

和

```
y = 3.0 * log(30 * .514)/ pow(2.4, 3);
```

第一条语句右侧表达式的逐步计算过程如下所示。

步骤	结果
1. 执行参数中的乘法	3.0 * sqrt(165 -13.91) /5
2. 完成参数计算	3.0 * sqrt(151.090 000) /5
3. 返回一个函数值	3.0 * 12.291 867 2 /5
4. 执行乘法	36.875 601 7 /5
5. 执行除法	7.375 120 3

程序3.6 演示了 sqrt()函数用于计算一个球从800 英尺高的塔上掉下来到达地面所用的时间。给定高度 *distance*(单位为英尺)，计算所用时间 *time*(单位为秒)的数学公式是：*time* = *sqrt*(2.0 × *distance*/g)，其中 g 为重力常量，等于32.2 英尺/秒^2。

程序3.6

```
#include <stdio.h>   /* 这一行可以放在第二行而不是第一行 */
#include <math.h>    /* 这一行可以放在第一行而不是第二行 */
int main()
{
  int height;
  double time;

  height = 800.0;
  time = sqrt(2.0 * height / 32.2);
  printf("It will take %f seconds", time);
  printf(" to fall %d feet.\n", height);

  return 0;
}
```

这个程序的输出如下。

```
It will take 7.049074 seconds to fall 800 feet.
```

在程序中，由 sqrt()函数返回的值被赋予了变量 time。除了将函数的返回值赋予变量或者用在一个较大的表达式中之外，它还可以充当另一个函数的实参。例如，表达式

```
sqrt( pow(fabs(x),y) )
```

是有效的。因为存在圆括号，所以计算会从内部的圆括号对开始，逐步向外延伸。这样，首先计算的将是 x 的绝对值，它会被用做 pow()函数的第一个实参。然后，pow()函数的返回值被用做 sqrt()函数的实参。

练习 3.2

简答题

1. 编写 C 语言语句，确定下列结果。
   a. 6.37 的平方根。
   b. $x - y$ 的平方根。
   c. 3.62 的 3 次幂。
   d. 81 的 0.24 次幂。
   e. $a^2 - b^2$ 的绝对值。
   f. e 的 3 次幂。
2. 为下面的公式编写 C 语言语句。
   a. $c = \sqrt{a^2 + b^2}$。
   b. $p = \sqrt{|m - n|}$。
   c. $sum = \dfrac{2(r^n - 1)}{r - 1}$。

编程练习

1. a. 编写、编译并执行一个 C 语言程序，计算并返回数字 81.0 的 4 次方根，结果应为 3.0 提示：一个数的 4 次方根可以通过计算它的 1/4 次幂或 0.25 次幂得到。
   b. 在验证完程序工作正常后，利用它计算 1728.896 400 的 4 次方根。
2. 编写、编译并执行一个 C 语言程序，计算坐标分别为(7, 12)和(3, 9)的两个点之间的距离。连接坐标分别为$(x1, y1)$和$(x2, y2)$的两点之间的距离为 $sqrt((x1 - x2)^2 + (y1 - y2)^2)$。
3. 计算边长分别为 a, b 和 c 的三角形面积的海伦公式是：$area = sqrt(s \times (s - a) \times (s - b) \times (s - c))$，其中 $s = (a + b + c) / 2$。利用这个公式，编写、编译并执行一个 C 语言程序，计算和显示边长分别为 3，4 和 5(单位为英寸)的三角形的面积。
4. 世界人口的模型，以 10 亿为单位，2000 年后可由公式 $Population = 6.0e^{0.02[Year - 2000]}$ 确定。
   利用这个公式，编写、编译并执行一个 C 语言程序，估计 2010 年的世界人口。
5. 一个圆环形空间站在无重力空间中旋转，如果要求它提供的重力与地球上的相同，则进行一次旋转的时间 T(单位为 s)由公式 $T = 2\pi sqrt(r / g)$ 给定，其中 g 为地球表面重力，单

位为 m/s^2，r 为空间站的外半径，单位为 m。利用这个公式，编写、编译并运行一个 C 语言程序，计算和显示一个外半径为 700 m 的圆环形空间站自转一周的时间，$g = 9.81\ m/s^2$。

6. 某银行中的初始存款额为 *deposit*，余额用 *amount* 表示，n 年后的余额由公式 $amount = deposit \times (1 + i)^n$ 确定，其中 i 是小数格式的年利率(例如，利率 9.5% 表示为0.095)。利用这个公式，编写、编译并执行一个 C 语言程序，确定初始存款额 10 000 美元存入银行 4 年后的余额，假设年利率为 10%。
7. a. 牛顿的冷却定律是:当一个初始温度为 *itemp* 的物体置于温度为 a 的环境中时，t 分钟内它的温度将变为:$tfin = a + (itemp - a)e^{-kt}$。其中，$k$ 是一个与所冷却物质有关的导热系数。利用这个公式，编写、编译并执行一个 C 语言程序，确定将一个物体置于一杯温度为 60℃ 的水中 20 分钟后的温度。假设物体的初始温度为 150℃，其导热系数为 0.0367。

   b. 修改练习 7a 中编写的程序，假设同一个物体的初始温度为 150℃，将它放置在一杯温度为 50℃ 的水中 10 分钟后，它的温度为多少?
8. 在某些冷藏的培养基中的细菌数量 B，能够通过公式 $B = 300\ 000e^{-0.032t}$ 估算，其中 t 是培养基被冷藏的时间(单位为 h)。利用这个公式，编写、编译并执行一个 C 语言程序，计算冷藏 8 h 后培养基中的细菌数量并显示结果。

3.3 交互式输入

对于只计划执行一次的程序的数据，可以直接包含在程序中。例如，如果希望将 300.0 和 0.05 相乘，则可以使用程序 3.7。

程序 3.7

```
#include <stdio.h>
int main()
{
  float  num1, num2, product;

  num1 = 300.0;
  num2 = .05;
  product = num1 * num2;
  printf("%f times %f is %f\n", num1, num2, product);

  return 0;
}
```

这个程序的输出如下。

```
300.000000 times .050000 is 15.000000
```

可以将这个程序简化成如程序 3.8 所示。但是，这两个程序都会遇到同一个问题:如果要将不同的数字相乘，则必须重写它们。两个程序都缺乏输入不同数字进行操作的便利条件。

程序 3.8

```
#include <stdio.h>
int main()
{
```

```
  printf("%f times %f is %f\n", 300.0, .05, 300.0*.05);

  return 0;
}
```

除了给程序员提供编写、输入和运行程序的练习之外，显然这种只在一组数上进行一次计算的程序不是很有用。毕竟，用计算器相乘两个数，要比输入和运行程序 3.7 或者程序 3.8 更简单。

这一节将讲解 scanf()函数，它用于运行程序时输入数据。正如 printf()函数会显示保存在变量内的值副本一样，scanf()函数允许用户从屏幕上输入值(见图 3.5)。输入之后，这个值会被直接保存在变量中。

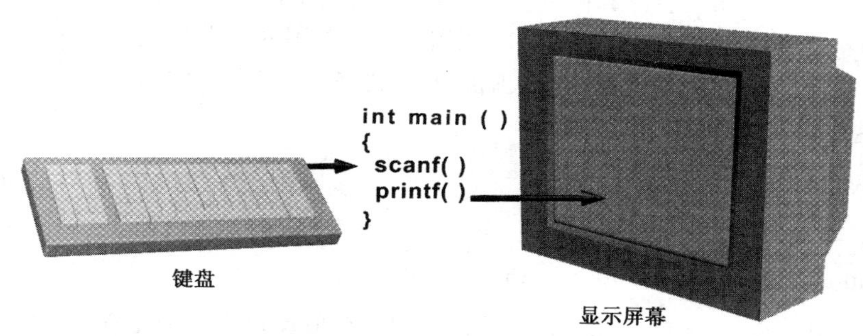

图 3.5 scanf()函数用于输入数据，printf()函数用于显示数据

像 printf()函数一样，函数名称后面的圆括号内，scanf()函数的第一个实参为一个控制字符串。这个控制字符串会告诉函数所输入的数据的类型，它使用的控制序列与 printf()函数相同。但是，与 printf()函数中使用的控制字符串不同，传递给 scanf()函数的控制字符串通常只由转换控制序列组成。也不像 printf()函数中那样，控制字符串的后面能够跟随一个变量名称的列表，scanf()函数中要求控制字符串的后面跟随一个变量地址的列表。例如，语句 scanf("%d", &num1);是对 scanf()函数的一次调用。转换控制序列%d 与 printf()函数中的使用方式相同，它告诉 scanf()函数将处理一个整型值。变量 num1 前面的地址运算符 & 是 scanf()函数所要求的。2.9 节曾提到过，&num1 表示 num1 的地址。

当遇到语句 scanf("%d",&num1);时，计算机会停止程序的执行，并且会不断地扫描从键盘输入的数据(scanf 是 scan function 的简称)。当输入一个数据项时，scanf()函数会将它保存到给定的地址。然后，程序继续执行 scanf()函数调用之后的下一条语句。为了便于理解，考虑程序 3.9。

程序 3.9

```
#include <stdio.h>
int main()
{
  float num1, num2, product;

  printf("Please type in a number: ");
  scanf("%f",&num1);
  printf("Please type in another number: ");
  scanf("%f",&num2);
```

```
   product = num1 * num2;
   printf("%f times %f is %f\n", num1, num2, product);

   return 0;
}
```

程序3.9中第一次调用printf()函数会产生一个提示(prompt),它是一条显示在屏幕上的消息,提示用户应该输入什么。这里,用户被告知要输入一个数。然后,计算机会执行下一条语句,它是一个对scanf()函数的调用。

这个函数会使计算机进入一种临时暂停(或者等待)状态,等候用户输入值。在输入了值之后,用户通过按回车键给scanf()函数发出信号。输入的值被保存在变量num1中,它的地址将传递给scanf()函数,而计算机也会结束暂停状态。然后,程序执行继续下一条语句,这在程序3.9中是对printf()函数的又一次调用。这个调用的结果是显示下一条消息。第二次调用scanf()函数,会使计算机再次进入临时等待状态,直到用户输入第二个值。输入的第二个值被保存在变量num2中。

下面是程序3.9运行的样本。

```
Please type in a number: 300.
Please type in another number: .05
300.000000 times .050000 is 15.000000
```

在程序3.9中,每次调用scanf()函数都会使一个值保存到一个变量中。但是,scanf()函数也能够用来输入和保存多个值,只需在控制字符串中包含同样多的转换控制序列即可。例如,语句

```
scanf("%f %f",&num1,&num2);
```

会从终端读入两个值并分别将它们赋予变量num1和num2。如果在终端输入的数据为

```
0.052  245.79
```

则变量num1和num2应该分别包含值0.052和245.79。控制字符串中两个转换控制序列"%f %f"之间的空格,是为了可读性而添加的。控制字符串"%f%f"同样有效。但是,在实际输入类似0.052和245.79这样的数字时,不管是使用"%f %f"还是"%f%f"控制字符串,都必须在它们之间至少留一个空格。输入的数字之间的空格,清楚地表明了一个数字的结束和下一个数字的开始。在数字之间插入多个空格,对scanf()函数没有影响。

空格能够影响到所输入的值的唯一情况,是在scanf()函数希望获得一个字符数据类型的值的时候。例如,语句scanf("%c%c%c",&ch1,&ch2,&ch3);会使scanf()函数将接下来输入的三个字符分别保存在变量ch1,ch2和ch3中。如果输入x y z,则x会保存在ch1中,ch2中保存的是一个空白符,而y会保存在ch3中。但是,如果使用语句scanf("%c %c %c",&ch1,&ch2,&ch3);,则函数会寻找正好被一个空格分开的三个字符。

在一个程序中可以进行任意次scanf()函数的调用,也可以用一个scanf()函数输入任意数量的值。只需保证每一个要输入的值都有一个转换控制序列,且在用于保存该值的变量名称的前面有一个地址运算符。scanf()函数控制字符串中使用的转换控制序列,与printf()函数调用中使用的序列相同,只有一个例外。在使用printf()函数输出双精度浮点数时,可以使用单精度型变量的转换控制序列%f。而在scanf()函数中,不能这样使用。如果要输入一个双精度浮点型值,必须使用转换控制序列%lf。

与 printf()函数一样，scanf()函数不会测试正在输入的值的数据类型。用户需要确保所有的变量都被正确地声明了，且输入的任何数字都具有正确的类型。但是，scanf()函数“聪明得”足以进行少数的数据类型转换。例如，如果在需要单精度型或者双精度型浮点值的地方输入了一个整数，则在保存这个数之前，scanf()函数会自动在它的尾部添加一个小数点。同样，如果在需要整数的地方输入了一个单精度型或者双精度型浮点值，则 scanf()函数只会使用它的整数部分。例如，假设用户对 scanf("%f %d %f",&num1,&num2,&num3);函数调用输入了数字 56，22.879 和 33.1023，则它会将 56 转换为 56.0，并将这个数保存在变量 num1 中。函数继续扫描输入，这一次是希望得到一个整型值。从 scanf()函数的角度来看，数字 22.879 中 22 后面的小数点表明了一个整数的结束和一个小数的开始。因此，数字 22 会被保存到 num2 中。scanf()函数继续扫描，将 0.879 当做下一个双精度浮点数并将它保存到 num3 中。对 scanf()函数而言，33.1023 是额外的输入，因此会忽略它，直到遇到下一个 scanf()函数(假如存在的话)。但是，如果没有输入足够的数据，则 scanf()函数将一直使计算机处于等待状态，直到输入的数据足够为止。

注意:幻影换行符

当 scanf()函数用于接收字符时，有时会得到表面上看似奇怪的结果。为了查看这种情况是如何发生的，考虑程序 3.10，它使用 scanf()函数接收从键盘输入的一个字符，并将其保存在变量 fkey 中。随后的第二个 scanf()函数用于保存第二个字符。

程序 3.10

```
#include <stdio.h>
int main()
{
  char fkey, skey;

  printf("Type in a character: ");
  scanf("%c", &fkey);
  printf("The keystroke just accepted is %d", fkey);
  printf("\nType in another character: ");
  scanf("%c", &skey);
  printf("The keystroke just accepted is %d\n", skey);

  return 0;
}
```

下面是程序 3.10 运行的样本。

```
Type in a character: m
The keystroke just accepted is 109
Type in another character: The keystroke just accepted is 10
```

当运行这个程序时，在提示“Type in a character:”后面输入的字符被保存在变量 fkey 中。这时，程序显示了所输入字符的十进制码 109，似乎一切正常。但是要注意，在响应第一个提示时按下了两个键:m 键和回车键。在大多数计算机系统中，在它们被按压后，这两个字符会立即保存到一个称为缓冲区(buffer)的临时保存区中，如图 3.6 所示。

从字符的观点看，这表示两个不同字符的输入。第一个字符是 m，它被当成 109 保存。同样，第二个字符也会用回车键的数字码保存在缓冲区中。第二次调用 scanf()函数时，它会获得这个数字码而不会等待任何额外的键被按下。最后调用的 printf()函数显示了这个键的数字码。显示数字码而不是字符本身的原因如下:回车键没有与之相关的可打印字符用于显示,但是它保存的数字码是一个换行码 10。注意,代表回车键的值 10 将总是显示而不会取决于首先输入的 m,它是在输入第一个字母后按回车键的结果。

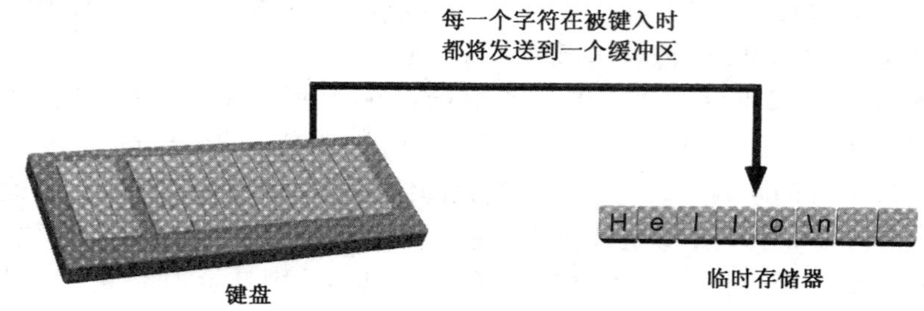

图 3.6 输入的键盘字符会首先保存到缓冲区中

应着重记住的是,每一个键都有一个数字码,包括空格键、回车键、Escape 键和 Control 键。这些键在输入数字时一般不会有影响,因为 scanf()函数会将它们当成随数字数据输入的前后空白符而忽略。这些键也不会影响到等待输入第一个用户数据时所请求的单一字符的输入。只有在用户已经输入了某些其他的数据之后请求一个字符时,才应注意这些字符的影响,正如程序 3.10 中回车键的情况那样。

对于使回车键作为一个合法字符被接收的问题,存在一种快速的解决办法。需要做的就是接收回车键,将它作为一个字符变量保存,但是不使用它。程序 3.11 演示了这种技术。回车键与输入的第一个字符一起被接收。这样就能够清除计算机的缓冲区,从而为下一个字符的输入做好了准备。

程序 3.11 中,第一个 scanf()函数调用接收两个紧接着的字符。现在,当用户输入 m 并按回车键时,m 被赋予变量 fkey,而回车键的数字码会被自动赋予变量 skey。下一次调用 scanf()函数时,也会将下一个按下的键的数字码保存在变量 skey 中。这样就自动清除了前面保存的回车键的数字码。从用户的角度看,除了给出每一个字符输入结束的信号之外,回车键没有别的作用。

程序 3.11

```
#include <stdio.h>
int main()
{
  char fkey, skey;

  printf("Type in a character: ");
  scanf("%c%c", &fkey, &skey); /* 回车键的代码给变量 skey */
  printf("The keystroke just accepted is %d", fkey);
  printf("\nType in another character: ");
  scanf("%c", &skey); /* 接收另一个代码 */
  printf("The keystroke just accepted is %d\n", skey);

  return 0;
}
```

下面是程序 3.11 运行的样本。

```
Type in a character: m
The keystroke just accepted is 109
Type in another character: b
The keystroke just accepted is 98
```

程序 3.11 中对“幻影”回车键的解决办法不是唯一可行的解决办法(C 语言从来都不会只存在解决某件事情的唯一方法)①。但是，所有的解决办法都集中在这样一个事实上：回车键是一个合法的字符输入，并且在用于缓冲系统时必须将它按照字符来对待。

用户输入验证初探

一个设计优良的程序应该验证用户的输入，并且应确保程序不会因为意外的输入而崩溃或者产生无意义的输出。术语“验证”(validate)表示应检查输入值是否与 scanf()函数调用中被赋予的变量的数据类型相匹配，而且应检查输入值是否位于程序可接收的值范围之内。能够检测并且有效地响应意外的用户输入的程序，在形式上被称为健壮的程序(robust program)，非正式的称呼为“防弹”程序。程序员的职责之一就是编写出这样的程序。

为了理解验证用户输入的数据的重要性，考虑程序 3.12，它计算由用户输入的三个整型值的平均值。

程序 3.12

```
#include <stdio.h>
int main()
{
  int num1, num2, num3;
  double average;

  /* 获得输入数据 */
  printf("Enter three integer numbers: ");
  scanf("%d %d %d", &num1, &num2, &num3);

  /* 计算平均值 */
  average = (num1 + num2 + num3) / 3.0;

  /* 显示结果 */
  printf("\nThe avearge of %d, %d, and %d is %f\n",
                              num1, num2, num3, average);


  return 0;
}
```

根据编写情况来看，程序 3.12 不是一个健壮的程序。下面将给出理由。

---

① 两个其他的解决方法是用语句 scanf("\n %c",&skey);替代程序 3.11 中最后的 scanf()调用，或者把语句 fflush(stdin);放置在接收一个字符的输入之后。fflush()函数能刷新任何剩余字符的输入缓冲区。

当用户输入一个非整型值时，这个程序的问题就变得明显了。例如，考虑程序3.12的下列运行样本。

```
Enter three integer numbers: 10 20.68 20
The average of 10, 20, and -858993460 is -286331143.333333
```

之所以有这样的输出结果，是因为对第二个输入值的转换导致整型值20被赋予了num2，而num3中的值为-858 993 460。最后一个值对应于一个无效字符——小数点，它被赋予了一个期待整型值的变量。然后，这三个数的平均值被正确地计算为-286 331 143.333 333。就用户关心的平均值而言，这个结果将被认为是一个程序错误。只要前两个输入之一是一个非整型值，就会发生同样的错误(对第三个变量输入任意值都不会发生这个错误，因为最后输入的整数部分会被接收而剩余的部分将被忽略)。

你可能会认为只需将int声明改成double类型即可解决这个问题。但是，如果用户输入了12e4之类的数据，问题同样会出现。

作为程序员，最初的反应可能是“程序清楚地要求用户输入整型值”。不过，这是一种经验不够的程序员的想法。专业程序员懂得确保程序是可预料的并且能够合适地处理用户的任何可能输入，这是他们的责任。为了实现这样的程序，不仅在开发时要思考程序可能会出现什么错误，而且还要让其他人或者群体彻底地测试它。

处理无效数据输入的基本方法被称为用户输入验证(user-input validation)，这意味着需要在输入数据期间或者输入之后就立即进行验证，并且如果数据无效的话，还要为用户提供一个重新输入的途径。用户输入验证是任何商用程序的一个重要部分，如果设计周全，就可以避免可能导致计算问题的数据处理，从而使程序得到保护。在讲解完C语言中的选择、循环和字符串处理功能之后，将在5.7节和9.3节中看到这种验证类型。

练习3.3

简答题

1. 为下面的每一条声明语句编写一个scanf()函数调用，为指定变量正确地接收一个用户输入值。

```
a. int firstnum;
b. double grade;
c. double secnum;
d. char keyval;
e. int month, years;
   double average;
f. char ch;
   int num1, num2;
   double grade1, grade2;
g. double interest, principal, capital;
   double price, yield;
h. char ch, letter1, letter2;
   int num1, num2, num3;
i. double temp1, temp2, temp3;
   double volts1, volts2;
```

2. 为下列 scanf()函数调用编写适当的声明语句。

a. `scanf("%d",&day);`
b. `scanf("%c",&firChar);`
c. `scanf("%f",&grade);`
d. `scanf("%lf",&price);`
e. `scanf("%d %d %c",&num1,&num2,&ch1);`
f. `scanf("%f %f %d",&firstnum,&secnum,&count);`
g. `scanf("%c %c %d %lf",&ch1,&ch2,&flag,&average);`

3. 给定如下的声明语句。

```
int num1, num2;
double firstnum, secnum;
double price, yield;
```

找出并改正如下 scanf()函数调用中的错误。

a. `scanf("%d",num1);`
b. `scanf("%f %f %f",&num1,firstnum,&price);`
c. `scanf("%c %lf %f",&num1,&secnum,&price);`
d. `scanf("%d %d %lf",num1,num2,yield);`
e. `scanf(&num1,&num2);`
f. `scanf(&num1,"%d");`

编程练习

1. a. 编写一个 C 语言程序，显示如下的提示。

```
Enter the radius of a circle:
```

在接收一个用于半径(*radius*)的值之后，程序应该计算并显示圆的周长(*circumference*)。
(提示:$circumference = 2 \times 3.1416 \times radius$)。

b. 通过手工计算，验证练习 1a 中编写的程序所显示的值。确定程序所产生的结果正确之后，利用这个程序完成下表。

半径(英寸)	周长(英寸)
1.0	
1.5	
2.0	
2.5	
3.0	
3.7	

2. a. 编写一个 C 语言程序，首先显示如下的提示。

```
Enter the temperature in degrees Fahrenheit:
```

让程序接收一个从键盘输入的值，并用公式 $Celsius = (5.0 / 9.0) \times (Fahrenheit - 32.0)$，将输入的华氏温度值(*Fahrenheit*)转换成摄氏温度值(*Celsius*)。然后，程序应该用一个合适的输出消息显示摄氏温度值。

b. 编译并执行练习2a中编写的程序。手工验证这个程序，并用它来计算下列测试数据的华氏温度等效值。

测试数据组1：0摄氏度
测试数据组2：50摄氏度
测试数据组3：100摄氏度

当确信程序工作正常后，利用它完成下表。

摄氏温度	华氏温度
45	
50	
55	
60	
65	
70	

3. a. 编写一个C语言程序，显示如下的提示。

```
Enter the length of the room:
Enter the width of the room:
```

在显示完每一个提示后，程序应该使用一个 `scanf()` 函数调用为所显示的提示接收来自键盘的数据。在输入房间的长度(*length*)和宽度(*width*)之后，程序应该计算并显示房间的面积(*area*)。所显示的面积应该包含在一个适当的消息中。计算时使用的公式为：$area = length \times width$。

b. 通过手工计算，验证练习3a中编写的程序所显示的面积。

4. a. 编写一个C语言程序，显示如下的提示。

```
Enter the miles driven:
Enter the gallons of gas used:
```

在显示完每一个提示后，程序应该使用一个 `scanf()` 函数调用为所显示的提示接收来自键盘的数据。在输入英里数(mile)和已用汽油的加仑数(gallon)之后，程序应该计算并显示每加仑行驶的英里数。这个值应该包含在一个适当的消息中。计算时使用的公式为：每加仑行驶的英里数 = 英里数 / 已用汽油的加仑数。利用下列测试数据验证程序。

英里	汽油
276	10加仑
200	15.5加仑

当完成验证工作之后，利用这个程序完成下表。

已行驶英里	已用的加仑数	英里每加仑数(MPG)
250	16.00	
275	18.00	
312	19.54	
296	17.39	

b. 对于为练习 4a 编写的程序，判断为了保证程序工作正常需要进行多少次验证，并给出一个支持你的答案的理由。

5. a. 编写一个 C 语言程序，显示如下的提示。

```
Enter the length of the swimming pool:
Enter the width of the swimming pool:
Enter the average depth of the swimming pool:
```

在显示完每一个提示后，程序应该使用一个 `scanf()`函数调用为所显示的提示接收来自键盘的数据。在输入游泳池的长度(*length*)、宽度(*width*)和平均深度(*depth*)之后，程序应该计算并显示它的容积(*volume*)。所显示的容积应该包含在一个适当的消息中。计算时使用的公式为：$volume = length \times width \times depth$。

b. 通过手工计算，验证练习 5a 中编写的程序所显示的容积。

6. a. 编写一个 C 语言程序，显示如下的提示。

```
Enter a number:
Enter a second number:
Enter a third number:
Enter a fourth number:
```

在显示完每一个提示后，程序应该使用一个 `scanf()`函数调用为所显示的提示接收一个来自于键盘的数。在输入第四个数之后，程序应该计算并显示它们的平均值。这个平均值应该包含在一个适当的消息中。利用下列测试数据验证程序所显示的平均值。

测试数据组 1：100，100，100，100
测试数据组 2：100，0，100，0

然后，用这个程序完成下表。

数字	平均值
92,98,79,85	
86,84,75,86	
63,85,74,82	

b. 重做练习 6a，确保为每一个数的输入使用了同一个变量名称 `number`。还要为这些数的和使用变量 `sum`。提示：为此，必须在接收每一个数之后使用语句：`sum = sum + number;`。可以回顾 3.1 节中讲解的有关累加的材料。

7. 编写一个 C 语言程序，提示用户输入一个数。让程序按整型值接收这个数，并立即用一个 `printf()`函数调用显示它。运行这个程序三次。第一次运行时，输入一个有效的整数，第二次输入一个双精度浮点数，最后一次输入一个字符。利用显示的输出结果，观察程序从输入的数据中真正接收到了什么样的数。

8. 重做练习 7，但让程序将用于保存数的变量声明为单精度浮点型。运行这个程序 4 次。第一次输入一个整数；第二次输入一个少于 6 位小数位的小数；第三次输入一个多于

6 位小数位的数;第四次输入一个字符。根据显示的输出结果,观察程序从输入的数据中真正接收到了什么样的数。发生了什么情况?请给出理由。

9. 重做练习 7,但让程序将用于保存数的变量声明为双精度浮点型。运行这个程序 4 次。第一次输入一个整数;第二次输入一个少于 6 位小数位的小数;第三次输入一个多于 6 位小数位的数;第四次输入一个字符。根据显示的输出结果,观察程序从输入的数据中真正接收到了什么样的数。发生了什么情况?请给出理由。

10. a. 为什么大多数成功的商业程序都需要包含大量的数据输入有效性检验?(提示:回顾练习 7 ~9。)

    b. 数据类型检验与数据合理性检验之间的区别是什么?

    c. 假设一个程序要求用户输入月、日和年。在输入的数据上能够进行哪些检验?

11. 使用声明语句 `double num;`编写一个 C 语言程序。然后,用函数调用 `scanf("%f", &num);`将一个值输入变量 `num` 中(注意,这里为变量 `num` 使用的控制序列是错误的)。运行程序并输入一个小数。使用一个 `printf()`函数调用,使程序显示保存在 `num` 中的值。体验一下当在 `scanf()`函数中使用了错误的控制序列时,会遇到什么问题。

12. 程序 3.9 中提示用户输入两个数,第一个值被保存在 `num1` 中,第二个保存在 `num2` 中。以这个程序为基础编写一个新程序,它交换保存在这两个变量中的值。

3.4 格式化输出

用户在评价某个程序时,多数都是从数据输入的方便性以及输出数据的风格和表现方面考虑。因此,除了显示正确的结果之外,更重要的是如何将结果显示得引人注目。例如,将货币结果显示成 1.897,就不符合人们查看货币值的习惯。这个显示应该是$1.90 或者$1.89,取决于是采用四舍五入还是截尾的方式。

通过 `printf()`函数显示的数据格式,能够用字段宽度指示符进行控制,它是转换控制序列的一部分。例如,语句

```
printf("The sum of%3d and%4d is%5d.", 6, 15, 21);
```

产生的输出如下。

```
The sum of ^^6 and^^15 is^^^21.
```

这个输出中的^符号表示由控制字符串中字段宽度指示符 3,4 和 5 产生的空格。第一个转换序列`%3d` 中的 3,会使第一个数在总字段宽度为 3 的空间中被输出,这里就是两个空格跟着一个数字 6。第二个转换序列中的字段宽度指示符`%4d`,表示在总字段宽度为 4 的空间中输出两个空格和一个数字 15。最后一个字段宽度指示符,会使在总字段宽度为 5 的空间中输出数字 21,它的前面有 3 个空格。正如显示的那样,在指定的字段内每一个整数都是右对齐输出的。

在输出一列数,以便使它们在每一列中都能正确地对齐时,就可以使用字段宽度指示符。程序 3.13 演示了一个整数列在不使用字段宽度指示符时会如何对齐。

程序 3.13

```
#include <stdio.h>
int main()
{
  printf("\n%d", 6);
  printf("\n%d", 18);
  printf("\n%d", 124);
  printf("\n---");
  printf("\n%d\n", 6+18+124);

  return 0;
}
```

这个程序的输出如下。

```
6
18
124
---
148
```

由于没有指定字段宽度，printf()函数要在接收每一个数时为它分配足够的空间。为了强制这些数按单位数字对齐，要求字段宽度足以容纳所显示的最大位数。对于程序 3.13 而言，三个字段宽度就足够了。这个字段宽度的使用在程序 3.14 中演示。

程序 3.14

```
#include <stdio.h>
int main()
{
  printf("\n%3d", 6);
  printf("\n%3d", 18);
  printf("\n%3d", 124);
  printf("\n---");
  printf("\n%3d\n", 6+18+124);

  return 0;
}
```

程序 3.14 的输出如下所示，其中的∧表示一个空格。

```
∧∧6
∧18
124
---
148
```

格式化浮点数要求两个字段宽度指示符，第一个指示符确定包括小数点在内的总显示宽度，第二个指示符确定小数点右边输出多少位。例如，语句

```
printf("%10.3f",25.67);
```

产生的输出是

```
⋏⋏⋏⋏25.670
```

这个显示中再次使用⋏符号来标明由转换控制序列%10.3f产生的空格。特别地，字段宽度指示符10.3告诉printf()函数用总字段宽度10显示这个数，其中包含1个小数点和小数点右边的3位。由于这个数的小数点右边只包含两位数，所以小数部分的最后一位要用一个0填充。为了填充这个字段，在输出的开始部分显示了4个空格。

对于所有的数(整数、浮点数和双精度浮点数)，如果总字段宽度太小且为输出的数的整数部分分配了足够的空间，则printf()函数会忽略所指定的字段宽度。浮点数和双精度浮点数的小数部分总是用指定的位数显示。如果小数部分包含的位数少于指定的位数，则数的末尾会添加0；如果小数部分包含多于指示符中指定的位数，则会被四舍五入到指定的小数位数。表3.6演示了各种字段宽度指示符的效果。

表3.6　字段宽度指示符的效果

指定符	数字	显示	注释
%2d	3	⋏3	数字适合字段
%2d	43	43	数字适合字段
%2d	143	143	字段宽度被忽略
%2d	2.3	取决于编译器	浮点数在整数字段中
%5.2f	2.366	⋏2.37	字段宽度5，有2位小数位
%5.2f	42.3	42.30	数字适合字段
%5.2f	142.364	142.36	字段宽度被忽略但小数部分指定符被使用
%5.2f	142	取决于编译器	整数在浮点数字段中

格式修饰符

除了转换控制序列(%d，%f等)和可以与它们一起使用的字段宽度指示符之外，C语言还提供了一组提供更多格式控制的格式修饰符，比如左对齐和右对齐。使用时，格式修饰符必须紧挨在百分号之后放置。下面将讨论几个常用的格式修饰符。

左对齐　用printf()函数显示的数一般是右对齐显示的，数的前面会插入空格，以填满所选择的字段宽度。为了强制输出为左对齐显示，可以使用减号(-)格式修饰符。例如，语句

```
printf("%-10d",59);
```

产生的输出是

```
59⋏⋏⋏⋏⋏⋏⋏⋏
```

此处再次使用了⋏符号，以清楚地标明显示中插入的空格。注意，数59是在字段的开始处(在字段内左对齐)而不是结尾处显示的。如果没有格式修饰符，则它会在字段结尾处显示。还要注意，printf()函数内的格式修饰符被直接放在了百分号之后。

明确地显示符号　通常情况下，只会对负数显示它的符号。为了强制显示加号和减号，必须使用加号(+)格式修饰符。例如，语句

```
printf("%+10d",59);
```

产生的输出是

```
∧∧∧∧∧∧∧+59
```

当 printf()函数调用中的百分号后面没有加号时，输出正数时不会显示加号。

格式修饰符可以组合使用。例如，转换控制序列%-+10d 会使整数在 10 字段宽度里左对齐，同时会显示它的符号。由于格式修饰符的顺序并不重要，因此这个转换控制序列也可以写成%+-10d。

以其他基数显示(选读)[①]

输出整数时，可以使用多种显示转换。正如已经看到的，不管有没有字段宽度指示符，转换控制序列%d 都会使整数以十进制(基数为 10)形式显示。为了使整数以基数 8(八进制)或者基数 16(十六进制)形式显示，分别需要使用转换控制序列%o 和%x。程序 3.15 演示了这两个转换控制序列的用法。

程序 3.15

```
#include <stdio.h>
int main() /* 说明输出转换的一个程序 */
{
  printf("The decimal (base 10) value of 15 is %d.", 15);
  printf("\nThe octal (base 8) value of 15 is %o.", 15);
  printf("\nThe hexadecimal (base 16) value of 15 is %x\n.", 15);

  return 0;
}
```

这个程序的输出如下。

```
The decimal (base 10) value of 15 is 15.
The octal (base 8) value of 15 is 17.
The hexadecimal (base 16) value of 15 is f.
```

用这三种数制(十进制、八进制和十六进制)显示的整数值，不会影响到它在计算机内部是如何保存的。所有的数都是用计算机的内码保存的。printf()函数中使用的转换控制序列，只是告诉它如何转换内码以供输出显示。

除了用八进制或者十六进制形式显示整数外，程序里的整型常量也能写成这些形式。为了指明八进制整型常量，它的前面必须有一个先导的0。例如，023 在 C 语言中是一个八进制数。十六进制数的前面要用一个先导的 0x 指明。八进制和十六进制整型常量的使用在程序 3.16 中演示。

程序 3.16

```
#include <stdio.h>
int main()
{
  printf("The decimal value of 025 is %d.\n",025);
  printf("The decimal value of 0x37 is %d.\n",0x37);
```

① 首次阅读时可以跳过这一主题而不会影响内容的连续性。

```

  return 0;
}
```

当执行程序 3.16 时，产生的输出如下。

```
The decimal value of 025 is 21.
The decimal value of 0x37 is 55.
```

整数的输入、保存和显示之间的关系，在图 3.7 中给出。

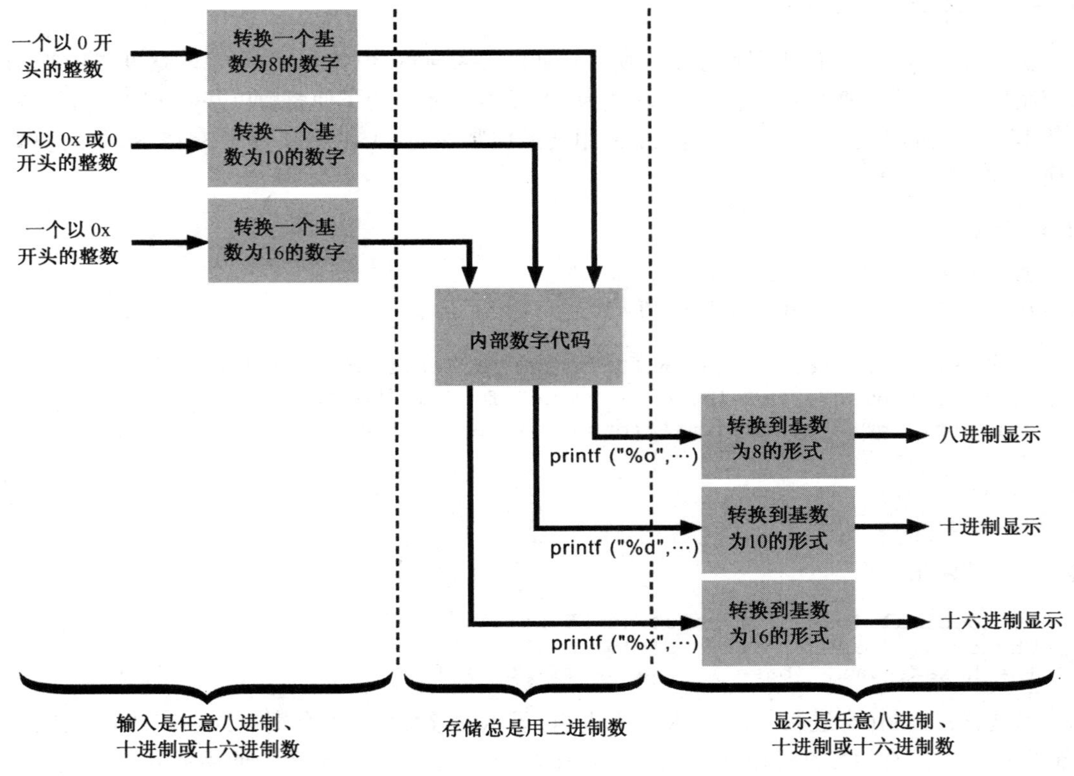

图 3.7 整数的输入、保存和显示

为了强制八进制和十六进制数分别以先导的 0 和 0x 输出，必须使用#格式修饰符。例如，语句

```
printf("The octal value of decimal 21 is %#o",21);
```

产生的输出是

```
The octal value of decimal 21 is 025
```

如果转换控制序列%o 中没有包含#格式修饰符，则显示的八进制数将是不以 0 开头的 25。类似地，语句

```
printf("The hexadecimal value of decimal 55 is %#x",55);
```

产生的输出是

```
The hexadecimal value of decimal 55 is 0x37
```

如果转换控制序列%x 中没有包含#格式修饰符，则显示的十六进制数将是不以 0x 开头的 37。

可用于整数的转换控制序列，同样也能够用于显示字符。除了转换控制序列%c 之外，%d 转换控制序列会按十进制数显示内部字符码的值，而%o 和%x 转换控制序列会分别使字符码以八进制和十六进制形式显示。这些显示转换控制序列的效果在程序 3.17 中演示。

程序 3.17

```
#include <stdio.h>
int main()
{
  printf("The decimal value of the letter %c is %d.", 'a', 'a');
  printf("\nThe octal value of the letter %c is %o.", 'a', 'a');
  printf("\nThe hex value of the letter %c is %x.\n", 'a', 'a');

  return 0;
}
```

当执行程序 3.17 时，产生的输出如下。

```
The decimal value of the letter a is 97.
The octal value of the letter a is 141.
The hex value of the letter a is 61.
```

字符数据的显示转换在图 3.8 中演示。

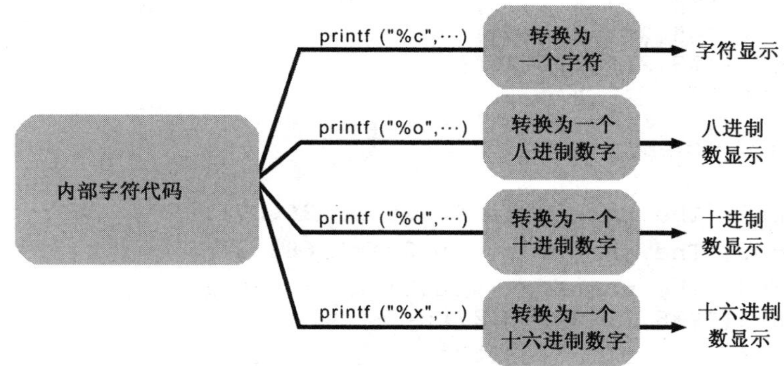

图 3.8　用于显示字符的选项

练习 3.4

简答题

1. 给出下列程序的输出。

```
#include <stdio.h>
int main() /* 说明整型数截短的一个程序 */
{
  printf("answer1 is the integer %d", 27/5);
  printf("\nanswer2 is the integer %d", 16/6);

  return 0;
}
```

2. 给出下列程序的输出。

```
#include <stdio.h>
int main() /* 说明%运算符的一个程序 */
{
  printf("The remainder of 9 divided by 4 is %d", 9 % 4);
  printf("\nThe remainder of 17 divided by 3 is %d", 17 % 3);

  return 0;
}
```

3. 指出下列语句中的错误。

```
a. printf("%d," 15)
b. printf("%f", 33);
c. printf("%5d", 526.768);
d. printf("a b c", 26, 15, 18);
e. printf("%3.6f", 47);
f. printf("%3.6", 526.768);
g. printf(526.768, 33, "%f %d");
```

4. 确定并写出下列语句产生的显示。

```
a. printf("%d",5);
b. printf("%4d",5);
c. printf("%4d",56829);
d. printf("%5.2f",5.26);
e. printf("%5.2f",5.267);
f. printf("%5.2f",53.264);
g. printf("%5.2f",534.264);
h. printf("%5.2f",534.);
```

5. 写出下列语句产生的显示。

```
a. printf("The number is %6.2f\n",26.27);
   printf("The number is %6.2f\n",682.3);
   printf("The number is %6.2f\n",1.968);
b. printf("$%6.2f\n",26.27);
   printf(" %6.2f\n",682.3);
   printf(" %6.2f\n",1.968);
   printf("--------\n");
   printf("$%6.2f\n", 26.27 + 682.3 + 1.968);
c. printf("$%5.2f\n",26.27);
   printf(" %5.2f\n",682.3);
   printf(" %5.2f\n",1.968);
   printf("--------\n");
   printf("$%5.2f\n", 26.27 + 682.3 + 1.968);
d. printf("%5.2f\n",34.164);
   printf("%5.2f\n",10.003);
   printf("-----\n");
   printf("%5.2f\n", 34.164 + 10.003);
```

编程练习

1. 编写一个C语言程序，显示表达式3.0 * 5.0，7.1 * 8.3 - 2.2和3.2 / (6.1 * 5)的结果。手工计算这两个表达式的值，以验证程序产生的结果是正确的。
2. 编写一个C语言程序，显示表达式15 / 4，15%4和5 * 3 - (6 * 4)的结果。手工计算这两个表达式的值，以验证程序产生的结果是正确的。
3. a. 重新编写下列程序中的printf()函数调用。

```
#include <stdio.h>
int main()
{
  printf("The sales tax is %f", .05 * 36);
  printf("The total bill is %f", 37.80);

  return 0;
}
```

以产生如下显示结果。

```
The sales tax is $ 1.80
The total bill is $37.80
```

b. 在计算机上运行练习3a中编写的程序，以验证输出的结果。

4. a. 出于显示的目的，转换控制序列%f允许程序员将所有输出都四舍五入到所期望的小数位数。但是，当在要求所有币值被显示成最接近的分币值的金融程序中使用%f时，可能产生似乎不正确的结果。例如，下列语句

```
double a, b;
a = 1.674
b = 1.322
printf("\n%4.2f",a);
printf("\n%4.2f",b);
printf("\n----");
c = a + b;
printf("\n%4.2f\n",c);
```

产生的显示结果如下。

```
1.67
1.32
----
3.00
```

显然，这些数的和应为2.99而不是3.00。问题在于，尽管变量a和b已经用两个小数位显示，但它们在程序中是作为三个数位的数相加的。解决办法是在它们被语句c = a + b;相加之前，先将a和b中的值进行四舍五入。使用强制类型转换符“(int)”，设计一个方法将变量a和b中的值四舍五入到最接近的百分位(分币值)，然后将它们相加。

b. 将练习4a设计的方法应用到一个程序中，以产生下列显示。

```
1.67
1.32
----
2.99
```

3.5 符号常量

正如2.3节中看到的，字面数据(literal data)就是程序中明确地标识自身的任何数据。例如，下面的赋值语句中的常量2和3.1416就是字面数据。

```
circum = 2 * 3.1416 * radius;
```

字面数据也被称为字面值(literal)。下列C语言赋值语句中包含了更多的字面值，看一看能否指出它们。

```
perimeter = 2 * length * width;
y = (5 * p) / 7.2;
salestax = 0.05 * purchase;
```

这些字面值分别是第一条语句中的2、第二条语句中的5和7.2、第三条语句中的0.05。

相同的字面值经常会在一个程序中出现许多次。例如，在一个用于确定银行利息的程序中，利率通常会在整个程序中不断地出现。同样，在一个用来计算纳税额的程序中，税率可能会在许多不同的语句中出现。如果利率或者税率发生了变化，则程序员就会遇到改变出现在程序各个地方的字面值的繁重任务。但是，多次改变字面值可能导致错误——即使仅有一个值没有被注意到从而没有改变，则获得的结果就会是错误的。在同一个程序中出现多次的字面值，被程序员称为幻数(magic number)。这些数本身并无特别之处，但是在特定的应用环境中，它们具有特殊的含义。

为了避免幻数散布于整个程序，C语言程序员能够使它与一个符号名称(symbolic name)等价，这样就一次性地定义了这个值。然后，就可以不必在整个程序中使用这个数，而是用符号名称代替。如果必须改变这个数，则只需在将这个符号名称与实际数值等价的地方进行一次改动就行了。使数与符号名称等价的定义，是由#define语句完成的。两条这样的语句如下所示。

```
#define SALESTAX 0.05
#define PI 3.1416
```

注意，这两条语句不以分号结束，且没有使用等于号。这样的语句被称为#define语句或者称为等值(equivalence)语句。第一条#define语句使值0.05与符号名称SALESTAX相等，而第二条#define语句使值3.1416等于符号名称PI。符号名称的其他称谓是符号常量(symbolic constant)和命名常量(named constant)。它们在本书中都会用到。

在C语言中，常见的做法是将符号常量全部用大写字母表示。这样，只要程序员看到程序中的全大写字母，就会知道它是一条在#define语句中定义的符号常量，而不是在某个声明语句中声明的变量名称。

前面定义的符号常量，能够用在它们所代表的数的任何C语句中，例如，赋值语句

```
circum = 2 * PI * radius;
amount = SALESTAX * purchase;
```

都是有效的。当然，这些语句必须在定义了命名常量之后才能出现。尽管#define语句能够与其他语句随意混合使用，但通常它们会紧挨在所有的#include语句之前或之后放置，或者被直接放置在某个函数内任何变量声明语句之前，如main()函数。#define语句和

#include 语句可以随意混合使用。这样，在程序 3.18 中，#include 语句能够放置在 #define 语句的后面，也可以放置在 main()函数内第 5 行的声明语句之前。

程序 3.18

```
 1  #include <stdio.h>
 2  #define SALESTAX 0.05
 3  int main()
 4  {
 5    float amount, taxes, total;
 6
 7    printf("\nEnter the amount purchased: ");
 8    scanf("%f", &amount);
 9    taxes = SALESTAX * amount;
10    total = amount + taxes;
11    printf("The sales tax is $%4.2f",taxes);
12    printf("\nThe total bill is $%5.2f\n",total);
13
14    return 0;
15  }
```

下面是程序 3.18 运行的样本。

```
Enter the amount purchased: 36.00
The sales tax is $1.80
The total bill is $37.80
```

只要符号常量出现在指令中，它就具有与使用它所代表的字面值同样的效果。因此，SALESTAX 只不过是表示值 0.05 的另一个方法。由于 SALESTAX 与数 0.05 等价，所以它的值不能在其后被程序改变。类似 SALESTAX = 0.06;这样的指令是无意义的，因为 SALESTAX 不是变量，这样做将导致编译器错误。由于 SALESTAX 只是值 0.05 的替身，所以这条语句就相当于无效语句:0.05 = 0.06;。

还要注意，#define 语句不以分号结尾。原因是:#define 语句不会被用来将 C 语句转换成机器语言所使用的常规 C 编译器处理。#符号是一个为 C 预处理器提供的信号。当编译 C 程序时，这个预处理器会扫描程序中所有的语句。当遇到#符号时，就知道这是给自己的一条指令。单词“define”会通知预处理器，将语句中的符号常量与跟随它的信息或数据等价。在类似#define SALESTAX 0.05 的例子中，单词“SALESTAX”被等价于值 0.05。然后，预处理器会用值 0.05 替代 C 程序中随后出现的每一个单词“SALESTAX”。

练习 3.5

简答题

1. 为下面的公式编写#define 语句。
   a. 使符号名称 TRUE 等于整数值 1，False 等于整数值 2。
   b. 使符号名称 AM 等于 0，PM 等于 1。
   c. 使符号名称 Rate 等于值 3.25。
2. 指出下列#define 语句中的错误。

a. `#define YES 1.0;`
b. `#define 2 NO`
c. `#define BOOLEAN true`

编程练习

判断练习 1 到练习 3 中给出的程序的用途。然后，对适当的字面值使用`#define`语句重新编写每一个程序。

1.
```
#include <stdio.h>
int main()
{
  float radius, circum;

  printf("\nEnter a radius: ");
  scanf("%f", &radius);
  circum = 2.0 * 3.1416 * radius;
  printf("\nThe circumference of the circle is %f", circum);

  return 0;
}
```

2.
```
#include <stdio.h>
int main()
{
  float prime, amount, interest;

  prime = 0.08; /* prime interest rate */
  printf("\nEnter the amount: ");
  scanf("%f", &amount);
  interest = prime * amount;
  printf("\nThe interest earned is %f dollars", interest);

  return 0;
}
```

3.
```
#include <stdio.h>
int main()
{
  float fahren, celsius;

  printf("\nEnter a temperature in degrees Fahrenheit: ");
  scanf("%f", &fahren);
  celsius = (5.0/9.0) * (fahren - 32.0);
  printf("\nThe equivalent Celsius temperature is %f", celsius);

  return 0;
}
```

3.6 案例研究:交互式输入

这个案例研究演示的是如何创建一个要求交互式输入的完整程序，并演示了 C 语言中的数学幂函数。这个程序是通过使用 1.4 节中讲解的软件开发过程开发的。

需求规范

中心标志工业公司正在筹划一个称为“撞击标志”(“Hit The Mark”)的广告活动，活动包括在遍及美国中西部的谷仓的侧面和户外广告牌上画牛眼图(见图 3.9)。为了控制这个活动的成本，公司需要掌握油漆的使用情况，这个量能够根据每个标志的大小计算出来。

为了完成这项任务，项目主管要求你准备一个计算机程序来计算图中每个圆的面积，然后计算出每种油漆颜色的使用量。油漆桶上给出的说明表明：1 夸脱（1 夸脱 = 1.1365 升）油漆能够涂刷 400 平方英尺（1 英尺 = 0.3048 米）的标志。由于公司希望每个标志刷两层油漆，因此假定每 200 平方英尺需要 1 夸脱油漆。

根据牛眼图的设计规范，内圆半径必须是外圆半径的 1/4。一个典型的牛眼直径为 8 英尺。

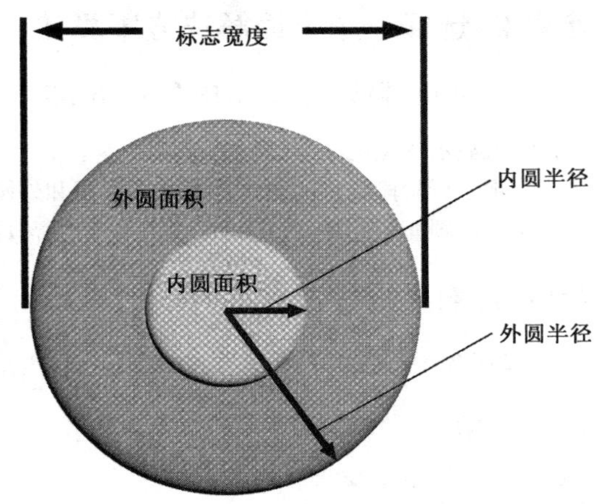

图 3.9　“撞击标志”活动

步骤 1：分析问题

尽管这个问题的输入和输出已经明确地定义，但确定二者之间的关系还需要做一些工作。

a. 确定期望的输出

要求有下列 4 个输出。

1. 内圆面积。
2. 外圆环面积。
3. 内圆用的红色油漆的夸脱数。
4. 外圆环用的蓝色油漆的夸脱数。

b. 确定输入数据。唯一要求输入的值是相当于外圆直径的显示宽度。

c. 列出使输入与输出相关联的公式

外圆半径 = 宽度 / 2.0
内圆半径 = 0.25 × 外圆半径
总面积 = π × 外圆半径^2
内圆面积 = π × 内圆半径^2
外环面积 = 总面积 - 内面积
红色油漆 = 内面积 / 200
蓝色油漆 = 外环面积 / 200

注意，计算是从根据要显示的输入宽度确定外圆半径开始的，继而确定三个面积，然后计算所需的油漆量。

d. 执行手工计算

随意用一个 8 英尺宽的标志，使用前面的步骤中列出的公式获得下列结果：

外圆半径 = 4
内圆半径 = 1
总面积 = 50.26
内圆面积 = 3.14
外环面积 = 47.12
红色油漆 = 0.016
蓝色油漆 = 0.236

步骤2:选择一个全面解决方案算法

这个问题能够用1.5节中介绍的问题求解算法解决。对于这个问题,算法为

输入显示的宽度
使用分析阶段提供的公式计算内圆面积和外圆环面积,以及所需要的油漆
显示内圆面积和外圆环面积,以及它们所需要的油漆量

步骤3:编写程序

程序3.19提供了所需要的代码,其中所选择的变量名称反映了它们的用途。

程序3.19

```
 1  #include <stdio.h>
 2  #include <math.h>
 3  #define SQFTPERQUART 200.0
 4  #define PI 3.1416
 5
 6  int main()
 7  {
 8    float width, outerRadius, innerRadius;
 9    float totalArea, innerArea, outerRimArea;
10    float blue, red;
11
12    /* 获得输入数据 */
13    printf("Enter the width of the display (in feet): ");
14    scanf("%f", &width);
15
16    /* 确定两个半径 */
17    outerRadius = width/2.0;
18    innerRadius = 0.25 * outerRadius;
19
20    /* 确定两个面积 */
21    totalArea = PI * pow(outerRadius, 2);
22    innerArea = PI * pow(innerRadius, 2);
23    outerRimArea = totalArea - innerArea;
24
25    /* 确定所需要的油漆数量 */
26    red =  innerArea / SQFTPERQUART;
27    blue = outerRimArea / SQFTPERQUART;
28
29    /* 提供要求的输出 */
30    printf("\nThe inner area is %5.2f sq. feet", innerArea);
31    printf("\nThe outer rim area is %5.2f sq feet", outerRimArea);
32    printf("\n\nRed paint required is %6.3f quarts", red);
33    printf("\nBlue paint required is %6.3f quarts\n", blue);
34
35    return 0;
36  }
```

程序3.19中第1~7行包含了两个要求的头文件:stdio.h和math.h。这些行中还定义

了两个命名常量 PI 和 SQFTPERQUART，还提供了用于 main()函数的标准的首部行。首部行被第 7 行中的 main()函数体的开始大括号跟随。

在函数体内，第 8，9，10 行声明了程序中使用的变量。位于这些声明语句之后的语句，是针对这个应用的问题求解算法。因此，第 13 ~ 14 行提供了一个提示和输入一个所需要的输入值的代码，这个输入值是标志的整个宽度。接着是由第 17 ~ 27 行组成的计算部分，它对分析阶段确定的公式进行编码。最后，第 30 ~ 33 行提供了所要求的输出。

步骤 4：测试并调试程序

开发过程的最后一步是验证程序的操作。这个程序的输出样本如下。

```
Enter the width of the display (in feet): 8

The inner area is  3.14 sq. feet
The outer rim area is 47.12 sq feet
Red paint required is  0.016 quarts
Blue paint required is  0.236 quarts
```

由于所显示的值与前面手工计算的值一致，所以我们可以信任这个程序，能够将它用于确定希望得到不同大小的标志的计算中。

练习 3.6

编程练习

1. a. 输入并执行程序 3.19。

   b. 执行程序 3.19，确定一个 8 英尺的显示所需要的每一种颜色的油漆数量。

2. a. 编写一个 C 语言程序，计算并显示连接两点(3，4)和(10，12)的线段的中点的坐标。连接两点(x_1,y_1)和(x_2,y_2)的线段的中点的坐标是((x_1 + x_2)/2，(y_1 + y_2)/2)。程序应该产生下列显示。

   ```
   The x midpoint coordinate is __________
   The y midpoint coordinate is __________
   ```

   其中的空格需用程序计算出的值取代。

   b. 如何知道程序计算出的中点值是正确的？

   c. 一旦验证了程序产生的输出是正确的，将它修改成计算连接坐标分别为(2,10)和(12,6)的两点的中点的斜率。

3. 重做练习 2a，但需将程序产生的输出变为

   ```
   The x coordinate of the midpoint is xxx.xx
   The y coordinate of the midpoint is xxx.xx
   ```

   其中 *xxx.xx* 表示计算出的值应该以小数点左边三位、小数点右边两位的字段宽度放置。

4. 使用 scanf()函数语句，编写、编译并执行一个 C 语言程序，接收两个点的 *x* 坐标和 *y* 坐标。让程序确定并显示它们的中点(利用练习 2 中给出的公式)。利用下列测试数据验证程序。

测试数据组 1:点 1 坐标(0,0),点 2 坐标(16,0)
测试数据组 2:点 1 坐标(0,0),点 2 坐标(0,16)
测试数据组 3:点 1 坐标(0,0),点 2 坐标(-16,0)
测试数据组 4:点 1 坐标(0,0),点 2 坐标(0, -16)
测试数据组 5:点 1 坐标(-5, -5),点 2 坐标(5,5)

当完成验证工作之后,利用这个程序完成下表。

点 1	点 2	中点
(4,6)	(16,18)	
(22,3)	(8,12)	
(-10,8)	(14,4)	
(-12,2)	(14, -31)	
(2, -6)	(20,16)	
(2, -6)	(-16, -18)	

5. 编写、编译并执行一个 C 语言程序,计算并显示一个由用户输入的数的 4 次方根。从基本的代数式可知,一个数的 4 次方根可以通过计算它的 1/4 次幂得到。(提示:不要使用整除。你知道原因是什么吗?) 通过计算下列数据的 4 次方根验证你的程序:81,16,1 和 0。完成验证后,使用程序计算 42,121,256,587,1240 和 16 256 的 4 次方根。
6. 编写、编译并执行一个 C 语言程序,计算并显示在一个年利率为 *R%* 的银行账户中初始存款额为 *X* 美元 *N* 年中可获得的钱数 *A*。使用关系式 $A = X(1.0 + R/100)^N$。程序应该提示用户输入适当的值并使用 `scanf()`语句接收数据。在设计提示时,应使用类似这样的语句:`Enter the amount of the initial deposit`(输入初始存款额)。手工验证这个程序,并用它来计算下列测试数据的结果。

   测试数据组 1:初始额 1000 美元,存期 10 年,年利率 0%
   测试数据组 2:初始额 1000 美元,存期 10 年,年利率 6%

   当完成验证工作之后,利用这个程序确定下列情形可获得的货币量。
   a. 初始额 1000 美元,存期 10 年,年利率 8%。
   b. 初始额 1000 美元,存期 10 年,年利率 10%。
   c. 初始额 1000 美元,存期 10 年,年利率 12%。
   d. 初始额 5000 美元,存期 15 年,年利率 8%。
   e. 初始额 5000 美元,存期 15 年,年利率 10%。
   f. 初始额 5000 美元,存期 15 年,年利率 12%。
   g. 初始额 24 美元,存期 300 年,年利率 4%。
7. 编写一个 C 语言程序,提示用户输入购买某一件物品的单价、数量以及折扣率。然后,程序应计算并输出总价格、折扣总数、应付税额以及应付款额。使用公式

   总值 = 项数 × 每项价值
   折扣后总值 = 总值 - (折扣率 × 总值)
   应付税额 = 总值 × 税率
   应付款额 = 总值 + 应付税额

   假设 TAXRATE(税率)为 6%。
8. 美国堪萨斯州的公路被铺设成以准确的 1 英里(1 英里 = 1.6093 千米)间隔的矩形格子

状，如图 3.10 所示。寂寞的农场主皮特开着他的 1939 年的福特车向东行驶了 x 英里，向北行驶了 y 英里，到达寡妇萨利的农场。x 和 y 都为整数。使用这个信息，编写、测试并运行一个 C 语言程序，提示用户输入 x 和 y 的值，然后使用公式

```
距离 = sqrt(x * x + y * y);
```

寻找驱车穿过田野到达萨利的农场的最短距离。由于皮特对分数或小数不是理解得很好，所以必须先将答案四舍五入到最接近的整数，然后才显示。

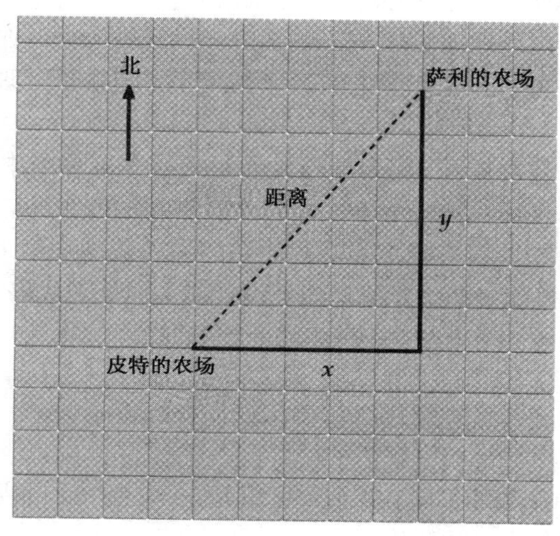

图 3.10　堪萨斯州的公路

9. 当橡皮球从高度为 *height*（单位为米）的地方落下时，它到达地面时的冲击速度（单位为 m/s）由公式：速度 = *sqrt*(2 × *g* × *height*) 确定。然后，球会回弹到上一次高度的2/3处。使用这个信息，编写、测试并运行一个 C 语言程序，计算并显示前三次的冲击速度和每次弹跳的回弹高度。假设初始高度为 2 米，测试你的程序。运行程序两次，并比较在地球上落球的结果（g = 9.81 m/s^2）和在月球上落球的结果（g = 1.67 m/s^2）。

3.7　编程错误和编译器错误

在使用本章中讲解的材料时，应注意如下可能的编程错误和编译器错误。

编程错误

1. 将变量用于表达式之前忘记给所有的变量赋初值。声明变量时可以赋初值，方法可以是通过显式的赋值语句，或者使用 `scanf()` 函数交互式地输入值。
2. 用一个整型实参调用 `sqrt()` 函数。这在大多数基于 UNIX 的编译器上将不会产生编译器错误。在基于 Windows 的编译器上，将产生一个类似"`ambiguous call to overloaded function`"的错误消息。
3. `scanf()` 函数调用中忘记在变量名的前面使用地址运算符 `&`。因为 `scanf()` 函数要求跟随控制字符串的所有参数都是地址，程序员应确保这些地址被正确地传递了。这个编程错误将不会产生编译器错误，但在程序执行时将发生错误。基于 UNIX 的系统将显

示一个类似于“Memory fault(coredump)”的消息，而基于 Windows 的系统显示一个类似于“The variable …is being used without being defined”的消息。

4. 在 scanf()函数调用中没有包含必须输入的数据值的正确控制字符串。这通常发生在为一个双精度值使用了%f 序列而不是所要求的%lf。尽管这样做不会产生编译器错误，但当执行这条语句时会导致赋予不正确的值。
5. 在传递给 scanf()函数的控制字符串中包含消息。与 printf()函数不同的是，scanf()函数的控制字符串通常只包含转换控制序列。尽管这样做不会产生编译器错误，但当执行这条语句时会导致赋予不正确的值。
6. 用分号终止一个给预处理器的#define 命令。到现在为止，你可能会自动用分号终止你的 C 语言程序中的每一行。但是在某些情况下，例如预处理器命令，不应该用分号终止。
7. 在将一个值赋予符号常量时，将等于号放置在#define 命令中。
8. 将自增和自减运算符用在同一个表达式中多次出现的变量中。这会使外来错误更多地发生，因为 C 语言中并没有指定表达式中访问操作数的顺序。这会使操作数的访问顺序取决于编译器，也就是取决于编译器被设计成如何处理代码。例如，通过下列代码赋予 result 的值。

```
i = 5;
result = i  +  i++;
```

根据首先访问的操作数的不同，其结果可以是 10 或者 12。如果编译器强制首先访问第一个操作数，则这条语句就等价于

```
result =i+i;  /* 首先计算结果 */
i++;          /* 然后给 i 加 1 */
```

但是，如果编译器强制首先访问第二个操作数，则语句等价于

```
i++;          /* 首先给 i 加 1 */
result =i+i;  /* 然后计算结果 */
```

作为一条通用的原则，应该对所操作的变量在同一表达式中多次出现的表达式中避免使用自增或者自减运算符，而是应将表达式拆分成两个，使表达式的求值顺序能够清楚地表明希望完成的任务。

9. 不愿意深入测试程序。不要忘了，在编译之前，编写程序的人都会假定它是正确的，或者如果有错的话会修正它。希望编写程序的人回头去老老实实地测试自己的程序，是一件极其困难的事情。作为程序员必须时刻提醒自己，尽管你认为程序是正确的，但事实往往并不如此。查找自己的程序中的错误是一个冷静的过程，但这会使你成为一名真正的程序员。

编译器错误

下面的表总结了会导致编译错误的常见错误以及由基于 UNIX/Windows 的编译器提供的典型错误消息。

错误	基于 UNIX 编译器的错误消息	基于 Windows 编译器的错误消息
试图使用一个数学函数，如 pow，却没有包含 math.h 头文件	ERROR:Undefined Symbol:.pow (你能够在编译程序时使用-bloadmap 或-bnoquiet，以获得更多的信息。另外，你应该为正确的编译使用-lm 选项)	pow identifier not found.
忘记用双引号结束传递给 scanf()的控制字符串	(S)String literal must be ended before the end of line. (S) Syntax error: possible missing ')'? (第一个消息是试图告诉你字符串没有使用双引号关闭。第二个消息是字符串没有终止，这将使跟随调用 scanf()的那一行产生错误)	newline in constent syntax error: missing ')' before identifier... (第一个消息是试图告诉你字符串没有使用双引号关闭。第二个消息是字符串没有终止，这在跟随调用 scanf()的那一行产生一个错误)
忘记用逗号分开 scanf()中的全部参数，例如在调用 scanf("%f%f", &count &n);中	(S)Operation between types "unsigned char * "and "float" is not allowed. (尽管非常神秘，这个消息指出编译器不能认可的函数正在尝试把一个数值存储到变量)	'&': illegal, left operand has type... (尽管非常神秘，这个消息指出编译器不能认可的函数正在尝试把一个数值存储到变量)
在使用强制类型转换符时把括号放置在错误的位置，例如在表达式(int count)中	(E) Identifier not allowed in cast or sizeof declarations. (S)Syntax error.	syntax error: missing ')' before count syntax error: ')'
对一个表达式使用自增或自减运算符，如表达式(count + n)++	Operand must be a modifiable lvalue. (这个错误消息指出 ++ 运算符左边的表达式不能被修改)	++needs l- value. (这个错误消息指出 ++ 运算符左边的表达式不能被修改)

3.8　小结

1. 算术计算能够使用赋值语句或者数学函数执行，也能够在计算一个提供给函数实参值的表达式中执行。
2. 赋值符(=)是一个运算符，它比所有的数学运算符(+，－，*，%)的优先级低。由于赋值是 C 语言中的一种操作，所以在同一个表达式中一个赋值运算符可以出现多次。
3. 除了赋值运算符 = 之外，C 语言中还提供了 +=，－=，*= 和/= 等赋值运算符。
4. 自增运算符 ++ 给变量加 1，而自减运算符—将变量减 1。这两个运算符都能够前置或者后置。在前置操作时，变量在它的值被使用之前加 1(或减 1)；在后置操作时，变量在它的值被使用之后加 1(或减 1)。
5. C 语言中提供了用于计算平方根、对数以及其他数学计算的库函数。使用这些数学函数的每一个程序，都必须包含语句#include < math. h >，或者在调用某个数学函数之前对它有一个函数声明。
6. 可以将数学函数包含在更大的表达式中。
7. scanf()函数是用于数据输入的标准库函数，这个函数的参数是一个控制字符串和一个地址列表，它的函数调用一般格式是

```
scanf("control string",&arg1,&arg2,...,&argn);
```

控制字符串通常只包含转换控制序列，例如%d，且必须包含与实参地址数量相同的转换控制序列个数。

8. 当遇到 scanf()函数时，程序会临时中止下一条语句的执行，直到已经为这个函数调用中包含的可变地址数量输入了足够的数据为止。
9. 一种好的编程做法是，在调用 scanf()函数之前显示一条消息，提示用户有关要被输入的数据项的类型和个数。这种消息被称为提示。
10. 可以将字段宽度指示符放入转换控制序列中，以明确地指定显示字段的格式。字段宽度指示符包含输出字段的总宽度以及用于浮点型和双精度型数时要显示的小数位数。
11. 每一个已编译的C语言程序都会被自动地传递给一个预处理器。在第一列中的用#号开始的行，会被当做给预处理器的命令。预处理器命令不以分号终止。
12. 利用预处理器命令#define，可以使表达式与一个标识符等价。这个命令的形式为

    ```
    #define 标识符 表达式
    ```

    在这个命令之后，就可以使用标识符来代替这个表达式。通常而言，会将#define命令置于程序的顶部或者 main()函数的开始处。

3.9 补充材料:抽象简介

随着学习的不断深入，会越来越多地遇到一个很重要的程序设计概念——抽象。这个概念基本应用在两个领域:数据类型抽象和过程抽象，这两个方面前面都已经讲解过一些背景知识。本节中将首先介绍抽象的概念，然后用它来定义这两种抽象类型。

在最普通的用法中，抽象就是标识一组对象的一般品质或特征的一个概念或者术语，与这个组中任何一个特定的对象都无关。例如，考虑术语“汽车”。作为术语，它是一个抽象:指的是一组各含有与汽车相关特征的对象，如摩托车、客车、车轮、驾驶能力、刹车，等等。一个特定的汽车实例，如“我的汽车”或“你的汽车”，不是抽象——它们是因为具有与汽车相关属性被分类为“汽车类型”的实体。

尽管我们一直在使用“抽象”概念，但往往不将它们想象成这样。例如，名称“树”、“狗”、“猫”、“桌子”和“椅子”都是抽象的，就像“汽车”是抽象的一样。这些术语的每一个都涉及与一组特定事物相关的一组品质。对于每一个这样的抽象概念，都存在许多单个的树、狗和猫。这些实例的每一个都符合与“抽象”术语相关的一般特征。

在编程时，特别是在更高级的研究工作中，必须比在日常生活中更仔细地将恰当的术语标注成抽象的。第一个这样的抽象术语是“数据类型”。下面将给出理由。

就像“我的汽车”是一个特殊的实例或者是更抽象的“汽车类型”的一个对象一样，一个特定的整数(例如5)是一个特定的对象或者是更抽象的“整数类型”的一个实例，此处的整数可以是有符号或者无符号的没有小数点的数。因此，每一种数据类型——整型、字符型和双精度型——都被认为是一种定义能够被识别的特定实例的，包括能够被施加特定值的操作的一般类型的抽象。那么，这样的数据类型只是标识了每一组的公共品质，从而有理由称它们为“整型”、“字符型”和“双精度型”。

尽管程序员通常会假定可以使用数学运算(如加、减、乘、除)，但C语言的设计者必须仔细考虑哪一些运算应该作为每一种数据类型的一部分提供。例如，求幂运算符并没有作为数值数

据类型的一部分提供，而这个操作包含在 Visual Basic 语言的整数数据抽象中（在 C 语言中，求幂运算由数学库函数 `pow()`提供）。

内置数据类型与抽象数据类型

由编译器提供的数据类型，如 C 语言中的 `int`，`double` 和 `char` 数据类型，被称为内置数据类型或者基本数据类型（二者的含义相同）。与内置数据类型不同，有些编程语言允许程序员创建自己的数据类型，即定义一个具有相关的值范围和能够在可接受的值上执行操作的值类型①。这种由用户定义的数据类型被称为抽象数据类型（abstract data type）。尽管 C 语言中并没有提供创建抽象数据类型的能力，但在 C++ 中具备这种能力。C++ 中，抽象数据类型被称为类（class），而创建类的能力是 C++ 对 C 语言的主要增强（事实上，C++ 的原名是“C with Classes”）。

过程抽象

除了数据抽象，所有的编程语言都允许对自包含的指令集赋予一个名称，这在 C 语言中被称为函数。作为一个典型的例子，考虑 `printf()`函数。这个函数的内部由一系列指令组成，这些指令用于数据的格式化显示。但是，这些指令序列作为一个使用单一名称“`printf`”的单元被调用。

以这种方式将一个名称指派给一个函数或者过程，就可以简单地用带有合适实参的名称调用这个函数，这种方法在形式上被称为过程抽象（procedural abstraction）。

过程抽象有效地隐藏了函数执行它的任务的细节。在分析问题和编写解决方案算法时，这种细节的隐藏就是抽象的特点和强项。

分析问题时，以抽象思维思考一些任务，程序员能够在一个更高的层次上解决问题，而不必直接关注实际解决方案实现的细节。例如，一个金融应用程序可能要计算两个日期之间的天数，可以不必去立即解决如何计算这个天数，而是将它设计成一个以后要被编码的函数。这样做使得设计者能够关注程序的其他方面，而将函数如何实际计算日期差的分析留到以后，也可以将任务分配给另外一个人。

在编程方面，过程抽象允许程序员使用已经存在的函数，如 C 语言中的数学函数，而不必知道或者理解这些函数是如何在内部编码的。通过复用预先存在的代码，可以节省大量的编码时间。

① 允许的数值范围形式上称为数据类型的域。

第二部分

控制流

第 4 章　选择
第 5 章　循环
第 6 章　函数模块性(1)
第 7 章　函数模块性(2)

第4章　选　　择

术语“控制流”(flow of control)指的是执行程序语句的顺序。早期的程序设计理论中重要的进展之一发生在20世纪60年代末，该理论指出：无论多么复杂的算法，都能够利用四种标准化的控制流结构的组合来构造。这四种控制结构是：顺序(sequential)、选择(selection)、循环(repetition)和调用(invocation)。

除非另有指定，否则所有程序的正常控制流都是顺序的。这意味着语句会按顺序一条接一条地用它们放置在程序内的次序执行。选择、循环和调用语句允许用精确定义的方法来改变这种顺序控制流程。

选择用于根据条件的真或假选择下一步要执行的语句，而循环用于重复执行一组语句。正如前面已经见过的那样，调用意味着用一条语句调用一系列指令，就像调用一个函数一样。这一章中将讲解C语言中的选择语句。循环语句将在第5章介绍，而第6章和第7章中将讲解如何创建自己的可调用函数。

4.1　关系表达式

在许多问题的解决方案中，必须根据数据值的不同采取不同的动作。一些简单情况的例子包括：只能计算测量值为正数的面积；只有在除数不为0的情况下才能执行除法；按照接收的成绩等级值输出不同的消息；等等。

C语言中的 if 语句用简单的形式实现这样一种判定结构——只有满足条件时才选择一条要执行的语句。这种语句最常用的语法是

```
if (条件)
  条件为真时执行的语句;
```

当执行程序遇到 if 语句时，就求值条件以确定它的数字值，然后这个值会被解释为真或者假。如果条件被求值为任何非0值(正数或者负数)，就被认为是一个“真”条件，从而执行下面的语句，否则不执行。

C语言 if 语句中使用的条件式可以是任何有效的C语言表达式(包括后面将看到的赋值表达式)。不过，最常见的表达式被称为关系表达式(relational expression)。它由一个比较两个操作数的关系运算符组成，如图4.1所示。与能够产生无限多值的算术表达式不一样，关系表达式只能产生两个数值之一：0或者1。

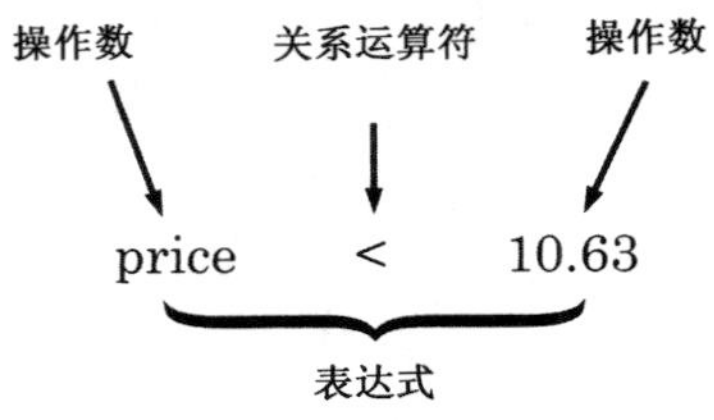

图4.1　一个简单的关系表达式

尽管关系表达式中的每一个操作数都可以是变量、常量或者任何有效的C语言表达式，但关系运算符只能是表4.1中列出的这一些。这些关系运算符可用于每一种C语言数据类型，并且可以涵盖两个操作数之间所有可能的关系。

表 4.1　C 语言中的关系运算符

关系运算符	含义	例子
<	小于	age < 30
>	大于	height > 6.2
<=	小于等于	taxable <= 20000
>=	大于等于	temp >= 98.6
==	相等	grade == 100
!=	不相等	number != 250

历史注解:德·摩根定律

奥古斯塔斯·德·摩根(Augustus De Morgan)1806 年出生于印度马都拉，1871 年卒于伦敦。1828 年，他在伦敦成为一名数学教授，在很多年里他都从事各种数学问题的调查研究。他是一位受人尊敬的教师，撰写了大量包含数学及数学史方面的信息丰富的教科书，但是，他的书学生们很难理解。

德·摩根对现代计算学的贡献之一是两条定律:AND 语句能够转换成 OR 语句，反之亦然。这两条定律如下。

1. NOT(A AND B) = (NOT A) OR (NOT B)
2. NOT(A OR B) = (NOT A) AND (NOT B)

因此，根据德·摩根的第一个定律，语句“天不下雨，我就不会淋湿”与“天正在下雨且我正被淋湿这个事实不是真的”的含义相同。同样，根据第二个定律，语句“警察总是说谎或者教师总是知道真相这个事实不是真的”与“警察不总是说谎且教师不总是知道真相”的含义相同。

在计算机应用中，利用德·摩根定律更典型的形式是

1. A AND B = NOT((NOT A) OR (NOT B))
2. A OR B = NOT((NOT A) AND (NOT B))

在许多编程情形中，从 OR 语句转换到 AND 语句的能力极其有用，反过来也是如此。

创建关系表达式时，关系运算符必须准确地按照表 4.1 中的规定输入。这样，下列关系表达式都是有效的。

```
age > 40
length <= 50
temp > 98.6
3 < 4
flag == done
idNum == 682
day != 5
2.0 > 3.3
hours > 40
```

而下面的关系表达式是无效的。

```
length =< 50     /* 关系运算符顺序错误 */
2.0 >> 3.3      /* 无效的关系运算符 */
flag = = done   /* 关系运算符中间不允许有空格 */
```

关系表达式有时也被称为条件(condition),本书中将使用这两种术语来引用表达式。像所有 C 语言表达式一样,关系表达式也会被求值成一个数字结果。对于关系表达式,正如已经指出的那样,表达式的值总是两个可能的整数值之一(1 或 0)。解释为真的条件式计算得到整数值 1,为假的条件式产生整数值 0。在这一点上,C 语言不同于其他的高级程序设计语言,它们会产生一个布尔结果(真或者假)。例如,因为关系式 `3 < 4` 总是真的,因此这个表达式得到数值 1;因为关系式 `2.0 > 3.3` 总是假的,这个表达式得到数值 0。这些结论能够用下列语句验证。

```
printf("The value of 3 < 4 is %d", 3 < 4);
printf("\nThe value of 2.0 > 3.3 is %d", 2.0 > 3.3);
```

这些语句产生的显示结果如下。

```
The value of 3 < 4 is 1
The value of 2.0 > 3.3 is 0
```

像 `hours > 0` 这样的关系表达式的值,取决于保存在变量 `hours` 中的值。

除了数字操作数之外,字符数据同样能够用关系运算符进行比较。对于按字母排序的名称,或者在需要通过选择某个字符作出判断的情形中,这样的比较非常重要。

所有的字符集都是按升序或者降序排列的。例如,在 ASCII 码中,字符是按升序排列的,保存字符'B'所用的代码,其数字值比字符'A'的数字值更高,而字符'C'的代码数字值上比'B'的更高,等等。对于这种排序,表 4.2 第一列中表达式的值在第二列中给出,对这些值的真假解释位于第三列中。

表 4.2 ASCII 字符比较的例子

表达式	数值	解释
'A' > 'C'	0	假
'D' <= 'Z'	1	真
'E' == 'F'	0	假
'g' >= 'm'	0	假
'b' != 'c'	1	真
'a' == 'A'	0	假
'B' < 'a'	1	真
'b' > 'Z'	1	真

逻辑运算符

除了能够用关系表达式作为条件式外,还可以使用逻辑运算符 AND,OR 和 NOT 来创建更复杂的条件式。这些运算分别由符号 &&,||和!表示。

如表 4.3 所示,当 AND 运算符 && 用于两个表达式时,只有这两个表达式本身都为真时,这个条件式的结果才为真。因此,复合条件式

```
(age > 40) && (term < 10)
```

只有当 `age` 大于 40 且 `term` 小于 10 才为真(其值为 1)。因为关系运算符的优先级比逻辑运算符更高,所以可以省略这个逻辑表达式中的括号。

表 4.3　AND(&&)运算符

表达式 1	表达式 2	表达式 1 && 表达式 2
真(非 0)	真(非 0)	真(1)
真(非 0)	假(0)	假(0)
假(0)	真(非 0)	假(0)
假(0)	假(0)	假(0)

逻辑 OR 运算符||同样被应用于两个表达式之间。如表 4.4 所示，当使用 OR 运算符时，只要两个表达式中的任何一个为真或者两个都为真，条件式的结果就为真。因此，复合条件式

```
(age > 40) ||(term < 10)
```

只要 age 大于 40 或者 term 小于 10，或者二者都成立时，其结果就为真。同样，将关系表达式置于括号中，只是为了使表达式更容易阅读。因为关系运算符的优先级要高于逻辑运算符，所以即使省略这些括号，其求值结果也相同。

表 4.4　OR(||)运算符

表达式 1	表达式 2	表达式 1 || 表达式 2
真(非 0)	真(非 0)	真(1)
真(非 0)	假(0)	真(1)
假(0)	真(非 0)	真(1)
假(0)	假(0)	假(0)

对于声明语句

```
int i, j;
double a, b, complete;
```

下面是有效的条件式。

```
a > b
i == j || a < b || complete
a/b > 5 && i <= 20
```

在求值这些条件式之前，变量 a，b，i，j 和 complete 的值必须是已知的。假设

```
a = 12.0, b = 2.0, i = 15, j = 30, complete = 0.0
```

表达式的输出如下所示。

表达式	数值	解释
a > b	1	真
i == j || a < b || complete	0	假
a /b > 5 && i <= 20	1	真

&& 运算符的优先级比 || 运算符高，而它们的结合性都是从左到右的。因此，在一个包含 && 和 || 运算符的逻辑表达式中，会首先从左到右求值 && 运算符，然后再次从左到右求值 || 运算符。不过，一旦包含这些运算符的任何表达式的真假结果被明确地得出了，求值过程就会停止，而不会考虑存在多少额外的运算。例如，对于表达式 age <= 62 && tenure > 10 的

求值，如果age大于62，这会使整个逻辑表达式为假，无论tenure的值是什么，表达式的计算都将停止。&& 和 || 运算符的这种求值特性，被称为短路求值(short-circuit evaluation)。

第三个逻辑运算符是NOT运算符，它用于将一个表达式改变成相反状态。如表4.5所示，如果expression有任意非0值(真)，则!expression的结果是一个0值(假)；如果expression开始为假(为0值)，!expression就为真并求值为1。例如，假设变量age保存的是26，则表达式age > 40的值为0(假)，而表达式!(age > 40)的值为1。NOT运算符只能用于单表达式，因此它是一元运算符。

表4.5　NOT(!)运算符

expression	!expression
真(非0)	假(0)
假(0)	真(1)

关系运算符和逻辑运算符的执行层次与算术运算符类似。表4.6中将这些运算符的优先级与以前遇到过的那些运算符的优先级一起列出。具有最高优先级的运算符位于表的顶部，越向下的运算符，其优先级越低。

表4.6　按优先级从高到低列出的C语言运算符

运算符	结合性
!,一元 -, ++, --	从右到左
*, /, %	从左到右
+, -	从左到右
<, <=, >, >=	从左到右
==, !=	从左到右
&&	从左到右
||	从左到右
+=, -=, *=, /=	从右到左

利用下面的声明，下面的例子演示了求值关系表达式时优先级和结合性的用法。

```
char key = 'm';
int i = 5, j = 7, k = 12;
double x = 22.5;
```

表达式	等价表达式	值	解释
i+2 == k-1	(i+2) == (k-1)	0	假
3*i-j < 22	((3*i)-j) < 22	1	真
i+2*j > k	(i+(2*j)) > k	1	真
k+3 <= -j+3*i	(k+3) <= ((-j)+(3*i))	0	假
'a'+1=='b'	('a'+1)=='b'	1	真
key-1>'p'	(key-1)>'p'	0	假
key+1=='n'	(key+1)=='n'	1	真
25>=x+4.0	25>=(x+4.0)	0	假

同所有表达式一样，使用括号可以来改变运算符的优先级，同时能够提高关系表达式的可读性。通过首先求值括号内的表达式，下列复合条件式被计算为

```
(6 * 3 == 36 / 2) && (13 < 3 * 3 + 4) || !(6 - 2 < 5) =
        (18 == 18) && (13 < 9 + 4) || !(4 < 5) =
                   1 && (13 < 13) || !1 =
                   1 && 0 && 0 =
                   1 && 0 =
                   0
```

练习 4.1

简答题

1. 给出下列表达式的值。假定 a = 5, b = 2, c = 4, d = 6, e = 3。

   a. `a > b`
   b. `a != b`
   c. `d % b == c % b`
   d. `a * c != d * b`
   e. `d * b == c * e`
   f. `a * b`
   g. `a % b * c`
   h. `c % b * a`
   i. `b % c * a`

2. 使用括号重写下列表达式，以正确地指出它们的求值顺序。然后给出每个表达式的结果，假设 a = 5, b = 2, c = 4。

   a. `a % b * c && c % b * a`
   b. `a % b * c || c % b * a`
   c. `b % c * a && a % c * b`
   d. `b % c * a || a % c * b`

3. 为下列条件编写关系表达式(使用自己选择的变量名)。

   a. 某人的年龄为 30。
   b. 某人的温度大于 98.6 华氏度。
   c. 某人的身高低于 6 英尺。
   d. 当前月份为 12(December)。
   e. 输入的字母为 *m*。
   f. 某人的年龄为 30，且他的身高超过 6 英尺。
   g. 今天是第 1 个月的第 15 天。
   h. 某人的年龄大于 50，或者他已被公司雇佣至少 5 年。
   i. 某人的工号小于 500，且他的年龄大于 55。
   j. 一个大于 2 英尺且小于 3 英尺的长度。

4. 确定下列表达式的值，假设 a = 5, b = 2, c = 4, d = 5。

   a. `a == 5`
   b. `b * d == c * c`
   c. `d % b * c > 5 || c % b * d < 7`

4.2 if 语句和 if…else 语句

最简单的 C 语言选择语句是单向 if 语句，其语法如下。

```
if (表达式)  ←———— 没有分号
  语句;
```

在这种构造中，只有当“if(表达式)”中的表达式有非 0 值(一个真条件式)时，才会执行下面的语句。这种语句的例子如下。

```
if (age >= 62)
   discount = .20;

if (grade > 69)
   ++passTotal;
```

这些例子中，只有在关系表达式为真(即求值结果为 1)时，跟随在后面的语句才会执行，否则根本不会执行。

程序 4.1 在一个完整程序的上下文中演示了单向 if 语句的执行结果。这个程序检查汽车的行驶里程，如果已经行驶超过 3000 英里，则输出一条消息。

程序 4.1

```
 1  #define LIMIT 3000.0
 2  #include <stdio.h>
 3
 4  int main()
 5  {
 6    int idNum;
 7    float miles;
 8
 9    printf("Please type in car number and mileage: ");
10    scanf("%d %f", &idNum, &miles);
11
12    if(miles > LIMIT)
13      printf(" Car %d is over the limit.\n",idNum);
14
15    printf("End of program output.\n");
16
17    return 0;
18  }
```

为了演示单向选择的执行情况，运行程序 4.1 两次，每次使用不同的输入值。

```
Please type in car number and mileage: 256 3562.8
 Car 256 is over the limit.
End of program output.
```

和

```
Please type in car number and mileage: 23 2562.3
End of program output.
```

因为只有第一次运行时输入的数据会导致被测表达式的结果为真，所以第 13 行中的 printf()函数

```
printf(" Car %d is over the limit.\n",idNum);
```

会执行，显示消息“Car 256 is over the limit”。第二次运行时，输入的数据使被测表达式的结果为假，因此不会执行第13行中的语句。注意，在这两次运行中，

```
15 printf("End of program output.\n");
```

这一条紧跟在 if 语句后面的语句总是会执行。因此，其执行依赖被测条件式的值的唯一语句是

```
13    printf(" Car %d is over the limit.\n",idNum);
```

与单向 if 语句对应的流程图如图4.2所示。

复合语句

尽管在一个 if 语句中只允许有一条语句，但这条语句可以是复合语句。复合语句是包含在一对大括号中的一条或者多条语句，如图4.3所示。

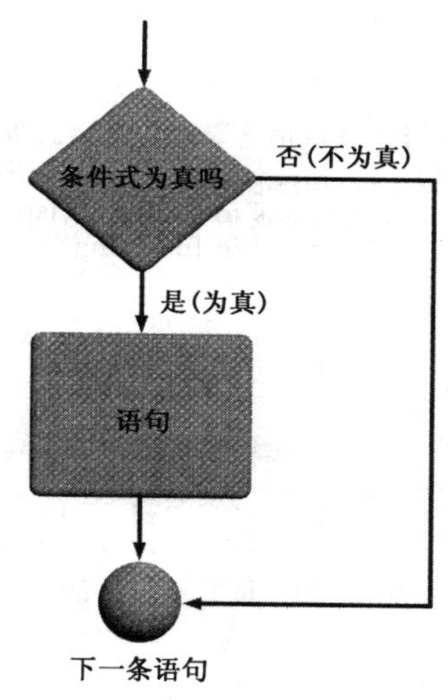

图4.2 单向 if 语句的流程图

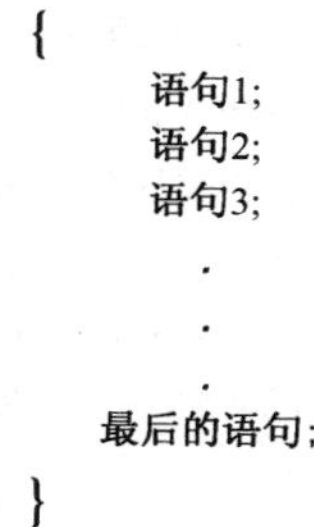

图4.3 一个复合语句

将一组各自独立的语句包含在一对大括号中，就创建了一个语句块，可以将它用在C语言程序中能够使用单一语句的任何位置。单向 if 语句内复合语句的通用语法是

```
if (表达式)
{
    语句 1;    /* 同许多必要的语句一样 */
    语句 2;    /* 复合语句能够放入一对大括号内 */
      •        /* 每一个语句必须用分号终止 */
      •
      •
    语句 n;
}
```

有些程序员愿意使用这种语法，甚至在只要求一条语句时也是这样。如果这样做，则在以后增加语句时，就只需简单地将它放入大括号中即可。使用这个语法，程序4.1中的下列行

```
12 if(miles > LIMIT)
13   printf(" Car %d is over the limit.\n",idNum);
```

可以写成

```
if(miles > LIMIT)
{
  printf(" Car %d is over the limit.\n",idNum);
}
```

一般而言，在编写 if 语句代码时应该采用一致的风格。但是，存在一种特殊的情况。因为在 C 语言中空白是可选的，对于很短的语句，可以将一条完整的 if 语句代码放置在一行上，像下面这个例子中一样。

```
if (grade > 69) ++passTotal;
```

编程注解：所有有效表达式都可以用于 if 语句中

由于 C 语言选择语句的语法，任何有效表达式都可以用于 if 语句中而不会导致编译器错误。例如，下面的 if 语句在语法上是正确的：

```
if  (age = 40)
  printf ("Happy Birthday!");
```

这里的表达式 age = 40 总是为真(有非 0 值)，因为当完成赋值运算时，表达式本身的值为 40。因为 C 语言将任何非 0 值都当成真值，所以总是会调用 printf()函数，而不会考虑遇到表达式之前 age 中的值。考虑这个问题的另一种方法是注意到这条语句相当于下列两条语句。

```
* age = 40;  /* 将 40 赋值给 age */
if  (age)    /* 测试 age 的值 */
  printf("Happy Birthday!");
```

一般而言，除了那些导致右侧结果为 0 的语句之外，所有赋值表达式都会被认为是真。

类似地，像 if(tenure + 5)这样的代码在语法上也是正确的，因为表达式 tenure + 5 是有效的。表达式中，只有 tenure 的值为 -5 时才会使条件式为假。因为 C 语言编译器无法知道被测表达式是否是期望的表达式，所以在编写条件式时应特别小心，必须保证它不仅语法正确而且在逻辑上也是正确的。

if…else 语句

if… else 语句引导计算机根据比较结果选取一个或者多个指令序列去执行。例如，如果新泽西州居民的收入小于 20 000 美元，则适应州收入税的税率是 2%；如果收入大于 20 000 美元，则对超过 20 000 美元的部分采用不同的税率。这种情形中，基于税前收入是否小于或者等于 20 000 美元，可以用 if… else 语句来确定实际的税额。最常用的 if… else 语句的形式是

```
if (表达式)  <———— 没有分号
   语句 1;
else  <———— 没有分号
   语句 2;
```

首先计算表达式的值。如果表达式的值为非 0，则相当于这个表达式为真，执行语句 1。如果值为 0(相当于表达式为假)，则执行语句 2，即保留字 else 之后的语句。这样，根据被测表达式的值，总是会执行两条语句之一(语句 1 或者语句 2)。注意，这个被测表达式必须放于括号中，而分号只放在每一条语句的结尾处。if… else 语句的流程图如图 4.4 所示。

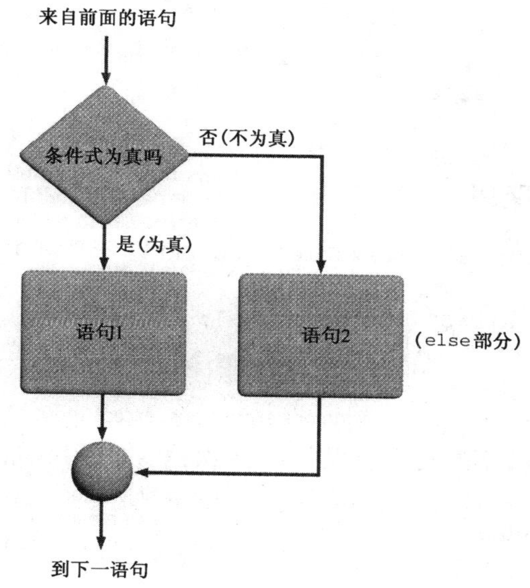

图 4.4　if… else 语句的流程图

作为一个例子，让我们编写一个包含 if… else 语句的收入税计算程序。如前所述，新泽西州的收入税规定，当收入小于或者等于 20 000 美元时，按 2% 税率征税；对大于 20 000 美元的收入，超过 20 000 美元的部分按 2.5% 税率征税，另外再加上一个固定税额 400 美元(也就是 20 000 美元的 2%)。需要测试的表达式是应征税收入是否小于或者等于 20 000 美元。适应这个情况的 if… else 语句是[①]：

```
if (taxable <= 20000.0)
  taxes = 0.02 * taxable;
else
  taxes = 0.025 * (taxable - 20000.0) + 400.0;
```

这里使用关系运算符 <= 正确地表示了关系"小于或者等于"。如果税前收入小于或者等于 20 000 美元，则这个条件式为真(值为 1)，从而会执行语句 taxes = 0.02 * taxable;。如果值为 0(相当于表达式为假)，则执行语句 2，即保留字 else 之后的语句。程序 4.2 演示了这条语句在一个使用命名常量代表实际数字值的完整程序中的用法。在 if… else 语句之前和之后插入空行，可使它在整个程序中更突出。本书中都将延续这种方式，以强调所给出的语句。

程序 4.2

```
#include <stdio.h>
#define LOWRATE 0.02    /* 低税率 */
#define HIGHRATE 0.025 /* 高税率 */
#define CUTOFF 20000.0 /* 低税率的切断值 */
#define FIXEDAMT 400    /* 较高税率数量用的固定美元量 */

int main()
{
  float taxable, taxes;
```

① 在实际应用中这个数字值应该定义成命名常量。

```
10
11    printf("Please type in the taxable income: ");
12    scanf("%f", &taxable);
13
14    if (taxable <= CUTOFF)
15      taxes = LOWRATE * taxable;
16    else
17      taxes = HIGHRATE * (taxable - CUTOFF) + FIXEDAMT;
18
19    printf("Taxes are $%7.2f\n",taxes);
20
21    return 0;
22  }
```

为了演示这种选择语句的执行情况，运行程序4.2两次，每次使用不同的输入值,结果如下。

```
Please type in the taxable income: 10000.
Taxes are $ 200.00
```

和

```
Please type in the taxable income: 30000.
Taxes are $ 650.00
```

注意，第一次运行程序时输入的应税收入小于20 000美元，这个税额在 `if…else` 语句的if部分被正确地按照输入值的2%计算了。

```
15     taxes = LOWRATE * taxable;
```

第二次运行时，应税收入大于20 000美元，`if…else` 语句的 `else` 部分

```
17     taxes = HIGHRATE * (taxable - CUTOFF) + FIXEDAMT;
```

被用来得到一个正确的税额：

```
taxes = 0.025 * ($30,000. - $20,000.) + $400. = $650.
```

编程注解：真与假

许多计算机语言都提供只由两种值(真和假)组成的逻辑数据类型或者布尔数据类型，用于求值关系表达式。在这些语言中，关系表达式和逻辑表达式被限制成只能得到这两个值之一，而选择语句被限制成只能计算关系表达式和逻辑表达式的值。但在C语言中不是如此。

在C语言中，任何表达式都能够在选择语句内测试，这个表达式可以是关系表达式、算术运算、赋值表达式，甚至可以是函数调用。在选择语句内，求值为0的表达式或者返回0的函数，都被认为是假，而任何非0值(负值或者正值)都被认为是真。但是，如果测试的是关系表达式或者逻辑表达式，则表达式本身将只产生1或者0。如果表达式的值为1，则它就是真，否则就是假。

有时，创建下面这两个符号常量是方便的。

```
#define TRUE 1;
#define FALSE 0;
```

这些常量适合用来清楚地标识出一个为真或者假的条件式。例如，考虑算法

```
if (这是一个闰年)
  设置 yearType 为 TRUE
else
  设置 yearType 为 FALSE
```

C语言程序员会将它们自动地理解成：“将 `yearType` 设置为 `1`”和“将 `yearType` 设置为 `0`”。

与常规一样，将复合语句用在能够使用单条语句的任何位置都是有效的。在 if 部分和 else 部分都使用复合语句的 if…else 语句的语法是

```
if (表达式)
{
    语句1;    /* 当需要时,许多语句 */
    语句2;    /* 能够放入每对大括号内 */
      •
      •
      •
    语句n;
  }
  else
  {
    语句a;
    语句b;
      •
      •
      •
    语句nn;
  }
```

程序4.3演示了在 if…else 语句内使用复合语句的情况。

程序4.3

```c
#include <stdio.h>

int main()
{
  char tempType;
  float temp, fahren, celsius;

  printf("Enter the temperature to be converted: ");
  scanf("%f",&temp);
  printf("Enter an f if the temperature is in Fahrenheit\n");
  printf(" or a c if the temperature is in Celsius: ");
  scanf("\n%c", &tempType);

  if (tempType == 'f')
  {
    celsius = (5.0 / 9.0) * (temp - 32.0);
    printf("\nThe equivalent Celsius temperature is %6.2f\n", celsius);
  }
  else
  {
    fahren = (9.0 / 5.0) * temp + 32.0;
    printf("\nThe equivalent Fahrenheit temperature is %6.2f\n", fahren);
  }

  return 0;
}
```

编程注解:复合语句中大括号的位置

有些程序员习惯将复合语句的左大括号放置在 if 语句和 else 语句的同一行。按照这种习惯,程序4.3 中的 if 语句应该是这样的:这种放置只是一个风格问题——两种风格都可以使用而且都是正确的。但是,在程序中应该只采用一种风格而且应使其在整个程序中保持一致。

```
if (tempType == 'f') {
  celsius = (5.0 / 9.0) * (temp - 32.0);
  printf("\nThe equivalent Celsius temperature is %6.2f", celsius);
}
else {
  fahren = (9.0 / 5.0) * temp + 32.0;
  printf("\nThe equivalent Fahrenheit temperature is %6.2f", fahren);
}
```

程序4.3 检查变量 tempType 的值是否为字母 f,如果是,则执行相应的 if…else 语句的 if 部分的复合语句,即执行下列这些行。

```
{
  celsius = (5.0 / 9.0) * (temp - 32.0);
  printf("\nThe equivalent Celsius temperature is %6.2f\n", celsius);
}
```

除了 f 之外的任何其他字母,都会导致执行相应的 if…else 语句的 else 部分的复合语句

```
{
  fahren = (9.0 / 5.0) * temp + 32.0;
  printf("\nThe equivalent Fahrenheit temperature is %6.2f\n", fahren);
}
```

下面是程序4.3 运行的样本。

```
Enter the temperature to be converted: 212
Enter an f if the temperature is in Fahrenheit
 or a c if the temperature is in Celsius: f
The equivalent Celsius temperature is 100.00
```

尽管任何表达式都能被 if…else 语句测试,但与单向 if 语句一样,一般只使用关系表达式。但是,类似这样的语句

```
if (num)
  printf("Bingo!");
else
  printf("You lose!");
```

是有效的。因为 num 本身是一个有效的表达式,如果 num 为任何非 0 值,则会显示消息"Bingo!";如果 num 的值为0,则显示消息"You lose!"。

编程注解:避免一个常见问题

刚开始时,几乎每一位 C 语言专业程序员都会在应该使用关系运算符 == 的地方错误地使用赋值运算符 = 。由于赋值运算符产生的表达式是有效的,所以编译器不会对这种赋值给出警告消息或者错误提示消息。

> 为了避免这种错误，只要测试与某个常量的相等性时，就应该将整个常量放在关系运算符的左边。这样，不应该编写类似 `age == 40` 的代码，而是应该写成 `40 == age`。这种简单的变动能够确保一旦用赋值运算符 = 取代了关系运算符 ==，就会导致编译器错误。错误消息将是“the left operand must be an lvalue”(左操作数必须是一个左值)或者类似的消息，提醒将常量置于赋值运算符的左边是无效的。这个错误将对错误给出警告，从而可以防止一个语法上正确但逻辑上有缺陷的表达式进入代码。
>
> 事实上，许多从事内部代码评估的公司现在都明确要求采用这种编码规范。

练习 4.2

简答题

1. 为下列每一种情况编写合适的 if 语句。
   a. 如果角度等于 90 度，则输出消息“The angle is a right angle”(这个角是直角)，否则输出“The angle is not a right angle”(这个角不是直角)。
   b. 如果温度在 100℃之上，则输出消息“above the boiling point of water”(温度超过水的沸点)，否则输出“below the boiling point of water”(温度在水的沸点以下)。
   c. 如果某个数为正值，则将它与变量 positiveSum 相加，否则将它与变量 negativeSum 相加。
   d. 如果斜率小于 0.5，则将变量 flag 置为 0，否则置为 1。
   e. 如果 num1 和 num2 之差小于 0.001，则将变量 approx 置为 0，否则将 (num1 - num2)/2.0 的值赋给 approx。
   f. 如果 temp1 和 temp2 之差超过了 2.3℃，则将 (temp1 - temp2) * factor 的值赋给 error。
   g. 如果 x 大于 y 且 z 小于 20，则为整数 p 读入一个值。
   h. 如果 distance 大于 20 且小于 35，则为整数 time 读入一个值。
2. 为下列流程图编写适当的 if 语句或者 if…else 语句。

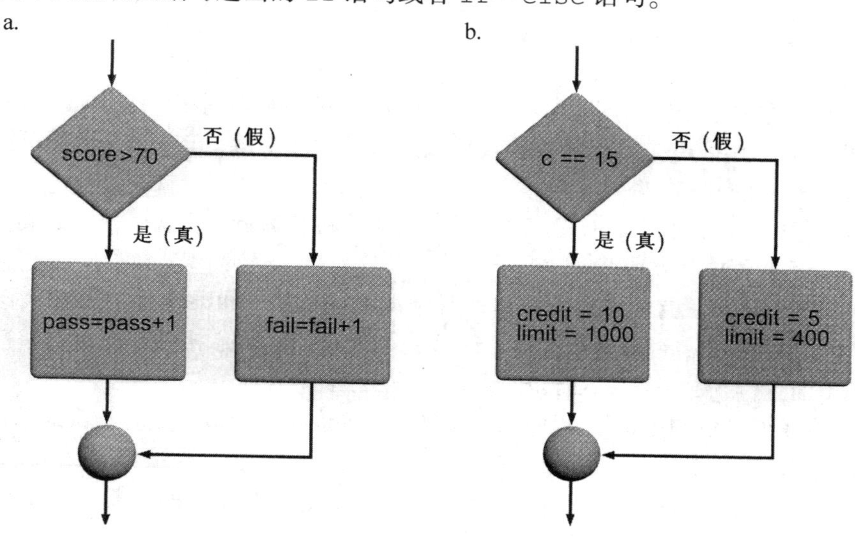

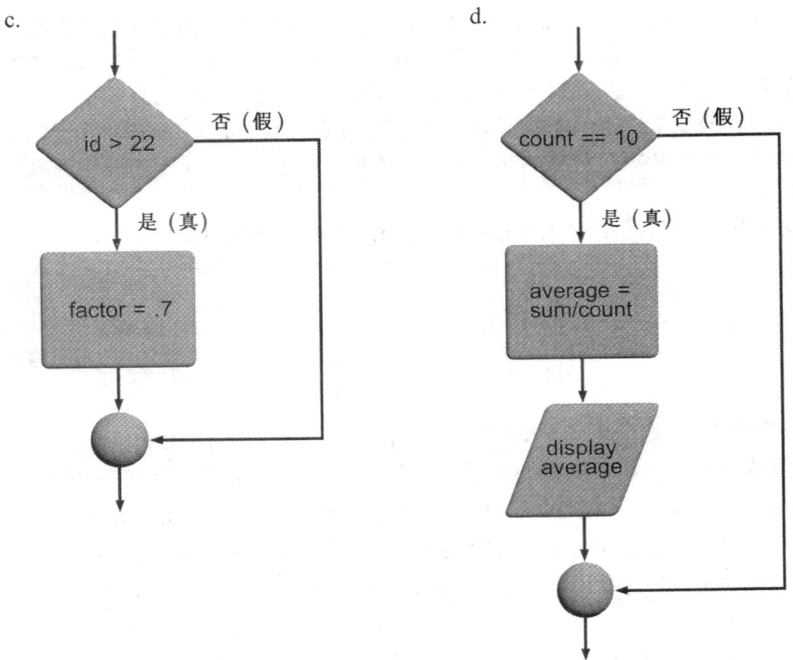

3. 不管输入的字符是什么，下面的程序都会显示消息“Hello there!”。确定错误在什么位置并解释程序总是会显示消息的原因。

```
#include <stdio.h>
int main()
{
  char letter;
  printf("Enter a letter: ");
  scanf("%c",&letter);
  if (letter = 'm') printf("Hello there!");
  return 0;
}
```

编程练习

1. a. 如果将钱存入某个银行超过 5 年，则利率为 7.5%，否则利率为 5.4%。编写一个 C 语言程序，使用 scanf()函数接收年数并将其赋予变量 numYrs，然后根据输入的值显示对应的利率。
   b. 为了验证练习 1a 中编写的程序的正确性，应该将它运行多少次？每次运行时，应该输入什么数据？
2. a. 在一个测试结果只有及格和不及格两种情况的课程中，如果学生的分数大于或者等于 70 则视为及格，否则为不及格。编写一个 C 语言程序，接收一个分数，按适当方式输出消息“A passing grade”或者“A failing grade”。
   b. 为了验证练习 2a 中编写的程序的正确性，应该将它运行多少次？每次运行时，应该输入什么数据？
3. a. 编写一个 C 语言程序，计算并显示由下列方法确定的某个人的周薪。

如果工时小于或者等于 40，则收入为每小时 8 美元，否则为 320 美元加上超过 40 小时部分的每小时 12 美元。

程序的输入为工时数入，输出为薪水额。

b. 为了验证练习 3a 中编写的程序的正确性，应该将它运行多少次？每次运行时，应该输入什么数据？

4. a. 高级售货员的薪水是每周 800 美元，初级售货员的薪水是每周 375 美元。编写一个 C 语言程序，其输入为售货员的职位字符，将它保存到字符变量 `status` 中。如果 `status` 等于`'s'`，则显示高级售货员的薪水额，否则显示初级售货员的薪水额。

   b. 为了验证练习 4a 中编写的程序的正确性，应该将它运行多少次？每次运行时，应该输入什么数据？

5. 编写一个 C 语言程序，提示用户输入两个数。程序使用一个或者多个 `scanf()`函数调用接收到这些数之后，分析它们。如果输入的第一个数大于第二个，则输出消息“`The first number is greater than the second`，否则输出“`The first number is not greater than the second`”。输入数 5 和 8 测试程序，然后用数 2 和 11 再次测试。如果输入的两个数相等，程序将显示什么？

6. 边长分别为 a, b, c 的三角形的面积，可以通过海伦公式 $area = s(s-a)(s-b)(s-c)$ 进行计算，式中 $s = (a + b + c) / 2$。

   利用这个公式编写一个 C 语言程序，从用户处接收边长 a, b, c 的值，然后计算并显示在 $s(s - a)(s - b)(s - c)$ 的值为正的情况下的面积。如果这个表达式的结果为负，则程序应显示一条消息，指出所输入的三条边无法组成一个三角形。

7. a. 编写一个 C 语言程序，用 `scanf()`函数接收一个字符并判断它是否为小写字母。小写字母是大于或者等于`'a'`且小于或者等于`'z'`的字母。如果输入的字符是一个小写字母，则显示消息 `The character just entered is a lowercase letter`”(输入字符为小写字母)，否则显示消息“`The character just entered is not a lowercase letter`”(输入字符不为小写字母)。

   b. 修改练习 7a 中编写的程序，使其判断输入的字符是否为大写字母。大写字母是大于或者等于`'A'`且小于或者等于`Z`的字母。

8. a. 编写一个 C 语言程序，首先判断输入的字符是否为小写字母(参见练习 7)。如果是，则确定并显示它在字母表中的位置。例如，如果输入的是字母 `c`，则程序应该输出 3，因为 `c` 是字母表中的第三个字母。提示：如果输入的字符是小写字母，则其位置能够通过将它与`'a'`相减并加 1 的方法确定。

   b. 修改练习 8a 中编写的程序，使其用于测试大写字母。提示：如果输入的字符是大写字母，则其位置能够通过将它与`'A'`相减并加 1 的方法确定。

4.3　if…else 链

正如前面看到的那样，一个 `if…else` 语句能够包含任何有效的、单一的或复合的 C 语言语句。这意味着可以将一个或者多个 `if… else` 语句放置在 `if… else` 语句的 `if` 部分或者 `else` 部分。在 `if` 语句或者 `if…else` 语句内包含一个或者多个 `if…else` 语句，这被称为嵌套 `if` 语句(nested `if` statement)。

通常而言，当将一个 if…else 语句放置在另一个 if…else 语句的 else 部分内时，会得到最有用的嵌套 if 语句。

嵌套 if…else 语句的形式如下。

```
if (表达式 1)
  语句 1;
else
  if (表达式 2)
    语句 2;
  else
    语句 3;
```

同所有 C 语言程序一样，这里所使用的空白并不是必须的。事实上，上述构造非常普通，它甚至可以写成下面的形式。

```
if (表达式 1)
  语句 1;
else if (表达式 2)
  语句 2;
else
  语句 3;
```

这个结构被称为 if…else 链(if…else chain)，它被广泛地用于许多程序设计问题中。在这个构造中，每一个条件式都会被依次求值，只要有一个条件式为真，就会执行对应的语句，而链中的所有后续处理都会停止。这样，只有当前面的条件式没有一个满足时，才会执行最终的 else 语句。else 语句充当了一个默认的或者包罗所有其他情况的容器，用于解决不可能的或者错误的情况。如果没有这个最终包罗所有其他情况的容器，则可能导致有些情况不会被处理，而这种情形是否能够接受，与具体的应用有关。图 4.5 给出了 if…else 链的流程图。

如果将最后的语句变成另一个 if…else 语句，这个链就能够无限循环下去。因此，if…else 链的一般形式是

```
if (表达式 1)
  语句 1;
else if (表达式 2)
  语句 2;
else if (表达式 3)
  语句 3;
  .
  .
  .
else if (表达式 nn)
  语句 n;
else
  最后的语句;
```

同所有的 C 语言语句一样，每一个单独的语句都可以是一个复合语句。为了演示 if…else 链的效果，程序 4.4 中显示了某个人对应于一个输入的字母的婚姻状况。这里使用了如下的字母代码。

婚姻状况	输入的代码
已婚	M
未婚的	S
离婚	D
寡居	W

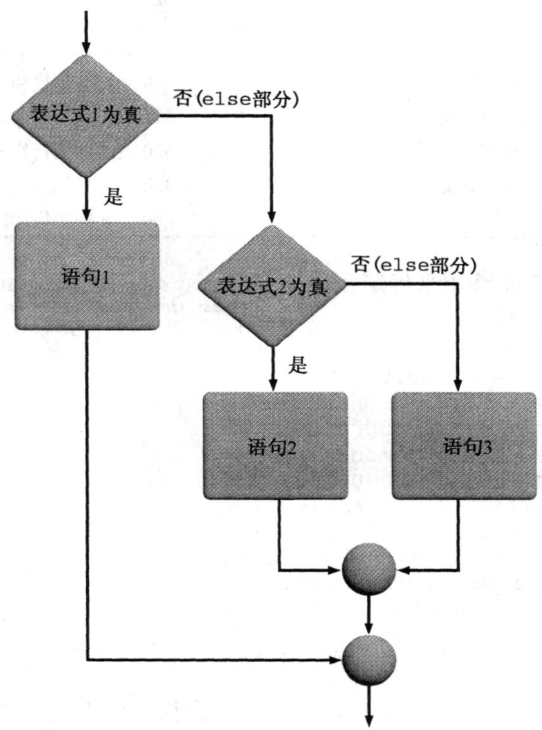

图 4.5　if… else 链的流程图

程序 4.4

```
#include <stdio.h>
int main()
{
  char marcode;

  printf("Enter a marital code: ");
  scanf("%c", &marcode);

  if (marcode == 'M')
    printf("\nIndividual is married.\n");
  else if (marcode == 'S')
    printf("\nIndividual is single.\n");
  else if (marcode == 'D')
    printf("\nIndividual is divorced.\n");
  else if (marcode == 'W')
    printf("\nIndividual is widowed.\n");
  else
    printf("\nAn invalid code was entered.\n");

  return 0;
}
```

作为演示 if… else 链的最后一个例子，使用下面的佣金一览表来计算销售员的月收入。

月销售额	收入
大于或等于50 000美元	575美元加销售额的16%
小于50 000美元但大于或等于40 000美元	550美元加销售额的14%
小于40 000美元但大于或等于30 000美元	525美元加销售额的12%
小于30 000美元但大于或等于20 000美元	500美元加销售额的9%
小于20 000美元但大于或等于10 000美元	450美元加销售额的5%
小于10 000美元	400美元加销售额的3%

下面的if…else链能够用来确定正确的月收入，其中变量monthlySales被用来保存销售员的当前月销售额。

```
if (monthlySales >= 50000.00)
  income = 575.00 + .16 * monthlySales;
else if (monthlySales >= 40000.00)
  income = 550.00 + .14 * monthlySales;
else if (monthlySales >= 30000.00)
  income = 525.00 + .12 * monthlySales;
else if (monthlySales >= 20000.00)
  income = 500.00 + .09 * monthlySales;
else if (monthlySales >= 10000.00)
  income = 450.00 + .05 * monthlySales;
else
  income =400.000 + .03 * monthlySales;
```

这个例子使用了这样一个事实:只要遇到了结果为真的条件式，链的执行就会停止。这是通过首先检查最高的月销售额来完成的。如果销售员的月销售额小于50 000美元，则if…else链会继续检查下一个最高的销售量，直到获得正确的分类为止。

程序4.5使用这个if…else链计算并显示与scanf()函数输入的月销售额对应的收入。

程序4.5

```
#include <stdio.h>

int main()
{
  float monthlySales, income;

  printf("Enter the value of monthly sales: ");
  scanf("%f", &monthlySales);

  if (monthlySales >= 50000.00)
    income = 575.00 + .16 * monthlySales;
  else if (monthlySales >= 40000.00)
    income = 550.00 + .14 * monthlySales;
  else if (monthlySales >= 30000.00)
    income = 525.00 + .12 * monthlySales;
  else if (monthlySales >= 20000.00)
    income = 500.00 + .09 * monthlySales;
  else if (monthlySales >= 10000.00)
    income = 450.00 + .05 * monthlySales;
```

```
    else
      income = 400.00 + .03 * monthlySales;

    printf("The income is $%7.2f\n",income);

    return 0;
  }
```

程序 4.5 的运行样本如下。

```
Enter the value of monthly sales: 36243.89
The income is $4874.27
```

if…else 链里面使用的缩排形式与编译器无关。不管是否存在缩排，默认情况下编译器都会让 else 与前面最靠近的未匹配的 if 相关联，除非使用了大括号来改变这种默认配对形式。例如，考虑下面的嵌套 if 语句代码。

```
  if (hours < 40)
  if (hours > 20)
    printf("Snap\n");
else
  printf("Pop\n");
```

尽管缩排使其成为了如下特意排列的形式

```
if (hours < 40)
  if (hours > 20)
    printf("Snap\n");
else
  printf("Pop\n");
```

但代码实际上会被编译成

```
if (hours < 40)
{
  if (hours > 20)
    printf("Snap");
  else
    printf("Pop");
}
```

之所以会出现这样的分组形式，是因为原始代码中最后一个 else 会按默认情况与前面最靠近的未匹配的 if 配对，即 if(hours > 20)。当然，这种默认配对形式可以通过明确地包含大括号来改变，从而能够指定所期望的配对形式。

练习 4.3

简答题

1. 下面代码段产生的输出是什么？

```
float x = 22.5f;
float y = 18.2f;
if ( x > y)
  printf(" The if part is true\n");
else
   printf("The else part is true\n");
```

2. 通过如下代码段确定 factor 的显示值。

```
int a = 2;
int b = 0;
if ( a < b)
    factor = .02;
else if ( a == b)
  factor = .04;
else if (!a)
  factor = .06;
else if (!b && !a)
  factor = .08;
else if (!b || !a)
  factor = 1.02;
else if(!b)
  factor = 1.04;
else
  factor = 1.06;
printf("factor = %f\n", factor);
```

3. 为下列流程图编写 C 语言语句。

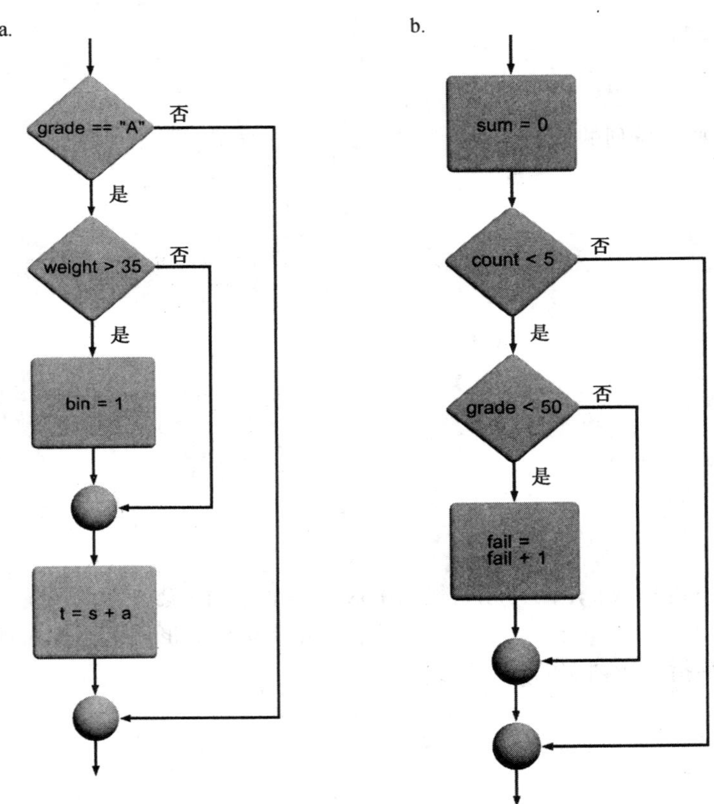

4. 根据程序 4.5 中的佣金一览表，下面的程序将计算月收入。

```
#include <stdio.h>
int main()
{
  float monthlySales, income;
  printf("Enter the value of monthly sales: ");
```

```
  scanf("%f", &monthlySales);

  if (monthlySales >= 50000.00)
    income = 575.00 + .16 * monthlySales;
  if (monthlySales >= 40000.00 && monthlySales < 50000.00)
    income = 550.00 + .14 * monthlySales;
  if (monthlySales >= 30000.00 && monthlySales < 40000.00)
    income = 525.00 + .12 * monthlySales;
  if (monthlySales >= 20000.00 && monthlySales < 30000.00)
    income = 500.00 + .09 * monthlySales;
  if (monthlySales >= 10000.00 && monthlySales < 20000.00)
    income = 450.00 + .05 * monthlySales;
  if (monthlySales < 10000.00)
    income = 400.00 + .03 * monthlySales;
  printf("The income is $%7.2f\n",income);
  return 0;
}
```

a. 这个程序的输出与程序 4.5 的输出相同吗?

b. 哪一个程序更好? 为什么?

5. 下列程序用来产生与程序 4.5 相同的结果。

```
#include <stdio.h>
int main()
{
  float monthlySales, income;
  printf("Enter the value of monthly sales: ");
  scanf("%f", &monthlySales);
  if (monthlySales < 10000.00)
    income = 400.00 + .03 * monthlySales;
  else if (monthlySales >= 10000.00)
    income = 450.00 + .05 * monthlySales;
  else if (monthlySales >= 20000.00)
    income = 500.00 + .09 * monthlySales;
  else if (monthlySales >= 30000.00)
    income = 525.00 + .12 * monthlySales;
  else if (monthlySales >= 40000.00)
    income = 550.00 + .14 * monthlySales;
  else if (monthlySales >= 50000.00)
    income = 575.00 + .16 * monthlySales;
  printf("The income is $%7.2f\n",income);
  return 0;
}
```

a. 这个程序能运行吗?

b. 这个程序做什么?

c. 这个程序用月销售额的什么值计算正确的收入?

编程练习

1. 学生的评定等级(用字母表示)按照下表计算。编写一个 C 语言程序, 接收学生的数值分数, 将它转换成对应的评定等级, 然后显示这个等级。

数字分	评定等级
大于或等于 90	A
小于 90 但大于或等于 80	B
小于 80 但大于或等于 70	C
小于 70 但大于或等于 60	D
小于 60	F

2. 存入银行的资金所使用的利率由存款时间确定。某银行的利率表如下所示。编写一个C语言程序，接收资金的存款时间并显示对应的利率。

存款时间	利率
大于或等于5年	0.045
小于5年但大于或等于4年	0.04
小于4年但大于或等于3年	0.035
小于3年但大于或等于2年	0.03
小于2年但大于或等于1年	0.025
小于1年	0.02

3. 编写一个C语言程序，接收一个数字，空一格，然后是一个字母。如果字母是 f，则程序将输入的数字当成华氏温度值，将这个值转换成相应的摄氏温度并输出一条合适的消息。如果字母是 c，则程序将输入的数字当成摄氏温度值，将这个值转换成相应的华氏温度并输出一条合适的消息。如果字母既不是 f 也不是 c，则输出一条消息，指出输入的数据不正确并终止程序。在程序中使用 if…else 链以及下面的转换公式。

$$Celsius = (5.0/9.0) \times (Fahrenheit - 32.0)$$
$$Fahrenheit = (9.0/5.0) \times Celsius + 32.0$$

4.4 switch 语句

switch 语句是一种专用的选择语句，它能够用于要求准确地等于一个或者多个整型常量的 if…else 链中。这样的情况出现在一些现实世界的应用中。这样的一个 if…else 链的例子如下。

```
if (material == 1)
{
  factor = 1.5;
  density = 2.76;
}
else if (material == 3)
{
  factor = 2.5;
  density = 2.85;
}
else if (material == 7)
  factor = 3.5;
  density = 3.14;
{
else
{
  factor = 1.0;
  density = 1.25;
}
```

正如4.2节最后一个编程注解中指出的那样，如果将 == 运算符输入成赋值运算符 =，就会导致一种常见的编程错误。使用 switch 语句的主要好处是它不必使用相等运算符 ==，也不必使用 if…else 链内部复合语句所需的大括号，从而能够得到更简单的代码。

switch 语句的一般格式如下。

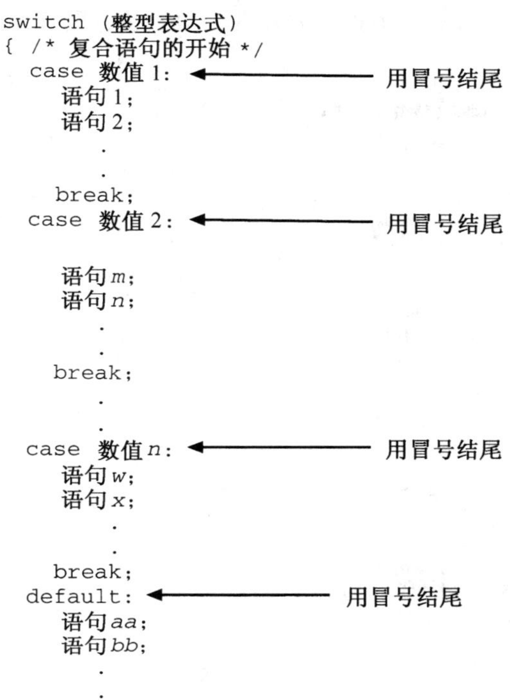

switch (整型表达式)
{ /* 复合语句的开始 */
case 数值 1:
用冒号结尾
语句 1;
语句 2;
break;
case 数值 2:
用冒号结尾
语句 m;
语句 n;
break;
case 数值 n:
用冒号结尾
语句 w;
语句 x;
break;
default:
用冒号结尾
语句 aa;
语句 bb;
} /* 复合语句的结束 */

正如这个语法中看到的那样，switch 语句使用了四个新的关键字：switch，case，default，break。下面讲解每一个关键字的含义。

关键字 switch 表明了 switch 语句的开始。位于这个关键字后面的括号中的整型表达式，会被首先计算。如果表达式的结果为非整型值，则会发生编译器错误。然后，将表达式的整型值与复合语句内包含的关键字 case 后列出的每一个值进行比较。同样，如果这些值不是整型常量或者整型变量，也会发生编译错误。

这样，switch 语句内的关键字 case 确定了将与 switch 表达式的值进行比较的那些值。这个表达式的值将与这些 case 中的每一个值按照这些值的列表顺序进行比较，直到找到匹配的值为止。当出现匹配时，跟随在这个匹配后面的语句会执行。这样，如图 4.6 所示，表达式的值就决定了 switch 语句真正执行的位置。

与 switch 语句对应的流程图如图 4.7 所示。

switch 语句中可以包含任意数量的 case 标签，它们的顺序不限。但是，如果表达式的值不与任何 case 值匹配，则没有语句会执行，除非遇到关键字 default。default 是可选的，其作用与 if…else 链中最后一个 else 相同。如果表达式的值不与任何 case 值匹配，则程序会执行关键字 default 后面的那些语句。

只要入口点已经被 switch 语句找到，就不会再进一步执行 case 标签的计算。这意味着除非遇到 break 语句，否则后面的全部语句都会执行，直到遇到这个 switch 语句的结束大括号为止。这就是使用 break 语句的原因，它标识了某个特定 case 的结束，并会使执行立即从 switch 语句退出。这样，就像关键字 case 在复合语句中标识了可能的起始点一样，break 语句确定了终止点。如果省略 break 语句，则位于所匹配 case 值之后的所有 case 语句都会执行，包括 default case 语句。

程序4.6使用 switch 语句根据变量 opselect 的值选择要在两个数上执行的算术运算(加法、乘法或除法)。

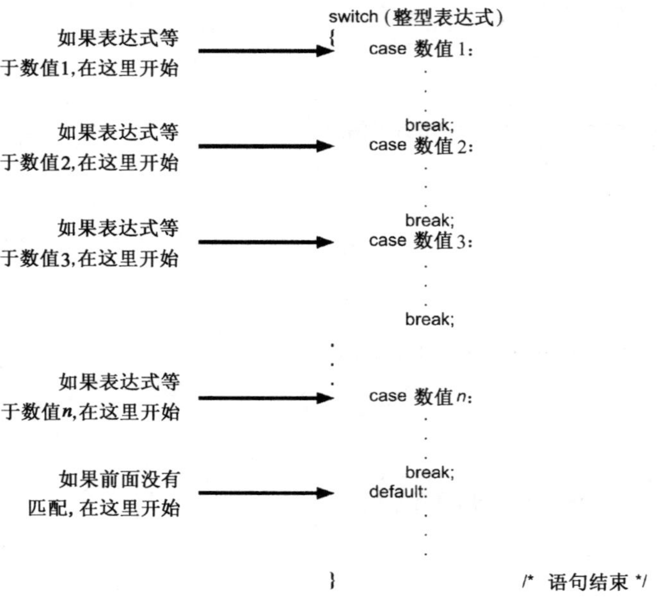

图4.6　表达式决定了执行语句的入口点

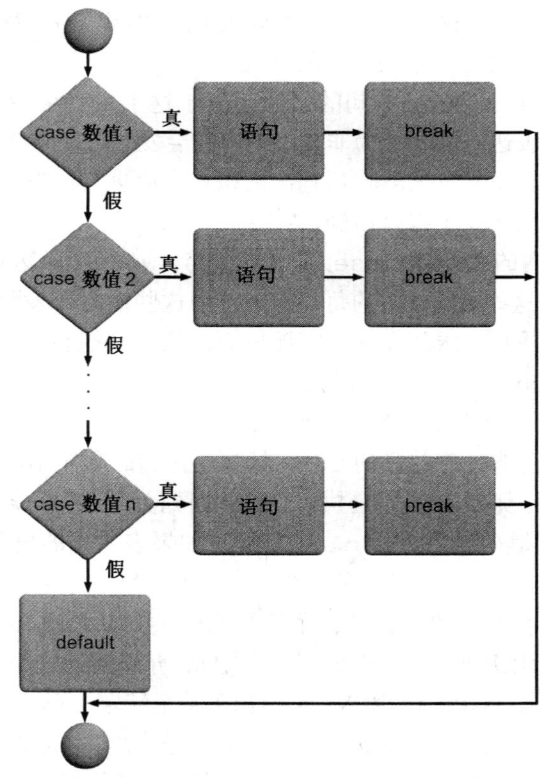

图4.7　switch 语句的流程图

程序4.6

```
#include <stdio.h>

int main()
{
  int opselect;
  float fnum, snum;

  printf("Please type in two numbers: ");
  scanf("%f %f", &fnum, &snum);
  printf("Enter a select code:");
  printf("\n 1 for addition");
  printf("\n 2 for multiplication");
  printf("\n 3 for division : ");
  scanf("%d", &opselect);

  switch (opselect)
  {
    case 1:
      printf("The sum of the numbers entered is %6.3f\n", fnum+snum);
      break;
    case 2:
      printf("The product of the numbers entered is %6.3f\n", fnum*snum);
      break;
    case 3:
      if (snum != 0.0)
        printf("The first number divided by the second is %6.3f\n",fnum/snum);
      else
        printf("Division by zero is not allowed\n");
      break; /* 这个 break 是可选的 */
  } /* 开关语句结束 */

  return 0;
} /* main()函数结束 */
```

运行程序4.6两次，产生的结果清楚地表明了所选择的情况。结果如下。

```
Please type in two numbers: 12 3
Enter a select code:
1 for addition
2 for multiplication
3 for division : 2
The product of the numbers entered is 36.000
```

和

```
Please type in two numbers: 12 3
Enter a select code:
1 for addition
2 for multiplication
3 for division : 3
The first number divided by the second is 4.000
```

重新观察这个程序，注意最后一个 case 中的 break 语句(第 29 行)。尽管这个 break 语句并不是必须的，但好的做法是用一个 break 终止 switch 语句中最后那一个 case。这样做可以防止以后可能出现的程序错误。如果以后要在 switch 语句中增加一个 case，则随着新 case 的加入，两个 case 之间的 break 就变得有必要了。在这个位置放入 break，能够确保在修改程序时不会忘记它。

当构造 switch 语句时，多个 case 值能够被堆叠在一起，而 default 标签总是可选的。例如，考虑下面的 switch 语句，其中 case 3，case 4 和 case 5 堆叠在一起，而且它没有包含 default 标签。

```
switch (number)
{
  case 1:
    printf("Have a Good Morning\n");
    break;
  case 2:
    printf("Have a Happy Day\n");
    break;
  case 3: case 4: case 5:
    printf("Have a Nice Evening\n");
}
```

如果保存在变量 number 中的值是 1，则会显示消息"Have a Good Morning"。同样，如果 number 的值是 2，则会显示第二个消息。最后，通过将最后三个 case 堆叠在一起，如果 number 的值是 3，4 或者 5，则会显示最后一条消息。此外，由于没有 default case，如果 number 的值不是所列 case 的值之一，就不会显示消息。尽管将 case 值按升序列出是一种好的编程习惯，但 switch 语句并不要求这样。switch 语句可以具有任意数量、任何顺序的 case 值。因此，case 值不必是连贯的，只有那些需要测试的值才需要列出。

因为字符数据在表达式中总是可以转换为它的整数值，所以 switch 语句也能够根据字符表达式的值来进行选择。例如，假设 choice 是一个字符变量，则下列 switch 语句是有效的。

```
switch(choice)
{
  case 'a': case 'e': case 'i': case 'o': case 'u':
    printf("\nThe character in choice is a vowel");
    break;
  default:
    printf("\nThe character in choice is not a vowel");
} /* 结束 switch 语句 */
```

这段代码将正确地确定变量 choice 中的字符是否为元音。

练习 4.4

简答题

1. 使用 switch 语句重新编写下列 if…else 链(这是本节开始处列出的同一段代码)。

```
if (material == 1)
{
  factor = 1.5;
  density = 2.76;
}
else if (material == 3)
{
```

```
    factor = 2.5;
    density = 2.85;
  }
  else if (material == 7)
    factor = 3.5;
    density = 3.14;
  {
  else
  {
    factor = 1.0;
    density = 1.25;
  }
```

2. 使用switch语句重新编写下列if…else链。

```
if (letterGrade == 'A')
  printf("The numerical grade is between 90 and 100");
else if (letterGrade == 'B')
  printf("The numerical grade is between 80 and 89.9");
else if (letterGrade == 'C')
  printf("The numerical grade is between 70 and 79.9");
else if (letterGrade == 'D');
  printf("How are you going to explain this one");
else
{
  printf("Of course I had nothing to do with my grade.");
  printf("\nThe professor was really off the wall.");
}
```

3. 使用switch语句重新编写下列if…else链。

```
if (bondType == 1)
{
  inData();
  check();
}
else if (bondType == 2)
{
  dates();
  leapYr();
}
else if (bondType == 3)
{
  yield();
  maturity();
}
else if (bondType == 4)
{
  price();
  roi();
}
else if (bondType == 5)
{
  files();
  save();
}
else if (bondType == 6)
{
  retrieve();
  screen();
}
```

编程练习

1. 在装运过程中，每一个磁盘驱动器都会用一个表示制造厂家的代码 1 到 4 标记，这些代码如下。

代码	软盘驱动器制造厂
1	3M 公司
2	万胜公司
3	索尼公司
4	威宝公司

   编写一个 C 语言程序，接收代码数作为输入，根据输入的数显示正确的磁盘驱动器制造厂商。

2. 用 `switch` 语句重新编写 4.3 节中的程序 4.4。
3. 给出程序 4.5 中的 `if…else` 链为什么不能用 `switch` 语句替代的原因。
4. 用 `switch` 语句替代 `if…else` 链，重做 4.3 节中的编程练习 3。
5. 将一个字符变量用作选择码，重新编写程序 4.6。提示：如果程序不按预想的方式运行，请回顾 3.3 节中的字符数据输入。

4.5 案例研究：数据验证

C 语言中 `if` 语句的一个重要用途是通过检查明显无效的情况来验证数据。例如，类似 5/33/09 的日期格式显然是无效的。同样，程序内任意数被 0 除(如 14 / 0)都是不允许的。这两个例子表明需要一种称为防御性编程(defensive programming)的技术，这种程序中应包含在试图进一步处理之前检查不正确数据的代码。检查用户输入的错误性数据或者不合理数据的防御性编程技术，被称为输入数据验证(input data validation)。第 6 章中将探讨如何在输入时对数据进行检验。这个案例研究中，将看到如何将防御性编程用于数据检验，然后再进行计算。

需求规范

这个案例研究中要求编写一个 C 语言程序，计算用户输入的一个数的平方根和倒数。在此之前，要求计算平方根时先验证这个数不为负数，而在计算倒数时应先验证它不为 0。

分析问题

这个问题的需求表明程序要接收一个数作为输入，验证它并根据验证结果得到两个可能的输出：如果它不为负数，就计算它的平方根；如果不为 0，就计算它的倒数。

选择算法

因为负数不存在实数型的平方根，0 的倒数也不存在，因此程序中将包含输入数据验证语句，以监控用户的输入数据，避免这两种情况出现。能够完成这项任务的伪代码如下。

显示一条表示程序用途的消息
显示提示，要求用户输入一个数
接受用户输入的数
if 这个数是负数
　输出一条消息，表明无法计算平方根值
else
　计算并显示平方根值
endif
if 这个数为 0
　输出一条消息，表明无法计算倒数
else
　计算并显示倒数
endif

编写程序

与上面的伪代码对应的 C 语言代码在程序 4.7 中列出。

程序 4.7

```
#include <stdio.h>
#include <math.h>
int main()
{
  float usenum;

  printf("This program calculates the square root and\n");
  printf("reciprocal (1/number) of a number\n");
  printf("\nPlease enter a number: ");
  scanf("%f", &usenum);

  if (usenum < 0.0)
    printf("The square root of a negative number does not exist.\n");
  else
    printf("The square root of %f is %f\n", usenum, sqrt(usenum));

  if (usenum == 0.0)
    printf("The reciprocal of zero does not exist.\n");
  else
    printf("The reciprocal of %f is %f\n", usenum, 1/usenum);

  return 0;
}
```

程序 4.7 是一个相当直观的程序，它包含两个独立的 `if` 语句。第一个 `if` 语句

```
if (usenum < 0.0)
  printf("The square root of a negative number does not exist.\n");
else
  printf("The square root of %f is %f\n", usenum, sqrt(usenum));
```

检查输入的是否为负数，如果是则显示一条消息，表明无法计算负数的平方根，否则进行计算。

第二个 if 语句

```
if (usenum == 0.0)
  printf("The reciprocal of zero does not exist.\n");
else
  printf("The reciprocal of %f is %f\n", usenum, 1/usenum);
```

验证输入的数是否为0，如果是则显示一条消息，表明无法计算0的倒数，否则进行计算。

测试并调试程序

测试值不仅应该包含合适的输入值(例如5)，也应该包含受限制的值(例如负数和0)。下面是测试每一种情况的运行结果。

```
This program calculates the square root and
reciprocal (1/number) of a number

Please enter a number: 5

The square root of 5.000000 is 2.236068
The reciprocal of 5.000000 is 0.200000
```

和

```
This program calculates the square root and
reciprocal (1/number) of a number

Please enter a number: -6

The square root of a negative number does not exist
The reciprocal of -6.000000 is -0.166667
```

和

```
This program calculates the square root and
reciprocal (1/number) of a number

Please enter a number: 0

The square root of 0.000000 is 0.000000
The reciprocal of zero does not exist.
```

正如这些测试运行结果表明的那样，程序正确地验证了输入值为负数和0的情况。

练习 4.5

编程练习

1. a. 编写一个C语言程序，显示如下两个提示。

```
Enter a month (use a 1 for Jan, etc.):
Enter a day of the month:
```

程序应该接收第一个提示下输入的值并将其保存在一个名称为 month 的变量中，将第二个提示下输入的值保存在一个名称为 day 的变量中。如果输入的 month 值不在1～12之中(包括二者)，则程序应向用户显示一条消息，提示输入了无效的月份。如果输入的day值不在1～31之中(包括二者)，则程序应向用户显示一条消息，提示输入了无效的天数。

b. 如果用户输入了一个带小数点的月份，程序将做什么？如何能够确保if语句会检验一个整型数？

c. 在非闰年中，二月有28天，一月、三月、五月、七月、八月、十月和十二月有31天，其他月份有30天。使用这个信息，修改练习1a中编写的程序，一旦用户对某个月份输入了无效的天数就显示一条消息。程序中可以忽略闰年的情况。

2. a. 从原点画的一条直线所在的象限由这条直线与正x轴产生的角度确定。

从正x轴的角度	象限
0和90度之间	I
90和180度之间	II
180和270度之间	III
270和360度之间	IV

使用这个信息，编写一个C语言程序，接收用户输入的直线的角度，确定并显示与输入数据对应的象限。注：如果角度正好是0，90，180或者270度，则对应的直线不在任何一个象限中而是位于某根轴上。

b. 修改练习2a中编写的程序，以便显示一条消息，将0度角看成正x轴、90度角看成正y轴、180度角看成负x轴、270度角看成负y轴。

3. a. 可被400整除，或者可被4整除且不能被100整除的所有年份，都是闰年。例如，因为1600可被400整除，所以1600年是闰年。同样，由于1988可被4整除但不能被100整除，所以1988年也是闰年。使用这个信息，编写一个C语言程序接收用户输入的年份，确定它是否为闰年并显示适当的消息，告知用户输入的年份是否为闰年。

b. 使用练习3a中编写的代码，重做练习1c，将闰年考虑进去。

4. 根据汽车的使用年限和重量，新泽西州使用下表来确定汽车的重量等级和注册费用。

机型注册时间	重量	重量等级	注册费用
1970年以前	少于2700磅①	1	16.50美元
	2700到3800磅	2	25.50美元
	多于3800磅	3	46.50美元
1971年到1979年	少于2700磅	4	27.00美元
	2700到3800磅	5	30.50美元
	多于3800磅	6	52.50美元
1980年以后	少于3500磅	7	35.50美元
	3500磅以上	8	65.50美元

使用这个信息，编写一个C语言程序接收汽车的使用年限和重量，确定它的重量等级和注册费用。

① 1磅=0.4536千克。

5. 二次方程式是一个具有形式 $ax^2 + bx + c = 0$ 的方程式，或者是一个能够通过代数方法处理成这种形式的方程式。这个方程式中，x 是一个未知变量，a，b，c 是已知常数。尽管常量 b 和 c 可以是任何数字(包括0)，但常量 a 不能为0(如果 a 为0，则方程式变成 x 的线性方程)。二次方程式的例子如下。

   $5x^2 + 6x + 2 = 0$

   $x^2 - 7x + 20 = 0$

   $34x^2 + 16x = 0$

   第一个方程式中，$a = 5$，$b = 6$，$c = 2$；第二个方程式中，$a = 1$，$b = -7$，$c = 20$；第三个方程式中，$a = 34$，$b = 0$，$c = 16$。

   二次方程式的实数根能够通过下面的二次方程式公式计算。

   $$实数根1 = \frac{-b + \sqrt{b^2 - 4ac}}{2a}$$

   $$实数根2 = \frac{-b - \sqrt{b^2 - 4ac}}{2a}$$

   使用这些方程式，编写一个C语言程序，求解一个二次方程式的根。

6. 在扑克牌的21点游戏中，纸牌2到10以它们的面值计分，不管其花色如何。所有花牌(J，Q，K)按10计分，纸牌A根据玩家手中的所有纸牌的总计分可计为1分或者11分。如果玩家手中的所有纸牌的总计分数结果没有超过21，则纸牌A就按11计分，否则按1计分。使用这个信息，编写一个C语言程序，接收输入的三张纸牌的值(1对应纸牌A，2对应纸牌2，等等)，适当地计算手上的纸牌的总数值，用一个消息输出这三张牌的计分值。

4.6 编程错误和编译器错误

在使用本章中讲解的材料时，应注意如下可能的编程错误和编译器错误。

编程错误

1. 在应该使用关系运算符 == 的地方使用了赋值运算符 = 。这种错误会导致大量使人失望的事情发生，因为任何表达式都能被 `if…else` 语句测试。例如，语句

   ```
   if (opselect = 2)
     printf("Happy Birthday");
   else
     printf("Good Day");
   ```

   不管变量 `opselect` 的初始值如何，它都总是会输出消息“`Happy Birthday`”。原因是，表达式 `opselect = 2` 具有值2，这在C语言中被认为是真。确定 `opselect` 中的值的正确表达式是 `opselect == 2`。

2. 使 `if…else` 语句做出了一个错误的选择。典型的情况发生在调试程序时，程序员会错误地将注意力集中到作为问题来源的被测条件式上。例如，假设下列 `if…else` 语句是程序的一部分：

```
if (key == 'f')
{
  contemp = (5.0/9.0) * (intemp - 32.0);
  printf("Conversion to Celsius was done");
}
else
{
  contemp = (9.0/5.0) * intemp + 32.0;
  printf("Conversion to Fahrenheit was done");
}
```

当变量 key 的值包含 f 时，这个语句将总是显示“Conversion to Celsius was done”。因此，如果 key 没有包含 f,这条消息依然会显示，则需要调查 key 的值。作为一般规则，只要选择语句没有如你认为的那样运行，就一定要通过显示这个值来测试关于赋给测试变量的值的假设。如果显示了一个预料之外的值，则至少已经将问题源与这些变量本身分开，也就知道问题并不出现在 if…else 语句的结构上。从这里开始，需要判断错误的值是在哪里获得的，是如何获得的。

3. 嵌套 if 语句中没有用大括号清楚地表示期望的结构。如果没有大括号，编译器会默认将 else 与前面最靠近的未配对的 if 进行配对，这可能会破坏选择语句的原有意图。为了避免这种问题并创建能够快速适合修改的代码，应将所有的 if…else 语句编写为下列形式的复合语句。

```
if (表达式)
{
  一条或多条语句
}
else
{
  一条或多条语句
}
```

这种形式能够确保以后无论添加多少语句，原来的 if 语句的完整性和用途都将保持。

4. 在逻辑运算符 && 和 || 的位置分别使用 & 和 |。尽管这不会导致语法错误(因为符号 & 和 | 本身都是有效的运算符，参见 14.2 节)，但这些单符号运算符对编译器来说与 && 和 || 有明显不同的含义。

编译器错误

下面的表总结了会导致编译错误的常见错误以及由基于 UNIX/Windows 的编译器提供的典型错误消息。

错误	基于 UNIX 编译器的错误消息	基于 Windows 编译器的错误消息
忘记用括号把被测表达式包围起来	(S) Syntax error: possible missing '('?	Syntax error: identifier...
错误地输入关系运算符,例如使用 => 而不是 >=	(S) Unexpected text '>' encountered.	Syntax error: 'operator'

使用一个这样的结构
if (表达式)
  语句 1;
  语句 2;
else
  语句 3;
	(S) Unexpected text 'else' encountered.
	(发生这个错误是因为 else 关键字没有一个 if 匹配。因为语句 2，这个 if 变成一个单向 if 语句)
		illegal else without matching if
		(发生这个错误是因为 else 关键字没有一个 if 匹配。因为语句 2，这个 if 变成一个单向 if 语句)

(续表)

错误	基于 UNIX 编译器的错误消息	基于 Windows 编译器的错误消息
忘记用单引号围起一个关系表达式中使用的单个字母	(S) Undeclared identifier...	'char': undeclared identifier
在一个开关语句中测试一个浮点表达式	(S) Expression must be an integral type	Switch expression of type '...' is illegal
忘记一个 switch 开关语句中的大括号	(S) case label cannot be placed outside a switch statement. (S) Break statement cannot be placed outside a while,do for,or switch statement	illegal break illegal default

4.7 小结

1. 关系表达式也称为简单条件式，它用于比较操作数。如果关系表达式为真，它的值为整数 1；如果关系表达式为假，它的值为整数 0。关系表达式用下列关系运算符创建。

关系运算符	含义	例子
<	小于	age < 30
>	大于	height > 6.2
<=	小于等于	taxable <= 20000
>=	大于等于	temp >= 98.6
==	相等	grade == 100
!=	不相等	number != 250

2. 利用 C 语言的逻辑运算符 && (AND)，||(OR)和!(NOT)，能够在关系表达式中创建更复杂的条件式。
3. 单向 if 语句的一般形式为

```
if (表达式)
   语句;
```

4. 复合语句由包含在一对大括号内的任意数量的单个语句组成。复合语句按一个单元处理，可以用在能够调用单一语句的任何位置。
5. if…else 语句用于根据一个表达式的值在两个供选择的语句之间进行选取。尽管被测表达式中通常使用的是关系表达式，但是也可以是任何有效的表达式。所有的 C 语言选择语句都会被解释成非 0 值(真)和 0 值(假)。

   if…else 语句的一般形式是

```
if (表达式)
   语句 1;
else
   语句 2;
```

   如果表达式具有非 0 值，就被认为是真并执行语句 1，否则执行语句 2。

6. if…else 语句中可以包含其他的 if…else 语句。如果没有大括号，则每一个 else 都会与它最靠近的未配对的 if 结合。

7. if…else 链是一种多路选择语句，具有如下一般形式。

```
if  (表达式 1)
   语句 1;
else if  (表达式 2)
   语句 2;
else if  (表达式 3)
   语句 3;
       .
       .
       .
else if  (表达式 m)
 语句 m;
else
 语句 n;
```

每一个表达式都按照它在链中出现的顺序进行求值。只要某个表达式为真(具有非 0 值)，则位于这个表达式和下一个 else if 或 else 之间的语句会执行，而后面的表达式不再被测试。最后的 else 是一个可选项，如果前面的表达式没有一个为真，则对应这个最后的 else 的语句才会执行。

8. switch 语句是一种多路选择语句，它的一般格式是

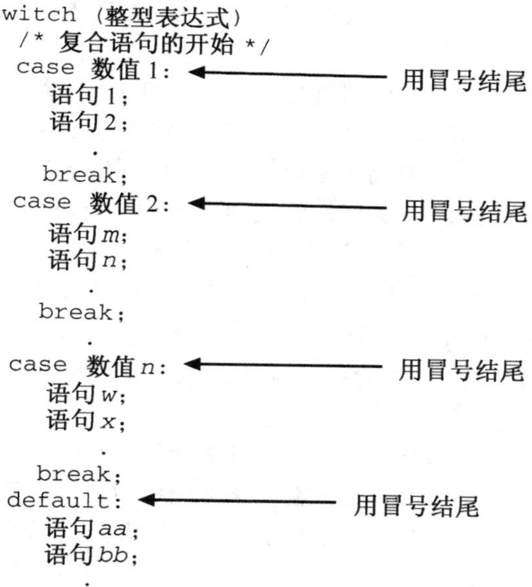

switch (整型表达式)
{ /* 复合语句的开始 */
  case 数值 1:
用冒号结尾
    语句 1;
    语句 2;
    .
   break;
  case 数值 2:
用冒号结尾
    语句 m;
    语句 n;
    .
   break;
    .
  case 数值 n:
用冒号结尾
    语句 w;
    语句 x;
    .
   break;
  default:
用冒号结尾
    语句 aa;
    语句 bb;
    .
} /* 复合语句结束 */

这个语句是将一个整型表达式的值与一个整数、字符常量或者常量表达式进行比较。程序的执行被转移到第一个匹配的 case，并向下持续到这个 switch 语句的末尾，除非遇到一个可选的 break 语句。switch 语句中的 case 标签能够以任意顺序出现，还可以包含一个可选的 default case。如果其他的 case 标签没有一个匹配，则会执行这个 default case。

4.8 补充材料:错误,测试和调试

编程的理想状况是产生易读的、无错误的、运行正常的程序,并且只需稍加测试就能够修改或者改变它。应该牢记可能发生的各种错误类型,知道通常能够用什么手段检测到它们,以及如何才能修正它们,应该为此而努力。

能够检测到错误的时期如下。

1. 在编译程序之前
2. 编译程序时
3. 运行程序时
4. 执行程序后检验其输出

有些情况下,可能根本检测不到存在的错误。由编译器检测到的错误被称为编译时错误(compile-time error),而程序正在运行时发生的错误被称为运行时错误(run-time error)。用于编译时错误的其他名称是语法错误(syntax error)和解析错误(parse error),也可以是那些强调正在被编译器检测的错误的类型的术语。

也许你已经遇到过大量的编译时错误。尽管初级程序员会由于它们而泄气失望,但有经验的程序员知道编译器正在执行许多有价值的检查,而且修改编译器检测到的任何错误通常是相当容易的。此外,因为这些错误是在开发程序过程中发生的,不是在一个用户正试图执行一个重要任务时发生的,所以除了程序员外没有人知道它们曾经发生过。将这些错误改正它们就会消失。

运行时错误是一件更加麻烦的事情,因为它们是在执行程序时发生的,而在大多数商业应用系统中,用户并不是程序员。尽管存在一些能够导致运行时错误的错误类型,例如硬件故障,但从程序员的立场来看,大多数运行时错误都归因于逻辑错误,即错误的逻辑,这包括没有彻底地思考程序应该做什么,或者没有预料到用户如何能够使程序失败。例如,如果用户在响应一个整数值的请求时不小心输入了12e4,而程序没有包含任何输入验证代码,就会发生运行时错误。作为程序员,防止运行时错误的唯一方法是要充分地预见可能导致错误的任何事情,提供输入验证代码,并应使程序经受严格的测试。初级程序员会将由于输入明显不正确的数据而导致的错误归咎于用户,但专业的程序员不会这样。他们懂得运行时错误是最终产品中的一个缺陷,它会对程序和程序员的名誉产生伤害。

在编译程序之前和执行之后,都存在检测错误的一些方法。在编译程序之前检测错误的方法,被称为桌面检查(desk checking)。通常,桌面检查是坐在桌子旁边面对代码时完成的,指的是检查实际程序代码的语法错误和逻辑错误的过程。在执行程序时或执行完毕后进行错误检测的方法,被称为程序测试(program testing)。

术语"编译时"(compile time)和"运行时"(runtime)根据错误被检测的时刻区分了这些错误。就预防的角度而言,根据导致它们的原因来区分这些错误更好一些。正如已经看到的那样,编译错误也被称为语法错误(syntax error),这涉及结构错误或者语句拼写错误。例如,语句

```
if ( a lt b
{
  pintf("There are five syntax errors here\n")
  printf(" Can you find tem);
}
```

包含五个语法错误。这些错误如下。

1. 第 1 行中的关系运算符是错误的，它应该是符号 <。
2. 第 1 行中缺少结束括号。
3. 第 3 行中的函数名 `printf` 拼写错误。
4. 第 3 行中的语句缺少终止分号。
5. 第 4 行中的字符串缺少结束的双引号。

所有这些错误在编译程序时都能由编译器检测到。这些语法错误都是确实存在的，因为它们违反了 C 语言的基本规则。如果它们没有被桌面检查发现，则编译器会检测到它们并会显示错误消息①。在某些情况下，错误消息是清楚的并且错误是显而易见的；在其他情况下，要理解编译器显示的错误消息，还需要做一些“侦探”工作。一个非常有用的帮助是，产生错误的语句的行号也被提供了。因为语法错误是能够在编译时被检测到的唯一错误类型，所以可以交替使用术语“编译错误”和“语法错误”。但是，严格来说，编译时与错误被检测的时机有关，而语法与检测到错误类型有关。

注意在第 4 行中，`printf()`函数调用中的单词 `them` 的错误拼写不是语法错误。尽管这个拼写错误将导致显示一个不期望的输出行，它并没有违反 C 语言的语法规则。它只是印刷错误(typographical error)的一个简单例子，一般被称为“排字错误”(typo)。

与语法错误不同，逻辑错误(logic error)能够导致运行时错误，或者产生不正确的结果。这种错误的特征是错误的、意料之外的或者无意的输出，这是程序逻辑中某些缺陷的直接结果。这些从未被编译器捕获的错误，可以通过桌面检查、程序测试、用户从程序获得明显错误的输出时被检测到，也可能在根本没有输出的意外事件中检测到。如果正在执行程序时检测到错误，就发生了运行时错误，会产生一个错误消息或者使程序提前终止(或者两种情况都发生)。

大多数严重的逻辑错误，都是由于对程序预期要实现的全部要求不正确的理解造成的。情况确实如此，因为程序内包含的逻辑总是它被编码的逻辑反映。例如，如果程序的用途是计算房屋的抵押贷款或者钢梁的承载强度，而程序员没有完全理解这个计算要如何进行、执行这个计算需要什么输入或者什么条件下应该退出程序(例如，当某人为贷款支付了一笔额外的付款，或者温度会如何影响钢梁)，就会发生逻辑错误。因为这类错误不会被编译器检测到，甚至在运行时经常也检测不到，所以它们总是比语法错误更难检测。如果被检测到，则逻辑错误通常会用两种主要方法之一揭露自己。在一个情形下，程序会执行完毕但得到的结果是明显错误的。一般来说，这种类型的逻辑错误可通过下列方法暴露。

- **无输出**。这是由于遗忘了输出语句或者无意地在一个语句序列中绕开了输出语句。
- **无吸引力的或未对齐的输出**。这是由输出语句中的错误引起的。
- **错误的数值结果**。导致它的原因可以是：为表达式中使用的变量赋予了不正确的值、算术表达式的误用、语句的遗漏、四舍五入错误、使用了不适当的语句序列。

暴露逻辑错误的第二种方法是产生了运行时错误。这类逻辑错误的例子包括：试图被 0 除或者计算负数的平方根。看看你是否能够发现程序 4.8 中的逻辑错误。

① 但是，它们可能不都是在同一时间被检测到的。一个语法错误经常产生另一个错误，并且第二个错误要在第一个错误被纠正后才会检测到。

程序 4.8

```
#include <stdio.h>
#include <math.h>

int main() /* 复利计算程序 */
{
  int nyears;
  float capital, amount, rate;

  printf("This program calculates the amount of money\n");
  printf("in a bank account for an initial deposit\n");
  printf("invested for n years at an interest rate r.\n\n");
  printf("Enter the initial amount in the account: ");
  scanf("%f", &amount);
  printf("Enter the interest rate (ex. 5 for 5%): ");
  scanf("%f", &rate);
  capital = amount * pow( (1 + rate/100.), nyears);
  printf("\nThe final amount of money is $%8.2f\n", capital)

  return 0;
}
```

程序 4.8 中的问题是程序没有初始化变量 nyears。这样，在基于 UNIX 的系统上，就会使用正好占据了对应于变量 nyears 的存储位置的任何值(绝大多数情况下分配的存储器都会包含 0，但不总是这样)。在基于 Windows 的系统上，执行计算 capital 的赋值语句和检测到 nyears 被声明了但没有被初始化时，一般会产生运行时错误。

测试和调试

理论上，一个充分的测试集将揭露所有的逻辑错误，并能确保对所有的输入和计算数据组合程序都能正确地运行。但在实际工作中，程序测试要求检查所有可能的语句执行组合。考虑到需要付出的时间和精力，这通常是一个不可能达到的目标，除非是极其简单的程序。下面将给出理由。观察程序 4.9。

程序 4.9

```
#include <stdio.h>
int main()
{
  int num;

  printf("Enter a number: ");
  scanf("%d", &num);
  if (num == 5)
    printf("Bingo!\n");
  else
    printf("Bongo!\n");

  return 0;
}
```

程序4.9在运行时有两条能够通过的路线。当输入为5时执行第一条路线，它包含指令序列：

```
printf("Enter a number: ");
scanf("%d", &num);
  printf("Bingo!");
```

当输入为5以外的数时执行第二条路线，它包含指令序列：

```
printf("Enter a number: ");
scanf("%d", &num);
  printf("Bongo!");
```

为了测试可能通过的每一条路线，要求将这个程序运行两次，且应精心挑选输入数据，以确保 if 语句的两条路线都能够被检测到。在程序中增加一个 if 语句，会使可能的执行路线的数量乘以2，对于完整的测试而言要求运行程序4次(22)。同样，增加两个 if 语句会使路线的数量乘以4，对于完整的测试而言要求运行程序8次(23)；增加三个 if 语句，将要求要求测试程序16次(2^4)。

考虑一个由10个模块组成的、每个模块包含5个 if 语句的应用程序。假设模块总是按相同的顺序调用，通过每个模块有32(2^5)条可能的路线，而通过整个程序(所有模块按顺序执行)有1 000 000 000 000 000(2^{15})多条可能的路线。考虑创建测试数据以运行每条路线所需要的时间以及计算机检查每条路线所需要的实际运行时间，使完整测试成为了不可能的事。

全面测试所有语句执行序列的组合的不可能性，被概括在编程习惯用语"没有无错的程序"中。尽管如此，还是可以仔细地规划测试，以最大可能地找出错误。当设计测试策略时，需要牢记的一个重要推论是：尽管测试能够揭露错误的存在，但它不能证明错误的不存在。通过测试发现了某个错误的事实，并不表明另一个错误没有潜伏在程序中别的什么位置；通过测试没有发现错误的事实，并不表明程序不存在错误。

一旦发现了错误，就必须确定错误发生的位置，然后修复它。在计算机行话中，程序错误被称为bug①，隔离、修正和验证修正的过程被称为调试(debugging)。

尽管没有用来隔离错误的硬性规定，但是也能够采用一些有用的技术。第一种是预防性技术。在没有充分理解程序的要求和希望达到的结果就仓促编码和运行程序，这样会导致许多错误。这种匆忙将程序输入计算机的表现是：没有使用伪代码、流程图或者公式清楚地定义解决方案算法。在编译之前，许多错误也能够简单地通过桌面检查程序的副本而消除。

第二种有用的技术是手工地模仿计算机执行每一条语句。这意味着在程序中遇到变量时要记录下每一个变量，在遇到每一个输入语句和赋值语句时都要列出应该保存在这个变量中的值。这样做还能够提高编程技能，因为它要求完全理解程序中每一条语句的作用。这种检查方法被称为程序跟踪(program tracing)。

非常有用的第三种调试技术是将 printf()函数调用放入程序中，以便能够显示所选变量的值。当使用这种方法时，这个函数调用被称为诊断 printf()语句，它在调试中能够提供非常大的帮助。如果显示的值不正确，就能够确定程序的哪一部分导致了错误，从而可以作出必要的修正。

---

① 这个术语的出处相当有趣。1945年9月在哈佛大学，当一个运行在MARK I计算机上的程序停止时，故障被追踪到一只进入电路的死虫。程序员格雷斯·霍珀把这个事件记录在她的工作日志中："首次发现臭虫的案例"。

用同样的方式，可以添加临时代码来显示所有输入数据的值。这种技术被称为回送打印(echo printing)，它对确定程序正确地接收并且解释了输入数据方面是有用的。

所有调试和跟踪技术中，最有用的技术是使用一个称为调试器(debugger)的专用程序。调试器程序控制C语言程序的执行，能够在任意位置中断C语言程序的执行，并且能够显示中断时刻所有变量的值。

最后，如果不论及成功隔离和修正错误所需要的主要因素，则调试就是不完整的。这就是对待任务的态度和精神。在编写完程序之后，会自然地假定它是正确的。希望编写程序的人回头去老老实实地测试自己的程序并找出错误，是一件极其困难的事情。作为程序员必须时刻提醒自己，尽管你认为程序是正确的，但事实往往并不如此。查找自己的程序中的错误是一个冷静的过程，但这会使你成为一名真正的程序员。如果像资深侦探一样能够处理侦查问题，同样可以是令人激动的和开心的。

第5章　循　　环

到目前为止，所分析过的程序已经演示了输入、输出、赋值和选择中的有关概念。现在应该已经有了与这些概念相关的足够丰富的经验，并且具备了用C语言实现它们的技能。但是，许多问题要求用相同的计算或指令序列针对不同的数据集具备循环执行的能力。这种循环的例子包括不断地检查用户输入的数据，直到输入了一个可接受的数据(比如有效的密码)为止;计数并累加产生总和;持续不断地接收输入数据，重新计算输出值，直到输入了一个标记值为止。这一章将探讨程序员用来构造重复代码段的不同方法，还会讲解如何在C语言中实现这些代码。一般而言，重复的代码段被称为循环(loop)，因为在执行完最后一条语句后，程序的分支(即循环)将返回到第一个语句，开始又一次通过这个代码的循环。每一次放入循环也被称为迭代(iteration)或者通过循环(pass through the loop)。

5.1　基本的循环结构

一个重复代码段由四个部分组成。第一个必要的元素是循环语句。这个循环语句定义包含重复代码段的边界，还控制这个代码的执行与否。C语言提供了如下三种类型的循环语句。

while 语句
for 语句
do… while 语句

这些语句都要求一个必须被求值的条件式，这是构造重复代码段所需要的第二个元素。有效的条件式与选择语句中使用的条件式相同。如果条件式为真，则包含在循环语句里的代码就执行，否则不执行。第三个要求的元素是设置被测条件式初始值的语句。这个语句必须总是放置在首次求值条件式之前，以确保在第一次执行正确的循环之前会对条件进行求值。最后，在重复代码段内必须有一个改变条件式的语句，以使其能最终变成假。为了确保循环在某个位置停止，这个语句是必要的。一旦确定了循环语句，最后三个元素——条件式、初始值和改变语句——通常被一个简单的循环控制变量控制，下面将说明。根据被测条件式的类型和条件式在整个结构内被测试的位置不同，可以将循环结构进行分类，具体细节将在后面讲解。

前测试循环与后测试循环

被测条件式能够在循环代码段的开始处获取结束处计算。图5.1演示了测试发生在循环开始处的情况。这种类型的循环被称为前测试循环(pretest loop)，因为条件式是在循环内执行任何语句之前进行测试的。如果条件式为真，则会执行循环内的可执行语句。如果条件式的初始值为假，则根本不会执行循环内的可执行语句，控制会转向循环之后的第一条语句。为了避免无限循环，必须在循环内更新条件式。前测试循环也被称为入口控制循环(entrance-controlled loop)。

在循环代码段结束处计算条件式的循环，被称为后测试循环(posttest loop)或者出口控制循环(exit-controlled loop)，如图 5.2 所示。这样的循环总是会在测试条件式之前至少执行一次循环语句。

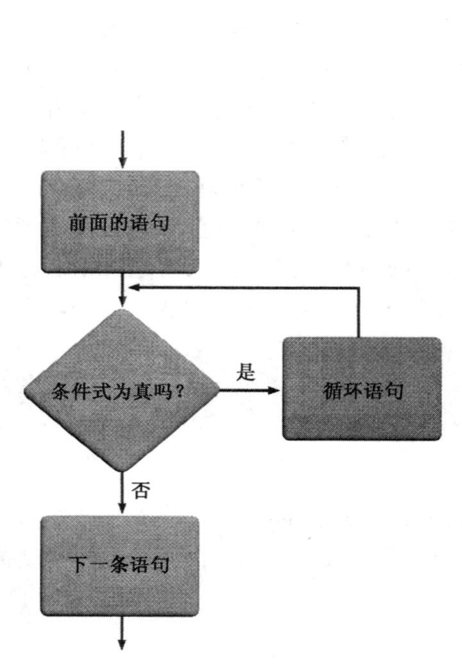

图 5.1　前测试(入口控制)循环

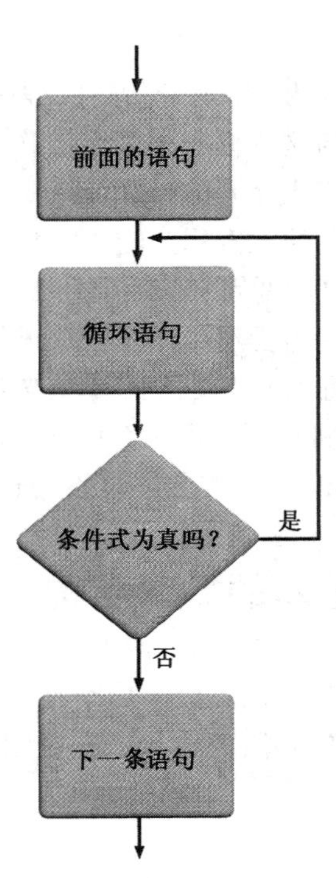

图 5.2　后测试(出口控制)循环

计数器控制循环与条件控制循环

除了可以按测试条件式(前测试和后测试)分类之外，还可以按照被测条件对循环代码段进行分类。在计数器控制循环(counter-controlled loop)中，条件式用于跟踪已经发生过的循环次数。这种循环也被称为固定计数循环(fixed-count loop)。例如，如果要得到一个包含 10 个数字以及它们的平方值和立方值的表，其固定格式如下。

```
*************************
*************************
*************************
*************************
```

在这类例子中，可以在执行完一个固定次数的计算过程，或者输出完固定数量的行后退出循环代码段。所有的 C 语言循环语句都能够用于计数器控制循环。

在许多情形中，循环的准确次数无法预先知道，或者要计数的项数太多而无法预先统计。例如，当输入大量的市场研究数据时，可能不愿意花时间来统计要输入的实际数据项的数量。这种情况下，可以使用条件控制循环(condition-controlled loop)。在条件控制循环中，被测条件式并不依赖于完成了多少个数据项，而是与输入的一个特殊值有关。当遇到这个特殊值时，不管已经发生了多少次迭代，循环都会停止。本章中会给出计数器控制循环和条件控制循环的例子，并将描述通常用于创建每一种循环类型的 C 语言循环语句。表 5.1 概括了在编程过程中会经常遇到的各种类型的循环。最后两类循环是条件控制循环的特殊应用，因为经常能遇到它们，所以专门为它们命名了。

表 5.1 不同的循环类型

循环的类型	描述
计数器控制(固定计数)	重复的次数在循环执行前已知
条件式控制	重复的次数在循环执行前未知,遇到一个以上的特定值时循环将终止
标记控制	这是一个条件式控制循环,要求一个特定值终止这个循环
输入验证	这是一个条件式控制循环,在输入一个有效范围内的值时终止

练习 5.1

简答题

1. 列出 C 语言中提供的三种循环语句。
2. 列出创建循环代码段时必须有的四种元素。
3. a. 什么是入口控制循环？
   b. 哪一种 C 语言循环语句能够产生入口控制循环？
4. a. 什么是出口控制循环？
   b. 哪一种 C 语言循环语句能够产生出口控制循环？
5. a. 前测试循环与后测试循环有什么不同？
   b. 如果前测试循环中的被测条件初始时就为假，则循环内部的语句会执行多少次？
   c. 如果后测试循环中的被测条件初始时就为假，则循环内部的语句会执行多少次？
6. 计数器控制循环与条件控制循环有什么不同？

5.2 while 语句

while 语句是一种常见的循环语句，它能够用在各种编程环境中。while 语句的一般格式是

```
while(表达式)
  语句;
```

包含在括号内的表达式的计算过程，与 if…else 语句中包含的表达式完全相同，不同的是在如何使用表达式方面。正如已经看到的那样，当 if…else 语句中的表达式为真(具有非 0 值)时，位于表达式后面的语句会执行一次。在 while 语句中，位于表达式后面的语句会不断地执行，只要这个表达式的计算结果为一个非 0 值。这自然意味着在 while 语句中的某个位置必须有一个改变被测表达式值的语句。下面将看到，情况确实如此。不过，现在只考虑表达式和位于括号之后的语句，计算机在求值 while 语句时使用的过程如下。

1. 测试表达式
2. 如果表达式具有非 0 值

a. 执行括号下面的语句

b. 返回到步骤 1

否则

退出 while 循环

注意，步骤 2b 会强制程序控制转回到步骤 1。为了重新计算表达式的值，将控制转回到 while 语句开始处的过程，被称为程序循环(program loop)。while 语句会直接将循环回退，重新计算表达式的值，直到它为 0(变为假)时为止。

由 while 语句产生的循环过程示于图 5.3 中。菱形框用于显示 while 语句判决部分中所要求的入口位置和出口位置。

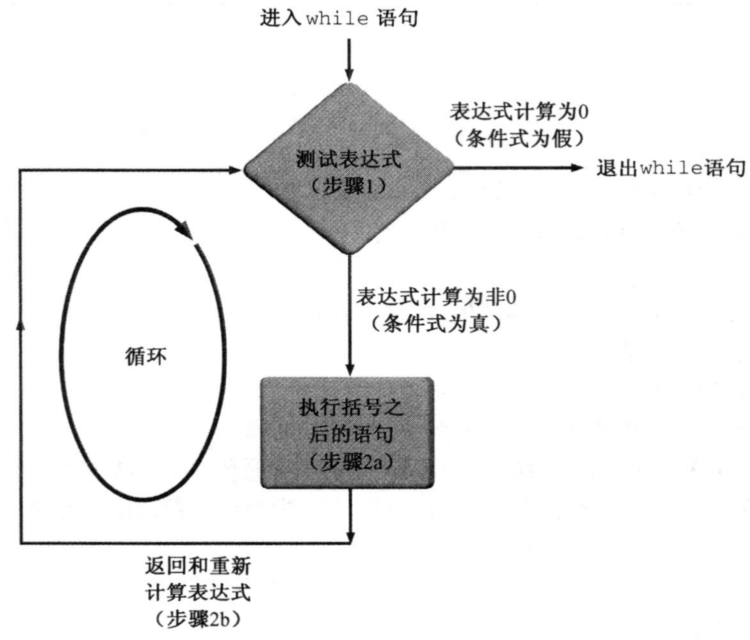

图 5.3 while 语句的剖析

为了感知这个循环的效果，假设存在关系表达式 count <= 10 和语句 printf("% d", count);，这样就可以编写如下有效的 while 语句。

```
while (count <= 10)
  printf("%d",count);
```

尽管上面的语句是有效的，但细心的读者可能已经意识到创建了一个 printf()函数或者永远被调用(直到停止这个程序)，或者根本不被调用的情形。下面将给出理由。

当第一次计算表达式的值时，如果 count 的值小于或者等于 10，就执行一次 printf()调用。然后，while 语句自动循环返回到本身，并会重新测试这个表达式。由于没有改变保存在 count 中的值，这个表达式仍然为真，从而会再一次调用 printf()。这个过程永远进行下去，直到包含这个语句的程序被用户永久地停止为止。但是，如果 count 开始时就有一个大于 10 的值，则表达式的计算结果为假，因此 printf()函数调用决不会进行。

为了控制表达式首次被计算时 while 语句做什么，该怎样设置 count 中的初始值呢？当然，答案是在遇到 while 语句之前将值赋给被测表达式中的每一个变量。例如，下面的指令序列完全有效。

```
count = 1;
while (count <= 10)
  printf("%d ",count);
```

使用这个指令序列，就能够确保 count 的起始值为 1。能够在赋值语句中将任何值赋给 count，但重点是应该赋哪个值。在实践中，赋值情况取决于具体的应用。

还必须改变 count 的值，以便最终能够退出 while 语句。为此，要求一个像 count++ 这样的表达式，在每次执行 while 语句将 count 加 1。while 语句提供单一语句的循环的事实，并不妨碍包含更多的语句了改变 count 的值。要做的是用复合语句取代单一语句。例如

```
1  count = 1; /* 初始化 count */
2  while (count <= 10)
3  {
4    printf("%d ",count);
5    count++; /* 给 count 加 1 */
6  }
```

为了清楚起见，这里已经将复合语句中的每一条语句放置在不同的行上。这与上一章中复合语句采用的习惯是一致的。现在分析上面的指令序列。

在第 1 行中，第一个赋值语句将 count 设置成 1。然后进入 while 语句，首次计算表达式的值。由于 count 的值小于或者等于 10，这个表达式为真，复合语句执行。复合语句中的第一条语句位于第 4 行，它是一个 printf()函数调用，以显示 count 的值。接下来的语句位于第 5 行，它将当前保存在 count 中的值加 1，使 count 等于 2。现在，while 语句循环返回，以重新测试表达式。由于 count 仍然小于或者等于 10，复合语句会再一次执行。这个过程一直进行，直到 count 的值达到 11 为止。程序 5.1 在一个实际的程序中演示了这些语句的作用。

程序 5.1

```
#include <stdio.h>
int main()
{
  int count;

  count = 1; /* 初始化 count */
  while (count <= 10)
  {
    printf("%d ",count);
    count++; /* 给 count 加 1 */
  }

  printf("\n");   /* 输出一个空行 */

  return 0;
}
```

这个程序的输出如下。

```
1  2  3  4  5  6  7  8  9  10
```

程序 5.1 中使用的名称 count 没有什么特殊含义，任何有效的整型变量都能够采用。

在考虑其他 while 语句的例子之前，有关程序 5.1 中的两个注释需要说明。首先，语句 count++ 能够用改变 count 值的任何语句代替。一个类似 count += 2(如果愿意，也可以是 count = count + 2)这样的语句将导致显示的是间隔一个整数。其次，确保会改变 count 的值，使程序最终从 while 语句正常退出，这是程序员的责任。例如，如果用表达式 count-- 取代 count++，则 count 的值将决不会达到11，这会导致无限循环的出现。无限循环是一个永远不会结束的循环。计算机不会伸出手拍拍你的肩膀，说“对不起，创建的是一个无限循环”。它只会不断地显示数字，直到你意识到程序不会像期望的那样工作。

前面已经讲解了 while 语句，看看是否能够理解并确定程序 5.2 的输出。

程序 5.2

```
#include <stdio.h>
int main()
{
  int i;

  i = 10;
  while (i >= 1)
  {
    printf("%d ",i);
    i--; /* 从 i 减 1 */
  }

  printf("\n");   /* 输出一个空行 */

  return 0;
}
```

这个程序中的赋值语句初始时将整型变量 i 设置为 10。然后，while 语句检查 i 的值是否大于或者等于1。当表达式为真时，通过调用 printf()显示 i 的值，且 i 的值减1。当 i 最终达到0 时，表达式为假，程序退出 while 语句。这样，运行程序 5.2 时获得的显示结果如下。

```
10  9  8  7  6  5  4  3  2  1
```

为了演示 while 语句的能力，考虑输出一个从 1 到 10 的平方值和立方值的表。这能够用一个简单的 while 语句做到，如程序 5.3 所示。

程序 5.3

```
#include <stdio.h>
int main ()
{
  #define TABLESIZE 10
  int num;

  printf("NUMBER SQUARE CUBE\n");
  printf("------ ------ ----\n");
```

```
 9    num = 1;
10    while (num <= TABLESIZE)
11    {
12      printf("%3d %7d %6d\n", num, num*num, num*num*num);
13
14      num++; /* 加1到 num */
15    }
16
17    return 0;
18  }
```

程序的输出如下所示。

```
NUMBER     SQUARE  CUBE
------     ------  ----
   1          1       1
   2          4       8
   3          9      27
   4         16      64
   5         25     125
   6         36     216
   7         49     343
   8         64     512
   9         81     729
  10        100    1000
```

注意，第10行中的被测表达式

```
while (num <= TABLESIZE)
```

能够用表达式 num <= 10 或者 num < 11 取代。但是，好的编程实践要求使用符号常量并使它的名称与应用相关。一旦这样做了，就能够选择适当的关系运算符用于符号常量。对于这里的情况，既然准备输出一个10个数字的表，一个名称为 TABLESIZE 的符号常量就是合适的，只需将这个常量的值设置成10即可。这样，就需要使用关系运算符 <= 。

> **编程注解:用符号常量控制循环**
>
> 符号常量在构造循环时非常有用，因为它指明了被测条件式中的数表示的是什么。例如，如果创建一个10行数据的表，可以将符号常量定义为
>
> ```
> #define TABLESIZE 10
> ```
>
> 类似地，如果程序要求测试一年中的天数，则合适的符号常量定义应该是
>
> ```
> #define DAYSINYEAR 365
> ```
>
> 这个符号常量清楚地表明了数365用来表示的事物。这样，一位正在检查被测表达式中使用这个常量的循环的程序员，就能够理解符号常量与对应的数之间的关联性。

现在，如果希望使用程序5.3产生一个1000个数字的表，所需要的修改只是将第4行中的10改为1000，如下所示。

```
4  #define TABLESIZE 1000
```

这个简单的变化会产生一个1000行的表——对于只有5行的 while 语句来说，不失为一个好办法。

程序 5.1 到程序 5.3 中创建的都是计数器控制循环，用于检验固定计数的条件式。因为任何有效的表达式都能够用于 while 语句中，所以可以随意构造这样的循环。事实上，在构造条件控制循环时 while 语句特别有用。作为这类循环的一个例子，考虑一个将摄氏温度转换成华氏温度的任务。假设华氏温度对应的温度范围从 5 摄氏度到 50 摄氏度，每一次增加 5 摄氏度。期望的显示能够用下面的语句序列获得。

```
#define ENDVALUE 50

celsius = 5; /* 摄氏温度的起始值 */
while (celsius <= ENDVALUE)
{
  fahren = (9.0/5.0) * celsius + 32.0;
  printf("%5d%11.2f",celsius, fahren);
  celsius = celsius + 5;
}
```

这个循环中，while 语句中的表达式

```
while (celsius <= ENDVALUE)
```

没有用固定的迭代次数测试。正是被测表达式的这种用法才建立了条件控制循环。不过，while 语句也是由从关键字 while 到复合语句的结束大括号之间的所有语句组成的。在进入 while 循环之前，已经确保了将一个值赋予 celsius，并且有一条改变 celsius 值的语句，以确保能够从 while 循环退出。程序 5.4 在一个完整的程序中展示了这些代码的用法。

程序 5.4

```
#include <stdio.h>
 #define ENDVALUE 50
int main() /* 转换摄氏温度为华氏温度的程序 */
{
  int celsius;
  float fahren;

  /* 显示开头的行 */
  printf("DEGREES DEGREES\n");
  printf("CELSIUS FAHRENHEIT\n");
  printf("------- ----------\n");

  /* 用一个 while 循环填写表的内容 */
  celsius = 5; /* 摄氏温度的起始值 */

  while (celsius <= ENDVALUE)
  {
    fahren = (9.0/5.0) * celsius + 32.0;
    printf("%5d%11.2f\n",celsius, fahren);
    celsius = celsius + 5;
  }

  return 0;
}
```

执行这个程序的结果如下。

```
DEGREES DEGREES
CELSIUS FAHRENHEIT
------- ----------
   5       41.00
  10       50.00
  15       59.00
  20       68.00
  25       77.00
  30       86.00
  35       95.00
  40      104.00
  45      113.00
  50      122.00
```

练习 5.2

简答题

1. while 语句会产生入口控制循环或者出口控制循环吗？给出理由。
2. 编写一个 while 循环，在一行上显示 10 到 20 的数。
3. 编写一个 while 循环，在一行上显示 10 到 20 的偶数。
4. 编写一个 while 循环，在一行上显示 20 到 10 的数。
5. 编写一个 while 循环，在一行上显示 20 到 10 的偶数。
6. 对于下列程序，确定所显示的项的总数，并确定输出的第一个数和最后一个数。

```
#include <stdio.h>
int main()
{
  int num = 0;
  while (num <= 20)
  {
    num++;
    printf("%d ",num);
  }
  return 0;
}
```

编程练习

1. 重新编写程序 5.1，以 2 为增量输出数 2 到 10。程序的输出应该是

```
2 4 6 8 10
```

2. a. 重新编写程序 5.4，产生一个从温度值 -10 摄氏度开始、60 摄氏度结束的表，用 10 摄氏度为增量。

   b. 在计算机上输入并运行练习 2a 的程序，验证答案。
3. 编写一个 C 语言程序，将加仑转换为升。程序应显示从 10 到 20 的加仑数，增量为 1 加仑，并显示相应的升数。二者的关系为:1 加仑等于 3.785 升。
4. 编写一个 C 语言程序，将英尺转换为米。程序应显示从 3 到 30 的英尺数，增量为 3 英尺，并显示相应的米数。二者的关系为:1 米等于 3.28 英尺。
5. 用 28 000 美元购买的机器 7 年间每年的折旧为 4000 美元。编写并运行一个 C 语言程序，计算并显示 7 年期间的折旧表。表的形式如下。

YEAR	DEPRECIATION	END-OF-YEAR VALUE	ACCUMULATED DEPRECIATION
----	------------	-----------	------------
1	4000	24000	4000
2	4000	20000	8000
3	4000	16000	12000
4	4000	12000	16000
5	4000	8000	20000
6	4000	4000	24000
7	4000	0	28000

6. 一辆汽车以平均 55 英里的时速行驶了 4 小时。编写并运行一个 C 语言程序，显示这辆汽车已行驶的距离(英里)，每半小时一次，直到旅程结束。

5.3 利用 while 循环求和及平均值

循环的主要用途之一是计算数字数据列表的总和与平均值。数据通常存储在数据文件(这是第 10 章的主题)中，或者通过 scanf()函数交互式地输入。

为了理解相关的基本概念，考虑程序 5.5，其中的 while 语句用于接收并显示用户输入的 4 个数，一次一个。尽管它使用的概念非常简单，但依然体现了计算总和以及平均值时所需的控制流理念。

程序 5.5

```
#include <stdio.h>
#define MAXCOUNT 4
int main()
{
  int count;
  float num;

  printf("\nThis program will ask you to enter %d numbers.\n\n", MAXCOUNT);

  count = 1;
  while (count <= MAXCOUNT)
  {
    printf("Enter a number: ");
    scanf("%f", &num);
    printf("The number entered is %f\n", num);
    count++;
  }

  return 0;
}
```

下面是程序 5.5 运行的样本，斜体数字是在响应提示时输入的。

```
This program will ask you to enter four numbers.

Enter a number: 26.2
The number entered is 26.200000
Enter a number: 5
```

```
The number entered is 5.000000
Enter a number: 103.456
The number entered is 103.456000
Enter a number: 1267.89
The number entered is 1267.890000
```

下面分析一下这个程序，以清楚地理解输出是如何产生的。显示的第一条消息是由第8行上执行第一次printf()函数调用时产生的。

```
8    printf("\nThis program will ask you to enter %d numbers.\n\n", MAXCOUNT);
```

这个调用位于while语句的外部和前面，所以在while循环中任何语句之前会执行一次。

一旦进入while循环，复合语句内的语句

```
12  {
13    printf("\nEnter a number: ");
14    scanf("%f", &num);
15    printf("The number entered is %f\n", num);
16    count++;
17  }
```

当被测条件式为真时就会执行。

首次通过这个复合语句时，消息“Enter a number:”由第13行中的printf()函数调用显示。然后，程序调用第14行中的scanf()函数，它强制计算机等待从键盘输入一个数。一旦输入了数且按下了回车键，第15行中的printf()调用就会显示输入的这个数。然后，第16行中的变量count增加1。这个过程一直进行，直到循环执行了4次，count的值变为5时止。每一次循环都会导致消息“Enter a number:”显示，引起对scanf()的调用，使消息“The number entered is ”显示。图5.4演示了这个控制流。

程序5.5不是简单地显示输入的数，而是将它修改成了能够处理输入的数据。例如，可以将输入的数相加并显示总和。为此，必须非常小心地处理数相加的操作，因为同一个变量num用在了每一个输入的数上。程序5.5中新数的输入，会自动地使前面保存在num中的数丢失。因此，输入的每一个数都必须在另一个数输入之前被加到total变量中。所要求的顺序是

输入一个数
将该数加到total中

如何将一个数加到total中呢？类似total = total + num;这样的语句就能够将这项工作做得很好，也可以使用它的短格式total + = num;。这些语句是3.1节中讲解过的累加语句。输入每一个数之后，累加语句将这个数加到total中，如图5.5所示。相加这些数所要求的完整控制流在图5.6中示出。

观察图5.6，注意到在进入while循环之前已经为total提供了初始值0。如果在while循环内将变量total清零，则每次执行循环时它将被设置为0，而前面保存的任何值都将被删除。

程序5.6融入了程序5.5中对所输入数求和的一些必要修改。正如图5.6显示的流程图中表明的那样，语句total + = num;放置在紧挨scanf()函数调用的后面。将累加语句放到程序中的这一位置，能够确保可以立即“捕获”输入的数，并将其加到变量total中。

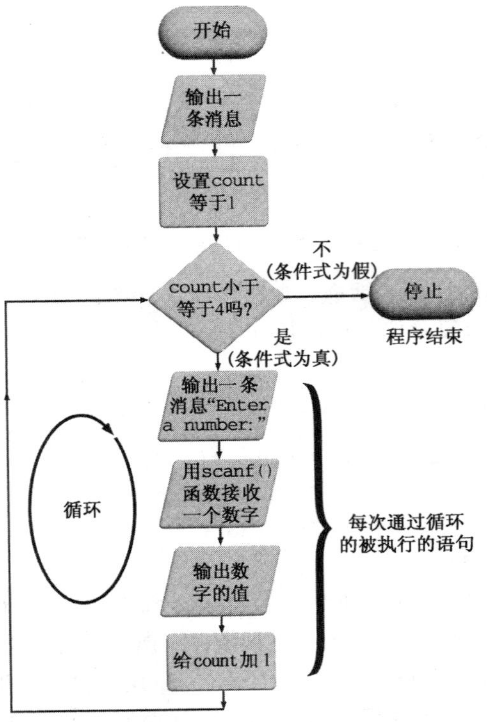

图5.4 程序5.5的控制流框图

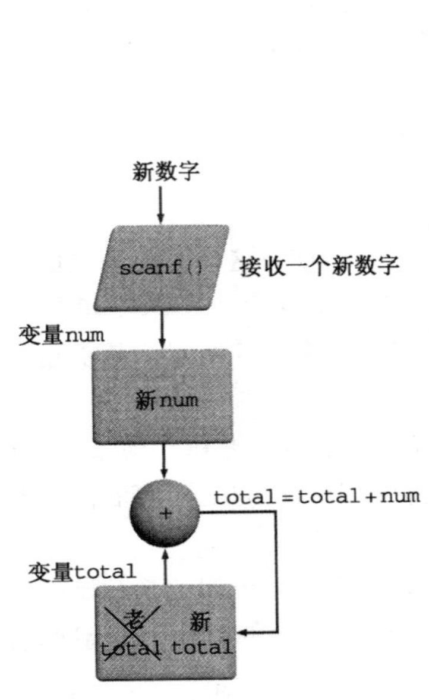

图5.5 接收一个数并将它加到 total 中

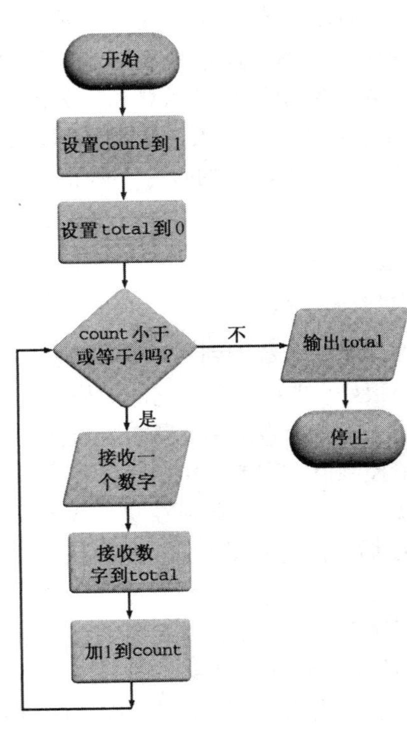

图5.6 累加过程的控制流

程序 5.6

```
1  #include <stdio.h>
2   #define MAXCOUNT 4
3  int main()
4  {
5    int count;
6    float num, total;
7
8    printf("\nThis program will ask you to enter %d numbers.\n\n", MAXCOUNT);
9
10   count = 1;
11   total = 0.0;
12
13   while (count <= MAXCOUNT)
14   {
15     printf("Enter a number: ");
16     scanf("%f", &num);
17     total += num;
18     printf("The total is now %f\n", total);
19     count++;
20   }
21
22   printf("\n\nThe final total of the %d numbers is %f\n", MAXCOUNT, total);
23
24   return 0;
25 }
```

下面分析这个程序。变量 total 用于保存所输入数的总和。在进入 while 语句之前，第 11 行将 total 的值设置为 0，如下所示。

```
11  total = 0.0;
```

这个赋值可确保会重写 total 的存储位置中的任何值，从而可使 total 以正确的值开始。进入 while 循环时，第 17 行中的语句

```
17  total += num;
```

用于将输入的值加到 total。当输入每一个值时，就会将它加到现有的 total 中，创建一个新的总和值。(如果愿意，也可以使用更长的语句 total = total + num;。) 这样，total 就变成了一个所有被输入值的总和值。只有在输入了所有的数后，total 才会包含所有数的最终总和值。在完成 while 循环之后，第 22 行中的 printf()函数调用用于显示这个总和。

```
22  printf("\n\nThe final total of the %d numbers is %f\n", MAXCOUNT, total);
```

使用运行程序 5.5 时输入的相同样本数据，程序 5.6 产生的结果如下。

```
This program will ask you to enter 4 numbers.

Enter a number: 26.2
The total is now 26.200000
Enter a number: 5
The total is now 31.200000
```

```
Enter a number: 103.456
The total is now 134.656000
Enter a number: 1267.89
The total is now 1402.546000

The final total of the 4 numbers is 1402.546000
```

由于使用了累加赋值语句将输入的数相加，现在就可以更进一步地计算它们的平均值了。那么，应该在什么位置计算平均值呢——while 循环内还是循环外？

从身边的例子能够知道，计算平均值要求一个最终的总和以及得到总和的项数。这样，平均值就可以通过将总和除以项数来得到。必须弄清楚的一点是：在程序中什么位置可以得到正确的总和，在什么位置可以得到项数？回顾程序 5.6，可以看到计算平均值需要的总和在 while 循环完成之后能够得到。事实上，这个 while 循环的唯一目的是确保这些数被正确地输入并相加，以产生一个正确的总和。还有一个总和中使用的项数的计算，它已经被定义成符号常量 MAXCOUNT。有了这些背景知识，看看是否能够理解程序 5.7。

程序 5.7

```
#include <stdio.h>
#define MAXCOUNT 4
int main()
{
  int count;
  float num, total, average;

  printf("\nThis program will ask you to enter %d numbers.\n\n", MAXCOUNT);

  count = 1;
  total = 0.0;

  while (count <= MAXCOUNT)
  {
    printf("Enter a number: ");
    scanf("%f", &num);
    total += num;
    count++;
  }

  average = total / MAXCOUNT;
  printf("\nThe average of the %d numbers is %8.4f\n", MAXCOUNT, average);

  return 0;
}
```

除了计算平均值，这个程序几乎与程序 5.6 相同。这里还取消了 while 循环内和循环后的 total 值的不间断显示。程序 5.7 中的循环用于输入并相加 4 个数。在退出循环之后，紧接着计算并显示平均值。下面是程序 5.7 运行的样本。

```
This program will ask you to enter 4 numbers.

Enter a number: 26.2
```

```
Enter a number: 5
Enter a number: 103.456
Enter a number: 1267.89

The average of the 4 numbers is 350.6365
```

标记

类似程序5.7这样的程序，如果取消精确地输入4个数这种限制，就可以变得更加通用。有如下两种方式可以做到。一种方式是让用户输入一个数，表示将有多少个数来计算平均值。但是，在许多情形中，当程序正在使用许多组数据时，每次运行都要停下来以确定要输入的准确项数，这是非常烦人的。此外，项数可能太多而无法预先知道。例如，在输入大量的市场研究数据时，要输入的数据项可能非常大。对于这样的情况，应该使用第二种方法。

第二种方法中，数据被连续地输入，直到最后用户输入了一个特定的数据值，发出数据输入结束的信号时为止。在计算机程序设计中，发出开始或者结束数据系列信号所用的数据值，被称为标记(sentinel)。当然，标记值必须精心挑选，以使它不与合法数据值发生冲突。例如，如果构造一个接收学生成绩的程序，则标记值可以是0。一旦输入了任何小于0的值，程序就应停止再接收任何分数。程序5.8演示了这一概念。这个程序中，要求不断地输入分数并被接收，直到输入一个负的分数为止。负分数的输入，就是通知程序退出 while 循环并显示输入的分数的总和。

程序5.8

```
#include <stdio.h>
int main()
{
  #define CUTOFF -1
  float grade = 0.01;
  float total = 0.01;

  printf("\nTo stop entering grades, type in any negative number.\n\n");

  while (grade > CUTOFF)
  {
    printf("Enter a grade: ");
    scanf("%f", &grade);
    total = total + grade;
  }

  printf("\nThe total of the grades is %f\n", total-grade);

  return 0;
}
```

下面是程序5.8运行的样本。只要输入的是正的分数，程序就会一直请求并接收更多的数据。当输入了一个小于0的分数时，程序会将这个最后的值加到 total，然后退出 while 循环。在循环的外面和 printf()函数调用的内部，这个最后的分数会被减去，以便只有输入的合法分数之和才会显示。

```
To stop entering grades, type in any negative number.

Enter a grade: 95
Enter a grade: 100
Enter a grade: 82
Enter a grade: -1

The total of the grades is 277.000000
```

C语言提供的一个有用的标记，是一个名称为EOF的常量，EOF代表文件的结束(End Of File)。EOF的实际值取决于编译器，但它总是被赋予一个不被任何其他字符使用的代码。

每一个操作系统都有自己的EOF代码。在UNIX操作系统中，只要同时按下Ctrl键和D键，就会产生EOF标记；而在IBM兼容机中，只要同时按下Ctrl键和Z键，就会产生EOF标记。当C语言程序检测到作为输入值的这种键组合时，就会将它转换为自己的EOF码，如图5.7所示。

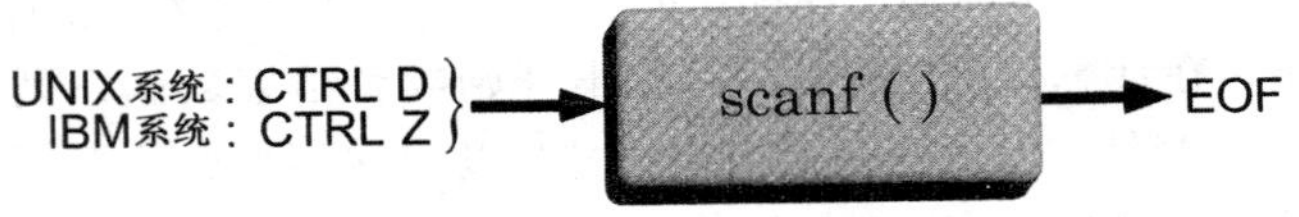

图5.7 scanf()函数产生EOF常量

使用3.5节中讲解的#define语句，可以获得在编译器源文件stdio.h中定义的EOF常量的实际定义。这样，就可以在所有已经包含stdio.h文件的程序中使用名称为EOF的常量。例如，考虑程序5.9。

程序5.9

```
 1  #include <stdio.h>
 2  int main()
 3  {
 4    float  grade;
 5    float total = 0.01;  /* 注意此处的初始化 */
 6
 7    printf("\nTo stop entering grades, press either the F6 key");
 8    printf("\n or the ctrl and Z keys simultaneously on PCs");
 9    printf("IBM compatible computers");
10    printf("\n or the ctrl and D keys for UNIX operating systems.\n\n");
11    printf("Enter a grade: ");
12    while (scanf("%f", &grade) != EOF)
13    {
14      total += grade;
15      printf("Enter a grade: ");
16    }
17
18    printf("\nThe total of the grades is %f\n",total);
19    return 0;
20  }
```

注意，这个程序的第一行是#include <stdio.h >语句。由于stdio.h文件包含EOF的定义，所以现在就可以在程序中引用这个常量了。

程序5.9中用EOF符号常数来控制while循环。第12行中括号内的表达式

```
12  while(scanf("%f", &grades) != EOF)
```

利用了这个事实：如果遇到文件的结尾标志，scanf()函数就返回一个 EOF 值。假设用户正在使用一台 IBM 计算机，同时按下 Ctrl 键和 Z 键将产生一个文件结束的标志，这个标志会被 scanf()转换为 EOF 常量。下面是程序 5.9 运行的样本。

```
To stop entering grades, press either the F6 key
or the ctrl and Z keys simultaneously on IBM compatible computers
or the ctrl and D keys for UNIX operating systems.

Enter a grade: 100
Enter a grade: 200
Enter a grade: 300
Enter a grade: ^Z

The total of the grades is 600.000000
```

与程序 5.8 相比，这个程序有一个明显的优势：标记值不会被加到变量 total 中，也就没有必要在后面将它减去①。但是，程序 5.9 的一个缺点是要求用户输入一个不熟悉的键组合来终止数据输入。

break 语句与 continue 语句

与循环语句有关系的两种语句是 break 语句和 continue 语句。前面已经遇到过与 switch 语句相关的 break 语句，这种语句的一般格式是

```
break;
```

正如它的名称暗示的那样，break 语句会强制从 switch 语句、while 语句、for 语句或者 do…while语句中立即退出。

例如，如果输入的数大于 76，则下面的 while 循环会立即终止执行。

```
while(count <= 10)
{
  printf("Enter a number: ");
  scanf("%f", &num);
  if (num > 76)
  {
    printf("You lose!");
    break; /* 终止循环 */
  }
  else
    printf("Keep on truckin!");
}
/* 跳转到此处 */
```

break 语句违背了纯结构化编程的原则，因为它提供了从循环中退出的另一种方法。不过，当检测到异常的条件时，用 break 语句退出循环是非常有用的。也可以将 break 语句用于从 switch 语句中退出，不过其起作用的前提是已经检测到期望的 case 并且已经被处理。

continue 语句与 break 语句相似，但它只用于 while 语句、do…while 语句或者 for 语句创建的循环。它的一般格式是

```
continue;
```

① 这个输入的方法在从文件而不是从键盘读数据时将是非常有用的（文件输入在第 10 章介绍）。

在循环中遇到 continue 语句时，会立即开始循环中的下一次迭代。对于 while 循环，这意味着执行会自动转移到循环的顶部并重新计算被测表达式的值。尽管 switch 语句中的 continue 语句没有直接效果，但可以将它放入本身包含在循环中的 switch 语句中。这里的 continue 语句的作用是相同的:使下一个循环迭代开始。

一般情况下，continue 语句的使用要少于 break 语句，但它用于跳过循环中不应该处理的剩余数据时是方便的。例如，下面的代码段中会忽略无效的成绩分数，只有有效的分数才会被加到变量 total 中①。

```
while (count < 30)
{
  printf("Enter a grade: ");
  scanf("%f", &grade);
  if(grade < 0 || grade > 100)
    continue;
  total = total + grade;
  count = count + 1;
}
```

空语句

C 语言中的语句总是以一个分号结尾。分号前面没有任何内容的语句也是一种有效的语句，它被称为空语句。这样，语句

```
;
```

就是一条空语句。这是一种用于语法上有要求，但没有动作需执行的语句。通常，空语句用在 while 语句或者 for 语句中。使用空语句的 for 语句例子可以在程序 5.10c 中找到。

练习 5.3

简答题

1. while 循环内创建一个总和所使用的赋值语句的类型是什么？
2. 什么是标记？
3. 描述 break 语句和 continue 语句的不同。
4. 程序 5.7 中，由于错误程序员将语句 average = total /count;直接放到了 while 循环内的语句 total = total + num; 之后。因此，while 循环变成

```
while (count <= MAXCOUNT)
{
  printf("\nEnter a number: ");
  scanf("%f", &num);
  total += total;
  average = total / count;
  count++;
}
```

---

① 但是,continue 语句不是基本的,这个选择能够编写为

```
if (grade >= 0 && grade <= 100)
{
  total = total + grade;
  count = count + 1;
}
```

用这个 while 循环可以得到正确的结果吗？从编程的观点看，用哪一种 while 循环更好？为什么？

编程练习

1. 重新编写程序 5.6，计算 8 个数的总和。
2. 重新编写程序 5.6，显示提示

```
Please type in the total number of data values to be added:
```

为了响应这个提示，程序应该接收一个用户输入的数，然后用这个数来控制 while 循环的执行次数。因此，如果用户输入 5，则程序应该请求输入 5 个数并显示这些数的总和。

3. a. 编写一个 C 语言程序，将摄氏温度转换为华氏温度。程序应该请求起始的摄氏温度值、要转换的次数和摄氏温度值之间的增量。显示应该有适当的标题，并且要列出摄氏温度值和对应的华氏温度值。使用关系式

$Fahrenheit = (9.0/5.0) \times Celsius + 32.0$

   b. 在计算机上运行练习 3a 中编写的程序。验证程序从正确的起始摄氏温度值开始，并确实进行了输入数据中指定的那么多次转换。
4. a. 修改练习 3a 中编写的程序，请求起始摄氏温度值、结束摄氏温度值和增量。这样，就不是检验固定次数的条件，而是检验结束摄氏温度值的条件。
   b. 在计算机上运行练习 4a 中编写的程序。验证输出从正确的起始值开始，并以正确的结束值结束。
5. 重新编写程序 5.7，计算 10 个数的平均值。
6. 重新编写程序 5.7，显示提示

```
Please type in the total number of data values to be averaged:
```

为了响应这个提示，程序应该接收一个用户输入的数，然后用这个数来控制 while 循环的执行次数。因此，如果用户输入 6，则程序应该请求输入 6 个数并显示这些数的平均值。

7. a. 修改程序 5.8，计算输入的成绩的平均值。
   b. 在计算机上运行练习 7a 中编写的程序并验证结果。
8. a. 一家书店通过掌握库存中每一本书的下列信息来汇总它的月交易量。

   - 图书标识号
   - 月初库存余额
   - 本月收到的图书册数
   - 本月售出的图书册数

   编写一个 C 语言程序，接收每一本书的这些数据，然后显示图书识别号并使用下面的关系式更新图书库存余额信息。

   新的余额 = 月初库存余额 + 本月收到的图书册数 – 本月售出的图书册数

   程序应该使用一个有固定计数条件式的 while 语句，以便只请求三本图书的信息。
   b. 在计算机上运行练习 8a 中编写的程序。观察程序显示的结果并验证它是正确的。

9. 修改为练习8编写的程序，不断地请求和显示结果，直到输入了标志值999。在计算机上运行这个程序。

10. a. 下列数据是在最近的一次汽车旅行中收集到的。

英里数	加仑数
22 495，在里程起点	满油箱
22 841	12.2
23 185	11.3
23 400	10.5
23 772	11.0
24 055	12.2
24 434	14.7
24 804	14.3
25 276	15.2

编写一个C语言程序，接收一个英里值和一个加仑值，计算这段里程中的油耗情况，单位为英里每加仑(mpg)。mpg的计算方法是：两次满油箱之间行驶的英里数除以在此期间消耗的汽油加仑数。

b. 修改练习10a中编写的程序，同时计算并显示每一次加满油之后累积的mpg。累计mpg的计算方法是：消耗满箱油后行驶的旅程表数减去开始时的旅程表数，将这个差值用这次里程中消耗的总加仑数相除。

5.4　for 语句

for 语句与 while 语句的功能相同，但其形式不同。在许多情形中，特别是那些使用计数器控制循环的情形中，for 语句格式比它的等价 while 语句更容易使用。这是因为，for 语句组合了全部所要求的4种元素，容易在同一行上得到这种循环类型。这4种元素如下。

- 循环语句
- 用在被测表达式中的变量的初始值
- 被测表达式
- 用在被测表达式中的变量的改变值

所有这些元素都被包含在如下 for 语句的通用语法内。

```
for  (初始化列表; 被测表达式; 改变列表)
  语句;
```

尽管这个语法看起来有些复杂，但是如果分别考虑它的每一个元素，实际上它是相当简单的。

for 语句的括号内是三个用分号隔开的项。每一个项都是可选的，也可以单独给出，但是分号必须存在。应当能够看出，括号中的这些项与 while 语句中的那些初始化、被测表达式和表达式改变值是相对应的。

括号中的中间项(被测表达式)是一个有效的C语言表达式，for 语句和 while 语句使用这个表达式的方法没有什么差别。这两种语句中，只要表达式具有非0值(真值)，括号后面的语句就会执行。这意味着在首次检验表达式之前，必须对被测表达式的变量赋初始值。它还意味着，在重新计算表达式的值之前，必须存在一条或者多条改变它的值的语句。前面说过，while 语句中放置这些语句的一般形式如下。

```
初始化语句;
while (表达式)
{
   循环语句;
     .
     .
     .
   表达式改变语句;
}
```

在进入循环之前，需要初始化变量或者做某些其他的计算是常见的，使 for 语句允许将所有的初始化语句集中在 for 语句的括号内，作为第一组项目。在第一次计算表达式的值之前，这个初始化列表中的项只会执行一次。

for 语句还为所有改变表达式值的语句提供了一个位置。这些项能够放置在改变列表中，改变列表是 for 语句括号内包含的最后一个列表。改变列表中的所有项都会在循环结尾处由 for 语句执行，即重新计算表达式的值之前。图 5.8 给出了 for 语句的控制流框图。

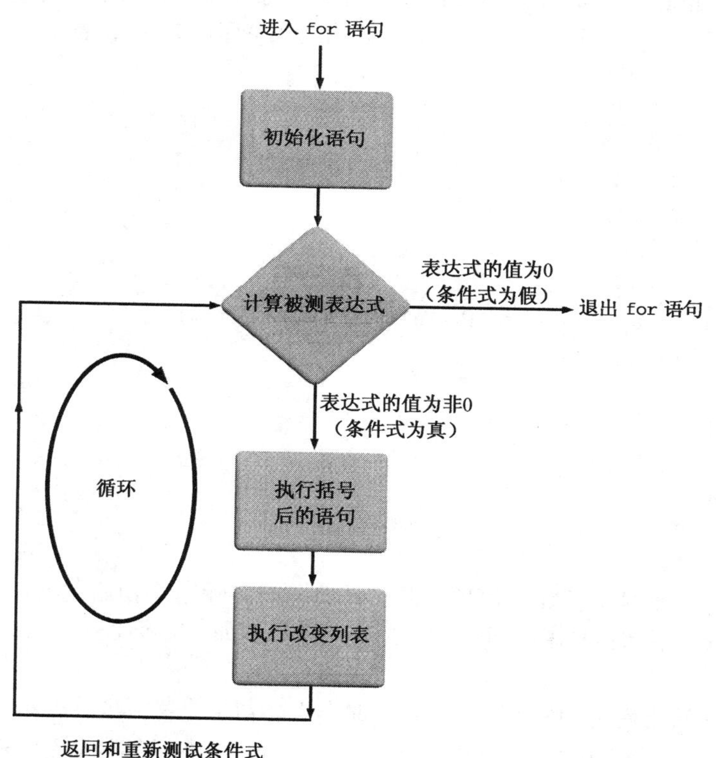

图 5.8　for 语句的控制流

下面的代码演示了 for 语句和 while 语句的一致性以及构造循环所要求的 4 个元素的相对位置。例如，while 循环

```
count = 1;        /* 初始化 */
while (count <= 10)     /* 循环语句和被测表达式 */
{
  printf("%d", count);
  count++:        /* 改变语句 */
}
```

能够用下列 for 语句取代。

```
for (count = 1; count <= 10; count++)
  printf("%d", count);
```

正如这个例子中显示的那样，for 语句与 while 语句之间的唯一不同是相等性表达式的放置位置。将初始化、表达式测试和改变列表一起集中在 for 语句中，在创建计数器控制循环时是非常方便的，这是因为这种循环中的改变表达式通常是一个简单的计数器增量运算，就像这个例子中那样。作为另一个例子，考虑 for 语句

```
for (count = 2; count <= 20; count += 2)
  printf("%d ",count);
```

所有由初始化、条件测试和改变语句组成的循环控制信息，都包含在括号内。这个循环从 count 值 2 开始，当 count 值超过 20 时停止，循环计数器每一步的增量为 2。程序 5.10 是演示这个 for 语句的一个真实程序，其中的被测表达式在字面值 20 的位置使用了符号常量。

程序 5.10

```
#include <stdio.h>
int main()
{
  #define MAXCOUNT 20
  int count;

  for (count = 2; count <= MAXCOUNT; count += 2)
    printf("%d ",count);

  return 0;
}
```

这个程序的输出如下。

```
2 4 6 8 10 12 14 16 18 20
```

for 语句不要求括号中存在任何项，也不要求它们实际用于初始化或者改变表达式语句中的值。但是，for 语句括号内的两个分号必须存在。例如，指令 for (;count <= 20;) 是有效的。

如果不存在初始化列表，则执行 for 语句时会省略初始化这一步。当然，这意味着程序员必须在遇到 for 语句之前提供所要求的初始化值。同样，如果不存在改变列表，则任何改变被测表达式值所需要的表达式都必须直接包含在循环的语句部分以内。for 语句只确保初始化列表中所有表达式在计算被测表达式的值之前被执行一次，而改变列表中所有的表达式会在重新检验被测表达式之前在循环的末端执行。因此，程序 5.10 能够用程序 5.10a、程序 5.10b 和程序 5.10c 中所示的三种方法重新编写。

编程注解：使用 for 循环还是 while 循环

初级程序员会遇到的一个问题是：应该使用哪一种循环结构呢？是 for 循环还是 while 循环？因为C语言中的这两种循环结构都能用来构造固定计数循环和条件控制循环。在几乎所有其他的计算机语言中，答案相对简单，因为 for 语句只能用于构造计数器控制循环，而 while 语句一般只用于构造条件控制循环。

在C语言中，这种简单的区分没有保留，因为这两种循环语句都能用来创建各种类型的循环。这样，在C语言中采用哪一种就是一个编程风格的问题。因为 for 循环与 while 循环在C语言中是可以互换的，所以任何一种都是合适的。某些专业程序员总是使用 for 语句，几乎从不使用 while 语句。另外一些程序员则正好相反。但仍有一些人愿意保留在其他语言中使用的习惯——创建计数器控制循环使用 for 语句，创建条件控制循环使用 while 语句。这也是本书中将采用的做法。不过在C语言中，这完全是一个编程风格问题，编程中这三种风格都会遇到。

程序 5.10a

```
#include <stdio.h>
int main()
{
  int count;

  count = 2; /* for 语句外的初始化 */
  for ( ; count <= 20; count += 2)
    printf("%d ",count);

  return 0;
}
```

程序 5.10b

```
#include <stdio.h>
int main()
{
  int count;

  count = 2; /*  for 语句外的初始化 */
  for( ; count <= 20; )
  {
    printf("%d ",count);
    count += 2; /* 改变语句 */
  }

  return 0;
}
```

程序 5.10c

```
#include <stdio.h>
int main() /* 所有的语句在for的括号内 */
{
  int count;

```

```
  for (count = 2; count <= 20; printf("%d ",count), count += 2);

  return 0;
}
```

程序 5.10a 中，变量 count 在 for 语句外被初始化，而 for 语句括号内的第一项为空。程序 5.10b 中，初始化列表和改变列表都从括号内移出。程序 5.10b 还在 for 循环内使用了复合语句，复合语句中包含了改变表达式值的语句。程序 5.10c 的括号内包含了所有的项，所以在括号后不需要任何有用的语句。这里的空语句满足“在 for 语句括号后面有一条语句”的语法要求。从程序 5.10c 还可以观察到，改变列表(括号中最后一个项集)由两项组成，且用一个逗号将这些项分隔开。如果初始化列表或者改变列表中包含有多项，则必须使用逗号分隔它们。在 C 语言中，要求用逗号分隔所包含的各个表达式的列表，被称为逗号分隔(comma-separated)列表。最后注意，与程序 5.10 相比，程序 5.10a、程序 5.10b 和程序 5.10c 都是比较差的。程序 5.10 中的 for 语句要清晰得多，因为所有与被测表达式有关的表达式，都被集中在括号内。

尽管 for 语句中可以省略初始化列表和改变列表，但省略被测表达式将导致无限循环。例如，由下列语句创建的循环就是一个无限循环。

```
for (count = 2; ; count++)
  printf("%d",count);
```

与 while 语句中一样，for 循环内也可以使用 break 语句和 continue 语句。break 语句强制从 for 循环内直接退出，正如 while 循环中那样。但是，for 循环中，continue 语句会迫使控制传递到改变列表，由此会重新计算被测表达式的值。这不同于 while 循环中 continue 语句的作用，在 while 循环中，控制被直接传递到重新计算被测表达式的值。

为了演示 for 语句的强大能力，考虑输出一个从 1 到 10 的平方值和立方值的表。这样的表在程序 5.3 中已经用 while 语句得到过。可以回顾程序 5.3，将它与程序 5.11 比较，以获得 for 语句与 while 语句等价性的进一步认知。

编程注解:开始大括号放在哪里

专业 C 语言程序员使用的 for 循环有两种编写风格。只有当 for 循环中包含复合语句时，二者才有所区别。本书中采用的风格如下。

```
for (表达式)
{
  复合语句;
}
```

许多程序员使用的另一种风格是将复合语句的开始大括号放在第一行。用这种风格编写的 for 循环如下。

```
for (表达式) {
  复合语句;
}
```

第一种风格的优点是两个大括号位于同一条竖线上，更容易查找到对应的大括号。第二种风格的优点是它使代码更加紧凑，从而节省了行数，使得在相同的显示区域可以看到更多的代码。两种风格都可使用，但几乎从来不会混合它们。选择哪一种风格取决于个人或者团队的约定，且应始终保持一致。照例，在整个程序中，复合语句内使用的缩排形式(2 个空格、4 个空格或者 1 个制表符)也应该始终保持一致。所有这些风格合在一起，就构成了你的编程工作的“名片”。

程序 5.11

```
#include <stdio.h>
int main()
{
  #define TABLESIZE 10
  int num;

  printf("NUMBER SQUARE CUBE\n");
  printf("------ ------ ----\n");

  for (num = 1; num <= TABLESIZE; num++)
    printf("%3d %7d %6d\n", num, num*num, num*num*num);

  return 0;
}
```

程序的输出如下所示。

```
NUMBER    SQUARE    CUBE
------    ------    ----
   1          1        1
   2          4        8
   3          9       27
   4         16       64
   5         25      125
   6         36      216
   7         49      343
   8         64      512
   9         81      729
  10        100     1000
```

只需将程序 5.11 的#define 语句中的 10 改成 1000，就创建了一个执行 1000 次的循环，从而得到一个从 1 到 1000 的表。同 while 语句一样，这个小改变对程序提供的处理和输出将产生巨大的增长。

利用 for 循环求和及平均值

利用 for 循环求和及平均值，在方式上与使用 while 循环极为相似(参见 5.3 节)。例如，程序 5.12 中的 scanf()函数调用用于输入一组数。每输入一个数，就将它加到变量 total。当退出 for 循环时，会计算并显示平均值。

程序 5.12

```
#include <stdio.h>
#define MAXCOUNT 5
int main()
/* 这个程序计算5个用户 */
/* 输入的数字的平均值 */
{
  int count;
  float num, total, average;

```

```
  total = 0.0;

  for (count = 0; count < MAXCOUNT; count++)
  {
    printf("\nEnter a number: ");
    scanf("%f", &num);
    total += num;
  }

  average = total / MAXCOUNT;
  printf("\n\nThe average of the %d numbers entered is %f\n",
                                          MAXCOUNT, average);

  return 0;
}
```

这个程序中的 for 语句创建了一个执行5次的循环。每次通过循环时，会提示用户输入一个数。每输入一个数，就立即将它加到变量 total。为了清楚起见，尽管变量 total 在 for 语句之前被初始化为0，但这个初始化能够与 count 的初始化一起进行，如下所示。

练习 5.4

简答题

1. 为下面各种情况编写 for 语句。
   a. 使用一个名称为 i 的计数器，其初始值为1，最终值为20，增量为1。
   b. 使用一个名称为 icount 的计数器，其初始值为1，最终值为21，增量为2。
   c. 使用一个名称为 j 的计数器，其初始值为1，最终值为100，增量为5。
   d. 使用一个名称为 icount 的计数器，其初始值为20，最终值为1，增量为 -1。
   e. 使用一个名称为 icount 的计数器，其初始值为21，最终值为1，增量为 -2。
   f. 使用一个名称为 count 的计数器，其初始值为1.0，最终值为16.2，增量为0.2。
   g. 使用一个名称为 xcnt 的计数器，其初始值为20.0，最终值为10.0，增量为 -0.5。
2. 确定为练习1编写的每一条 for 语句的循环次数。
3. 如下的循环执行之后，total 的值是多少？

a.
```
total = 0;
for (i = 1; i <= 10; i += 1)
  total += 1;
```

b.
```
total = 1;
for (count = 1; count <= 10; count += 1)
  total = total * 2;
```

c.
```
total = 0;
for ( i = 10; i <= 15; i += 1)
  total += i;
```

d.
```
total = 50;
for (i = 1; i <=10; i += 1)
  total -= i;
```

e.
```
total = 1;
for (icnt = 1; icnt <= 8; icnt++)
  total = total * icnt;
```

f.
```
total = 1.0;
for (j = 1; j <= 5; j++)
  total = total / 2.0;
```

4. 给出下列程序的输出。

```
#include <stdio.h>
int main()
{
  int i;
  for (i = 20; i >= 0; i = i - 4)
     printf("%d ",i);
}
```

编程练习

1. 修改程序 5.11，产生一个增量为 2、从 0 到 20 的平方值和立方值的表。
2. 修改程序 5.11，产生一个从 10 到 1 的表。
3. 编写并运行一个 C 语言程序，显示一个从华氏温度转换到摄氏温度的表，该表包含 20 个温度值。这个表应该从华氏温度 20 度开始，增量为 4 度。二者的转换公式为：$Celsius = (5.0/9.0) \times (Fahrenheit - 32.0)$。
4. 编写并运行一个 C 语言程序，接收 6 个华氏温度值，每次一个，并在请求下一个值之前将每一个输入值转换为对应的摄氏温度值。要求在程序中使用 for 循环。二者的转换公式为：$Celsius = (5.0/9.0) \times (Fahrenheit - 32.0)$
5. 编写并运行一个 C 语言程序，接收 10 个加仑值，每次一个，并在请求下一个值之前将每一个输入值转换为对应的以升为单位的值。要求在程序中使用 for 循环。1 加仑等于 3.785 升。
6. 编写并运行一个 C 语言程序，计算并显示初始时有 1000 美元存款，年利率为 8% 的银行账户中的可用金额。程序应该显示 10 年内每年年底的可用金额。每年年底的可用金额等于该年年初银行账户中的金额加上 0.08 乘以该年年初银行账户中的金额。
7. 用 28 000 美元购买的机器 7 年间每年的折旧为 4000 美元。编写并运行一个 C 语言程序，计算并显示 7 年期间的折旧表。表的形式如下。

```
                DEPRECIATION SCHEDULE
                ---------------------

                    END-OF-YEAR  ACCUMULATED
YEAR  DEPRECIATION     VALUE     DEPRECIATION
----  ------------  -----------  ------------
1         4000         24000         4000
2         4000         20000         8000
3         4000         16000        12000
4         4000         12000        16000
5         4000          8000        20000
6         4000          4000        24000
7         4000             0        28000
```

8. 一家装饰品制造厂每年的销售额下降4%。其年利润为销售额的10%。今年的销售额为1千万美元,利润为1百万美元。确定下一个10年期的预期销售额和利润。程序应该产生如下的显示。

```
             SALES AND PROFIT PROJECTION
             ---------------------------

    YEAR     EXPECTED SALES      PROJECTED PROFIT
    ----     --------------      ----------------
      1      $10000000.00         $1000000.00
      2      $ 9600000.00         $ 960000.00
      3            .                   .
      .            .                   .
      .            .                   .
      .            .                   .
     10            .                   .
             -------------       ----------------
    Totals: $                    $
```

5.5 案例研究:循环编程技术

除了已经描述过的应用之外,这一节将介绍与前测试循环(for 循环和 while 循环)有关的额外4种编程技术。对于有经验的程序员而言,这些技术都是常规知识。

技术1:循环内的选择

一种常规的编程技术是使用 for 或者 while 循环去迭代通过一组数并且选择那些满足一个或者多个标准的数。例如,假设希望同时计算出一组数中正数的和以及负数的和。这里的标准是数为正数还是负数,实现这个程序的逻辑由下列伪代码给出。

```
While 循环条件为真
  输入一个数
  If 这个数大于0
    将这个数加到正数的总和
  else
    将这个数加到负数的总和
  EndIf
EndWhile
```

程序5.13用C语言描述了这个算法,要求输入5个数并采用计数器控制循环。

程序5.13

```c
#include <stdio.h>
#define MAXNUMS 5
int main()
/* 这个程序计算一组MAXNUMS个用户输 */
/* 入的数字的正数的总和以及负数的总和 */
{
  int i;
  float number;
  float postotal = 0.0f;
  float negtotal = 0.0f;
```

```

  for (i = 1; i <= MAXNUMS; i++)
  {
    printf("Enter a number (positive or negative) : ");
    scanf("%f", &number);
    if (number > 0)
      postotal += number;
    else
      negtotal += number;
  }

  printf("\nThe positive total is %f", postotal);
  printf("\nThe negative total is %f\n", negtotal);

  return 0;
}
```

下面是程序5.13运行的样本。

```
Enter a number (positive or negative) : 10
Enter a number (positive or negative) : -10
Enter a number (positive or negative) : 5
Enter a number (positive or negative) : -7
Enter a number (positive or negative) : 11

The positive total is 26.000000
The negative total is -17.000000
```

技术2：输入数据验证

while 循环经常用于输入验证用途，要求用户输入的值在某个指定的范围内。例如，输入日期时要求所有的月份数位于1到12之间，而天数位于1到31之间。

这种情况容易用一个检查无效值的 while 循环处理。例如，程序5.14会不断地请求一个月份值，直到输入了一个有效的值为止。

程序5.14

```
#include <stdio.h>
int main()
{
  int month;

  printf("\nEnter a month between 1 and 12: ");
  scanf("%d", &month);

  while (month < 1 || month > 12)
  {
    printf("Error - the month you entered is not valid.\n");
    printf("\nEnter a month between 1 and 12: ");
    scanf("%d", &month);
  }

  printf("The month accepted is %d\n", month);

  return 0;
}
```

第9行的while语句

```
9  while (month < 1 || month > 12)
```

检查无效的月份值。这样，任何小于1或者大于12的月份值都将使被测表达式求值为真，使while循环继续执行。只有当检测到有效的月份值时，才会停止这个循环。

下面是程序5.14运行的样本。正如前面所说，循环会不断地请求一个月份值，直到输入了一个有效的值为止。

```
Enter a month between 1 and 12: 14
Error - the month you entered is not valid.

Enter a month between 1 and 12: 0
Error - the month you entered is not valid.

Enter a month between 1 and 12: 7
The month accepted is 7
```

从程序员的角度看，运行程序5.14时一件令人讨厌的事是:它在while循环之前和循环之内都会不断地调用printf()函数和scanf()函数，即代码行

```
6   printf("\nEnter a month between 1 and 12: ");
7   scanf("%d", &month);
```

和代码行

```
12  printf("\nEnter a month between 1 and 12: ");
13  scanf("%d", &month);
```

相同。如果要求首次计算被测表达式的值之前进行初始化，这种重复代码总是会出现在数据验证while循环中。甚至在进入循环之前，就必须有一条提示语句和一条输入语句，以获得要测试的第一个值。

对于这个问题，专业程序员有两种解决办法。一种方法是使用将在下一节讲解的do…while语句。但是更常见的做法是，C语言程序员编写一个总是为真的while循环，在循环内使用if语句测试输入值的有效性，如果输入的是有效值，则使用break语句跳出这个循环。

程序5.15

```
#include <stdio.h>
int main()
{
  #define TRUE 1
  int month;

  while (TRUE)   /* 这总是为真 */
  {
    printf("\nEnter a month between 1 and 12: ");
    scanf("%d", &month);

    if (month > 1 && month < 12)   /* 测试在这里进行 */
      break;

    printf("Error - the month you entered is not valid.\n");
  }
```

```
17
18     printf("The month accepted is %d\n", month);
19
20     return 0;
21   }
```

程序 5.15 就使用这种技术来检验月份值的有效性。这个程序的输出与程序 5.14 相同，但它避免了重复编码第 9 行和第 10 行，而是将它们置于 while 语句的前面。不过，这两个程序都假定输入的是一个整数值。在第 9 章中，将看到如何修改这个输入数据验证程序，以便在验证值的有效性之前能够确保输入的是一个整数值。

技术 3：交互式循环控制

用来控制循环的值，可以使用变量而不是常量值来设置。例如，下面的 4 条语句

```
i = 5;
j = 15;
k = 2;
for (count = i; count <= j; count += k)
```

会得到与下面这一条语句相同的效果。

```
for (count = 5; count <= 15; count += 2)
```

类似地，语句

```
i = 5;
j = 15;
k = 2;
count = i;
while (count <= j)
  count = count + k;
```

会得到与下面这个 while 循环相同的效果。

```
count = 5;
while (count <= 15)
  count += 2;
```

在初始化、条件式和改变表达式中使用变量的好处是：它允许在 for 语句和 while 语句外部为这些表达式赋值。当用 scanf()函数调用设置实际的值时，这样做就特别有用。为了使它更直观，考虑程序 5.16。

程序 5.16

```
#include <stdio.h>
int main()
/* 这个程序显示从数字 1 开始的 */
/* 数字、数字的平方和立方的表   */
/* 表的最终的数字由用户输入 */
{
  int num, final;

  printf("Enter the final number for the table: ");
  scanf("%d", &final);

  printf("Number Square Cube\n");
```

```
  printf("------ ------ ----\n");

  for (num = 1; num <= final; num++)
    printf("%3d %7d %6d\n", num, num*num, num*num*num);

  return 0;
}
```

程序 5.16 中，只在条件表达式(中间的表达式)内使用了一个变量名称。这里将scanf()语句放置在循环之前，让用户决定这个最终值应该是什么。这种安排使得用户能够在运行时设置表的大小，而不是让程序员在编译时设置它的大小。这也使程序更为通用，因为现在它不需要重新编程和重新编译，就可以创建不同大小的表。

技术 4:计算方程式

能够方便地构造出循环，以确定并显示一组任意指定区间内的值的数学方程式的解。例如，假设希望得到如下方程式的解

$$y = 10x^2 + 3x - 2$$

其中 x 位于 2 和 6 之间。假设 x 已经被声明为一个整型变量，下面的 for 循环能够计算出所要求的解。

```
for (x = 2; x <= 6; x++)
{
  y = 10 * pow(x,2) + 3 * x - 2;
  printf(" %3d         %3d\n", x, y);
}
```

这个循环中，将变量 x 同时作为计数器变量和方程式中的独立变量。对于从 2 到 6 的每一个 x 值，都会计算并显示一个不同的 y 值。

这个 for 循环包含在程序 5.17 中，它还为输出的值显示了适当的标题。

程序 5.17

```
#include <stdio.h>
#include <math.h>
int main()
{
  int x, y;

  printf("x value   y value\n");
  printf("-------   --------\n");

  for (x = 2; x <= 6; x++)
  {
    y = 10 * pow(x,2) + 3 * x - 2;
    printf("%4d %10d\n", x, y);
  }

  return 0;
}
```

执行这个程序的结果如下。

```
x value    y value
-------    --------
   2          44
   3          97
   4         170
   5         263
   6         376
```

这里要着重强调两点。首先，包含一个独立变量的任何方程式，都能够用一个 for 语句或者等价的 while 循环计算。这个方法要求将期望的方程式代入程序 5.17 中所使用的方程式的位置，并且要调整计数器的值，以匹配预期的解范围。

第二，没有将计数器变量限制成使用整型值。例如，通过指定一个非整数增量，可以获得小数值结果。这从程序 5.18 即可看出，其中的方程式 $y = 10x^2 + 3x - 2$ 在 x 为 2 到 6 的范围内求解，增量为 0.5。

程序 5.18

```
#include <stdio.h>
#include <math.h>
int main()
{
  float x, y;

  printf("x value       y value\n");
  printf("--------     -----------\n");

  for (x = 2.0; x <= 6.0; x += 0.5)
  {
    y = 10.0 * pow(x,2) + 3.0 * x - 2.0;
    printf("%8.6f %13.6f\n", x, y);
  }

  return 0;
}
```

注意，程序 5.18 将 x 和 y 声明为浮点型变量，以允许它们具有小数值。以下是这个程序的输出。

```
x value       y value
--------     -----------
2.000000      44.000000
2.500000      68.000000
3.000000      97.000000
3.500000     131.000000
4.000000     170.000000
4.500000     214.000000
5.000000     263.000000
5.500000     317.000000
6.000000     376.000000
```

练习 5.5

编程练习

1. 修改程序 5.13，以便在程序执行时输入的项数由用户指定。
2. 修改程序 5.13，使它显示正数的平均值和负数的平均值(提示:注意不要将 0 当做负数)。输入数 17，-10，20，0，-4 测试程序。由程序显示的正数平均值应该是 18.5，负数平均值应该是 -7。
3. a. 输入并运行程序 5.14 或者程序 5.15。
   b. 确定在执行程序 5.14 或者程序 5.15 时，当输入一个浮点数而不是整数时会发生什么?
   c. 确定在执行程序 5.14 或者程序 5.15 时，当输入一个字母而不是整数时会发生什么?
4. 编写并运行一个请求日期值的 C 语言程序。使程序只接收 1 和 31 之间的日期值。
5. 编写并运行一个同时请求月份值和日期值的 C 语言程序。只有在 1 和 12 之间的月份值才被接收。此外，对于 2 月，只有 1 和 28 之间的日期值才被接收;对于 4，6，9，11 月，只有 1 和 30 之间的日期值才被接收;对于其他月份，只有 1 和 31 之间的日期值才被接收。提示:使用 `switch` 语句。
6. a. 编写一个 C 语言程序，选择并显示在程序执行时输入的 5 个数中的最大数。提示:使用一个包含 `scanf()`函数和 `if` 语句的 `for` 循环。
   b. 修改为练习 6a 编写的程序，使它同时显示一组输入值中的最大值和它出现的位置。
7. 编写一个 C 语言程序，选择并显示能被 3 整除的前 20 个整数。
8. 一名儿童的父母允诺在她 12 岁生日那天给她 10 美元，并且在接下来的每一个生日里给的金额加倍，直到金额超过 1000 美元。编写一个 C 语言程序，确定当她得到最后的 1000 美元时她有多大? 她一共得到了多少美元?
9. 修改程序 5.18，产生下列方程式的 y 值表。
   a. $y = 3x^5 - 2x^3 + x$，x 在 5 到 10 之间，增量为 0.2。
   b. $y = 1 + x + \frac{x^2}{2} + \frac{x^3}{6} + \frac{x^4}{24}$，$x$ 在 1 到 3 之间，增量为 0.1。
   c. $y = 2e^{8t}$，t 在 4 到 10 之间，增量为 0.2。
10. 世界人口的模型由方程式 $Population = 6.0(e^{0.02t})$ 确定(单位为 10 亿)，其中 t 为以年表示的时间($t = 0$ 代表 2000 年 1 月;$t = 1$ 代表 2001 年 1 月)。利用这个公式编写一个C 语言程序，以表格形式显示 2007 年 1 月到 2008 年 12 月间每月的人口数量。
11. 用初始速度 v 以相对于地面的角度 θ 射出的弹头的 x 和 y 坐标与时间 t 之间存在关系式:$x = vt\cos\theta$，$y = vt\sin\theta$。利用这些公式，编写一个 C 语言程序，显示一个用初始速度 500 英尺/秒，以相对于地面 22.8°射出的弹头的 x 和 y 值的表。提示:要转换成弧度单位。这个表应该包含时间间隔 0 到 10 秒的值，增量为 0.5 秒。
12. 修改程序 5.16，接收由程序产生的表的初始值和增量值。
13. 编写一个 C 语言程序，将华氏温度转换到摄氏温度，增量为 5 度。华氏温度的初始值和所进行转换的总次数要在程序执行期间由用户输入。二者的转换公式为:$Celsius = (5.0/9.0) \times (Fahrenheit - 32.0)$
14. a. 修改 5.4 节编程练习 6 中的程序，使得一开始就提示用户最初存储在账户中的金额。

b. 修改 5.4 节编程练习 6 中的程序，使得一开始就提示用户最初存储在账户中的金额以及显示的年数。

c. 修改 5.4 节编程练习 6 中的程序，使得一开始就提示用户最初存储在账户中的金额、使用的利率以及显示的年数。

5.6　嵌套循环

在许多情形中，将一个循环包含在另一个循环中是非常方便的。这样的循环被称为嵌套循环(nested loop)。一个简单的嵌套循环例子如下。

```
for(i = 1; i <= 5; i++)           /* 外层循环开始 <---+ */
{                                 /*                  | */
  printf("\ni is now %d\n",i)     /*                  | */
  for(j = 1; j <= 4; j++)         /* 内层循环开始     | */
    printf(" j = %d", j);         /* 内层循环结束     | */
}                                 /* 外层循环结束 <---+ */
```

由变量 i 的值控制的第一个循环，被称为外循环(outer loop)；由变量 j 的值控制的第二个循环，被称为内循环(inner loop)。注意，内循环中的全部语句都被包含在外循环内，且使用了不同的变量了控制每一个循环。对于每一次通过外循环的过程，内循环从头到尾运行它的全部语句序列。因此，每次内部 for 循环执行结束，i 计数器加 1。这个情形在图 5.9 中示出。程序 5.19 中包含了上述代码。

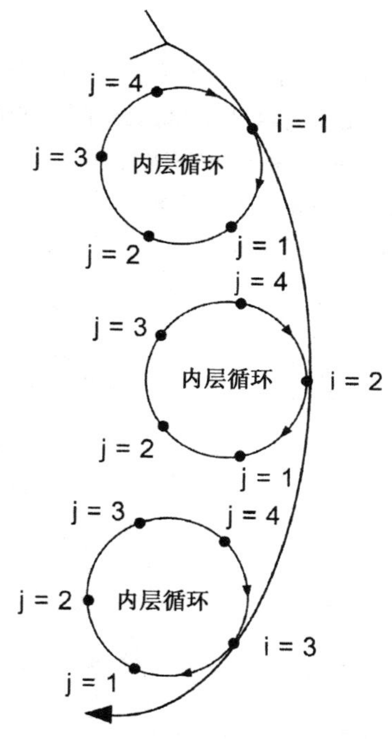

图 5.9　对于每一个 i，j 循环一次

程序 5.19

```
#include <stdio.h>
int main()
{
  int i,j;

  for(i = 1; i <= 5; i++)          /* 外层循环开始  <---+ */
  {                                /*                   | */
    printf("\ni is now %d\n",i);   /*                   | */
    for(j = 1; j <=4; j++)         /* 内层循环开始      | */
      printf(" j = %d", j);        /* 内层循环结束      | */
  }                                /* 外层循环结束  <---+ */

  return 0;
}
```

下面是运行该程序的样本输出。

```
i is now 1
j = 1 j = 2 j = 3 j = 4
i is now 2
j = 1 j = 2 j = 3 j = 4
i is now 3
j = 1 j = 2 j = 3 j = 4
i is now 4
j = 1 j = 2 j = 3 j = 4
i is now 5
j = 1 j = 2 j = 3 j = 4
```

下面使用嵌套循环来计算有 20 名学生的一个班级中每一名学生的平均成绩。每位学生在这个学期中进行过 4 次考试。最后成绩为这些考试成绩的平均值。

程序中的外循环由 20 次遍历组成。每遍历一次外循环，就计算一位学生的平均成绩。内循环需遍历 4 次。遍历内循环一次时，就输入一个测验分数。每输入一个分数时，就将它加到该学生的变量 `total` 中，平均成绩在循环的结束处计算并显示。程序 5.20 使用了一个嵌套循环执行这些计算。

程序 5.20

```
#include <stdio.h>
#define NUMSTUDENTS 20
#define NUMGRADES 4
int main()
{
  int i,j;
  float grade, total, average;

  for (i = 1; i <= NUMSTUDENTS; i++) /* 开始外层循环 */
  {
    total = 0; /* 清除学生的 total 变量 */

    for (j = 1; j <= NUMGRADES; j++) /* 开始内层循环 */
    {
```

```
15          printf("Enter an examination grade for this student: ");
16          scanf("%f", &grade);
17          total = total + grade; /* add the grade into the total */
18        } /* 内层for循环的末端 */
19
20        average = total / NUMGRADES; /* 计算平均值 */
21        printf("\nThe average for student %d is %f\n\n",i,average);
22      } /* 外层for循环的末端 */
23
24      return 0;
25    }
```

观察程序 5.20，要特别注意第 11 行中对变量 total 的初始化。

```
11  total = 0; /* 清除学生的total变量 */
```

因为这个语句是在外循环内但在内循环之前被输入的，变量 total 被初始化了 20 次，每一位学生一次。还要注意，在第 20 行和第 21 行中，平均成绩在内循环完成之后立即被计算和显示。

```
20  average = total / NUMGRADES; /* 计算平均值 */
21  printf("\nThe average for student %d is %f\n\n",i,average);
```

因为这两个语句也包含在外循环内，所以会计算并显示 20 个平均成绩。内循环内每一个分数的输入和累加采用的是以前使用过的技术，因此应该已经熟悉它们。

练习 5.6

简答题

1. 4 个实验中的每一个实验都有 6 个测试结果，每一个实验的结果如下。编写一个 C 语言程序，使用嵌套循环计算并显示每一个实验测试结果的平均值。

第一个实验结果：	23.2	31.5	16.9	27.5	25.4	28.6
第二个实验结果：	34.8	45.2	27.9	36.8	33.4	39.4
第三个实验结果：	19.4	16.8	10.2	20.8	18.9	13.4
第四个实验结果：	36.9	39.5	49.2	45.1	42.7	50.6

2. 修改为练习 1 编写的程序，以便每一个实验测试结果的数量是由用户输入的。编写一个程序，以便可以对实验输入不同的测试结果数量。

3. a. 一个保龄球队由 5 名队员组成，每一名队员投了 3 局。编写一个 C 语言程序，使用嵌套循环输入每一名队员的成绩，然后计算并显示他的平均分。假设各位队员的分数如下。

第一名队员：	286	252	265
第二名队员：	212	186	215
第三名队员：	252	232	216
第四名队员：	192	201	235
第五名队员：	186	236	272

   b. 修改为练习 3a 编写的程序，以计算并显示球队的平均分。（提示：使用另一个变量来保存全部队员分数的总和。）

4. 重新编写为练习 3a 编写的程序，去除内循环。为此，必须一次为每一名队员输入 3 个成绩而不是每次一个。在计算平均成绩之前，每一个成绩都必须存入自己的变量名称中。

5. 编写一个 C 语言程序，计算并显示将 1000 美元存入银行的 10 年中每年年末的余额。假设年利率可以是 6% 到 12%（包含二者），以利率 1% 的增量显示每年年末的余额。使用嵌套循环，外循环有固定计数 7，内循环有固定计数 10。外循环的第一次迭代使用 6% 的利率并显示第一年年末的余额。在接下来的每一次外循环遍历中，利率应该增加 1%。每年年底的余额，等于该年年初银行账户中的金额加上利率乘以该年年初银行账户中的金额。

5.7 do…while 语句

while 语句和 for 语句都是在循环的开始处计算表达式的值。但是，有些情况在循环的结尾处计算表达式的值更为方便。例如，假设有一个计算销售税的 while 循环，如下所示。

```
1  #define SENTINEL 0.0
2  #define RATE .06
3  printf("Enter a price:");
4  scanf("%f", &price);
5  while (price != SENTINEL)
6  {
7    salestax = RATE * price;
8    printf("The sales tax is $%5.2f",salestax);
9    printf("\nEnter a price: ");
10   scanf("%f", &price);
11 }
```

使用这个 while 语句要求在循环之前重复同一个提示（第 3 行和第 9 行）和 scanf()函数调用（第 4 行和第 10 行），或者利用其他的技巧强制 while 循环内语句的初次执行。

正如名称所暗示的，do…while 语句允许计算表达式的值之前执行某些语句。在大多数情况中，它能够用于消除前面的例子中的重复语句。do…while 语句的一般格式是

```
do
  语句;
while(表达式);
```

注意，表达式之后的分号不能省略。与所有的 C 语言程序一样，在 do…while 语句中的单一语句可以用复合语句替代。do…while 语句的控制流图见图 5.10。

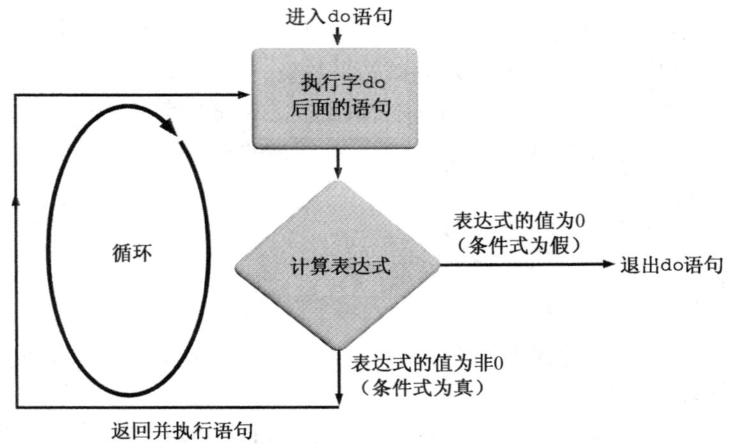

图 5.10 do…while 语句的控制流

如图 5.10 所示，在计算表达式的值之前，do…while 语句内的全部语句都至少会执行一次。这样，如果表达式有非 0 值，则会再次执行这些语句。这个过程会一直持续到表达式的值为 0 时为止。例如，对于如下已定义的符号常量

```
#define SENTINEL 0.0
#define RATE .06
```

考虑在如下代码段中的 do…while 语句

```
do
{
  printf("\nEnter a price or -1 to terminate: ");
  scanf("%f", &price);

  if (price < SENTINEL)
    break;

  salestax = RATE * price;
  printf("The sales tax is $%5.2f", salestax);
} while (price > SENTINEL);
```

不管被测表达式的值如何，循环内的复合语句将总是至少执行一次。只要被测条件式仍然为真，复合语句内的语句就会不断地执行。销售税的计算和循环的过程只有在遇到一个负数时才会停止。

与所有的循环语句一样，do…while 语句总是能够与对应的 while 语句或者 for 语句相互替换。使用哪一种语句，取决于应用和程序员喜欢的风格。通常而言，应优先使用 while 语句或者 for 语句，因为它们在循环的顶部清楚地指明了“最先”的测试条件是什么。

因为 while 语句和 for 语句都是在循环的开始处计算表达式的值，所以它们总是会产生前测试循环。相反，do…while 语句总是会创建后测试循环，在这种循环中，被测条件式总是在循环的结尾处计算，如图 5.11 所示。这确保了在条件式被计算之前至少会执行一次循环体语句，而在条件式变成假时循环将退出。

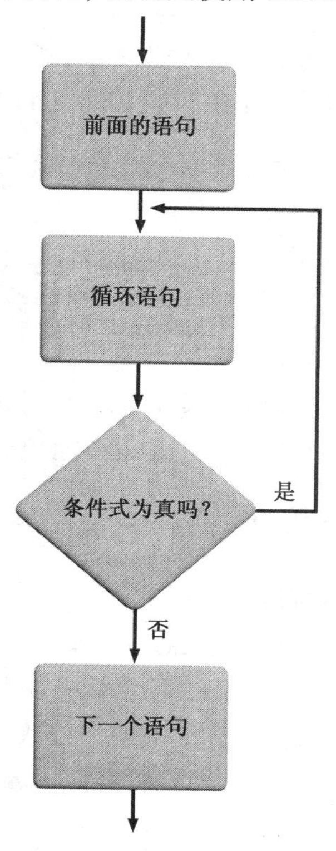

图 5.11 后测试循环结构

有一种应用类型非常适合使用后测试循环，这就是在表 5.1 中列出且在 5.5 节技术 2 中使用过的用 while 语句验证输入数据的应用。例如，假设要求操作员输入的有效消费者身份号码的范围为 1000 到 1999，这个范围之外的号码将被拒绝，并且会再次请求有效的号码。下列代码段提供了必要的数据过滤功能，以验证身份号码的有效性。

```
do
{
  printf("\nEnter an identification number: ");
  scanf("%f", &idNum);
} while (idNum < 1000 || idNum > 1999);
```

这样就会不断地请求身份号码，直到输入了有效的值为止。这个代码段表明，如果没有找到任何有效的身份号码，它既会不提醒

操作员要重新请求数据的原因，也不会允许从循环中过早地退出。因此，它就成为了一个陷阱，在输入了正确的值之前无法退出。解决这两个问题的一种办法如下。

```
1  do
2  {
3    printf("\nEnter an identification number between 1000 and 1999");
4    printf("\n  or any negative number to exit the program: ");
5    scanf("%d", &idNum);
6
7    if (idNum < 0)
8      break;
9
10   if (idNum >= 1000 && idNum <= 1999)
11     break;  /* 如果一个有效的身份号码被输入，中断产生 */
12   else
13   {
14     printf("\n An invalid number was just entered");
15     printf("\nPlease check the ID number and re-enter");
16     printf("\nA valid ID number is between 1000 and 1999\n");
17   }
18 } while(1); /* 这个表达式总是为真 */
```

因为被 do…while 语句计算的表达式总是为 1(真)，所以就创建了一个能够由 break 语句退出的无限循环。在这段特别的代码中，使用了两个 break 语句，如果用户输入一个负数或者一个有效的身份号码，就退出循环。第 7 行和第 8 行中的第一个 if 语句

```
7  if (idNum < 0)
8    break;
```

任何负的输入值都会使循环停止。如果不知道有效的身份号码是什么，则它就提供了退出循环的一种途径。第 10 ~ 17 行中的第二个 if 语句

```
10 if (idNum >= 1000 && idNum <= 1999)
11   break;  /* 如果一个有效的身份号码被输入，中断产生 */
12 else
13 {
14   printf("\n An invalid number was just entered");
15   printf("\nPlease check the ID number and re-enter");
16   printf("\nA valid ID number is between 1000 and 1999\n");
17 }
```

只要输入了有效的身份号码，都会使循环退出。显然，在这个 do…while 语句之后，应该有一个 if…else 语句，以确定是哪一个 break 引起循环终止[1]。

练习 5.7

编程练习

1. a. 用 do…while 语句编写一个 C 语言程序，接收一个成绩分数。如果输入的是无效分数，程序就应该不断地请求分数。无效分数是任何小于 0 或者大于 100 的分数。在输入了有效的分数后，程序应该显示它的值。

   b. 修改为练习 1a 编写的程序，以便用户输入无效的分数时能提醒他。

---

① 一个可供选择的方法是在第 8 行中的 break 语句的位置使用一个 exit() 函数调用。这将引起包含 do 语句的程序的终止。

c. 修改为练习 1a 编写的程序，如果用户输入 999 就退出程序。

d. 修改为练习 1b 编写的程序，输入 5 个有效的分数后自动终止程序。

2. a. 编写一个 C 语言程序，不断地要求输入成绩分数。如果分数小于 0 或者大于 100，程序应该输出一条合适的消息，提示用户输入了无效的分数，否则，将这个分数加到总分中。当输入分数为 999 时，程序退出循环，计算并显示输入的有效分数的平均值。

b. 在计算机上运行练习 2a 中编写的程序并用适当的测试数据验证结果。

3. a. 编写一个 C 语言程序，将一个正整数的数位颠倒。例如，如果输入 8735，则显示的应该是5378。(提示:使用 do…while 语句不断地剥离并显示这个数的最后一个数位上的数。如果变量 num 包含了初始时输入的数，则最后一个数位上的数可以通过(num % 10)得到。显示完最后一个数位上的数之后，将这个数再除以 10，就得到了下一次循环所用的数。这样，(8735 % 10)的结果为 5，(8735/10)为 873。只要余数不为 0，这个 do…while 语句就会一直执行。

b. 在计算机上运行练习 3a 中编写的程序并用适当的测试数据验证结果。

4. 对于由用户输入的开始字符和结束字符之间的所有字符，输出它们的十进制、八进制和十六进制值。例如，如果用户输入了字符 a 和 z，则程序应该输出 a 和 z 之间所有字符三种进制的值。应确保用户输入的第二个字符位于字母表中第一个字符的后面。如果不是这样，编写一个循环，不断地要求用户输入有效的第二个字符，直到正确为止。

5. 使用 do…while 语句而不是 for 语句重做 5.4 节中的练习题。

5.8 编程错误和编译器错误

在使用本章中讲解的材料时，应注意如下可能的编程错误和编译器错误。

编程错误

在使用循环语句时，初级 C 语言程序员常犯如下 6 种错误。其中第二种和第三种与被测表达式相关，在介绍 if 语句和 switch 语句时已经遇到过它们。

1. 对于新程序员来说，最麻烦的编程错误是“差 1 错误”(off by one)。这种错误中，循环会比预期的多执行一次或者少执行一次。例如，由语句 for(i =1;i <11;i++)创建的循环，会执行 10 次而不是 11 次，尽管语句中使用了数 11。因此，与这条语句等价的 for 循环语句是 for(i =1;i <=10;i++)。但是，如果循环中 i 的初始值为 0，则语句 for(i =0;i <11;i++)将使循环执行 11 次，语句 for(i =0;i <=10;i++)也如此。在构造循环时，必须特别注意用于控制循环的初始条件和最终条件，以确保循环不会比预期的多执行一次或者少执行一次。

2. 在被测表达式中错误地将使用了赋值运算符 = 而不是相等运算符 ==。这种错误的一个例子是使用赋值表达式 a =5，而不是期望的关系表达式 a ==5。由于被测表达式能够是任何有效的 C 语言表达式，包括算术表达式和赋值表达式，所以这种错误不会被编译器检测到。

3. 同 if 语句一样，在测试浮点数或者双精度数时，不能在循环语句中使用相等运算符 ==。例如，不应该使用表达式 fnum == .01，而是应使用一个要求 fnum - .01 的绝对值小于某个可接受值的表达式。这样做的理由是:所有的数都是用二进制方式保存的。使用有限位的数，类似0.01的十进制数没有精确的二进制等效值，所以如果对这种数进行相等性测试，可能会失败。

4. 在 for 语句括号后面放置一个分号，将产生一个什么都不做的循环。例如，考虑语句

```
for(count = 1; count <= 10; count++);
  total = total + num;
```

在这个语句中，第一行代码结尾处的分号是一条空语句。这条语句的作用是：创建一个遍历10次的循环，除了自增 count 并测试它之外什么都不会做。因为大多数情况下，C语言程序员都会用分号结束一行，所以就导致了这种错误。但是，用分号终止 for 语句并不总是错误的。例如，下列代码将产生一个1到10的列表。

```
for(count = 1; count <= 10; printf("%d  ", count++);
```

5. 用逗号而不是分号分隔 for 语句中的那些项。一个这样的例子如下。

```
for (count = 1, count <= 10, count++)
```

分隔初始化列表和改变列表里面的项时，必须使用逗号，分号用于将它们与被测表达式分隔。

6. 遗漏 do…while 语句中最后的分号。如果程序员已经知道不能在 while 语句括号之后使用分号，则一旦在 do 语句结尾处遇到保留字 while 时，就会延续这个习惯，从而导致错误。

编译器错误

下面的表总结了会导致编译错误的常见错误以及由基于UNIX/Windows的编译器提供的典型错误消息。

错误	基于UNIX编译器的错误消息	基于Windows编译器的错误消息
用逗号而不是分号分隔 for 语句中的语句。例如，for (init,cond,alt)	(S) Syntax error: possible missing ';' or ','?	error: syntax error: missing';'before ')'

遗漏 while 语句中的括号，例如
while 条件式
{
  语句;
}
	(S) Syntax error: possible missing '('?	error: syntax error: missing';'before '('

遗漏 do… while 语句末端的分号 do { 语句; }while(条件式)	(S) Syntax error. (这个错误趋向于把程序员引入歧途。你应该指望获得由丢失分号或逗号产生的错误，而不是得到一个语法错误)	error:syntax error: missing ';'
遗漏后缀自增或后缀自减语句中的第二个+或-。例如 val +;或 val -;	(S) Syntax error. (注意 +val;和 -val;不产生编译器错误，因为它们是有效的表达式)	error:syntax error:';'

5.9 小结

1. 重复执行的一段代码被称为循环。循环由测试条件式的循环语句控制，以确定是否应继续执行循环内的代码。每通过一次循环，就被称为一次迭代。在循环语句中首次计算被

测条件式的值之前，必须明确地设置这个被测条件式。在循环内部，必须总是有一个允许改变条件式值的语句，以使循环能够退出。

2. C 语言中的三种循环语句如下。

   a. while

   b. for

   c. do…wile

   while 语句和 for 语句分别用于创建 while 循环和 for 循环。这两种循环类型都是前测试循环或者入口控制循环。这种循环类型中，在循环开始前就需计算被测表达式的值，它要求在进入循环之前明确地设置被测条件式。如果条件式为真，则循环开始，否则不进入循环。只要这个表达式保持为真，循环就会持续。do…while 语句用于创建 do…while 循环，它是一种在循环结尾处测试条件式的后测试循环或者出口控制循环。这种类型的循环总是会至少被执行一次，只要被测条件式保持为真，do…while 循环就持续。

3. 循环也可以按照被测条件式的类型分类。在计数器控制循环中，条件式用于跟踪已经发生了多少次循环。在条件控制循环中，被测条件式的结果以遇到一个或者多个特定值为根据。

4. while 循环最常用的语法是

```
while (表达式)
{
  语句;
}
```

   包含在括号内的表达式是被测条件式，它确定跟随在括号后的语句是否应执行。跟随在括号后的语句一般是复合语句。这个表达式的计算过程，与 if…else 语句中包含的表达式完全相同，不同的是在如何使用表达式方面。在 while 语句中，位于表达式后面的语句会不断地执行，只要这个表达式的计算结果为一个非 0 值。while 循环的一个例子如下。

```
count = 1;
while (count <= 10)
{
  printf("%d  ", count);
  count++;
}
```

5. for 语句与 while 语句的功能相同，但其形式不同。在许多情形中，特别是那些使用计数器控制循环的情形中，for 语句格式比它的等价 while 语句更容易使用。for 语句最常用的形式是

```
for(初始化列表; 表达式; 改变列表)
{
   语句;
}
```

   for 语句的括号内是三个用分号隔开的项。每一个项都是可选的，但是分号必须存在。初始化列表用于在进入循环之前设置初始值，一般用于初始化一个计数器。在初始化列表内的语句只被执行一次。for 语句中的表达式是在循环开始处和每次迭代之前被测

试的条件式。改变列表里是没有在复合语句中包含的循环语句，一般用于执行每次循环时给计数器加 1 或者减 1。在一个列表内的多条语句用逗号分开。for 循环的一个例子是如下。

```
for ( total = 0, count = 1; count < 10; count++)
{
  printf("Enter a grade: ");
  scant("%f", &grade);
  total += grade:
}
```

6. 在创建计数器控制循环时，for 语句非常有用。这是因为，初始化语句、被测表达式和影响被测表达式的语句都能够置于 for 循环顶部的括号中，容易检查和修改。
7. do⋯while 语句用于创建后测试循环，因为它在循环末端检验表达式的值。这确保 do⋯while循环体至少会执行一次。在循环内部内，必须至少有一个改变被测表达式值的语句或者一个 break 语句。

第6章　函数模块性(1)

设计、编写和测试专业程序的过程，与将一些固体部件拼装成一个整体的过程非常类似。这就好比拼装一辆汽车，它的主要部件包括引擎、传动系统、制动系统、车身，等等。只有当这些部件组装到一起后，司机才能控制汽车。(在概念上，司机类似于管理员或者main()程序模块)。组装完毕之后，汽车就能作为一个完整的单元被操作，能够从事一些有用的工作，例如开车去商店。在装配过程中，每个部件安装到最终产品之前都必须独立地构造、测试和检验是否存在缺陷(bug)。

现在想想，如果希望提高汽车的性能应该做些什么。你可以改装引擎，甚至可以将它移走装上另一台新引擎。同样，也可以改装传动系统、换另一种轮胎或者避震器，只要时间和预算允许，就可以随意改装。在每一种情况下，多数其他部件都可以保持不变，但是改装后的汽车操作起来就有不同了。

这个类比中，可以将汽车的每一个主要部件与函数进行比较。例如，当司机踩下油门踏板时，就是在“调用”引擎。引擎的“输入”为燃油、空气和电，它将司机的请求转变为一个有用的产品——功——然后把功输出到传动系统进一步处理。传动系统接收到引擎的输出后，会将它转变为可以由驱动轴使用的形式。给传动系统的另一个输入是司机对挡位的选择(前进、倒车、空挡，等等)。

在每一种情况中，引擎、传动系统和其他部件只“知道”被它们的输入和输出所限制的范围。司机不需要知道引擎、传动系统、驱动轴及其他控制部件内部操作的细节。当要求某个部件的输出时，司机只需要“调用”这个部件，例如引擎、制动器、空调系统或者方向盘。部件之间的通信被限制为传递需要的输入到通过命令执行它的任务的每个部件，每个部件用一种相对独立的方式在内部进行操作。这种操作部件的方法被程序员用于通过函数创建并维护可靠的C语言程序。

正如已经看到的那样，每一个C语言程序都必须包含一个main()函数。除了这个必须有的函数外，C语言程序还可以包含任意多其他的函数，例如printf()、scanf()以及3.2节中介绍的数学函数。这一章将讲解如何编写自己的函数，包括传递数据给函数、处理所传递的数据以及返回结果。

6.1　函数声明与参数声明

创建C语言函数时，必须同时关注函数本身以及它与其他函数的接口，如与main()函数的接口。这包括当调用函数时正确地传递数据给它，以及从函数正确地返回值。这一节将讲解函数接口的第一部分——向函数传递数据以及使函数正确地接收、存储和处理传送的数据。

正如已经看到的printf()函数和scanf()函数以及数学函数那样，调用函数时需给出它的名称，并在函数名称后面的括号中向它传递数据(见图6.1)。被调函数必须能够接收传递给它的数据。只有当被调函数成功地接收数据后，才能够处理数据并得到有用的结果。

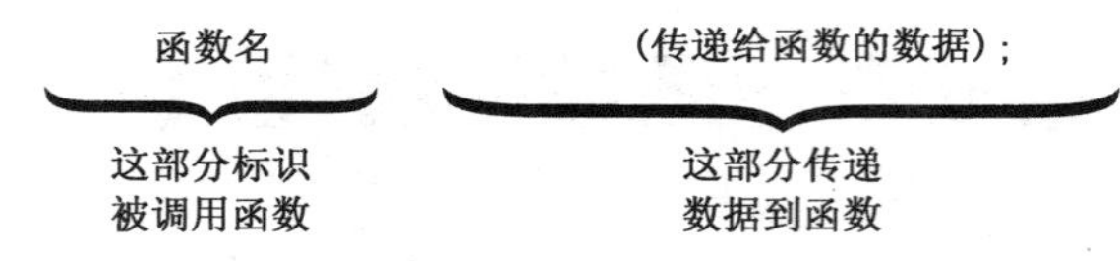

图6.1　调用函数并向它传递数据

为了弄清楚发送和接收数据的过程，考虑程序6.1，它由main()和findMax()两个函数组成。

程序6.1

```
#include <stdio.h>
int main()
{
  void findMax(float , float ); /* 函数原型 */
  float firstnum, secnum;

  printf("Enter a number: ");
  scanf("%f", &firstnum);
  printf("Great! Please enter a second number: ");
  scanf("%f", &secnum);

  findMax(firstnum, secnum);     /* 函数在这里被调用 */

  return 0;
}

/* the following is the function findMax */
void findMax(float x, float y) /* 这是函数的首部行 */
{
  float maxnum;

  if (x >= y) /* 查找最大数 */
    maxnum = x;
  else
    maxnum = y;

  printf("\nThe maximum of the two numbers entered is %f\n", maxnum);
}
```

下面将首先分析main()函数中声明并调用findMax()函数所要求的代码，然后分析findmax()函数本身，以理解它是如何编码的。

findMax()函数称为被调函数(called function)，因为它通过main()函数中的引用被调用或者被命令。完成这个调用的函数，这个例子中是main()函数，称为调用函数(calling function)。术语“被调”和“调用”来自于标准的电话系统用法，一方在电话上呼叫另一方。发起呼叫的一方称为主叫方，收到呼叫的一方称为被叫方。类似的术语用来描述函数调用。

现在将重点放到程序 6.1 中以高亮度显示的三行代码，它们是第 4 行、第 12 行和第 18 行中的代码。为了便于讲解，下面将它们再次列出。

```
4   void findMax(float, float );    /* 函数原型 */
12  findMax(firstnum, secnum);      /* 函数在这里被调用 */
18  void findMax(float x, float y)   /* 这是函数的首部行 */
```

注意，每一行都包含了被调函数的名称。对于编写的每一个函数，编码它们时会总是与这三行类似。每一行都执行一个特定的任务。第 4 行被称为函数原型(function prototype)。函数原型向编译器声明这个函数——它告诉编译器这个函数的名称、函数将返回的值的数据类型(关键字 void 表明函数不会返回任何值)以及当调用它时希望接收的每一个实参的数据类型。在第 4 行提供的函数原型中，函数被声明为具有名称 findMax()，它接收两个浮点值且不返回值。

第 12 行是调用这个函数的地方。应该对这一行很熟悉，因为它类似于已经使用过的 printf()，scanf()函数和数学函数的编码。

最后，第 18 行是 findMax()函数的首部行。下面将详细分析这些语句行——函数原型、调用语句和函数首部行。

函数原型

在能够调用函数之前，必须先向编译器和调用它的函数声明这个被调函数。函数的声明语句被称为函数原型。函数原型声明将由这个函数直接返回的值的数据类型(如果有的话)，以及当调用它时需要传递给它的值的数据类型。例如，程序 6.1 第 4 行中的函数原型

```
4   void findMax(float, float);
```

将 findMax()函数声明成只要调用它时，都要求向它发送两个浮点值，而且将它声明成返回空值(void)。函数原型可以与调用函数的变量声明语句放在一起，如程序 6.1 所示，也可以将这些语句放在调用函数名称的前面。因此，findMax()的函数原型可以放置在 #include <stdio.h> 语句的前面或者后面，或者在 main()函数本身内，如程序 6.1 所示。将函数原型放置在 main()函数之前，使这个声明可应用于文件中的所有函数，从而允许所有函数都能够调用 findMax()函数。将函数原型放置在 main()里面，使这个声明只可应用于 main()函数，只给 main()函数调用它的权力。类似地，需要使用 findMax()的任何其他函数，也必须把这个函数原型包含在自身内。函数原型语句的通用语法是

```
返回数据类型　函数名(参数数据类型列表);
```

“返回数据类型”表示这个函数直接返回的值的数据类型;实参数据类型列表定义了调用这个函数时必须提供的数据个数、次序和类型。函数原型的例子如下。

```
int fmax(int, int);
float roi(int, char, char, float);
void display(float, float);
```

第一个例子中，fmax()的函数原型将它声明成期望接收两个整型实参，并且会直接返回一个整型值。roi()的函数原型声明将它声明成要求 4 个实参，它们的类型及顺序依次是一个整数、两个字符和一个单精度浮点数，且将直接返回一个浮点数。最后，display()函数原型将

它声明成要求两个单精度实参且不返回任何值。这样的函数可能用于直接显示计算结果，而不会向被调函数返回任何值。

> **历史注解：由用户编写的过程**
>
> 函数被认为是用户定义的一个程序单元。在更通用的计算机编程术语学中，这样的单元被称为过程(procedure)。
>
> 所有的编程语言都提供了创建过程的能力，但是它们在不同的编程语言中有不同的名称。在 C 语言中，正如已经看到的那样，过程被称为函数；在 Pascal 语言中，过程和函数都使用；在 Modula-2 语言中，称为过程；在 COBOL 语言中，称为程序段；而在 FORTRAN 语言中，称为子例程或者函数。
>
> 在更现代的编程语言中，这种多名称的习惯仍在沿用。在 C++ 中，包含在类中的过程被称为方法，而不是类的一部分的过程被称为函数；在 VISUAL BASIC 中，过程被称为子例程或者函数；而在 Java 中，称为方法。

函数原型的使用允许编译器检查数据类型的错误。如果函数原型与编写它时指定的数据类型不一致，将出现一个错误的消息(典型的是 `TYPE MISMATCH`)。函数原型还可以用于其他任务。当调用它时，可确保传递给它的全部参数会转换成原型中所声明的实参数据类型。

调用函数

调用函数是一个相当容易的操作，唯一要求的是使用函数名称，并把传递给它的全部数据按函数原型中指定的相同次顺、个数和数据类型包含到函数名称后面的括号内。正如已经看到的那样，包含在调用语句中括号内的项，被称为函数的实参(argument)(参见图 6.2)。实参的同义词是实际参数(actual argument 或 actual parameter)。这些术语指的是在进行调用时为调用语句内函数提供的数据值。需着重指出的是，传递给 C 语言函数的实参不一定是数。在最低层，实参就是调用函数时所计算的表达式。因此，实参可以是表达式，但要求该表达式能够被计算成一个所期望的数据类型的值。

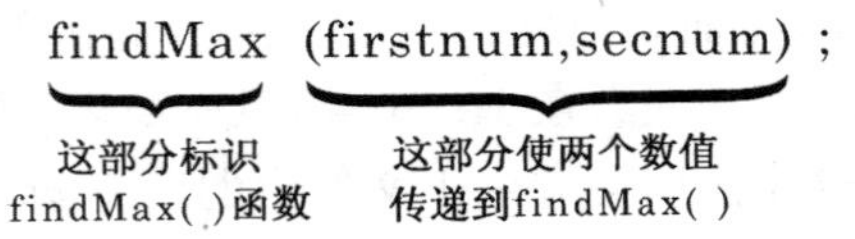

```
findMax (firstnum,secnum) ;
```

这部分标识 findMax( )函数　　**这部分使两个数值传递到findMax( )**

图 6.2　调用 `findMax()`函数并向它传递两个值

如果用做实参的表达式只由一个变量组成，则被调函数接收保存在这个变量中的值的副本。同样，如果某个实参由一个更复杂的表达式组成，则会计算这个表达式的值，并会将计算出的值传递给被调函数。例如，语句(程序 6.1 第 12 行)

```
12   findMax(firstnum,secnum);     /* 函数在这里被调用 */
```

调用了 `findMax()`函数，并会使当前保存在 `firstnum` 和 `secnum` 变量中的值传递给这个函数。括号内的变量名称是将值提供给被调函数的实参。传递值以后，控制就转移到被调函数。

如图 6.3 所示，函数 `findMax()`没有接收名称为 `firstnum` 和 `secnum` 的变量，且对这些变量名称一无所知①。函数只接收这些变量值的副本，并且在做其他任何事情之前必须确定

---

① 这与其他计算机语言中函数和子程序接收到这个变量的访问并且能通过它将数据传递回去这一过程明显不同。在 7.3 节中将看到，通过使用指针变量，C 语言还允许直接访问调用函数中的变量。

在哪里保存这些值。这被称为按值传递(pass by value)或者按值调用(call by value)。也就是说，为被调函数的每一个实参传递一个值。尽管这个传递数据给函数的过程看起来有些奇怪，但它实际上是一个安全的过程，能够确保被调函数不会无意地改变保存在调用函数声明的变量中的值。函数获得值的副本供使用。当然，函数可以改变副本的值，也可以改变在它内部声明的任何变量的值。但是，除非按特殊的步骤完成这项工作，如 7.3 节中所描述的那样，否则函数不能改变在任何其他函数中声明的变量的内容。

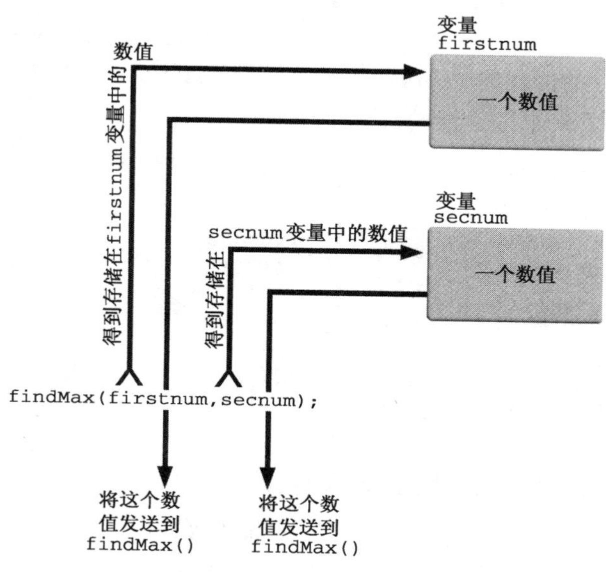

图 6.3　findMax()函数接收值

函数首部行

所编写的每一个函数都必须从函数首部行开始。当编写函数时，就表示是在定义它。每一个函数只能被定义一次(即编写一次)，然后，当合适地声明它后，就能够被程序中的任何其他函数使用。

像 main()函数一样，每一个 C 语言函数都由两部分组成：函数首部和函数体，如图 6.4 所示。函数首部(function header)的用途是确定由它返回的值类型(如果有的话)，提供函数的名称，指定函数期望的实参个数、次序和类型。函数体(function body)的用途是操作传递来的数据，并且最多直接返回一个值给调用函数(7.3 节中将看到如何能使一个函数间接返回多个值)。

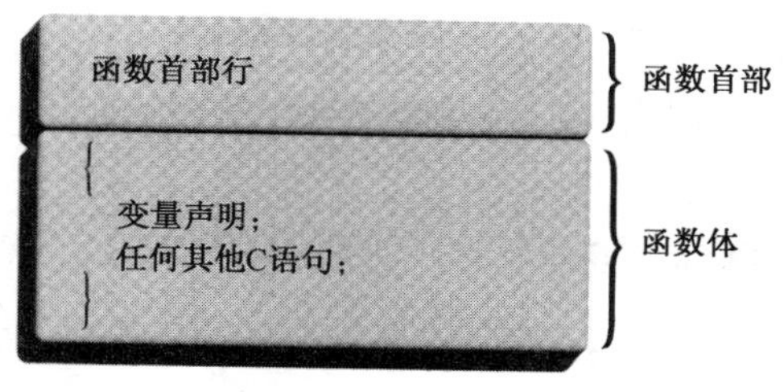

图 6.4　函数的一般形式

程序 6.1 第 18 行中的 findMax()函数的首部行是

```
18  void findMax(float x, float y) /* 这是函数首部行 */
```

它指明这个函数将不直接返回任何值，且只要调用它，就需要接收两个浮点值。

在首部行中的实参名被称为参数(parameter)或者形式参数(formal parameter, formal argument)，可以交替地使用这些术语[①]。因此，参数 x 将被用于保存在函数调用时传递给 findMax()函数的第一个值，参数 y 将被用于保存传递来的第二个值。当调用这个函数时，它不知道这些值来自哪里。调用过程的第一部分由计算机执行，包括转向 firstnum 和 secnum 变量并取回它们所保存的值。然后，这些值被传递给 findMax()函数，最后保存在名称为 x 和 y 的参数中(参见图 6.5)。

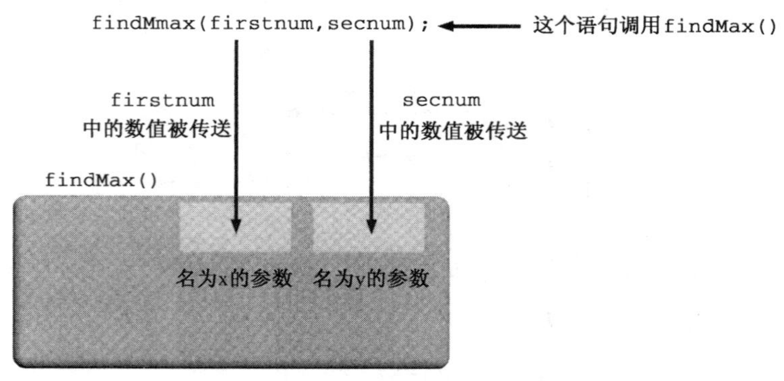

图 6.5　将值保存到参数中

在首部行中的函数名称和全部参数名称，在本例中分别是 findMax，x 和 y，是由程序员确定的。任何遵循变量命名规则而选用的名称，都可以使用。在函数首部行中列出的所有参数，必须用逗号分开，且必须分别声明它们的数据类型。

前面已经指明了 findMax()函数的函数首部，现在分析它的函数体。如图 6.6 所示，函数体从开始大括号"{"开始，然后包含任何必要的变量声明语句和其他 C 语言语句，最后用结束大括号"}"结尾。这种结构应该已经很熟悉，因为它和已经编写的 main()函数的结构是相同的。这不奇怪，因为 main()函数本身也是必须遵循构造 C 函数所要求的规则的一个函数。

```
{
  变量声明（如果有的话）
  其他C语句
}
```

图 6.6　函数体的结构

现在考虑程序 6.1 中定义的 findMax()函数。为了方便起见，它被重新编号并被复制如下。

```
/* 这是 findMax( )函数 */
void findMax(float x, float y) /  这是函数首部行 */
{
```

① 这个包括函数名和参数的函数首部的部分称为函数声明符(function declarator)，不应与函数声明(原型)混淆。

```
4     float maxnum;
5
6     if (x >= y)  /* 查找最大数 */
7       maxnum = x;
8     else
9       maxnum = y;
10
11    printf("\nThe maximum of the two numbers entered is %f\n", maxnum);
12 }
```

编程注解:发现不同之处

函数名称可用在三种截然不同的代码行中:函数原型、调用语句和函数首部行。在这些代码行中,函数名称的使用都是截然不同的,都有独特的用途。

刚开始时,你可能会对如何识别这三种语句类型感到迷惑。区别这些用法的关键是注意下面实参表之间的差异。

用法	参数表	例子
函数原型	只有一个数据类型的列表(如果包含变量名,它们将被编译器忽略),函数原型总是用分号终止	`float roi(int,double);`
调用语句	0 个或多个数值的列表,这些值可以是常量、变量或任何 C 语言的表达式,它是传递给被调用函数的常量、变量或表达式的数值	`printf("%f",roi(3,amt));`
函数首部行	一个数据类型和参数名的列表,函数首部行从来不用分号终止	`float roi(int yrs,double rate)`

编程注解:认识 C 语言代码的早期版本

在 C 语言的早期版本中,不要求有函数原型。此外,如果函数首部行省略了返回值的数据类型,则返回值被默认隐式声明为 int 类型(函数如何返回值将在下一节介绍)。例如,这些早期的首部行

```
maxIt(float x,float y)
```

等价于更完整的函数首部行

```
int maxIt(float x,float y)
```

类似地,省略参数的数据类型,会将它默认定义成 int 类型。因此,函数首部行

```
float findMax(float x,y)
```

没有将两个参数 x 和 y 都声明成浮点型,而是将 x 声明为浮点型,将 y 声明为 int 类型。

如果遇到这些早期的代码,则编译器会因为兼容性而依然接受它。

在 findMax()的函数体内,第 4 行中名称为 maxnum 的变量被声明为一个单精度数

```
4    float maxnum;
```

这个变量随后将用于保存传递给它的两个数中的最大数。注意,函数的变量声明是在函数体内进行的,按照惯例直接放在函数体的开始大括号之后,而参数是在函数首部行内声明的。这与在参数值从外部函数传递给函数时,变量在函数内声明并赋值的概念是一致的。

第 6 ~9 行的 if…else 语句

```
6  if (x >= y) /* 查找最大数 */
7    maxnum = x;
8  else
9    maxnum = y;
```

用于查找调用 findMax()函数时传递给它的两个值中的最大值。最后，第 11 行的 printf()函数用于显示这个最大值。

为了方便，程序 6.1 作为程序 6.2 被整体复制如下。

程序 6.2

```
#include <stdio.h>
int main()
{
  void findMax(float, float); /* 函数原型 */
  float firstnum, secnum;

  printf("Enter a number: ");
  scanf("%f", &firstnum);
  printf("Great! Please enter a second number: ");
  scanf("%f", &secnum);

  findMax(firstnum, secnum);     /* 函数在这里被调用 */

  return 0;
}

/* 下面是 findMax()函数 */
void findMax(float x, float y) /* 这是函数的首部行 */
{
  float maxnum;

  if (x >= y) /* 查找最大数 */
    maxnum = x;
  else
    maxnum = y;

  printf("\nThe maximum of the two numbers entered is %f\n", maxnum);
}
```

程序 6.2 能够用于选择并输出由用户输入的任意两个浮点数的最大值。下面是程序 6.2 运行的样本。

```
Enter a number: 25.4
Great! Please enter a second number: 5.2

The maximum of the two numbers entered is 25.40000
```

程序 6.2 中 findMax()函数放置在 main()函数之后只是一个选择问题。有些程序员喜欢将所有被调函数放于程序的顶部，而 main()函数是最后列出的函数。但是，大多数程序员一般更愿意将 main()函数首先列出，因为对于任何阅读这个程序的人而言，在他们遇到每一个函数的细节之前，main()函数是一个驱动函数，它提供了程序的一个整体概念。任何一种放置方法都是可接受的，实际编程中这两种风格都会遇到。但是，findMax()函数绝对不能放置在 main()函数里面。对于必须由自身在其他函数外面定义的所有 C 语言函数，都必须这样做。每一个 C 语言函数都是分开的和独立的，都有自己的参数和变量，绝对不允许将一个函数嵌套在另一个函数里面。

编程注解：函数定义与函数原型

编写函数也是正式创建函数定义的过程。函数定义从包含在括号内的形式参数表(如果存在的话)的函数首部行开始，以终止函数体的结束大括号结束。无论函数是否具有参数，括号都是必须有的。函数定义的语法如下。

```
返回数据类型 函数名(参数列表)
{
  变量说明;
  其他 C 语言语句;
  return 数值;
}
```

函数原型声明了函数。提供函数的返回值类型、函数名称以及实参数据类型列表的函数原型语法是

```
返回数据类型 函数名(参数数据类型的列表)
```

函数原型加上前置条件和后置条件的注释(参见下一个编程注解)，应该给程序员提供成功调用函数所需的全部信息。

回顾程序 6.2，再体会一下函数名称 findMax()的三种用法。第一种用法是第 4 行中 findMax()函数原型(声明)。与所有语句一样，这个语句也用分号终止，它通知 main()函数将返回的数据类型和必须提供给 findMax()函数的实参个数及类型。函数名称的第二种用法是第 12 行中对 findMax()函数的调用，它将两个值传递给这个函数。最后，第三种用法是第 18 行中的 findMax()函数首部行。考虑返回值的数据类型(空)和函数所要求的实参的顺序及数据类型，这一行与函数原型匹配。此外，首部行还为括号内列出的每一种数据类型都提供了参数名称。

作为另一个例子，看看你能否确定程序 6.3 中函数名称的类似用法。

程序 6.3

```
#include <stdio.h>
int main()
{
  #define MAXCOUNT 4

  void tempConvert(float); /* 函数原型 */

  int count;               /* 变量声明开始 */
```

```
 9     float fahren;
10
11     for(count = 1; count <= MAXCOUNT; count++)
12     {
13       printf("Enter a Fahrenheit temperature: ");
14       scanf("%f", &fahren);
15       tempConvert(fahren);
16     }
17
18     return 0;
19   }
20
21   void tempConvert(float inTemp) /* 函数首部 */
22   {
23     printf("The Celsius equivalent is %6.2f\n",(5.0/9.0) * (inTemp - 32.0) );
24   }
```

对于这个程序，先从 tempConvert()函数的定义开始。函数的完整定义从第21行中的函数首部开始。

```
21 void tempConvert(float inTemp) /* 函数首部 */
```

它指明这个函数将不返回任何值，且只要调用它，就需要接收一个浮点值。这个值将保存在一个名词为 inTemp 的参数中。因为函数首部行是定义这个函数的代码的开头，所以首部行不用分号终止。函数体由第22～24行组成

```
22   {
23     printf("The Celsius equivalent is %6.2f\n", (5.0/9.0) * (inTemp - 32.0) );
24   }
```

tempConvert()函数的函数原型位于第6行

```
6  void tempConvert(float ); /* 函数原型 */
```

它正确地声明函数返回空值并期望接收一个浮点型实参。最后，函数调用位于第15行

```
15  tempConvert(fahren);
```

通过将浮点型变量 fahren 的值在调用时传递给函数，就正确地调用了这个函数。在编写自己的函数时，必须牢记函数名称的这三种不同的用法。

编程注解:前置条件与后置条件

如果希望正确地操作函数，则前置条件就是保证函数为真所要求的条件集。例如，如果函数使用命名常量 MAXCHARS 时必须要求它具有正值，则前置条件就是 MAXCHARS 必须在调用函数前被定义为正值。

类似地，后置条件是在函数被执行后为真的条件，当然，前置条件必须先被满足。通常，前置条件和后置条件会被文档化成用户注释。例如，考虑下面的函数首部行和注释。

```
int leapyr(int year)
/* 先决条件:参数 year 必须是一个四位整数的年份,例如 2001
   后决条件:如果 year 是一个闰年返回一个 1,否则将返回一个 0
 */
```

一旦有必要，就需将前置条件和后置条件注释包含在函数原型和函数定义中。

语句的放置

C 语言并不要求程序员遵循某种严格的语句顺序结构。程序中放置语句的一般原则是：所有的预处理器指令、变量、命名常量和除 main()以外的函数，都必须在使用之前声明或者定义。正如前面已经指出的那样，尽管这个规则允许预处理指令和声明语句放置在程序的任何地方，但这样做会导致一种很差的程序结构。

作为一个好的编程形式，下面的语句排列顺序应该形成创建所有 C 语言程序的基本结构。

```
预处理命令
符号常量
函数原型可以放置在这里
int main()
{
  函数原型能够放置在这里
  变量声明;

  其他可执行语句;

return 数值;
}
```

前面提到过，将函数原型放置在 main()函数之上，就能够使源代码文件中的任何函数都能调用它，而将原型放置在 main()函数里面，则只能在 main()函数内调用它。任何时候，注释语句能够随意放置在这个基本结构中的任何地方。

练习 6.1

简答题

1. 对于下列函数首部，确定在调用函数时应该传递给它的值的个数、类型和次序(顺序)。

   a. `void factorial(int n)`
   b. `void price(int type, float yield, float maturity)`
   c. `void yield(int type, double price, double maturity)`
   d. `void interest(char flag, float price, float time)`
   e. `void total(float amount, float rate)`
   f. `void roi(int a, int b, char c, char d, float e, float f)`
   g. `void getVal(int item, int iter, char decflag)`

2. 写出下列函数的首部。

   a. 一个名称为 check()的函数有三个参数，第一个参数接收一个整数，第二个和第三个参数接收一个单精度数，函数返回空值。
   b. 一个名称为 findAbs()的函数，接收一个单精度数，并显示它的绝对值。
   c. 一个名称为 mult()的函数接收两个单精度数作为参数，将它们相乘并显示结果。
   d. 一个名称为 sqrIt()的函数，计算并显示传递给它的整数的平方值。
   e. 一个名称为 powFun()的函数，将传递给它的第一个整数实参自乘第二个实参(一个正整数)的次数，并显示结果。

f. 函数产生1到10的列表，以及它们的平方值和立方值。这个函数没有参数，且返回空值。

3. 编写对应于练习2中给出的每一个函数首部行的C函数原型。

编程练习

1. a. 编写一个名称为`check()`的函数，它有三个实参，第一个实参接收一个整型数，第二个实参接收一个浮点数，第三个参数接收一个双精度数。函数体将只显示调用它时传递的数据值。当跟踪函数中的错误时，使函数显示传递给它的值是非常有帮助的。经常遇到的情况是：错误不在于函数体内处理数据的部分，而是在接收和保存数据的过程。

   b. 将练习1a中编写的函数放入一个程序中。确保函数是从`main()`调用的。通过传递各种数据测试这个函数。

2. a. 编写一个名称为`findAbs()`的函数，接收一个双精度数，计算并显示它的绝对值。正数的绝对值为本身，负数的绝对值为它的相反数。

   b. 将练习2a中编写的函数放入一个程序中。确保函数是从`main()`调用的。通过传递各种数据测试这个函数。

3. a. 编写一个名称为`mult()`的函数，接收两个浮点数作为实参，将它们相乘并显示结果。

   b. 将练习3a中编写的函数放入一个程序中。确保函数是从`main()`调用的。通过传递各种数据测试这个函数。

4. a. 编写一个名称为`squareIt()`的函数，计算并显示传递给它的数的平方值并显示结果。这个函数应该能够计算小数的平方值。

   b. 将练习4a中编写的函数放入一个程序中。确保函数是从`main()`调用的。通过传递各种数据测试这个函数。

5. a. 编写一个名称为`powfun()`的函数，将传递给它的第一个整数实参自乘第二个实参(一个正整数)的次数，并显示结果。

   b. 将练习5a中编写的函数放入一个程序中。确保函数是从`main()`调用的。通过传递各种数据测试这个函数。

6. a. 编写一个产生1到10的列表的函数，表中包含它们的平方值和立方值。函数应产生与程序5.11相同的显示结果。

   b. 将练习6a中编写的函数放入一个程序中。确保函数是从`main()`调用的。通过传递各种数据测试这个函数。

7. a. 修改练习6a中的函数，接收表中的开始值、要显示的值的个数以及两个值之间的增量。将这个函数命名为`selecTable()`。对`selectTable(6, 5, 2)`的调用将产生一个5行的表，第一行从数字6开始，随后的每一个数字递增2。

   b. 将练习7a中编写的函数放入一个程序中。确保函数是从`main()`调用的。通过传递各种数据测试这个函数。

8. a. 编写一个C语言函数，接收一个整型实参，判断它的奇偶性，显示一条合适的消息指明判断结果。提示：使用`%`运算符。

   b. 将练习8a中编写的函数放入一个程序中。确保函数是从`main()`调用的。通过传递各种数据测试这个函数并验证显示的消息。

9. a. 编写一个名称为 hypotenuse()的函数，用参数 a 和 b 分别接收一个直角三角形两条边的长度。函数应计算并显示斜边 c 的长度。提示：使用勾股定理 $c^2 = a^2 + b^2$。
   b. 将练习 9a 中编写的函数放入一个程序中。确保函数是从 main()调用的。通过传递各种数据测试这个函数并验证斜边的长度。

6.2　返回值

使用前一节中介绍的将数据传递给函数的方法，被调函数只在调用时刻接收包含在实参中的值的副本(如果不清楚，可参见图 6.3)。正如 6.1 节中讲解的那样，这种调用函数并传递值的方法，被称为按值传递或者按值调用，这是 C 语言的一个突出优点。只传递值可确保被调函数不会访问调用函数的任何变量，因此不可能改变调用函数以外声明的变量的值。

当按值调用函数时，它能够以任何期望的方式处理发送的数据，但最多只能向调用函数直接返回一个值，即唯一的“合法”值(见图 6.7)。这一节将探讨值是如何返回给调用函数的(正如期望的那样，利用 C 语言的灵活性，可以使函数返回多个值。7.3 节中将讲解关于这一主题的更多知识)。

调用函数时，直接返回一个值要求正确地处理被调函数与调用函数之间的接口。被调函数必须提供下面两项。

- 返回值的数据类型，这在函数首部行中指定。
- 返回的实际值，这通过返回语句指定。

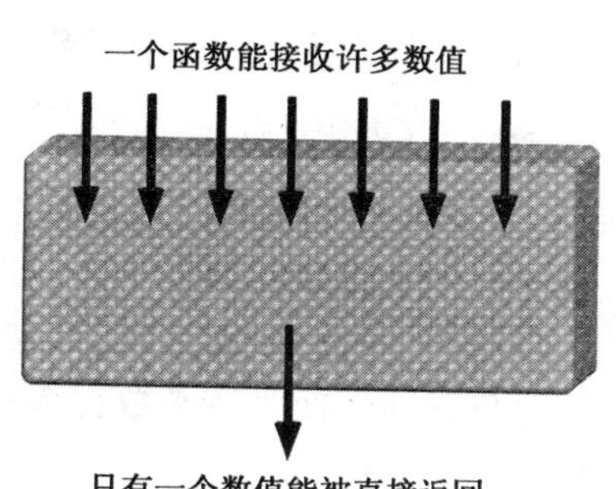
一个函数能接收许多数值
只有一个数值能被直接返回

图 6.7　当按值调用函数时，最多直接返回一个值

返回值的函数必须在首部行中指定将返回的值的数据类型。前面说过，首部行是函数的第一行，包括函数名称和一个实参名称列表。作为一个例子，考虑上一节中编写的 findMax()函数，它确定传递给它的两个数中的最大值。为了方便，将这个函数的代码列在下面。

```
/* 下面是 findMax 函数 */
void findMax(float x, float y) /* 这是函数首部行 */
{
 float maxnum;

  if (x >= y) /* 查找最大数 */
    maxnum = x;
  else
    maxnum = y;

  printf("\nThe maximum of the two numbers entered is %f\n", maxnum);
}  /* 函数体结束，函数结束 */
```

从这段代码可知，函数首部行是 void findMax(int x, int y)，其中 x 和 y 是函数参数的名称。

如果要求 findMax()函数返回一个值，则函数的首部行必须被修正为包含要返回的值的

数据类型。例如，如果要返回一个整型值，则适当的函数首部行是

```
int findMax(float x, float y)
```

类似地，如果要返回一个浮点值，则正确的函数首部行是

```
float findMax(float x, float y)
```

如果要返回一个双精度值，首部行应该是

```
double findMax(float x, float y)
```

现在修改 findMax()函数，返回传递给它的两个数中的最大值。为此，必须首先确定将返回的值的数据类型并将这种数据类型包含在函数首部行中。

因为由 findMax()函数确定的最大值保存在单精度浮点型变量 maxnum 中，所以它就是函数将返回的变量的值。明确地指定 findMax()函数将返回一个单精度浮点值要求有下面的函数声明。

```
float findMax(float x, float y)
```

注意，这和 findMax()最初的函数首部行是相同的，只是用关键字 float 代替了 void。

声明了 findMax()函数将返回的数据类型以后，剩下的工作是在函数中包含一条语句，返回正确的值。为了返回值，函数必须使用 return 语句，它的形式如下。

```
return (表达式);
```

return 语句中的括号是可选的。因此，语句“return 表达式;”和“return(表达式);”表示的是同一个意思。

当遇到 return 语句时，会首先计算表达式的值。然后，在回送给调用函数之前，表达式的值会自动地转换为在函数首部行中定义的数据类型。返回这个值后，程序控制会返回给调用函数。

因此，为了返回保存在 maxnum 中的值，需要做的只是在 findMax()函数的结束大括号之前加上语句 return(maxnum);。完整的函数代码如下。

```
              --->float findMax(float x, float y)   /* 函数首部行 */
             |    {
             |      float maxnum;
             |
这些应该     |       if (x >= y)
是相同的     |         maxnum = x;
数据类型     |       else
             |         maxnum = y;
             |
             |       return (maxnum);   /* return 语句 */
             |    }           ^
             |                |
              ----------------
```

在这段新代码中，注意包含在 return 语句内的表达式的数据类型与函数首部行中指定的函数返回值的数据类型需完全匹配。程序员有责任确保每一个函数都是这样返回值的。如果返回的值类型与函数声明的数据类型不匹配，会导致一个不期望的结果，因为返回的值总是会被转换为函数首部行中声明的数据类型。通常而言，只有当将函数声明为返回一个整型值时才会出现问题，因为返回的浮点值的小数部分会被截去。

下面分析接收由被调函数发送过来的值的调用函数。在调用方(接收方)，调用函数必须完成下列工作。

- 知晓期望的值类型。
- 适当地使用返回的值。

通知调用函数关于期望的返回值的类型是由函数原型指定的。例如，包含函数原型

```
float findMax(float, float);
```

的 main()函数变量声明，充分地通知了 main()函数，findMax()函数将返回一个浮点值。

为了实际使用返回值，必须提供一个变量来保存这个值或者在表达式中直接使用这个值。将返回的值保存在变量中，可利用标准的赋值语句完成。例如，赋值语句

```
max = findMax (firstnum, secnum);
```

能够用于将 findMax()函数返回的值保存到名称为 max 的变量中。这个赋值语句完成两件事:(1)赋值语句的右边调用 findMax()函数;(2)函数返回的值被保存在变量 max 中。因为 findMax()函数返回的值为浮点型，所以变量 max 也应该在调用函数的变量声明语句中被声明为浮点型。

另一种情况是，函数的返回值不需要直接保存在变量中，但是能够用于任何有效的表达式中。例如，表达式 2 * findMax(firstnum, secnum)将 findMax()函数的返回值乘以 2，而语句 printf("The maximum value is%f", findMax(firstnum, secnum));会显示函数的返回值。

程序 6.4 演示了 main()函数中的函数原型和赋值语句，以正确地声明、调用和保存从 findMax()函数返回的值。与以前一样，为了保持首先放置 main()函数的习惯，将 findMax()函数放在 main()函数的后面。

程序 6.4

```
#include <stdio.h>
int main()
{

  float findMax(float, float);   /* 函数原型 */
  float firstnum, secnum, max;

  printf("\nEnter a number: ");
  scanf("%f", &firstnum);
  printf("Great! Please enter a second number: ");
  scanf("%f", &secnum);

  max = findMax(firstnum, secnum); /* 函数在这里被调用 */

  printf("\nThe maximum of the two numbers is %f\n", max);

  return 0;
}

```

```
20  /* 下列是 findMax()函数 */
21
22  float findMax(float x, float y) /* 这是函数首部行 */
23  {
24    float maxnum;
25
26    if (x >= y)        /* 查找最大值 */
27      maxnum = x;
28    else
29      maxnum = y;
30
31    return (maxnum);
32  }
```

观察程序6.4，需重点注意正确地声明、调用、定义函数首部行以及从被调函数返回值所需要的4项。第一项是第5行中main()函数内的findMax()函数的原型

```
5 float findMax(float, float);   /* 函数原型 */
```

这个语句告知main()函数，findMax()将返回的值的数据类型是浮点型。main()中要注意的第二项是第13行对findMax()的调用，它把正确的个数和值类型传递给这个函数。

```
13  max = findMax(firstnum, secnum); /* 函数在这里被调用 */
```

还确保了在main()的变量声明语句内正确地将max定义为一个浮点型变量，以便它能与返回值的类型相匹配。

最后要注意的两项涉及findMax()函数的编码。第22行的findMax()函数首部行是

```
22  float findMax(float x, float y)  /* 这是函数首部行 */
```

它指定这个函数将返回一个单精度浮点值，并期望调用它时接收两个单精度实参。最后，因为变量maxnum已经在函数内被声明为浮点型，第31行返回语句中的表达式计算为一个浮点值。

```
31 return (maxnum);
```

这样，findMax()本质上与将一个浮点值返回给main()是一致的，并且main()函数被正确地告知要接收这个值。

在编写自己的函数时，必须牢记这4项。作为另一个例子，看看你是否能够确定程序6.5中的这4项。

程序6.5

```
#include <stdio.h>
int main()
{
  #define MAXCOUNT 4
  float tempConvert(float);   /* 函数原型 */

  int count;                  /* 开始变量定义 */
  float celsius, fahren;
```

```
 9
10     for(count = 1; count <= MAXCOUNT; count++)
11     {
12       printf("\nEnter a Fahrenheit temperature: ");
13       scanf("%f", &fahren);
14       celsius = tempConvert(fahren);
15       printf("The Celsius equivalent is %5.2f\n",celsius);
16     }
17
18     return 0;
19   }
20
21   /* 将华氏温度转换为摄氏温度 */
22   float tempConvert(float inTemp)
23   {
24     return ( (5.0/9.0) * (inTemp - 32.0) );
25   }
```

先分析程序 6.5 中的 tempConvert()函数。函数的完整定义从函数首部行开始，以 return语句后的结束大括号结尾。

```
21   /* 将华氏温度转换为摄氏温度 */
22   float tempConvert(float inTemp)
23   {
24     return ( (5.0/9.0) * (inTemp - 32.0) );
25   }
```

函数首部行指定它将返回一个浮点值。这意味着函数的 return 语句中的表达式将计算为这种数据类型。因为所有的 C 编译器都用双精度格式执行表达式的浮点型计算，第 24 行括号内计算的值将是一个双精度型数。为了匹配函数首部行中指定的返回值的数据类型，它将被自动转换为一个浮点型数(也可能生成一个编译器警告消息)①。

在接收方，main()函数有一个与函数首部行相符的 tempConvert()函数的原型。正如所有的声明语句一样，多个相同类型的声明可以放置在同一语句内。因此，可以用一个声明语句同时将变量 celsius，fahren 以及函数 tempConvert()声明为单精度数据类型。如果这样做，则只需使用一条声明语句

```
float tempConvert(float), celsius, fahren;
```

替换两个独立的 tempConvert()声明语句和 celsius，fahren 的声明语句。但是，为了表述清楚，应总是将函数原型语句与变量声明语句分开。

这里还需要提及两点。第一点是在第 14 行和第 15 行中的 tempConvert()语句的调用以及返回值的显示。

```
14   celsius = tempConvert(fahren);
15   printf("The Celsius equivalent is %5.2f\n",celsius);
```

专业程序员会将这两行语句合成一条语句

```
printf("The Celsius equivalent is %5.2f\n", tempConvert(fahren));
```

---

① 使用 3.1 节中描述的强制转换运算符能够将表达式的数值明确地转换为浮点型。但是，在实践中，你将普遍地看到像这个 return 语句中的隐式转换。

当认识到返回值只是用于显示时，这个单一语句版本才有意义。因此，首先声明一个名称为 celsius 的变量，编写一条单独的赋值语句代码把从被调函数返回的值保存到这个变量中，然后为了显示只使用这个变量一次，这样做意义不大。但是，如果返回值要多次使用，那么将它赋给一个变量是有意义的，因为它能避免对 tempConvert()函数进行另一次调用而重新计算这个相同的值。

第二点是声明的用途，正如第 2 章所讲，声明的作用是告知编译器要为数据预留存储空间的数量。在 main()中的 tempConvert()函数原型执行这个任务，告知编译器在返回值被获取时有多少存储区域必须被 main()函数访问。将 tempConvert()函数放在 main()函数的前面，就使函数首部行有能力告知编译器这个返回值所需要的存储器类型。本例中，tempConvert()的函数原型可以省略。因为已经选择总是将 main()函数作为文件中的第一个函数列出，所以必须将所有被它调用的函数原型包含在它的里面。这种风格也承担了将被 main()访问的那些函数的文挡工作。

桩函数

完成程序中所要求的全部函数的另一种办法是首先编写 main()函数，然后在以后开发时将函数添加进来。但是，使用这种方法遇到的一个问题是：整个程序只有在全部函数都被包含进来后才能运行。例如，重新考虑没有包含 findMax()函数的程序 6.4(假定该函数还没有编写出来)。

```
#include <stdio.h>
int main()
{
  float firstnum, secnum, max;

  printf("Enter a number: ");
  scanf("%f", &firstnum);
  printf("\nGreat! Please enter a second number: ");
  scanf("%f", &secnum);

  max = findMax(firstnum,secnum); /* 函数在这里被调用 */

  printf("\nThe maximum of the two numbers entered is %f", maxnum);

  return 0;
}
```

如果存在一个 findMax()的函数定义，这个程序应该是完整的。但是实际上并不需要一个正确的 findMax()函数来测试并运行这个程序，而是只需要一个看似正确的函数。因此，在进行最初测试时，只需要一个“假冒的”findMax()函数，它接收正确的参数个数和类型，并且调用它时会返回一个适当类型的值。这种假冒函数被称为桩(stub)。在完成函数的定义之前，桩就是这个最终函数的开始，它充当最终函数的占位符。findMax()函数的一个合适的桩如下。

```
float findMax(float x, float y)
{
  printf("In findMax()\n");
  printf("The value of x is %f\n", x);
  printf("The value of x is %f\n ", y);
  return 1.0;
}
```

现在，可以将这个桩函数与前面完成的代码一起编译并连接，以获得可执行的程序。然后，这个函数的代码能够被进一步开发，当它完成时就会取代这个桩函数。

桩函数的最小要求是它能与调用模块一起编译和连接。实践中，使桩函数同时显示它已经被成功地进入的消息以及它所接收的实参值的消息，这是一种好办法，正如 findMax()函数的桩那样。

当改进这个函数时，可逐渐丰富它的内容，比如允许它返回中间结果或者不完整的结果。这个递增地或者逐步地改进是高效程序开发中的一个重要概念，它提供了运行一个还没有满足全部最终要求的程序开发方法。

具有空参数表的函数

尽管应严格限制具有空参数表的函数的使用(这样的函数在编程练习 8 中会遇到)，但它们确实存在。这种函数的原型要求跟随在函数名称后的括号之间放入关键字 void 或者根本什么都不写。例如，如下两个函数原型

```
int display(void);
```

和

```
int display();
```

指明 display()函数不带任何实参并且返回一个整数。调用具有空参数表的函数时，函数名称后的括号内不写任何内容。例如，语句 display();正确地调用了 display()函数，其原型在前面已经给出。

> **编程注解：隔离测试**
>
> 已知的最成功的软件测试方法之一是将测试代码嵌入工作代码环境中。例如，假设有按下面显示顺序调用的两个未测试的函数，而第二个函数返回的结果是不正确的。
>
> 函数 1 — 调用 → 函数 2 — 返回 → 不正确的数值
>
> 这些函数的一个或者两个都可能被错误地操作。首先要做的是把错误隔离到一个特定的函数。
>
> 执行这个代码隔离的最有力的方法之一是隔离函数。方法是单独地测试每一个函数或者通过首先测试一个函数，只有当你知道它运行正确后，再把它重新连接到第二个函数。这时，如果出现错误，就可以把这个错误隔离到函数之间的数据传递或者第二个函数的内部操作。
>
> 这个特定的过程是进行测试的基本规则的例子，它表明只应该在所有其他函数被证明是正确的时才应该测试这一个函数。这意味着函数必须首先通过自我测试，如有必要可以对任何被调函数使用桩函数。然后，第二个函数应该进行自我测试或者与前面被测试过的函数一起测试。这样做可以确保每一个新函数在一个正确函数的测试基础上被隔离，最终获得一个由被测试过的函数代码有效地组成的程序。

练习 6.2

简答题

1. 对于下列函数首部，确定在调用函数时应该传递给它的值的个数、类型和次序(顺序)，以及调用它时返回值的数据类型。

a. `int factorial(int n)`
b. `double price(int type, double yield, double maturity)`
c. `double yield(int type, double price, maturity)`
d. `char interest(char flag, float price, float time)`
e. `int total(float amount, float rate)`
f. `float roi(int a, int b, char c, char d, float e, float f)`
g. `void getVal(int item, int iter, char decflag)`

2. 写出下列函数的首部。
   a. 一个名称为 check()的函数有三个实参，第一个实参接收一个整型数，第二个实参接收一个单精度浮点数，第三个参数接收一个双精度数。函数返回空值。
   b. 一个名称为 findAbs()的函数，接收一个单精度数，并返回它的绝对值。
   c. 一个名称为 mult()的函数接收两个单精度数作为实参，将它们相乘并返回结果。
   d. 一个名称为 sqrIt()的函数，计算并返回传递给它的整数的平方值。使用一个函数原型且为这个函数的定义使用一个单行首部。
   e. 函数产生 1 到 10 的列表，以及它们的平方值和立方值。这个函数没有参数，且返回空值。

编程练习

1. a. 编写一个名称为 totamt()的函数，接收 4 个名称为 quarters，dimes，nickels，pennies 的实参，它们分别表示一个小猪钱罐中的二角五分、一角、五分和一分的硬币数量。函数应该确定并返回与传递给它的这些实参值对应的美元值。
   b. 将练习 1a 中编写的那些函数放入一个程序中。main()函数应该正确地调用和传递 26 个二角五分、80 个一角、100 个五分和 216 个一分的硬币值给变量 totamt。进行一次手工计算，验证程序显示的结果。
2. a. 编写一个名称为 distance()的函数，接收两个坐标点(x_1, y_1)和(x_2, y_2)，计算并返回着两个点之间的距离。两点之间的距离 d 由下列公式给出。

   $$d = \sqrt{(x_2 - x_1)^2 + (y_2 - y_1)^2}$$

   b. 将练习 2a 中编写的函数放入一个程序中。确保函数是从 main()调用的，并且向 main()正确地返回了值。使 main()显示这个返回值，通过传递各种数据测试这个函数并验证这个返回值。特别地，应确保两个点的坐标相同时函数返回 0。例如，$(x_1, y_1) = (5, 2)$，$(x_2, y_2) = (5, 2)$。
3. a. 重新编写程序 6.5 中的 tempConvert()函数，接收一个温度和一个字符作为实参。如果传递的字符为字母 f，则函数应该将传递的温度从华氏温度转换为摄氏温度。否则，函数应该将传递来的温度从摄氏温度转换为华氏温度。
   b. 修改程序 6.5 中的 main()函数，调用练习 3a 中编写的函数。main()函数应该要求用户输入一个温度值和温度的类型(f 或者 c)。
4. a. 编写一个名称为 gallonsToLiters()的函数，将液体的加仑数转换为升数，二者的关系为:1 加仑等于 3.7854 升。
   b. 将练习 4a 中编写的函数放入一个程序中。确保函数是从 main()调用的，并且向 main()正确地返回了值。使 main()显示这个返回值，通过传递各种数据测试这个函数并验证这个返回值。
5. a. 编写一个名称为 conversions()的函数，显示一个将英里转换成千米的表。函数应该接收要被转换的初始的英里值、要进行的转换次数以及英里值增量。对于每一个转换，函数应该调用一个名称为 milesToKm()的函数，它接收一个英里值并返回等价的千米值。二者的关系为:1 英里等于 1.6093 千米。

b. 将练习 5a 中编写的函数放入一个程序中。确保 conversions()函数从 main()调用，并且在需要时正确地调用了 milesToKm()函数。

6. a. 一个常见的统计学问题是确定 n 个对象能够从一组 m 个对象中被选出的方法有多少。这样的概率发生的次数由下列公式给出。

$$\frac{m!}{n!(m-n)!}$$

例如，使用这个公式能够确定从一组 8 个人($m=8$)中选出 3 个人($n=3$)的委员会的数目如下。

$$\frac{8\times7\times6\times5\times4\times3\times2\times1}{(3\times2\times1)(5\times4\times3\times2\times1)}=56$$

利用这个公式，编写一个函数接收 n 和 m 的值并返回可能发生的数目。

b. 将练习 6a 中编写的那些函数放入一个程序中。确保函数是从 main()调用的，并且向 main()正确地返回了值。使 main()显示这个返回值。通过传递各种数据测试这个函数。然后，使用你的程序确定从一组 10 个人中选出 5 个人的方法的数目。

7. a. x 的二次多项式由表达式 ax^2+bx+c 给定，式中 a，b 和 c 是已知数，且 a 不等于 0。编写一个名称为 polyTwo(a, b, c, x)的 C 语言函数，计算并返回这个二次多项式的值，传递给函数的 a，b，c，x 可以是任何值(a 不能为 0)。

b. 将练习 7a 中编写的那些函数放入一个程序中。确保函数是从 main()调用的，并且向 main()正确地返回了值。使 main()显示这个返回值。通过传递各种数据测试这个函数。

8. a. 一个有用的带空参数表的函数能够用来返回一个精确到计算机所允许的最大小数数位的π值。这个值通过采用 1.0 的反正弦，即π/2，将这个结果再乘以 2 获得。在 C 语言中要求的表达式是 2.0 × asin(1.0)。式中的 asin()函数在标准的 C 语言数学库中提供(应包含头文件 math.h)。使用这个表达式，编写一个名称为 Pi()的函数，计算并显示π值。

b. 将练习 8a 中编写的函数放入一个程序中。确保函数是从 main()调用的，并且向 main()正确地返回了值。使 main()显示这个返回值，通过传递各种数据测试这个函数并验证这个返回值。

6.3　案例研究:计算年龄标准

一个设计良好的计算机程序就像一篇设计良好的带概要的学术论文。正如开始时需要在初始提纲中列出论文的主要论题一样，作为计算机程序的初始提纲提供了程序必须完成的主要任务的一个列表。在使用函数时这个列表特别重要，因为在编码时程序所要求的每一项任务都典型地分配给了一个函数。

正如已经看到的那样，计算机程序的初始提纲通常是一段伪代码的描述或者是一个一级结构框图。这个初始提纲会将一个复杂的问题定义成一组更小的、易于管理的任务。如果有必要，这些任务的每一项还可以进一步被细分或者改进成更小的任务。一旦很好地定义了这些任务，实际的编码工作就能够以任意顺序从任何任务开始。如果任务比一名程序员能够处理的任务还多，则可以根据需要将它们分配给多名程序员。这类似于让许多人从事一个大型研究项目，每一个人负责一个独立的课题。

在它最通用的形式中，一个可适用于大多数简单程序的典型提纲是 1.5 节中介绍过的问题求解算法。图 6.8 给出了这个算法的第一级结构框图。

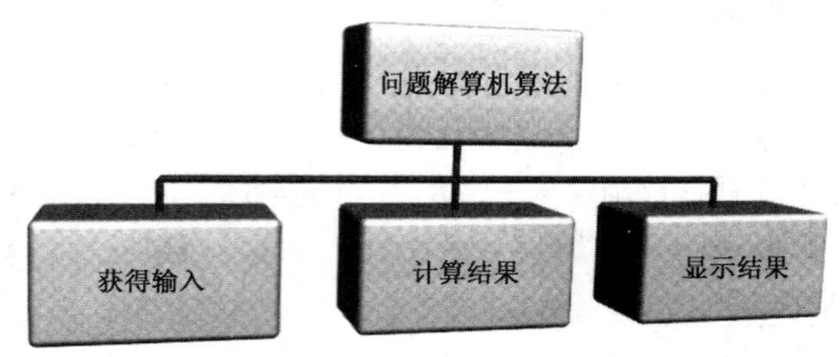

图 6.8 问题求解算法的第一级结构框图

问题求解算法中的每一项任务都能够单独处理，并且能够用任何期望的次序进行改进和编码，尽管首先完成输入部分通常会使测试和开发变得更容易。现在，将这个改进过程应用于一个实际的编程问题中。一个新的和非常重要的改进是使用作为“占位符”函数的桩函数(参见前一节)。桩函数允许在提供函数之间的数据传递测试的同时创建一个工作程序。一旦整个程序已经创建且运行，并且每一个函数都已单独完成，则可以将函数集成到桩的位置并对它进行测试。通过下面的案例研究展示它们是如何完成的。

需求说明

在儿童发育阶段，一项相当常见的工作是记录各年龄阶段的身高和体重的正常范围值。这些正常范围通常称为年龄标准(age norm)。这个案例研究中，要开发一个计算 6 到 11 岁儿童预期的身高和身高标准与儿童实际身高偏差的程序。

对于这个应用，假设要求程序收集一组正常发育的 6 到 11 岁儿童的各种统计资料，且已经开发出了下面的公式预测这个年龄组的儿童的正常身高(用英寸表示)。

$$正常身高 = -0.25(年龄-6)^2 + 3.5(年龄-6) + 45$$

利用这个公式开发一个程序，计算并显示 6 到 11 岁儿童的正常身高和与儿童实际身高的差额百分比。差额百分比由下面的公式给出。

$$差额百分比 = \frac{100(实际身高 - 正常身高)}{正常身高}$$

步骤 1：分析问题

a. 确定期望的输出

要求有两个输出：这个年龄的儿童的正常身高以及这个儿童的实际身高与正常身高的差额百分比。

b. 确定输入项

初看起来，这个程序似乎要求两个输入：儿童的年龄和身高。但是，有一个复杂因素，因为年龄通常用年数和月数给出，而正常身高的公式要求一个用年数表示的年龄。现在，可以尝试要求用户输入年龄，例如输入数字 10.5 表示 10 岁 6 个月，但这样最终只会使用户反感。正确的方法是允许用户输入一个用年和月表示的年龄，让计算机将这个输入的数据转换为年数。因此要求有如下三个输入项。

- 最后一个生日时的年龄(用年数表示)
- 最后一个生日到现在的月数
- 身高(用英寸表示)

c. 列出使输入与输出相关联的公式

从用月数和年数表示的年龄到用年数表示的年龄的转换，可以通过下面的公式完成。

年龄 = 年数 + 月数/12.0

利用需求说明中给出的另外两个公式，可以计算差额百分比。

$$正常身高 = -0.25(年龄-6)^2 + 3.5(年龄-6) + 45$$

$$差额百分比 = \frac{100(实际身高 - 正常身高)}{正常身高}$$

d. 执行手工计算

为了理解这些输入是如何转换为所要求的输出的，现在做一次手工计算。

假定一名儿童的年龄是 10 岁 6 个月，它会转换为 10.5 年的年龄，根据方程式计算得到正常身高为 $-0.25\times(10.5-6)2+3.5(10.5-6)+45=55.6875$ 英寸。现在假定这名儿童的实际身高是 50 英寸，则差额百分比为 $(100)(50-55.6875)/55.6875=-10.21\%$。我们将使用这些值来检验通过执行程序而获得的值。

步骤 2：选择一个全面解决方案算法

这个问题是问题求解算法的一个经典应用。对于这个特殊的应用，问题的解决方案具有下面的形式。

获得儿童的年龄和身高作为输入
计算正常的身高和差额百分比
显示计算后的值

对应于这个算法的最顶层的结构框图如图 6.9 所示。使用模块化设计方法，在这个结构中指定的每一个任务都能够作为函数直接编码或者进一步进行开发和细分，直到所有的任务都考虑到为止。

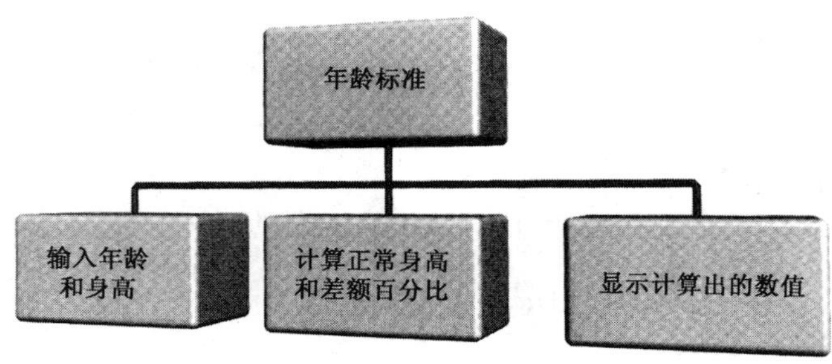

图 6.9　年龄标准计算程序的最顶层结构框图

尽管模块化开发方法允许用任意次序开发函数，但是首先创建的通常是输入部分，以确保理解了将要处理的数据。这个阶段，在 main()函数中直接接收多个输入是很方便的。因此，main()函数的要求是首先获得儿童的年龄和身高。然后，它必须正确地转换年龄值，将儿童的年龄和身高作为输入传递给计算模块，它必须返回正常身高以及正常身高与实际身高的差额百分比。

因为一个函数只能够直接返回一个值，关于如何实现图 6.9 中所示的计算模块，必须做一个选择。对于这个应用，将使用两个函数来构建计算模块：一个函数计算并返回正常身高，另一个函数计算并返回差额百分比(7.3 节中将看到如何能使一个函数返回多个值)。最后，main()函数必须将这两个计算出的值传递给显示函数。图 6.10 给出了这个问题细化后的最终结构框图。

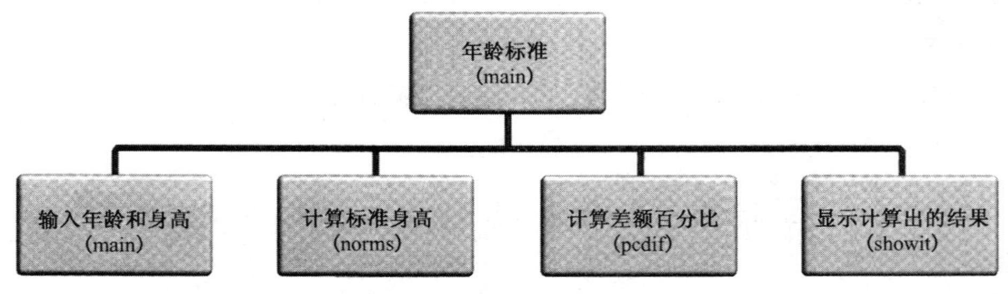

图 6.10 细化的结构框图

步骤 3：编写程序

随意地将计算函数和显示函数分别命名为 norms()，pcdif()和 showit()，在完成由图 6.10 定义的最终程序之前，首先使用这些函数的桩，允许编写一个“骨架”程序。当程序要求很多函数时，这是一种常用的惯例，因为它允许快速地构建程序，而将单独地完成每一个函数细节的任务留到以后。作为一个例子，考虑程序 6.6。

程序 6.6

```
#include <stdio.h>
#include <math.h>
int main()
{
  float norms(float);          /* 这是函数原型 */
  float pcdif(float, float);
  void showit(float, float);

  int years, months;
  float height, normht;
  float age, perdif;

    /* 这是输入部分 */
  printf("\nHow old (in years) is this child? ");
  scanf("%d", &years);
  printf("How many months since the child's birthday? ");
  scanf("%d", &months);
  age = years + months/12.0;   /* 转换为总的年数 */
  printf("Enter the child's height (in inches): ");
```

```
  scanf("%f", &height);

  /* 这是计算部分 */
  normht = norms(age);
  perdif = pcdif(height, normht);

  /* 这是显示部分 */
  showit(normht, perdif);

  return 0;
}

/* 下面是 norms()函数的桩函数 */
float norms(float age)
{
  printf("\nInto norms()\n");
  printf("   age = %f\n", age);
  return(52.5);
}

/* 下面是 pcdif()函数的桩函数 */
float pcdif(float actual, float normal)
{
  printf("\nInto pcdif()\n");
  printf("   actual = %f    normal = %f\n", actual, normal);
  return(2.5);
}

/* 下面是 showit()函数的桩函数 */
void showit(float normht, float perdif)
{
  printf("\nInto showit()\n");
  printf("   normht = %f      perdif = %f\n", normht, perdif);
}
```

注意，这个问题中所要求的输入数据——年数、月数和身高——都是从 main()内获得的。然后，main()函数调用有一个 age 实参的 norms()函数，用它来计算这个年龄的正常身高。接着，调用有两个实参的 pcdif()函数，它计算差额百分比。最后，调用 showit()函数显示在 norms()和 pcdif()函数中计算的值。这个程序由三个桩函数完成，分别对应于 norms()，pcdif()和 showit()函数。

所构建的每一个桩函数，都会显示表示函数已被调用的消息和任何所传递实参的值。此外，norms()的桩函数设置了一个随意的返回值，pcdif()的桩函数也如此。当完全设计出这些函数时，这些值将被计算出的正确值取代。就现在而言，这些值能够传递给 showit()函数，以验证正确的实参传递和接收。

步骤 4：测试并改正程序

在继续进行每一个单独的函数开发之前，可以测试已有的程序。如果程序工作正常，即可以继续开发每一个函数，测试并调试它，直到对程序的工作感到满意为止。然后，继续下一个函数的开发。

下面是运行程序6.6的样本输出。

```
How old (in years) is this child? 10
How many months since the child's birthday? 6
Enter the child's height (in inches): 50

Into norms()
   age = 10.500000

Into pcdif()
   actual = 50.000000    normal = 52.500000

Into showit()
   normht = 52.500000    perdif = 2.500000
```

这个输出验证了main()函数正确地获得了一个年龄和身高，并将一个10岁6个月的年龄转换为了相等的小数值10.5。类似地，norms()函数正确地接收了传递来的年龄且返回了一个值。这个输出还验证了pcdif()函数正确地接收儿童的身高和由norms()函数返回的正常身高。这些值依次被成功地传递到showit()函数供显示。

验证了每一个函数的调用序列都是正确的，而且每一个函数都正确地接收它的实参值之后，现在可以更完善地开发它们，以正确地计算它们的返回值。因为showit()是三个要求的函数中较简单的，所以首先开发它。这种"次序颠倒"的开发方法并不鲜见。事实上，它与电影导演使图片运动产生完整的电影画面所采用的技术相同。这里利用了这样一个事实:如果其他人做过实际的计算，那么显示这个结果就是一件相当平凡的事情。除此之外，输出部分的完成还提供了在计算部分验证计算部分的结果的手段。以下是showit()函数。

```
void showit(float normht, float perdif)
{
  printf("\nThe average height in inches is: %5.2f\n", normht);
  printf("The actual height deviates from the norm by: %6.2f%c\n", perdif, '%');
}
```

这个函数能够放在自己的文件里且能单独编译，也可以直接放到程序6.6中替换showit()桩函数。在任意一种情况中，都应当删除showit()桩函数，并重新运行程序单独地测试这个完成的showit()函数。替换桩函数的过程是所有专业程序员使用的主要测试技术。这个过程允许任何人在完成了每一个函数时隔离并单独地测试它。然后，如果程序的执行与预期的不一致，则不仅有一个先前的版本可以从头再来，而且还可以将这个错误隔离到一个特定的函数。这样就可以继续改编这个函数或者用桩函数取代它，并将程序作为测试其他函数的基础。假定showit()函数经测试后证明它的操作是正确的，则可以继续完成norms()函数和pcdif()函数。

我们希望norms()函数计算并返回与年龄儿童对应的正常身高。下面的norms()函数利用了前面给出的计算正常身高的公式。

```
float norm(float age)
{
  #define MINAGE 6.0
  float agedif, avght;

  agedif = age - MINAGE;
  avght = -0.25*pow(agedif,2) + 3.5*agedif + 45.0;
  return (avght);
}
```

这个函数是一个典型的计算函数。还应注意，norms()函数使用了一个命名常量MINAGE，它将基准年龄定义为 6 岁。同样，一旦完成了这个函数，就应该用它取代它的桩函数。

最后一个函数 pcdif()，用于计算儿童实际身高与正常身高的差额百分比。注意到差额百分比的计算是一种常用的能够在其他应用中使用的计算，因此这是一个有用的编程函数，因为它能够用于其他要求计算百分比的程序中。以下是完整的函数。

```
float pcdif()(float actual, float base)
{
  return ( (actual - base)) / base * 100.0 );
}
```

pcdif()函数内部没有使用变量，在它的 return 语句内执行计算。同样，一旦完成了这个函数，就应该用它取代它的桩函数并进行测试。

程序 6.7 是程序 6.6 的最终改进版本，所有的桩函数都分别被最终版本的函数取代了。

程序 6.7

```
#include <stdio.h>
#include <math.h>

main()
{
  float norm(float);          /* 这里是函数原型 */
  float pcdif(float, float);
  void showit(float, float );

  int years, months;
  float height, normht;
  float age, perdif;

  /* 这是输入段 */
  printf("\nHow old (in years) is this child? ");
  scanf("%d", &years);
  printf("How many months since the child's birthday? ");
  scanf("%d", &months);
  age = years + months/12.0;   /* 转换为年龄总数 */
  printf("Enter the child's height (in inches): ");
  scanf("%f", &height);

  normht = norm(age);

  perdif  = pcdif(height, normht);

  showit(normht, perdif);

  return 0;
}

float norm(float age)
{
```

```
  #define MINAGE 6.0
  float agedif, avght;

  agedif = age - MINAGE;
  avght = -0.25*pow(agedif,2) + 3.5*agedif + 45.0;
  return (avght);
}

float pcdif(float actual, float base)
{
  return (actual - base)/base * 100.0;
}

void showit(float normht, float perdif)
{
 printf("\nThe average height in inches is: %5.2f\n", normht);
 printf("The actual height deviates from the norm by:%6.2f%c\n",perdif,'%');
}
```

下面是程序6.7运行的样本。

```
How old (in years) is this child? 10
How many months since the child's birthday? 6
Enter the child's height (in inches): 50

The average height in inches is: 55.69
The actual height deviates from the norm by: -10.21%
```

因为这个结果与前面手工计算的结果一致，且程序6.6中每一个函数都用正确的输入单独测试了，用最终版本取代桩函数后的输出也是正确的，就有足够的把握相信程序是正确的。

练习6.3

编程练习

1. 修改程序6.7，除了计算儿童的身高值以外，还需要计算儿童的正常体重和体重差额百分比。假定计算正常体重的公式(用磅表示)由下面的公式给出。

   正常体重 =0.5 (年龄 - 6) + 5.0(年龄 - 6) + 48

2. 编写一个函数，计算圆的面积 a，已知它的周长为 c。函数应该调用另一个返回这个给定周长 c 的圆的半径 r 的函数。相关的公式为：$r = c/2\pi, a = \pi r^2$。
3. a. 正圆柱体的体积由它半径的平方乘以它的高度再乘以π给出。编写一个函数，接收两个分别对应这个圆柱的半径和高度的单精度实参，返回圆柱的体积。

   b. 将练习3a中编写的函数放入一个程序中。确保函数是从 main()调用的，并且向 main()正确地返回了值。使 main()显示这个返回值，通过传递各种数据测试这个函数并验证这个返回值。
4. a. 编写一个名称为 winPercent()的函数，接收一个球队取得的赢球次数和输球次数，返回它的赢球百分比。利用公式：赢球百分比 = 100 × 赢球数/(赢球数 + 输球数)。

   b. 将练习4a中编写的那些函数放入一个程序中。确保函数是从 main()调用的，并且向 main()正确地返回了值。使 main()显示这个返回值。使用这个程序确定1927年纽约扬基棒球队在赛季中赢 110 场输 44 场的赢球百分比，以及 1955 年布鲁克林大择队在赛季中赢 98 场输 55 场的赢球百分比。

5. 编写一个名称为 payment()的函数，包含名称分别为 principal(本金)，intRate(月利率)和 months(贷款月数)的三个参数。这个函数应该按照下面的公式返回月还款额。

$$payment = \frac{principal}{\frac{1}{\text{int}\ rate} - \frac{1}{\text{int}\ rate \times (1 + \text{int}\ rate)^{months}}}$$

注意，这个公式中的利息值是月利率，是一个小数。因此，如果年利率是 10%，则月利率是 0.10/12。测试你的函数。什么实参值能导致它出错(从而不应该输入)？

6. a. 将一个实数四舍五入到 n 位小数的一个非常有用的编程算法如下。

   步骤 1:将这个数乘以 10^n
   步骤 2:将步骤 1 中的结果值加 0.5
   步骤 3:删除结果的小数部分
   步骤 4:将步骤 3 中的结果值除以 10^n

   例如，使用这个算法四舍五入数字 78.374625 到三位小数位的算法如下。

   步骤 1:78.374625 * 103 = 78374.625
   步骤 2:78374.625 + .5 = 78375.125
   步骤 3:保留整数部分 78375
   步骤 4:78375 除以 10^3 = 78.375

   使用这个算法，编写一个名称为 round()的 C 语言函数，将它的第一个参数四舍五入到由它的第二个参数指定的小数数位。

   b. 将练习 6a 中编写的 round()函数集成到一个程序中，接收一个用户输入的钱数，将它乘以 8.675% 的利率，然后显示四舍五入到两位小数的结果。输入、编译并执行这个程序，并分别用数据 1000，100，10 和 0 美元验证结果。

7. a. 编写一个名称为 whole()的 C 语言函数，返回传递给它的任何数的整数部分(提示：将传递的实参赋给一个整型变量)。

   b. 将练习 7a 中编写的那些函数放入一个程序中。确保函数是从 main()调用的，并且向 main()正确地返回了值。在 main()中用 printf()函数显示这个返回值。通过传递各种数据测试这个函数。

8. a. 编写一个名称为 fracpart()的 C 语言函数，返回传递给它的任何数的小数部分例如，如果输入 256.879，则返回的应该是.879。使 fracpart()函数调用在练习 7 中编写的 whole()函数。然后，这个返回值能够被确定为传递给 fracpart()函数的值小于当相同的值传递给 whole()函数时的返回值。完整的程序应该由 main()函数、fracpart()函数和 whole()函数组成。

   b. 将练习 8a 中编写的那些函数放入一个程序中。确保函数是从 main()调用的，并且向 main()正确地返回了值。在 main()中用 printf()函数显示这个返回值。通过传递各种数据测试这个函数。

9. 一个足够 4 个人用的椽果饮料的配方需要下列配料。

- 2 个椽果
- 2 茶匙柠檬汁
- 1/4 杯葡萄干
- 1.5 杯苹果酱
- 1/4 杯红糖
- 3 汤匙碎胡桃

使用这个配方，编写并测试 6 个函数，这些函数分别接收人数且分别返回所要求的每种成分的数量。

10. 一个草莓农场主为一组学生做出如下安排：他们可以摘取所有希望得到的草莓。在摘取草莓的整个过程中，草莓将被称重。农场要保留 50% 的草莓，学生们将剩余的草莓平均分配。按照这种方法，编写并测试一个名称为 `straw()`的 C 语言函数，接收的实参为学生人数和被摘取的草莓总磅数，返回每一位学生能够得到的草莓的大致数了。假设一个草莓重约 1 盎司，16 盎司为 1 磅。将 `straw()`函数包含在一个工作程序中。

11. 二阶矩阵

$$\begin{vmatrix} a_{11} & a_{12} \\ a_{21} & a_{22} \end{vmatrix}$$

的定值是

$$a_{11}a_{22} - a_{21}a_{12}$$

类似地，三阶矩阵

$$\begin{vmatrix} a_{11} & a_{12} & a_{13} \\ a_{21} & a_{22} & a_{23} \\ a_{31} & a_{32} & a_{33} \end{vmatrix}$$

的定值是

$$a_{11}\begin{vmatrix} a_{22} & a_{23} \\ a_{32} & a_{33} \end{vmatrix} - a_{21}\begin{vmatrix} a_{12} & a_{13} \\ a_{32} & a_{33} \end{vmatrix} + a_{31}\begin{vmatrix} a_{12} & a_{13} \\ a_{22} & a_{23} \end{vmatrix}$$

按照这种方法，编写并测试名称分别为 `det2()`和 `det3()`的两个函数。`det2()`函数应该接收二阶矩阵的 4 个系数且返回它的定值；`det3()`函数应该接收三阶矩阵的 9 个系数，且通过调用 `det2()`计算二阶定值来返回自己的定值。

6.4 标准库函数

所有的 C 语言程序都需要访问一个标准的、预编程的、用于处理输入和输出数据、计算数学量和操作字符串的函数集，其中一些常用的函数是数学函数①，已经在 3.2 节中介绍过。这一节将介绍另外一些数学函数以及两个新的输入/输出函数：字符操作函数和转换函数。

① 这一节中描述的一些函数实际上被编码为宏，14.3 节将讨论宏。

这一节中介绍的所有函数，都是随每一个 C 编译器提供的标准库函数的一部分。标准库由 15 个头文件组成，它们在附录 C 中有详细描述。这些头文件由 C 语言源代码组成，可以打开和查看。可以在计算机中通过搜索找到它们，例如 stdio.h。

在使用系统库函数中可用的函数之前，必须知道如下信息。

- 可用的函数名称
- 函数所要求的实参
- 函数返回结果的数据类型(如果有的话)
- 函数功能的描述
- 如何包含具有期望的函数的库函数

前三项通过函数的原型和首部行提供。例如，考虑 3.2 节中介绍过的计算实参平方根的 sqrt()函数，这个函数的原型是

```
double sqrt(double)
```

这个原型列出了调用 sqrt()函数所要求的全部信息，告诉函数期望一个双精度实参且返回一个双精度值。

所有库函数的原型都至少被包含在某个形成标准 C 语言库函数的标准头文件中。为了将这些原型包含到程序中，首先要为期望使用的库函数找到正确的头文件(附录 C 提供了这些函数的列表)，然后将下面语句包含到程序中，其中头文件名(header-file-name)要用所要求的头文件名称替换。

```
#include <header-file-name>        ←——— 没有分号
```

应将适当的#include 语句放置在程序的顶部，以确保正确地访问原型包含在头文件里的库函数。

数学库函数

3.2 节曾介绍过常用的数学函数集，表 6.1 中列出了更多的这类函数。为了访问表中的任意一个库函数，必须在程序中包含 math.h 头文件①。

和所有的 C 语言函数一样，传递给数学库函数的实参不一定是数。因此，实参可以是表达式(包括另一个函数调用)，但要求该表达式能够被计算成一个所期望的数据类型的值。

表 6.1　数学库函数(要求头文件 math.h)

原型	描述
double fabs(double)	返回双精度型参数的绝对值，函数 int abs(int)在 stdlib.h 中定义
double ceil(double)	返回一个大于或等于它的参数数值的最小整数的浮点型数值
double floor(double)	返回一个小于或等于它的参数数值的最大整数的浮点型数值
double fmod(double,double)	返回第一个参数被第二个参数除的余数
double exp(double)	返回 e 自乘到它的双精度参数幂的数值
double log(double)	返回参数的自然对数(基数 e)
double log10(double)	返回参数的常用对数(基数 10)

① 另外，如果你正在使用 UNIX 操作系统，编译程序时必须包括 -lm 选项。

(续表)

原型	描述
double sqrt(double)	返回参数的平方根
double pow(double,double)	返回第一个参数自乘到第二个参数幂的数值
double sin(double)	返回参数的正弦值,参数必须是弧度值
double cos(double)	返回参数的余弦值,参数必须是弧度值
double tan(double)	返回参数的正切值,参数必须是弧度值
double asin(double)	返回参数的角度(弧度),参数是正弦值
double acos(double)	返回参数的角度(弧度),参数是余弦值
double atan(double)	返回参数的角度(弧度),参数是正切值
double atan2(double,double)	返回参数的角度(弧度),它的正切值是第一个参数被第二个参数除的值
double sinh(double)	返回参数的双曲正弦值
double cosh(double)	返回参数的双曲余弦值
double tanh(double)	返回参数的双曲正切值

rand()函数与 srand()函数

解决许多商业和科学问题时，要求采用概率和统计学的采样技术。例如，在模拟汽车交通流量或者电话使用模式中，要求有统计模型。此外，诸如简单的计算机游戏以及更复杂的游戏场景的应用，只能由统计学来描述。所有这些统计模型都要求产生随机数(random number)——次序无法预知的一系列数。

在实践中，找到真正的随机数是困难的。骰子从来不是完美的，纸牌从不完全随机地被洗牌，数字计算机只能在一个限定的范围内用有限的精度处理数。大多数情况下，最好的情况是产生伪随机数(pseudorandom number)，它对于手边的任务是充分随机的。所有的 C 语言编译器都为创建随机数提供了两个函数：rand()和 srand()，它们在 stdlib.h 头文件中定义。rand()函数生成一系列随机数，范围为 0 < rand() < RAND_MAX，式中常量 RAND_MAX 是一个与编译器有关的在 stdlib.h 头文件中定义的符号常量。srand()函数为 rand()函数提供了一个开始的“种子”值。如果没有使用 srand()函数或者其他等效的“播种”技术，则 rand()函数将总是产生相同的随机数序列。

程序 6.8 演示了使用这两个函数创建一系列 *N* 个随机数的一般过程，该程序产生一系列的 10 个随机数。

程序 6.8

```
#include <stdio.h>
#include <stdlib.h>
#include <time.h>
  #define TOTALNUMBERS 10

int main()
{
  float randValue;
  int i;

  srand(time(NULL));   /* 这里生成第一个“种子”值 */

  for (i = 1; i <= TOTALNUMBERS; i++)
```

```
14      {
15        randValue = rand();
16        printf("%6.0f\n", randValue);
17      }
18
19      return 0;
20    }
```

注意第 11 行

```
11  srand(time(NULL));   /* 这里生成第一个“种子”值 */
```

srand()的实参是一个带 NULL 实参的 time()函数的调用。NULL 实参使 time()函数以秒为单位读取计算机的内部时钟时间。然后，srand()函数使用这个时间初始化 rand()随机数发生器函数①。

一旦已经初始化 rand()函数，在下面第 13 ~ 17 行中的 for 循环会重复调用这个函数 10 次，每一次调用都产生一个新的随机数。

```
13  for (int i = 1; i <= N; i++)  /* 这产生N个随机数字 */
14  {
15    randvalue = rand();
16    printf("%f\n", randvalue);
17  }
```

以下是运行这个程序一次后的输出。

```
16579
14775
18082
32697
 8029
24680
31569
 5795
11768
25546
```

每次执行程序 6.8，都会创建不同的 10 个随机数。

比例缩放

在实践中，通常需要对 rand()函数产生的随机数进行一种调整。在许多应用中，随机数必须是一个指定范围内的整数，例如 1 到 100。将随机数发生器产生的随机数调整至一个指定范围内的方法，称为比例缩放(scaling)。

将一个随机数缩放为在 1 到 *N* 之间的一个整数值，可通过表达式 1 + (int)rand()% N 完成。例如，表达式 1 + (int)rand()% 100 会产生一个 1 到 100 之间的随机整数。类似地，表达式 1 + (int)rand()% 6 会产生一个 1 到 6 之间的随机整数。在这个范围内的随机数能够用于模拟掷一枚骰子的程序。通常而言，为了产生 a 到 b 之间的随机整数，可以使用表达式

```
a + (int)(rand() % (b - a + 1)).
```

① 作为选择，许多 C 编译器有一个用 srand()函数定义的 randomize()程序。如果这个程序可以获得，调用 randomize()函数能够被用在调用 srand(time(NULL))的位置。在任一情况中，初始化“种子”程序只被调用一次，在此之后，rand()函数可用来产生一系列数字。

抛硬币模拟

常见的随机数用法是模拟事件，这样做要比创建一个真实的试验所花费的时间和开支少很多。通过察看一个模拟掷硬币1000次的程序，就能够了解在构建模拟程序时经常会遇到的一般概念和技术。

从概率论可知，抛硬币一次时正面朝上的概率为50%。类似地，反面朝上的概率也为50%。根据这些结果，抛1000次硬币时正面朝上的次数应为500次，反面朝上的次数也应为500次。然而在实践中，抛1000次的实验从来没有实现过。

我们宁愿用程序来模拟抛的过程，也不愿意尝试抛硬币1000次。为此，将产生1000个随机数，然后设计一种方法判断哪个随机数代表正面、哪个随机数代表反面。程序6.9完成了这个模拟过程，它使用了两个从main()调用的函数，程序中已经将它们用阴影表示。

程序6.9

```
#include <stdio.h>
#include <stdlib.h>
#include <time.h>

int flip(int);    /* flip 函数原型 */
void percentages(int, int) ;    /* percentage 函数原型 */

int main()
{
  int numTosses = 1000;
  int heads;

  heads = flip(numTosses);
  percentages(numTosses, heads);

  return 0;
}

// 这个方法抛掷硬币 numTimes 次
// 并且返回正面的次数
int flip(int numTimes)
{
  int randValue;
  int heads = 0;
  int i;

  srand(time(NULL));

  for (i = 1; i <= numTimes; i++)
  {
    randValue = 1 + (int)rand() % 100;
   if (randValue > 50)
      heads++;
  }

```

```
36     return (heads);
37   }
38
39   // 这个方法计算和显示
40   // 正面和反面的百分比
41   void percentages(int numTosses, int heads)
42   {
43     int tails;
44     float perheads, pertails;
45
46     if (numTosses == 0)
47     printf("There were no tosses, so no percentages can be calculated.\n");
48     else
49     {
50       tails = numTosses - heads;
51       printf("Number of coin tosses: %d\n", numTosses);
52       printf("   Heads: %d   Tails: %d\n", heads, tails);
53       perheads = (float)heads/numTosses * 100.0;
54       pertails = (float)(numTosses - heads)/numTosses * 100.0;
55       printf("Heads came up %6.2f percent of the time.\n", perheads);
56       printf("Tails came up %6.2f percent of the time.\n", pertails);
57     }
58   }
```

程序 6.9 中阴影较淡的代码包含 flip()函数，它是根据下面的算法编码的。

抛硬币算法
For numTimes 次
产生 1 到 100 之间的一个随机数
  If 这个数大于 50
    正面次数增加 1
End For
返回正面次数

编码时，flip()函数接收所要求的抛硬币次数作为一个实参，且返回抛完后得到的正面次数。为了方便，把第 29 ~ 34 行在下面再次列出。

```
29   for (i = 1; i <= numTimes; i++)
30   {
31     randValue = 1 + (int)rand() % 100;
32    if (randValue > 50)
33       heads++;
34   }
```

flip()函数使用一个 for 循环产生所要求的抛硬币次数。在循环里，第 31 行

```
31   randValue = 1 + (int)rand() % 100;
```

将由 rand()函数返回的随机数缩放成 1 到 100 之间的一个整数。然后，第 32 ~ 33 行中使用了一个 if 语句

```
32   if (randValue > 50)
33      heads++;
```

只要检测到一个大于50的整数，就将正面次数加1。这个被测条件式强制51到100的整数表示抛的结果为正面，因此，0到50的整数表示抛出反面。这种划分使得抛一次硬币各有一半的机会出现正面或者反面。也可以使用其他的确定方法，只要它们保持了这种同等的概率。

percentages()函数使用下面的算法来计算正面数和反面数的百分比。

```
百分比算法
If 抛的次数等于0
  显示一条消息，指出还没有抛硬币
Else
  计算抛出的反面次数，即抛的次数减去正面次数
  显示抛的次数、正面次数和反面次数
  计算正面的百分比，即正面次数除以抛的次数，再乘以100%
  计算反面的百分比，即反面次数除以抛的次数，再乘以100%
  输出正面和反面的百分比
EndIf
```

注意第53行和第54行中强制类型转换符“(float)”的使用。

```
53  perheads = (float)heads/numTosses * 100.0;
54  pertails = (float)(numTosses - heads)/numTosses * 100.0;
```

如果没有将每一个表达式中的某个值强制转换为浮点值，则计算的结果将总是0。这是因为，表达式中的所有变量都是整型变量，且分子总是比分母小。使计算中的某个值成为一个浮点值，就会创建一个浮点表达式。正如2.4节中描述的那样，这将强制计算式产生一个保留除法结果的小数部分的双精度值。

下面是程序6.9运行的两个样本。

```
Number of coin tosses: 1000
   Heads: 497   Tails: 503
Heads came up 49.7 percent of the time.
Tails came up 50.3 percent of the time.
```

和

```
Number of coin tosses: 1000
  Heads: 504    Tails: 496
Heads came up 50.4 percent of the time.
Tails came up 49.6 percent of the time.
```

输入/输出库函数

前面已经大量使用了两个输入/输出(I/O)库函数：printf()函数和scanf()函数。现在介绍另外两个专门用于字符型数据的输入/输出库函数。这两个函数的定义和实现包含在头文件stdio.h中①。第一个函数是能够用于单字符输入的getchar()函数。这个函数的原型是

```
int getchar()
```

正如这个原型所表明的那样，getchar()函数不需要传递任何实参，它返回一个整型数据类

① 形式上，这两个函数在stdio.h头文件中被创建为宏。宏的编写在14.3节中介绍。

型。用整型格式返回字符的原因是：这样做能够返回 5.3 节里描述的文件结束标记(EOF)。EOF 标记有一个整数代码，为了使这个标记在输入时能被正确地识别出，getchar()必须返回一个整型值。

getchar()函数用于返回通过终端输入的下一个字符。例如，语句

```
inChar = getchar();
```

会使在终端输入的下一个字符保存在变量 inChar 中。这等价于较长的语句 scanf("%c", &inChar);。当需要从数据文件不断地读取字符序列时，getchar()函数非常有用，这是第 10 章的主题。

与 getchar()相应的输出函数是 putchar()。这个函数要求一个字符实参，并会将传递给它的字符显示在终端上。例如，语句 putchar('a')使字母 a 显示在标准输出设备上——它等价于较长语句 printf("% c", "a");。

字符处理函数

表 6.2 中列出了完整的字符处理函数集，它们的原型都在 ctype.h 头文件中提供。

表 6.2　字符函数(要求 ctype.h 头文件)

原型	描述	例子
int isalnum(int)	如果参数是一个字母或一个数字，返回一个非 0 数，否则返回 0	isalnum('9')
int isalpha(int)	如果参数是一个字母，返回一个非 0 数，否则返回 0	isalpha('a')
int iscntrl(int)	如果参数是一个控制参数，返回一个非 0 数，否则返回 0	iscntrl('a')
int isdigit(int)	如果参数是一个数字(0 ~ 9)，返回一个非 0 数，否则返回 0	isdigit('a')
int isgraph(int)	如果参数是除空格以外的一个可打印的字符，返回一个非 0 值，否则返回 0	isgraph('@')
int islower(int)	如果参数是小写字母，返回一个非 0 数，否则返回 0	islower('a')
int isprint(int)	如果参数是一个可打印的参数，返回一个非 0 值，否则返回 0	isprint('a')
int ispunct(int)	如果参数是一个标点，返回一个非 0 数，否则返回 0	ispunct('!')
int isspace(int)	如果参数是一个空格，返回一个非 0 数，否则返回 0	isspace(")
int isupper(int)	如果参数是一个大写字母，返回一个非 0 数，否则返回 0	isupper('a')
int isxdigit(int)	如果参数是一个十六进制数字(A ~ F, a ~ f 或 0 ~ 9)，返回一个非 0 数，否则返回 0	isxdigit('b')
int tolower(int)	如果参数是大写字母则返回它的小写字母，否则返回未改变的参数值	tolower('A')
int toupper(int)	如果参数是小写字母则返回它的大写字母，否则返回未改变的参数值	toupper('a')

当检查由用户输入的单个字符时，表 6.2 中列出的这些函数特别有用。例如，程序 6.10 会不断地请求用户输入一个字符，并会判断这个字符是字母还是数字。当输入 X 或者 x 时，程序退出 while 循环。

程序 6.10

```
#include <stdio.h>
#include <ctype.h>
int main()
{
  char inChar;
```

```
 6
 7   do
 8   {
 9     printf("\nPush any key (type an x to stop) ");
10     inChar = getchar(); /* 获得下一个输入的字符 */
11     inChar = tolower(inChar); /* 转换为小写 */
12     getchar(); /* 获取并忽略回车键 */
13
14     if ( isalpha(inChar) ) /* 在C语言中一个非0值表示为真 */
15       printf("\nThe character entered is a letter.\n");
16     else if ( isdigit(inChar) )
17       printf("\nThe character entered is a digit.\n");
18
19   } while (inChar != 'x');
20
21 }
```

下面对程序 6.10 稍加分析。首先注意第 14 ~ 17 行 if…else 语句中的被测条件式

```
14 if ( isalpha(inChar) ) /* 在C语言中一个非0值表示为真 */
15   printf("\nThe character entered is a letter.\n");
16 else if ( isdigit(inChar) )
17   printf("\nThe character entered is a digit.\n");
```

它利用这样一个事实:如果条件式的求值结果为一个非 0 值, 则被认为是真。因此, 第 14 行中的条件式(isalpha(inChar)), 等价于较长的表达式(isalpha(inChar)!=0), 而第 16 行中的条件式(isdigit(inChar))等价于较长的表达式(isdigit(inChar)!=0)。第 12 行对 getchar()函数的调用被用来移走回车键。

因为函数返回值, 所以函数自身也可以是另一个函数的实参。例如, 程序 6.10 第 10 行和第 11 行中的两条语句

```
10 inChar = getchar(); /* 获得下一个输入的字符 */
11 inChar = tolower(inChar); /* 转换为小写 */
```

可以组合为一条语句

```
inChar = tolower(getchar());
```

转换函数

表 6.3 中列出的库函数用于字符串与整型或者浮点型数据类型之间的相互转换。这些函数的原型都包含在 stdlib.h 头文件中, 使用这些函数的任何程序, 都必须包含这个头文件。

表 6.3 字符转换函数(要求 stdlib.h 头文件)

原型①	描述	例子
int atoi(string)	转换一个 ASCII 字符串为一个整数。在第一个非整型字符处停止	atoi("1234")
double atof(string)	转换一个 ASCII 字符串为一个双精度数。在第一个不能被解释为一个双精度数的字符处停止	atof("12.34")
string itoa(int)	转换一个整数为一个 ASCII 字符串。为返回的字符串分配的空间必需足够大于被转换的数值	itoa(1234)

① 不存在 C 语言字符串数据类型。形式上,一个字符串是一个字符数组,第 9 章将详细讨论。

程序 6.11 演示了 atoi()函数和 atof()函数的用法。这些函数将在 9.4 节中进一步给出实例，在那里它们将用来确保用户输入的数据是正确的数字数据类型。

程序 6.11

```
#include <stdio.h>
#include <stdlib.h> /* 字符串转换函数所要求的 */
int main()
{
  int num;
  double dnum;

  num = atoi("1234");   /* 转换字符串为整数 */

  printf("The string \"1234\" as an integer number is: %d \n", num);
  printf("This number divided by 3 is: %d \n\n", num / 3);

  dnum = atof("1234.96"); /* 转换字符串为双精度型数 */

  printf("The string \"1234.96\" as a double is: %f \n", dnum);
  printf("This number divided by 3 is: %f \n", dnum / 3);

  return 0;
}
```

这个程序的输出如下。

```
The string "1234" as an integer number is: 1234
This number divided by 3 is: 411

The string "1234.96" as a double number is: 1234.960000
This number divided by 3 is: 411.653333
```

正如这个输出表明的那样，只有将字符串转换为整型值或者浮点值，对这些值进行数学运算才是有效的。

练习 6.4

编程练习

1. 编写一个名称为 root4()的 C 语言函数，返回传递给它的实参的四次方根。
2. 编写两个分别名称为 dist()和 angle()的 C 语言函数，用于将一个点的直角坐标 (x, y) 转换为极坐标形式。即在笛卡儿坐标系上给出 x 和 y 的位置，如图 6.11 所示。dist()函数计算并返回从原点到这个点的距离 r，angle()函数计算并返回这个点与 x 轴的角度 θ。r 和 θ 的值称为这个点的极坐标。使用下面的关系式。

$$r = \sqrt{x^2 + y^2}$$

$$\theta = \arctan(y/x), x \neq 0$$

3. 在计算机上输入并执行程序 6.9。
4. a. 修改程序 6.9，以使它从用户处请求抛硬币的次数。提示:应确保程序正确地计算出了正面数和反面数的百分比。

b. 执行练习4a中编写的程序5次，每次运行时抛10次硬币，检验由程序报告的百分比与在本书中抛1000次时得到的百分比是否明显不同。

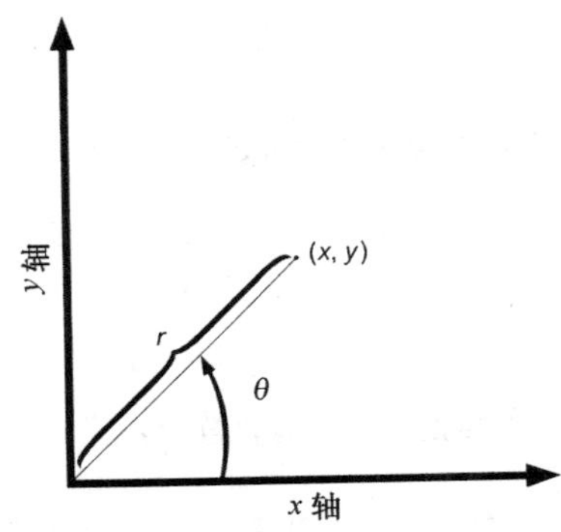

图6.11 极坐标(x, θ)与笛卡儿坐标(x, y)之间的对应关系

5. (中心极限定理模拟)修改程序6.9，使它自动生成每次模拟抛1000次硬币的20个模拟事件。输出每次运行的正反面百分比和运行20次后的正反面平均百分比。判断与单次模拟的结果相比，运行20次的正反面平均百分比是否更接近于50%。

6. a. 编写一个C语言程序，创建一个高低(HI-LO)游戏。在这个游戏中，计算机产生一个1到100之间的随机整数，用户有7次机会猜测这个数。如果用户猜中了，则显示消息“`Hooray, you have won!`”。如果猜错，则显示消息“`Wrong Number, Try Again`”，并且应指明所猜的数是太大(高)还是太小(低)，还应显示剩下的猜测次数。如果7次都猜错，则显示消息“`Sorry, you lose`”并给出正确答案。

   b. 修改为练习6a编写的程序，允许用户在游戏完成后能够再次运行它。程序应显示消息“`Would you like to play again (y/n)?`”如果输入的是`Y`或者`y`，则重新开始游戏。

7. 编写一个程序，测试由你的编译器提供的`rand()`函数的有效性。从初始化10个计数器开始，如`onescount`，`twoscount`直到`tenscount`，将它们全部设置为0。然后，产生一个1到10之间的大随机整数。如果它为1，则将`onescount`加1;如果为2，则将`twoscount`加1;等等。最后，输出出现的1的个数、2的个数等，并显示每一个数出现次数的百分比。

8. 编写一个程序，模拟掷两枚骰子的情况。如果它们的点数和为7或者11，则玩家赢，否则为输。可以随意修改这个程序的“赌博”方式，如不同的奇数、输和赢的不同组合、没钱时或者达到游戏时限时停止游戏、显示骰子点数，等等。

9. 有时，计算出两个整数n1和n2的最大公约数(GCD)是有用的，最大公约数是能被这两个数整除的最大的数。两千多年前，著名的数学家欧几里得(Euclid)发现了一个找到两个整数的最大公约数的有效方法。不过这里将不提供这个方法，而是为它放置一个桩函数。将这个整数函数定义为`stubgcd(n1, n2)`。只是简单地让它返回一个值，并假设它正确地接收了参数。编写这个整数函数`stubgcd(n1, n2)`。提示:一个好的返回值是n1 + n2。为什么n1/n2不是好的选择?

10. 找到两个正整数的最大公约数的欧几里得方法由下面步骤组成。

    a. 将较大的数用较小的数相除，保留余数。

b. 将较小的数除以余数，再保留余数。

c. 继续将前面的余数除以当前的余数，直到余数为 0。这时，最后一个非 0 余数就是最大公约数。

例如，假设两个正整数是 84 和 49，则求最大公约数的步骤如下。

步骤 a:84/49 得到余数 35

步骤 b:49/35 得到余数 14

步骤 c:35/14 得到余数 7

步骤 d:14/7 得到余数 0

因此，最后一个非 0 余数 7 就是 84 和 49 的最大公约数。

使用欧几里得算法，用一个真正的函数取代练习 9 中编写的桩函数，这个函数会确定并返回两个整型参数的最大公约数。

11. 在扑克牌的 21 点游戏中，纸牌 2 到 10 以它们的面值计分，不管其花色如何。所有花牌(J, Q, K)按 10 计分，纸牌 A 根据玩家手中的所有纸牌的总计分可计为 1 分或者 11 分。如果玩家手中的所有纸牌的总计分数结果没有超过 21，则纸牌 A 就按 11 计分，否则按 1 计分。利用这些信息编写一个 C 语言程序，使用一个随机数发生器来选择三张牌的值(1 对应纸牌 A，2 对应纸牌 2，等等)，适当地计算手上纸牌的总值，输出显示这三张牌的值的消息。

12. 据说只要有足够的时间，一只猴子随意地按键盘上的键，就能获得莎士比亚的作品。通过使一个程序随机地选择并显示字母来模拟这件事。统计输入的字母的个数，直到程序产生下面两个字母的单词之一:at，is，he，we，up 或者 on。当得到某个这样的单词时，停止程序并显示输入的字母的总数。(提示:通过选择 1 到 26 之间的一个随机整数来得到一个字母。)

13. 下面是一个称为“随机游动”问题的版本。它能够延伸到二维或者三维的情况，用于模拟分子的运动，以确定反应堆防护罩的效力，或者计算多种其他的可能性。假设你的宠物狗很累很想睡觉，在温暖的夏夜里它离开最喜爱的街灯柱，随意地摇晃着向家的方向走两步，或者向相反的方向走一步。走完这些步后，狗再次向家的方向走两步，或者往回走一步，如此重复进行。如果宠物狗向家的方向从街灯柱达到 10 步的总距离，你就能找到它并带它回家。如果这条狗在向家的方向到达 10 步之前返回街灯柱处，它就会躺在街灯柱下度过一晚。

编写一个 C 语言程序模拟 500 个夏夜，计算并输出宠物狗在这些晚上在家里睡觉的时间百分比。提示:在一个循环里根据一个随机数的值确定是朝前走还是回退。累计这条狗已经到达你家的距离。如果距离达到 10，停止循环，给到家的计数器加 1;如果在距离到达 10 之前达到了 0，则终止循环，但不给到家的计数器加 1。重复这个循环 500 次，计算出这个到家的百分比(到家的计数器/500.0)。

14. 编写一个 C 语言程序，使用 `getchar()`，`toupper()`和 `putchar()`函数用大写形式回显所有输入的字母。当输入为 x 或者 X 时，程序终止。提示:将所有的字母转换为大写，仅对 X 进行测试。

15. 重新编写程序 6.10，在程序的 `do…while` 语句的位置使用 `while` 语句。

16. 编写一个 C 语言程序，使用 `getchar()`函数从终端输入一个字符到变量 `inChar`。将这个函数的调用包含到一个不断提示用户输入下一个字符，直到按下加号键为止的

do…while循环中。在输入每一个字符后，使用函数调用 printf("%d", inChar); 输出用于保存该字符的十进制值。

6.5 编程错误和编译器错误

在使用本章中讲解的材料时，应注意如下可能的编程错误和编译器错误。

编程错误

1. 传递错误的数据类型。当调用函数时，传递给它的值必须与这个函数声明的参数一致。验证所接收值的正确性的最简单方法是在进行任何计算之前显示函数体内所有被传递的值。一旦验证完成，就可以将显示语句移除。
2. 遗漏被调函数的原型。被调函数必须被告知返回值以及所有参数的数据类型，这些信息由函数原型提供。只有当被调函数物理上放置在程序中它的调用函数之前，或者被调函数返回一个整数或者空值数据类型时，才能够省略这个声明。
3. 用分号终止函数首部行。
4. 忘记在函数首部行中列出每一个参数的数据类型。
5. 从函数返回的数据类型与函数首部行中指定的数据类型不符。

编译器错误

下面的表总结了会导致编译错误的常见错误以及由基于 UNIX/Windows 的编译器提供的典型错误消息。

错误	基于 UNIX 编译器的错误消息	基于 Windows 编译器的错误消息
用一个分号终止函数首部行	(S) Syntax error	error:missing function header(old-style formal list?)
传递不正确的参数个数到函数	(E) Missing argument(s)	error C2660: function does not take...arguments
没有函数原型	(S) Syntax error: possible missing ';'or ',' 注意到函数的每个参数将产生下列错误: (S)Undeclared identifier	error:identifier not found,even with argument-dependent lookup error C2365: redefinition;previous definition was a 'formerly unknown identifier'
改变在函数原型和函数首部之间的参数数据类型	(S) Redeclaration of...differs from previous declaration (I) The data type of parameter differs from the previous type	Error: unresolved external symbol referenced in function fatal error: Unresolved externals
忘记在函数首部中用逗号分隔参数	(S) Syntax error: possible missing ')' or ','? Redeclaration of doit differs from previous declaration on line 3 of "Filename.c" (I)Redeclaration of doit has a different number of fixed parameters than the previous declaration (S) Undeclared identifier b	error:syntax error:argument should be preceded by ','
使用一个是语法保留字的函数名	(S) Redeclaration of function differs from previous declaration	error: identifier not found, even with argument-dependent lookup

6.6 小结

1. 调用函数时，需指定它的名称并把任何传递给它的数据放在跟随这个名称后的括号中。如果变量或者表达式是函数调用中的实参之一，则被调函数会接收该变量或者表达式的值的副本。
2. 用户编写的函数的一般形式如下。

```
返回数据类型　函数名(参数表)
{
  声明;
  语句;
  return(表达式);
}
```

   函数的第一行称为函数首部。函数的开始大括号和结束大括号以及它们之间的所有语句，组成了函数体。参数表必须包括所有的参数名称以及它们的数据类型。
3. 函数的返回类型是它返回的值的数据类型。如果没有明确声明类型，则默认返回的是一个整数值。如果函数不返回任何值，则应当将它声明为 void 类型。
4. 函数能够直接返回最多一个值给它的调用函数。这个值是返回语句中表达式的值。
5. 借助函数原型，函数能够声明给所有的调用函数。函数原型为函数提供一个声明，指定这个函数返回的数据类型、它的名称和这个函数期望的参数数据类型。和所有声明一样，函数原型用分号终止且可以被指定为一个全局声明或者包含在函数的局部变量声明中。最常见的函数原型形式是

```
返回的数据类型 函数名(参数数据类型);
```

   如果被调函数放置在调用函数前面，则不要求做进一步的声明，因为这个函数的定义用做一个对所有跟随在后面的函数的全局声明。
6. 传递给函数的实参提供一种计算任何有效的 C 语言表达式值的手段。这个表达式的值会传递给被调函数。
7. 一组为数学计算、字符输入/输出、字符处理和数值转换而预先编写好的函数，包含在随每一个 C 语言编译器而提供的标准库中。为了使用这些函数，必须知道它的名称、它所期望的实参、返回值的数据类型(如果有的话)以及函数功能的描述。还必须在程序中包含特定的头文件，以包含这个函数的原型和定义。

第7章　函数模块性(2)

任何需要计算机的工程，都必须承担硬件和软件两方面的成本。与硬件相关的成本由这个系统使用的全部物理部件的成本构成。这些部件包括计算机自身、外围设备、任何其他项目(如敷设电缆)以及工程所要求的相关设备。软件成本包含所有与初始程序开发以及后续的程序维护相关的成本。如图7.1所示，大多数基于计算机的工程的主要成本是它们的调查研究、开发或最终应用，它们都是软件成本的构成成分。

软件成本对整个工程的成本贡献这样大，是因为软件成本紧密地与人类生产力相关(换句话说，它们是劳动密集型的)，而硬件成本更直接地与制造技术相关。例如，10多年前成本高于500美元的微芯片，现在能够用不到1美元的价格买到。

但是，显著提高制造生产力所带来的减少硬件成本的结果，要比人们倍增生产数量或质量容易得多。所以当硬件成本直线下降时，软件生产力和与它们相关的成本会保持相对恒定。这样，软件成本对整个系统成本(硬件加软件)的百分比，已经极大地增长了。

如果只考虑软件成本(见图7.2)，则会发现维护现有程序的成本大约占总软件成本的75%。维护包括纠正新发现的错误、增加新的特性以及修改现有的程序。

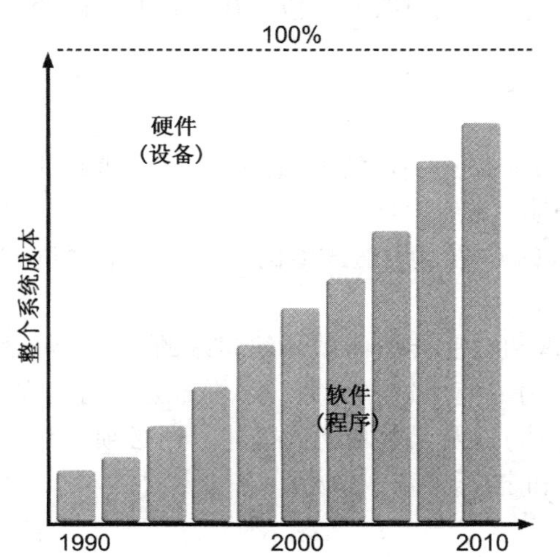

图7.1　软件是多数计算机工程中的主要成本

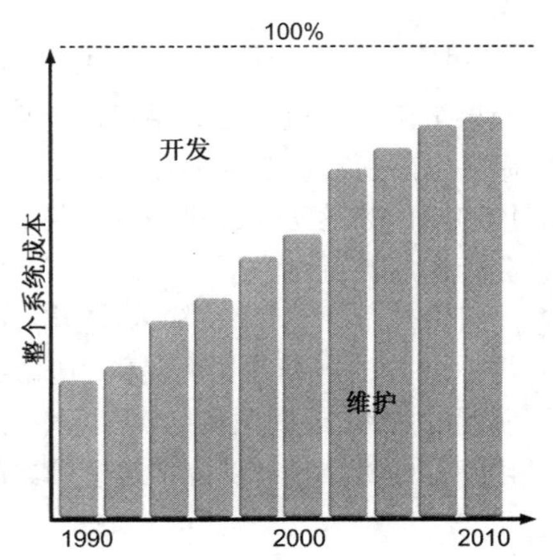

图7.2　维护是主要的软件成本

学生们通常会觉得奇怪，因为他们习惯于解决一个问题并继续转向一个不同的问题。但是，商业和工程领域不这样操作。在这些领域中，一个应用或想法通常建立在前一个之上，并可能要求数月或数年的工作。这在程序设计中尤其如此。只要编写了一个程序，新的特性就变得很明显了。技术方面的进步(如网络连接、光纤、遗传工程以及图形显示)同样打开了创造新软件的可能性。

维护(调试、修改或者增强)程序的难易程度，与阅读并理解程序的难易程度有关。进而会直接与构建程序时的模块性直接相关。正如前面已经见到的那样，模块化程序通过一个或者多个函数构造，每一个函数都执行一个清晰定义的特定任务。如果每一个函数都清楚地在内部构造且明确地指定了函数之间的关系，那么在修改和测试它时就能够对程序中其他函数导致的干扰最小，或者只会与它们有最少的交互。

如果要隔离 bug，或者需要增加新的特性，则所要求的改变能够限制在不对其他函数产生根本影响的适当的函数之内。只有在函数要求不同的输入数据或者产生不同的输出时，它才会被周围的函数影响。即使在这种情况下，对周围函数的改变也是清楚的，必须将这些函数修改成输出被改变函数需要的数据，或者修改成接收新的输出数据。函数能帮助程序员确定这些改变必须在什么地方进行，而函数的内部结构决定了做这种改变的难易程度。

本章将继续讲解函数，提供更多的函数特性，以充分理解函数的功能。

7.1　变量的作用域

前面已经编写过包含多个函数的程序，因此能够更深入地分析每一个函数内声明的变量以及它们与其他函数中变量的关系。

从其本性出发，C 语言函数被构造为独立的模块。正如已经看到的那样，传递给函数的值位于它的实参表中，而函数返回的值由 return 语句实现。从这一点来看，可以将函数理解成一个封闭的盒子，在顶上有一些细长的孔用来接收值，在底部有一个细长的孔用来返回一个值(参见图 7.3)。

这种比喻是很有用的，因为它强调了这样一个事实：对所有其他函数而言，这个函数内部进行的事情(包括函数体内的所有变量的声明)是隐藏的。因为在函数内部创建的变量只能用于这个函数本身，所以它被认为对这个函数是局部的，即这种变量为局部变量(local variable)。这个术语指的是变量的作用域(scope)，作用域被定义为变量是有效的或者“已知”的程序段。变量既可以具有局部作用域，也可以具有全局作用域。有局部作用域(local scope)的变量，是已经被函数体内安排的变量声明语句为它保留的存储区位置的变量。局部变量只有在声明它的函数体内的表达式或者语句中才有意义。这意味着同一个变量名称能够在多个函数中被声明和使用。对于声明这个变量的每一个函数，创建的是截然不同的变量。

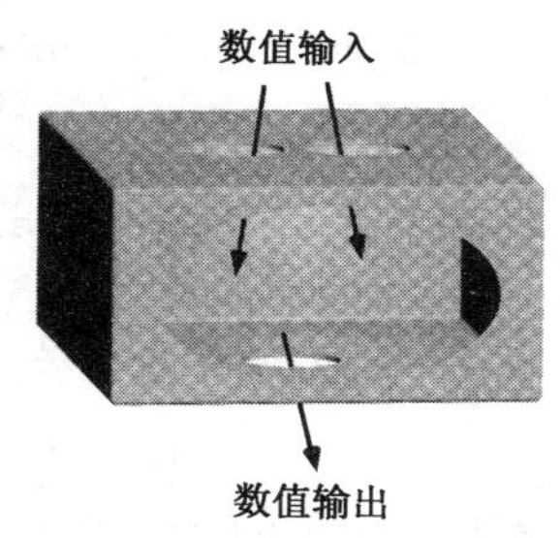

图 7.3　可以将函数理解成一个封闭的盒子

到现在为止，已经使用的所有变量都是局部变量。这是把变量声明语句放置在函数里面，且使编译器为声明的变量保留存储区的定义语句的直接结果。正如将看到的那样，声明语句可以放置在函数外面，而不需要为声明的变量保留新的存储区。

有全局作用域的变量，更通用的术语是全局变量(global variable)，它是存储区已经被一个位于任何函数之外的声明语句创建的变量。这些变量能够被一个物理上放置在全局变量声明之后的程序中的所有函数使用。参见程序 7.1，其中故意让两个函数使用了相同的变量名称。

程序7.1

```
#include <stdio.h>
int firstnum; /* 建立一个名为firstnum 的全局变量 */
void valfun(); /* 函数原型 */

int main()
{
  int secnum; /* 建立一个名为 secnum 的局部变量 */
  firstnum = 10; /* 存储一个数值到全局变量中 */
  secnum = 20; /* 存储一个数值到局部变量中 */

  printf("\nFrom main(): firstnum = %d",firstnum);
  printf("\nFrom main(): secnum = %d\n",secnum);

  valfun(); /* 调用 valfun()函数 */

  printf("\nFrom main() again: firstnum = %d",firstnum);
  printf("\nFrom main() again: secnum = %d\n",secnum);

  return 0;
}

void valfun() /* 没有数值被传送到这个函数 */
{
  int secnum; /* 建立第二个名为secnum 的局部变量 */
  secnum = 30; /* 这只影响这个局部变量的数值 */

  printf("\nFrom valfun(): firstnum = %d",firstnum);
  printf("\nFrom valfun(): secnum = %d\n",secnum);
  firstnum = 40; /* 改变两个函数的 firstnum 的数值 */
}
```

程序7.1中的firstnum变量是一个全局变量，因为它的存储区被位于函数外面的声明语句创建。因为main()函数和valfun()函数都跟随在firstnum的声明语句的后面，所以它们都能够使用这个全局变量而不需要进一步声明。

程序7.1还包括两个单独的局部变量，它们的名称都为secnum。在main()函数中名称为secnum的变量的存储区，被位于main()函数中的声明语句创建。valfun()函数中的secnum变量的不同存储区，被位于valfun()函数中的声明语句创建。图7.4演示了程序7.1中为三个声明语句保留的三个独立的存储区。

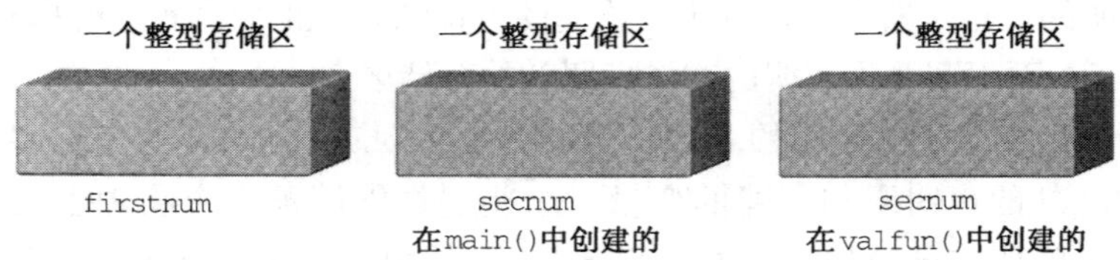

图7.4　由程序7.1创建的三个存储区

每一个名称为 secnum 的变量，都对它们的存储区所创建的函数是局部的，每一个变量都只能够在适当的函数内被使用。这样，当 secnum 在第 9 行的 main()中使用时，由 main()函数为 secnum 保留的存储区被访问；当 secnum 在第 25 行的 valfun()中使用时，由 valfun()函数为 secnum 保留的存储区被访问。程序 7.1 的输出如下所示。

```
From main(): firstnum = 10
From main(): secnum = 20

From valfun(): firstnum = 10
From valfun(): secnum = 30

From main() again: firstnum = 40
From main() again: secnum = 20
```

下面分析由程序 7.1 产生的输出。因为 firstnum 是一个在第 2 行声明的全局变量

```
2 int firstnum; /* 建立一个名为 firstnum 的全局变量 */
```

main()和 valfun()两个函数都能够使用和改变它的值。最初，两个函数输出 main()函数保存在 firstnum 变量中的值 10。在返回前，valfun()函数改变第 29 行的 firstnum 的值到 40，这个值是在 firstnum 变量接下来从 main()函数内所显示的值。

由于每一个函数只“认识”自己的局部变量，所以 main()函数只能够将它的 secnum 变量的值发送到 printf()函数，而 valfun()只能够将它的 secnum 变量的值发送到 printf()函数。这样，无论什么时候 secnum 从 main()函数中显示时，输出的是值 20，而无论什么时候 secnum 从 valfun()函数中显示时，输出的是值 30。

C 语言不会混淆这两个 secnum 变量，因为在给定的时刻只有一个函数能够执行。当一个函数正在执行时，只有这个变量的存储区和由这个函数创建的参数被自动地访问。如果一个对这个函数不是局部的变量被这个函数使用，这个程序将为正确的名称搜索全局存储区。

变量的作用域从来不会影响或者限制变量的数据类型。正如已经介绍的局部变量可以是字符型、整型、浮点型、双精度型或者任何其他数据类型(长整型、短整型)一样，全局变量同样能够是这些数据类型，如图 7.5 所示。变量的作用域由为它保留存储区的声明语句单独地确定，而变量的数据类型通过在声明语句中变量名称之前使用适当的关键字(char, int, float, double 等)确定。

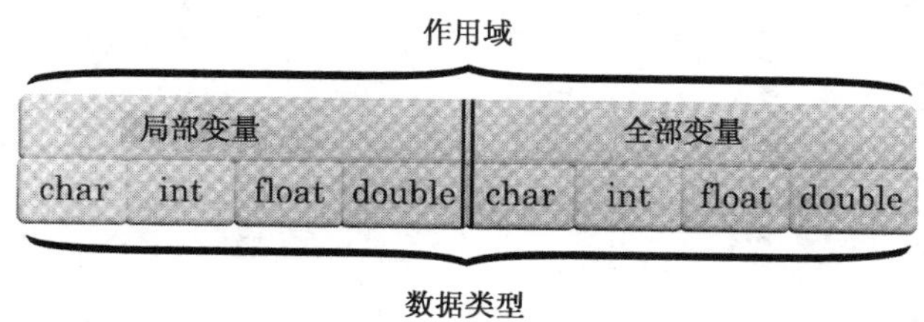

图 7.5　与变量相关的类型和作用域

何时使用全局声明

符号常量和函数原型的作用域规则与变量的作用域相同。对于全局声明，它正好是使这样一个名称有意义和被使用的两项。例如，当符号常量有一个通用的可适用于整个应用程序的意义时，在源代码文件的顶部声明它为全局的，会产生好的编程意义。同样，它能够用于所有的

函数中而不需要在每一个函数内重复声明它。同样重要的是，这样一个声明基本不会引起什么负面效果，因为对于一个常量，它不会随后或者预先被任何使用它的函数改变。例如，将声明

```
#define PI 3.1416
```

编码为一个全局类型是有意义的，因为 PI 的值可普遍应用于使用它的任何地方。

类似地，这个函数被源代码文件中的其他函数使用时，将函数原型编码成一个全局类型是有意义的。这样做可避免在每一个调用它的函数里重复函数原型。

全局变量的误用

这里应该指出一个注意事项。除了符号常量和函数原型以外，几乎从来不应该使用全局变量。这是因为，全局变量允许程序员“到处跳转”由这个函数提供的正常安全保护。程序员不会向函数传递变量，而是可能将所有的变量定义为全局型的。千万不要这样做。如果使变量全局化，就破坏了C语言提供的使函数彼此独立和隔绝的安全保护。应该仔细地指定函数所需要的参数类型、函数中使用的变量以及返回值。

在由许多用户创建的函数的较大程序中，使用全局变量可能是灾难性的。只需想像一下试图跟踪一个使用全局变量的大程序中的一个错误的恐怖性。因为全局变量能够被任何跟随在全局声明语句后的函数访问和改变，要查找到错误的起源，是一件耗时且令人沮丧的任务。一般来说，除了非常严格和定义良好的情形以外，使用全局变量是一种非常不好的编程习惯。

练习 7.1

简答题

1. a. 对于下列代码段，确定所有声明的变量的数据类型和作用域。为此，应该使用单独的一页纸，建立一个三列带标题的表，标题分别为变量名称、数据类型和作用域。填入了第一个变量信息的样表如下。

变量名	数据类型	作用域
price	整型	main(),roi()和 step()为全局型

```
int price;
long int years;
float yield;

int main()
{
  int bondtype;
  float interest, coupon
      .
      .
  return 0;
}

float roi(int mat1, int mat2)
{
  int count;
  float effectiveInt;
      .
      .
```

```
    return(effectiveInt);
  }

  int step(float first, float last)
  {
    int numofyrs;
    float fracpart;
        .
        .
    return(10*numofyrs);
  }
```

b. 在以上代码段的适当部分画方框，标明每一个变量的作用域。

c. 确定 roi()和 step()函数的参数的数据类型以及这些函数返回值的数据类型。

2. a. 对于下列代码段，确定所有声明的变量的数据类型和作用域。为此，应该使用单独的一页纸，建立一个三列带标题的表，标题分别为变量名称、数据类型和作用域。填入了第一个变量信息的样表如下。

变量名	数据类型	作用域
key	字符型	main(),func1()和 func2()为全局型

```
char key;
long int number;
int main()
{
  int a,b,c;
  float x,y;
      .
      .
  return 0;
}

float secnum;

int func1(int num1, int num2)
{
  int o,p;
  float q;
      .
      .
  return(p);
}

float func2(float first, float last)
{
  int a,b,c,o,p;
  float r;
  float s,t,x;
      .
      .
  return(s*t);
}
```

b. 在以上代码段的适当部分画方框，标明变量 key，secnum，y 和 r 的作用域。

c. 确定 func1()和 func2()函数的参数的数据类型以及这些函数返回值的数据类型。

3. 除了变量的作用域之外，还能够将这个术语应用于函数首部中声明的参数。你认为所有函数参数的作用域是什么？

4. 确定下列程序中每次调用printf()函数显示的值。

```
int firstnum = 10;  /* 声明和初始化一个全局变量 */
#include <stdio.h>

int main()
{
  int firstnum = 20;  /* 声明和初始化一个全局变量 */
  void display();  /* 函数原型(声明) */

  printf("\nThe value of firstnum is %d",firstnum);
  display();

  return 0;
}

void display()
{
  printf("\nThe value of firstnum is now %d",firstnum);
}
```

7.2 变量存储类

变量的作用域定义了该变量可以在程序的什么位置使用。给定一个程序，可以在每一个变量都是有效的程序段上方用铅笔画一个方框。这个方框里面的空间表示变量的作用域。从这个观点看，变量的作用域可以被认为使它有效的程序内的空间。

除了被变量的作用域表示的空间尺度以外，变量还有一个时间尺度。时间尺度指的是为变量保留的存储区位置的时间长度。这种时间尺度被称为变量的生命周期(lifetime)。例如，当程序完成运行时，所有的变量存储位置被释放回操作系统。但是，当程序还在执行时，临时的变量存储区还被保留，随后才会释放回操作系统。变量的存储区位置在它们被释放前保留在哪里和能够保留多久，由变量的存储类(storage class)确定。

四种存储类是auto，static，extern和register。如果使用这样的一个类名称，则它必须放置在声明语句中变量的数据类型的前面。包含存储类的声明语句的例子如下。

```
auto int num;  /* 自动存储类和整型数据类型 */
static int miles;  /* 静态存储类和整型数据类型 */
extern int price;  /* 外部存储类和整型数据类型 */
register int dist;  /* 寄存器存储类和整型数据类型 */
auto float coupon;  /* 自动存储类和浮点数据类型 */
static float yrs;  /* 静态存储类和浮点数据类型 */
extern float yld;  /* 外部存储类和浮点数据类型 */
auto char inKey;  /* 自动存储类和字符数据类型 */
```

为了理解变量存储类的含义，下面首先考虑局部变量(即在函数内部创建的变量)，然后考虑全局变量(即在函数外创建的变量)。

局部变量存储类

局部变量只能是auto，static或者register存储类的成员。如果没有类描述包含在声明语句中，变量被自动地分配给auto类。因此，auto类是C语言使用的默认存储类。前面见到过的所有局部变量因为省略了存储类的指定，所以都是auto变量。

术语 auto 是 automatic(自动的)的简称。自动局部变量的存储区，在每次声明自动变量的函数被调用时自动地保留(即创建)。只要这个函数没有将控制返回给它的调用函数，所有给这个函数的局部自动变量都是“活着的”，即变量的存储区是可以使用的。当函数将控制返回给它的调用函数时，它的自动局部变量就“死了”，即变量的存储区被释放回操作系统。这个过程在每次调用函数时都会重复。例如，考虑程序 7.2，testauto()函数在 main()中调用了三次。

程序 7.2

```
#include <stdio.h>
void testauto(); /* 函数原型 */
int main()
{
  int count; /* 创建auto变量count */
  for(count = 1; count <= 3; count++)
  testauto();

  return 0;
}

void testauto()
{
  int num = 0; /* 创建auto变量num */
               /* 并初始化为0 */

  printf("The value of the automatic variable num is %d\n", num);
  num++;
}
```

程序的输出如下所示。

```
The value of the automatic variable num is 0
The value of the automatic variable num is 0
The value of the automatic variable num is 0
```

每次调用 testauto()时，就会创建自动变量 num 并被初始化为 0。当函数将控制返回给 main()函数时，变量 num 与 num 中存储的任何值都将销毁。这样，当控制返回到 main()时，在函数返回语句之前的 testauto()中对 num 的增量效果就丢失了。

对于大多数应用，自动变量的使用工作得恰到好处。但是，存在某些情况，这时希望一个函数记住函数之间调用的值。这就是静态(static)存储类的用途。被声明为 static 类的局部变量，使程序保持这个变量和它的最后值，甚至在声明它的函数正在执行的时候。静态变量声明的例子如下。

```
static int rate;
static float taxes;
static float amount;
static char inKey;
static long years;
```

每一次调用声明静态变量的函数时，局部静态变量不会被创建和破坏。一旦创建，局部静态变量就会一直在程序的生命期中保持存在。这意味着在函数执行完成时，变量中存储的最后值在下一次它被调用时是可获得的。在函数里，这样的变量被典型地用于跟踪函数中发生的事件的计数器。例如，计数器可能跟踪函数一直被调用执行某个特定任务的次数。通过使用一个静态计数变量，对于每一个函数调用，没有必要返回计数器值并再次将它传递给这个函数。

因为局部静态变量保留了它们的值，它们不在声明语句内像自动变量那样被初始化。至于原因，可考虑程序7.2第14行的自动声明语句 `int num = 0;`。这个语句使自动变量 num 每一次遇到这个声明的时候都会被创建并被设置为0。这称为运行时初始化(run-time initialization)，因为每一次遇到这个声明语句时都会发生初始化。这种初始化类型对静态变量是破坏性的，因为每一次调用这个函数时都会被重新设置为0，恰好破坏了正试图保留的这个值。

当首次编译这个程序时，静态变量(包括局部变量和全局变量)的初始化只执行一次。在编译时，变量会创建并且任意初始化值会放入其中①。在这之后，变量中的值在每一次调用这个函数时都将保持而不进一步初始化。为了便于理解，考虑程序7.3。

程序7.3

```c
#include <stdio.h>
void teststat(); /* 函数原型 */

int main()
{
  int count; /* count 是一个局部自动变量 */

  for(count = 1; count <= 3; count++)
    teststat();

  return 0;
}

void teststat()
{
  static int num = 0; /* num是一个局部静态变量 */

  printf("The value of the static variable num is now %d\n", num);
  num++;
}
```

这个程序的输出如下。

```
The value of the static variable num is now 0
The value of the static variable num is now 1
The value of the static variable num is now 2
```

正如程序7.3的输出所说明的一样，静态变量 num 只有一次被设置为0。然后，teststat()函数正好在将控制返回到 main()之前递增这个变量。当离开 teststat()函数后，num 具有的值被保留下来，且当下一次调用这个函数时会显示这个值。

与能够使用常量或者包括常量和已经被初始化的变量的表达式进行初始化的自动变量不一样，静态变量只能够使用常量或者常量表达式(如 3.2 + 8.0)被初始化。也与自动变量不

① 某些编译器在定义局部静态变量的语句首次执行时就初始化它，而不是在程序被编译时才进行初始化工作。

一样，所有的静态变量在没有给出明确的初始化时都被设置为 0。因此，程序 7.3 中指定 num 为 0 的初始化不被要求。

局部变量可获得的另一个存储类是寄存器类(register class)，但它不如自动或者静态变量类那样使用广泛。寄存器变量声明的例子如下。

```
register int time;
register float diffren;
register float coupon;
```

寄存器变量具有与自动变量相同的持续时间，即一个局部寄存器变量在声明它的函数被输入时创建，在这个函数完成执行时被销毁。寄存器变量和自动变量唯一不同的是变量存储区被分配的位置。

所有变量(局部和全局)用的存储区，除了寄存器变量之外，都保留在计算机的存储区中。大多数计算机都有少部分直接位于计算机处理单元中附加的高速存储区，也可用于变量存储区。这些特殊的高速存储区被称为寄存器(register)。因为寄存器被物理地定位在计算机的处理单元中，它们比位于计算机存储位置中的通用存储区能够更快速地访问。访问寄存器的计算机指令，通常比访问存储区位置的指令空间更少，因为能够被访问的寄存器比存储区位置更少。通常，只有直接与计算机的操作相互作用的有特殊用途的程序(如操作系统)，才会使用寄存器变量。任何时候，应用程序从来都不应使用寄存器变量。

如果编译器不支持寄存器变量或者如果声明的寄存器变量超过计算机的寄存器能力，那么声明为 register 存储类的变量会被自动切换到 auto 存储类。

使用寄存器存储类中的唯一限制是寄存器变量的地址，不能对它使用地址运算符 &。一旦认识到寄存器没有标准的存储区地址，这一点就不难理解了。

全局变量存储类

全局变量由函数外的声明语句创建和定义。根据它们的性质，这些外部定义的变量不与任何函数的调用发生关系。一旦创建了一个外部(全局)变量，它就一直存在，直到这个声明它的程序完成执行时为止。因此，全局变量不能够被声明为在程序正在执行时创建和销毁的 auto 存储类或者 register 存储类的成员。但是，全局变量可以声明为 static 存储类或者 extern 存储类的成员(但不能够同时声明为这两种)。包含这两种描述的声明语句的例子如下。

```
extern int sum;
extern float price;
static float yield;
```

全局 static 和 extern 类既影响这些变量的作用域，又影响它们的持续时间。和静态局部变量一样，当没有明确的初始化存在时，所有的静态全局变量在编译时会被初始化为 0。

extern 存储类的用途是将一个源代码文件中声明的全局变量的作用域扩展到另外的源代码文件中。为了理解它，首先应注意的是，到现在为止所编写的程序都是包含在一个文件里的。这样，当保存或者取回这个程序时，只需要给计算机一个程序的名称即可。但 C 语言并不要求这样。

大型程序通常由许多保存在多个文件中的函数组成。这样的一个例子如图 7.6 所示，图中三个函数 main()，func1()和 func2()被保存在文件 1 中，而另外两个函数 func3()和 func4()位于文件 2 中。

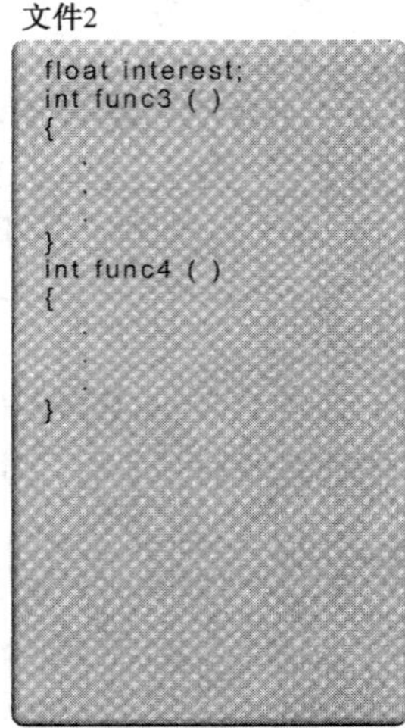

图 7.6 一个程序可以扩展到另一个文件

对于图 7.6 中的这些文件，在文件 1 中声明的全局变量 price，yield 和 coupon，只能够被这个文件中的 main()，func1 ()和 func2 ()函数使用。文件 2 中声明的全局变量 interest，只能够被文件 2 中的 func3 ()和 func4 ()使用。

尽管变量 price 已经在文件 1 中创建，还可能希望在文件 2 中使用它。extern 类提供实现这个功能的方法。例如，将声明语句 extern int price;放置在文件 2 的顶部，如图 7.7 所示，就会使变量 price 的作用域扩展到文件 2 中，以便它可以被 func3 ()和 func4 ()使用。

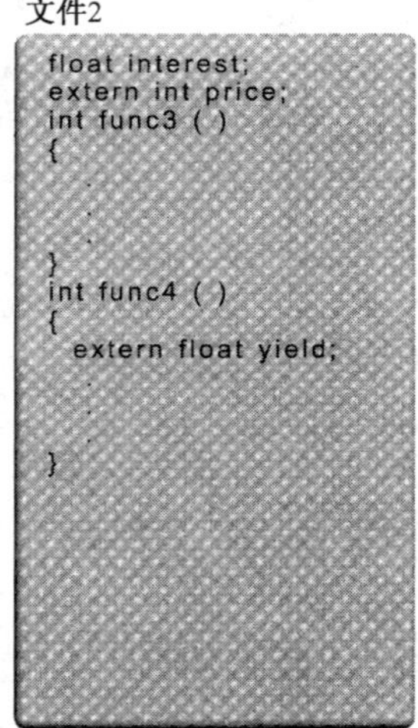

图 7.7 扩展全局变量的作用域

同样，也可将语句 extern float yield;放置在 func4 ()中，把文件 1 中创建的这个全局变量的作用域扩展到 func4 ()。在文件 2 中创建的全局变量 interest 的作用域，也可通过把声明语句 extenrn float interest;放置在 func1 ()之前扩展到 func1 ()和 func2 ()中。注意，interest 对 main ()是不可用的。

明确地包含单词 extern 的声明语句不同于其他的声明语句，在这个语句中它没有通过为变量保留一个新的存储区而导致一个新变量的创建。extern 声明语句只是通知编译器，这个变量已经存在，现在可以使用它。这个变量的实际存储区，必须在程序中其他位置使用一个(且唯一)没有使用单词 extern 的全局声明语句中创建。当然，这个全局变量的初始化能够由最初的全局变量的声明完成。一个外部声明语句内的初始化是不允许的，否则会出现编译错误。

编程注解：存储类规则

1. 自动变量和寄存器变量总是局部变量。

2. 只有非静态全局变量可以被声明为 extern 类。如果将静态变量声明为 extern 类，则会将它的作用域扩展为下列情况之一。

- 到另一个文件，使这个全局变量进入一个新的文件中
- 到另一个文件内的一个函数，使局部变量进入这个函数

3. 因为全局静态变量不能够被声明为 extern 型，这些变量对它们被声明的文件是私有的。

4. 除了静态变量(局部和全局)以外，所有的变量在它们每一次进入作用域时都被初始化。

外部(extern)存储类的存在是我们一直仔细地区分变量的创建和声明的原因。包含单词 extern 的声明语句不创建新的存储区，它只是扩展已经存在的全局变量的作用域。

最后，静态全局类被用来防止一个全局变量扩展到第二个文件。除了声明语句被放置在任何函数外面之外，静态全局变量的声明方式与局部静态变量相同。

全局静态变量的作用域不能够扩展到声明它的文件的外面。这为全局静态变量提供了一定程度的私有性。因为它只是“被知道”且只能够用在它被声明的文件中，其他的文件不能够访问或者改变它的值。静态全局变量不能够使用 extern 声明扩展到第二个文件，否则将导致编译错误。

练习 7.2

简答题

1. a. 列出可用于局部变量的存储类。

   b. 列出可用于全局变量的存储类。

2. 描述局部自动变量和局部静态变量的不同。

3. 下列函数有什么不同？

```
int init1()
{
  static int yrs = 1;

  printf("\nThe value of yrs is %d", yrs);
  yrs = yrs + 2;

  return 0;
}

void init2()
{
  static int yrs;
```

```
    yrs = 1;
    printf("\nThe value of yrs is %d", yrs);
    yrs = yrs + 2;
    return;
  }
```

4. a. 描述静态全局变量和外部全局变量的差别。
   b. 如果一个变量被声明为 extern 存储类，其他声明语句必须放置在程序的什么位置？
5. 声明语句 static float years;能够用于创建一个局部静态变量或者全局静态变量。是什么确定变量 years 的作用域？
6. 对于如图 7.8 所示的函数和变量声明，插入一个完成下面工作的 extern 声明语句。
   a. 扩展全局变量 choice 的作用域到整个文件 2。
   b. 只扩展全局变量 flag 的作用域到 pduction()函数。
   c. 扩展全局变量 date 的作用域到 pduction()函数和 bid()函数。
   d. 只扩展全局变量 date 的作用域到 roi()函数。
   e. 只扩展全局变量 coupon 的作用域到 roi()函数。
   f. 扩展全局变量 bondType 的作用域进入到文件 1。
   g. 扩展全局变量 maturity 的作用域进入到 price()函数和 yield()函数。

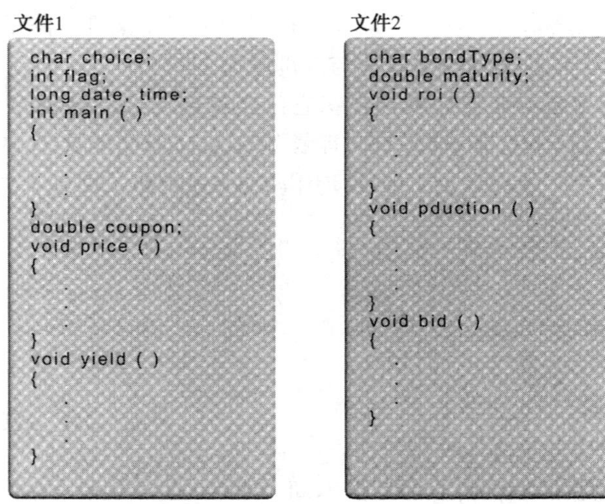

图 7.8　练习 7.6 的文件

7.3 按引用传递

在正常的操作过程中，被调函数从它的调用函数接收值，把所传递的值保存到它自身的局部参数中，适当地操作这些参数且直接返回最多一个值。正如已经看到的那样，这种调用函数并传递值给它的方法，被称为函数的按值传递(pass by value)。

这种按值传递的过程是 C 语言的一个独特优势，它允许将函数编写为独立的、能够使用任意变量名称和参数名称的实体，而不用关心其他函数也可能使用这些相同的名称。若改变某个函数中的参数或者变量的值，不必考虑是否改变了另一个函数中的变量的值。在编写函数时，参数可方便地看成是被初始化的变量或者是调用函数时从外面赋值的变量。但是，决不应使被调函数去访问调用函数中包含的变量。

然而，有时候给出一个函数访问它的调用函数中的变量是方便的。尽管这样的情况是一个例外，但它确实发生，有时甚至是必要的(例如下一节中的案例研究)。被调函数访问调用函数中一个或者多个变量，允许被调函数不必知道调用函数的情况就使用和改变这些变量的值。这有效地允许一个函数返回多个值给调用它的任何函数。

这种访问要求将变量的地址传递给被调函数。一旦被调函数有了这个变量的地址，就可以认为它“知道了变量存在的地方”，从而能够使用它的地址访问这个变量。

传递地址的方法被称为函数按引用传递(pass by reference)[1]，因为被调函数能够使用被传递的地址引用或者访问这个变量。这一节将讲解传递一个或者多个地址到函数所要求的技术，以及使函数接收和使用这些地址的技术。

传递地址给函数

前面已经遇到多将地址传递给函数的方法，因为每一次调用 scanf()函数时使用的就是这种方式。正如通过 scanf()函数调用所表明的那样，将变量的地址传递给函数要求把地址运算符 & 放置在变量名称的前面。前面说过，将变量名称紧跟在地址运算符之后，表示这个变量的“地址”。这种语句的例子如下。

&num 表示“num 的地址”
&testvals 表示“testvals 的地址”

程序 7.4 使用地址运算符显示了变量 num 的地址。

程序 7.4

```
#include <stdio.h>
int main()
{
  int num;

  num = 22;
  printf("num = %d\n", num);
  printf("The address of num is %u\n", &num);

  return 0;
}
```

这个程序的输出如下。

```
num = 22
The address of num is 124484
```

这个地址指出了在执行这个程序时计算机存储变量 num 的地方。我们将看到，除了能够显示地址外，地址还是 C 语言程序员的一种强有力的编程工具。首先，当要求这种能力时，地址提供了从函数返回多个值的一个工具。但是，编写接收、存储和使用地址的函数，要求两个新的元素:指针和间接运算符。

① 如果能清楚地理解这个术语仅应用于那些地址已经被传递的参数，它也可称为按引用调用。

存储地址

除了显示变量的地址以外，和程序7.4中所做的那样，还能够把地址存储到适当的已声明的变量中，因为地址本身是有自己的数据类型的值。同样，这种值能够存储在一个声明为接收这种数据类型的变量中。例如，语句

```
numAddr = &num;
```

把对应于变量num的地址存储在变量numAddr中，如图7.9所示。类似地，语句

```
messAddr = &message;
tabPoint = &list;
chrPoint = &ch;
```

分别把变量message，list和ch的地址存储在变量messAddr，tabPoint和chrPoint中，如图7.10所示。

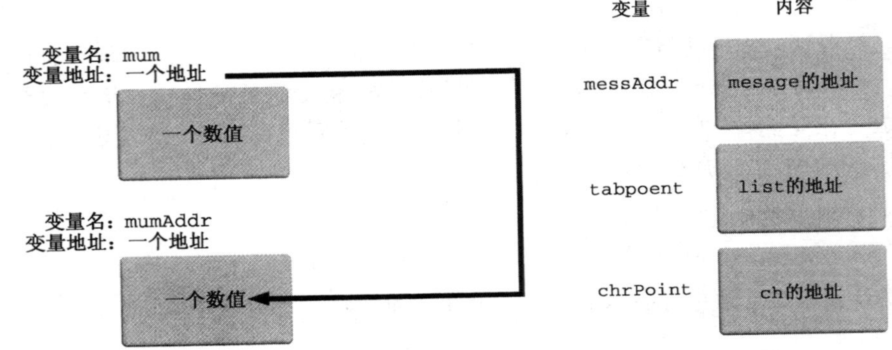

图7.9　将num的地址存储在numAddr中　　　图7.10　存储更多的地址

能够存储地址的变量，被称为指针变量(pointer variable)。因此，变量numAddr，messAddr，tabPoint和chrPoint都是指针变量，或者简称为指针(pointer)。指针只是用于存储其他变量的地址的变量。正如下面将看到的那样，将地址传递给随后将这个地址存储在指针中的函数，就是按引用传递的实质。

使用地址

为了使用已存储的地址，C语言给提供了一个间接运输符*。当*符号后面紧跟一个指针时(*和指针之间不允许有空格)，表示这是一个地址被存储在其中的变量。因此，如果numAddr是一个指针(注意，指针是一个包含地址的变量)，则*numAddr就是一个地址被存储在numAddr中的变量。同样，*tabPoint表明这是一个地址被存储在tabPoint中的变量，而*chrPoint表示这是一个地址被存储在chrPoint中的变量。在效果上，指针变量指向这个期望的变量被定位在存储区中的一个位置。图7.11显示了在一个指针变量中已包含的地址和最终被寻址之间的关系。

虽然*d字面上意味着这是一个地址被存储在d中的变量，但一般简称为“被d指向的变量”。类似地，根据图7.1，可以将*y理解成:被y指向的变量，它最后包含的值是qqqq。

当使用指针变量时，所获得的值总是通过为一个地址首先到达的指针而得到。然后，包含在指针中的地址被用于确定期望的内容的位置。当然，这是一个获得最终值的相当间接的方法，因此用术语“间接寻址”(indirect addressing)描述这个过程。

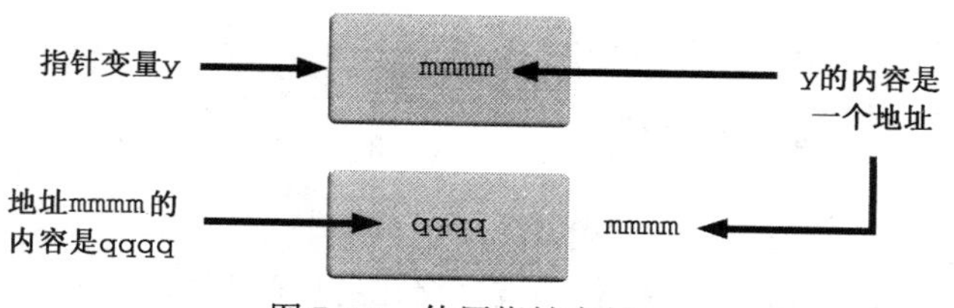

图 7.11　使用指针变量

声明并使用指针

和所有变量一样，使用指针之前必须先声明它。声明指针变量时，C 语言还要求指定所指向的变量类型。例如，如果指针 numAddr 中的地址是一个整型地址，则它的正确声明是

```
int *numAddr;
```

这个声明语句能够用多种方式去理解。首先，它能够理解成由 numAddr 指向的变量是一个整型数(从这个声明中的*numAddr)，这经常被简称为更简单的语句：numAddr 指向一个整型数。实际上，它意味着 numAddr 能够用来保存包含一个整数的存储区位置的地址。由于声明语句的所有这些描述都是正确的，选择和使用哪一种描述都是有意义的。但是在每一种解释中，应注意是用倒叙的方式描述的，它开始于表达式*numAddr，用“一个整型数”结束。

还要注意，声明语句 int *numAddr；指明了两件事情：首先，numAddr 必须是一个指针(因为它使用了间接运算符*)；其次，这个被指向的变量是一个整型数。同样，如果指针 ratePoint 指向一个双精度型数(包含一个双精度型数的地址)，chrPoint 指向一个字符变量，则要求的声明是

```
double *ratePoint;   /* ratePoint 指向一个双精度型 */
char *chrPoint;      /* chrPoint 指向一个字符型 */
```

这两条声明语句能够这样理解：ratePoint 指向的变量是一个双精度型值，chrPoint 指向的变量是一个字符型值。

现在考虑程序 7.5，其中用一个指针改变了它“被指向”位置中的值。

程序 7.5

```
#include <stdio.h>
int main()
{
  int *milesAddr; /* 声明指向整型的一个指针 */
  int miles;      /* 声明一个整型变量 */

  miles = 22; /* 将数字 22 存储到 miles 变量 */

  milesAddr = &miles; /* 将变量 miles 的地址存储在 milesAddr 变量中 */
  printf("The address stored in milesAddr is %u\n",milesAddr);
  printf("The value pointed to by milesAddr is %d\n\n", *milesAddr);

  *milesAddr = 158; /* 设置被 milesAddr 指向的数值为 158 */
  printf("The value in miles is now %d\n", miles);

  return 0;
}
```

这个程序的输出如下。

```
The address stored in milesAddr is 1244872
The value pointed to by milesAddr is 22

The value in miles is now 158
```

程序7.5的唯一价值是帮助理解“获得被存储在这里的东西”。下面分析一下这个程序，以清楚地理解输出是如何产生的。

第4行中的声明语句

```
4   int *milesAddr;
```

将 milesAddr 声明为一个能够存储(即，将指向)一个整型变量的地址的指针变量。变量名称的选取是任意的，可以使用任何有效的标识符。

第9行中的语句

```
9   milesAddr = &miles; /* 将变量miles的地址存储在milesAddr变量中 */
```

将变量 miles 的地址存储到指针 milesAddr 中。这个地址在接下来的一行中显示。

```
10  printf("The address stored in milesAddr is %u\n", milesAddr);
```

因为 milesAddr 是一个变量，这个变量中的值碰巧是一个地址，所以它能够用与任何其他变量的值相同的方式显示①。程序7.5中的下一条语句显示了指针的有用性。

```
11  printf("The value pointed to by milesAddr is %d\n\n", *milesAddr);
```

这里，间接运算符被用在表达式*milesAddr中，以取得并输出被 milesAddr 指向的值。当然，它是保存在变量 miles 中的值。这时你可能在问自己，为什么要这么麻烦地显示 miles 中的值，而不直接使用变量名称 miles 呢？答案是:它说明了存在不使用变量名称而是使用变量地址来访问变量值的另一种方法。当一个被调函数访问另一个函数中的变量时，这个特性就成为绝对必要的，因为被调函数不知道这个变量的名称但知道它的地址。这个特性的使用在第13~14行中说明。

```
13  *milesAddr = 158; /* 设置被milesAddr指向的数值为158 */
14  printf("The value in miles is now %d\n", miles);
```

在第13行中，mile 的值通过使用它的地址被改变为158。miles 值的改变通过第14行中显示它的值得到验证。这样，不仅可以用 miles 的地址显示值，还可以通过这个地址改变它的值。

如果程序7.5中使用的指针能够被声明为 pointer ratePoint;，那么它肯定会更简单。但是，这样一个声明没有表达有关这个地址被存储在 ratePoint 中的变量所使用的存储区的信息。当指针与间接运算符一起使用时，比如第11行和第13行中的表达式*milesAddr中，这个信息是重要的。例如，一个保存在 milesAddr 中整数的地址，当使用这个地址时获取的是4字节的存储区。如果 milesAddr 是一个指向字符的指针，则当使用它时只会获取1字节。同样，一个指向双精度型值的指针将要求获取8字节的存储区。因此，指针的声明必须包含正被指向的变量的类型，如图7.12所示。

---

① 尽管我们已经使用%u转换序列符作为一个无符号整数显示这个数值,但这里只是为了方便而把这个地址显示成一个十进制数字。地址有自己的%p转换序列符,它用十六进制记数法更正确地显示数据类型。

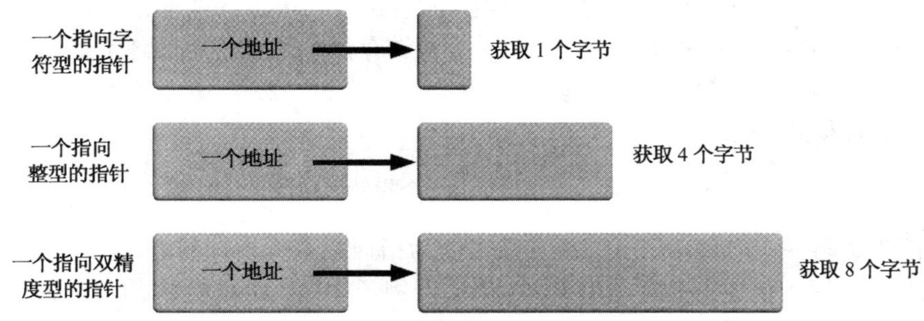

图 7.12　使用指针寻址不同的数据类型

传递地址给函数

现在，可以将上面介绍的知识组合在一起，传递地址给一个正确地接收然后使用所传地址的函数。我们将这个函数命名为 newval()，首先将它设计成一个桩函数，它的最初任务是验证正确地接收了所传递的地址。一旦验证无误，随后将完成使用这个地址的函数的编码工作。观察程序 7.6。

程序 7.6

```
 1  #include <stdio.h>
 2  int main()
 3  {
 4    void newval(float *);   /* 带有一个指针参数的函数原型 */
 5    float testval;
 6
 7    printf("\nEnter a number: ");
 8    scanf("%f", &testval);
 9
10    printf("The address that will be passed is %u\n\n", &testval);
11
12    newval(&testval);     /* 调用这个函数 */
13
14    return 0;
15  }
16
17  void newval(float *xnum)    /* 使用一个指针参数的函数首部 */
18  {
19    printf ("The address received is %u\n", xnum);
20    printf("The value pointed to by xnum is: %5.2f \n", *xnum );
21  }
```

首先注意，正如所有的函数调用那样，程序 7.6 中被调函数至少列出了三次，一次在函数原型中，一次在它被调用时，还有一次是在函数首部行中。第 4，12 和 17 行都在程序 7.6 中被突出显示并重复在下面。

```
 4  void newval(float *);   /*带有一个指针参数的函数原型 */
12  newval(&testval);     /* 调用这个函数 */
17  void newval(float *xnum)    /* 使用一个指针参数的函数首部 */
```

现在注意第 12 行，传递给 newval()的参数是变量 testval 的地址，表示为 &testval。在编写 newval()函数时，首先要求的是声明一个能够存储这个被传递的地址的参数。因为只有指针能够用于存储地址，所以这个参数必须是一个指针。在 newval()函数的首部行中(第 17 行)使用的参数声明

```
17   void newval(float *xnum)    /* 使用一个指针参数的函数首部 */
```

能够使用，因为它将一个名称为 xnum 的参数声明为指向浮点型指针的方式，与将变量声明成指针的方式相同。因为传递的是浮点型变量(在这个例子中是 testval)的地址，因此这是一个正确的指针类型。与所有的参数名称一样，参数名称的选择(这里是 xnum)由程序员确定。图 7.13 显示了在调用时已传递的地址将如何保存在 xnum 中。因为传递的是地址，所以它能够用于引用(即，访问)变量，即建立一个引用传递。

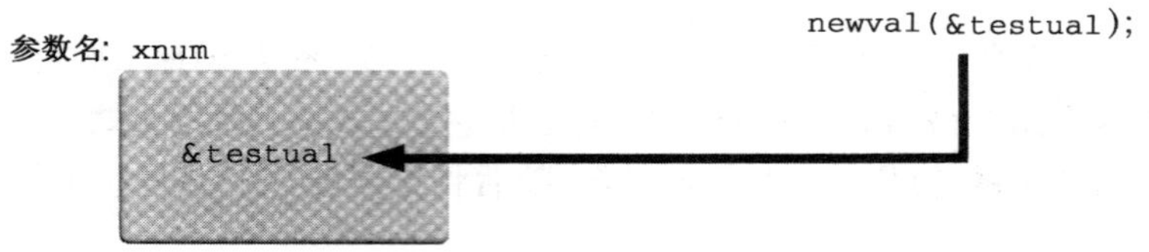

图 7.13　传递并保存被传递的地址

最后，第 4 行中的 newval()函数原型与这个函数的首部行相匹配，它声明这个函数将不直接返回一个值，并且期望一个指向单精度变量的指针实参(即，一个地址)。

第 19 行中，调用 printf()函数的 newval()函数显示了接收的地址，而第 20 行中调用的 printf()函数显示被指向的变量的值。

```
19   printf ("The address received is %u\n", xnum);
20   printf("The value pointed to by xnum is: %5.2f \n" , *xnum );
```

如果这个地址在调用 newval()之前与第 10 行中由 main()显示的那些一致的话，第 19 行产生的显示足以验证所传递的地址被正确地接收了。

```
10 printf("The address that will be passed is %u\n\n", &testval);
```

情况确实如此，程序 7.6 产生的结果如下。

```
Enter a number: 24.6
The address that will be passed is 124484

The address received is 124484
The value pointed to by xnum is: 24.60
```

这个程序显示的最后一行表明指针能够利用间接运算符从 newval()内正确地定位 testval 变量的值。newval()函数对名称为 testval 的变量一无所知，但是它确实使 testval 的地址存储在 xnum 中。第 20 行中使用的表达式*xnum 表示“地址在 xnum 中的变量”，这当然是变量 testval。

由于已经验证了 newval()函数能够访问 main()的局部变量 testval，现在能够扩充 newval()函数改变这个变量的值，见程序 7.7。

程序 7.7

```
#include <stdio.h>
int main()
{
void newval(float *);   /* 有一个指针参数的原型 */
float testval;

printf("\nEnter a number: ");
scanf("%f", &testval);

printf("\nFrom main(): The value in testval is: %5.2f \n",
                                                    testval);
newval(&testval);    /* 调用这个函数 */

printf("\nFrom main(): The value in testval has been changed to: %5.2f \n",
                                                       testval);

  return 0;
}

void newval(float *xnum)
{
  printf("\nFrom newval(): The value pointed to by xnum is: %5.2f \n", *xnum);
  *xnum = *xnum + 20.2;
}
```

程序 7.7 中调用 newval()函数时，理解传递 testval 的地址给 newval()函数的意义的重要性需再次提及——它给予 newval()函数直接访问和改变存储在变量 testval 中的值的能力。这在函数中通过下面的语句做到。

```
*xnum = *xnum + 20.2;
```

可以将这个语句理解成"把 20.2 加到被 xnum 指向的变量的值中"。这个语句在 newval()函数中使用存储在指针 xnum 中的存储区地址被访问的存储区位置，是 main()中使用名称 testval 被引用的同一个位置。下面是程序 7.7 运行的样本。

```
Enter a number: 24.6

From main(): The value in testval is: 24.60

From newval(): The value pointed to by xnum is: 24.60

From main(): The value in testval has been changed to: 44.80
```

从输出可以看到，这个最初存储在 main()函数中的变量 testval 的值，已经成功地在 newval()内改变。

这种在 newval()中为改变它的调用函数的变量所使用的机制，提供了从任何函数返回多个值的基础。例如，假设函数要求接收三个值，然后计算这些值的总数以及乘积，并返回这些计算结果给调用函数。将这个函数命名为 calc()，并给这个函数提供五个参数(三个用于输入数据，两个指针用于返回值)，则可以使用下列函数。

```
void calc(float  num1, float num2, float num3, float *sumaddr,
float *prodaddr)
{
  *sumaddr = num1 + num2 + num3;
  *prodaddr = num1 * num2 * num3;
 }
```

这个函数有五个参数，名称分别为 num1，num2，num3，sumaddr 和 prodaddr，只有最后两个参数被声明为指针。在 calc()函数内，最后两个参数 sumaddr 和 prodaddr 用于直接访问和改变调用函数的两个变量的值。特别地，sumaddr 指向的变量按照前三个参数的和计算，prodaddr 指向的变量按照参数 num1，num2 和 num3 的乘积计算。程序 7.8 将这个函数包括在一个完整的程序中。

在 main()中，calc()函数通过第 10 行使用的五个实参：firstnum，secnum，thirdnum，sum 的地址以及 product 的地址调用。

```
10 calc(firstnum, secnum, thirdnum, &sum,  &prodaddr); /* 函数调用 */
```

程序 7.8

```
1   #include <stdio.h>
2   int main()
3   {
4     void calc(float, float, float, float *, float *);  /* 原型 */
5     float firstnum, secnum, thirdnum, sum, product;
6
7     printf("Enter three numbers: ");
8     scanf("%f %f %f", &firstnum, &secnum, &thirdnum);
9
10    calc(firstnum, secnum, thirdnum, &sum,  &product); /* 函数调用 */
11
12    printf("\nThe sum of the entered numbers is: %6.2f" , sum );
13    printf("\nThe product of the entered numbers is: %6.2f\n" , product);
14
15    return 0;
16  }
17
18  void calc(float num1, float num2, float num3, float *sumaddr, float
    *prodaddr)
19  {
20    *sumaddr = num1 + num2 + num3;
21    *prodaddr = num1 * num2 * num3;
22  }
```

正如所要求的那样，这些实参在个数和数据类型方面与在 calc()函数原型和首部行中声明的参数一致。传递的五个实参中，只有 firstnum，secnum 和 thirdnum 在调用 calc()时已经赋值，余下的两个变量所传递的是地址，它们没有被初始化，其值由 calc()内计算的值提供。根据编译这个程序时使用的编译器不同，这些实参最初将包含 0 或者垃圾值。

一旦调用 calc()函数，它就使用前三个实参为被 sumaddr 和 prodaddr 指向的变量计算值，然后将控制返回给 main()。由于调用实参的次序，main()知道由 calc()按照 sum 和 product 计算的值，然后显示这些值。下面是程序 7.8 运行的样本。

```
Enter three numbers: 2.5 6.0 10.0

The sum of the entered numbers is:  18.50
The product of the entered numbers is: 150.00
```

注意，calc()函数的最后结果是它向 main()返回两个值，这两个值都通过参数表传递。C 语言中默认的是按值调用而不是按引用调用，从而精确地限制被调函数改变调用函数中变量的能力。因此，只要有可能，就应该坚持标准的按值调用过程，这意味着地址参数只应该用在实际要求多个返回值的极为严格的情形中。包含在程序 7.8 中的 calc()函数，虽然对说明用途是有用的，但应该更适当地被编写为两个单独的函数，每一个函数返回一个值。

但是，存在一个函数返回多个值的绝对必要的情况。这些情形之一将在下一节说明，它要求一个函数交换两个变量的值。当排序一个数字列表或者名称列表，使其成为升序(增加)或者降序(减少)时，这样的函数是绝对必要的。

练习 7.3

简答题

1. 如果 average 是一个变量，那么 &average 表示什么意思？
2. 对于下图所示的变量名称和地址，确定 &temp，&dist，&date 和 &miles 的值。

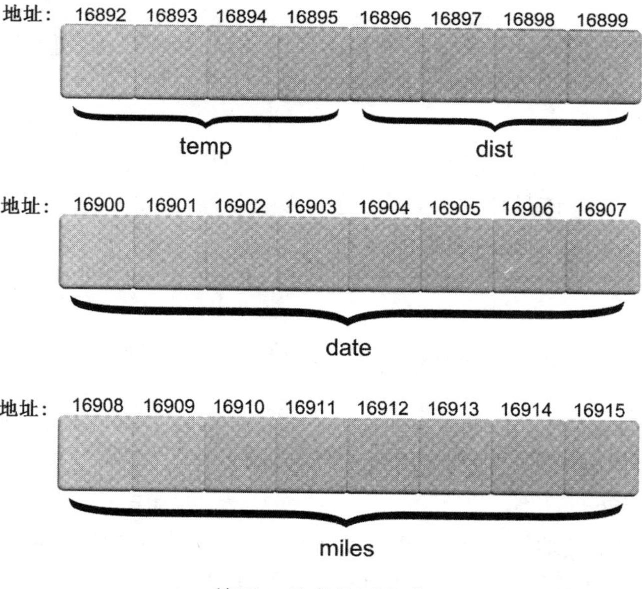

练习 2 的存储区字节

3. 如果将变量声明为指针，则必须在指针中保存什么？
4. 写出如下情况下的声明语句。
   a. 一个名称为 amount 的参数，它是一个指向单精度型值的指针。
   b. 一个名称为 price 的参数，它是一个指向双精度型值的指针。
   c. 一个名称为 minutes 的参数，它是一个指向整型值的指针。
   d. 一个名称为 key 的参数，它是一个指向字符型值的指针。
   e. 一个名称为 yield 的参数，它用来保存一个整型变量的地址。

f. 一个名称为 coupon 的参数，它用来保存一个单精度型变量的地址。

g. 一个名称为 rate 的参数，它用来保存一个双精度型变量的地址。

h. 一个名称为 securityType 的参数，它用来保存一个字符型变量的地址。

i. 一个名称为 datePt 的参数，指向一个整数。

j. 一个名称为 yldAddr 的参数，指向一个双精度型变量。

k. 一个名称为 amtPpt 的参数，指向一个单精度型变量。

l. 一个名称为 ptrchr 的参数，指向一个字符。

5. 下列声明中哪些是指针声明。

```
a. long a;
b. char b;
c. char *c;
d. int x;
e. int *p;
f. double w;
g. float *k;
h. float l;
i. double *z;
```

6. 假设一个程序函数包含声明

```
char m1, m2;
float m3, m4;
int m5;
```

且这个函数调用了 whatNow()函数。还假设 whatNow()函数使变量 m1，m2，m3，m4 和 m5 发生了改变。我们希望这些改变可用于调用函数。则对 whatNow()函数的调用应该是什么呢?

a. 假设 whatNow()直接返回空值，但是能够直接改变变量 m1，m2，m3，m4 和 m5，正确的函数首部应该是什么(可随意选择参数名称)?

b. 正确的 whatNow()函数原型应该是什么?

编程练习

1. a. 编写一个 C 语言程序，使其包含声明语句

```
char key, choice;
int num, count;
long date;
float yield;
double price;
```

需在程序中用到地址运算符和 printf()函数，显示对应于每个变量的地址。

b. 运行练习 1a 中编写的程序后，画一张计算机如何保留程序中的变量用的内存图。在这张图上填入程序显示的地址。

c. 修改练习 1a 中编写的程序，显示计算机为每种数据类型保留的内存数量(使用 sizeof()运算符)。利用这个信息和练习 1b 中提供的地址信息，判断计算机是否用声明它们时的次序为这些变量保留了内存。

2. 编写一个名称为 change()的 C 语言函数，接收一个单精度数以及名称分别为 quarters，dimes，nickels 和 pennies 的整型变量的地址。这个函数应该用传递给它的数确定 quarters，dimes，nickels 和 pennies 的值，并将这些值直接传递到在调用函数中各自声明的变量内。

3. a. 编写一个名称为 secs()的函数，接收用小时、分钟和秒表示的时间并确定所传递的数据中的总秒数。编写这个函数，以便总秒数能被函数作为一个整数返回。
   b. 重做练习 3a，但同时必须传递变量 totSec 的地址给 secs()函数。利用这个传递的地址，使 secs()函数直接改变 totSec 的值。
4. 编写一个名称为 time()的 C 语言函数，接收一个秒数的整型值以及三个名称分别为 hours，min 和 sec 的变量的地址。这个函数要将所传递的秒数转换为等价的小时数、分数和秒数，并使用所传递的地址直接改变各自的变量值。
5. 用名称分别为 computeSum()和 computeProduct()的函数取代程序 7.8 中的 calc()函数。computeSum()函数应该计算并直接返回传递给它的三个值的和，而 computeProduct()函数应该计算并直接返回传递给它的三个值的积。
6. a. 编写一个名称为 date()的函数，接收一个 yyyymmdd 形式的整数(例如 20070412)，确定相应的月、日和年的值，并向调用函数返回这三个值。例如，如果函数通过语句 date(20120411,&month,&day,&year)调用，则数字 4 应该在 month 中返回，数字 11 应该在 day 中返回，数字 2012 应该在 year 中返回。
   b. 将练习 6a 中编写的那些函数放入一个程序中。main()函数应该正确地调用date()函数并显示由这个函数返回的三个值。
7. 重新编写 6.3 节中的程序 6.6，将第 14 ~ 20 行的代码行用一个名称为 getData()的函数取代。这个函数应该请求一个用年和月表示的儿童年龄(整数)以及儿童的身高(浮点型值)。它应该通过参数表返回用年表示的儿童年龄和用浮点型值表示的儿童身高。

7.4　案例研究：交换值

一种常见的编程要求是用升序(增加)或者降序(减少)来排序数字值或者文本(如姓名)。典型的方法是比较两个值，如果它们的顺序不正确，则交换它们。

需求规范

编写一个 C 语言函数，交换在它的被调函数中两个单精度型变量中的值。因此，如果函数已经访问到它的调用函数的两个变量，那么被调函数应该交换这些变量中的值。

分析问题

因为影响到两个变量的值，所以不能够将函数编写成只返回一个值的按值调用函数。期望的值交换只能通过给这个函数直接访问交换这两个值的变量获得。这能够通过使用指针完成。

a. 确定输入项。因为是在开发一个函数，输入项将成为函数的实参。这个例子中，要求给函数的输入是两个地址，它们是要交换两个值的变量的地址。传递地址将允许被调函数直接访问并改变地址所传递的变量中的值。

因此，在编写这个名称为 swap()的函数时，首先要求的声明是两个能够保存地址的指针参数，也就是声明

```
float *num1Addr; /* num1Addr 指向一个单精度浮点型变量 */
float *num2Addr; /* num2Addr 指向一个单精度浮点型变量 */
```

和所有参数名称一样，参数名称 num1Addr 和 num2Addr 的选择取决于程序员。

b. 确定期望的输出。这个例子中没有一个值会直接返回。当然，函数必须使用传递的地址改变调用函数中的值。

c. 列出输入到输出的公式。交换保存在两个变量中的值可以通过下面的三步交换算法完成。

1. 将第一个变量的值保存在一个临时位置中，见图 7.14(a)。
2. 将第二个变量的值保存在第一个变量中，见图 7.14(b)。
3. 将临时位置中的值保存在第二个变量中，见图 7.14(c)。

在第一步中使用临时变量保存第一个变量的值的原因是显而易见的，只需思考一下如果不使用这个临时变量将会发生什么。例如，在临时地保存第一个值(步骤 1)之前，如果第二个变量的值被移动到第一个变量中(步骤 2)，则第一个值将丢失。

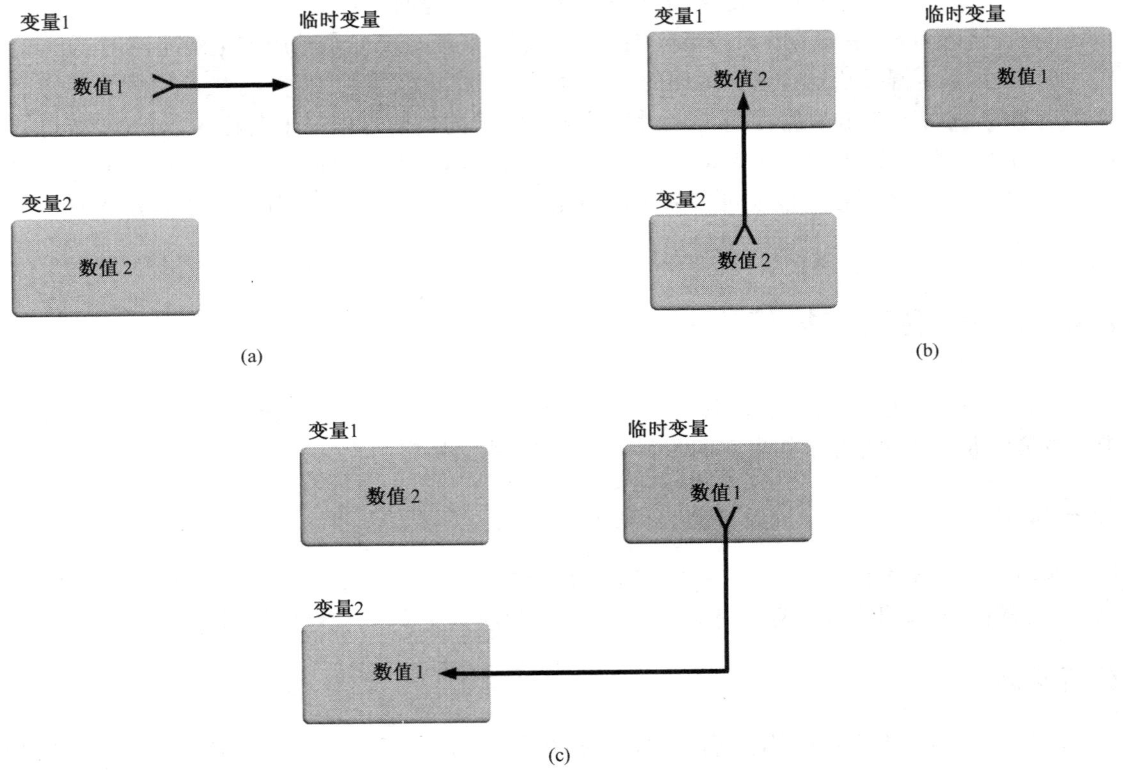

图 7.14 (a)保存第一个值；(b)用第二个值取代第一个值；(c)改变第二个值

编码函数

下面将分两步编写这个函数。第一步建立一个桩函数，以确保两个变量的地址被正确地传递和接收。然后，函数将完成交换这些被引用的值。

使用在程序 7.8 中采用过的传递两个地址到一个函数的相同技术，对于 swap()交换函数，一个合适的函数首部如下。

```
swap(float *num1Addr, float *num2Addr) /* 函数首部 */
```

利用这个函数首部，现在能够检验使用 num1Addr 和 num2Addr 中的地址访问的值是否正确。这可通过程序 7.9 验证，它包含了 swap() 桩函数。

程序 7.9

```
1  #include <stdio.h>
2  void swap(float *, float *); /* 函数原型 */
3
4  int main()
5  {
6    float firstnum = 20.0, secnum = 5.0;
7
8    swap(&firstnum, &secnum);
9
10   return 0;
11 }
12
13 void swap(float *num1Addr, float *num2Addr)
14 {
15   printf("The number pointed to by num1Addr is %5.2f\n", *num1Addr);
16   printf("The number pointed to by num2Addr is %5.2f\n", *num2Addr);
17 }
```

这个程序的输出如下。

```
The number pointed to by num1Addr is 20.00
The number pointed to by num2Addr is  5.00
```

对于程序 7.9 应注意两点。首先，首部行

```
13 void swap(float *numAddr1, float *numAddr2)
```

声明 swap()函数直接返回空值且将它的参数 numAddr1 和 numAddr2 声明为指向单精度型值的指针。同样，当调用这个函数时，它将要求传递两个地址且每一个地址都是一个单精度型值的地址。其次，在 swap()函数内，第 15 ~ 16 行都使用了间接运算符，分别用来访问 firstnum 和 secnum 中的值。swap()函数本身对这些变量的名称一无所知，但是它确实拥有保存在 num1Addr 中 firstnum 的地址和保存在 num2Addr 中 secnum 的地址。第 15 行中使用的表达式*num1Addr 作为 printf()调用的最后一个实参，表示“地址在 num1Addr 中的变量”。这当然是变量 firstnum。

```
15 printf("The number pointed to by num1Addr is %5.2f\n", *num1Addr);
```

同样，第 16 行中 printf()调用的最后一个实参

```
16 printf("The number pointed to by num2Addr is %5.2f\n", *num2Addr);
```

获得保存在 secnum 中的值，它为“地址在 num2Addr 中的变量”。于是，在第 15 行和第 16 行中，已经成功地使用指针允许 swap()访问 main()中的变量。

由于已经验证 swap()能够访问 main()中的局部变量 firstnum 和 secnum，现在能够扩展 swap()函数，交换地址被传递给 swap()的变量的值。

使用指针 num1Addr 和 num2Addr，这个交换算法采用下面的形式。

1. 将 num1Addr 指向的变量中的值保存到一个临时位置。语句 temp = *num1Addr;完成这项工作，见图7.15(a)。
2. 将 num2Addr 指向的变量中的值保存到地址为 num1Addr 中的变量。语句 *num1Addr = *num2Addr;完成这项工作，见图7.15(b)。
3. 将临时位置中的值保存到地址为 num2Addr 中的变量。语句*num2Addr = temp;完成这项工作，见图7.15(c)。

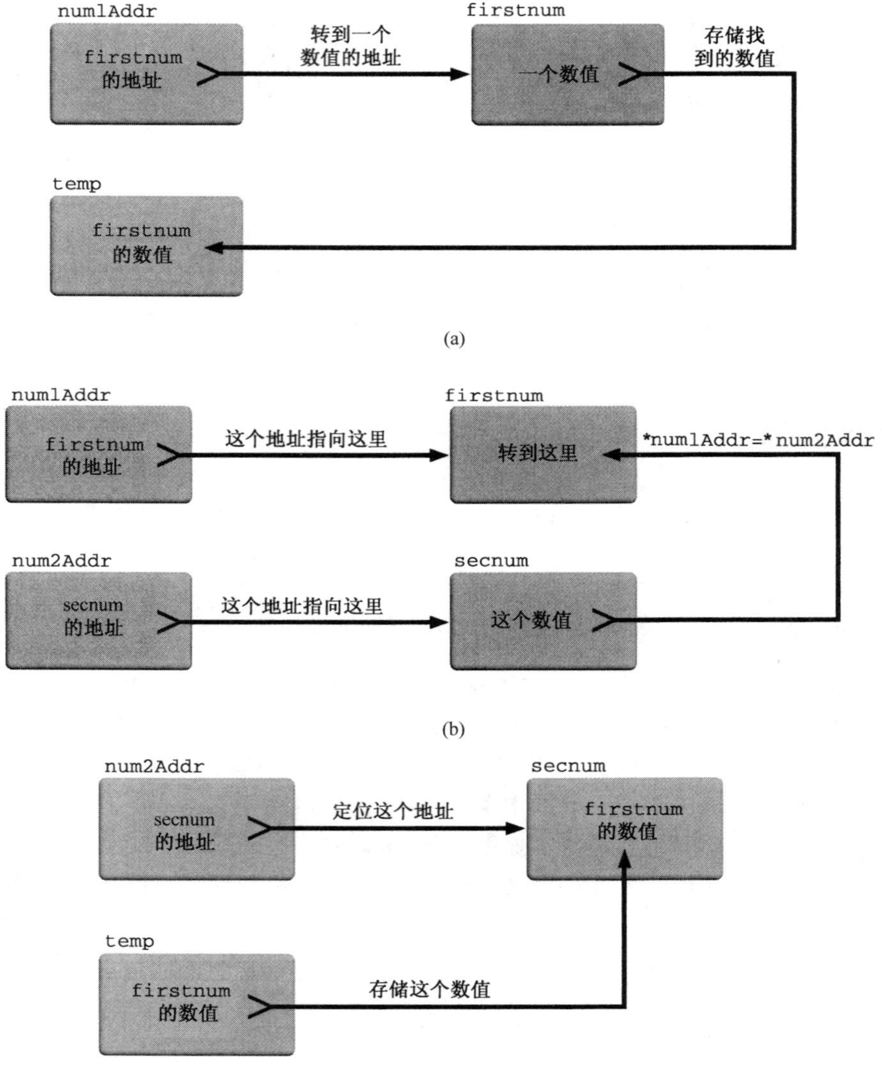

图7.15 (a)间接保存 firstnum 的值;(b)间接改变 firstnum 的值;(c)间接改变 secnum 的值

程序 7.10 是根据这个算法编写的 swap()函数的最终形式。

程序 7.10

```
#include <stdio.h>

void swap(float *, float *); /* 函数原型 */

int main()
{
  float firstnum, secnum;

  printf("Enter two numbers: ");
  scanf("%f %f", &firstnum, &secnum);

  printf("\nBefore the call to swap():\n");
  printf("  The value in firstnum is %5.2f\n", firstnum);
  printf("  The value in secnum is %5.2f\n", secnum);

  swap(&firstnum, &secnum); /* 调用swap()函数 */

  printf("\nAfter the call to swap():\n");
  printf("  The value in firstnum is %5.2f\n", firstnum);
  printf("  The value in secnum is %5.2f\n", secnum);

  return 0;
}

void swap(float *num1Addr, float *num2Addr)
{
  float temp;

  temp = *num1Addr; /* 保存firstnum的数值 */
  *num1Addr = *num2Addr; /* 将secnum的数值复制到firstnum */
  *num2Addr = temp; /* 改变secnum的数值 */
}
```

测试并调试程序

前面已经测试过程序 7.9 中编写的 swap()桩函数。下面是程序 7.10 运行的样本，它完成了验证工作。

```
Enter two numbers: 20.5 6.25

Before the call to swap():
  The value in firstnum is 20.50
  The value in secnum is  6.25

After the call to swap():
  The value in firstnum is  6.25
  The value in secnum is 20.50
```

正如这个输出表明的那样，在 main()函数的变量中保存的值已经通过指针在 swap()函数内被修改。如果使用的是按值调用，则 swap()内的交换只影响 swap()的参数而对 main()

的变量不会有影响。因此，只能够编写采用指针的类似 swap()的函数，指针能够用来访问 main()的变量。

在使用指针参数时，一个注意事项需要提及:指针不能够用来交换常量。例如，用两个常量的地址调用 swap()就会导致编译器错误，比如 swap(&20.5，&6.5)。如果使用符号常量的地址，这个错误也会出现。

最后应注意，函数的首部行和函数本身都清楚地表明了要传递的是地址。只要看到传递的是地址，它就显著表明需要一个间接运算符*来访问这些值。

练习 7.4

简答题

1. 三个整型变量的地址用于在调用一个名称为 time()的函数中的实参。为这个函数编写一个合适的函数首部，假设 time()接收这些变量作为指针实参 sec，min 和 hours，且返回空值给它的调用函数。
2. 下面的程序在调用函数和被调函数中使用了相同的变量名称。判断这是否会引起计算机的任何问题。这种编码对程序员可能会引起什么问题？给出每一个变量中保存的数据的类型。

```
#include <stdio.h>
void time(int *, int *);
int main()
{
  int min, hour;

  printf("Enter two numbers :");
  scanf("%d %d", &min, &hour);
  time(&min,&hour);

  return 0;
}
void time(int *min, int *hour)
{
  int sec;

  sec = ( (*hour) *60 + *min ) * 60;
  printf("The total number of seconds is %d", sec);

  return;
}
```

3. 假设已经编写好了声明

```
int *pt1, *pt2;
```

因为星号既用于乘法运算也用于间接运算符，则表达式

```
*pt1**pt2
```

是如何由计算机求值的？为什么计算机会按你指示的次序求值呢？重新编写这个表达式，以使它的含义对任何阅读它的人更清楚。

编程练习

1. 输入并执行程序 7.10。

2. 编写一个名称为 liquid()的 C 语言函数，接收一个整数以及名称分别为 gallons，quarts，pints 和 cups 的变量的地址。被传递的整数表示总的杯数，函数要确定所传递值中的加仑数、夸脱数、品脱数以及杯数。使用传递的地址，函数应该直接改变调用函数中各自变量的值。这些单位之间的关系为：2 杯等于 1 品脱，4 杯等于 1 夸脱，16 杯等于 1 加仑。
3. 重新编写程序 6.2 中的 findMax()函数，以使变量 max 在 main()中声明且两个被传递的数中的最大值被直接写到 max 中。提示：max 的地址也必须传递给 findMax()。
4. 修改程序 7.10，接收一个名称为 sortOrder 的字符型参数。如果 sortOrder 是一个 a，则只有当第一个值大于第二个值时，swap()才交换这两个值，即这个函数应该按升序返回值(最小的数在前、最大的数在后)。对于任何其他的值，函数应该按降序返回值。
5. 编写一个名称为 yrCalc()的 C 语言函数，接收一个表示从 1900 年 1 月 1 日到现在的总天数的长整型值以及变量 year，month 和 day 的地址。这个函数要求计算给定天数的当前的年、月和日，且使用这些传递的地址将这些值直接写到各自的变量中。对于这个问题，假设每年有 365 天，每一个月有 30 天。

7.5 递归①

因为每一次调用函数时，C 语言都会为实参和局部变量分配新的内存位置，所以函数调用自身是可能的。这种类型的函数称为自引用(self-referential)函数或者递归(recursive)函数。当函数调用自身时，这个过程被称为直接递归(direct recursion)。同样，函数能够调用第二个函数，反过来第二个函数也可以调用第一个函数。这种类型的递归称为间接(indirect)递归或者相互递归(mutual recursion)。

1936 年，艾伦 · 图灵宣称，虽然不是每一个可能的问题都能够由计算机解决，但那些有递归解决方案的问题同样存在计算机解决方案，至少在理论上如此。

数学递归

递归的概念是：对一个问题的解决方案能够用自身的“简单”版本表述。某些问题能够用一个明显地显示递归的代数公式解决。例如，考虑找出一个数 n 的阶乘，用 n!表示，式中 n 是一个正整数。它的定义如下。

```
0! = 1
1! = 1 * 1 = 1 * 0!
2! = 2 * 1 = 2 * 1!
3! = 3 * 2 * 1 = 3 * 2!
4! = 4 * 3 * 2 * 1 = 4 * 3!
```

依次类推。

n!的定义能够用下面的语句总结。

```
0! = 1
n! = n * (n - 1)!   n≥1
```

这个定义说明了在建立递归算法时通常必须考虑的事项，它们是

① 这个主题第一次阅读时可以省略而不会失去课程的连贯性。

1. 基本情况(或者多个基本情况)是什么?

2. 第 n 个情况如何与第 $n-1$ 个情况相关?

虽然这个定义似乎是用一个阶乘的术语定义一个阶乘，但这个定义是有效的，因为它总是能够进行计算。例如，利用这个定义，3!首先被计算为

```
3! = 3 * 2!
```

根据定义，2!的值被确定为

```
2! = 2 * 1!
```

把这个表达式 2!替换 3!中的定值，得到

```
3! = 3 * 2 * 1!
```

最终，用表达式 1*0!替换 1!，产生

```
3! = 3 * 2 * 1 * 0!
```

0!在阶乘公式的术语中没有定义，但被简单地定义为等于 1。把这个值替换到 3!表达式中，得到

```
3! = 3 * 2 * 1  * 1 = 6
```

为了理解 C 语言中递归函数是怎样定义的，构建一个函数 factorial()。这个函数所要求的处理用伪代码表示如下。

```
if n=0
    factorial=1
Else
    factorial=n * factorial(n-1)
```

注意，这个算法只是前面给出的递归定义的重复。在 C 语言中，它能够被编写为

```
int factorial(int n)
{
  if (n == 0)
    return (1);
  else
    return (n * factorial(n-1));
}
```

程序 7.11 将这段代码包括在一个完整的程序中。

程序 7.11

```
#include <stdio.h>
int main()
{
  int n, result;
  int factorial(int);  /* 函数原型 */

  printf("\Enter a number: ");
  scanf("%d", &n);
  result = factorial(n);
```

```
  printf("\nThe factorial of %d is %d\n", n, result);

  return 0;
}

int factorial(int n)
{
  if (n == 0)
    return (1);
  else
    return (n * factorial(n-1));
}
```

下面是程序 7.11 运行的样本。

```
Enter a number: 3

The factorial of 3 is 6
```

运行程序 7.11 时使用了下面的调用，将值 3 从 main()中调用 factorial()。

```
result = factorial(n);
```

下面看一看计算机是如何实际完成这个计算的。C 语言函数调用自身的机制，就是 C 语言在调用每一个函数时为所有函数参数和局部变量分配了新的内存位置。这种分配是当程序在一个称为栈(stack)的内存区中执行时动态进行的。

内存栈只是一个用于快速保存和取回数据的内存区域。概念上它类似于自助餐厅的一堆盘子，位于这堆盘子最上面的那个盘子，是第一个被拿走的盘子。这种后进先出的机制提供了按发生次序保存信息的方法。每一次函数调用只是简单地获取栈中内存的位置，用于实参、局部变量、返回值以及当这个函数完成执行时要在调用函数中重新开始执行的地址。因此，当执行函数调用 factorial(n)时，栈最初用于保存执行 result = factorial(n);的指令的地址、一个用于这个函数返回的值的空间和一个实参值 n，n 为 3。这一时刻栈类似图 7.16 中显示的那样。从程序执行的观点看，进行 factorial()调用的函数[在这个例子中是main()]将挂起，而 factorial()的代码将开始执行。

在 factorial()函数自身内，另一个函数调用将进行。就 C 语言而言，这个调用与 factorial()是不相关的。这个调用只是另一次请求栈空间。这个例子中，栈保存 factorial()中正在执行的指令的地址、一个要被这个函数返回的值用的空间以及数字 2。栈现在能够表示成图 7.17 中显示的那样。在这一点，factorial()执行编译过的代码的第二个版本，同时第一个版本暂时被挂起。

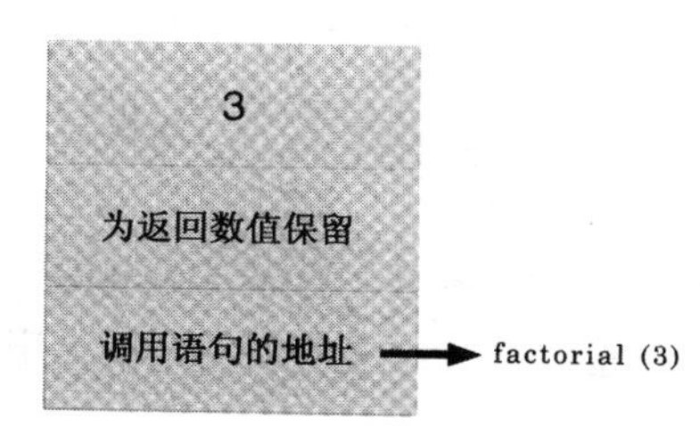

图 7.16　第一次调用 factorial()时的栈

factorial()第二次调用当前执行的代码，再次进行一个函数调用。这个对自身的调用同样在 C 语言中是不相关的。这个调用再次用与任何函数调用相同的方法被处理并开始分配这个栈的内存空间。这里的栈保存在调用函数中[这个调用函数恰好是 factorial()]，正在被执行的指令的地址、一个要被函数返回的值的空间和数字1。在这一点，factorial()执行编译过的代码的第三个版本，同时第二个版本暂时被挂起。

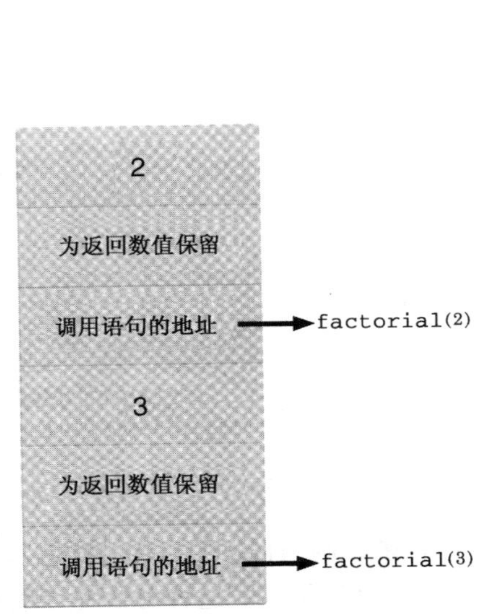

图7.17　第二次调用 factorial()时的栈

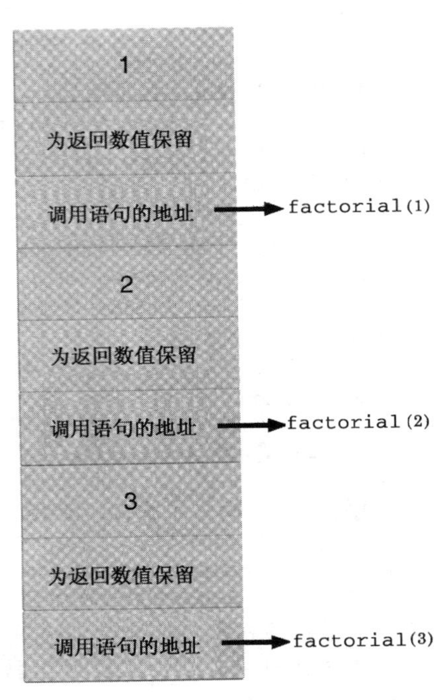

图7.18　第三次调用 factorial()时的栈

这个 factorial()的第三个版本进行第四次且是最后一次调用 factorial()。这个最后一次调用按相同的方式继续，除了不是导致另一个调用以外，它导致一个1的返回值放置在栈中。这个过程完成一组递归调用，允许被挂起的调用函数再次执行并且用逆序方式完成。值1被 factorial()的第三次调用，用于完成它的操作并放置一个1的返回值在栈中。然后，这个值被 factorial()的第二次调用使用，用于完成它的操作并放置一个2的返回值在栈中。最后，这个值被 factorial()的第一次调用使用，用于完成它的操作并放置一个6的返回值在栈中。程序的执行现在返回到 main()。在 main()内的最初调用语句，将它的 factorial()调用返回值保存到变量 result 中。

递归与迭代的比较

递归方法能够用于解决方案可用同一问题的更简单版本表示的任何问题。

实现递归时的最困难的任务是决定如何创建这个递归过程并且看到每一次成功调用时所发生的事情。

任何递归函数总是能够用一种使用迭代的非递归方法编写。例如，factorial()函数能够使用迭代算法编写为

```
int factorial(int n)
{
  int fact;
```

```
    for(fact = 1; n > 0; n--)
      fact = fact * n;
    return (fact);
}
```

对初级程序员而言，因为递归通常是一个令人感到困难的概念，那么在什么条件下应优先采用它而不是采用迭代的解决方案呢？答案相当简单。

如果问题的解决方案能够用相同的情况迭代地或者递归地表达，则迭代的解决方案是更可取的，因为它执行得更快(没有消耗处理时间的额外的函数调用)，且使用更少的内存(栈不用于递归中所需的多函数调用)。但是，有时候递归解决方案更优越。这通常发生在更高级的应用中，在这些应用中递归是唯一实用的可实现的方法，因为用迭代来获得相同的结果要求十分复杂的编码。例子见 8.8 节介绍的快速排序(Quicksort)算法。

练习 7.5

编程练习

1. a. 斐波纳契数列是 0，1，1，2，3，5，8，13，…，其中前两项是 0 和 1，以后的每一项被递归地定义为前两项之和，即

```
Fib(n)= n    n < 2
Fib(n) = Fib(n-1) + Fib(n-2)  n ≥ 2
```

编写一个递归函数，当 n 作为一个实参传递给这个函数时，返回斐波纳契数列中的第 n 个数。例如，当 $n = 8$ 时，函数返回这个数列中的第 8 个数，即 13。

b. 编写一个使用迭代计算斐波纳契数列中的第 n 项的函数。

2. a. 从 1 到 n 的一系列连续数字之和能够递归地定义为

```
sum(1) = 1;
sum(n) = n + sum(n - 1)
```

编写一个 C 语言递归函数，接收 n 作为实参并计算 1 到 n 的总和。

b. 用一个请求来自用户的值 n，然后计算并显示从 1 到 n 的总和的程序并测试练习 2a 中编写的函数。

3. a. 编写一个函数，递归地确定由下列各项定义的一个算术序列的第 n 项的值

```
a, a+d, a+2d, a+3d, ..., a+(n-1)d
```

给函数的实参应该是第一项 a、公差 d 以及 n 的值。

b. 修改为练习 3a 编写的函数，以便返回这个数列的前 n 项之和。这是练习 2 的一个更通用的形式。

4. a. 编写一个函数，递归地确定由下列各项定义的一个几何序列的第 n 项的值。

$$a,\ ar,\ ar^2,\ ar^3,\ \ldots,\ ar^{n-1}$$

给函数的实参应该是第一项 a、公比 r 以及 n 的值。

b. 修改为练习 4a 编写的函数，以便返回这个数列的前 n 项之和。

5. a. x^n的值能够递归地定义为

$$x^0 = 1$$
$$x^n = x * x^{n-1}$$

编写一个递归函数，返回这个计算过程且返回 x^n 的值。

b. 重新编写为练习5a编写的函数，使用迭代算法计算 x^n 的值。

6. 由欧几里得发现的下列算法提供一个确定两个正整数 a 和 b 的最大公约数(GCD)的方法(最大公约数是能够同时被两个数整除且没有余数的最大的数)。

   a. 将较大的数用较小的数相除，保留余数。

   b. 将较小的数除以余数，再保留余数。

   c. 继续将前面的余数除以当前的余数，直到余数为0。这时，最后一个非0余数就是最大公约数。

   编写一个实现这个算法的递归函数，名称为 `gcd()`。

7. a. 数字回文是一个按正向或者反向阅读都相同的数字。例如，4321234 就是一个数字回文。使用这个信息创建一个名称为 `numpal()` 的递归函数，接收一个整型值作为实参，如果它是一个数字回文则返回1，否则返回0。

   b. 请求5个用户输入的整数，一次一个，在输入每一个整数后，程序应该显示一个消息，指明这个数是否为数字回文。用这种方法测试练习7a中编写的函数。

7.6 编程错误和编译器错误

在使用本章中讲解的材料时，应注意如下可能的编程错误和编译器错误。

编程错误

1. 使用已经被用做全局变量的相同名称作为局部变量的名称。在函数内声明的局部变量，使用其名称只会影响该局部变量的内容。因此，全局变量的值从不会被这个函数改变，除非使用了作用域解析运算符 :: 。
2. 混淆了参数(或者变量)是否包含地址或者是地址的概念。指针参数(也是指针变量)包含地址。某些围绕着被使用为参数或者变量的指针的混淆，是由随便使用单词 pointer 引起的。例如，当意识到短语“函数要求一个指针实参”实际上表示“函数要求一个地址作为一个实参”时，就能够更清楚地理解这一点。同样，短语“函数返回一个指针”实际上表示“函数返回一个地址”。地址只能够保存在指针中。如果对参数或者变量中实际包含什么或者它应该如何被处理存在怀疑，则可以使用 `printf()` 函数显示它的内容。经常看看显示的内容，有助于明确参数或者变量中的真正内涵。或者，也可以对参数或者变量使用间接运算符。如果参数或者变量是有效的指针，则显示的将是“被指向的事物”;如果不是有效的指针，则编译器将发出一个错误消息，告知参数不是指针。
3. 将指针声明为函数参数，但是调用函数时忘记在传递这个参数给它之前放置地址运算符 `&`。
4. 当定义递归函数时忘记指定基本情况。

编译器错误

下面的表总结了会导致编译错误的常见错误以及由基于UNIX/Windows的编译器提供的典型错误消息。

错误	基于 UNIX 编译器的错误消息	基于 Windows 编译器的错误消息
试图取得常量的地址	(W) Operation between types "int" and "const int * " is not allowed.	error:& on constant
应用间接运算符到非指针型变量	(S) operand of indirection operator must be a pointer expression.	error:illegal indirection
在一个声明参数为指针的函数调用中,没有传递地址	(W) Function argument assignment between types " type * " and "type" is not allowed.	error: function cannot convert parameter from dataType to dataType *
将数值而不是地址分配给指针	(W) Operation between types "type * "and "type" is not allowed.	error: cannot convert parameter from dataType to dataType *

7.7　小结

1. 程序中使用的每一个变量都具有作用域，它确定程序中这个变量能够在哪里使用。变量的作用域可以是局部的或者全局的，这由变量的定义语句的放置位置确定。局部变量在函数内部定义，且只能够在它定义的函数或者语句块内使用。全局变量在函数外定义，且能够在跟随这个定义语句之后的所有函数中使用。所有的非静态全局变量都被初始化为0，且能够在各文件之间通过关键字 extern 共享。
2. 每一个变量都有一个类。变量的类确定在这个变量中的值将被保留多久。自动(auto)变量是只在它们的定义函数被执行时存在的局部变量。寄存器(register)变量类似于自动变量，但被保存在计算机的内部寄存器中而不是在内存中。静态(static)变量能够是全局的或者局部的，在程序的执行期中保留它们的值。当静态变量被定义后，如果它没有明确地被用户初始化，则被设置为0或者空。
3. 每一个变量都有数据类型、值和地址。在C语言中，变量的地址能够通过地址运算符 & 获得。
4. 指针是一个用于保存另一个变量的地址的变量或者参数。与所有C语言变量或者参数一样，指针必须被声明。间接运算符*用于声明一个指针并访问这个地址被保存在指针中的变量。例如，语句 int *datePtr 声明名称为 datePtr 的标识符是一个指向整型值的指针。这通常读成“datePtr 指向一个整型数”。
5. 如果参数或者变量是指针，那么间接运算符*必须用于访问这个地址被保存在该指针中的变量。例如，如果 datePtr 已经被声明为指针，那么被这个指针指向的值通过表达式*datePtr 访问。这能够读成“被 datePtr 指向的事物”(实际上是值)。
6. 变量的地址能够传递给函数。接收这个地址的参数必须被声明为指针。传递一个地址称为按引用传递。
7. 当被调函数接收地址时，它有直接访问各个调用函数中的变量的能力。使用被传递的地址允许被调函数有效地返回多个值。

8. 递归解决方案是一个能够用自身更简单的版本来表示的解决方案。递归算法必须总是指明下面两项。

   - 基本情况(或者多个基本情况)
   - 第 n 个情况如何与第 $n-1$ 个情况相关

9. 如果问题的解决方案能够用相同的情况被重复地或者递归地表达，则应优先采用递归解决方案，因为它执行更快并且使用更少的内存。在许多高级应用中，递归表现得更简单并且是实现解决方案的唯一实用的方法。

第三部分

基础知识补充

第 8 章　数组
第 9 章　字符串
第 10 章　数据文件

第 8 章　数　　组

前几章中使用的变量都有一个共同的特点：每个变量一次只能保存一个值。例如，如果变量 inKey，counter 和 price 用下面的语句声明

```
char inKey;
int counter;
double price;
```

它们为不同的数据类型，每个变量只能保存一个所声明的数据类型的值。这些变量的类型称为原子变量(atomic variable)，也称为标量变量(scalar variable)，它是一个值不能够被进一步拆分或分开为内置数据类型的变量。

另一种保存和获取数据的方法是使用数据结构。数据结构(data structure)也称为聚合数据类型(aggregate data type)，是一种包含两个主要特点的数据类型。首先，它的值能够被分解为独立的数据元素，每一个数据元素是原子的或其他的数据结构。第二，它提供一种定位这个数据结构中独立的数据元素的访问方案。

最简单的数据结构称为数组(array)，它用于保存和处理一组值，它们具有相同的数据类型，形成一个逻辑组合。例如，如图 8.1所示的三组这样的项目。第一组是 5 个整型分数的列表，第二组是 4 个字符型代码的列表，最后一组是 6 个双精度型价格的列表。每一个这样的组都可以创建为一个数组。

分数	代码	价格
98	x	10.96
87	a	6.43
92	m	2.58
79	n	.86
85		12.27
		6.39

图 8.1　项目的三组列表

由相同数据类型的单一项目组成的数组称为一维数组。这一章中将描述如何声明、初始化一维数组并在计算机内保存和使用它。将用一个样本程序探索一维数组的使用，并且还将介绍声明和使用多维数组的过程。

8.1　一维数组

一维数组(one dimensional array)也称为单维数组(single dimensional array)和单下标数组(single subscript array)，是一个使用一个组名称保存相同数据类型的值的列表①。在 C 语言中，像其他计算机语言一样，这个组名称被称为数组名称。例如，考虑图 8.2 中所示的分数的列表。列表中的所有分数都是整型数并且必须按这样被声明。但是，列表中的单一项目没有必要被分开声明。这些项目能够声明成一个单独的单元并且可以保存在一个共同的变量名(即数组名称)下面。为了方便，选择 grades 作为图 8.2 显示的列表的名称。

分数
98
87
92
79
85

图 8.2　分数的列表

① 注意这个列表能够用多种方法实现。数组只是所有列表元素都有相同数据类型，且每个元素依次被存储在一组相邻存储区位置中列表的一种实现方法。

为了声明 grades 用于保存 5 个单独的整型值，要求声明语句 int grades[5];。注意，这个声明语句给出了数组中项目的数据类型、数组(或列表)名称和数组中项目的个数。一个常用的而且是良好的编程习惯是:在声明这个数组之前定义数组项目的个数为一个符号常量。按照这个惯例，前面的声明语句应该用如下两条语句编写。

```
#define NUMELS 5 /* 这建立符号常量 */
int grades[NUMELS]; /* 这是实际数组声明 */
```

在这里，符号常量名 NUMELS 能够被任何选择的标识符替换。更多的数组声明的例子如下。

```
#define NUMCODES 4
char code[NUMCODES]; /* 4个字符代码的数组 */

#define NUMELS 6
double prices[NUMELS]; /* 6个双精度价格的数组 */

#define SIZE 100
int amount[100]; /* 100个整型数量的数组 */
```

在这些声明语句中，每个数组都分配了足够的内存来保存声明语句中给出的数据项的个数。因此，名称为 code 的数组保留 4 个字符的内存，名称为 prices 的数组保留 6 个双精度数内存，名称为 amount 的数组保留 100 个整数内存。命名常量 NUMCODES，NUMELS 和 SIZE 是程序员选择的名称。

编程注解:从 0 下标开始

在 C 语言中，所有数组的开始索引值总是 0。这个开始索引值由编译器固定且不能改变。虽然其他高级语言(如 Visual Basic)允许程序员改变这个开始值(甚至允许负值)，但是 C 语言不允许。

尽管强制一个数组的第一个元素有索引值 0 可能不常见，但这样做实际上提高了访问单独元素的速度。原因是如果开始索引值为 0，则编译器不必做更多的计算就能够直接确定访问后续元素所使用的内部偏移量。

图 8.3 给出了 code 数组和 grades 数组保留的内存。数组中的每一项称为这个数组的一个元素(element)或一个成分(component)。图 8.3 所示的保存在数组中的单独元素被顺序地保存，第一个数组元素保存在第一个保留的内存位置中，第二个元素保存在第二个保留的内存位置中，这样继续下去，直到最后一个元素保存到最后的内存位置中。列表的相邻内存的连续分配是数组的一个关键特征，因为它提供了一个容易定位列表中的任何单一元素的机制。

因为数组中的元素被顺序地保存，任何单独的元素能够通过给出数组的名称和元素的位置被访问。这个位置称为元素的索引值(index)或下标值(subscript)，这两个术语是同义的。对于一维数组，第一个元素的索引值为 0，第二个元素的索引值为 1，等等。在 C 语言中，通过把索引值列出在数组名称后的方括号中，数组名称和期望的元素的索引就结合在一起。例如，给出前面声明的 grades 如下。

grades[0]指的是保存在 grades 数组中的第一个分数
grades[1]指的是保存在 grades 数组中的第二个分数
grades[2]指的是保存在 grades 数组中的第三个分数

grades[3]指的是保存在grades数组中的第四个分数
grades[4]指的是保存在grades数组中的第五个分数

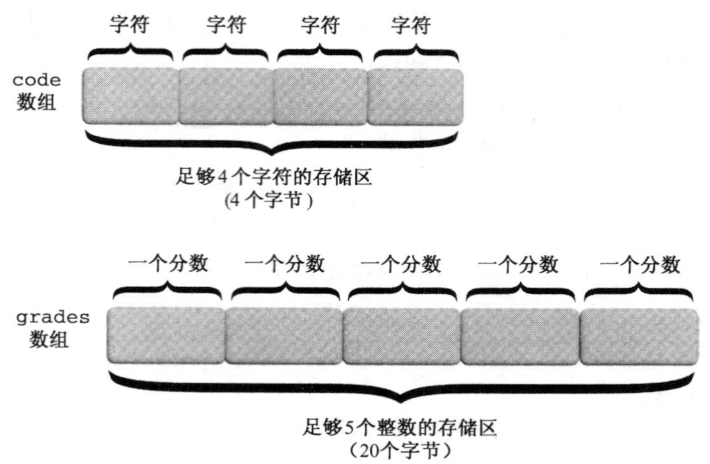

图8.3　内存中的code数组和grades数组

图8.4给出了在内存中正确指定每个元素的grades数组。每个单独的元素称为索引变量(indexed variable)或下标变量(subscripted variable)，因为变量名称和索引值或下标值必须被用于引用这个元素。记住，索引值或下标值给出了元素在数组中的位置。

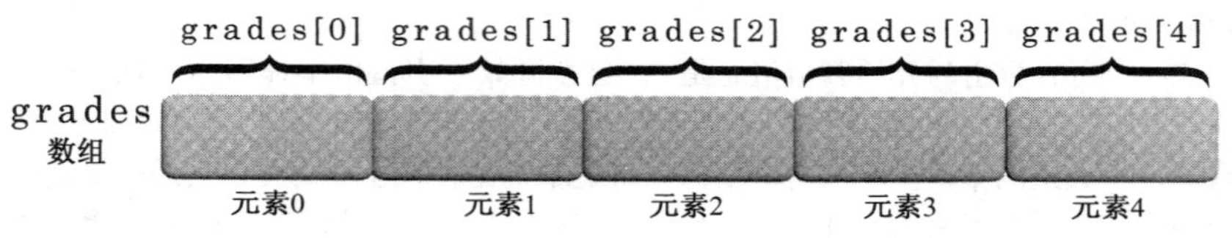

图8.4　标识单独的数组元素

下标变量grades[0]可以读成“grades下标0”或“grades 0”，这是“grades数组下标为0”的一个简略读法。同样，grades[1]可以读成“grade下标1”或“grades 1”，grades[2]可以读成“grades下标2”或“grades 2”，等等。

尽管让编译器给数组中的第一个元素指派索引值0可能并不常见，但这样做增加了计算机访问数组元素的速度。在计算机内部程序员看不见的地方，它使用这个索引值作为从数组开始处的偏移量。如图8.5所示，这个索引告诉计算机从数组开始处要跳过多少个元素以获得期望的元素。

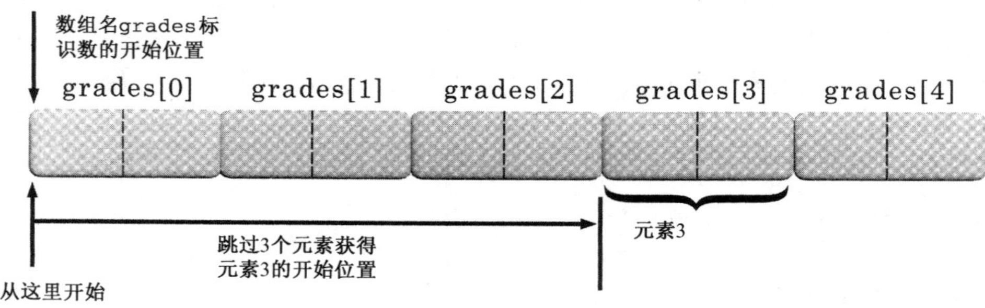

图8.5　访问元素3

> **编程注解：结构化数据类型**
>
> 原子数据类型，例如整型和浮点型内置类型，不能够分解为更简单的类型。相反，结构类型能够分解为更简单的、在一个定义的结构内相关的类型(用于结构类型的其他术语是聚合结构或数据结构)。由于一个结构化类型由一个以上更简单的类型组成，因此必须能够进行取回和更新构成数据结构的单独类型的操作。
>
> 一维数组是结构化类型的一个例子。在一维数组中，例如整型数组，数组被分解为单独的整型值，这些值与它们在数组中的位置相关。对于数组，索引值提供了访问和修改单独的值的方法。

下标变量能够用于标量变量有效的任何地方。例如使用 grades 数组的元素如下。

```
grades[0] = 98;
grades[1] = grades[0] - 11;
grades[2] = 2 * (grades[0] - 6);
grades[3] = 79;
grades[4] = (grades[2] + grades[3] - 3)/2;
total = grades[0] + grades[1] + grades[2] + grades[3] + grades[4];
```

包含在方括号内的下标不必是一个整数，任何一个计算结果为整数的表达式都可以用做下标①。例如，假设 i 和 j 是整型变量，下列下标变量是有效的。

```
grades[i]
grades[2*i]
grades[j-i]
```

使用整型表达式作为下标的一个非常重要的优点是它允许用一个 for 循环容易地把数组中的元素逐个地排序。这样，类似下面的语句

```
total = grades[1] + grades[2] + grades[3] + grades[4] + grades[5];
```

就没有必要了。这个语句中的下标变量的下标值，都能够用 for 循环中的计数器取代。例如，代码

```
#define NUMELS 5

total = 0; /* 初始化 total 为0 */
for (i = 0; i < NUMELS; i++)
  total = total + grades[i]; /* 加入一个分数 */
```

依次获取每个数组元素并将元素加到 total 中。这里，变量 i 既用于 for 循环的计数器又用于下标。当 i 每次经历 for 循环时就增加 1，数组中的下一个元素被引用。在 for 循环内增加数组元素的过程与以前使用过许多次的过程相同。

当使用一个更大的数组时，用 for 循环顺序通过一个数组的优势就变得很明显了。例如，如果 grades 数组包含 100 个值而不是 5，简单地在#define 语句中将 5 改为 100，就能够顺序经历 100 个分数并且将每个分数加到 total 中。这一改变自动地改变数组的大小和用于处理每个数组元素的 for 循环。

作为另一个用 for 循环顺序通过一个数组的例子，假设希望确定一个名称为 price、包含 1000 个元素的数组中的最大值。确定这个最大值的方法是假设最初数组中的第一个元素是最大数。然后，随着顺序通过这个数组，这个最大值与每个元素进行比较。当一个值更大的元素被确定时，这个元素就成为新的最大值。在这段代码中，for 语句包含一个 if 语句。查找新

① 某些编译器允许双精度型变量作为下标。在这些情况下，双精度型数值被截尾为一个整型数值。

的最大值用数组的元素1开始并且持续通过到最后一个元素。每个元素与当前最大值相比较，当遇到一个更大的值时，它就成为新的最大值。

```
#define NUMELS 1000

maximum = price[0]; /* 设置元素0为最大数值 */
for(i = 1; i < NUMELS; i++) /* 循环通过数组中其余元素 */
  if (price[i] > maximum) /* 将每个元素与最大数值比较 */
    maximum = price[i]; /* 获得新的最大数值 */
```

数组值的输入和输出

单独的数组元素能够使用单独的赋值语句或交互式地使用scanf()函数赋值。单独的数据输入语句的例子如下。

```
price[5] = 10.69;
scanf("%d %lf", &grades[0], &price[2]);
scanf("%c", &code[0]);
scanf("%d %d %d", &grades[0], &grades[1], &grades[2]);
```

第一个语句中，值10.69被赋给名称为price[5]的变量。第二个语句读取两个值并将它们保存在变量grades[0]和price[2]中。第三个语句读取一个字符并将它保存在名称为code[0]的变量中。最后一个语句读取三个值并分别将它们保存到变量grades[0]，grades[1]和grades[2]中。

历史注解：用 LISP 处理表

处理表的方法在计算机科学和应用的发展中特别重要。事实上，1958年，约翰·麦卡锡(John McCarthy)在马萨诸塞州技术学院专门为操作列表开发了一种语言。这个语言被命名为LISP，它是表处理(List Processing)的缩写。它已经证明对处理基于数学逻辑运算的问题颇有价值，并且被广泛地使用在人工智能和模式识别工程中。

与LISP相关的一个简单的语言是Logo，并一直被认为特别对用户友好。它结合一门称为“海龟制图学”的技术，通过这个技术使一个指针围绕着屏幕移动绘制几何图形。Logo已经被广泛地用于儿童编程基础教学。

作为选择，for语句能用于循环通过数组交互式地输入数据。例如，代码

```
#define NUMELS 5

for(i = 0; i < NUMELS; i++)
{
  printf("Enter a grade: ");
  scanf("%d", &grades[i]);
}
```

提示用户输入5个分数。第一个输入的分数保存在grades[0]中，第二个输入的分数保存在grades[1]中，依次类推，直到5个分数都被输入。

有关保存数据到一个数组中的一个注意事项应该提及：C语言并不检查正在被使用的索引值(称为边界检查)。例如，如果数组已经声明为由10个元素组成，但是使用了索引值12，这就超出了数组的边界，编译这个程序时C语言不会通报这个错误。程序将从数组开始处跳过一些适当的字节数试图访问元素12。通常这会导致程序失败——但不总是这样的。如果被访问位置包含一个数据值，程序将试图使用这个值。这会导致更多的错误，查找起来特别麻烦，如果这个值已经被改变且这个合理地赋给内存位置的变量用在程序的不同点，情况会更糟。

在输出期间，单独的数组元素能够用 printf()函数显示，或者这个数组的完整部分能够通过包含 printf()函数调用在一个 for 循环内显示。这些例子是

```
printf("%lf," price[6]);
```

和

```
printf("The value of element %d is %d", i, grades[i]);
```

以及

```
#define NUMELS 20
for(n = 5; n < NUMELS; n++)
     printf("%d %lf", n, price[n]);
```

首次调用 printf()显示下标变量 price[6]的双精度型值。第二次调用 printf()显示 i 的值和 grades[i]的值。在这个语句执行之前，i 需要有一个赋值。最后的例子包含 printf()语句在一个 for 循环内，从 5 到 20 的下标值和元素值都显示。

程序 8.1 用一个名称为 grades 的用于保存 5 个整型数的数组演示了这些输入和输出技术。这个程序包含两个 for 循环。第一个 for 循环用于循环经历每个数组元素，允许用户输入单独的数组值。在 5 个值输入以后，第二个 for 循环用于显示保存的值。

程序 8.1

```
#include <stdio.h>
int main()
{
  #define MAXGRADES 5
  int grades[MAXGRADES];
  int i;

  /* 输入分数 */
  for (i = 0; i < MAXGRADES; i++)
  {
    printf("Enter a grade: ");
    scanf("%d", &grades[i]);
  }

  /* 显示分数 */
  for (i = 0; i < MAXGRADES; i++)
    printf("grades %d is %d\n", i, grades[i]);

  return 0;
}
```

下面是程序 8.1 产生的一个结果。

```
Enter a grade: 85
Enter a grade: 90
Enter a grade: 78
Enter a grade: 75
Enter a grade: 92
grades 0 is 85
grades 1 is 90
grades 2 is 78
grades 3 is 75
grades 4 is 92
```

观察程序8.1产生的输出，特别注意显示的索引值和保存在相应数组元素中的值之间的不同。索引值指的是元素在数组中的位置，而下标变量指的是保存在指定位置中的值。

除了显示保存在每个数组元素的值之外，元素也能通过适当地引用期望的元素来处理。例如，在程序8.2中，每个元素的值被累加到一个变量 total 中，它在接近完成每个数组元素的单独显示时被显示。

程序 8.2

```
#include <stdio.h>
int main()
{
  #define MAXGRADES 5
  int grades[MAXGRADES];
  int i, total = 0;

  /* 输入分数 */
  for (i = 0; i < MAXGRADES; i++)    {
    printf("Enter a grade: ");
    scanf("%d", &grades[i]);
  }

  /* 显示和累加分数 */
  printf("\nThe total of the grades ");
  for (i = 0; i < MAXGRADES; i++)
  {
    printf("%d ", grades[i]);
      total += grades[i];
  }

  printf("is %d\n", total);   /* 显示变量total */

  return 0;
}
```

下面是运行程序8.2的一个示例。

```
Enter a grade: 85
Enter a grade: 90
Enter a grade: 78
Enter a grade: 75
Enter a grade: 92
The total of the grades 85 90 78 75 92 is 420
```

注意，程序8.2与程序8.1不相同，只有保存在每个数组元素中的值被显示且它们的下标值没有显示。尽管第二个 for 循环用于累加每个数组元素的总数，这个累加也可能通过在第一个循环中放置语句 total += grades[i];在用于输入一个值的 scanf()调用之后完成。还要注意，用于显示总数 total 的 printf()调用在第二个 for 循环之外进行。这确保在所有的值已经被加到 total 之后，total 只被显示一次。如果这个 printf()调用放置在 for 循环内，则5个总数都将显示，而只有最后一次显示的总数包含这个数组所有值的总数。

练习 8.1

简答题

1. 编写下列数组声明。

   a. 60 个双精度型利率的列表。

   b. 30 个双精度型温度值的列表。

   c. 25 个字符的列表，每个字符代表一个代码。

   d. 100 个整型年份的列表。

   e. 26 个双精度型利息单的列表。

   f. 1000 个双精度型距离值的列表。

   g. 20 个整型代码数字的列表。

2. 为下列数组的第一、第三和第七个元素编写适当的符号。

   a. `int grade[20];`
   b. `double grade[10];`
   c. `double amps[16];`
   d. `double dist[15];`
   e. `double velocity[25];`
   f. `double time[100];`

3. a. 编写一个单独的 `scanf()`函数调用，能够用于输入值到练习 2a 至练习 2f 中声明的每个数组的第一、第三和第七个元素中。

   b. 编写一个 `for` 循环，能够输出为练习 2a 中声明的整个数组输入值。

4. a. 编写一个单独的 `printf()`函数调用，能够用于输出练习 2a 至练习 2f 中声明的每个数组中的第一、第三和第七个元素的值。

   b. 编写一个 `for` 循环，能够用于显示练习 2a 中声明的整个数组的值。

5. 列出下列代码段显示的元素。

   a.
   ```
   for (m = 1; m <= 5; m++)
     printf("%d ",a[m]);
   ```
   b.
   ```
   for (k = 1; k <= 5; k = k + 2)
     printf("%d ",a[k]);
   ```
   c.
   ```
   for (j = 3; j <= 10; j++)
     printf("%f ",b[j]);
   ```
   d.
   ```
   for (k = 3; k <= 12; k = k + 3)
     printf("%f ",b[k]);
   ```
   e.
   ```
   for (i = 2; i < 11; i = i + 2)
     printf("%lf ",c[i]);
   ```

编程练习

1. a. 编写一个 C 语言程序，输入下列值到一个名称为 `prices` 的数组中：10.95，16.32，12.15，8.22，15.98，26.22，13.54，6.45，18.59。在输入这些数据后，程序应该显示这些值。

   b. 重做练习 1a，但是在输入数据后，使程序用下列形式显示它们。

   ```
   10.95 16.32 12.15
   8.22 15.98 26.22
   13.54 6.45 18.59
   ```

2. a. 编写一个C语言程序，输入15个整型数到一个名称为 `temp` 的数组中。当输入每个数时，将它加到总数(`total`)中。输入所有的数之后，显示它们以及它们的平均值。
   b. 重做练习2a，但是当正在输入值时确定这个数组中的最大数(不相加这些数)。提示：在 `for` 循环被用于输入这些数之前，将最大值设置为0。
   c. 重做练习2b，跟踪这个数组中的最大元素和最大索引数。在显示这些数后，程序应输出两个消息

```
The maximum value is: ____
This is element number ____ in the list of numbers
```

   使程序在消息中下画线的位置显示正确的值。
   d. 重做练习2c，但是让程序确定输入数据中的最小值。
3. a. 编写一个C语言程序，输入下面整型值到一个名称为 `grades` 的数组中：89，95，72，83，99，54，86，75，92，73，79，75，82，73。当输入每个数时，把这个数相加到变量 `total` 中。输入了所有数且总数获得之后，计算这些数的平均值并使用平均值确定每个值与平均值的偏差(deviation)。将每个差保存在一个名称为 `deviation` 的数组中。用元素的值减去所有数据的平均值得到偏差。使程序在元素与 `grades` 数组中相对应的元素旁显示每个偏差值。
   b. 计算练习3a中使用的数据的方差。方差通过自乘每一个单独的偏差且被自乘的偏差的总数除以偏差的个数获得。
4. 编写一个C语言程序，声明三个名称为 `price`，`quantity` 和 `amount` 的一维数组。每个数组应该能够保存10个元素。使用一个 `for` 循环为 `price` 和 `quantity` 数组输入值。`amount` 数组中的输入应该是 `price` 数组和 `quantity` 数组中相应值的乘积(即 `amount[i]=quantity[i]* price[i];`)。在输入所有数据后，显示输出

```
Quantity  Price  Amount
--------  -----  ------
```

   在每一栏的标题下显示适当的值。
5. a. 编写一个程序，输入10个双精度型数到一个名称为 `raw` 的数组中。在10个由用户输入的数被输入到数组后，程序应该循环经历 `raw` 数组10次。在每次通过这个数组期间，程序应该选择 `raw` 数组中的最小值，并把这个被选择的值放在位于一个名称为 `sorted` 的数组中的下一个变量中。因此，当程序完成时，`sorted` 数组应该包含 `raw` 数组中按照从小到大排序的值。提示：确保在每次经历一个较大的数期间重新设置被选取的最小值，以使它不再被选择。需要在第一个 `for` 循环内有另一个 `for` 循环，以便确定每次经历的最小值。
   b. 练习5a中排序一个数组中的值的方法是非常低效率的。为什么？在数组中排序数的一个更好的方法是什么？

8.2　数组初始化

与标量变量一样，数组能够在函数内或函数外声明。在函数内声明的数组称为局部数组，在函数外声明的数组称为全局数组。例如，考虑下列代码段，它提供了最常用的数组声明。

```
1  #define SIZE1 20
2  #define SIZE2 25
3  #define SIZE3 15
4
5  int gallons[SIZE1];        /* 一个全局数组 */
6  static int dist[SIZE2];    /* 一个静态全局数组 */
7
8  int main()
9  {
10   int miles[SIZE3];              /* 一个自动局部数组 */
11   static int course[SIZE3];      /* 一个静态局部数组 */
12         .
13         .
14   return 0;
15 }
```

正如这段代码中指出的那样，在第 5 行和第 6 行声明的 gallons 和 dist 数组被全局地声明为数组，而第 10 行声明的 miles 数组是一个自动局部数组，第 11 行声明的 course 数组是一个静态局部数组。与标量变量一样，所有全局数组（静态或非静态数组）和局部静态数组只在编译时被创建一次，且会保留它们的值直到声明它们的程序完成执行时为止。只能有一个局部作用域的所有自动数组，在每次调用函数和完成它的执行时会被创建和被破坏。

所有全局数组和静态数组（局部或全局）的各个元素，在编译时都被默认设置为 0。自动局部数组中的值没有定义。从编程观点看，这意味着必须假设在这样的数组中的值是“垃圾值”，因此必须明确地初始化它们。

所有数组元素，无论它们的作用域是否是局部的或全局的，或它们的保存类是否是静态的或自动的，都能够用与标量变量相同的方法在它们的声明语句内明确地初始化，但初始化元素必须包含在大括号中且只能由常量或使用常量的表达式组成。这样的初始化的例子如下①。

```
#define NUMGRADES 5
int grades[NUMGRADES] = {98, 87, 92, 79, 85};
```

和

```
#define NUMCODES 6
char codes[NUMCODES] = {'s', 'a', 'm', 'p', 'l', e'};
```

以及

```
#define SIZE 7
double width[SIZE] = {10.96, 6.43, 2.58, .86, 5.89, 7.56, 8.22};
```

初始化后，这些数组就可按照它们被编写的次序应用，第一个值用于初始化元素 0，第二个值用于初始化元素 1，等等，直到所有的值都被使用。因此，在声明

```
int grades[NUMGRADES] = {98, 87, 92, 79, 85};
```

中，grades[0]被初始化为 98，grades[1]被初始化为 87，grades[2]被初始化为 92，grades[3]被初始化为 79，grades[4]被初始化为 85。

因为空白在 C 语言中被忽略，因此初始化可以跨越多行。例如，声明语句

```
#define NUMGALS 20
int gallons[NUMGALS] = {19, 16, 14, 19, 20, 18, /* 初始化数值可 */
                        12, 10, 22, 15, 18, 17, /* 以越过多  */
                        16, 14, 23, 19, 15, 18, /* 行扩展  */
                        21, 5 };
```

① 在老版本的 C 语言（非 ANSI）中，只有全局（静态或非静态）数组和局部静态数组能够在它们的声明语句内被初始化，局部自动数组不能够在它们的声明语句内被初始化。

用 4 行来初始化所有的数组元素。

如果初始化的数少于方括号中声明的元素的个数，初始化从数组元素 0 开始被应用。因此，声明语句

```
#define ARRAYSIZE 7
double length[ARRAYSIZE] = {8.8, 6.4, 4.9, 11.2};
```

中，只有 length[0]，length[1]，length[2]和 length[3]用列表中的值初始化，其他的数组元素将被初始化为 0，除了局部自动数组以外。遗憾的是，没有重复指定一个初始化值的方法，也没有用前面元素的初始化值初始化后面元素的方法。

如果在声明语句中没有给出特定的初始化，所有的全局数组和静态数组元素，像前面已经陈述的一样，都被设置为 0。例如，声明语句

```
#define SIZE 100
int distance[SIZE];
```

在编译时设置 distance 数组的所有的元素为 0。

初始化的一个特点是当初始化值包含在声明语句中时，数组的大小可以省略。例如，声明语句

```
int gallons[] = {16, 12, 10, 14, 11};
```

为 5 个元素保留了足够的存储空间。同样，下面的两个声明语句

```
#define NUMCODES 6
char codes[NUMCODES] = {'s', 'a', 'm', 'p', 'l', 'e'};
```

和

```
char codes[] = {'s', 'a', 'm', 'p', 'l', 'e'};
```

是相等的。这两个声明语句都为一个名称为 codes 的数组保留 6 个字符位置。在初始化字符数组时，一个有趣的和有用的简化也能够使用。例如，声明

```
char codes[] = "sample"; /* 没有大括号和逗号 */
```

使用字符串“sample”初始化 codes 数组。注意，字符串是包含在双引号中的字符序列。这个最后的声明创建了一个名称为 codes、有 7 个元素的数组，并且用如图 8.6 所示的 7 个字符填入这个数组。正如期望的那样，前 6 个字符由字母 s，a，m，p，l 和 e 组成。最后的字符是转义序列符 \0，称为空(NULL)字符。这个空字符由 C 编译器自动地追加到所有的字符串后面。这个字符有一个值等于 0 的内部保存代码(字符 0 的保存代码具有值 48，所以这两个数不可能被计算机混淆)，被用做一个记号或标记，表示字符串的结束。正如将在下一章看到的那样，在操作字符串时这个标记是很有价值的。

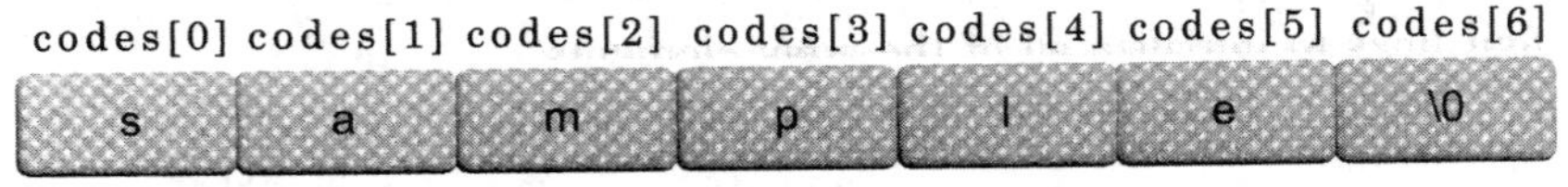

图 8.6　字符串以一个特定的标记结束

一旦值通过声明语句内的初始化或使用交互式输入被赋给数组元素，这些数组元素就能够按照前面章节中描述的那样被处理。例如，程序 8.3 说明了在数组的声明内数组元素的初始化，然后使用一个 for 循环确定保存在这个数组中的最大值。

程序 8.3

```
#include <stdio.h>
int main()
{
  #define MAXELS 5
  int nums[MAXELS] = {2, 18, 1, 27, 16};
  int i, max;

  max = nums[0];

  for (i = 1; i < MAXELS; i++)
     if (max < nums[i])
       max = nums[i];

  printf("The maximum value is %d\n", max);

  return 0;
```

程序 8.3 产生的输出如下。

```
The maximum value is 27
```

练习 8.2

简答题

1. 编写下列包括初始化的数组声明。
   a. 10 个整型数的列表:89, 75, 82, 93, 78, 95, 81, 88, 77, 82。
   b. 5 个双精度型值的列表:10.62, 13.98, 18.45, 12.68, 14.76。
   c. 100 个双精度型利率的列表, 前 6 个利率是:6.29, 6.95, 8.25, 8.35, 8.40, 8.42。
   d. 64 个双精度型温度值的列表, 前 10 个温度是:78.2, 69.6, 68.5, 83.9, 55.4, 68.0, 49.8, 58.3, 62.5, 71.6。
   e. 15 个字符型代码的列表, 前 7 个代码是:f, j, m, q, t, w, z。
2. 要将字符串"Good Morning"保存到一个名称为 goodString 的字符数组中。用三种不同方法编写出这个数组的声明语句。

编程练习

1. a. 编写一个声明语句, 将字符串"Input the Following Data"保存到一个名称为messag1 的字符数组中, 将字符串"----------------"保存到一个名称为messag2 的数组中, 将字符串"Enter the Date: "保存到一个名称为 messag3 的数组中, 将字符串"Enter the Account Number:"保存到一个名称为 messag4 的数组中。
   b. 将练习 1a 中编写的数组声明包含在一个使用 printf()函数显示消息的程序中。例如, 语句 printf("%s", messag1);使保存到 messag1 中的字符串显示。程序将要求 4 个这样的语句显示 4 个单独的消息。使用带有控制序列符%s 的 printf()函数显示字符串, 要求将字符串的结束标记 \0 保存到用于保存这个字符串的字符型数组中。

2. a. 编写一个声明，保存"This is a test"到一个名称为 strtest 的数组中。将这个声明语句包含在一个使用下面的 for 循环显示这个消息的程序中。

```
for (i = 0; i <= 14; i++)
  printf("%c", strtest[i]);
```

b. 修改练习 4a 中的 for 语句，只显示数组中的字符 t，e，s 和 t。

c. 将练习 2a 中编写的声明语句包含在一个使用 printf()函数显示数组中的字符的程序中。例如，语句 printf("%s", strtest);将使保存到 strtest 数组中的字符串被显示。使用这个语句时要求数组中最后一个字符是字符串结束标记 \0。

d. 使用一个 while 循环重新编写练习 2a。提示：当检测到转义序列符 \0 时，终止循环。可以使用表达式 while(strtest[i]! ='\0')。

3. a. 编写一个声明，将下面值保存到一个名称为 prices 的数组中：16.24，18.98，23.75，16.29，19.54，14.22，11.13，15.39。将这个声明包含在一个显示这个数组中的值的程序中。

b. 重新编写练习 3a，但使这个数组成为一个全局数组。

4. 编写一个 C 语言程序，使用一个声明语句将下面数保存到一个名称为 rates 的数组中：18.24，25.63，5.94，33.92，3.71，32.84，35.93，18.24，6.92。然后，程序应该能够确定并显示这个数组中的最大值和最小值。

5. 编写一个 C 语言程序，保存下列价格在一个全局数组中：9.92，6.32，12.63，5.95，10.29。程序也应该创建两个名称为 units 和 amounts 的自动数组，每个数组能够保存 5 个双精度型数。使用一个 for 循环和一个 scanf()函数调用，使程序在运行时能够接收 5 个用户输入的数到 units 数组中。程序应该把 prices 数组和 units 数组中相应的值的乘积保存到 amounts 数组中。例如，amounts[1] = prices[1] * units[1]，并显示下面的输出(适当地填入表格中)。

```
Price    Units    Amount
-----    -----    ------
9.92       .        .
6.32       .        .
12.63      .        .
5.95       .        .
10.29      .        .
                  ------
Total:              .
```

8.3 数组作为函数实参

只需简单地将数组元素作为下标变量包含在函数调用的实参表中，就可以将数组元素传递给函数。例如，函数调用

```
findMin(grades[2], grades[6]);
```

传递元素 grades[2]和 grades[6]的值到函数 findMin()中。

传递一个完整的数组到函数，在许多方面是比传递单个元素更容易操作。被调函数接收对实际数组的访问，而不是这个数组中的值的副本。例如，如果 grades 是一个数组，则函数调用 findMax(grades);使整个 grades 数组对 findMax()函数是可使用的。这与传递变量到函数是不同的。

前面说过，当将标量实参传递给函数时，被调函数只是接收这个被传递值的副本，它保存到函数的某个值参数中。如果数组通过这种方法传递，则必须创建整个数组的副本。对于大的数组，为每个函数调用创建重复的副本将浪费计算机的存储空间、消耗执行时间并破坏通过被调用程序产生的返回多个元素的改变的效果。为了避免这些问题，被调函数必须能够直接访问原始数组。因此，被调函数造成的任何改变将直接影响到数组自身。对于下面特定的函数调用的例子，假定数组 nums，keys，units 和 prices 被声明为

```
int nums[5]; /* 一个有5个整数的数组 */
char keys[256]; /* 一个有256个字符的数组 */
double units[500], prices[500]; /* 两个有500个双精度型数值的数组 */
```

对于这些数组，下列函数调用能够进行。

```
findMax(nums);
findCh(keys);
calcTot(units, prices);
```

在每种情形中，被调函数接收对命名数组的直接访问。在接收方，被调函数必须被告知一个数组正在变成可使用的。例如，前面函数适当的函数首部是

```
int findMax(int vals[5])
char findCh(chr inKeys[256])
void calcTot(double arr1[500], double arr2[500])
```

这些函数声明中，参数列表中的名称由程序员选择，都是函数的局部参数。但是，这些函数使用的内部局部名称仍然指的是在函数外创建的原始数组。这在程序 8.4 中体现得很清楚。

程序 8.4

```
#include <stdio.h>
#define MAXELS 5

void findMax(int [MAXELS]); /* 函数原型 */

int main()
{
  int nums[MAXELS] = {2, 18, 1, 27, 16};

  findMax(nums);

  return 0;
}

void findMax(int vals[MAXELS]) /* 查找最大数值 */
{
  int i, max = vals[0];

  for (i = 1; i < MAXELS; i++)
    if (max < vals[i])
      max = vals[i];

  printf("The maximum value is %d\n", max);
}
```

注意，函数原型声明 findMax()将返回空值。程序 8.4 中只创建了一个数组。在 main()函数中，这个数组称为 nums，而在 findMax()中，这个数组称为 vals。如图 8.7 所示，两个名称指的是同一个数组。因此，图 8.7 中，vals[3]是与 nums[3]相同的元素。

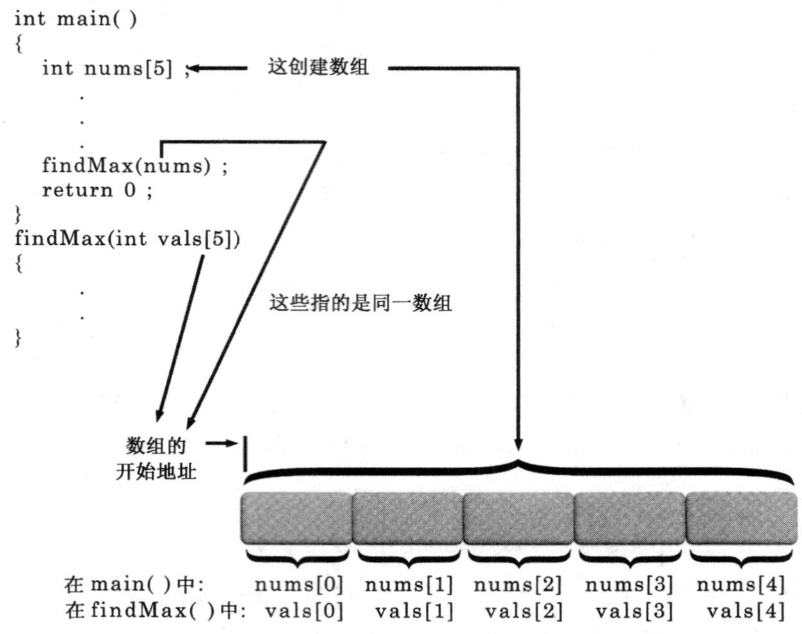

图 8.7 只有一个数组被创建

程序 8.4 中，findMax()函数原型中和函数首部行中各自的实参和参数声明，实际上包含一些这个函数不要求的额外信息。findMax()函数唯一需要知道的是参数 vals 涉及一个整型数组。因为这个数组已经在 main()中创建，因此在 findMax()中不需要另外的存储空间，vals 的声明能够省略数组的大小。因此，另一种函数首部的声明方法是

```
void findMax(int vals[])
```

当调用函数时，意识到实际上只有一个项传递给 findMax()，因此这种函数首部的形式更有意义，这个项是 nums 数组的开始地址，如图 8.8 所示。

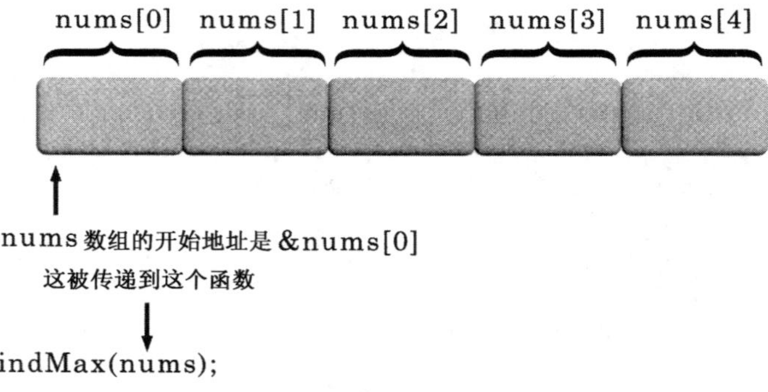

图 8.8 数组的首地址被传递

因为只有一个项传递给 findMax，这个数组中的元素个数不需要包含在 vals 的声明中[1]。事实上，省略函数首部行中的数组大小一般是可取的。例如，考虑 findMax()更一般的形式，它能够用于查找一个任意大小的整型数组中的最大值。

```
int findMax(int vals[], int numels) /* 查找最大数值 */
{
  int i, max = vals[0];

  for (i = 1; i < numels; i++)
    if (max < vals[i])
      max = vals[i];

  return(max);
}
```

这种 findMax()的更常用的形式是声明函数返回一个整数值。这个函数接收一个整型数组的开始地址和数组元素的个数作为参数。然后，使用元素的个数作为它的查找边界，函数的 for 循环使每个数组元素按顺序被检查，以确定最大值。程序 8.5 演示了在一个完整程序中 findMax()的使用。

程序 8.5

```
#include <stdio.h>
int findMax(int [], int); /* 函数原型 */

int main()
{
  #define MAXELS 5
  int nums[MAXELS] = {2, 18, 1, 27, 16};

  printf("The maximum value is %d\n", findMax(nums, MAXELS));

  return 0;
}

int findMax(int vals[], int numels)
{
  int i, max = vals[0];

  for (i = 1; i < numels; i++)
    if (max < vals[i])
      max = vals[i];

  return (max);
}
```

程序 8.5 的输出如下。

```
The maximum value is 27
```

① 一个重要的推论是：findMax()能够直接访问所传递的数组。这意味着 vals 数组元素的任何改变实际上是对 nums 数组的一个改变。这与标量变量的情形明显地不同，在这里被调用函数不接收对被传递变量的直接访问。

练习 8.3

简答题

1. 下面的声明用于创建 prices 数组

```
double prices[500];
```

有一个名称为 sortArray()的函数，它接收 prices 数组作为一个名称为 inArray 的参数且返回空值。编写两个不同的函数首部行。

2. 下面的声明用于创建 keys 数组

```
char keys[256];
```

有一个名称为 findKey()的函数，接收 keys 数组作为一个名称为 select 的参数且返回空值。编写两个不同的函数首部行。

3. 下面的声明用于创建 rates 数组

```
double rates[256];
```

有一个名称为 prime()的函数，接收 rates 数组作为一个名称为 rates 的参数且返回空值。编写两个不同的函数首部行。

编程练习

1. a. 修改程序 8.5 中的 findMax()函数，确定传递给函数的数组中的最小值。重命名这个函数为 findMin()。

   b. 将练习 1a 中编写的函数包含到一个完整的程序中并且在计算机上运行这个程序。

2. 编写一个程序，在 main()中有一个声明保存下面数到一个名称为 rates 的数组:6.5, 8.2, 8.5, 8.3, 8.6, 9.4, 9.6, 9.8, 10.0。应该有一个对 show()函数的调用，接收 rates 数组作为一个名称为 rates 的参数，然后显示这个数组中的数。

3. a. 编写一个程序，在 main()中有一个声明保存字符串"Vacation is near"到一个名称为 message 的数组中。应该有一个对 display()函数的调用，接收 message 在一个名称为 strng 的参数中，然后显示这个信息的内容。

   b. 修改练习 3a 中编写的 display()函数，显示 message 数组中的前 8 个元素。

4. 编写一个程序，声明三个名称为 price, quantity 和 amount 的一维数组。每个数组应该在 main()中声明，并且应该能够保存 10 个双精度型数。保存到 price 数组中的数是:10.62, 14.89, 13.21, 16.55, 18.62, 9.47, 6.58, 18.32, 12.15, 3.98，保存到 quantity 数组中的数是:4, 8.5, 6, 8.35, 9, 15.3, 3, 5.4, 2.9, 4.8。程序应该把这三个数组传递给一个被调函数 extend()，这个函数计算 amount 数组中的元素为 price 和 quantity 数组中相对应的元素的乘积。例如，amount[1] = price[1] * quantity[1]。当 extend()将值保存到 amount 数组以后，这个数组中的值应能够从 main()中显示。

5. 编写一个 C 语言程序，包含名称为 calcAvg()和 variance()的两个函数。calcAvg()函数计算并返回保存到名称为 testvals 的数组中的值的平均值。这个数组在 main()中声明且包含值 89, 95, 72, 83, 99, 54, 86, 75, 92, 73, 79, 75, 82, 73。variance()函数计算并返回这些数据的方差。方差通过 testvals 数组中的每个值减去平均值，然后自乘得到的差值，相加它们的自乘并除以 testvals 中的元素个数获得。从 calcAvg()和 variance()返回的值应该在 main()中使用 printf()调用显示。

8.4 案例研究:计算平均值和标准差

为了说明数组的处理，增进对使用数组作为函数实参的理解，下面给出一个应用实例。这个应用中创建了两个统计学函数，以分别确定一个数组的平均值和标准差。

需求规范

需要开发两个函数;第一个函数确定平均值，第二个函数确定整数列表的标准差。每个函数都必须能够接收一个数组的数据且返回它们计算的值给调用函数。

现在应用自上向下的开发过程开发所要求的函数。

分析问题

使用 1.4 节中介绍的软件开发方法，现在通过明确地列出所提供的输入数据、要求的输出和输入到输出相关的算法分析需求规范。

a. **确定输入项**。这个问题的陈述中定义的输入项是一个整数列表。

b. **确定期望的输出**。这个问题的陈述指明要开发两个函数。第一个函数要求返回平均值，第二个函数要求返回标准差。

c. **列出输入输出相关的算法**。第一个函数要求返回所传递数组中数的平均值，第二个函数要求返回标准差。这两项使用下列算法确定。

平均值函数

相加这些分数，然后除以这些分数的个数计算平均值。

标准差函数

1. 从每一个单独的分数减去平均值。这产生一组新数，这些数的每一个称为偏差。
2. 自乘第 1 步中得到的每个偏差。
3. 将自乘的偏差相加并把总数除以偏差的个数。
4. 第 3 步中得到的数的平方根是标准差。

注意到标准差的计算要求平均值，这意味着只有在计算出平均值之后才能够计算标准差。因此，除了要求整型数组和数组中值的个数以外，标准差函数还要求将平均值传递给它。这是在任何编码完成之前详细地明确说明算法的优点:它确保所有必要的输入且程序的要求在编程过程中被及早地发现。

为了确保理解这个要求的过程，将做一个手工计算。对于这个计算，将任意假定要确定下列 10 个分数的平均值和标准差:98，82，67，54，78，83，95，76，68，63。

这些数据的平均值为

平均值 = (98 + 82 + 67 + 54 + 78 + 83 + 95 + 76 + 68 + 63) / 10 = 76.4

首先确定平方偏差的总数，然后把这个结果除以 10，再求平方根，就可获得标准差。

$$
\begin{aligned}
\text{平方偏差的和} &= (98-76.4)^2+(82-76.4)^2\\
&+(67-76.4)^2+(54-76.4)^2\\
&+(78-76.4)^2+(83-76.4)^2\\
&+(95-76.4)^2+(76-76.4)^2\\
&+(68-76.4)^2+(63-76.4)^2\\
&=1730.400\,700
\end{aligned}
$$

$$\text{标准差} = \sqrt{1730.4007/10} = \sqrt{173.040\,07} = 13.154\,470$$

因为在这个问题的陈述中，没有指定列表的大小，且为了使函数尽可能通用，将设计两个处理传递给它们的任意大小的列表。这要求数组中元素的准确个数也必须在每次函数调用时传递给每个函数。从函数的观点看，这意味着它必须至少能够接收两个输入项作为参数：一个任意大小的数组和一个相应于被传递数组中元素个数的整数。另外，用于确定标准差的函数也必须能够接收被第一个函数计算出来的平均值。

历史注解：统计学

一个值列表的总和、平方和以及平均值通常用做统计学中的数量。事实上，数学中一些最重要的数学应用和计算对于真实世界来说都包含统计学。无论是在商业、工程学、政治学、政府、天气预报、体育、教育或实质上你能够叫出名字的任何其他领域，都能够运用统计学来提供方便。所以要尽一切办法学习一门以上的统计学课程。

据称，“统计学不说谎，但统计员会说谎”，确实如此。统计学方法和数据有时被人误用，使其他不理解统计学的人确信有些事情统计学并不支持。

选择一个全面的解决方案算法

1.4 节中介绍的问题求解算法再次能够被用做解决这个编程问题的基础。当应用于这个问题时，这个算法如下。

```
初始化一个整型数组
调用平均值函数
调用标准差函数
显示平均值函数的返回值
显示标准差函数的返回值
```

编写函数

编写函数时，最好先关注一下函数的首部行。接下来是函数体的编写，以便能正确处理输入实参所产生的期望结果。

将计算平均值的函数命名为 findAvg()，为所传递的数组和元素的个数任意选择参数名分别为 nums 和 numel，这个函数首部变成

```
double findAvg(int nums[], int numel)
```

这产生接收一个整型数组和一个整数的计算平均值的函数的定义。正如前面手工计算所表明的那样，一组整数的平均值是一个双精度型数，因此函数被定义为返回一个双精度型值。函数体按照问题分析中给出的算法所描述的方法计算平均值。这样，完整的 findAvg()函数变成

```
double findAvg(int nums[], int numel)
{
  int i;
  double sumnums = 0.0;

  for (i = 0; i < numel; i++)   /* 计算分数的总数 */
    sumnums = sumnums + nums[i];

  return (sumnums/numel);      /* 计算和返回平均值 */
}
```

函数体中是一个用于计算各个数的和的 for 循环。还注意到在这个 for 循环中的循环计数器终止值是 numel，它是通过实参表传递给函数的数组的整数个数。这个实参的使用使函数具有一般性，允许它用于输入任意大小的数组。例如，调用这个函数，用语句

```
findAvg(values,10)
```

告诉函数 findAvg()，numel 是 10 而 values 数组由 10 个值组成，而语句

```
findAvg(values,1000)
```

告诉 findAvg()函数，numel 是1000 而 values 数组由 1000 个值组成。在这两个调用中，名称为 values 的实参相应于函数 findAvg()内名称为 nums 的参数。

类似地，将名称为 stdDev()的标准差函数的首部写成

```
double stdDev(int nums[], int numel, double av)
```

这个首部开始了 stdDev()函数的定义。它定义这个函数返回一个双精度型值、接收一个整型数组、一个整数和一个双精度型值作为输入。stdDev()的函数体必须按照问题分析中所描述的那样计算标准差。完整的标准差函数如下。

```
double stdDev(int nums[], int numel, double av)
{
  int i;
  double sumdevs = 0.0;

  for (i = 0; i < numel; i++)
    sumdevs = sumdevs + pow((nums[i] - av),2.0);

  return(sqrt(sumdevs/numel));
}
```

测试和调试函数

测试一个函数要求编写一个 main()程序单元调用这个函数并显示返回的结果。程序 8.6 使用这样一个 main()单元，设立一个带有前面在手工计算中使用的数据的 values 数组，并且调用 findAvg()函数和 stdDev()函数。

程序 8.6

```
#include <stdio.h>
#include <math.h>

double findAvg(int [], int);            /* 函数原型 */
double stdDev(int [], int, double);     /* 函数原型 */

```

```
int main()
{
  #define NUMELS 10
  int values[NUMELS] = {98, 82, 67, 54, 78, 83, 95, 76, 68, 63};
  double average, stddev;

  average = findAvg(values, NUMELS); /* 调用这个函数 */
  stddev = stdDev(values, NUMELS, average); /* 调用这个函数 */

  printf("The average of the numbers is %5.2f\n", average);
  printf("The standard deviation of the numbers is %5.2f\n", stddev);

  return 0;
}

double findAvg(int nums[], int numel)
{
  int i;
  double sumnums = 0.0;

  for (i = 0; i < numel; i++)  /* 计算分数的总数 */
    sumnums = sumnums + nums[i];

  return (sumnums / numel);     /* 计算和返回平均值 */
}

double stdDev(int nums[], int numel, double av)
{
  int i;
  double sumdevs = 0.0;

  for (i = 0; i < numel; i++)
    sumdevs = sumdevs + pow((nums[i] - av),2);

  return(sqrt(sumdevs/numel));
}
```

程序 8.6 产生的结果如下。

```
The average of the numbers is 76.40
The standard deviation of the numbers is 13.15
```

尽管这个结果与前面手工计算的结果一致，由于没有在边界点验证这个计算，测试实际上还没有完成。在边界测试中，测试用所有相同的值(如都为 0 或者都为 100)检查。另一种简单的测试应该是使用 5 个 0 和 5 个 100。这些测试留作练习。

练习 8.4

编程练习

1. 修改程序 8.6，使用一个名称为 entvals()的函数将分数输入 values 数组中。
2. 重新编写程序 8.6，确定下列 15 个分数列表的平均值和标准差：68，72，78，69，85，98，95，75，77，82，84，91，89，65，74。

3. 修改程序 8.6，以便调用一个确定被传递数组中的最大值并把这个值返回到 main()程序用于显示的 high()函数。
4. 修改程序 8.6，使一个名称为 sort()的函数在调用 stdDev()函数之后被调用。这个 sort()函数应该将分数排列为升序，供 main()显示。
5. a. 编写一个 C 语言程序，从键盘读取一个双精度分数的列表到一个名称为 grades 的数组中。这些分数随着它们的读入被计数，当输入一个负数值时输入终止。一旦所有的分数已经输入，程序应该得到并显示这些分数的总和以及平均值。然后，这些分数应该在每一个低于平均值的分数的前面用一个 * 号列出。

   b. 扩展为练习 5a 编写的程序，显示每个分数和它的等效的字母分。假定有下列等级：

      90 ~ 100 的分数是 A

      大于等于 80 且小于 90 的分数是 B

      大于等于 70 且小于 80 的分数是 C

      大于等于 60 且小于 70 的分数是 D

      小于 60 的分数是 F
6. 定义一个名称为 PeopleTypes 的数组，它最多能够保存从键盘输入的 50 个整数。输入一系列 1，2，3，4 到数组中，1 表示婴儿，2 表示儿童，3 表示少年，4 表示在一个局部 school()函数中出现的成年人。任何其他的整型值应该不作为有效的输入被接收，当输入一个负数时停止。

   程序应该计算这个数组中每个 1，2，3 和 4 的个数并输出有多少婴儿、儿童、少年和在 school()函数中的成年人。
7. 编写一个程序，从键盘接收一组分数到一个数组中。分数最多为 50 个，且当输入一个负数时终止。使程序按降序排序并输出所有分数。
8. 编写并测试一个函数，该函数返回一个双精度型数组中最大值和最小值的位置。
9. 给定一个一维整型值数组，编写并测试一个用反序输出元素的函数。
10. a. 编写一个 C 语言程序，保持跟踪文本行从键盘输入时的每个元音的出现频率。文本的结束用 EOF 指定(见 5.3 节，DOS 下是 Ctrl + Z 组合键，UNIX 下是 Ctrl + D 组合键)。程序的输出应该是在输入文本中遇到的每个元音字母的计数。

    b. 增加一个函数到练习 10a 中，编写的程序显示一个每个元音被遇到的个数的柱状图。例如，如果程序检测到字母 a 输入了 5 次，字母 e 输入了 3 次，字母 i 输入了 2 次，字母 o 输入了 4 次，字母 u 输入了 1 次，则柱状图应该像下面这样出现。

```
        a  |*****
        e  |***
    元音 i  |**
        o  |****
        u  |*
           +----|----|----|
           0    5    10   15
```

11. a. 定义一个最多为 20 个整型值的数组，从键盘输入数或由程序赋值，将该数组填满值。然后编写一个名称为 split()的函数读取这个数组并将所有的 0 或正数放置到一个名称为 positive 的数组中，把所有的负数放置在一个名称为 negative 的数组中。最后，使程序调用一个函数显示 positive 数组和 negative 数组中的值。

b. 扩展练习11a中编写的程序，在显示之前将positive数组和negative数组中的值按升序排列。

12. 使用C语言库函数rand()，用已经被标定值范围从1到100的随机数填写一个1000个双精度型数的数组。然后确定并显示值在1到50之间的随机数的个数和值大于50的随机数的个数。你估计输出的计数应该是什么？

13. 在许多统计分析的程序中，大多数值的范围之外的大量数据值从需要考虑的事项中完全被放弃。使用这个信息编写一个C语言程序，接收来自一个用户的10个双精度型值，确定并显示输入值的平均值和标准差。所有偏离计算出的平均值4个标准差以上的值要被显示，并且要在任何进一步的计算中被放弃，一个新的平均值和标准差将被计算并显示。

14. 给定一个名称为num的双精度型一维数组，编写一个确定这些数总和的函数。

   a. 使用迭代。

   b. 使用递归。提示：如果 $n = 1$，则总和是num[0]，否则总和是num[n]加上前面的 $n - 1$ 个元素的总和。

8.5 二维数组

二维数组有时也被称为表，由元素的行和列组成。例如，数字数组

```
8 16 9 52
3 15 27 6
14 25 2 10
```

是一个整数的二维数组。这个数组由3行4列组成。为了给这个数组保留内存，行和列的个数必须包含在数组声明中。命名这个数组为val，这个二维数组适当的声明是

```
#define NUMROWS 3
#define NUMCOLS 4
int val[NUMROWS][NUMCOLS];
```

同样，声明

```
#define NUMROWS 10
#define NUMCOLS 5
double prices[NUMROWS][NUMCOLS];
```

和

```
#define NUMROWS 6
#define NUMCOLS 26
char code[NUMROWS][NUMCOLS];
```

声明数组prices由10行5列双精度型数组成，而数组code由6行26列字符组成。

二维数组中的元素通过它在数组中的位置被标识。正如图8.9表明的那样，val[1][3]唯一地标识出1行3列中的这个元素。与一维数组变量相同，二维数组变量能够用于任何标量变量是有效的位置。使用val数组元素的例子如下。

```
num = val[2][3];
val[0][0] = 62;
newnum = 4 * (val[1][0] - 5);
sumrow0 = val[0][0] + val[0][1] + val[0][2] + val[0][3];
```

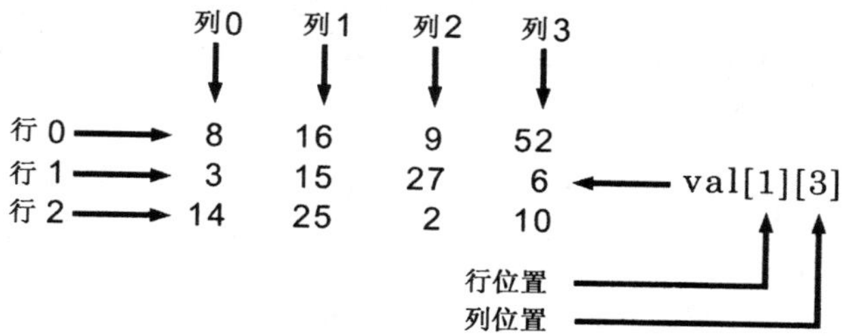

图 8.9　每个数组元素由它的行和列标识

最后一条语句使第 0 行中的 4 个元素的值相加，其总和保存到标量变量 sumrow0 中。

与一维数组一样，二维数组能够在它们的声明语句中被初始化，方法是将初始值列表放在大括号中并用逗号分开它们。另外，大括号能够用于分开单独的一行。例如，语句

```
#define NUMROWS 3
#define NUMCOLS 4
int val[NUMROWS][NUMCOLS] = { {8,16,9,52},
                              {3,15,27,6},
                              {14,25,2,10} };
```

声明 val 是一个有 3 行 4 列整数、在声明中给定了初始值的数组。第一组内部的大括号内包含数组的第 0 行的值，第二组大括号内包含第 1 行的值，第二组大括号内包含第 2 行的值。

尽管在初始化大括号中的逗号总是被要求的，但是内部的大括号能够省略。因此，val 的初始化可以写为

```
int val[NUMROWS][NUMCOLS] = { 8,16,9,52,
                              3,15,27,6,
                             14,25,2,10};
```

在声明语句中把初始值分开为行不是必须的，因为编译器从[0][0]元素开始赋给值，一行接一行填入余下的值。因此，初始化

```
int val[3][4] = {8,16,9,52,3,15,27,6,14,25,2,10};
```

是等效的。但对于另一个程序员来说，它没有清楚地说明一行在哪里结束，另一行从哪里开始。

如图 8.10 所示，一个二维数组的初始化是按行的次序进行的。首先第一行的元素被初始化，然后第二行被初始化，一直到初始化完成。这种按行排序也与用于保存二维数组的排序相同，即数组元素[0][0]首先被保存，然后是元素[0][1]，接着是元素[0][2]。跟随在第一行的元素之后是第二行的元素。对于数组中的所有行都是这样。

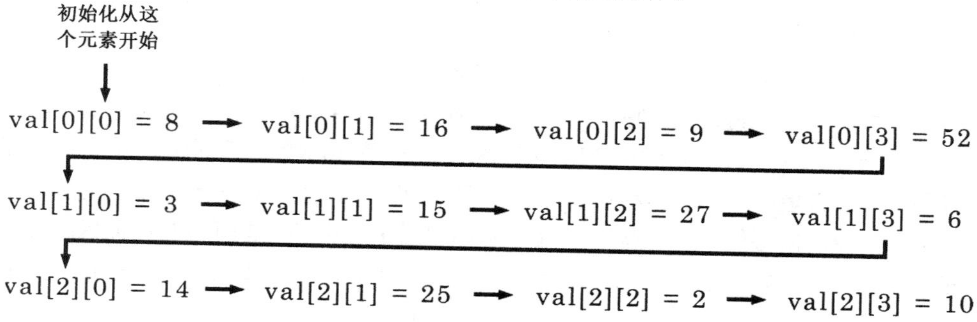

初始化从这
个元素开始

val[0][0] = 8 → val[0][1] = 16 → val[0][2] = 9 → val[0][3] = 52

val[1][0] = 3 → val[1][1] = 15 → val[1][2] = 27 → val[1][3] = 6

val[2][0] = 14 → val[2][1] = 25 → val[2][2] = 2 → val[2][3] = 10

图 8.10　val[ ]数组的保存和初始化

与一维数组一样，二维数组可以通过单独的元素标记或通过循环(while 或 for)显示。这在程序 8.7 中说明，它使用两种不同的技术显示了一个 3 行 4 列的二维数组中的所有元素。

程序 8.7

```
#include <stdio.h>
int main()
{
  #define NUMROWS 3
  #define NUMCOLS 4
  int val[NUMROWS][NUMCOLS] = {8,16,9,52,3,15,27,6,14,25,2,10};
  int i, j;

  printf("\nDisplay of val array by explicit element");
  printf("\n%2d %2d %2d %2d",
         val[0][0],val[0][1],val[0][2],val[0][3]);
  printf("\n%2d %2d %2d %2d",
         val[1][0],val[1][1],val[1][2],val[1][3]);
  printf("\n%2d %2d %2d %2d",
         val[2][0],val[2][1],val[2][2],val[2][3]);

  printf("\n\nDisplay of val array using a nested for loop");
  for (i = 0; i < NUMROWS; i++)
  {
    printf("\n"); /* 换行 */
    for (j = 0; j < NUMCOLS; j++)
      printf("%2d ", val[i][j]);
  }
  printf("\n");

  return 0;
}
```

程序 8.7 产生的结果如下。

```
Display of val array by explicit element
8 16 9 52
3 15 27 6
14 25 2 10

Display of val array using a nested for loop
8 16 9 52
3 15 27 6
14 25 2 10
```

由程序 8.7 产生的 val 数组的第一个显示是通过明确指定每个元素而构造的。数组元素值的第二个显示与第一个显示相同，使用一个嵌套 for 循环产生。循环嵌套在处理二维数组时特别有用，因为它允许程序员容易地指明和循环经历每个元素。程序 8.7 中，变量 i 控制外层循环，变量 j 控制内层循环。每次经过外层循环相当于经历一行，内层循环提供适当的列元素。当完整的一行输出之后，新的一行从下一行开始。这个结果是按照一行接一行的样式显示数组的。

一旦二维数组的元素被赋值，就可以开始数组处理了。通常，for 循环被用于处理二维数组，因为正如前面表明的那样，它允许程序员容易地指明和循环经历每个数组元素。例如，程序 8.8 中的嵌套 for 循环被用于将数组 val 中的每个元素乘以标量值 10，并显示产生的结果。

程序 8.8

```
#include <stdio.h>
int main()
{
  #define NUMROWS 3
  #define NUMCOLS 4
  int val[NUMROWS][NUMCOLS] = {8,16,9,52,3,15,27,6,14,25,2,10};
  int i, j;

  /* 每个元素乘以 10 并显示它 */
  printf("\nDisplay of multiplied elements\n");
  for (i = 0; i < NUMROWS; i++)
  {
    printf("\n"); /* 开始新的一行 */
    for (j = 0; j < NUMCOLS; ++j)
    {
      val[i][j] = val[i][j] * 10;
      printf("%3d ", val[i][j]);
    } /* 内层循环结束 */
  } /* 外层循环结束 */
  printf("\n");

  return 0;
}
```

程序 8.8 产生的输出如下。

```
Display of multiplied elements

80 160 90 520
30 150 270 60
140 250 20 100
```

传递二维数组到函数，是一个与传递一维数组相同的过程。被调函数接收对整个数组的访问。例如，函数调用 display(val);使整个 val 数组变量可用到名称为 display()的函数。因此，任何由 display()产生的改变直接影响到 val 数组。假定下列名称为 test，code 和 stocks 的二维数组被声明为

```
int test[7][9];
char code[26][10];
double stocks[256][52];
```

下列的函数调用是有效的。

```
findMax(test);
obtain(code);
price(stocks);
```

在接收方，被调函数必须被告知一个二维数组现在可用。例如，前面函数的适当的函数首部行是

```
int findMax(int nums[7][9])
char obtain(char key[26][10])
void price(double names[256][52])
```

在这些函数首部中，所选的参数名称对这个函数是局部的。但是，被函数使用的内部参数名仍然指的是在函数外创建的原始数组。如果数组是全局数组，就没有必要传递数组，因为函数能够通过它的全局名称访问这个数组。程序8.9说明了传递一个局部的二维数组到一个显示这个数组的值的函数。

程序8.9

```
#include <stdio.h>
#define ROWS 3
#define COLS 4

void display(int [ROWS][COLS]); /* 函数原型 */

int main()
{
  int val[ROWS][COLS] = {8,16,9,52,
                         3,15,27,6,
                         14,25,2,10};

  display(val);

  return 0;
}

void display(int nums[ROWS][COLS])
{
  int rowNum, colNum;

  for (rowNum = 0; rowNum < ROWS; rowNum++)
  {
    for(colNum = 0; colNum < COLS; colNum++)
      printf("%4d",nums[rowNum][colNum]);
    printf("\n");
  }
}
```

程序8.9中只创建了一个数组，它在main()中名称为val，在display()函数中名称为nums。因此，val[0][2]指的是与nums[0][2]相同的元素。

注意程序8.9中嵌套for循环的使用。嵌套for语句在处理多维数组时特别有用，因为它允许程序员循环经历每个元素。程序8.9中，变量rowNum控制外层循环，变量colNum控制内层循环。每次经历外层循环(这相当于经历一行)，内层循环经历一次列元素。在完整的一行被输出之后，转义序列符\n导致一个新行作为下一行的开始。这个效果是按一行接一行的样式显示数组的。

```
8 16 9 52
3 15 27 6
14 25 2 10
```

display()中 nums 数组的参数声明包括函数不需要的额外信息。nums 的声明可以省略数组的行长度。因此，另一种函数原型是

```
void display(int[][COLS]);
```

另一种函数首部行是

```
void display(int nums[][4])
```

当考虑数组元素如何保存到内存中时，列的大小必须包括，而行元素是任选的，原因显而易见。从元素 val[0][0]开始，每个后续元素连续地保存，一行接一行，如 val[0][0]，val[0][1]，val[0][2]，val[0][3]，val[1][0]，val[1][1]等，如图 8.11 所示。

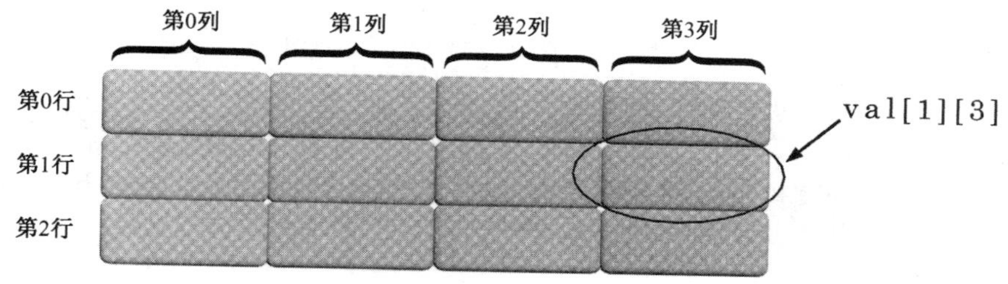

图 8.11 val 数组的保存

与所有数组的访问一样，val 数组的一个单独的元素通过将一个偏移量加上数组的起始位置得到。例如，假设一个整数要求 4 字节的内存，元素val[1][3]在从数组起始位置偏移 28 字节处被定位。计算机用图 8.12所示的计算方法在内部使用行下标、列下标和列的大小确定这个偏移量。在偏移量的计算中，列的个数是必需的，以便计算机能够确定为获得所期望的行而跳过的位置的个数。

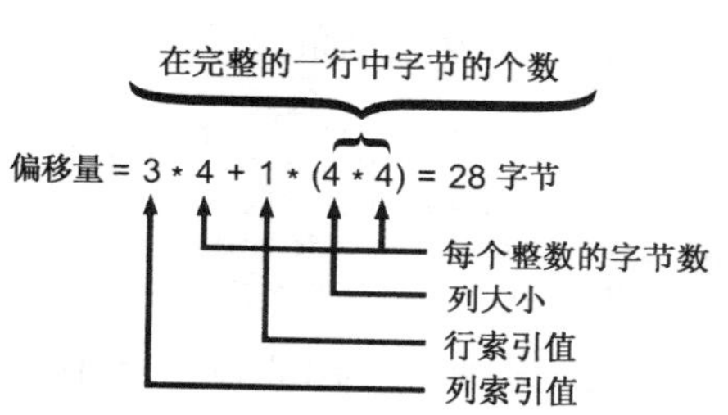

图 8.12 确定元素的偏移量

内部数组元素定位算法[①]

数组中每个单独的元素在内部可以通过数组起始位置加上它的偏移量得到。因此，每个数组元素的保存地址在内部计算为

数组元素 i 的地址 = 数组开始地址 + 偏移量

对于一维数组，对索引值为 i 的元素的偏移量按下式计算

偏移量 = i × 单个元素的长度

对于二维数组，进行相同的地址计算，除了偏移量按下面确定以外。

偏移量 = 列索引值 × 单个元素的长度 + 行索引值 × 在完整的一行中的字节个数

式中“在完整的一行中的字节个数”按下式计算

在完整的一行中的字节个数 = 指定的最大列数 × 单个元素的长度

① 这一部分可不讲解而不会丧失课程的连贯性。

例如，对于一个每个整数使用 4 字节保存值的整型数组，索引值为 5 的元素的偏移量是 $5 \times 4 = 20$。使用地址运输符 &，能够验证这个地址算法。例如，考虑程序 8.10。

程序 8.10

```
#include <stdio.h>
#define NUMELS 20
int main()
{
  int numbers[NUMELS];

  printf("The starting address of the numbers array is: %d\n",
                                                &(numbers[0]));
  printf("The storage size of each array element is: %d\n",
                                                  sizeof(int));
  printf("The address of element numbers[5] is : %d\n", &(numbers[5]));

  printf("The starting address of the array,\n");
  printf("  using the notation numbers, is: %d\n", numbers);

  return 0;
}
```

由程序 8.10 产生的结果如下。

```
The starting address of the numbers array is: 1244808
The storage size of each array element is: 4
The address of element numbers[5] is: 1244828
The starting address of the array,
  using the notation numbers, is: 1244808
```

注意，地址使用%d 控制序列符按十进制数形式显示(使用为地址而设计的控制序列符%p 将导致地址按十六进制数格式显示)，元素 5 确实定位于超过数组起始地址 20 字节之上。还注意到数组的起始地址与元素 0 的地址相同，这在第一个 printf()调用中编码为&numbers[0]。作为一个选择，如最后一个 printf()调用中所示，数组的起始地址也能够通过数组名称 numbers 获得。这是因为数组名称是一个指针常量，它是一个地址。数组名称和指针的紧密联系在第 11 章深入探讨。

多维数组

虽然多于二维的数组不常使用，但是 C 语言确实允许声明任意维数的数组，方法是列出这个数组所有维数的最大值。例如，声明 int response[4][10][6];声明一个三维数组，这个数组中的第一个元素被指派为 response[0][0][0]，最后一个元素是 response[3][9][5]。

可以将三维数组看成数据表的一本书。使用这个比喻，第一个下标可看成是表中期望的行的位置，第二个下标值是期望的列的位置，第三个下标值通常称为秩(rank)，是被选表所在的页数。

同样，任意维数的数组都能够声明。概念上，一个四维数组能够理解成一本书的隔板，这里的第四维用于声明在隔板上所期望的书；一个五维数组能够看成是装满书的书架，第五维指的是书架中被选择的隔板；一个六维数组能够认为是一排书架，第六维涉及期望的书架在这一排书架中的位置；一个七维数组可以认为是多排书架，第七维涉及期望的排号，等等。作为一种对照，三维、四维、五维、六维或更多维的数组能够分别看做数学上的 3，4，5，6，…，n 维坐标系。

练习 8.5

简答题

1. 编写下列适当的声明语句。
   a. 一个 6 行 10 列的整型数组。
   b. 一个 2 行 5 列的整型数组。
   c. 一个 7 行 12 列的字符数组。
   d. 一个 15 行 7 列的字符数组。
   e. 一个 10 行 25 列的双精度型数组。
   f. 一个 16 行 8 列的双精度型数组。

编程练习

1. 编写一个函数，将一个 7 行 10 列的整型数组的每一个元素乘以一个标量值。数组名称和被每个元素相乘的数都要作为参数传递给函数。假设数组为整型数组。
2. 编写一个 C 语言函数，将一个传递到函数的二维数组的所有元素相加。假定这个数组是一个 4 行 5 列的双精度型数组。
3. 编写一个 C 语言函数，将两个名称为 first 和 second 的二维数组的值分别相加。这两个数组都有 2 行 3 列。例如，结果数组中的元素[1][2]的值是 first[1][2]与 second[1][2]的值的和。假定这些数组为整型数组。两个数组的初始值如下。

first			**second**		
16	18	23	24	52	77
54	91	11	16	19	59

4. a. 编写一个 C 语言函数，找出并显示一个二维整型数组中的最大值。这个数组必须在 main()函数中声明为 10 行 20 列的整型数组，数组的起始地址应该传递给这个函数。
   b. 修改在练习 4a 中编写的函数，以使它还显示最大值的元素的行号和列号。
   c. 练习 4a 中编写的函数能够一般化为处理任意大小的二维数组吗？
5. 编写一个 C 语言函数，能够用于排序一个 10 行 20 列的二维整型数组的元素。提示：使用程序 7.10 中的 swap()函数交换数组元素。
6. a. 一位教授构造了一个 35 行 4 列的二维双精度型数组。这个数组目前包含 4 个班学生的值分数。编写一个 C 语言程序，确定小于 60 分范围中的分数的总个数、大于等于 60 且小于 70 分的总个数、大于等于 70 且小于 80 分的总个数、大于等于 80 且小于 90 分的总个数以及大于等于 90 分的总个数。
   b. 你为练习 6a 编写的函数应该如何修改成包括没有分数存在的情况？即，什么分数能够用于指示一个无效的分数？函数应该如何修改才能将计算这样的分数的情况排除在外？
7. a. 编写一个函数，确定并显示一个二维整型数组中的最大值。数组应该在 main()函数中被声明为 10 行 20 列的整型数组。

b. 修改练习7a中编写的函数，以使它还显示有最大值的元素的行号和列号。

c. 你为练习7a编写的函数能够一般化为处理任意大小的二维数组吗?

8.6 编程错误和编译器错误

在使用本章介绍的材料时，应注意下列可能的编程错误和编译器错误。

编程错误

1. 忘记声明数组。这个错误在程序内每次遇到一个下标变量时产生一个与“invalid indirection”等效的编译器错误消息。
2. 使用下标引用一个不存在的数组元素。例如，声明数组大小为20但使用下标值25。大多数C编译器不会检测到这个错误，但是它会引起运行时错误，导致程序“崩溃”或一个与期望的元素无关的值从内存中被访问。任何一种情形通常都是查找起来非常麻烦的错误。解决这个问题的唯一方法是通过专门的编程语句或仔细地编码确保每个下标引用一个有效的数组元素。
3. 在 `for` 循环计数器中没有使用足够大的条件式值来循环经历所有的数组元素。这个错误通常发生在一个数组最初被指定是 `n` 的大小，而在形式 `for(i=0;i<n;i++)` 的程序内存在一个 `for` 循环时。然后，这个数组的大小被扩展了，但是程序员忘记改变 `for` 循环内部的参数。使用符号常量既声明数组的大小又表示 `for` 语句中的最大下标值，能消除这种错误。
4. 忘记初始化数组。虽然许多编译器自动地设置整型和实数型值数组的所有元素为0，将所有字符型数组元素初始化为空，但是确保处理数组元素之前每个数组元素都被正确地初始化取决于程序员。

编译器错误

下面的列表概括了将导致编译错误的常见错误和由基于UNIX和Windows编译器提供的典型的错误消息。

错误	基于UNIX编译器的错误消息	基于Windows编译器的错误消息
在一个文件中指定变量为extern型,但没有在另一个文件中声明这个变量为全局型	Error:Undefined symbol:ex (注意:使用 -bloadmap 或 -bnoquiet 选项会得到更多有关这个错误的消息)	Link error: unresolved external symbol...
对非指针变量应用间接运算符	(S) Operand of indirection operator must be a pointer expression.	error:illegal indirection
在对参数被声明为指针的函数调用时没有传递地址	(W) Function argument assignment between types "int*"and "int"is not allowed.	error: function cannot convert parameter from dataType to dataType*
给指针而不是地址赋值	(W) Operation between types "int*" and "int" is not allowed.	error: cannot convert parameter from dataType to dataType*
试图取得一个常量的地址	(W) Operation between types "int*" and "const int" is not allowed.	error:& on constant
试图使用一个不在作用域内的变量	(S) Undeclared identifier...	error:undeclared identifier...

8.7 小结

1. 一维数组是能够用于保存具有相同数据类型值列表的一种数据结构。这样的数组必须通过给出保存到数组中的值的数据类型和数组的大小来声明。例如，声明

```
int num[100];
```

创建有 100 个整数的数组。一个更完善的方法是首先为数组的大小命名一个常量，然后在数组的定义中使用这个常量。例如

```
#define MAXSIZE 100
```

和

```
int num[MAXSIZE];
```

2. 数组元素保存到内存连续的位置中，能通过数组名称和下标来引用，如 num[22]。任何非负数的整型值都能够用做下标，下标 0 总是表示数组中的第一个元素。
3. 一维数组可以在声明时初始化。这通过用一行接一行的方法列出初始值在一对大括号内并用逗号分开它们来完成。例如，声明

```
int nums[] = {3, 7, 8, 15};
```

4. 一维数组通过传递数组名称作为参数被传递到函数。实际被传递的值是第一个数组内存的位置。因此，被调函数接收对原始数组直接访问而不是数组元素的副本。在被调函数内，参数必须被声明为接收被传递的数组名称。参数的声明可以省略数组的大小。
5. 二维数组通过列出有数据类型的行和列的大小以及数组的名称来声明。例如，声明

```
#define ROWS  5
#define COLS 7
int mat[ROWS][COLS];
```

创建一个由 5 行 7 列整型值组成的二维数组。
6. 二维数组可以在声明时初始化。这通过在一对大括号中用一行接一行的方法列出初始值并用逗号分开它们来完成。例如，声明

```
int vals[ROWS][COLS] = { {1, 2},
                         {3, 4},
                         {5, 6} };
```

产生下面的 3 行 2 列的数组。

```
1 2
3 4
5 6
```

由于 C 语言使用初始化按行方式顺序处理的习惯，所以内部的大括号可以省略。因此，一个等效的初始化通过下面语句提供。

```
int vals[ROWS][COLS] = {1, 2, 3, 4, 5, 6};
```

7. 二维数组通过传递数组的名称作为参数被传递给函数。在被调函数内，参数必须被声明为接收所传递的数组名称。参数的声明可以省略数组的大小。

8.8 补充材料：查找和排序方法

对于大多数程序员而言，在他们的编程生涯中有时会遇到需要排序和查找一个数据项的列表的情况。例如，为了便于统计分析，实验结果可能不得不用增(升)序或减(降)序来排列，姓名列表可能必须按字母顺序排序，日期列表可能必须按日期顺序升序排列。同样，可能需要查找姓名列表中一个特定的姓名，或日期列表中一个特殊的日期。这一节将讲解查找和排序列表的基础知识。注意，尽管在查找之前排序一个列表不是必要的，但是正如将要看到的那样，如果列表在被排序的次序中，更快的查找是可能的。

查找算法

许多程序的一个常见要求是从列表中查找一个给定的元素。例如，在一个姓名和电话号码的列表中，可以查找特定的姓名，以便显示与姓名相对应的电话号码，或者可能只是希望查找列表中是否存在某个姓名。执行这样的查找最常见的方法是线性查找(linear search algorithm)和折半查找算法(binary search algorithm)。

线性查找。线性查找也称为顺序查找(sequential search)，按照列表中每一项出现的次序检查，直到期望的项被找到或者到达列表的末端为止。这与查找电话目录中的某一个名字类似，从 Aardvark，Aaron 开始，直到找到期望的名字或者达到 Zzxgy，Zora 时为止。显然这不是查找一个长字母化的列表最有效的方法。但是，线性查找也存在如下两个优点。

1. 算法简单。
2. 列表不需要用任何特殊的顺序排列。

在线性查找中，查找从第一项开始，按顺序继续，一项接一项地通过整个列表。执行线性查找的函数的伪代码如下。

```
将一个“found”标志设置为 FALSE
设置一个索引值为 -1
从列表的第一项开始
While 列表中仍有项 AND “found”标志为 FALSE
  比较这一项与想要找的项
  If 该项被找到
    设置“found”标志为 TRUE
    设置索引值给该项在列表中的位置
  Endif
EndWhile
返回索引值
```

注意，这个函数的返回值指明该项是否被找到。如果返回值是 -1，则该项不在列表中；否则，返回值提供该项在列表内被定位的位置的索引值。

函数 `linearSearch()`作为一个 C 语言函数说明了这个过程。

```
linearSearch(int list[], int size, int key)
/* 这个函数返回列表中key的位置 */
/* 如果key值没有找到，则返回-1 */
{
  int index, found, i;
  index = -1;
  found = FALSE;

  i = 0;
  while (i < size && !found)
  {
    if (list[i] == key)
    {
      found = TRUE;
      index = i;
    }
    i++; /* 转到列表中的下一项 */
  }
```

观察 linearSearch()函数，注意 while 循环只是用于访问列表中的每个元素，从第一个元素到最后一个，直到一个与期望的项相匹配的项被找到时为止。如果期望的项被定位，逻辑变量 found 被设置为 true，并使循环终止，否则继续查找，直到列表的末端。

为了测试这个函数，编写了一个 main()驱动函数调用它并显示由 linearSearch()函数返回的结果。这个完整的测试程序如程序 8.11 所示。

程序 8.11

```
#include <stdio.h>
#define TRUE 1
#define FALSE 0
#define NUMEL 10

int linearSearch (int [], int, int);

int main()
{
  int nums[NUMEL] = {5,10,22,32,45,67,73,98,99,101};
  int item, location;

  printf("Enter the item you are searching for: ");
  scanf("%d", &item);

  location = linearSearch(nums, NUMEL, item);

  if (location > -1)
    printf("The item was found at index location %d\n",
                                                 location);
  else
    printf("The item was not found in the list\n");

  return 0;
```

```
}

linearSearch(int list[], int size, int key)
/* 这个函数返回列表中key的位置 */
/* 如果key值没有找到，则返回-1 */
{
  int index, found, i;
  index = -1;
  found = FALSE;

  i = 0;
  while (i < size && !found)
  {
    if (list[i] == key)
    {
      found = TRUE;
      index = i;
    }
    i++; /* 转到列表中的下一项 */
  }
  return (index);
}
```

下面是程序8.11的运行样本。

```
Enter the item you are searching for: 101
The item was found at index location 9
```

和

```
Enter the item you are searching for: 65
The item was not found in the list
```

正如所指出的那样，线性查找的优点是列表不必排序。另一个优点是如果这个期望的项被定位在列表的前面，则只需执行少量的比较。当然最糟糕的情况发生在这个期望的项在列表的末端时。但是如果假定这个期望的项可能平均地处于列表中的任何位置，则所要求的平均比较次数是$N/2$，式中N是列表中项的个数。因此，对于有10个元素的列表，线性查找需要的平均比较次数是5，对于有10 000个元素的列表，线性查找的平均比较次数是5000。正如下面将指明的那样，使用折半查找算法，这个数能够显著地减少。

折半查找。在折半查找中，列表必须首先按序排列。将列表按序排列之后，期望的项首先与列表的中间元素比较。对于有偶数个元素的列表，能够使用两个中间元素中的任何一个。一旦进行这个比较，则存在三种可能性：(1)期望的项等于中间元素；(2)期望的项大于中间元素；(3)期望的项小于中间元素。

第一种情况中，查找成功，因此不要求进一步查找。第二种情况中，因为期望的项大于中间元素，如果最终被找到，则它一定位于列表的后半部分(假设列表中的值已按升序排列)。这意味着列表中由第一个到中间元素的所有元素组成的前半部分，能够在任何进一步的查找中放弃。第三种情况中，因为期望的项小于中间元素，如果最终被找到，则它一定位于列表的前半部分。对于这种情况，列表的由中间元素到最后一个元素的所有元素组成的后半部分，能够在任何进一步的查找中放弃。

实现这个查找策略的算法见图 8.13，其伪代码如下。

```
设置一个索引值为 -1
将"found"标志设置为 FALSE
设置较小索引值为 0
设置较大索引值为比列表的大小少 1 的数
从列表的第一个项开始
While 较小索引值小于或等于较大索引值且匹配的项还没有被找到
  设置 midpoint 索引值为较小索引值和较大索引值的总数平均值
  将这个期望的项与这个 midpoint 的元素进行比较
  If 这个期望的项等于这个 midpoint 的元素
    该项已经被找到
  Else if 这个期望的项大于这个 midpoint 的元素
    设置较小索引值为这个 midpoint 的值加 1
  Else if 这个期望的项小于这个 midpoint 的元素
    设置较小索引值为这个 midpoint 的值减 1
  Endif
EndWhile
返回索引值
```

与通过伪代码和流程图所说明的一样，使用一个 `while` 循环控制这个查找。初始列表通过设置较小索引值为 0 和较大索引值为列表元素的个数减去 1 被定义。然后，`midpoint` 元素被设置为较小索引值和较大索引值的整数化的平均值。一旦进行与 `midpoint` 元素的比较，这个查找随后通过移动较小索引值到 `midpoint` 上面的一个整值或移动较大索引值到 `midpoint` 下面的一个整值限定。继续这个过程，直到这个期望的元素被找到或较小索引值和较大索引值变成相等时为止。函数 `binarySearch()` 提供这个算法的 C 语言版本。在这个函数中，名称为 `left` 和 `right` 的变量分别对应于较小和较大的索引值。

```c
binarySearch(int list[], int size, int key)
/* 这个函数返回key在列表中的位置 */
/* 如果该值没有找到，则返回 -1 */
{
int index, found, left, right, midpt;

  index = -1;
  found = FALSE;
  left = 0;
  right = size -1;
  while (left <= right && !found)
  {
    midpt = (int) ((left + right) / 2);
    if (key == list[midpt])
    {
      found = TRUE;
      index = midpt;
    }
```

```
    else if (key > list[midpt])
      left = midpt + 1;
    else
      right = midpt - 1;
  }
  return (index);
}
```

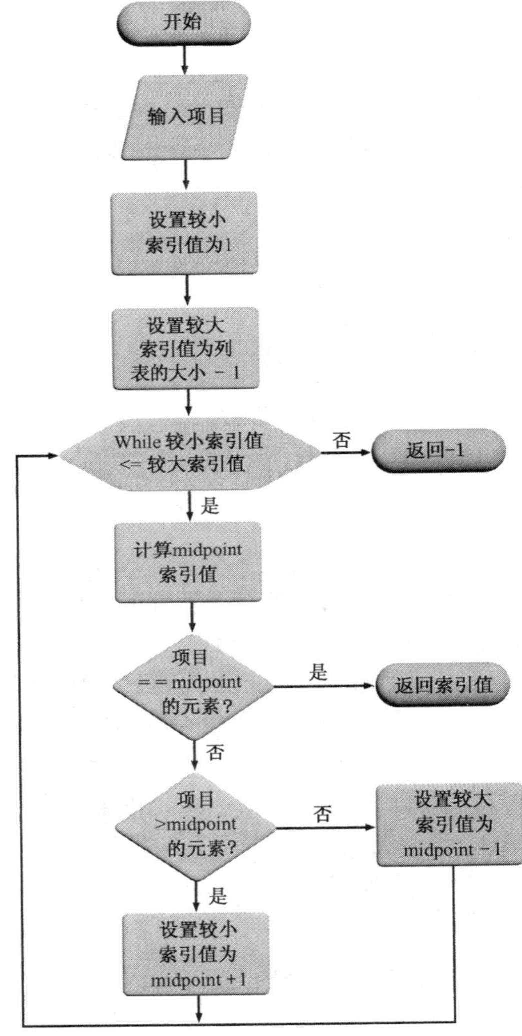

图 8.13　折半查找算法

为了测试这个函数的用途，使用程序 8.12。

程序 8.12

```
#include <stdio.h>
#define NUMEL 10

int binarySearch(int [], int, int);   /* 函数原型 */
```

```

int main()
{
  int nums[NUMEL] = {5,10,22,32,45,67,73,98,99,101};
  int item, location;

  printf("Enter the item you are searching for: ");
  scanf("%d", &item);

  location = binarySearch(nums, NUMEL, item);

  if (location > -1)
    printf("The item was found at index location %d\n", location);
  else
    printf("The item was not found in the list\n");

  return 0;
}

#define TRUE 1
#define FALSE 0
binarySearch(int list[], int size, int key)
/* 这个函数返回key 在列表中的位置 */
/* 如果该值没有找到，则返回 -1 */
{
  int index, found, left, right, midpt;

  index = -1;
  found = FALSE;
  left = 0;
  right = size -1;
  while (left <= right && !found)
  {
    midpt = (int) ((left + right) / 2);
    if (key == list[midpt])
    {
      found = TRUE;
      index = midpt;
    }
    else if (key > list[midpt])
      left = midpt + 1;
    else
      right = midpt - 1;
  }
  return (index);
}
```

程序8.12产生的结果如下。

```
Enter the item you are searching for: 101
The item was found at index location 9
```

用于折半查找算法中的值是必须考虑的元素个数，每次通过 `while` 循环时被裁掉一半。因此，第一次通过循环，必须考虑 N 个元素；第二次通过循环，$N/2$ 个元素将被排除，只剩下 $N/2$ 个元素。第三次通过循环，剩余元素的另一半将排除，依次类推。

通常在通过循环 p 次后，剩余要被查找的值的个数是 $N/2^p$。在最糟糕的情况下，这个查找能够持续到存在等于 1 个的剩余元素被查找时为止。这可在数学上表达为 $N/(2^p) \leq 1$。或者也可以将其描述为 p 是使 $2^p \geq N$ 的最小整数。例如，对于一个 1000 个元素的数组，N 是 1000，用折半查找所要求的最大通过次数 p 为 10。表 8.1 比较了各种列表大小的线性查找和折半查找所需要的循环通过次数。如表中所示，对于一个 50 项的列表，线性查找循环通过的最大次数几乎是折半查找循环通过的最大次数的 10 倍。对于更大的列表，差距更明显。按照概算法，通常取 50 个元素作为转变点：对于小于 50 个元素的列表，线性查找是可以考虑的；对于更大的列表，应当使用折半查找算法。

表 8.1 线性查找和折半查找 `while` 循环通过次数的比较

数组大小	10	50	500	5000	50 000	500 000	5 000 000	50 000 000
平均线性查找通过的次数	5	25	250	2500	25 000	250 000	2 500 000	25 000 000
最大线性查找通过的次数	10	50	500	5000	50 000	500 000	5 000 000	50 000 000
最大折半查找通过的次数	4	6	9	13	16	19	23	26

大 O 符号

平均起来，在一个有 N 项的列表中，线性查找将通过一个巨大的循环次数，期望在查找这个期望的项之前检查这些项的一半($N/2$)。在折半查找中，通过的最大次数 p 发生在 $N/2^p = 1$ 时，也就是 $2^p = N$，从而 $p = \lg N$，约等于线性查找的 $3.33\lg N$ 倍。

例如，在一个有 $N = 1000$ 个姓名的按字母顺序表示的目录中查找一个特定的名字，使用线性查找可能要求平均为 $500 = N/2$ 次比较。用折半查找，只要求大约 10($\approx 3.33 \times \lg 1000$)次比较。

表达使用一个 N 项列表的任意查找算法要求的比较次数的一个常用方法是给出查找一个期望的项平均所需的比较次数的数量级。因此，线性查找被说成有 N 的数量级，折半查找有 $\log_2 N$ 的数量级。用大 O 符号可分别表示为 $O(N)$ 和 $O(\log_2 N)$，式中 O 读成“……的数量级”，这个符号称为大 O 符号。

排序算法

对于排序数据，存在两种主要的排序技术类别，分别称为内部排序和外部排序。当数据列表不是太大且这个完整的列表能够保存到计算机的内存中时(通常在一个数组中)，使用内部排序(internal sort)。外部排序(external sort)用于保存到大型的外部磁盘或磁带文件中且不能在计算机内存作为一个完整单元完成的更大的数据集。这里介绍两种内部排序算法，它们通常用于排序少于 50 个元素的列表。对于更大的列表有更复杂的排序算法，例如快速排序(Quicksort)算法。

选择排序。最简单的一种排序技术是选择排序(selection sort)。在选择排序中，首先从整个数据列表中选择一个最小的值，然后与列表中的第一个元素交换。第一次选择和交换之后，在修改后的列表中选择下一个最小的元素，然后与列表中的第二个元素交换。由于最小的元素已经在第一个位置，因此第二次只需要考虑第二个到最后一个元素。对于由 N 个元素组成的列表，这个过程要重复 $N-1$ 次，每次通过列表，都会比前一次通过少 1 次比较。

例如，考虑图 8.14 中所示的列表。第一次通过列表导致 32 被选择并与列表中的第一个元素交换。第二次通过导致 155 与第二个及后面的元素比较。然后，它与第二个元素交换。第三次通过时比较第三个到第五个元素，选择 307 并将它与第三个元素交换。最后，第四次也是最后一次比较会选择剩余的最小值并将它与第四个元素交换。尽管这个例子中每次通过都导致一次交换，但是如果最小值已经在正确的位置，则在通过时不需要进行交换。

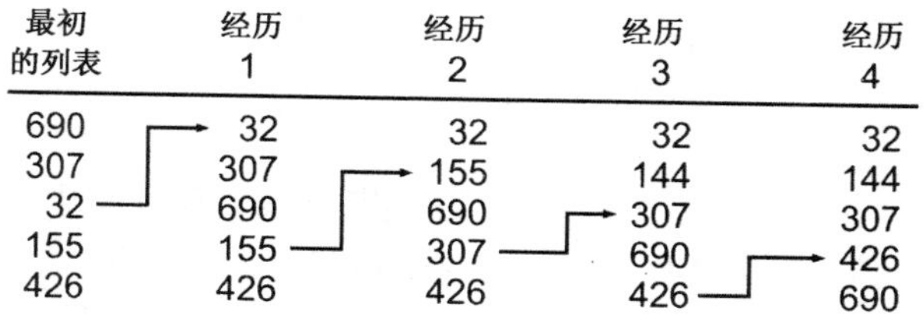

最初的列表	经历 1	经历 2	经历 3	经历 4
690	32	32	32	32
307	307	155	144	144
32	690	690	307	307
155	155	307	690	426
426	426	426	426	690

图 8.14　选择排序的一个例子

选择排序可用伪代码描述如下。

```
设置交换计数器 count 为 0(也可不做此要求，这样做只是跟踪交换)
  For 列表中从第一个元素到最后一个元素的每个元素
    通过下面步骤，从当前元素到最后一个元素找出最小元素
      设置最小值等于当前元素
      保存当前元素的索引值
      For 从当前元素索引值加 1 的元素到最后一个元素的每个元素
        If 元素[内层循环索引值] < 最小值
        设置这个最小值 = 元素[内层循环索引值]
        保存新找到的最小值的索引值
      EndIf
    EndFor
    交换当前值与新的最小值
    交换计数器 count 加 1
  EndFor
  返回交换计数器 count 的值
```

函数 selectionSort()将这个过程合并到一个 C 语言函数中。

```
int selectionSort(int num[], int numel)
{
  int i, j, min, minidx, temp, moves = 0;

  for ( i = 0; i < (numel - 1); i++)
  {
    min = num[i]; /* 假定最小数值是子表中的第一个元素 */
    minidx = i; /* 最小数值元素的索引值 */
    for(j = i + 1; j < numel; j++)
    {
      if (num[j] < min) /* 如果我们已经找到一个较小的数值 */
      {                 /* 捕获它 */
        min = num[j];
```

```
        minidx = j;
      }
    }
    if (min < num[i]) /* 检查我们是否找到一个新的最小数值 */
    {                 /* 如果找到，交换这两个数值 */
      temp = num[i];
      num[i] = min;
      num[minidx] = temp;
      moves++;
    }
  }
  return (moves);
}
```

selectionSort()函数要求两个参数:要被排序的列表和列表中的元素个数。正如伪代码描述的那样，一个嵌套的 for 循环组完成了这个排序。外层 for 循环导致列表的通过次数比列表中数据项的总数少1。对于每次通过，变量 min 被初始赋值为 num[i]的值，这里 i 是外层循环计数器变量。因为 i 从0开始，在 numel 处结束，因此除了最后一个元素之外，列表中的每一个元素都会被依次指定为当前元素。

内层循环通过在当前元素之下的元素并被用于选择下一个最小值。因此，这个循环从索引值 i +1 开始并持续通过到列表的末端。当找到新的最小值时，它的值和在列表中的位置被分别保存到名称为 min 和 minidx 的变量中。在完成内层循环的基础上，如果一个值小于在当前位置被找到的值时，就进行交换。

程序8.13用于测试 selectionSort()函数，这个程序实现了一个与前面用于测试查找算法的10个数的相同列表用的选择排序。为了比较，后面将介绍其他的排序算法，这个程序统计并显示实际的数据移动次数。

程序8.13

```
#include <stdio.h>
#define NUMEL 10

int selectionSort(int [], int);

int main()
{
  int nums[NUMEL] = {22,5,67,98,45,32,101,99,73,10};
  int i, moves;

  moves = selectionSort(nums, NUMEL);

  printf("The sorted list, in ascending order, is:\n");
  for (i = 0; i < NUMEL; i++)
    printf("%d ",nums[i]);
  printf("\n %d moves were made to sort this list\n", moves);

  return 0;
}

```

```
int selectionSort(int num[], int numel)
{
  int i, j, min, minidx, temp, moves = 0;

  for ( i = 0; i < (numel - 1); i++)
  {
    min = num[i]; /* 假定最小数值是子表中的第一个元素 */
    minidx = i; /* 最小数值元素的索引值 */
    for(j = i + 1; j < numel; j++)
    {
      if (num[j] < min)  /* 如果我们已经找到一个较小的数值 */
      {                  /* 捕获它 */
        min = num[j];
        minidx = j;
      }
    }
    if (min < num[i])  /* 检查我们是否找到一个新的最小数值 */
    {                  /* 如果找到，交换这两个数值 */
      temp = num[i];
      num[i] = min;
      num[minidx] = temp;
      moves++;
    }
  }
  return (moves);
}
```

下面是程序8.13产生的输出。

```
The sorted list, in ascending order, is:
5 10 22 32 45 67 73 98 99 101
8 moves were made to sort this list
```

显然，移动次数取决于列表中值的初始顺序。选择排序的优点是移动次数最多为 $N-1$，式中 N 是列表中项的个数。此外，每一次元素的移动都将导致它停留到最终位置。

选择排序的一个缺点是总要求 $N(N-1)/2$ 次比较，不管数据的初始排列情况如何。这个比较次数按如下方式获得：最后一次通过要求一次比较，倒数第二次需要两次比较，依次类推，到第一次通过，需要 $N-1$ 次比较。这样，比较的总次数是

$$1+2+3+\cdots+N-1=N(N-1)/2=N^2-N/2$$

当 N 的值比较大时，N^2 占支配地位，选择排序的数量级是 $O(N^2)$。

交换(冒泡)排序。在交换排序中，列表中相邻元素按照使列表变成有序的方式彼此进行交换。这样一个交换顺序的例子通过冒泡排序(bubble sort)提供。冒泡排序首先从两个元素开始，列表中的值被连续地比较。如果列表要按升序(从小到大)排序，则两个被比较的元素中较小的值总是放置在较大的值前面；对于按降序(从大到小)排列的列表，两个被比较的值中较小的值总是放置在较大的值后面。

例如，假定一个值列表要按升序排序，如果列表中第一个元素大于第二个元素，则将这两个元素交换，然后第二个元素和第三个元素比较。如果第二个元素大于第三个元素，则这两个

元素再次交换。如有必要，这个过程继续直到最后两个元素被比较为止。如果在最初通过这些数据期间没有进行交换，那么这些数据处在正确的排列顺序中，过程完成，否则将第二次通过这些数据，从第一个元素开始，到倒数第二个元素结束。第二次通过时只进行到最后第二个元素就停止的原因是:第一次通过总是导致最大值“沉入”列表的末尾。

作为这个过程的一个特殊的例子，考虑图 8.15 中的值列表。第一次比较导致前面的两个元素值 690 和 307 进行交换。接下来，在修改后的列表中的两个元素之间的比较导致第二个和第三个元素的值 690 和 32 的交换。这种比较以及相邻值之间可能的交换，会一直持续到最后两个元素进行比较并可能被交换时为止。这个过程完成第一次通过数据并导致最大值移动到列表的末尾。随着最大值沉入到列表末尾的静止位置，较小的元素慢慢上升(即“冒泡”)到列表的顶部，因此这种交换排序有时也称为冒泡排序。

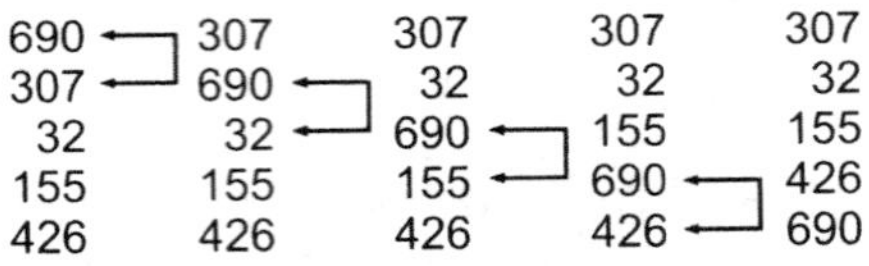

690	307	307	307	307
307	690	32	32	32
32	32	690	155	155
155	155	155	690	426
426	426	426	426	690

图 8.15　交换排序的第一次通过

因为第一次通过列表能确保最大值总是移动到列表的底部，因此第二次通过在倒数第二个元素处停止。每次通过都在比前一次通过靠前的一个元素处停止。这个过程继续，直到通过 $N-1$次列表或者在任何一次通过中没有发生元素交换时为止。在这两种情况中，产生的列表都是有序的。描述这种排序的伪代码如下。

```
设置交换计数器 count 为 0(没有要求，这样做只是跟踪交换)
  For 列表中的第一个元素到最后一个元素前一个元素(i 索引值)
    For 列表中的第二个元素到最后一个元素(j 索引值)
      If num[j] < num[j-1]
        交换 num[j]与 num[j-1]
        交换计数器 count 增 1
      EndIf
    EndFor
  EndFor
  返回交换计数器 count 的值
```

这种排序算法用 C 语言编码为函数 bubbleSort()并在程序 8.14 中测试。这个程序用程序 8.13 中测试 selectionSort()函数时使用的 10 个数的相同列表测试 bubbleSort()函数。为了比较前面的选择排序，由 bubbleSort()函数进行相邻元素的移动(交换)次数也被计算并显示。

程序 8.14

```
#include <stdio.h>
#define NUMEL 10

int bubbleSort(int [], int);   /* 函数原型 */

int main()
```

```
{
  int nums[NUMEL] = {22,5,67,98,45,32,101,99,73,10};
  int i, moves;

  moves = bubbleSort(nums, NUMEL);

  printf("The sorted list, in ascending order, is:\n");
  for (i = 0; i < NUMEL; i++)
    printf("%d ",nums[i]);
  printf("\n %d moves were made to sort this list\n", moves);

  return 0;
}

int bubbleSort(int num[],int numel)
{
  int i, j, temp, moves = 0;

  for ( i = 0; i < (numel - 1); i++)
  {
    for(j = 1; j < numel; j++)
    {
      if (num[j] < num[j-1])
      {
        temp = num[j];
        num[j] = num[j-1];
        num[j-1] = temp;
        moves++;
      }
    }
  }
  return (moves);
}
```

下面是程序 8.14 产生的输出。

```
The sorted list, in ascending order, is:
5 10 22 32 45 67 73 98 99 101
18 moves were made to sort this list
```

与选择排序一样，使用冒泡法排序的比较次数是 $O(N^2)$ 且要求的移动次数取决于列表中值的初始顺序。在最糟糕情况下，当数据按照反序排列时，选择排序比冒泡排序执行得更好一些。两种排序都要求 $N(N-1)/2$ 次比较，但是选择排序只要求 $N-1$ 次移动，而交换排序需要 $N(N-1)/2$ 次移动。交换排序所要求的额外的移动由两个相邻元素之间的中间交换产生，使每个元素“安放”到它的最终位置中。这样，选择排序更优越，因为中间移动是不必要的。对于随机数据，例如在程序 8.13 和程序 8.14 中所使用的那些，选择排序比冒泡排序执行得一样好甚至更好。

对冒泡排序的一个修改能使这个排序在一次通过中如果没有任何交换则随时终止排序，这种情况表明列表是有序的，能够使冒泡排序在特殊的情形中只进行 $O(N)$ 次排序操作。

快速排序。选择排序和交换排序都需要 $O(N^2)$ 次比较，这使它们用于长的列表时非常慢。

快速排序算法(Quicksort algorithm)也称为划分排序(partition sort),它将一个列表划分为两个更小的子列表,通过划分为更小的子列表排序每个子列表,依次类推[①]。快速排序的数量级是 $N\log_2 N$。因此,对于一个1000项的列表,快速排序的比较总次数在数量级 1000(3.3lg1000) = 1000 × 10 = 10 000,而选择排序或交换排序的总次数为 1000 × 1000 = 1 000 000的数量级。

快速排序通过一个划分过程对列表进行排序。在每个阶段,列表被划分为更小的子列表,以使一个选定的元素被放置在最终有序的列表中的正确位置,这个选定的元素称为支点(pivot)。为了理解这个过程,考虑如图8.16所示的列表。

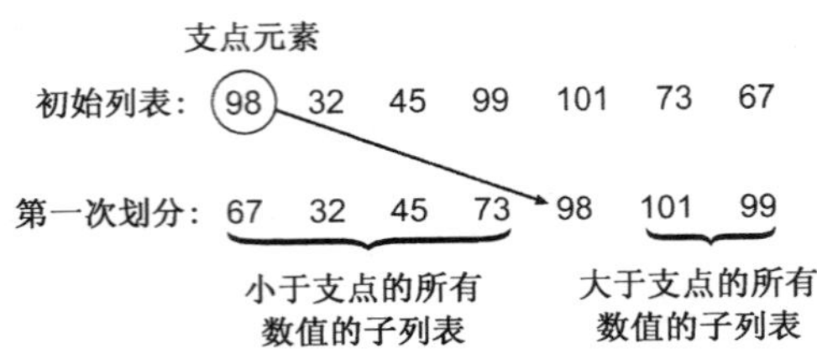

图8.16 一个首次快速排序的划分

如图8.16所示,初始列表由7个数组成。指定列表中的第一个元素98作为支点元素,列表被重新排列成如第一次划分所示。注意,这次划分导致所有小于98的值位于它的左边,而大于98的值位于它的右边。现在,不理会98左边和右边的元素的实际顺序(下面将看到这些值的排列是怎样产生的)。

支点元素左边的数组成一个子列表,右边的数组成另一个子列表,它们必须通过划分过程单独地被重新排序。第一个子列表的支点元素是67,第二个子列表的支点元素是101。图8.17显示了这些子列表是如何使用它们各自的支点元素被划分的。当子列表只有一个元素时,划分过程停止。在图8.17所示的情况中,对于包含45和32的子列表需要第四次划分,因为所有其他的列表只有一个元素。一旦这个最后的子列表被划分,快速排序就完成了,并且最初的列表已经是有序的了。

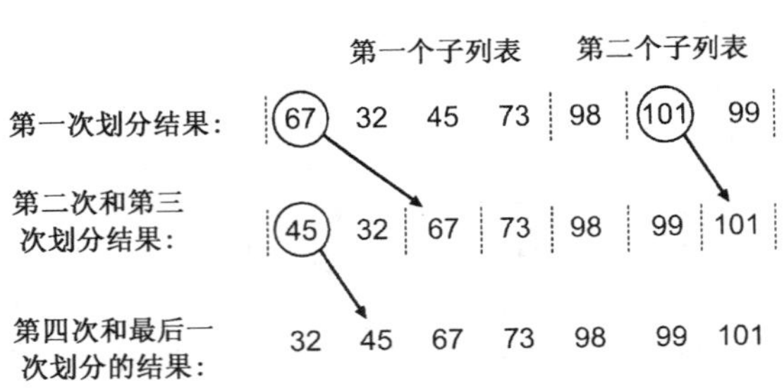

图8.17 最初的列表

正如前面所述,快速排序的关键是它的划分过程。这个过程的一个基本部分是每个子列表位置被重新排列,即元素在现有的列表中被重新排列。重新排列通过首先保存支点的值,然后释放它的位置准备让另一个元素使用。然后,从列表的最后一个元素开始,向右检查小于这个支点的值,若找到就把它复制到支点位置。复制过程释放列表右边的一个位置准备让另一个元

---

① 这个算法由C. A. R. Hoare开发,并于1962年在*Computer Journal*(vol. 5. pp. 10–15)中他的一篇标题为"快速排序"的文章中首先被描述。这个排序算法比以前的算法快得多,因此称为快速排序。

素使用。现在，列表从左边检查任何大于这个支点的值，若找到就将它复制到最近的一个被释放的位置。这种从右到左和从左到右的扫描一直继续到左边和右边的索引值相遇时为止。然后，被保存的支点元素被复制到这个位置。在那一点，这个索引值左边的所有值都小于支点值，右边的值都大于支点值。在提供这个过程的伪代码之前，将使用前面的值列表显示完成一个划分要求的所有步骤。

考虑图 8.18，这个图显示了图 8.16 的原始列表以及最初左边和右边索引的位置。如图中所示，支点值被保存到名称为 pivot 的变量中，指向最后列表元素的右边索引是活动索引。使用这个索引，开始扫描所有小于支点值 98 的元素。

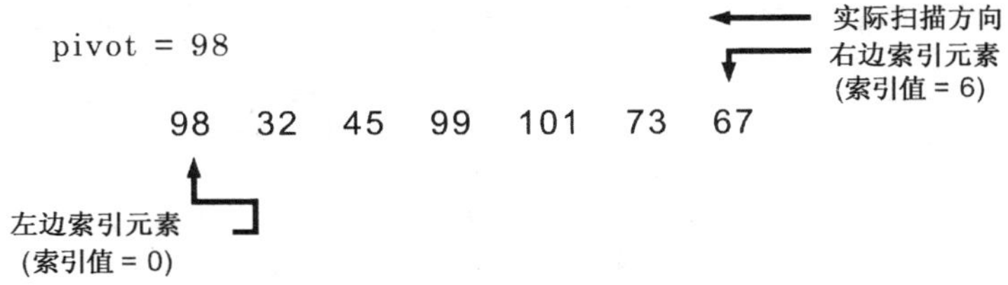

图 8.18　扫描过程的起点

因为 67 小于支点值 98，67 被移动到支点位置（支点值没有丢失，因为它已经赋给变量 pivot），左边索引增加 1。这产生图 8.19 所示的排列。

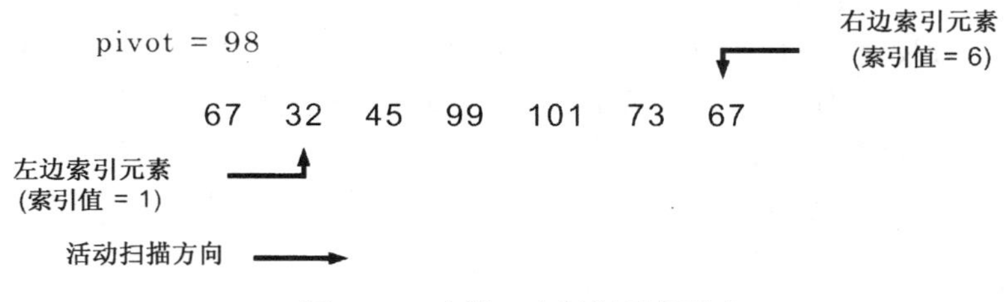

图 8.19　在第一次复制后的列表

注意到图 8.19 中，被右边索引指向的元素现在可用于下一个复制，因为它的值 67 已经被重新产生为第一个元素（这将总是这种情况。当扫描停止时，索引将指出下一次移动可使用的位置）。

图 8.19 所示的列表的扫描继续从左边查找所有大于 98 的值，这在到达 99 时出现。因为 99 大于这个支点值 98，扫描停止且 99 被复制到由这个右边索引指向的位置。然后，右边索引增加 1，这产生如图 8.20 所示的情形。

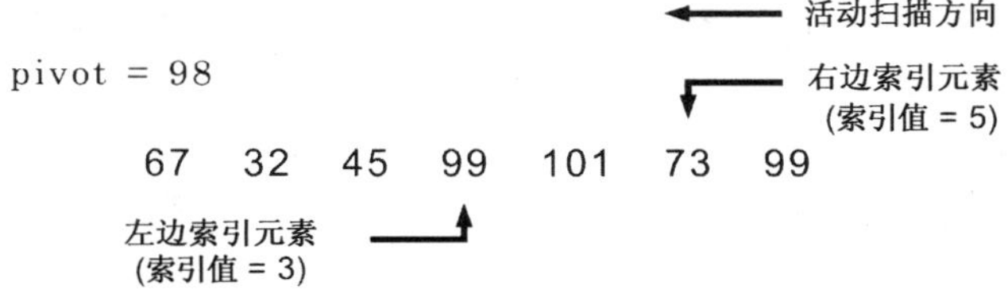

图 8.20　第二次右边扫描的起点

扫描如图 8.20 所示的列表，现在继续从右边查找小于支点的值。因为 73 小于 98，右边扫描停止，73 被移动到由左边索引指向的位置且左边索引加 1。这产生如图 8.21 所示的列表。

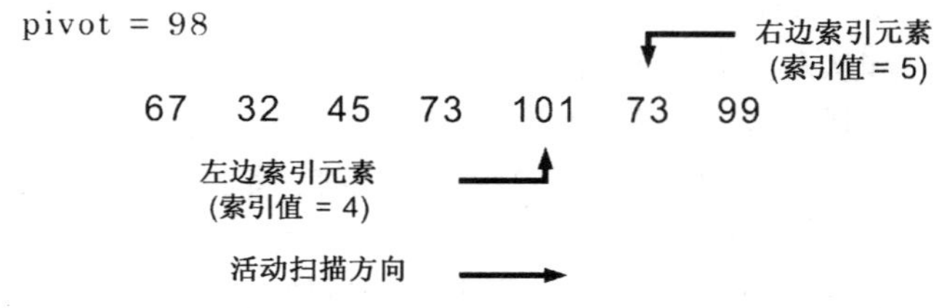

图 8.21 第二次左边扫描的起点

扫描如图 8.21 所示的列表，现在继续从左边开始查找大于 98 的值。因为 101 满足条件，扫描停止，101 被移动到由右边索引指向的位置，右边索引加 1。这产生如图 8.22 所示的列表。

支点 = 98
右边索引元素
(索引值 = 4)
67 32 45 73 101 101 99
左边索引元素
(索引值 = 4)

图 8.22 在 101 移动后列表元素的位置

注意到在图 8.22 中，左边索引和右边索引是相等的。这是停止所有扫描的条件，它指明支点应该被放置的位置。这样，列表的划分已经完成，顺序为:67，32，45，73，98，101，99。

把列表与前面在图 8.17 中的第一次划分所示的列表比较。正如看到的那样，它们是相同的。这时支点已经被放置，以使所有小于它的元素都在它的左边，所有大于它的值都在它的右边。现在，相同的划分过程可以应用到这个划分的任意一边的子列表。

描述这个划分过程的伪代码如下。

```
设置支点为第一个列表元素的值
初始化左边索引为第一个列表元素的索引值
初始化右边索引为最后一个列表元素的索引值
While(左边索引 < 右边索引)
/*   从右边扫描，跳过大于支点的值   */
  While(右边索引元素 ≥ 支点且左边索引 < 右边索引)/* 跳过大于支点的值 */
    右边索引减 1
  EndWhile
  If(右边索引 ! = 左边索引)
    将小于支点的值移动到左边索引指向的位置
    左边索引加 1
  EndIf
  /* 从左边扫描，跳过小于支点的值 */
  While(左边索引元素 ≤ 支点且左边索引 < 右边索引) /* 跳过小于支点的值 */
    左边索引增 1
  EndWhile
  If(右边索引! = 左边索引)
    将大于支点的值移动到右边索引指向的位置
    右边索引减 1
  EndIf
EndWhile
将支点移动到左边索引(或右边索引)指向的位置(在这里它们是相等的)
返回左边(或右边)索引值(在这一点它们的值是相同的)
```

划分函数包含在用 C 语言编码这个算法的程序 8.15 中。

程序 8.15

```
#include <stdio.h>
#define NUMEL 7

int main()
{
  int nums[NUMEL] = {98,32,45,99,101,73,67};
  int i, pivot;
  int partition(int [], int, int); /* 函数原型 */

  pivot = partition(nums, 0, NUMEL-1);

  printf("The returned pivot index is %d\n", pivot);
  printf("The list is now in the order:\n");
  for (i = 0; i < NUMEL; i++)
    printf("%d  ",nums[i]);
  printf("\n");

  return 0;
}

int partition(int num[], int left, int right)
{
  int pivot, temp;

  pivot = num[left];  /*“捕获”支点数值，这释放一个位置 */
  while (left < right)
  {
    /* 从右到左扫描 */
    while(num[right] >= pivot && left < right)  /* 跳过大于或等于的数值 */
      right--;
    if (right != left)
    {
      num[left] = num[right];   /* 移动这个更大的数值到这个可用的位置 */
      left++;
    }
    /* 从左到右扫描 */
    while (num[left] <= pivot && left < right) /* 跳过小于或等于的数值 */
      left++;
    if (right != left)
    {
      num[right] = num[left];  /* 移动这个更小的数值到这个可用的位置 */
      right--;
    }
  }
  num[left] = pivot;  /* 移动支点到正确的位置 */
  return(left);       /* 返回支点索引值 */
}
```

程序 8.15 只是用于测试这个函数。注意，它包含已经在手工计算中所使用的相同的列表。程序 8.15 产生的输出如下。

```
The returned pivot index is 4
The list is now in the order:
67  32  45  73  98  101  99
```

注意这个输出产生了前面使用手工计算所获得的结果。返回支点索引值的重要性是它定义了将接着要被划分的子列表。第一个子列表由第一个列表元素到索引值为 3 的元素(返回的支点索引值减 1)的所有元素组成，第二个子列表由索引值为 5 的元素(返回的支点索引值加 1)开始到最后的列表元素结束的所有元素组成。

快速排序使用返回的支点值确定被这个支点索引的左边和右边的列表段定义的每一个子列表是否要求更多的划分调用。这使用下面的递归逻辑完成。

```
quicksort(列表, 较小索引, 较大索引)
    调用 partition(列表, 较小索引, 较大索引)计算支点索引
    if(较小索引 < 支点索引)
      quicksort(列表, 较小元素, 支点索引 - 1)
    if(较大索引 < 支点索引)
      quicksort(列表, 较大元素, 支点索引 + 1)
```

这个逻辑的 C 语言代码包含在程序 8.16 的快速排序函数中。正如指出的那样，快速排序要求对重排列表和返回它的支点值两个方面的划分。

程序 8.16

```
#include <stdio.h>
#define NUMEL 7

int main()
{
  int nums[NUMEL] = {67,32,45,73,98,101,99};
  int i;
  void quicksort(int [], int, int);

  quicksort(nums, 0, NUMEL-1);

  printf("The sorted list, in ascending order, is:\n");
  for (i = 0; i < NUMEL; i++)
    printf("%d  ",nums[i]);
  printf("\n");

  return 0;
}

void quicksort(int num[], int lower, int upper)
{
  int pivot;
```

```
  int partition(int [], int, int);

  pivot = partition(num, lower, upper);

  if (lower < pivot)
    quicksort(num, lower, pivot - 1);
  if (upper > pivot)
    quicksort(num, pivot + 1, upper);
  return;
}

int partition(int num[], int left, int right)
{
  int pivot, temp;

  pivot = num[left];  /* “捕获”支点数值，这释放一个位置  */
  while (left < right)
  {
    /* 从右到左扫描 */
    while(num[right] >= pivot && left < right)  /* 跳过大于或等于的数值 */
      right--;
    if (right != left)
    {
      num[left] = num[right];    /* 移动更大的数值到可用的位置  */
      left++;
    }
    /* 从左到右扫描 */
    while (num[left] <= pivot && left < right) /* 跳过小于或等于的数值  */
      left++;
    if (right != left)
    {
      num[right] = num[left];  /* 移动更小的数值到可用的位置  */
      right--;
    }
  }
  num[left] = pivot;  /* 移动支点到正确的位置 */
  return(left);       /* 返回支点索引值 */
}
```

下面是由程序 8.16 产生的输出。

```
The sorted list, in ascending order, is:
32  45  67  73  98  99  101
```

从这个输出可以看出，quicksort()函数正确地排序了这个测试列表。图 8.23 显示了由程序 8.16 的对 quicksort()函数进行的调用顺序。在这个图中，左箭头指示因为第一个 if 条件式(lower < pivot)为真所进行的调用，右箭头指出因为第二个 if 条件式(upper > pivot)为真所进行的调用。

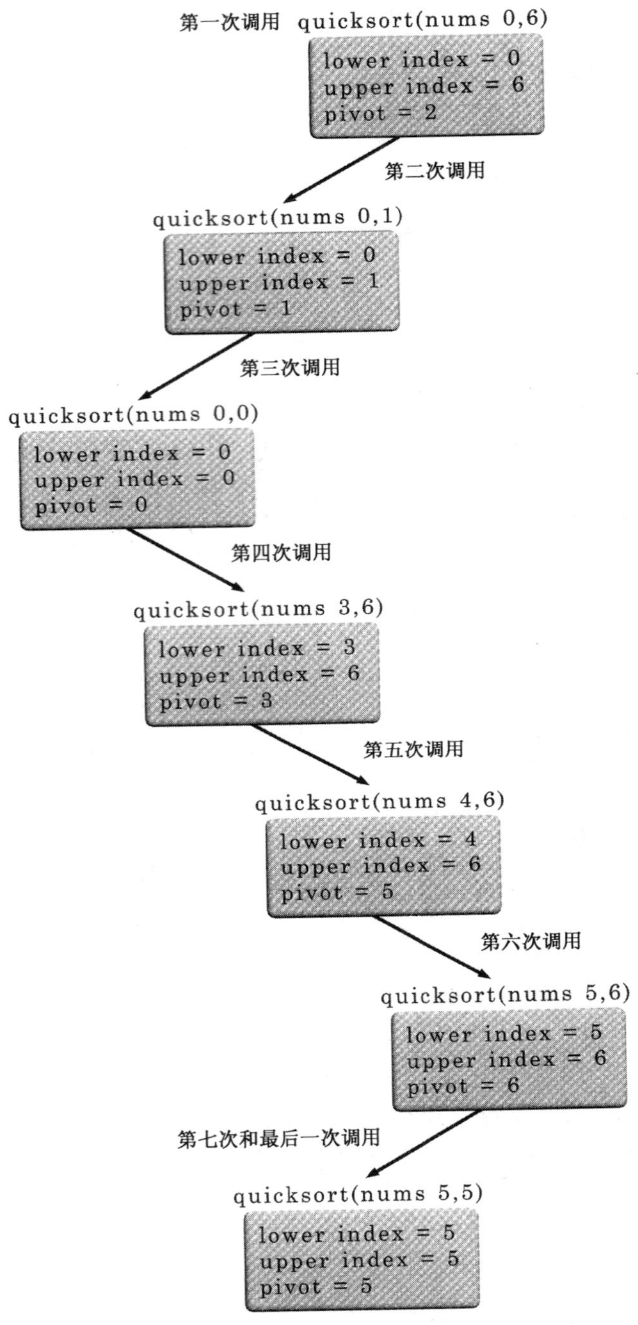

图 8.23　程序 8.16 进行的调用顺序

练习 8.8

编程练习

1. a. 修改程序 8.13，使用 100 个随机产生的值列表，确定使用选择排序把列表排序所要求的移动次数。显示初始列表和重新排序后的列表。

   b. 使用冒泡排序法重做练习 1a。

2. 对于函数 selectionSort()，bubbleSort()和 quicksort()，能够通过简单的修改用于降序排序。在每种情形中，确定所要求的改变，然后重新编写每个函数接收一个指示排序是否应该按升序或降序的标志。修改每个函数，正确地接收并使用这个标志参数。
3. a. 选择排序和冒泡排序都使用交换列表元素的相同技术。通过调用 swap()函数替换这两个执行交换的函数中的代码。swap()函数的原型是：void swap(int *, int *)。swap()函数应该使用 7.4 节中介绍的算法建立。
   b. 为什么 quicksort()函数不要求选择排序和冒泡排序中所使用的交换算法。
4. 另一种冒泡排序形式在下面的程序中介绍。

```
#define TRUE 1
#define FALSE 0
int main()
{
  int nums[10] = {22,5,67,98,45,32,101,99,73,10};
  int i, temp, moves, npts, outord;

  moves = 0;
  npts = 10;
  outord = TRUE;
  while (outord && npts > 0)
  {
    outord = FALSE;
    for ( i = 0; i < npts - 1; i++)
      if (nums[i] > nums[i+1])
      {
        temp = nums[i+1];
        nums[i+1] = nums[i];
        nums[i] = temp;
        outord = TRUE;
        moves++;
      }
      npts--;
    }
  printf("The sorted list, in ascending order, is:\n");
  for (i = 0; i < 10; i++)
    printf("%d  ",nums[i]);
  printf("\n %d moves where made to sort this list\n", moves);
}
```

   这种冒泡排序的一个优点是只要遇到一个有序列表时处理就终止。在最好的情况下，当初始数据是有序的时，交换排序就不要求移动(选择排序也是如此)，且只要求 $N-1$ 次比较，而选择排序总是需要 $N(N-1)/2$ 次比较。
   运行这个程序之后，为了验证它是否正确地排序了一个整数列表，重新编写一个包含名称为 newbubble()函数的排序算法，并使用包含在程序 8.14 中的驱动函数测试函数。
5. a. 修改程序 8.16，使用一个更大的由 20 个数组成的测试列表。
   b. 修改程序 8.16，使用一个由 100 个随机选择的数组成的列表。
6. 某公司当前维护两个零件数目的列表，每一个零件的数是一个整数。编写一个 C 语言程序，比较这些数的列表并显示这些数。提示：在进行比较之前排序每个列表。
7. 重做练习 6，但显示一个只在一个列表上存在而不是在两个列表都存在的零件数目列表。
8. 使用递归而不是迭代方法重新编写折半查找算法。

第9章 字 符 串

除了主要用于代表文本之外，字符串在C语言中还广泛用于验证用户的输入或创建格式化字符串。这在指针学习中极为有用，因为每个指向的字符都能直接显示和认可。

在C语言中，字符串是由一维字符数组构成的。因此，它能够使用标准的一个元素接一个元素的数组处理技术来处理。在更高的层次上，字符串库函数可用于将字符串看成完整的实体。这一章使用两种方法探索字符串的输入、处理和输出，还将研究字符串处理函数和指针之间特别紧密的联系，然后把字符串用于用户输入验证和创建格式化字符串。

9.1 字符串基础

正如第2章及全书中看到的那样，字符串字面值(string literal)是用双引号包含的字符序列。字符串字面值也称为字符串常量(string constant)或字符串值(string value)，或更习惯地称之为字符串(string)。例如，“This is a string”，“Hello world!”和“xyz 123 *!#@&”等都是字符串。

在C语言中，字符串保存成由一个指定的字符串末端的名称为NULL的符号常量终止的字符型数组。NULL常量的值是转义序列符\0，并且是标志字符串末端的标记。图9.1显示了字符串“Good Morning!”是如何保存到内存中的。这个字符串使用14个内存位置，字符串中最后一个字符是字符串末端的标记\0。双引号不是所保存的字符串的一部分。

G	o	o	d		M	o	r	n	i	n	g	!	\0

图9.1 在内存中保存一个字符串

因为字符串保存为字符型数组，因此数组中的单个字符能够利用下标或指针符的标准数组处理技术进行输入、处理或输出。当用以上任何一个方法处理字符串时，NULL字符对于检测字符串末端是有用的。

字符串输入和输出

从键盘输入字符串和显示字符串总要依靠一些标准的库函数。表9.1列出了常见的用于单个字符输入和输出的库函数以及用于完整字符串输入和输出的库函数。

表9.1 标准字符串和字符库函数

输入	输出
gets()	puts()
scanf()	printf()
getchar()	putchar()

gets()和puts()函数按完整单元处理字符串，两者都使用更基本的函数getchar()和putchar()编写。getchar()和putchar()函数提供单个字符的输入和输出。只要调用其中的一个函数，就需要在程序中包含头文件stdio.h。

程序9.1说明了gets()和puts()函数在用户终端输入和输出字符串的用法。在main()函数内的第5行中，声明保存字符串的字符数组为一个接收最大80个用户输入的字符，因为需用NULL字符终止，因此总共为81个字符大小。尽管这个大小是任意的，但是81个字符符合一个典型的最大行长度。

程序9.1

```
 1  #include <stdio.h>
 2  int main()
 3  {
 4    #define MSIZE 81
 5    char message[MSIZE]; /* 足够80个字符加上'\0'用的存储器 */
 6
 7    printf("Enter a string:\n");
 8    gets(message);
 9    printf("The string just entered is:\n");
10    puts(message);
11
12    return 0;
13  }
```

下面是程序9.1的运行样本。

```
Enter a string:
This is a test input of a string of characters.
The string just entered is:
This is a test input of a string of characters.
```

程序9.1中使用的gets()函数连续地接收和保存从键盘输入的字符到名称为message的字符数组中。键盘按下回车键即产生一个换行符\n，这个字符被gets()函数解释为输入字符末端。所有由gets()函数获得的字符，除了换行符，都被保存到message数组中。在返回之前，gets()函数附加NULL字符到被保存的字符集，如图9.2(a)所示。然后，puts()函数用来显示这个字符串。如图9.2(b)所示，puts()函数在字符串显示之后自动发送一个换行转义序列符到显示终端。

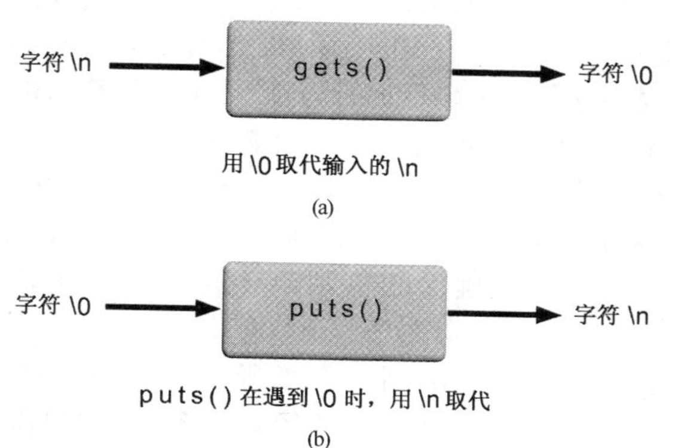

图9.2 (a)gets()用\0取代输入的\n;(b)puts()在遇到\0时，用\n取代

一般来说，printf()函数总是能够替代puts()函数，例如语句printf("%s\n", message);能直接取代程序9.1中使用的语句puts(message)。printf()函数调用中的换行转义序列

符取代在字符串被显示后由 puts()函数产生的自动换行。这个输出函数 printf()与 puts()之间的一一对应，不能应用到输入函数 scanf()与 gets()。这是因为 scanf()函数读取一组字符，直到遇到空格或者换行符为止，而 gets()函数只在检测到换行符时才停止接收字符。因此，sscanf("%s", message);语句接收输入字符“This is a string”，则只会导致单词“This”被赋值给 message 数组。

如果 scanf()函数用于输入字符串数据，则 & 不能用在数组名称之前。因为一个数组名称是一个相当于保存这个数组的第一个内存位置的地址的指针常量，表达式 message 和 &message[0]是等同的。因此，函数调用 scanf("%s", &message[0])能够被 scanf("%s", message)取代。在这两种情况下，scanf()函数都将接收一个字符串并把这个文本保存到相同的内存位置。

字符串处理

能够使用标准库函数或标准数组处理技术处理字符串。库函数的典型用法将在9.2 节中介绍，现在重点探讨用一个字符接一个字符的方式处理字符串。这有助于理解标准库函数是如何构造的，进而也能建立自己的库函数。作为一个特定的例子，考虑将 string2 的内容复制到 string1 的 strcopy()函数①。

```
/* 把 string2复制到 string1 */
void strcopy(char string1[], char string2[]) /* 传递两个数组 */
{
  int i = 0; /* i 将用做下标 */

  while (string2[i] != '\0') /* 检查字符串末端 */
  {
    string1[i] = string2[i]; /* 复制元素到string1 */
    i++;
  }
  string1[i] = '\0'; /* 终止复制字符串 */

  return;
}
```

尽管这个字符串复制函数能缩短成更紧凑的形式，但这个函数说明了字符串处理的主要特点。两个字符串作为数组被传递给 strcopy()函数，然后 string2 的每个元素被赋值给相应的 string1 元素，直到遇到字符串末端标记时为止。NULL 字符的检测强制控制元素复制的 while 循环终止，因为 NULL 字符不从 string2 复制到 string1，strcopy()函数的最后一个语句附加一个字符串末端字符给 string1。在 strcopy()函数中，通过“顺序匹配”一次一个字符的字符串，下标 i 被成功地使用于访问名称为 string2 的数组中的每个字符。在调用 strcopy()函数之前，程序员必须确保已经为 string1 数组分配了足够的空间，以保存 string2 数组的元素。

程序 9.2 将 strcopy()函数包含在一个完整的程序中。注意第 3 行中的函数原型声明这个函数期望接收两个字符数组。main()函数中的第 8 ~9 行中声明的保存这个字符串的字符数组已经设置成接收最大 80 个用户输入的字符，它将被 NULL 字符终止，总计 81 个字符大小。尽管这个大小也是任意的，但它确实符合典型的最大行长度。

---

① 因为它的名称，这变成了与现存的库函数有相同名称的、由程序定义的函数。

程序 9.2

```
 1  #include <stdio.h>
 2
 3  void strcopy(char [], char []); /* 期望两个字符数组 */
 4
 5  int main()
 6  {
 7    #define LSIZE 81
 8    char message[LSIZE];   /* 足够80个字符加上\0用的存储器 */
 9    char newMessage[LSIZE]; /* 足够message的副本用的存储器 */
10
11    printf("Enter a sentence: ");
12    gets(message);
13
14    strcopy(newMessage, message); /* 传递两个数组地址 */
15
16    puts(newMessage);
17
18    return 0;
19  }
20
21  /* 复制string2到string1 */
22  void strcopy (char string1[], char string2[]) /* 传递两个数组 */
23  {
24    int i = 0;  /* i将用做下标 */
25
26    while (string2[i] != '\0') /* 检查字符串末端 */
27    {
28      string1[i] = string2[i]; /* 复制元素到 string1 */
29      i++;
30    }
31    string1[i] = '\0'; /* 终止复制字符串 */
32  }
```

下面是程序9.2的运行样本。

```
Enter a sentence: How much wood could a woodchuck chuck.
How much wood could a woodchuck chuck.
```

正如输出所示，输入的字符串已被成功复制到第二个字符串。

检测 NULL 字符。有经验的C语言程序员会用两种方法修改程序9.2的strcopy()函数。由于几乎总能看到这两种类型的编码习惯，所以熟悉它们是有价值的。

首先注意，strcopy()函数第26行中的while语句测试每个字符，以确保没有到达字符串的末端。

```
26  while (string2[i] != '\0') /* 检查字符串末端 */
```

与所有关系表达式一样，表达式string2[i]!='\0'必定为真或为假。使用图9.3所示的字符串作为例子，只要string[i]没有访问字符串末端NULL字符，表达式string2[i]

!= '\0'的值是非零值，因此认为是真。只有当表达式的值为零时，表达式才被认为是假，这在字符串中的最后一个元素被访问时才发生这种情况。

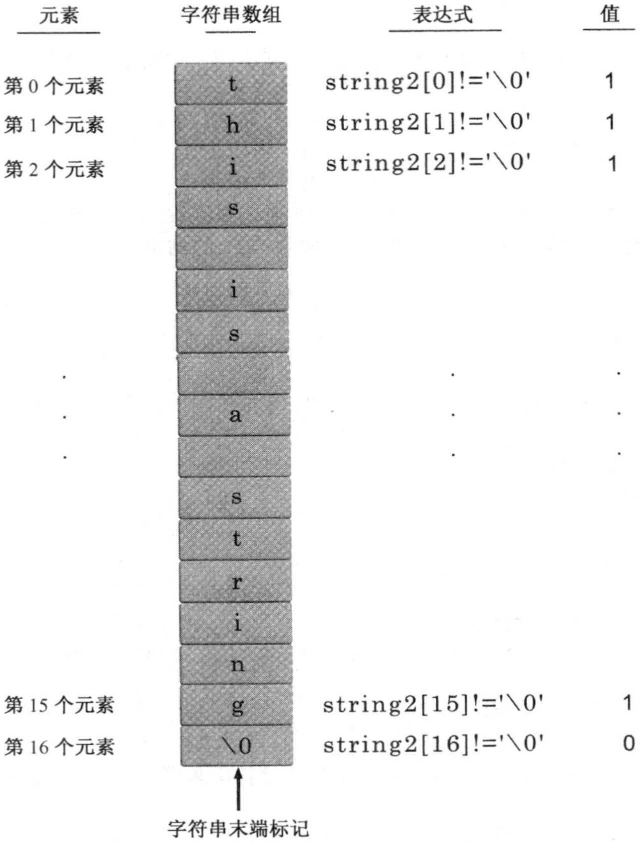

元素	字符串数组	表达式	值
第 0 个元素	t	string2[0]!='\0'	1
第 1 个元素	h	string2[1]!='\0'	1
第 2 个元素	i	string2[2]!='\0'	1
	s		
	i		
	s		
.		.	.
.	a	.	.
.		.	.
	s		
	t		
	r		
	i		
	n		
第 15 个元素	g	string2[15]!='\0'	1
第 16 个元素	\0	string2[16]!='\0'	0

字符串末端标记

图 9.3　在字符串末端 while 测试变为假

注意，C 语言定义假为零值，而真为其他任何值。因此当到达字符串末端时，表达式 string2[i] != '\0'变为零或为假。在其他任何地方，它都为非零或为真。但是，因为 NULL 字符本身有一个为零的内部值，所以它与'\0'比较是完全没有必要的。这是因为，当 string2[i] 访问字符串末端字符时，string2[i]的值为零。当 string2[i]存取任何其他字符时，string1[i]的值就是用于保存这个字符使用的代码的值，其值总为非零。图 9.4 列出了字符串 “this is a string”的 ASCII 码。如图所见，除 NULL 字符外，每个元素都有一个非零值。

因为表达式 string2[i]在字符串的末端时才为零，而对于其他每个字符为非零，所以表达式 while(string2[i] != '\0')能够被更简单的表达式 while(string2[i])取代。尽管这在开始时可能出现混淆，但修订后的测试表达式一定比较长的版本更加紧凑。

字符串末端测试经常被专业的 C 语言程序员用这种更简短的形式编写，所以熟悉它是值得做的。包含这种更简短的测试表达式在 strcopy()函数中形成了下面的版本，此版本只对第 26 行进行了改动。

```
21 /* 复制 string2 到 string1 */
22 void strcopy(char string1[], char string2[])
23 {
```

```
  int i = 0;

  while (string2[i])
  {
    string1[i] = string2[i]; /* 复制元素到 string1 */
    i++;
  }
  string1[i] = '\0'; /* 终止复制字符串 */
}
```

字符串数组	存储的代码	表达式	数值
t	116	string2[0]	116
h	104	string2[1]	104
i	105	string2[2]	105
s	115		
	32		
i	105		
s	115		
	32	.	.
a	97	.	.
	32	.	.
s	115		
t	116		
r	114		
i	105		
n	110		
g	103	string2[15]	103
\0	0	string2[16]	0

图 9.4　用于保存“this is a string”的 ASCII 码

> **编程注解：字符'\n'和字符串"\n"**
>
> '\n'和"\n"两者都被编译器认做包含换行的字符。差别在于正在使用的数据类型。形式上，'\n'是一个字符字面值，而"\n"是一个字符串字面值。从实践的观点来看，两者都引起相同的事情发生：新的一行出现在输出显示上。然而，编译器在遇到字符值'\n'时，用单字节码 00001010（见表 2.5）解释它；在遇到字符串值"\n"时，编译器用正确的字符码解释它，同时也添加一个额外的指示字符串末端的 NULL 字符。
>
> 良好的程序设计习惯要求用换行转义序列符（通常是单个字符'\n'终止最后的输出显示，这样可确保从程序输出的首行不会在先前已执行程序显示的末行结束。

有经验的 C 语言程序员对这个字符串复制函数进行的第二种修改方法是把赋值语句包含在 while 语句的测试部分内。字符串复制函数的新版本如下。

```
/* 把string2复制到string1 */
void strcopy(char string1[], char string2[]) /* 把string2复制到string1 */
{
  int i = 0;

  while (string1[i] = string2[i])
    i++;
}
```

注意到包含在 while 语句的测试部分内的赋值语句消除了用 NULL 字符终止第一个字符串的必要性。圆括号内的赋值确保 NULL 字符从第二个字符串复制到第一个字符串。赋值表达式的值只在 NULL 字符被赋值后才变为零。

一个字符接一个字符地输入。正如字符串能够用一个字符接一个字符的技术处理一样，它也能够用这种方式输入和显示。例如，考虑程序 9.3，这个程序使用字符输入函数 getchar() 一次输入一个字符地输入一个字符串。程序 9.3 的阴影部分基本上取代了在程序 9.2 中使用的 gets()函数。

程序 9.3

```
 1  #include <stdio.h>
 2  int main()
 3  {
 4    #define LSIZE 81
 5    char message[LSIZE];   /* 足够80个字符加上'\0'用的存储器 */
 6    char c;
 7    int i;
 8
 9    printf("Enter a string:\n");
10    i = 0;
11    while(i < (LSIZE-1) && (c = getchar()) != '\n')
12    {
13      message[i] = c; /* 存储被输入的字符 */
14      i++;
15    }
16    message[i] = '\0'; /* 终止这个字符串 */
17    printf("The string just entered is: \n");
18    puts(message);
19
20    return 0;
21  }
```

下面是程序 9.3 的运行样本。

```
Enter a string:
This is a test input of a string of characters.
The string just entered is:
This is a test input of a string of characters.
```

只要输入的字符数少于 80 个且 getchar()函数返回的字符不是换行符，程序 9.3 第 11 行中的 while 语句就会读取字符。

```
11  while(i < (LSIZE-1) && (c = getchar()) != '\n')
```

在这个语句中，表达式 c = getchar()外围的圆括号是必要的，它能保证在将 getchar()返回的字符与换行转义序列符进行比较之前会赋值给变量 c。否则，采用优先级高于赋值运算符的比较运算符 != 将使整个表达式相当于

```
c = (getchar() != '\n')
```

它会首先将 getchar()函数返回的字符与'\n'进行比较。关系表达式 getchar()!='\n'的值可以是 0 或 1，取决于 getchar()函数是否接收了换行符。然后，根据比较的结果就可以确定赋给 c 的值是 0 还是 1。

程序 9.3 中还演示了一种开发函数的非常有用的技术。阴影部分的语句构成一个从一个终端输入一整行字符的独立单元。这样，这些语句能够从 main()函数移走，作为一个新函数放置在一起。程序 9.4 将这些语句放置在一个称为 getline()的新函数中。

编程注解：为什么字符数据类型使用整型值

在 C 语言中，字符作为一个整型值保存，这对初级程序员有时会产生混淆。其原因是：除了标准的英语字母和字符之外，程序需要保存特殊的不可打印的字符等效物，其中之一是所有计算机系统用于指定数据文件末端的文件结束标记。文件结束标记也能够从键盘输入。例如，在 UNIX 系统上它通过同时按下 Ctrl 键和 D 键产生，而在 Windows 系统上，它通过同时按下 Ctrl 键和 Z 键产生。这两种标记都被保存为整型数 -1，它没有等效的字符值。能够通过显示每个输入字符的整型值（见程序 3.10）并根据所使用系统输入 Ctrl + D 组合键或 Ctrl + Z 组合键来检查它。

对于字符串字符使用整数代码的非常重要的一个结论是：字符能够按字母顺序容易地进行比较。例如，字母表中后面的字母都比它前面的字母有更高的值，所以字符值的比较就被简化为数值的比较。如果字符按连续的值顺序保存，则能确保给一个字母加上 1 后将产生下一个字母。

程序 9.4

```
#include <stdio.h>
void getline(char []); /* 函数原型 */
#define LSIZE 81

int main()
{
  char message[LSIZE];   /* 足够 80 个字符加上 '\0'用的存储器 */

  printf("Enter a string: \n");
  getline(message);
  printf("The string just entered is:\n");
  puts(message);

  return 0;
}

void getline(char strng[])
{
  int i = 0;
  char c;

```

```
  while(i < (LSIZE-1) && (c = getchar()) != '\n')
  {
    strng[i] = c; /* 存储这个输入的字符 */
    i++;
  }
  strng[i] = '\0'; /* 终止这个字符串 */
}
```

getline()函数有进一步的用法，通过把 getchar()函数返回的字符直接赋给 strng 数组，可将它编写得更加紧凑。这使得局部变量 c 不再需要，从而形成下面的版本。

```
void getline (char strng[])
{
  int i = 0;

  while(i < (LSIZE-1) && (strng[i++] = getchar()) != '\n')
     ;
  strng[i] = '\0'; /* 终止这个字符串 */
}
```

除了把 getchar()函数返回的字符直接赋给 strng 数组外，赋值表达式 strng[i++] = getchar()使用前缀运算符 ++ 给下标 i 加 1。然后空语句(只包含一个分号的语句)完成一个 while 循环至少包含一个语句的要求。getline()函数的两个版本都适合取代 gets()函数，它验证了用户编写的函数和库函数的可交换性。

可将用户编写的函数版本取代库函数，也可通过各种方式编写函数，这些能力证明了 C 语言的巨大适应性。从编程的观点来看，getline()函数的两个版本都不是“最正确的”。这里列出的版本(以及更多可以创建的版本)都存在优点和缺点。虽然第二个版本更紧凑，但第一个版本对初级程序员更清晰。在创建自己的 C 语言程序时，选择一种舒适的风格，然后保持它，直到你的不断增长的编程专业技术能帮助你改变风格时为止。

练习 9.1

简答题

1. C 语言使用什么数据类型保存字符串？
2. 什么字符可用于终止所有的 C 语言字符串？
3. 对于下面的声明，什么字符相当于 message[3]？

```
char message[] = "Hello there";
```

4. 下面的语句将显示什么？

   printf("%s\n",&message[6]);

   假设 message 已经被声明为 char message[] = "Hello there"。

编程练习

1. a. 下列函数能够用于选择和显示包含在一个用户输入字符串中的所有元音字母。

```
void vowels(char strng[])
{
  int i = 0;
  char c;
```

```
    while ((c = strng[i++]) != '\0')
    switch(c)
    {
      case 'a':
      case 'e':
      case 'i':
      case 'o':
      case 'u':
        putchar(c);
    } /* 开关语句结束 */
    putchar('\n');

    return;
  }
```

注意 vowels()函数中 switch 语句的使用在缺少 break 语句的情况下被选择的 case 标号"向下通过"的事实。于是，所有被选择的 case 标号都导致调用一个 putchar()函数。包含 vowels()函数在工作程序中，接收一个用户输入的字符串，然后显示字符串中的所有元音字母。在响应输入"How much is the little worth worth?"时，程序应该显示出 ouieieoo。

b. 修改 vowels()函数，计算并显示传递给它的字符串中包含的元音字母的总数。

2. 修改练习 1a 给出的 vowels()函数，计算并显示这个字符串中包含的每个元音字母的数目。

3. a. 编写一个 C 语言函数，计算一个字符串中包含的字符总数(包括空格)。不包括字符串末端 NULL 标志。

   b. 将练习 3a 编写的函数包含在一个完整的工作程序中。

4. 编写一个 C 语言程序，从终端接收一个字符串并显示每个字符的对应的十六进制数。

5. 编写一个 C 语言程序，从终端接收一个字符串并每行一个单词显示这个字符串。

6. 编写一个 C 语言函数，把字符串中的字符反过来。提示：可以认为是从第一个字符串末端开始的字符串复制操作。

7. 编写一个名称为 delChar()的 C 语言函数，用于从字符串中删除字符。这个函数应该接收三个参数：字符串名、要删除的字符数以及这个字符串中应该被删除的字符的起始位置。例如，函数调用 delChar(strng, 13, 5)，在应用于字符串"all enthusiastic people"时，其结果是保留字符串"all people"。

8. 编写一个名称为 addChar()的 C 语言函数，把一个字符串插入到另一个字符串。这个函数应该接收三个参数：要插入的字符串、原始字符串和原始字符串中插入的开始位置。例如，调用 addChar("forall", message, 6)，应该把字符串"forall"插入到"message"在 message[5]开始的位置。

9. a. 编写一个名称为 toUpper()的 C 语言函数，把小写字母转换成对应的大写字母。表达式 ch - 'a' + 'A'能够将任何保存到 ch 中的小写字母转换成对应的大写字母。

   b. 在练习 9a 的函数中添加一个数据输入检查，验证传递给这个函数的小写字母的有效性。一个字符如果大于等于 a 且小于等于 z，则为小写字母。如果这个字符不是一个有效的小写字母，使函数 toUpper()返回没有改变的所传递的字符。

   c. 编写一个 C 语言程序，从终端接收一个字符串并把其中所有的小写字母转换成大写字母。

10. 编写一个C语言程序，从终端接收一个字符串并把其中所有的大写字母转换成小写字母。
11. 编写一个C语言程序，计算一个字符串中单词的数目。只要遇到从一个空格转变到一个非空格字符的情况，就表明遇到了一个单词。假设这个字符串只包含被空格分开的单词。

9.2 库函数

C语言没有为完整的数组提供内置操作，例如数组赋值或数组比较。因为字符串只是一个以\0字符终止的字符数组，不是一个有自己的权限的数据类型，这就意味着不能为字符串提供赋值运算和关系运算。但是，在C语言的标准库中包含了大量的字符串处理函数和字符处理函数，其中常用的字符串函数在6.4节中已列出，为了方便将它们在表9.2中列出。

表9.2 字符串库函数(要求头文件 string.h)

名称	描述	例子
strcpy(str1,str2)	复制str2到str1,包括'\0'	strcpy(test,"efgh")
strcat(str1,str2)	附加str2到str1的末端	strcat(test,"there")
strlen(string)	返回string的长度,在长度计数中不包括'\0'	strlen("Hello World!")
strccmp(str1,str2)	比较str1和str2。如果str1 < str2则返回一个负整数,如果str1 == str2则返回0,如果str1 > str2则返回一个正整数	strccmp("Beb","Bee")
strncpy(str1,str2,n)	复制str2的最多n个字符到str1。如果str2少于n个字符,则用多个'\0'加长str1	strncpy(str1,str2,5)
strncmp(str1,str2,n)	比较str1与str2的最多n个字符。根据被比较的字符数返回与strcmp()相同的值	strcmp("Beb","Bee",2)
strchr(string,char)	确定char在string中的第一次出现的位置,返回这个字符的地址	strchr("Hello",'l')
strtok(string,char)	分解string为记号。返回在string中包含的下一个char序列,直到不包括分隔符	strtok("Hi Ho Ha",")

字符串库函数的调用方式与所有C语言函数的调用方式相同。这意味着这些函数的适当声明应包含在标准头文件string.h中，这个头文件必须在调用函数之前包含在程序里。

表9.2中列出的最常用的函数是前面4个函数。strcpy()函数复制一个由字符串字面值或一个字符串变量的内容组成的源字符串表达式到一个目标字符串变量中。例如，在函数调用strcpy(string1, "Hello World!")中，源字符串字面值“Hello World!”被复制到目标字符串变量string1。同样地，如果源字符串是一个名称为srcString的字符串变量，则函数调用strcpy(string1, srcString)复制srcString的内容到string1中。在这两种情况中，确保string1足够大以包含源字符串(见这一节中的编程注解)是程序员的职责。

strcat()函数把字符串表达式附加到字符串变量末端。例如，假设名称为destString的字符串变量的内容是“Hello”，然后，这个函数调用strcat(destString, "there world!")导致字符串值“Hello there world!”赋给destString。和strcpy()函数一样，确保目标字符串已经被定义足够大以包含附加连接的字符串是程序员的职责。

strlen()函数返回在它的字符串参数中的字符数，但这个计数不包含终止用的NULL字符。例如，函数调用strlen("Hello World!")返回的值是12。

编程注解:初始化字符串和处理字符串

下面几个声明的结果相同。

```
char test[5] = "abcd";
char test[] = "abcd";
char test[5] = {'a','b','c','d','\0'};
char test[] = {'a','b','c','d','\0'};
```

每个声明都正确地为5个字符建立存储空间且用字符‘a’,‘b’,‘c’,‘d’和‘\0’初始化这个存储空间,由于一个字符串字面值用于前两个声明的初始化,所以编译器将自动地提供字符串末端NULL字符。

用这些方法中的任意一种声明的字符串变量,将排除任何以后对字符数组的赋值,如 test = "efgh";。当需要对字符串重新赋值时,可以使用 strcpy()函数,如 strcpy(test, "efgh")。使用 strcpy()函数的唯一限制是需要声明数组的大小,这里是5个元素。试图复制一个更大的字符串值到 test 中会引起这个复制溢出到直接跟随最后一个数组元素的内存开始的目标数组。这将导致这些内存位置中的任何内容被覆盖,当通过合法的标识符名访问被覆盖的区域时,通常会导致运行时冲突。

在使用 strcat()函数时会出现同样的问题。确保这个被连接的字符串适合源字符串是程序员的职责。

一个有趣的情形在字符串变量使用指针(见11.5节)定义时会出现。在这些情形中,赋值能够在声明语句之后进行。

最后,两个字符串表达式可以使用 strcmp()函数比较相等性。字符串中的每个字符都使用ASCII码或Unicode码字符被保存为二进制数。Unicode码的前128个字符与ASCII码全部的128个字符是相同的。在这两种编码中,空格领先于(小于)所有的字母和数,字母表的字母按从A到Z的顺序保存,数按从0到9的顺序保存。

当比较两个字符串时,它们中的每个字符一次一对地被计算(首先是两个字符串的第一个字符,然后是两个字符串的第二个字符)。如果没有发现区别,则字符串相等,如果发现了一个差异,则包含第一个较低的字符的字符串就视为较小的字符串,于是

“Good Bye”小于“Hello”,因为 Good Bye 中的第一个‘G’小于 Hello 中的第一个‘H’。

“Hello”小于“hello”,因为 Hello 中的第一个‘H’小于 hello 中的第一个‘h’。

“Hello”小于“Hello ”,因为终止第一个字符串的‘\0’小于第二个字符串中的‘ ’。

“SMITH”大于“JONES”,因为 SMITH 中第一个‘S’大于 JONES 中的第一个‘J’。

“123”大于“122”,因为 123 中的第三个字符‘3’大于 122 中的第三个字符‘2’。

“1237”大于“123”,因为 1237 中的第四个字符‘7’大于 123 中的第四个字符‘\0’。

“Behop”大于“Beehive”,因为 Behop 中的第三个字符‘h’大于 Beehive 中的第三个字符‘e’。

程序9.5使用了在一个完整的程序环境中已经讨论过的字符串函数。

程序 9.5

```
#include <stdio.h>
#include <string.h> /* 字符串库函数要求的 */

int main()
{
  #define MAXELS 50
```

```
    char string1[MAXELS] = "Hello";
    char string2[MAXELS] = "Hello there";
    int n;

    n = strcmp(string1, string2);

    if (n < 0)
      printf("%s is less than %s\n\n", string1, string2);
    else if (n == 0)
      printf("%s is equal to %s\n\n", string1, string2);
    else
      printf("%s is greater than %s\n\n", string1, string2);

    printf("The length of string1 is %d characters\n", strlen(string1));
    printf("The length of string2 is %d characters\n\n", strlen(string2));

    strcat(string1," there World!");

    printf("After concatenation, string1 contains the string value\n");
    printf("%s\n", string1);
    printf("The length of this string is %d characters\n\n",
                                                      strlen(string1));
    printf("Type in a sequence of characters for string2:\n");
    gets(string2);

    strcpy(string1, string2);

    printf("After copying string2 to string1");
    printf(" the string value in string1 is:\n");
    printf("%s\n", string1);
    printf("The length of this string is %d characters\n\n",
                                                    strlen(string1));
    printf("\nThe starting address of the string1 string is: %d\n",
                                                    (void *) string1);
    return 0;
  }
```

程序9.5产生的结果如下。

```
Hello is less than Hello there

The length of string1 is 5 characters
The length of string2 is 11 characters

After concatenation, string1 contains the string value
Hello there World!
The length of this string is 18 characters

Type in a sequence of characters for string2:
It's a wonderful day
After copying string2 to string1, the string value in string1 is:
It's a wonderful day
The length of this string is 20 characters

The starting address of the string1 string is: 1244836
```

除了最后的显示行，程序9.5的输出遵从字符串库函数中的讨论。正如输出表明的那样，提供给printf()的字符串变量或字符串常量参数强制字符串的内容显示所要求的控制字符串是%s。但是，有时的确想要看到字符串的地址。如程序9.5所示，这能够通过使用表达式(void *)强制转换字符串变量名做到。另一种方法是使用表达式&string1[0]作为一个给printf()函数的参数。这个表达式可理解为“string1[0]元素的地址”，这也是整个字符数组的起始地址。

字符函数

除了字符串处理函数外，标准C语言库还包括表9.3列出的字符处理函数。这些函数的每个函数原型都包含在头文件ctype.h中，这个头文件应该包含在使用这些函数的任何程序中。

表9.3 字符库函数(要求头文件ctype.h)

要求的原型	描述	例子
int isalpha(char)	如果字符是一个字母，则返回一个非0的数字，否则返回0	isalpha('a')
int isupper(char)	如果字符是大写，则返回一个非0的数字，否则返回0	isupper('a')
int islower(char)	如果字符是小写，则返回一个非0的数字，否则返回0	islower('a')
int isdigit(char)	如果字符是一个数字(0到9)，则返回一个非0的数字，否则返回0	isdigit('a')
int isascii(char)	如果字符是一个ASCII字符，则返回一个非0的数字，否则返回0	isascii('a')
int isspace(char)	如果字符是一个空格，则返回一个非0的数字，否则返回0	isspace(' ')
int isprint(char)	如果字符是一个可打印字符，则返回一个非0的数字，否则返回0	isprint('a')
int iscntrl(char)	如果字符是一个控制字符，则返回一个非0的数字，否则返回0	iscntrl('a')
int ispunct(char)	如果字符是一个标点字符，则返回一个非0的数字，否则返回0	ispunct('!')
int toupper(char)	如果字符是小写，则返回相应的大写，否则返回未改变的字符	toupper('a')
int tolower(char)	如果字符是大写，则返回相应的小写，否则返回未改变的字符	tolower('A')

表9.3中列出的所有函数除了最后两个外，如果字符满足期望的条件式则返回一个非0整数(即一个真值)，如果条件式没有满足则返回整数0(即一个假值)。因此，这些函数能够被直接用于if语句中。例如，考虑代码段

```
char ch;

printf("Enter a single character: ");
ch = getchar(); /* 从键盘获得一个字符 */
if(isdigit(ch))
    printf("The character just entered is a digit\n");
else if(ispunct(ch))
  printf("The character just entered is a punctuation mark\n");
```

注意到字符函数被包含为if语句中的一个条件式，因为这个函数能有效地返回一个真值(非0)或假值(0)。

程序9.6说明了toupper()函数在convertToUpper()函数中的用法，这个函数用来把全部小写字符串中的字母转换为它们的大写形式。

程序9.6

```
#include <stdio.h>
#include <ctype.h> /* 字符函数要求的 */

int main()
```

```
{
  #define MAXCHARS 100
  char message[MAXCHARS];
  void convertToUpper(char []);   /* 函数原型 */

  printf("\nType in any sequence of characters:\n");
  gets(message);

  convertToUpper(message);

  printf("The characters just entered, in uppercase are:\n%s\n", message);

  return 0;
}

// 这个函数把所有的小写字母转换成大写
void convertToUpper(char message[])
{
  int i;
  for(i = 0; message[i] != '\0'; i++)
    message[i] = toupper(message[i]);
}
```

程序 9.6 产生的输出如下。

```
Type in any sequence of characters:
this is a test OF 12345.
The characters just entered, in uppercase are:
THIS IS A TEST OF 12345.
```

注意，toupper()库函数只转换小写字母，所有其他字符不受影响。

转换函数

表 9.4 列出的最后一组标准 C 语言字符串库函数，用于将 C 语言字符串转换为整型和双精度数据类型，或从整型和双精度数据类型转换为字符串。这些函数的函数原型包含在头文件 stdlib.h 中，这个头文件应该包含在使用这些函数的任何程序中。

表 9.4　转换函数(要求头文件 stdlib.h)

函数原型	描述	例子
int atoi(string)	转换一个 ASCII 字符串为一个整数。在第一个非整数字符处停止转换	atoi("1234")
double atof(string)	转换一个 ASCII 字符串为一个双精度型数值。在第一个不能被解释为一个双精度型字符处停止转换	atof("12.34")
char[] itoa(string)	转换一个整数为一个 ASCII 字符串。为返回的字符串分配的空间必须足够大于所转换的数值	itoa(1234)

程序 9.7 演示了 atoi()和 atof()函数的使用。

程序 9.7

```
#include <stdio.h>
#include <string.h>
#include <stdlib.h> // 测试转换函数库要求的
```

```

int main()
{
#define MAXELS 20
  char test[MAXELS] = "1234";
  int num;
  double dnum;

  num = atoi(test);
  printf("The string %s as an integer number is %d\n", test,num);
  printf("This number divided by 3 is: %d\n", num/3);

  strcat(test, ".96");

  dnum = atof(test);
  printf("\nThe string %s as a double number is: %f\n", test,dnum);
  printf("This number divided by 3 is: %f\n", dnum/3);

  return 0;
}
```

程序9.7产生的输出如下。

```
The string "1234" as an integer number is: 1234
This number divided by 3 is: 411

The string "1234.96" as a double number is: 1234.960000
This number divided by 3 is: 411.653333
```

正如这个输出表明的那样，一旦字符串已经被转换为整型或者双精度型值，则在这个数值上的数学运算是有效的。

练习9.2

简答题

1. 字符串“april”大于字符串“April”吗？
2. 被声明为char message[10] = "Wow!";的message字符串的长度是多少？
3. 表达式isdligit('a');的值是什么？
4. 应该使用哪一个字符函数将字符串“78.45”转换成双精度型值？

编程练习

1. 在计算机上输入并执行程序9.5。
2. 在计算机上输入并执行程序9.6。
3. a. 编写一个名称为trimfrnt()的C语言函数，删除一个字符串的所有前面的空格。
   b. 编写一个简单的main()函数，测试为练习3a编写的trimfrnt()函数。
4. a. 编写一个名称为trimrear()的C语言函数，删除一个字符串的所有后面的空格。
   b. 编写一个简单的main()函数，测试为练习4a编写的trimrear()函数。
5. a. 编写一个名称为chartype()的C语言函数，确定0到127范围中的任何整数的ASCII类型，如果这个数表示一个可打印的ASCII字符，则用下面适当的信息中的任何一条输出这个字符。

- 这个 ASCII 码是一个小写字母。
- 这个 ASCII 码是一个大写字母。
- 这个 ASCII 码是一个数。
- 这个 ASCII 码是一个标点符号。
- 这个 ASCII 码是一个空格。

如果这个 ASCII 字符不是一个可打印字符，则用十进制形式显示它的 ASCII 码和信息。

- 这个 ASCII 字符不是一个可打印字符。

b. 编写一个简单的 `main()`函数，测试为练习 5a 编写的函数，这个 `main()`函数应该在 0 到 127 范围内产生 20 个随机数，且为每个产生的数调用 `chartype()`函数。

6. a. 将字符串库函数 `strlen()`，`strcat()`和 `strcat()`包含在一个具有原型 `int concat(char string1[], char string2[], int maxlength)`的函数中。只要连接的字符串长度不超过为 `string1` 定义的最大长度 `maxlength`，`concat()`函数就执行 `string2` 到 `string1` 的完全连接。如果连接的字符串长度超过 `maxlength`，则只连接 `string2` 中的字符，以使最大组合字符串长度等于 `maxlength` - 1，这为字符串末端 `NULL` 字符提供了足够的空间。

   b. 编写一个简单的 `main()`函数，测试练习 6a 中编写的 `concat()`函数。

7. a. 编写一个名称为 `countlets()`的函数，返回一个输入的字符串的字母数。数、空格、标点符号、制表符和换行符不应该包含在返回的计数内。

   b. 编写一个简单的 `main()`函数，测试练习 7a 中编写的 `countlets()`函数。

9.3 输入数据验证

程序中字符串的主要用途之一是验证用户的输入，这是任何一个程序的基本部分。即使通过程序提示用户输入某种指定的数据类型(例如整型)，也不能保证用户输入的就是一个整型数。事实上，用户输入的内容完全在程序员的控制之外，你所能控制的是程序如何处理输入的数据。

如果仅仅告诉用户这样的信息:“程序明确地要求输入整数而输入的是日期”，这肯定不是一种好方法。相反，成功的程序总是应努力预见无效的数据且应该隔离这样的无效数据。这通常通过首先验证这个数据有正确的类型达到。如果类型正确，则接收数据，否则要求用户重新输入数据，并可能同时提供一个所输入的数据为什么是无效的解释。

验证输入数据的最常见方法之一是把所有的数作为字符串接收，然后检查字符串中的每个字符，以确保它符合正在请求的数据类型。只有通过检查且验证了数据为正确的类型之后，才能使用表 9.4 列出的转换函数之一将字符串转换为整数或双精度型值。

作为一个例子，考虑一个整型数的输入。为了使整数输入有效，输入的数据必须遵守下面的条件。

- 数据至少必须包含一位字符。
- 如果第一个字符是一个加号或者减号，则这个数据至少必须包含一位数。
- 跟随第一个字符之后，只有数 0 到 9 是可以接收的。

下面的名称为 isvalidInt()的函数能够用于检查一个输入的符合这些条件的字符串，如果满足这些条件，则函数返回一个整型值1;否则，返回一个整型值0。

```
1  #define TRUE 1
2  #define FALSE 0
3  int isvalidInt(char val[])
4  {
5    int start = 0;
6    int i;
7    int valid = TRUE;
8    int sign = FALSE;
9
10   /* 检查一个空字符串 */
11   if (val[0] == '\0') valid = FALSE;
12
13   /* 检查一个先导符号 */
14   if (val[0] == '-' || val[0] == '+')
15   {
16     sign = TRUE;
17     start = 1;   /* 开始检查这个符号后的数字 */
18   }
19
20   /* 检查这个符号后至少有一个字符 */
21   if(sign == TRUE && val[1] == '\0')
22     valid = FALSE;
23
24   /* 现在检查这个字符串，我们知道这至少有一个非符号字符 */
25   i = start;
26   while(valid == TRUE && val[i] != '\0')
27   {
28     if (val[i] < '0' || val[i] > '9') /* 检查一个非数字 */
29       valid = FALSE;
30     i++;
31   }
32
33   return valid;
34 }
```

在 isvalidInt()方法的代码中，应注意检查的条件。这些条件注释在代码中，由下面的检查组成。

- 字符串为非空(第10~11行)。
- 有效符号(+或-)存在(第13~18行)。
- 如果存在一个符号，至少一个数跟随它(第20~22行)。
- 所有保留字符都是有效数。一个有效数是在0到9之间的任何字符，而任何小于0或大于9的字符不是一个数(第24~31行)。

只有满足所有这些条件时，函数才返回值1。一旦返回这个值，由于能确保不期望的值不会出现，这个字符串可以被安全地转换为一个整数。程序9.8在一个完整程序的上下文中使用了这种方法。

程序9.8

```
#include <stdio.h>
#include <stdlib.h>   /* 需要把一个字符串转换为一个整数 */
#define MAXCHARS 40
#define TRUE 1
#define FALSE 0

```

```
int isvalidInt(char []);  /* 函数原型 */

int main()
{

  char value[MAXCHARS];
  int number;

  printf("Enter an integer: ");
  gets(value);

  if (isvalidInt(value)== TRUE)
  {
    number = atoi(value);
    printf("The number you entered is %d\n", number);
  }
  else
    printf("The number you entered is not a valid integer.\n");

  return 0;
}

int isvalidInt(char val[])
{
  int start = 0;
  int i;
  int valid = TRUE;
  int sign = FALSE;

  /* 检查一个空字符串 */
  if (val[0] == '\0') valid = FALSE;

  /* 检查一个先导符号 */
  if (val[0] == '-' || val[0] == '+')
  {
    sign = TRUE;
    start = 1;  /* 开始检查符号后的数字 */
  }

  /* 检查在这个符号后至少有一个字符 */
  if(sign == TRUE && val[1] == '\0') valid = FALSE;

  /* 现在检查这个字符串，我们知道至少有一个非符号字符 */
  i = start;
  while(valid == TRUE && val[i] != '\0')
  {
    if (val[i] < '0' || val[i] > '9') /* check for a non-digit */
        valid = FALSE;
    i++;
  }

  return valid;
}
```

程序9.8产生的两个结果如下。

```
Enter an integer: 12e45
The number you entered is not a valid integer.
```

和

```
Enter an integer: -12345
The number you entered is -12345
```

正如输出表明的那样，这个程序成功地验证了在第一次运行中输入了一个无效的字符。使用第11章中描述的与字符串数组有关的指针，isvalidInt()函数能够更紧凑地编写。

利用isvalidInt()函数能成功地探测是否输入了一个有效的整型值，现在能够把这个函数结合在一个循环内，它连续地请求一个整数，直到输入一个有效的整型值时为止。用于接收这个用户的输入的算法如下。

```
将一个名称为isanlnt的整数变量设置为0
do
  接收一个字符串值
  If字符串值不符合一个整型值的条件
    显示错误信息“无效整数，请重新输入：”
    将控制送还正在被do while语句测试的表达式
  设置isanlnt为1(使循环终止)
while(isanlnt为0)
返回符合输入字符串的整数
```

对应于这个算法的代码，在程序9.9被突出显示(第27~39行)。

程序9.9

```
 1  #include <stdio.h>
 2  #include <stdlib.h>
 3
 4  int getanInt();   /* 函数原型 */
 5
 6  int main()
 7  {
 8    int value;
 9
10    printf("Enter an integer value: ");
11    value = getanInt();
12    printf("The integer entered is: %d\n", value);
13
14    return 0;
15  }
16
17  #define TRUE 1
18  #define FALSE 0
19  #define MAXCHARS 40
20  int getanInt()
21  {
```

```
  int isvalidInt(char []);  /* 函数原型 */

  int isanInt = FALSE;
  char value[MAXCHARS];

  do
  {
    gets(value);
    if (isvalidInt(value) == FALSE)
    {
      printf("Invalid integer - Please re-enter: ");
      continue; /* 把控制转到 do-while表达式 */
    }
    isanInt = TRUE;
  }while (isanInt == FALSE);

  return (atoi(value));  /* 转换为一个整数 */
}

int isvalidInt(char val[])
{
  int start = 0;
  int i;
  int valid = TRUE;
  int sign = FALSE;
  /* 检查空字符串 */
  if (val[0] == '\0') valid = FALSE;

  /* 检查先导符号 */
  if (val[0] == '-' || val[0] == '+')
  {
    sign = TRUE;
    start = 1;  /* 开始检查符号后的数字 */
  }

  /* 检查在符号后至少有一个字符 */
  if(sign == TRUE && val[1] == '\0') valid = FALSE;

  /* 现在检查这个字符串，我们知道至少有一个非符号字符 */
  i = start;
  while(valid == TRUE && val[i] != '\0')
  {
    if (val[i] < '0' || val[i] > '9') /* check for a non-digit */
        valid = FALSE;
    i++;
  }

   return valid;
}
```

下面是程序9.9的运行样本。

```
Enter an integer value: abc
Invalid integer - Please re-enter: 12.
Invalid integer - Please re-enter: 12e
Invalid integer - Please re-enter: 120
The integer entered is: 120
```

如输出所示，getanInt()函数正确地运行了，它连续请求输入，直到输入了有效的整数为止。

建立个人函数库

函数 isvalidInt()和 getanInt()在很多情况下是有用的，因为它们能够用在任何请求一个用户输入整型值的程序中。对于这样的函数，程序员通常会建立自己的函数库。这样做可以使它们用在任何程序中，而不必再花费更多的编码时间。

程序员也能够以 isvalidInt()函数和 geranInt()函数为基础创建自己的函数库。方法是将所需要的函数保存到一个文件中。通常，每个文件还应该包含相关的函数。这样，一个文件可能包含数据验证函数，而其他文件会以其他方式包含相关的函数。

例如，在金融和工程调度领域的应用程序中，要求专用的日期处理函数，其中包括查找周末和假日的两个日期之间的工作日的天数。还要求执行前一天和后一天的算法的函数，这个函数要考虑闰年和每个月份中的实际天数。

一旦这样的函数被编码、测试和放置到自己的文件中，它们就能够通过使用一个#include 语句结合到任何程序中，而不必花费更多的编码时间。例如，假设两个函数，isvalidInt()和 geranInt()已经保存到 C 盘下 mylibrary 目录中的一个名称为 dataChecks.h 的文件中，则下面的两条语句都能够用于将这个函数包含在程序内。

```
#include <C:\\mylibrary\\dataChecks.h>
```

或

```
#include "C:\\mylibrary\\dataChecks.h"
```

两个语句都为新的头文件提供完整的路径名。注意，完整名称要求使用两个反斜线符号来分隔目录和文件名。正如指出的那样，datachecks.h 源文件包含在一个名称为 mylibrary 的目录中。不要求反斜线符号的唯一情况是:这个库代码位于程序正在执行时的相同目录下。一对尖括号是告诉编译器要从 C 编译系统库目录下开始查找这个包含文件，而双引号是告诉编译器要沿着这个路径访问程序文件被定位的默认目录。两种情况下，提供完整的路径名会使编译器转到从根目录开始的指定目录。于是，提供完整的路径名使两个语句相等。在任何一种情况下，dataChecks.h 中的#include 语句都必须放置在 stdio.h 和 stdlib.h 头文件中的#include 语句之后。必须这样做，因为 dataChecks.h 头文件中的函数要求 stdio.h 和 stdlib.h 函数才能正确地编译。

附录 F 提供了很多有用的个人函数库，包括用指针编写的更紧凑的 isvaidInt()和 getanInt()函数。

练习9.3

简答题

1. 在用户输入验证方面，为什么按字符串输入数是方便的？
2. 列出一些在用户输入日期上应该进行的数据检查。
3. 列出至少4个在个人函数库中有用的函数。

编程练习

1. 输入并执行程序9.8五次。第一次运行时输入一个有效的整型值;第二次输入一个双精度型值;第三次输入一个字符;第四次输入值12e34;最后输入31234。
2. 修改程序9.8，显示所输入的任何无效字符。
3. 编写一个函数，检查输入时的每个数，而不是像程序9.8中那样检查完整的字符串。
4. 编写一个C语言程序，接收一个按名和姓的顺序输入的名字，然后按姓和名的方式显示它。例如，如果用户输入 `Gary Bronson`，则输出应该是 `Bronson, Gary`。
5. 把本节中提供的函数 `isvalidInt()`和 `getanInt()`保存到一个名称为 `dataChecks.h` 的头文件中，然后，为了使用这个头文件而重新编写程序9.9。
6. 编写一个名称为 `isvalidReal()`的C语言函数，检查一个有效的双精度型数。这种数能够有一个可选的+或-符号，最多有一个小数点，小数点也可以是第一个字符，且输入至少包括0到9之间的一个数。如果输入的数是一个实数，函数应该返回整型值1;否则，返回整型值0。

9.4 格式化字符串①

随C语言编译器提供的标准库中包含一些专用的字符串处理函数。另外，`printf()`和 `scanf()`函数都具有字符串格式化的能力。两个相关函数 `sprintf()`和 `sscanf()`提供更多的字符串处理特征。这一节中将讲解有关这些字符串处理的特性。

`printf()`函数的控制序列符中可以包含字段宽度指定符，以控制整数和小数的间隔。这些指定符也能够与`%s` 控制序列符一起使用，以控制字符串的显示。例如，语句

```
printf("|%25s|","Have a Happy Day");
```

在25个字符的字段中右对齐显示信息“Have a Happy Day”，如

```
|⋀⋀⋀⋀⋀⋀⋀⋀⋀Have a Happy Day|
```

位于字符串字段开始和结束处的竖线，是为了清楚地描述所输出的字段。在字段宽度指定符前面放置一个负号(-)，可以强制它在字段中左对齐。例如，语句

```
printf("|%-25s|","Have a Happy Day");
```

产生显示

```
|Have a Happy Day⋀⋀⋀⋀⋀⋀⋀⋀⋀|
```

这里的“⋀”表示一个空格。

---

① 这一节是可选学的。

如果字段宽度指定符对于这个字符串太小，则会忽略这个指定符，字符串将使用充足的空间显示，以容纳完整的字符串。

用于确定小数点右边显示的位数的精度指定符，也能够用做一个字符串指定符。当与字符串一起使用时，精度指定符确定将显示的最大字符数。例如，语句

```
printf("|%25.12s|","Have a Happy Day");
```

使这个字符串中的前12个字符右对齐地显示在一个25个字符的字段中。这产生显示

```
|^^^^^^^^^^^^^Have a Happy|
```

同样地,语句

```
printf("|%-25.12s|","Have a Happy Day");
```

使12个字符在一个25个字符的字段中左对齐。这产生显示

```
|Have a Happy ^^^^^^^^^^^^^|
```

当精度指定符没有与字段宽度指定符一起使用时，被指定的字符数将显示在一个足够大的字段中，以保持指定的字符数。因此，语句

```
printf("|%.12s|","Have a Happy Day");
```

使这个字符串中的前12个字符显示在一个12个字符的字段中。这产生输出

```
Have a Happy
```

如果字符串小于被精度指定符指定的字符数，在遇到字符串末端时，显示将终止。

编程注解:数据类型转换

在所有语言中，从字符型数据转换到数据需要小心处理。一个能够应用在C语言中的灵活的"诀窍"是使用sscanf()函数来做这种转换。例如，假设需要从一个保存到名称为date的字符数组中的字符串07/01/94中摘录月、日和年。简单的语句

```
sscanf(date,"%d/%d/%d", &month,&day,&year);
```

将摘录这个数据并把它转换为整数形式.在C语言中，这样的ASCII码到数的转换实际是很简单的.当然，像其他的语言一样，C语言也提供简单的转换用的库函数.函数atoi()把一个字符串转变为一个整型值;函数atof()把一个字符串转为一个双精度型值。某些编译器提供itoa()和ftoa()函数，分别用于把单一的整数和双精度型值转换为它们的ASCII码表示法。但是，如果这些函数不可用，则一个对sprintf()函数的调用能够用于这些数到字符串的转换。

内存中的字符串转换

printf()函数可将数据显示到计算机的标准设备上，而scanf()函数会扫描为输入使用的标准设备。sprintf()和sscanf()函数为写入字符串到内存变量和从内存变量扫描字符串提供相似的能力。例如，语句

```
sprintf(disStrn,"%d %d", num1, num2);
```

把num1和num2的数值写入disStrn中而不是在标准的输出终端上显示这些值。这里的disStrn是程序员选择的变量名，它必须被声明为有足够大的空间，以容纳作为结果的字符串的字符型数组，或被声明为指向一个字符串的指针。

通常，sprintf()函数用于把更小的片段“装配”到标准输出设备或到一个文件(把数据写到文件将在第10章中描述)，直到一个完整的字符行为止。例如，使用strcat()函数可把另一个字符串连接到disStrn，且可使用printf()函数显示这个完整的字符串。

与sprintf()函数相比，字符串扫描函数sscanf()可以用于把一个字符串“分解”成更小的片段。例如，若字符串“ $23.45 10”保存到一个名称为data的字符数组中，则语句

```
sscanf(data,"%c%lf %d",&dol,&price,&units);
```

将扫描保存到data数组中的字符串，并将它“拆分”为三个data项，美元符将被保存到名称为dol的变量中，23.45将被转换为一个双精度型值并被保存到名称为price的变量中，10将被转换成一个整型值并被保存到名称为units的变量中。为了使结果有用，必须将变量dol，price和units声明为适当的数据类型。通过这种方式，sscanf()函数是将字符串的一部分转换为其他数据类型的有用工具。正在被sscanf()函数扫描的字符串，通常被用做一个工作内存区，也可保存来自于文件或标准输入的一个完整行的缓存区。一旦这个字符串已经被存档，sscanf()函数就会将这个字符串拆分成几个部分并适当地把每个数据项转换为指定的数据类型。对于熟悉COBOL语言的程序员，这就相当于在把数据移入到更小的字段之前，首先读取数据到一个工作内存区中。

格式化字符串

当使用函数printf()，scanf()，sprintf()或sscanf()中的任意一个时，需要的包含转换控制序列符的控制字符串不必显式地包含在函数内。例如，包含在下面这个函数调用中的控制字符串" $%5.2f %d"

```
printf("$%5.2f %d",num1,num2);
```

本身能够保存为一个字符串，而这个字符串的地址能够用在对printf()函数的调用中。如果下面fmat的声明中的任意一个被执行

```
char *fmat = "$%5.2f %d";
```

或

```
char fmat[] = "$%5.2f %d";
```

则函数调用printf(fmat, num1, num2);能够替换前面的printf()调用。在这里，fmat是一个包含用于确定输出显示的控制字符串的地址的指针。

用这种方式保存和使用控制字符串的技术，对于清楚地把格式字符串与其他变量的声明一起列出在一个函数的开始处是非常有用的。如果必须对一个格式进行改变，找到期望的控制字符串是很容易的，没有必要为了查找printf()或scanf()函数调用查遍整个函数。当相同的格式控制被用在多个函数调用中时，限制一个控制字符串的定义在一个地方也是有利的。

练习9.4

简答题

1. 确定下列语句产生的显示。
   a. `printf("!%10s!","four score and ten");`
   b. `printf("!%15s!","Home!");`
   c. `printf("!%-15s!","Home!");`
   d. `printf("!%15.2s!","Home!");`
   e. `printf("!%-15.2s!","Home!");`

2. a. 假设有声明

```
char *text = "Have a nice day!";
```

确定下列语句产生的显示。

```
printf("%s", text);
printf("%c", *text);
```

b. 练习 2a 中两个 printf()函数调用都显示字符，解释第二次调用中必须有间接运算符而第一次调用中没有的原因。

编程练习

1. 编写一个 C 语言程序，接收用户输入的数作为一个字符串。一旦接收到这个字符串，程序就将它以及三个单精度型变量的地址传递给一个名称为 separate()的函数。separate()函数应该从被传递的字符串中摘录三个浮点型值并用被传递的变量地址保存它们。
2. 修改为练习 1 编写的程序，显示使用格式"%6.2f　%6.2f　%6.2f"的输入字符串。
3. 编写一个 C 语言程序，接收来自用户的一个字符串和两个整型值。在输入之前都有一个提示，并要使用单独的变量名保存。程序应调用一个将输入数据集装配为一个字符串的函数。使用 puts()函数调用显示装配后的字符串。

9.5　案例研究:字符和单词计数

这一节将主要讲解两个字符串处理函数。第一个函数用于计数一个字符串中的字符数量，其目的是加深对字符串以及字符如何能够被一次一个地访问的理解。第二个函数用于计数单词。尽管初看起来这似乎是一个简单的问题，然而它更具代表性，因为由它可引出一系列在选择最终的算法之前必须处理的子问题。这些子问题的核心是确定组成一个单词的标准是什么。这样做是必要的，以便当函数遇到一个单词时能够正确地识别并计数单词。

需求规范:字符计数

在这个问题中，想要传递一个字符串给函数，并使它返回这个字符串中的字符数量。这里要求这个字符串中的任何字符，包括空格、可打印字符和不可打印字符，都要被计数。字符串末端的 NULL 字符则不包含在最终的计数内。

问题分析

这个问题有下面的输入和输出。

a. 确定输入数据。在这个案例中，字符型字符串的输入数据成为提供给这个函数的实参。因为 C 语言中的字符串只是一个字符数组，所以能够通过传递字符数组来将字符串传递给函数。

b. 确定要求的输出。这个案例中的输出数据是一个与字符串中的字符数量相应的整数，是由函数返回的值。因为函数将返回一个整型值，所以它将被定义为返回一个 int 值。

c. 列出从输入到输出的相关算法。在这里，输入到输出的相关算法成为这个函数体内部的代码。一旦函数接收字符数组，它必须从数组的起点开始，“顺序前进”到字符串末端，在此过程中一直保持它对遇到的每个字符的计数。因为字符串被 \0 字符终止，能够用它作为标记，以告诉什么时候计数应该停止。如图 9.5 所示，通过彻底索引这个数组，直到到达这个标记为止。我们将用这样的方法来检查每一个字符。

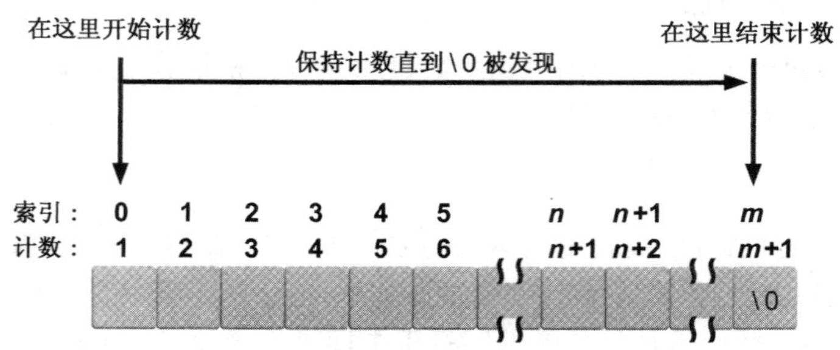

图 9.5 统计字符串中的字符个数

描述字符计数算法的伪代码如下。

```
接收一个字符串作为一个数组实参
初始化计数器为0
For 这个字符串中的所有字符
  给计数器增加 1
EndFor
返回这个计数器的值
```

编码函数

对应于伪代码解决方案的C语言代码如下。

```
int countchar(char list[])
{
  int i, count = 0;

  for(i = 0; list[i] != '\0'; i++)
    count++;

  return(count);
}
```

注意，已经在 countchar()函数内使用一个 for 循环，也可以用一个 while 循环容易地取代它。

测试和调试函数

为了测试这个函数，建立一个 main 驱动函数，它的唯一用途是练习 countchar()函数。程序 9.10 包括 main 驱动函数和 countchar()函数。

程序 9.10

```
#include <stdio.h>
#define MAXNUM 1000

```

```
int countchar(char []);   /* 函数原型 */

int main()
{
  char message[MAXNUM];
  int numchar;

  printf("\nType in any number of characters: ");
  gets(message);
  numchar = countchar(message);
  printf("The number of characters just entered is %d\n", numchar);

  return 0;
}

int countchar(char list[])
{
  int i, count = 0;

  for(i = 0; list[i] != '\0'; i++)
    count++;

  return(count);
}
```

程序9.10产生的结果如下。

```
Type in any number of characters: This is a test of character counts
The number of characters just entered is 34
```

虽然这不是countchar()函数的一次无遗漏的测试，但它确实验证了函数看起来工作正常。

需求规范:单词计数

单词计数问题比前面的问题更加复杂，因为必须首先确定标识一个单词的标准。乍一看，因为每个单词后跟随一个空格，可以试探只计数空格。例如，考虑图9.6描述的情况。

t	h	i	s		i	s		t	h	e		t	y	p	i	c	a	l		c	a	s	e

图9.6 单词的样本行

这种方法的问题是最后一个单词将没有一个尾随空格。甚至更麻烦的是一个以上的空格用在两个单词之间，或者第一个单词前面也可能出现空格。当开发一个计数单词的解决方案时，将不得不留意这些情况。

分析问题

使用1.4节中讲解的软件开发过程，现在通过明确地列出所提供的输入数据、所要求的输出和相关的输入到输出的算法分析这个需求规范。

a. 确定输入项。一个字符型字符串用做输入数据，这将成为提供给这个函数的实参。由于 C 语言中的字符串只是一个字符的数组，能够通过传递字符数组把这个字符串传递给的函数。

b. 确定需求的输出。返回给这个函数的值是一个相应于这个字符串中单词数量的整数，因为这个函数将返回一个整型值，所以将它定义为返回一个 int 值。

c. 列出相关输入到输出的算法。接下来，创建成为函数体内部代码的算法。像在图 9.6 已经看到的一样，必须提出一个标准，以确定什么时候增加单词计数器的值。即必须以算法的方式定义什么组成一个单词。没有计算额外空格的修正方式，计数空格将不起作用。一个可供选择的方法是只在单词的第一个字符被检测时增加计数器的数量。这种方法有一个明显的测试单词的优点，因此将采用这种方法。

一旦这个字符被发现，能够设置一个指出在一个单词中的标记。这个标记能够继续停留，直到从通过检测一个空格被表示的单词出现为止。在这一点，设置这个标记指出没有在一个单词中。没有在一个单词中的条件式将保持为真，直到一个无空格字符被再次检测到为止。这个算法的伪代码描述如下。

```
设置一个名称为 inaword 的整数变量给符号常量 NO
设置单词计数器为 0
For 数组中的全部字符
  If 当前字符是一个空格
    设置 inaword 给 NO
  Else if( inaword == NO)
    设定 inaword 给符号常量 YES
    给单词计数器增加 1
  Endif
Endfor
返回计数器的值
```

这个算法的关键是 if/else 的条件式。如果当前字符是一个空字符，则 inaword 变量被设置为 NO，不管它在前面的字符上的值是什么。只有在当前字符不是空格时才检查 else 中的条件式。然后，它检查是否不在一个单词中。这样，在当前字符不是一个空字符和不在一个单词中时，这个 else 条件表达式将为真，这就意味着必须进行从一个空字符到非空字符的转换。因为这是确定在一个单词中的标准，这个单词计数被增加，inaword 变量被设置为 YES。

编码函数

与解决方案对应的 C 语言编码如下。

```
int countword(char list[])
#define YES 1
#define NO 0
{
  int i, inaword, count = 0;

  inaword = NO;
  for(i = 0; list[i] != '\0'; i++)
  {
    if (list[i] == ' ')
```

```
      inaword = NO;
    else if (inaword == NO)
    {
      inaword = YES;
      count++;
    }
  }
  return(count);
}
```

测试和调试函数

为了测试函数，建立唯一目的是练习 countword()函数的 main 驱动函数。程序 9.11 包含了 main 驱动函数和 countword()函数。

程序 9.11

```
#include <stdio.h>
#define MAXNUM 1000

int countword(char []);   /* 函数原型 */

int main()
{
  char message[MAXNUM];
  int numchar;

  printf("\nType in any number of words: ");
  gets(message);
  numchar = countword(message);
  printf("The number of words just entered is %d\n", numchar);

  return 0;
}

int countword(char list[])
#define YES 1
#define NO 0
{
  int i, inaword, count = 0;

  inaword = NO;
  for(i = 0; list[i] != '\0'; i++)
  {
    if (list[i] == ' ')
      inaword = NO;
    else if (inaword == NO)
    {
      inaword = YES;
      count++;
    }
  }

  return(count);
}
```

程序 9.11 产生的结果如下。

```
Type in any number of words: This is a test line with a bunch of words
The number of words just entered is 10
```

程序 9.11 应该完成的进一步测试有下面这些。

- 输入一些单词之间有多个空格的单词。
- 输入一些在第一个单词之前有多个先导空格的单词。
- 输入一些在最后一个单词之后有多个尾随空格的单词。
- 输入一个用句号或问号终止的句子。

编程练习

1. 修改程序 9.10 中的 `countchar()`函数，不计数空格。
2. 创建一个名称为 `cvowels()`的函数，计数并返回一个字符串中的元音数量。
3. 创建一个函数，计数字符和单词两项。提示：参见 7.3 节有关如何返回多个值的讨论。
4. 修改程序 9.11 中的 `countword()`函数，同时计数每个单词中字母的数量，然后返回每个单词的平均字符数，将这个新函数命名为 `avgCharPerWord()`。
5. 编写一个函数，计数输入的行数。提示：不能使用 `gets()`函数输入这些行，因为 `gets()`函数接收第一个换行符时就结束输入。
6. 编写一个函数，计数输入的句子数量。假设一个句子在一个句号、问号或感叹号时结束。提示：不能使用 `gets()`函数输入这些句子，因为 `gets()`函数接收第一个换行符时就结束输入。
7. 修改为练习 6 编写的函数，既计数单词的数量又计数句子的数量。这个函数应该返回每个句子的平均单词数量。
8. 模糊索引是一种能够用于确定一篇文章的大致阅读级别的索引技术。它通过测量句子的长度和带有三个以上的音节的单词部分被确定。不考虑文章概念上的难度或文章的清晰度。这个索引经过下面步骤被确定。

   步骤 1：选择至少 100 个单词的文章样本。

   步骤 2：计数句子的数量，任何被分号或冒号分开的子句应该被计数为一个分开的句子。

   步骤 3：计数含有三个以上音节的单词数量，但不包括因“es”或“ed”结尾或因它们是简单单词的复合单词(例如 everything 或 seventeen)而达到三个以上音节的单词。

   步骤 4：使用下面的公式计算模糊索引。

   $$\text{模糊索引} = 0.4\left(\frac{\text{单词的数量}}{\text{句子的数量}} + 100\,\frac{\text{大单词的数据量}}{\text{单词的数量}}\right)$$

   对于这个练习，至少从各种诸如儿童书籍、中学教材、大学教材或一些不同的报纸来源获得 10 个文句的样本。对于这些样本的每个句子，先人工确定样本中包含的单词的数量和大单词的数量，然后编写一个 C 语言函数接收大单词的数量，计算一个模糊索引和返回一个被计算的值。对照你的手工计值验证由函数返回的值。

9.6 编程错误和编译器错误

在使用本章介绍的材料时，应注意下列可能的编程错误和编译器错误。

编程错误

1. 在处理按字符方式排列的字符串时，忘记考虑终止符 NULL 字符 \0。
2. 忘记用 NULL 字符 \0 终止一个新建字符串。
3. 忘记换行符 \n 是一个输入字符的有效数据。
4. 在使用字符串库函数、字符库函数和转换库函数时，忘记分别包含 string.h，ctype.h 和 stdlib.h 头文件。

编译器错误

下面的列表概括了将导致编译错误的常见错误和由基于 UNIX 和 Windows 编译器提供的典型的错误消息。

错误	基于 UNIX 编译器的错误消息	基于 Windows 编译器的错误消息
试图使用双引号而不是单引号把一个字符赋给数组的一个元素，例如 message[5] = "A";	(W) Operation between types "unsigned char" and "unsigned char * " is not allowed.	error: cannot convert from 'const char [2]'to 'char'
使用一个系统没有预定义的全大写的常量。例如 message[10] = NULL;	(S)Undeclared identifier NULL	error : 'NULL': undeclared identifier
忘记插入一个长度在没有初始化的数组的大小中。例如 char message[];	(S) Explicit dimension specification or initializer required for an auto or static array.	error: 'message': unknown size
对一个在双引号内的转义序列符进行比较，例如，while ((c = getchar())!= "\n")	(W) Operation between types "int" and " unsigned char * " is not allowed.	error: '!=': no conversion from 'const char * ' to ' int '
提供一个不正确的包含头文件的路径，例如，#include "c:\\stdio.h"	(S) #include file "c:\\stdio.h" not found.	fatal error: Cannot open include file: 'c:\\stdio.h ': No such file or directory

9.7 小结

1. 一个字符串是一个用 NULL(\0)字符终止的字符数组。
2. 字符数组能够使用下列形式的一个字符串赋值语句初始化。

```
char *arrayName[] = "text";
```

这个初始化等同于

```
char *arrayName[] = {'t','e','x','t','\0'};
```

3. 字符串总是能够用标准数组处理技术进行处理。但是，字符串的输入和输出总是需要依靠一个标准的库函数。
4. gets()，scanf()和 getchar()库函数能够用于输入一个字符串。scanf()函数往往被限制用于字符串的输入，因为当遇到一个空格时它终止输入。
5. puts()，printf()和 ptchar()函数能够用于显示字符串。

6. 存在许多将字符串作为一个整体处理的标准库函数。这些函数在内部用一个字符接一个字符的方式操作字符串，都被包含在 string.h 头文件中。
7. 标准 C 语言库还在 ctype.h 头文件中包含单个字符处理函数。
8. 程序中字符串的主要用途是验证用户输入，这是任何程序的一个基本部分。字符串对于这个用途非常有用，因为它们能容易地对用户输入的每个单独的字符进行检查。
9. 用于把字符串转换为整数和双精度型值的转换函数 atoi()和 atof()由 stdlib.h 头文件提供。在数据已经被验证为这个应用期望的输入数据类型之后，这些函数通常用于用户输入的数据。

第 10 章　数 据 文 件

到目前为止，已经看到的程序的数据或者在程序内被内部地赋值，或者在程序执行期间由用户输入。同样，这些程序中使用的数据只保存到计算机的主存中，并且一旦程序完成执行，这些数据就不再存在。这种数据输入的方式对于少量数据来说不存在问题，但是，如果某个公司必须雇佣一个人来输入成百上千个客户的名字和地址的情况将会怎样，这些客户的名称和地址是用来每月给他们邮寄账单的。

正如将在这一章中学到的那样，将这种外部数据保存到方便的存储介质上将会更有意义。具有一个公用的名字、保存到一个不同于计算机主存的保存介质上的数据，被称为数据文件(data file)。数据文件一般保存到磁盘、磁带或光盘上。除了为数据提供永久的存储外，数据文件的另外一个优点是它们能够在程序之间共享。因此，程序输出的数据能够保存到一个数据文件中，而该数据文件可以直接作为另一个程序的输入。

这一章将讲解如何在 C 语言中创建和维护数据文件。由于人们主要关注使用数据文件，在开始处理任何数据之前，必须确保程序能够打开并正确连接到数据文件。本章还将讲解如何为这个任务进行错误检查。这种错误检测和纠正的方法是所有专业编写程序工作的一个重要部分。

10.1　声明，打开和关闭文件流

为了保存和检索 C 语言程序外的数据，需要如下两项内容。

- 文件
- 文件流

文件

文件(file)是保存到一个共同名称之下的数据集合，通常保存到磁盘、磁带或光盘上。例如，保存到磁盘上的 C 语言程序就是文件的例子。保存到一个程序文件中的数据是成为 C 编译器输入数据的程序代码。但是，在数据处理的上下文中，C 语言程序通常不考虑数据，术语“文件”或“数据文件”通常用于查阅包含一个 C 语言程序中使用的数据的外部文件。

文件被物理地保存到外部介质(如磁盘)上。每个文件都有一个唯一的、称为文件的外部名称(external name)，即文件名称。外部名称是被操作系统认识的文件名。如果观察一个目录或文件夹的内容，将看到由它们的外部名称列出的文件。每个操作系统对于外部名称允许的最大字符数都有自己的规定。表 10.1 列出了操作系统常用的这些规定。

为了确保本书中介绍的例子与表 10.1 中所列出的所有操作系统兼容，通常(但不是全部)将坚持更有限制性的 DOS 规定。但是，如果使用的是某种其他的操作系统，则应该利用增加的长度规定来创建描述性的文件名。但是，应该避免很长的文件名，因为它们要花更多的时间输入并且可能导致错误。可管理的文件名长度是 12 到 14 个字符，最大不超过 25 个字符。

表 10.1　最大可允许的文件名特性

操作系统	最大长度
DOS	8 个字符加上一个可选的句点和 3 个扩展的字符
Windows 98/2000/XP	255 个字符
UNIX	
早期版本	14 个字符
当前版本	155 个字符

按照 DOS 规定，下面都是有效的计算机数据文件名。

```
prices.dat          records           info.txt
exper1.dat          scores.dat        math.mem
```

在选择文件名时，应选择能指示文件中的数据类型和利用它的应用的名称。前 8 个字符经常描述数据本身，而扩展名(小数点后面的字符)用于描述应用。例如，Excel 表格处理软件程序自动地将所有电子制表软件文件的扩展名定义为 xls；Word 文字处理软件和 Word Perfect 文字处理程序分别使用扩展名 doc 和 wpx(这里 x 指版本号)；大部分 C 语言编译器要求程序文件有扩展名 c 或 cpp。在创建自己的文件名时，应该遵守这个习惯。例如，按照 DOS 规定，名称 exper1.dat 描述一个对应于实验一的数据文件是适宜的。

历史注解：隐私，安全和文件

数据文件已经存在很长时间，主要保存到文件档案柜中的纸上。在处理计算机文件中使用的术语，例如“打开”、“关闭”、“记录”和“查找”等，都是访问保存到抽屉中的纸质文件而采用的旧式术语。

现在，大多数文件用电子形式保存，且保存的信息数量呈爆炸性增长。因为传输位和字节比运送纸张文件夹更加容易，严重的安全问题已经随着关注人们的隐私而出现。

无论何时，一个人填写一张政府表格或一份银行存款申请、提交一个邮购订单、申请一份工作、填写一张支票或者使用一张信用卡，就创建了一个电子的数据踪迹。每次这些文件在政府代理或私人企业之中被共享，这个人就将丢失他或她的更多的个人隐私。

为了帮助保护美国公民的宪法权利，1970 年通过了公正信用报告法案。紧接着在 1974 年通过了联邦隐私保护法。这些法案指出对于一次交易来说保持秘密文件是违法的，你有权利检查和更正已收集的关于你的任何数据，政府代理和签约人必须为访问你的档案出示正当的理由。创建适合保护个人安全和隐私的机制的努力一直在持续着。

有两种基本的文件类型：文本文件(text file)和二进制文件(binary file)，前者也称为基于字符的文件(character based file)。两种文件类型都使用二进制代码保存数据，差别是这个代码用什么代表。简单地说，文本文件使用单独的字符编码(具有代表性的是 ASCII 码)保存每个单独的字符，例如字母、数字、美元符、小数点，等等。字符代码的使用允许这样的文件通过文字处理程序或文本编辑器显示，以使每个人能够不受任何 C 语言程序约束地阅读它们。

二进制文件使用的代码和计算机处理器在内部为 C 语言的原始数据类型使用的代码相同。这意味着数字以真正的二进制代码形式保存(通常是 2 的补码形式，见 1.8 节和附录 E 中的描述)，然而只有字符串保留它们的 ASCII 字符码形式。二进制文件的典型优点是速度快和紧凑性，前者是因为不需要在文本和二进制数之间相互转换，后者是因为使用字符串的二进制代码保存大部分数字所占据的存储空间，通常比保存单个字符值所占的存储空间更少。但是在 C 语言中默认的类型总是文本文件，本章介绍的类型就是这一种(除了 10.6 节以外)。

文件流

文件流(file stream)是用于连接保存到物理设备(如磁盘或光盘)上的文件到一个程序的单向传输路径。每个文件流都有自己的模式，这个模式确定数据在传输路径上的方向，即路径将是否把数据从文件移到程序中或者是否把数据从程序移到文件中。从一个文件接收(即读取)数据到一个程序中的文件流，称为输入文件流(input file stream)；发送(即写入)数据到一个文件的文件流，称为输出文件流(output file stream)。注意，方向定义总是与程序相关而与文件无关，进入程序的数据被认为是输入数据，从程序发送出去的数据被认为是输出数据。图 10.1 展示了使用输入和输出流的来自一个文件的数据流动和到一个文件的数据流动。

编程注解：输入文件流和输出文件流

流是在源和目的之间的单向传输路径。获得向下发送这种传输路径的是字节流。一个恰当的比喻是："字节流"是一个提供从源流向目的的单向传输路径的水流。

已经广泛使用过的两种流是被所有 printf()函数调用所使用的标准输入流以及被所有 scanf()函数调用所使用的标准输出流。scanf()函数自动地使用标准输入流——名称为 stdin 的流，stdin 提供从键盘到程序的传输路径，而所有的 printf()函数使用标准输出流——名称为 stdout 的流，stdout 提供从程序到终端屏幕的传输路径。这两种流，stdin 和 stdout，每次 C 语言程序开始执行时被自动地打开。

文件流提供与 stdin 和 stdout 相同的能力，但它们是连接一个程序到一个文件，而不是连接键盘或终端屏幕。此外，文件流必须被显式地声明。一旦被声明，它们能使用 fopen()函数调用被物理地连接到一个指定的外部文件。

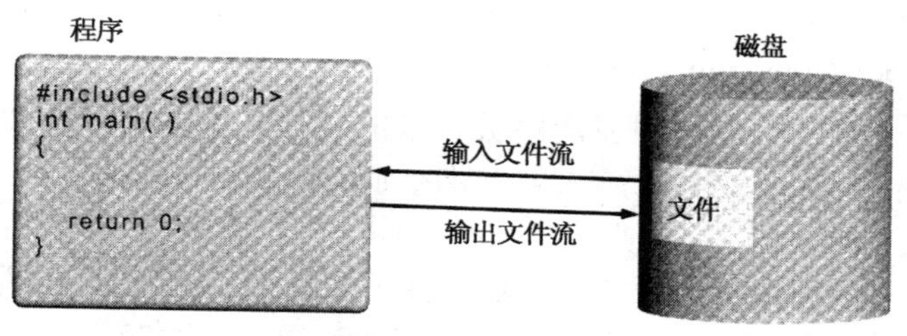

图 10.1 输入和输出文件流

对于程序使用的每个文件，不管文件的类型(文本或二进制数据)，都必须命名和创建一个独立的文件流。文件流的命名和创建利用声明和打开语句实现。

声明文件流

命名一个文件流是通过声明一个有 FILE 类型的变量名实现的。一旦声明了这个文件流，它的名字就变成一个 C 语言程序内的文件名。这个名字不必是(且通常不是)保存这个文件的计算机使用的相同外部名字。这样的变量声明的例子如下。

```
FILE *inFile;
FILE *prices;
FILE *fp;
```

注意，当声明文件流时，每个文件流的名字前面都有一个星号①。在这些声明中，变量名由程序员选择。当变量名被引用到 C 语言程序内部时，它是数据文件名。

① 这个文件流的名称实际上是一个指针，7.3 节已详细描述过，因此需要这个星号。

在每个声明中的术语FILE，是一个C语言使用的特殊的数据结构类型，用于保存关于文件的信息，包括读或写文件是否可用、文件中下一个可得到的字符和这个字符被保存到什么地方。这种结构的实际声明包含在stdio.h标准的头文件中，这个头文件必须包含在每个使用数据文件的程序的顶部。一旦这个文件流被声明，对于所有实际用途，它就是被这个程序使用的文件名。因此，应该把文件流的名称指定为数据文件的内部名称。这个名称就是在一个C语言程序内所使用的名称。

打开文件流

打开文件流就是打开这个文件的过程，它有两个目的，而其中只有一个是直接与程序员相关的。第一，打开一个文件流，建立程序与数据文件之间物理通信的连接。因为这个连接的细节被计算机的操作系统处理且对这个程序是透明的，所以程序员通常不需要考虑它们。

从编程的观点来看，打开文件流的第二个目的与程序相关。除了建立程序与数据文件(即数据将在其上传递的实际流)之间实际的物理连接以外，打开语句也等同一个在FILE声明语句中声明的名称的特殊外部文件名，这个名称就是接下来将用于程序内访问这个文件的名称。

以上解释已经足够了。文件打开函数称为fopen()，在标准C语言库中的stdio.h头文件中可以得到。同样，这个头文件应该被使用fopen()函数的任何程序包含，一个可供选择的办法是为fopen()函数提供原型。第一个参数是文件的外部名，第二个参数是使用文件的模式，它必须放置在双引号中。允许的模式有r，w和a，分别代表对文件的读、写或附加①。

一个用写入模式打开的文件创建一个新文件，并且通过打开文件的函数使这个文件可用于输出。如果有一个文件与这个为写入而打开的文件名相同，则旧文件的内容将被删除。例如，语句

```
outFile = fopen("prices.bnd","w");
```

打开一个名称为prices.bnd的现在能够被写入的外部文件。一旦这个文件已经打开，这个程序使用内部指针名outFile访问这个文件，而计算机在外部名prices.bnd下保存这个文件。

用附加模式打开的文件，能使一个现有的文件用于添加数据到这个文件的末尾。如果这个用附加模式打开的文件不存在，则会创建一个具有这个指定名称的新文件，并且能够从程序接收输出。例如，语句

```
outFile = fopen("prices.bnd","a");
```

打开一个名称为prices.bnd的文件，并且使它可用于将数据添加到文件的末尾。

用写入模式打开的文件和用附加模式打开的文件的唯一差别是数据被物理上放置在文件中的位置。在写入模式中，数据被写在文件的开始处，而在附加模式中，数据被写在文件结束处。对于新文件，两种模式的效果相同。

对于用写入模式或附加模式打开的文件，需要写数据到它的函数与显示数据在终端的printf()，puts()和putchar()函数相似。这些函数将在下一节中描述。一个用读取模式打开的文件检索一个现存的文件，并使它的数据可用于到这个程序的输入。例如，语句

```
inFile = fopen("prices.bnd","r");
```

① 另外，模式r+，w+和a+都是可用的。r+模式打开一个存在的文件用于阅读和编写存在的记录，w+模式停止一个存在的文件和打开一个空文件用于阅读和编写，a+模式允许阅读、编写和附加到一个文件。

会打开这个名称为 prices.bnd 的文件，并使这个文件中的数据可用于输入。在打开这个文件的函数内，文件使用指针名 inFile 读取。用于从一个文件读取数据的函数与用于从键盘输入数据的 scanf()，gets()和 getchar()的函数相似。这些函数也在下一节中描述。

编程注解:模式指示符

在使用 fopen()函数时，要求有两个参数:文件的外部名称和模式指示符。允许的模式指示符在下表中描述。

指示符	描述
r	为读取(输入模式)打开一个现存的文本文件
w	为写入(输出模式)创建一个文本文件;如果文件已存在,它的内容将丢失
a	为写(输出模式)打开一个文本文件,新加入的文本被写在现存文件的末尾。如果文件不存在,则会创建一个新文件
r+	为读和写打开一个现存的文本文件,如果文件存在,则它的内容被擦掉
w+	为读和写创建一个文本文件
a+	为读和写打开一个文本文件,文本被写在该文件的末尾,如果不存在文件,一个新文件为读和写被创建

用写模式打开的文件会创建一个新文件并使这个文件可用于写入，如果文件名已经存在，则旧文件的内容将被删除。例如，假设 fileOut 已经使用下面的语句被声明为具有 FILE 类型。

```
FILE *fileOut;
```

然后,语句

```
fileOut = fopen("prices.dat","w");
```

试图为输出打开一个名称为 prices.dat 的文件。一旦这个文件已经被打开，程序使用内部名 fileOut 访问这个文件，而计算机把这个文件保存到外部名称 prices.dat 之下。

用追加模式打开的文件意味着一个现有的文件可用于把数据添加到文件末尾。如果文件不存在，则会创建它，并且能够从程序接收输出。例如，再假设 fileOut 已经被声明具有 FILE 类型，语句

```
fileOut = fopen("prices.dat","a");
```

试图打开一个名称为 prices.dat 的文件，并使它可用于把数据附加到文件的末尾。

最后，用读模式打开的文件意味着一个现存的外部文件已经被连接并且它的数据可用于输入。例如，假设 fileIn 已经被声明具有 FILE 类型，语句

```
fileOut = fopen("prices.dat","r");
```

试图为输入而打开一个名称为 prices.dat 的文件。

模式指示符的后面能够包含一个“b”字符，例如 wb 或 r +b，它表示这是一个二进制文件(见 10.6 节)，例如，语句

```
fileOut = fopen("prices.dat","wb");
```

创建 prices.dat 文件作为一个输出二进制文件。

如果为读打开的文件不存在，则 fopen()函数返回 NULL 的地址值，这是 9.1 节所描述的同一个 NULL 地址。它能够用于测试已经被打开的文件。

注意，在所有的打开语句中，外部文件名和传递给 fopen()函数的模式参数都是包含在双

引号中的字符串。如果外部文件名首先保存到一个字符数组中或作为一个字符串被保存，这个数组或字符串的名称不加双引号，也能够用做给 fopen()函数的第一个参数。

程序 10.1 演示了为输入打开一个文件所要求的语句，它包含一个错误检查函数，以确保获得一个成功的打开。为输入而打开的文件被设置成读模式。

程序 10.1

```
#include <stdio.h>
#include <stdlib.h>   /* exit()函数所需要的 */

int main()
{
    FILE *inFile;

  inFile = fopen("prices.dat","r"); /* 打开具有外部名 */
                                     /* prices.dat 的文件 */
  if (inFile == NULL)
  {
    printf("\nThe file was not successfully opened.");
    printf("\nPlease check that the file currently exists.\n");
    exit(1);
  }
  printf("\nThe file has been successfully opened for reading.\n");

  return 0;
}
```

程序 10.1 产生的输出如下。

```
The file has been successfully opened for reading.
```

程序 10.1 中的退出函数 exit()会将它的整型参数直接传递给操作系统，然后终止程序操作的系统调用，它需要 stdlib.h 头文件。

对输出文件要求一个略为不同的检查，因为如果一个现存的文件的名称与为写被打开的文件的名称相同，则存在的文件的内容将被删除，它的所有数据将丢失。为了避免这样的情况，文件能够首先用输入方式被打开，只是看看它是否存在。用于完成这个任务的代码在程序 10.2中被高亮显示。

程序 10.2

```
#include <stdio.h>
#include <stdlib.h>   /* exit()所需要的 */

int main()
{
  char response;
  FILE *outFile;

  outFile = fopen("prices.dat","r"); /* 打开具有外部名 */
```

```
                                          /* prices.dat 的文件 */
  if (outFile != NULL) /* 检查一次成功的打开 */
  {
    printf("\nA file by the name prices.dat exists.");
    printf("\nDo you want to continue and overwrite it");
    printf("\n with the new data (y or n): ");
    scanf("%c", &response);
    if (response == 'n')
    {
      printf("\nThe existing file will not be overwritten.\n");
      exit(1);
    }
  }
  outFile = fopen("prices.dat","w");  /* 现在为写 */
                                      /* 打开文件 */

  if(outFile == NULL)  /* 检查一次不成功的打开 */
  {
    printf("\nThe file was not successfully opened.\n");
    exit(1);
  }

  printf("\nThe file has been successfully opened for output.\n");

  return 0;
}
```

下面是两次运行程序 10.2 的结果。第一次运行的输出如下。

```
A file by the name prices.dat exists.
Do you want to continue and overwrite it
with the new data (y or n): n

The existing file will not be overwritten.
```

第二次运行的输出如下。

```
A file by the name prices.dat exists.
Do you want to continue and overwrite it
with the new data (y or n): y

The file has been successfully opened for output.
```

尽管程序 10.1 和程序 10.2 能够用于分别地为读取和写入打开一个现存的文件，但两个程序都缺乏实际执行读或者写的语句。这些主题将在下一节中讨论。但是在离开这些程序之前，注意可以将 fopen()函数的调用和 NULL 返回值组合在一个语句中。例如，程序 10.1 中的这两个语句

```
inFile = fopen("prices.dat","r");
if (inFile == NULL)
```

能够组合成一个语句

```
if ((inFile = fopen("prices.dat","r")) == NULL )
```

编程注解:检测 fopen()的返回值

当调用 fopen()函数时,检查它的返回值是重要的,因为这个调用实际上是向操作系统请求打开一个文件。由于多种原因,打开调用可能失败(可能的原因之一是:操作系统不能定位用读方式打开的文件,因此调用失败)。如果操作系统不能满足这个打开请求,则需要知道这个结果,并应改正这个错误或者终止程序。这种类型的失败几乎总会导致一些不正常的程序行为或者程序冲突。

检测返回值的编码类型有两种,第一种是程序 10.1 中的编码类型,它用于清楚地说明与返回值检查不同的打开请求,为了方便将程序 10.1 重复于下。

```
/* 这里是打开文件的请求 */
inFile = fopen("prices.dat","r");
/* 这里我们检查文件被成功地打开 */
if  (inFile == NULL)
{
    printf("\nThe file was not successfully opened.")
    printf("\nPlease check that the file currently exists.\n");
    exit(1);
}
```

另一种方法,打开请求和检查能够被一起组合在一个 if 语句内,如

```
if  ((inFile = fopen("test.dat","r")) == NULL)
{
  printf("\nFailed to open the data file.\n");
  exit(1)
}
```

可以随意选择最合适的类型。但是当你在编程中需要获得经验时,要尝试采用第二种类型,它几乎是所有高级程序员都采用的类型。

嵌入式文件名和交互式文件名

关于程序 10.1 和程序 10.2 的两个实际问题如下。

1. 外部文件名被嵌入在程序代码内。
2. 当这个程序正在执行时,没有为用户准备输入期望的文件名的措施。

这两个程序中,在文件名能够改变之前,程序员必须在调用 fopen()函数中修改外部文件名并且重新编译程序,方法是将文件名赋值给一个字符串变量,以避免文件名被覆盖。

字符串变量,正如已经在书中处处使用它一样(特别见第 9 章),是一个能够保留字符串值的变量,这个字符串值是包含在双引号内的零个或者多个字符的任意序列。例如:"Hello World","prices.dat"和" "都是字符串。注意,字符串总是与双引号一起被编写,双引号定义一个字符串的开始和结束,但不会作为字符串的一部分被保存。

一旦字符串变量被声明为保存一个文件名,它就能够用两种方式之一使用。首先,如程序 10.3a 所示,它能够放置在程序的顶部,以清楚地标识文件的外部名,而不是把它嵌入在 fopen()函数调用内。

程序 10.3a

```
#include <stdio.h>
#include <stdlib.h>   /* exit()所要求的 */

```

```
int main()
{
  FILE *inFile;
  char fileName[13] = "prices.dat";

  inFile = fopen(fileName,"r"); /* 打开这个文件 */
  if (inFile == NULL)
  {
    printf("\nThe file %s was not successfully opened.", fileName);
    printf("\nPlease check that the file currently exists.\n");
    exit(1);
  }
  printf("\nThe file has been successfully opened for reading.\n");

  return 0;
}
```

观察程序 10.3a，注意为了文件识别方便，已经在 main()函数的顶部声明并初始化这个名称为 fileName 的字符串。接下来，注意当使用字符串变量时，与字符串字面值相反，变量名没有包含在 fopen()函数方法调用中的双引号内。最后注意，文件打开失败时，文件的外部名通过把这个字符串名插入在 printf()函数调用中被显示以告知用户这个打开是不成功的。因为所有这些原因，将继续使用这种方式标识这些文件的外部名。

字符串扮演的另外一个非常有用的角色，是允许用户在程序正在执行时输入文件名。例如，代码

```
gets(fileName);
inFile = fopen(fileName,"r"); /* 打开文件 */
```

允许用户在运行时输入文件的外部名。在这个代码中唯一的限制是用户不必把输入的字符串值包含在双引号中，它是多余的。

程序 10.3b 在一个完整的程序上下文中使用了这些代码。

程序 10.3b

```
#include <stdio.h>
#include <stdlib.h>  /* exit()所要求的 */

int main()
{
  FILE *inFile;
  char fileName[13];

  printf("\nEnter a file name: ");
  gets(fileName);
  inFile = fopen(fileName,"r"); /* 打开这个文件 */
  if (inFile == NULL)
  {
    printf("\nThe file %s was not successfully opened.", fileName);
    printf("\nPlease check that the file currently exists.\n");
    exit(1);
```

```
    }
    printf("\nThe file has been successfully opened for reading.\n");

    return 0;
}
```

下面是程序10.3b的输出例子。

```
Enter a file name: foobar

The file named foobar was not successfully opened.
Please check that the file currently exists.
```

编程注解:用字符串做文件名

如果选择用字符串来保存外部文件名，必须注意以下限制。字符串的最大长度在它被声明后必须被指定在紧跟着的方括号中。例如，在声明

```
char filename[21]
```

中，数字21限制能够被保存到这个字符串中的字符的数量。方括号中的数字总是表示比能够被赋给这个变量的最大字符数少1的数。这是因为，编译器总是添加一个最终字符串结束的字符来终止这个字符串。因此，字符串值"prices.dat"，它由10个字符组成，实际上按11个字符被保存。这个额外的字符是自动地被编译器提供的字符串结束的标记符\0。在这个例子中，能够赋给字符变量filename的最大字符串值是一个由20个字符组成的字符串值。

关闭文件流

fclose()函数可用来关闭文件流。这个函数中断文件的外部名和内部名之间的连接，释放能够以后用于另外文件的内部文件指针名。例如，语句

```
fclose(inFile);
```

关闭inFile文件。给fclose()函数的参数应该是在文件被打开时使用的指针名。

因为所有的计算机在每次能够打开的最大文件数上有限制，关闭不再需要的文件具有好的意义①。当程序正常执行结束时，存在的任何打开的文件也会自动地被操作系统关闭。

练习10.1

简答题

1. 编写连接下面的外部数据文件名到它们相应的内部名的单独声明语句和打开语句。假设所有的这些文件都是文本文件。

外部名	内部名	模式
coba.mem	memo	输出
book.let	letter	输出
coupons.bnd	coups	附加
yield.bnd	yield	附加
prices.dat	priFile	输入
rates.dat	rates	输入

2. a. 使用自选的内部文件名data.txt，prices.txt，coupons.dat和exper.dat，编写一组打开这些外部文件(作为输入文本文件)的两条语句。

① 能够一次打开的最大文件数由系统符号常量FOPEN_MAX定义。

b. 使用一个语句重新编写练习 2a 的两条语句。

3. a. 使用自选的内部文件名 data.txt，prices.txt，coupons.dat 和 exper.dat，编写一组打开这些外部文件(作为输出文本文件)的两条语句。
   b. 利用一条语句重写练习 3a 中的两条语句。
4. 将一个已保存的 C 语言程序称为一个文件是否恰当？为什么？
5. 利用随计算机操作系统提供的参考手册，确定计算机系统存储空间所支持的命名一个文件的最大字符数。
6. 查看 stdio.h 头文件，查找符号常量 FILENAMEMAX 和 FOPENMAX，分别确定一个外部文件名允许的最大字符数和在一个 C 语言程序内能够打开的最大文件数。

编程练习

1. 在计算机上输入并执行程序 10.1。
2. 在计算机上输入并执行程序 10.2。
3. a 在计算机上输入并执行程序 10.3a。
   b 将 fclose()函数加入程序 10.3a，然后执行程序。
4. a 在计算机上输入并执行程序 10.3b。
   b 将 fclose()函数加入程序 10.3b，然后执行程序。
5. 编写声明和打开语句，把下面的外部数据文件名连接到它们相应的内部名字。注意所有的文件都是二进制文件，不是文本文件。

外部名	内部名	模式
coba.mem	memo	二进制和输出
coupons.bnd	coups	二进制和附加
prices.dat	PriFile	二进制和输入

10.2 读取和写入文本文件

对一个打开的文本文件进行读取或写入，几乎包括从一个终端读取输入和把数据写入一个显示屏幕用的相同的标准库函数。为了写入一个文本文件，可使用下表中所描述的函数。

函数	描述
fputc(*c, filename*)	把一个字符写入文件
fputs(*string, filename*)	把一个字符串写入文件
fprintf(*filename,"format", args*)	按照格式把一个参数的数值写入文件

这些函数的函数原型包含在 stdio.h 中。在这些函数中，文件名是当这个文件打开时被指定的内部指针名。例如，如果 outFile 是用写入模式或附加模式打开的文件的内部指针名，下面的输出语句是有效的。

```
fputc('a',outFile);  /* 写入一个 a 给这个文件 */
fputs("Hello world!",outFile);  /* 写入这个字符串给这个文件 */
fprintf(outFile,"%s %n",descrip,price);
```

注意，fputc()，fputs()和 fprintf()函数的用法与 putchar()，puts()和printf()函数相同，它们都用一个文件名作为参数之一。文件名只是指示这个输出到一个指定的文件而不是输出到标准的显示设备。程序 10.4 演示了写入一个描述以及价格列表到文件的写入函数 fprintf()的使用。

程序 10.4

```
#include <stdio.h>
#include <stdlib.h>   /* exit()所要求的 */

int main()
{
  int i;
  FILE *outFile; /* 文件声明 */
  double price[] = {39.25,3.22,1.03}; /* 一个价格列表 */
  char *descrip[] = { "Batteries", /* 一个描述 */
                      "Bulbs",     /* 列表 */
                      "Fuses"};

  outFile = fopen("prices.dat","w"); /* 打开这个文件 */

  if (outFile == NULL)
  {
    printf("\nFailed to open the file.\n");
    exit(1);
  }
  for(i = 0; i < 3; i++)
    fprintf(outFile,"%-9s %5.2f\n",descrip[i],price[i]);
  fclose(outFile);

  return 0;
}
```

当执行程序 10.4 时，就会创建名称为 prices.dat 的文件并由计算机保存。这个文件是一个有序文件，由下列三行组成。

```
Batteries 39.25
Bulbs      3.22
Fuses      1.03
```

文件中的第一列(描述列)按行以左对齐的方式排列，因为 printf()函数调用中的控制序列符%-9s 强制这个描述在一个 9 字符的位置的字段中左对齐。同样，第二列(价格列)在一个 5 字符的字段中右对齐，而与第一列之间有一个空格的间距。

这个文件中字符的实际保存取决于计算机使用的字符码。尽管在这个文件中，似乎对应于写入这个文件的描述、空白和价格只有 45 个字符，但这个文件实际上包含 48 个字符，额外的字符由在每行末端的换行转义序列符组成。

假设字符使用 ASCII 码保存，prices.dat 文件被物理地保存为类似图 10.2 给出的模样。为了方便，对应于每个十六进制代码的字符在代码的下面列出。代码 20 代表空白字符。另外，C 语言在关闭文件时，附加最低值的十六进制字节 0x00 作为文件结束(EOF)的标记。这个文件结束标记不会作为文件的一部分计数。

```
42 61 74 74 65 72 69 65 73 20 33 39 2e 32 35 0a 42 75 6c 62 73
 B  a  t  t  e  r  i  e  s     3  9  ·  2  5 \n  B  u  l  b  s

20 20 20 20 20 20 33 2e 32 32 0a 46 75 73 65 73 20 20 20 20 20
                   3  ·  2  2 \n  F  u  s  e  s

20 31 2e 30 33 0a
    1  ·  0  3 \n
```

图 10.2　典型计算机中保存 prices.dat 文件的方式

编程注解:使用完整的文件路径名

在程序开发期间，数据文件通常放置在与程序相同的目录中。因此，fopen("prices.dat", "r")的表达式不会使操作系统引起问题。但是在生产性系统中，数据文件存在于某个目录而程序文件存在于另一个目录中的情况是不常见的。由于这个原因，包含任何被打开文件的完整路径名总是一个好主意。

例如，如果 prices.dat 存在于目录 \test \files 中，则 fopen()语句应该包含完整的路径名如下。

```
fopen("\\test\\files\\prices.dat","r")
```

这样，无论程序在哪里运行，操作系统都将知道在哪里找到这个文件。

另外一个重要的习惯是在一个程序顶部列出所有的文件名而不是把文件名深藏在代码内。这能够通过为每个文件名使用一个字符串变量容易地实现。例如，如果声明

```
char fileName[50] = "\\test\\files\\prices.dat";
```

放置在程序文件的顶部，它清楚地列出了期望的文件名和它的位置。然后，如果要测试另一个文件，则需要做的是在程序顶部的这一行简单地改变文件名及位置即可。

使用一个字符串变量保存文件名对于返回代码检查也是有用的。例如，考虑代码

```
if ((inFile = fopen(fileName,"r")) ==NULL)
{
  printf("\nFakled to open the data file named %s.\n", inFile);
  exit(1);
}
```

如果文件没有成功地打开，则这个令人不愉快的文件名将作为错误信息的一部分输出，而不必明显地再次重写完整的路径名。

从文本文件读取

从文件读取数据几乎与从标准的键盘上读取数据相同，用于从文件读取数据的文件函数及其描述在下表中说明。

函数	描述
fgetc(*filename*)	从文件读取一个字符
fgets(*stringname*, *n*, *filename*)	从文件读取 $n-1$ 个字符并把字符存储在给定的字符串名中
fscanf(*filename*, *"format"*, *&args*)	根据这个格式,从文件读取所列出的参数值

例如，如果 inFile 是用读模式打开的一个文件的内部指针名，下面的语句能够用于从这个文件读取数据。

```
fgetc(inFile); /* 读取这个文件中的下一个字符 */
fgets(message,10,inFile); /* 从这个文件读取接下来的9个 */
                          /* 字符到消息中 */
fscanf(inFile,"%lf",&price); /* 读取一个双精度数字 */
```

所有这些输入函数的函数原型都包含在 stdio.h 中。所有输入函数都会正确地检测文件结束标记。但是，当检测到这个标记时，fgetc()，fscanf()函数返回名称为 EOF 的常量，而 fgets()函数返回一个 NULL(\0)。这两个命名常量 EOF 和 NULL 对于检测正在读取的文件结束都是有用的标记，取决于所使用的函数。

从文件读取数据要求程序员知道数据如何出现在这个文件中。从文件正确地“脱模”数据到合适的用于保存的变量中是必要的。所有文件被顺序地读取，以便一旦一个项被读取后，这个文件中的下一个项变为可用于读取。

程序 10.5 演示了读取在程序 10.4 中创建的 prices.dat 文件的过程。这个程序也说明了当遇到文件的结束处时由 fscanf()函数返回的 EOF 标记的使用。

程序 10.5

```
#include <stdio.h>
#include <stdlib.h>  /* exit() 所要求的 */

int main()
{
  char descrip[10];
  double price;
  FILE *inFile;

  inFile = fopen("prices.dat","r");
  if (inFile == NULL)
  {
    printf("\nFailed to open the file.\n");
    exit(1);
  }
  while (fscanf(inFile, "%s %lf",descrip,&price) != EOF)
    printf("%-9s %5.2f\n",descrip,price);
  fclose(inFile);

  return 0;
}
```

程序 10.5 继续读取文件直到检测到 EOF。每一次读取文件，一个字符串和一个双精度数就输入到这个程序。程序 10.5 产生的显示如下。

```
Batteries 39.25
Bulbs      3.22
Fuses      1.03
```

在程序 10.5 使用 fscanf()函数的地方，能够使用一个 fgets()函数调用。fgets()函数调用要求三个参数:将保存的被读取的第一个字符的地址、要被读取的最大字符数和输入文件的名称。例如，函数调用

```
fgets(line,81,inFile);
```

导致一个最大80个字符(比指定的数少一个)要从名称为 inFile 的文件中读取，并被保存到名称为 line 的指针中包含的地址的起点。fgets()函数调用继续读取字符，直到80个字符已经被读取或者遇到一个换行符时为止。如果遇到一个换行符，在这个字符串用字符串结束标记\0被终止之前，它与其他输入的字符一起被包含。fgets()函数调用也检测文件结尾标记，但当遇到文件的结尾时返回 NULL 字符。程序10.6说明了 fgets()函数在一个工作程序中的使用情况。

程序10.6

```
#include <stdio.h>
#include <stdlib.h>   /* exit() 所要求的 */

int main()
{
  char line[81],descrip[10];
  double price;
  FILE *inFile;

  inFile = fopen("prices.dat","r");
  if (inFile == NULL)
  {
    printf("\nFailed to open the file.\n");
    exit(1);
  }
  while (fgets(line,81,inFile) != NULL)
    printf("%s",line);

  fclose(inFile);
  printf("\nThe file has been successfully written.\n");

}
```

程序10.6实际上是一行接一行的文本复制程序，从文件中读取一行文本，然后在终端显示它。因此，程序10.6的输出与程序10.5的输出是相同的。如果获得描述和价格作为单独的变量是必须的，则应该使用程序10.5，或者程序10.6中的 fgets()函数返回的字符串必须使用字符串扫描函数 sscanf()进一步处理。例如，语句

```
sscanf(line,"%s %lf",descrip,&price)
```

能够用于从保存到 line 字符数组(见9.5节存储空间内字符串格式化的描述)的字符串中提取描述和价格。

标准设备文件

已经使用过的数据文件指针都是逻辑文件指针。逻辑文件指针是引用已经保存到一个普通名词之下的相关数据的文件指针，即它“指向”一个数据文件。除了逻辑文件指针之外，C语言还支持物理文件指针。物理文件指针“指向”一个硬件设备，例如键盘、显示器或打印机。

为数据输入指派给程序的实际物理设备形式上称为标准输入文件，通常它为键盘。在C语言程序中遇到一个 scanf()函数调用时，计算机为期望得到的输入自动地转向这个标准的输

入文件。同样，在遇到 printf()函数调用时，输出被自动地显示或者“被写入”一个作为标准的输出文件所指派的设备。对于大多数系统而言，这个设备就是显示器，尽管它也可以是打印机。

当程序运行时，用于输入数据的键盘被自动地打开，并被指派给名称为 stdin 的内部文件指针。同样，用于显示的输出设备被指派给名称为 stdout 的文件指针。这些文件指针对程序员的使用总是可得到的。

printf()和 fprintf()之间、scanf()和 fscanf()之间的相似性也是如此。printf()函数是 fprintf()函数的默认标准输出文件的一个特例，而 scanf()函数是 fscanf()函数的默认标准输入文件的一个特例。于是

```
fprintf(stdout,"Hello World!");
```

产生与语句 printf("Hello World!");相同的显示。同样

```
fscanf(stdin,"%d",&num);
```

等效于语句

```
scanf("%d",&num);
```

除了 stdin 和 stdout 文件指针外，名称为 stderr 的第三个指针被指派给用于系统错误消息的输出设备。尽管 stderr 和 stdout 经常指的是同一设备，但是 stderr 的使用提供一种重定向任何错误消息远离正在被用于正常程序输出的文件的方法，如附录 D 中所描述的一样。

就像 scanf()和 printf()分别是 fscanf()和 fprintf()函数的特例一样，函数 getchar()，gets()，putchar()和 puts()也是表 10.2 中列出的更一般的文件函数的特例。

表 10.2　I/O 函数之间相应关系

函数	一般形式
putchar(*character*)	fputc(*character*,stdout)
puts(*string*)	fputs(*string*, stdout)
getchar()	fgetc(stdin)
gets(*stringname*)	fgets(*stringname*,*n*,stdin)

表 10.2 中列出的字符函数对能够相互直接交换。但对于字符串处理函数，这不是正确的，字符串处理函数之间的差别描述如下。

在输入方面，正如前面所注解的一样，fgets()函数从一个文件读取数据，直到一个换行转义序列符或者一个指定的字符数被读取时为止。如果 fgets()函数遇到一个换行转义序列符，像在程序 10.6 中所看到的一样，它与其他输入的字符一起被保存。但是，gets()函数不会在最终的字符串中保存这个换行转义序列符。两个函数都用一个字符串结尾 NULL 字符终止已输入的字符。

在输出方面，puts()和 fputs()两个函数都在字符串中写入所有的字符，除了终止字符串结尾 NULL 字符。但是，puts()函数自动地在已传送的字符的结尾添加一个换行转义序列符，而 fputs()函数不这样做。

其他设备

无论什么时候，只要 C 语言程序开始执行，键盘、显示器和报告错误的设备都将自动地打

开并被分别指派给内部文件名 stdin，stdout 和 stderr。另外，如果知道被系统指派的名称，其他的设备也能够用于输入或输出。例如，大多数 IBM 及其兼容机都将名称 prn 指派给连接到计算机的打印机。对于这些计算机，语句 fprintf("prn", "Hello World!");使字符串"Hello World!"直接输出到打印机。像 stdin，stdout 和 stderr 一样，prn 是一个物理设备的名称。与 stdin，stdout 和 stderr 不同，prn 不是指针常量而是这个设备的实际名称。同样，在语句中使用它时，也必须将它包含在双引号中。

练习 10.2

简答题

1. 与 printf()和 scanf()函数相对应，在使用 fprintf()和 fscanf()函数时需要哪些参数？
2. 列出能够用于写入数据到文件的三个函数。
3. 列出能够用于从文件中读取数据的三个函数。
4. 对应于 stdin 的设备是什么？
5. 对应于 stdout 的设备是什么？

编程练习

1. a. 使用 gets()和 fputs()函数，编写一个 C 语言程序，从键盘接收几行文本，并将每一行写入一个名称为 text.dat 的文件，直到输入一个空行时为止。空行是没有文本的行，即通过按回车键引起的一个新行。
   b. 用一个等价的 fgets()函数调用替换为练习 1a 编写的程序中的 gets()函数。
   c. 修改程序 10.6，读取并显示保存到练习 1a 中创建的 text.dat 文件中的数据。
2. 确定由计算机提供的显示一个已保存文件内容的操作系统命令或过程。把它的操作与为练习 1c 开发的程序进行比较。提示：在用键盘驱动的操作系统中，例如 DOS 和 UNIX，典型的操作系统命令是 dir，list，type 或 cat。
3. a. 创建一个包含下列数据的名称为 employ.dat 的文件。

Anthony	A. J.	10031	7.82	12/18/62
Burrows	W. K.	10067	9.14	6/9/63
Fain	B. D.	10083	8.79	5/18/59
Janney	P.	10095	10.57	9/28/62
Smith	G. J.	10105	8.50	12/20/61

   b. 编写一个名称为 fcopy 的程序，以读取练习 3a 中创建的 employ.dat 文件，并产生一个名称为 employ.bak 的文件副本。
   c. 修改练习 3b 中的程序，接收原始文件名和副本文件名作为用户输入。
   d. 因为 fcopy 总是从原始文件复制数据到副本文件，对于每次执行程序时总是提示用户的方法，你能够想出更好的接收原始文件名和副本文件名的方法吗？
4. a. 编写一个程序，打开一个文件并显示带有相关行的文件的内容，即程序应该能在文件第一行的前面输出 1，在第二行的前面输出 2，等等。
   b. 修改练习 4a 中的程序，将文件的内容通过与计算机相连的打印机输出。
5. a. 创建一个包含下列数据的文件。

H. Baker	614 Freeman St.	Orange	NJ
D. Rosso	83 Chambers St.	Madison	NJ
K. Tims	891 Ridgewood Rd.	Millburn	NJ
B. Williams	24 Tremont Ave.	Brooklyn	NY

b. 编写一个程序，利用下列输出格式读取和显示练习5a中创建的数据文件。

```
Name:
Address:
City, State:
```

6. a. 创建一个包含下列姓名、社会保险号、小时工资和工作时间的文件。

B. Caldwell	555-98-4128	7.32	37
D. Memcheck	555-53-2147	8.32	40
R. Potter	555-32-9826	6.54	40
W. Rosen	555-09-4263	9.80	35

b. 编写一个C语言程序，读取练习6a中创建的数据文件，计算并显示一个工资表。输出中应该列出每个人的社会保险号、姓名和总收入。

7. a. 创建一个包含下列汽车编号、已行驶英里数和每辆汽车使用的汽油加仑数的文件。

汽车编号	已行驶的英里数	使用的加仑数
54	250	19
62	525	38
71	123	6
85	1322	86
97	235	14

b. 编写一个C语言程序，读取练习7a中创建的文件中的数据，并显示汽车编号、已行驶的英里数、使用的加仑数和每辆汽车每加仑行驶的英里数。此外，输出还应该包含行驶的总英里数、使用的总加仑数和所有汽车平均加仑行驶的英里数。后面的几个输出应该显示在输出报表的结尾。

8. a. 用下列包含零件号、初始数量、售出数量和要求的最小库存数的数据创建一个文件。

零件号	初始数量	销售数量	最小库存数
QA310	95	47	50
CM145	320	162	200
MS514	34	20	25
EN212	163	150	160

b. 编写一个C语言程序，创建一个基于练习8a中的数据的库存报表。显示应该由零件号、当前库存数以及使库存达到最低标准所必须增加的数量。

9. a. 创建一个包含下列数据的文件。

姓名	价格	小时
Callaway, G.	6.00	40
Hanson, P.	5.00	48
Lasard, D.	6.50	35
Stillman, W.	8.00	50

b. 编写一个C语言程序，使用包含在练习9a中的信息创建下列每个雇员的工资表。

姓名 费用 小时 基本工资 超时工资 总收入

超出40小时的部分按基本工资的1.5倍支付。另外，这个程序应该显示基本工资、超时工资和总工资。

10. a. 保存下列数据到一个文件中。

```
5 96 87 78 93 21 4 92 82 85 87 6 72 69 85 75 81 73
```

b. 编写一个C语言程序，计算并显示练习10a中每组数的平均数。这些数据在文件中的排列方式是

表示每组数目的数放在该组数的前面。于是，文件中的第一个数5表示接下来的5个数将被分组在一起，数4表示跟随的4个数是一组，而6表示最后6个数是一组。提示:使用嵌套循环，当遇到EOF标记时外层循环应该终止。

10.3 随机文件访问

文件组织指的是数据保存到文件中的方式。前面使用的所有文件都具有顺序的组织，意味着文件中的字符顺序地一个接一个地保存。另外，也用顺序的方式读取文件。访问文件中数据的方式称为文件访问。但是，尽管文件中的字符是按顺序保存的，这并不意味着需连续地访问它。

标准库函数rewind()，fseek()和ftell()能够用于提供对文件的随机访问。随机访问文件能够直接读取文件中的任何字符，不必首先读取这个字符之前保存的所有字符。

rewind()函数重置当前文件开始的位置，它要求的唯一参数是文件的名称。例如，语句

```
rewind(inFile);
```

重置这个文件，以便下一个被访问的字符是文件中的第一个字符。当文件用读模式打开时，rewind()能自动地完成。

fseek()函数允许程序员移动到文件中的任何位置。为了理解这个函数，必须首先理解数据在文件中是怎样引用的。

数据文件中的字符通过它在文件中的位置被定位。文件中的第一个字符被定位在位置0，下一个字符在位置1，等等。这与数据被保存到一个一维数组中的方式是一样的。像数组中的元素一样，文件中的字符位置也被称为它与文件起始点的偏移量。因此，对于文件中的每个字符，第一个字符具有偏移量0，第二个字符具有偏移量1，等等。

fseek()函数要求三个参数:文件的指针名、作为长整型的偏移量以及偏移量从这个位置被计算的位置。fseek()的一般形式是

```
fseek(fileName, offset, origin)
```

起始参数的值能够是0，1或2，它们在stdio.h头文件中分别被定义为命名常量SEEKSET，SEEKCUR和SEEKEND。SEEKSET表示偏移量对应于文件的开始，SEEKCUR表示偏移量对应于文件中的当前位置，SEEKEND表示偏移量对应于文件的结尾。正的偏移量表示在文件中向前移动，负的偏移量表示向后移动。fseek()的例子有如下。

```
fseek(inFile,4L,SEEK_SET);  /* 转向这个文件中的第5个字符 */
fseek(inFile,4L,SEEK_CUR);  /* 向前移动5个字符 */
fseek(inFile,-4L,SEEK_CUR);  /* 向后移动5个字符 */
fseek(inFile,0L,SEEK_SET);  /* 转向rewind()的相同文件的开始 */
fseek(inFile,0L,SEEK_END);  /* 转向文件的结尾 */
fseek(inFile,-10L,SEEK_END);  /* 转向文件结尾之前的10个字符 */
```

在这些例子中，inFile 是在数据文件被打开时使用的文件指针的名称。注意，已传递给 fseek()的偏移量必须是一个长整型数。附加的 L 告诉编译器把这个数转换为一个长整型数。

最后一个函数 ftell()，只是返回下一个将被读取或写入的字符的偏移量值。例如，如果10个字符已经从一个名称为 inFile 的文件中读取，则函数调用

```
ftell(inFile);
```

返回长整型数 10。这意味着下一个要被读取的字符是从这个文件的开始偏移 10 字节的位置，即这个文件的第 11 个字符。

程序 10.7 说明了使用 fseek()和 ftell()用反序读取一个文件，从最后一个字符到第一个字符。每个字符在读取的同时也被显示。

程序 10.7

```
#include <stdio.h>
#include <stdlib.h>  /* exit() 所要求的 */

int main()
{
  int ch, n;
  long int offset, last;
  FILE *inFile;

  inFile = fopen("text.dat","r");
  if (inFile == NULL)
  {
    printf("\nFailed to open the test.dat file.\n");
    exit(1);
  }
  fseek(inFile,0L,SEEK_END); /* 移到这个文件的结尾 */
  last = ftell(inFile); /* 保存最后一个字符的偏移量 */
  for(offset = 0; offset <= last; offset++)
  {
    fseek(inFile, -offset, SEEK_END); /* 向后移到 */
                                      /* 下一个字符 */
    ch = getc(inFile); /* 得到这个字符 */
    switch(ch)
    {
      case '\n': printf("LF : ");
                 break;
      case EOF : printf("EOF: ");
                 break;
```

```
        default : printf("%c : ",ch);
                  break;
      }
    }
    fclose(inFile);

    return 0;
}
```

假设文件 text.dat 包含数据

```
Bulbs 3.12
```

则程序 10.7 的输出如下。

```
EOF : 2 : 1 : . : 3 : : s : b : l : u : B :
```

程序 10.7 最初转向这个文件中的最后一个字符。这个字符的偏移量是文件结尾字符，被保存到变量 last 中，由于 ftell()返回一个长整型，所以 last 也被声明为一个长整型。ftell()的函数原型包含在 stdio.h 中。

从文件的结尾开始，fseek()用来决定下一个要被读取的字符的位置，从文件的后面被引用。当读取每个字符时，字符被显示并且偏移量被调整到访问下一个字符。

练习 10.3

简答题

1. 在一个具有顺序组织的文件中，数据是如何组织的？
2. 如果文件被顺序地组织，这意味着文件访问必须是顺序的吗？为什么？
3. 什么函数可用于把文件指针定位到文件中的任何位置？
4. 确定被程序 10.7 中的 ftell()函数返回的偏移量值。假设文件 text.dat 包含数据

   ```
   Bulbs 3.12
   ```

编程练习

1. 重新编写程序 10.7，以便在 for 循环中使用的 fseek()函数的起点是文件的开始而不是结尾。这个程序应该仍然用反序输出文件内容。
2. 如果被指定的位置已经到达，则 fseek()函数返回 0，如果被指定的位置超过了文件的边界，则 fseek()返回 1。修改程序 10.7，如果 fseek()返回 1 则显示一条错误信息。
3. 编写一个 C 语言程序，读取和显示一个名称为 text.dat 的文件中每隔一个字符的字符。
4. 使用 fseek()函数和 ftell()函数，编写一个名称为 totChars()的 C 语言函数，返回一个文件中的总字符数。
5. a. 编写一个名称为 readBytes()的 C 语言函数，读取并显示从一个文件中的任意位置开始的 *n* 个字符。这个函数应该接收三个参数：文件指针、第一个被读取字符的偏移量和要被读取的字符数。

   b. 修改练习 5a 中的 readBytes()函数，将读取的字符保存到一个字符串或一个数组中。这个函数应该接收内存地址作为第四个参数。

6. 假设已经创建了一个由一组单独的行组成的数据文件，编写一个 printLine()函数，读取并显示这个文件的任意期望的行。例如，函数调用 printLine(fileName,5);应该显示传递给该函数的文件名的第五行。

10.4 传递和返回文件名

将内部文件名传递给函数的方法，与传递函数参数的方法相同。传递文件名要求将这个被传递的参数声明为一个指向 FILE 的指针。例如，程序 10.8 中，在 main()中打开了一个名称为 outFile 的文件，且这个文件名被传递给了函数 inOut()，然后这个函数用于写入用户输入的 5 行文本到这个文件。

程序 10.8

```
#include <stdio.h>
#include <stdlib.h>   /* exit() 所要求的 */

void inOut(FILE *); /* 函数原型  */

int main()
{
  FILE *outFile;

  outFile = fopen("prices.dat","w");
  if (outFile == NULL)
  {
    printf("\nFailed to open the file.\n");
    exit(1);
  }

  inOut(outFile);   /* 调用函数 */

  fclose(outFile);
  printf("\nThe file has been successfully written.\n");

  return 0;
}

void inOut(FILE *fname) /*  fname 是一个指向FILE 的指针  */
{
  int count;
  char line[81]; /* 足够一行文本用的存储器   */

  printf("Please enter five lines of text:\n");
  for (count = 0; count < 5; count++)
  {
    gets(line);
    fprintf(fname,"%s\n",line);
  }
}
```

在 main()中这个文件已知为 outFile。outFile 中的值是一个地址，被传递给 inOut() 函数。函数 inOut()把这个地址保存到名称为 fname 的参数并正确地声明 fname 为一个指向 FILE 的指针中。注意，inOut()函数的函数原型声明这个函数指望接收一个指向 FILE 的指针。

从函数返回文件名也要求遵循与用于从函数返回任意值的相同规则。这意味着应把返回值的数据类型包含在函数的首部，应确保正确的变量类型实际从这个函数返回，并告知返回数据类型的调用函数。例如，假设函数 getOpen()没有用任何参数调用，这个函数的用途是提示用户一个文件名，为输出打开这个文件，并把这个文件名传递给正在调用的函数。因为 getOpen()返回一个实际上是指向一个 FILE 的指针的文件名，所以正确的 getOpen()函数的声明是

```
FILE *getOpen()
```

这个声明语句明确地声明函数 getOpen()不期望参数并将返回一个指向 FILE 的指针。它与前面的指针声明是一致的。

一旦函数已经被声明为返回一个指向 FILE 的指针，在这个函数中至少必须有一个变量或参数与这个能够用做实际被返回的值的声明一致。考虑程序 10.9，在这个程序中 getOpen() 返回一个文件名给 main()。

程序 10.9

```
#include <stdio.h>
#include <stdlib.h>   /* exit()所要求的 */

FILE *getOpen();      /* 函数原型 */
void inOut(FILE *);  /* 函数原型 */

int main()
{
  FILE *outFile;

  outFile = getOpen();   /* 调用这个函数 */
  inOut(outFile);        /* 调用这个函数 */

  fclose(outFile);
  printf("\nThe file has been successfully written.\n");

  return 0;
}

FILE *getOpen()  /* getOpen()返回指向一个 FILE 的指针 */
{
  FILE *fname;
  char name[13];

  printf("\nEnter a file name: ");
  gets(name);
  fname = fopen(name,"w");
```

```
  if (fname == NULL)
  {
    printf("\nFailed to open the file %s.\n", name);
    exit(1);
  }

  return(fname);
}

void inOut(FILE *fname) /* fname 是一个指向FILE 的指针 */
{
  int count;
  char line[81]; /*  足够一行文本用的存储器  */

  printf("Please enter five lines of text:\n");
  for (count = 0; count < 5; count++)
  {
    gets(line);
    fprintf(fname,"%s\n",line);
  }
}
```

程序 10.9 只是程序 10.8 的修改版本，现在允许用户从标准的输入设备输入一个文件名。它也说明了返回一个文件名的正确的函数声明。getOpen()函数声明定义这个函数作为返回一个指向 FILE 的指针。在 getOpen()函数内，被返回的变量 fname 是正确的数据类型。最后，main()通过 getOpen()函数的函数原型被告知这个返回的值。

函数 getOpen()是一个"不加渲染的"函数，在这个函数中它不为输出检查正在打开的文件。如果输入一个现存的数据文件的名字，在它用写入模式打开时，将会破坏这个文件的内容。一种有用的防止这类灾难的诀窍是用读取模式打开将用做输入的文件名。然后，如果这个文件存在，fopen()函数返回一个非 0 指针值，以指出这个文件对输入是有用的。这能够告知用户一个具有用于输入的文件名的文件存在于当前的系统中，并且将请求是否破坏这个文件中的数据，如果确认的话，这个文件名能够用于新的输出文件。当然，在这个文件能够用写入模式重新打开之前，它应该关闭。

练习 10.4

简答题

1. 一个名称为 pFile()的函数接收文件名作为一个参数。将文件名传递给 pFile()所要求的声明是什么?
2. a. 一个名称为 getFile()的函数要返回一个文件名，在函数首部和文件内部所要求的声明是什么?
   b. 对于每个调用 getFile()的函数所要求的声明语句是什么? 在什么情况下这个声明能够省略?

编程练习

1. 编写一个名称为 fcheck()的 C 语言函数，检查一个文件是否存在。这个函数的参数是一个文件名。如果文件存在，则函数应该返回值 1，否则返回值 0。

2. 重新编写在程序 10.9 中使用的函数 getOpen()，使它包含在正文中描述的文件检测过程。也就是说，如果输入的文件名存在，则应该显示一条合适的消息，然后应该提示用户输入新的文件名、允许程序覆盖已存在的文件、向现有的文件添加数据或者退出。

10.5 案例研究：创建和使用常量表

一个常见的实际编程要求是创建和维护一个小的常量文件，读取并保存这些常量到一个列表中，然后提供对列表中的常量检查数据的函数。例如，科研程序可能要求一组各种各样的元素冻结或改变状态的温度，工程程序可能要求一组各种各样的矿物等级的物质密度。在财务计划程序中，要求采用读取一组假日日期的表格，然后对照表格中每个日期进行检查。在许多应用中，确保合同结算日期和交付日期不安排在假日是很重要的。

需求规范

这一节的目的是创建一组函数，它们判断一个给定的日期是否为假期，其概念与任何程序检查一个常量列表中的数据一样，如温度、密度或其他参数等。具体地说，将开发两个函数，第一个函数构造一个称为假日列表(holiday table)的列表，列表由预先保存到一个文件中的合法的假日日期组成。第二个函数把所给定的日期和表格中的日期相比较，判断是否存在匹配。

分析第一个函数

创建假日列表要求从一个包含必备的日期文件中读取数据。因为这些日期每年都在改变，因此要求一个独立的维护程序，以维护假日日期。通常，到 12 月中下旬，函数应该自动地向用户发出更新假日日期的提示。在这个程序中，将使用表 10.3 列出的北美洲假日。

表 10.3 北美洲政府假日

假日	日期
元旦	1/1/2007
马丁·路德·金诞生日	1/15/2007
总统日	2/19/2007
耶稣受难日	4/6/2007
复活节	4/9/2007
五月五节	5/5/2007
维多利亚日	5/21/2007
阵亡将士纪念日	5/30/2007
加拿大日	7/1/2007
独立纪念日	7/4/2007
劳动节	9/3/2007
哥伦布发现美洲纪念日	10/8/2007
加拿大感恩节	10/8/2007
美国感恩节	11/22/2007
圣诞节	12/25/2007

假设表 10.3 列出的假日日期都保存到一个名称为 Holidays.txt 的文件中。这样的一个文件能够用文本编辑器创建，也可以从提供这个文本的网站上复制，或者可以编写一个程序，由用户输入日期并将日期写入文件。表 10.4 列出了 15 个假日，每行一个，它们保存到 Holidays.txt 文件中。

表 10.4　存储在 Holidays.txt 文件中的假日

```
1/1/2007
1/15/2007
2/19/2007
4/6/2007
4/9/2007
5/5/2007
5/21/2007
5/30/2007
7/1/2007
7/4/2007
9/3/2007
10/8/2007
10/8/2007
11/22/2007
12/25/2007
```

首先，需要开发一个读取 Holidays.txt 文件中的日期并把它们保存到表格中的程序。

a. 确定输入项

输入项是表 10.4 所列出的 Holidays.txt 文件。

b. 确定要求的输出

要求的输出是一个保存到 Holidays.txt 文件中的日期的表格。这个表格应该具有全局作用域，以便它对所有接下来要求访问这个日期的函数有效。创建这个表格时，必须首先决定如何保存包含在 Holidays.txt 文件每一行中的月、日和年值，而不是将每个日期都保存为一个月、日、年值。可以利用一个日期能够用 yyyymmdd 的形式作为一个整数保存的事实。例如，使用这种格式，日期 12/25/2007 应该保存为 20071225。这种日期值具有许多优点。

第一，用这种方式保存日期，意味着这个表格能够创建成每个日期为一个元素的一维数组，从而可以避免使用三个数组：一个月数组、一个日数组和一个年数组。第二，这种格式使比较两个相等的日期相当容易，在比较中只有一个数必须比较，而不是月与月比较、日与日比较、年与年比较。最后，这种格式使确定两个日期中哪一个先发生或哪一个后发生是相当容易的——具有更高整数值的日期比具有较小值的日期后发生。正是由于这些原因，很多应用程序都把日期转换成一个数值。

c. 列出将输入关联到输出的算法

为此，将这个表格构造为一个大小比文件中整体数目稍大的数组。这样做允许这个数组能接收正在被自动保存的日期数，当声明一个新的日期或某个国家的假期发生变化时，这些数值能够随时变化。因为 Holidays.txt 文件当前有 15 个输入项，将任意地设置能够保存 20 个日期的最大数。这提供了增加 5 个额外的官方假日的能力，对于所有可能增加的官方假日应该是充足的。一个选择是首先总计文件中的输入项数，然后创建一个确切大小的数组。这种解决方案肯定是有效的，但它要求读取两次文件：第一次确定这个文件中有多少个输入项，第二次是读取日期时保存每个日期。

下面的公式能将一个提供为月、日、年的日期转换成一个日期整数。

日期整数 = 年的数值 × 10 000 + 月的数值 × 100 + 日的数值

最后，只是作为一个有用的检验，将开发一个文件，读取函数返回实际被读取和被保存的日期数。这个算法的伪代码如下。

```
创建一个足够容纳所有假日日期的数组
While 文件中有日期
    读取一个日期
    将日期转换成一个整数
    将这个日期保存到日期数组中
EndWhiled
```

d. 执行手工计算

任何日期能够用于这个计算。将使用文件中的第二个日期，1/15/2007，因为与第一个日期不同，它有不同的日值和月值，作为一个日期整数，这变成

2007 × 10 000 + 1 × 100 × 15 = 20 070 000 + 100 + 15 = 20 070 115

注意，乘法实质上是移位年和月的值，以便月的值作为两位数的值直接放置在年的数字之后，日的值作为两位数的值直接放置在月的数字之后。

编码函数

基于这些考虑，描述的文件检索函数的算法的伪代码如下。

```
创建一个能保存 20 个整数的数组
设置一个计数器为 0
打开 Holidays.txt 文件，检查成功的打开发生
While 在文件中有日期
    读取月、日和年的日期
    将日期转换为 yyyymmdd 形式的整数
    将这个整数日期赋给 Holiday 数组
    给这个计数器加 1
EndWhile
关闭 Holidays.txt 文件
返回计数器的值
```

命名的函数为 getHolidays()，下面的 C 语言代码对应于这个算法。

```
#include <stdio.h>
#include <stdlib.h>  /* exit() 所要求的 */
#define HOLIDAYS 20
int htable[HOLIDAYS];  /* 一个全局的 holiday 数组 */

int getHolidays()
{
  char HolidayFile[] = "c:\\csrccode\\Holidays.txt"; /* 把这个路径改变成这 */
  int i = 0;                                          /* 个文件存储在你的 */
  int mo, day, yr;                                    /* 计算机上的路径 */
  char del1, del2;
```

```
12    FILE *inFile;
13
14    inFile = fopen(HolidayFile,"r");   /* 打开这个文件 */
15    /* 检查一个成功的打开 */
16    if (inFile == NULL)
17    {
18      printf("\nFailed to open the file.\n");
19      exit(1);
20    }
21
22    /* 读取、转换和存储每个日期 */
23    while (fscanf(inFile, "%d%c%d%c%d", &mo, &del1, &day, & del2, &yr) != EOF)
24      htable[i++] = yr * 10000 + mo * 100 + day;
25
26    fclose(inFile);
27
28    return i;
29  }
```

只要理解了它所表示的算法，getHolidays()的编码是相当简单的。首先要注意的是，将日期分离成月、日、年取决于正在用月/日/年的形式编写的 Holidays.txt 文件内保存的日期，这种格式使用单一字符，前面的正斜线用于划界单独的值。因此，在分解这些来自输入数据的值时，这个单一的定界符作为一个字符被接收，然后就被忽略。这在第 23 行中每次从文件读取一个日期时完成。

```
23  while (fscanf(inFile, "%d%c%d%c%d", &mo, &del1, &day, &del2, &yr) != EOF)
```

在这里，第一个分离月和日值的分界符被保存到字符变量 del1 中，第二个分离日和年值的分界符被保存到 del2 中。这两个分界符然后在所有的进一步处理中都被忽略①。

一旦获得月、日和年的值，它们就被直接转换成一个整数并在第 24 行中使用赋值语句保存到 htable 数组中。

```
24  htable[i++] = yr * 10000 + mo * 100 + day;
```

注意，这个语句也使 i 的值增加 1，以便下一个读取的值正确地赋值给 htable 数组中的下一个位置。当函数检测到 Holidays.txt 文件中没有输入项后，while 循环退出，文件关闭。最后，这个函数返回已经被读取和赋值给 htable 数组的数据项的数量。

测试和调试函数

完成了 getHolidays()函数的编码后，就可以测试它的操作了。程序 10.10 首先调用 getHolidays()函数，然后显示从 Holidays.txt 文件取得的日期，并保存到 htable 数组中。

程序 10.10

```
#include <stdio.h>
#include <stdlib.h>   /* exit() 所要求的 */
#define HOLIDAYS 20
int htable[HOLIDAYS];   /* 一个全局的 holiday 数组 */
```

① 另一个选择是使用函数调用 fscanf(inFile,"%d/%d/%d", &mo, &day, &yr)，这告诉函数使用斜线作为整数之间的定界符。

```

int main()
{
int getHolidays();  /* 函数原型 */
int i, numHolidays;

numHolidays = getHolidays();

/* 验证输入和 Holiday 的存储器 */
printf("The Holiday array contains %d holidays\n", numHolidays);
printf(" and contains the elements:\n");
for(i = 0; i < numHolidays; i++)
printf("%d\n", htable[i]);

return 0;
}

int getHolidays()
{
  char HolidayFile[] = "c:\\csrccode\\Holidays.txt"; /* 把这个路径改变成这 */
  int i = 0;                                          /* 个文件存储在你的 */
  int mo, day, yr;                                    /* 计算机上的路径 */
  char del1, del2;
  FILE *inFile;

  inFile = fopen(HolidayFile,"r");   /* 打开这个文件 */
  /* 检查一个成功的打开 */
  if (inFile == NULL)
  {
    printf("\nFailed to open the file.\n");
    exit(1);
  }

  /* 读取、转换和存储每个日期 */
  while (fscanf(inFile, "%d%c%d%c%d", &mo, &del1, &day, &del2, &yr) != EOF)
    htable[i++] = yr * 10000 + mo * 100 + day;

  fclose(inFile);

  return i;
}
```

程序 10.10 产生的输出如下。

```
The Holiday array contains 15 holidays
 and contains the elements:
20070101
20070115
20070219
20070406
20070409
20070505
```

```
20070521
20070530
20070701
20070704
20070903
20071008
20071008
20071122
20071225
```

正如输出所表明的，文件的日期已经被成功地读取并转换成一个整数据值，并通过 getHolidays()函数保存到 htable 数组中。

分析第二个函数

对于这个函数的要求是它接收一个日期并对照保存到程序的全局 htable 数组中的日期检查它。如果找到一个匹配的日期，就应该返回一个与真值相对应的值 1，否则返回一个与假值相对应的值 0。但是，在进行这个检查之前，函数必须首先确定这个表格是否为空。如果是，则应该调用 getHolidays()函数，以创建一个有效的表格。

a. 确定输入项

输入项是由 getHolidays()产生的 htable 数组和一个日期，这个日期的值要对照这个数组中的每一个输入项检查，直到发现一个匹配值或者到达数组的结尾为止。

b. 确定要求的输出

这个输出是如果匹配则返回值 1，否则返回 0。

c. 列出相关输入到输出的算法

描述的函数的算法如下。

```
If 假日表格为空
  调用 getHolidays()
EndIf
For 所有的假日表格中
  从表格取回假日
  把正在测试的日期与从数组取回的日期做比较
  If 有一个匹配
    返回 1
EndFor
返回 0
```

编码函数

命名的函数为 isHoliday()，这个算法的 C 语言代码如下。

```
int isHoliday(int testDate)
{
  int getHolidays();   /* 函数原型 */
  #define TRUE 1
  #define FALSE 0
  int i;

```

```
8     /* 如果 Holiday 数组为空，读取假日文件 */
9     if (htable[0] == 0)
10      getHolidays();
11
12    /* 为给定的日期搜索Holiday数组 */
13    for(i = 0; i < HOLIDAYS; i++)
14      if (testDate == htable[i])
15        return TRUE;
16
17    return FALSE;
18 }
```

如果有一个匹配(第14行)，函数中断循环并返回值1，否则，如果循环正常地退出，表示没有匹配被发现，返回值0。注意，函数指望接收一个日期，这个日期作为一个整型参数被检查，该参数具有和保存到 htable 数组中的日期相同的格式。

测试和调试函数

isHoliday()函数的一个适当的测试是通过把这个函数包含在程序10.11中获得的。具体地说，程序10.11通过测试一个假日和一个非假日日期验证 isHoliday()。

程序 10.11

```
#include <stdio.h>
#include <stdlib.h>   /* exit()所要求的 */
#define HOLIDAYS 20
int htable[HOLIDAYS];   /* 一个全局 holiday 数组 */

int main()
{
  int isHoliday(int);   /* 函数原型 */
  int mo, day, yr, testDate;

  printf("Enter a month, day, and year: ");
  scanf("%d %d %d", &mo, &day, &yr);
  testDate = yr * 10000 + mo * 100 + day;

  if (isHoliday(testDate))
    printf("This date is a holiday.\n");
  else
    printf("This date is not a holiday.\n");

  return 0;
}

int isHoliday(int testDate)
{
  int getHolidays();   /* 函数原型 */
  #define TRUE 1
  #define FALSE 0
  int i;

```

```
  /* 如果 Holiday 数组为空，读取假日文件 */
  if (htable[0] == 0)
    getHolidays();

  /* 为给定的日期搜索 Holiday 数组 */
  for(i = 0; i < HOLIDAYS; i ++)
    if (testDate == htable[i])
      return TRUE;

  return FALSE;
}

int getHolidays()
{
  char HolidayFile[] = "c:\\csrccode\\Holidays.txt";
  int i = 0;
  int mo, day, yr;
  char del1, del2;
  FILE *inFile;

  inFile = fopen(HolidayFile,"r");   /* 打开这个文件 */
  /* 检查一个成功的打开 */
  if (inFile == NULL)
  {
    printf("\nFailed to open the file.\n");
    exit(1);
  }

  /* 读取、转换和存储每个日期 */
  while (fscanf(inFile, "%d%c%d%c%d", &mo, &del1, &day, &del2, &yr) != EOF)
    htable[i++] = yr * 10000 + mo * 100 + day;

  fclose(inFile);

  return i;
}
```

程序10.11两次运行产生的输出如下。

```
Enter a month, day, and year: 1 5 2007
This date is not a holiday.
```

和

```
Enter a month, day, and year: 12 25 2007
This date is a holiday.
```

根据这个输出，isHoliday()函数看起来运行无误。

练习10.5

简答题

1. Holidays.txt 文件中的日期能够保存到三个单独的数组中：一个日数组、一个月数组和一个年数组。

a. 用这种方式保存日期的优点是什么?

b. 用这种方式保存日期的缺点是什么?

2. 为了将一个 `yyyymmdd` 形式的日期转换成为一个日、月和年的值，设计一个算法。例如，日期 20071225 应提供一个分别是 12，25 和 2007 的日、月和年的值。
3. 除了在程序 10.11 介绍的 `isHoliday()`函数以外，在处理日期时，其他什么函数可能是有用的?

编程练习

1. 输入、编译并执行程序 10.10。
2. 在计算机上输入并执行程序 10.11。
3. 创建一个名称为 `setHolidays()`的函数，读取和显示当前的假日列表，然后让用户改变、增加或删除列表中的假日。在修改假日列表后，该函数应该排序假日并显示新的列表。最后，函数应该询问用户新的列表是否应该保存。如果用户肯定地回答，函数应该把新的数据写入现存的 `Holidays.txt` 文件中，覆盖现存文件的内容。
4. 在美国东北地区，8 月份到 9 月份所采用的空气中的花粉量计数，测量的是空气中豚草属花粉颗粒的数量。每立方米空气中 10 到 200 个颗粒范围的花粉数量在一年中的这个时候是典型的值。如果花粉数在 10 个以上，则会影响少数的花粉过敏者，30 到 40 的花粉数将明显地影响 30% 的花粉过敏者，而 40 到 50 的花粉数将影响超过 60% 的花粉过敏者。

   编写一个 C 语言程序，更新一个包含最近 10 个花粉计数的文件，把每个新计数添加到这个文件的结尾。当添加一个新的计数到这个文件的结尾时，删除最老的计数，它是这个文件中的第一个值。程序也应该计算并显示新旧文件中数据的平均值。

   为了测试程序，首先创建一个名称为 `Pollen.dat` 的文件，这个文件包含以下花粉计数数据:30，60，40，80，90，120，150，130，160，170。第一个值 30 相当于最老的花粉计数，最后一个值 170 相当于最近的花粉计数。这个文件更新程序的伪代码如下。

```
显示一条指出这个程序做什么的信息
请求这个数据文件的名称
请求一个新的花粉计数读数
打开这个数据文件作为一个输入文件
Do 10 个数据项
  读取一个值到一个数组
  添加这个值到一个 total 变量
EndDo
关闭这个文件
打开这个文件作为输出文件
计算并显示过去 10 天的平均数
计算并显示最近 10 天的平均数
把 10 个最近的花粉计数从这个数组写入这个文件
写入新的花粉计数到这个文件
关闭这个文件
```

10.6 写入和读取二进制文件[①]

对于文件中每个字符用一个唯一的代码表示的文本文件，另一个可选择的是二进制文件。尽管在底层所有的文件都用二进制数保存，但是，称为二进制文件(binary file)的文件使用计算机的内部数代码保存数值。例如，假设 C 编译器使用 32 位(4 字节)保存一个整数，则整型数 125 和 -125 的表示方法如表 10.5 所列。

表 10.5 二进制和十六进制整型数的表示法

整数	二进制表示	等价的十六进制
125	0000 0000 0000 0000 0000 0000 0111 1101	0x00 00 00 7D
-125	1111 1111 1111 1111 1111 1000 0010	0xFF FF FF 83

因为二进制文件的保存代码与计算机的内部保存代码相匹配，所以保存或取回数据不要求中间的转换。这就意味着在写入一个数到文件时不要求数到字符的转换，在一个值从文件读取时不要求字符到数的转换。对于主要由数据组成的文件，这是一个独特的优点，能够提高程序的效率。作为结果，这个文件通常要求比它的基于字符的副本更少的存储空间。缺点是它不能使用文字处理程序或者文本编辑程序检查，这意味着把这些数值看成文本信息的能力丢失了。这一节中将首先讲解二进制文件的创建，接着是许多读取这样的文件的例子。

显式地创建和写入一个二进制文件的规则，是通过在打开这个文件时在模式指示符中添加一个“b”来完成的。例如，下面的两条语句能够用于打开一个名称为 prices.bin 的二进制文件作为输出文件。

```
FILE *outFile;
open("prices.bin", "wb");
```

和文本文件一样，二进制文件的输出流会创建一个新文件并使这个文件可用于写入。如果文件存在且与为输出而打开的文件的名字相同，则旧文件将被删除。

用附加模式打开的二进制文件表示任何写入这个文件的数据将被添加到文件的末端。如果文件不存在，则会创建一个具有指定名称的新文件，数据被写在这个文件的开始处。

最后，用输入模式打开的二进制文件表示一个现存的外部文件已经被连接，它的数据可用作输入。例如，下面的两条语句能够用于打开一个名称为 prices.bin 的文件作为输入文件。

```
FILE *inFile;
open("prices.bin", "rb");
```

一旦被打开，数据到二进制文件的实际写入采用一个相当简单但迂回的形式。程序 10.12 说明了在这个文件被正确地打开作为一个输出二进制文件之后所要求的情况。

程序 10.12

```
#include <stdio.h>
```

① 这一节是可选学的，它要求熟悉 1.8 节中讲解过的计算机存储器的概念。

```
#include <stdlib.h>   /* exit() 所要求的 */

int main()
{
  char response;
  char fileName[20] = "prices.bin";
  FILE *outFile;
  int num1 = 125;
  long num2 = -125;
  double num3 = 1.08;

  /* 检查一个给定的名称已经不存在的文件 */
  outFile = fopen(fileName,"r"); /* 打开这个文件 */
  if (outFile != NULL) /* 检查一次成功的打开 */
  {
    printf("\nA file by the name %s exists.", fileName);
    printf("\nDo you want to continue and overwrite it");
    printf("\n with the new data (y or n): ");
    scanf("%c", &response);
    if (response == 'n')
    {
      printf("\nThe existing file %s will not be overwritten.\n",
                                                       fileName);
      fclose(outFile);
      exit(1);   /* 终止程序的执行 */
    }
  }

  /* 同意继续下去 */
  outFile = fopen(fileName,"wb");  /* 现在为写入打开 */
                                   /* 这个文件 */
  if(outFile == NULL)  /* 检查一次成功的打开 */
  {
    printf("\nThe file %s was not successfully opened.\n", fileName);
    exit(1);
  }
  /* 写入这个文件 */
  fwrite(&num1, sizeof(num1), 1, outFile);
  fwrite(&num2, sizeof(num2), 1, outFile);
  fwrite(&num3, sizeof(num3), 1, outFile);

  fclose(outFile);
  printf("\nThe file %s has successfully been written as a binary file.\n",
                                                       fileName);
  return 0;
}
```

观察程序10.12，首先注意在main()函数顶部，这个文件名用打开文本文件的同样方式指定为一个FILE对象。其次，注意打开语句也与文本文件的打开语句一样，用模式指示符的附加指定文件是一个二进制文件。

最后，注意用于将数据写入这个文件的三条高亮的语句。注意，所有这些语句都使用了语法

```
fwrite(&variable, sizeof(variable), n, file);
```

在这种语法中，第一个参数总是地址运算符 & 和一个变量名；第二个参数使用求字节运算符 sizeof()确定将被写入的字节数；第三个参数指出多少项要被写入，这里是 1；最后一个参数告诉 fwrite()哪一个文件流要放置在这个数据上。于是，从保存到被第一个参数提供的这个变量中的第一个字节开始，每个变量中的准确字节数会被写入这个文件。这会将每个变量用内部二进制代码一个字节接一个字节地放置到文件中。

由程序 10.12 创建的二进制文件展示在图 10.3 中，这个图使用十六进制值表示相等的二进制值。尽管图 10.3 用竖线把文件的数据分成单独的三行，用于区别单独的项，但是实际上这个文件被保存为一个连续的字节序列。如图所示，每个整型值由 4 字节组成，而双精度型的数由 8 字节组成。

```
            |00 00 00 7D| <--- 相当于  125
            |FF FF FF 83| <--- 相当于 -125
|3F F1 47 AE 14 7A E1 48| <--- 相当于  1.08
```

图 10.3 在 prices.bin 文件中保存的二进制数据和它们的十进制值

利用十六进制到十进制的转换，能够把图 10.3 中的两个整数的指定位模式转换成十进制符号。这能够通过首先用表 10.6 提供的转换把每个十六进制数转换成它的二进制形式，然后使用 1.8 节介绍的 2 的补码表示法从二进制转换成十进制(直接从十六进制转换到十进制也能够使用)。转换一个双精度型的数要求使用附录 E 中介绍的实数存储器的规范。

表 10.6 标准字符串和字符库函数

十六进制数字	二进制的相等值
0	0000
1	0001
2	0010
3	0011
4	0100
5	0101
6	0110
7	0111
8	1000
9	1001
A	1010
B	1011
C	1100
D	1101
E	1110
F	1111

读取二进制文件，类似于图 10.3 中所示的文件，要求构造一个输入二进制流，然后使用适当的输入方法。

程序 10.13 说明了一个二进制文件输入流对象的打开、保存到程序 10.12 创建的文件中数据的输入和这个数据的显示。观察这个数据的实际输入，注意，单个数据项用几乎与这些数据项被写入的相同方式读取。

程序 10.13

```
#include <stdio.h>
#include <stdlib.h>  /* exit()所要求的 */

int main()
{
  FILE *inFile;
  char fileName[13] = "prices.bin";
  int num1;
  long num2;
  double num3;

  inFile = fopen(fileName,"rb"); /* 打开这个文件 */
  if (inFile == NULL)
  {
    printf("\nThe file %s was not successfully opened.", fileName);
    printf("\nPlease check that the file currently exists.\n");
    exit(1);
  }

  /* 从这个文件读取二进制数据 */
  fread(&num1, sizeof(num1), 1, inFile);
  fread(&num2, sizeof(num2), 1, inFile);
  fread(&num3, sizeof(num3), 1, inFile);

  fclose(inFile);
  printf("The data input from the %s file is: ", fileName);
  printf("%d %ld %lf", num1, num2, num3);
  printf("\n");

  return 0;
}
```

程序 10.13 产生的输出如下。

```
The data input from the prices.bin file is: 125 -125 1.080000
```

练习 10.6

简答题

1. 描述文本文件与二进制文件的差异。
2. 写出用于保存数 25 到一个 ASCII 文本文件的二进制代码(见附录 B)。利用 2 的补码表示法，同样的数会如何在一个二进制文件中表示(见 1.8 节)?
3. 用数 -25 重做练习 2。

编程练习

1. 输入并执行程序10.12。在写入 prices.bin 文件后，再次执行程序10.12，验证在没有你的允许之前它不会覆盖现存的文件。
2. 在计算机上输入并执行程序10.13。
3. 编写、编译并执行一个C语言程序，把数92.65，88.72，77.46和82.93作为双精度值写入一个名称为 results.bin 的二进制文件。在写入数据到这个文件之后，程序应该从这个文件读取数据，计算所读取的4个数的平均值并显示这个平均值。通过手工计算4个数的平均值，验证这个程序产生的输出结果。
4. a. 编写、编译并执行一个C语言程序，创建一个名称为 points 的二进制文件，并将下面的数写入文件中。

6.3	8.2	18.25	24.32
4.0	4.0	10.0	-5.0
-2.0	5.0	4.0	5.0

   b. 利用练习4a中 points 文件的数据，编写、编译并执行一个C语言程序，使用一个 for 循环读取4个数，并将每条记录中的第一个数和第二个数作为某个点的坐标，第三个数和第四个数作为第二个点的坐标。利用这个程序计算并显示每一对点的斜率和中点。
5. a. 编写、编译并运行一个C语言程序，创建一个名称为 grades.bin 的二进制文件，并将下列5行数据写入文件。

90.3	92.7	90.3	99.8
85.3	90.5	87.3	90.8
93.2	88.4	93.8	75.6
82.4	95.6	78.2	90.0
93.5	80.2	92.9	94.4

   b. 利用练习5a中 grades.bin 文件的数据，编写、编译并运行一个C语言程序，读取、计算并显示每组4个分数的平均值。

10.7 编程错误和编译器错误

在使用本章介绍的材料时，应注意下列可能的编程错误和编译器错误。

编程错误

1. 访问文件时，在内部文件指针变量名的位置使用文件的外部名。使用数据文件外部名的唯一标准库函数是 fopen()函数。当首次打开文件时，这一章中介绍的所有其他标准函数都要求给该文件指定指针变量。
2. 遗漏文件指针名。程序员使用访问标准输入和输出设备的 scanf()和 printf()函数，在这些设备中不要求特殊的文件指针，访问数据文件时可能会忘记包含文件名。
3. 在没有首先检查给定的文件名称是否已经存在的情况下就打开它用于输出。不预先检查先前存在的文件名将可能导致文件内容被覆盖。
4. 没有理解文件的结尾只有在 EOF 标记被读取或被传递之后才能检测到。

5. 试图利用字符变量为 EOF 标志检测文件的末端。任何用于接收 EOF 的变量必须声明为一个整型变量。例如，如果 ch 声明为一个字符变量，则表达式

```
while ( (ch = in.file.peek()) != EOF )
```

将产生一个无限循环。发生这种情况是因为字符变量决不会接纳一个 EOF 代码。EOF 是一个没有字符表示法的整型值(通常是 -1)。这能确保 EOF 代码从来不会与任何文件中作为正常数据的合法字符混淆。要终止上面表达式中的循环，必须将 ch 声明为整型变量。
6. 应提供一个整型参数偏移量给 seekg()和 seekp()函数。这个偏移量必须是一个长整型常量或变量。传递给这些函数的任何其他值会导致一个不可预知的结果。
7. 写入二进制文件时，要写入指定的字节数时没有使用 sizeof()运算符。
8. 读取二进制文件时，要读取指定的字节数时没有使用 sizeof()运算符。

编译器错误

下面的列表概括了将导致编译出错的常见错误和由基于 UNIX 和 Windows 编译器提供的典型的错误消息。

错误	基于 UNIX 编译器的错误消息	基于 Windows 编译器的错误消息
在尝试打开一个文件时没有使用 FILE 指针。例如： int *f; f = fopen (" test.txt ", "a");	(W) Operation between types "int*" and "struct{...}* " is not allowed. (W) Function argument assignment between types "struct{...}* " and "int* "is not allowed.	: error: ' = ': cannot convert from 'FILE * ' to 'int*'
没有把文件权限包含在双引号内，例如： FILE *f; f = fopen("test.txt",a);	(S) Undeclared identifier a.	: error: ' = ': cannot convert from 'FILE* ' to 'int* '
没有大写常量符号 FILE。例如： file *f; f = fopen("test.txt","a");	(S) Unclared identifier file. (S) Undeclared identifier f.	: error C2065: ' file ': undeclared identifier: error C2065: 'f': undeclared identifier
没有为 fprintf()提供 FILE 参数。例如： f = fopen("test.txt",a); fprintf ("Hello!");	(W) Function argument assignment between types "struct {...}* " and "unsigned char* " is not allowed. (E) Missing argument(s).	: error: ' fprintf ': function does not take 1 arguments
没有给 fclose()函数提供 FILE 指针。例如： fclose();	(E) Missing argument(s).	: error: ' fclose ': function does not take 0 arguments

10.8 小结

1. 数据文件是在一个共同名字下的保存到外部存储介质中的任意数据的集合。
2. 数据文件能够保存为基于字符的文件或二进制文件。基于字符的文件也称为文本文件，保存单个的数、字母和具有不同代码的符号。文本文件允许通过文字处理器或编辑器程序查看和处理。

二进制文件使用内部二进制代码(通常是 2 的补码)保存数，这些二进制代码由计算机内部处理单元使用。

3. 数据文件使用标准库函数 fopen()打开。这个函数将文件的外部名与一个内部指针名连接起来。在打开这个文件后，所有接下来的对它的访问都要求内部指针名。C 语言中默认的文件类型是文本文件。二进制文件通过在模式指示符中包含一个“b”来指定，它是 fopen()函数要求的第二个参数。
4. 文件能够以读、写或附加的方式打开。以写入方式打开的文件创建一个新文件，并会删除任何与打开的文件具有相同名称的现存文件的内容。以附加方式打开的文件使现存的文件能够用于把数据附加到文件的末端。如果文件不存在，则创建文件。以读取方式打开的文件能使文件中的数据用于输入。
5. 内部文件名必须被声明为一个指向 FILE 的指针，这意味着类似于

```
FILE *fileName;
```

的声明必须与这个文件被打开的声明一起包含。这个声明中，filename 能够用用户选择的任何变量名取代。
6. 除了在一个函数中打开的任何文件外，当程序运行时，标准文件 stdin，stdout 和 stderr 在程序运行时被自动打开。符号常量 stdin 是由 scanf()函数输入数据使用的物理文件的指针名，stdout 是由 printf()函数显示数据使用的物理文件设备的指针名，stderr 是显示系统错误信息使用的物理文件设备的指针名。
7. 数据文件能够用 rewind()，fseek()和 ftell()函数随机地访问。
8. 表 10.7 列出了标准的文件库函数。

表 10.7 标准文件库函数

函数名	用途
fopen()	打开或创建一个文件
fclose()	关闭一个文件
fgetc()	输入字符
getchar()	从 stdin 输入字符
fgets()	输入字符串
gets()	从 stdin 输入字符串
fscanf()	格式化输入
scanf()	从 stdin 格式化输入
fputc()	输出字符
putchar()	输出字符到 stdout
fputs()	输出字符串
puts()	输出字符串到 stdout
fprintf()	格式化输出
printf()	格式化输出到 stdout
fseek()	文件定位
rewind()	文件定位
ftell()	位置报表

10.9 补充材料:控制码

除了响应统称为可打印字符的字母、数和特殊标点符号代码之外，物理设备文件(例如打印

机和 CRT 显示器)也能够响应一小组控制码。这些传达控制信息给物理设备的代码，没有等价的能够显示的字符，称为不可打印字符。

在应用程序中，这些代码中非常有用的两个代码是清零和响铃控制码。当清零控制码发送给打印机时，打印机弹出一张纸并开始在下一张纸上输出。对于点阵打印机，当输出开始时，如果特意校正打印机到新的一页的顶部，清零控制字符能够被用做一个“页顶部”命令。对于激光打印机，清零代码产生一个直接的页弹出代码的效果。当相等的清零代码发送给 CRT 显示器时，屏幕上的所有文本将清除，光标定位在屏幕的左上角。

发送控制码给输出设备的方法与发送可打印字符给文件的方法类似。前面说过，发送可打印字符给文件时要求两条信息:文件名和正在被写入文件的字符。例如，语句 `fputc('a',outFile);`使字母 a 写入名称为 outFile 的文件中。能够用数代码替代字母，而不是包含一个实际的字母作为给 fputc()的参数。对于使用 ASCII 码的计算机，这相当于用相等的 ASCII 的数值替代这个适当的字母。从附录 B 中可知，ASCII 码中 a 的值是十进制数 97、十六进制数 61 或八进制数 141。这些数值中的任何一个都能够用于前面的 fputc()函数调用中的字母 a 的地方。这样，下面的 4 条语句是等价的。

```
fputc('a',outFile);
fputc(97, outFile);
fputc(0x61, outFile);
fputc('\141',outFile);
```

注意，在这些语句中，遵循了 C 语言中表示十进制数和十六进制数的符号规定。不以 0 开始的数是十进制数，以 0x 开头的数是十六进制数，而八进制字符代码必须从一个反斜线开始并加上单引号。反斜线表明这个数是八进制值，允许省略与八进制值相关的常规性的开始的 0。根据习惯，在八进制值中，大部分控制代码都用三位数列出，因此将在所有后面的例子中保留这个习惯。

用数代码替代字母的重要性只有在必须发送一个控制码而不是一个字符码时才能认识到。因为控制码没有等价的字符存在，因此必须使用这个命令的实际代码。尽管每台计算机能够有它自己的清除 CRT 屏幕的代码，但响铃控制码和清除打印机的代码是相当普遍的。为了激活响铃，可使用八进制代码 07，而大多数打印机的八进制清除代码是 014。这样，如果文件 outFile 已经作为打印机用写入模式打开，则语句

```
fputc('\014',outFile);
```

使打印机弹出当前页。同样，如果 scrn 已经作为 CRT 显示器用写入模式打开，则语句

```
fputc('\07',scrn);
```

使响铃被激活，发出一个短的“哔哔”声。

对于 PC 和膝上型计算机，CRT 显示器有它自己的清除代码。对于计算机，检查 CRT 显示器手册可得到适当的清屏控制码。你还必须查找计算机“认识”打印机和 CRT 显示器的名称。对于 PC，打印机有名称 prn，CRT 显示器有名称 con(控制台的简称)。程序 10.14 说明了从打印机弹出一张纸以及如果打印机没有打开，用“哔哔”声警告用户的控制代码的使用。使用 #define命令，这个适当的代码已经等同于更加易读的符号名称。

程序 10.14

```
#include <stdio.h>
#include <stdlib.h>   /* exit() 所要求的 */

#define BELL '\07'
#define TOP_OF_PAGE '\014' /* 页弹出代码 */
void check(FILE *); /* 函数原型 */

int main()
{
  FILE *printer;

  printer = fopen("prn", "w");
  check(printer);

  return 0;
}

/* 确认打印机准备好了并且弹出一页 */
void check(FILE *printer)
{
  if(printer == 0) /* 检查这个文件已经打开 */
  {
    fputc(BELL,stdout);
    printf("The printer cannot be opened for output.");
    printf("\nPlease check the printer is on and ready for use.");
    exit(1);
  }
  else
    fputc(TOP_OF_PAGE,printer);
}
```

函数 check()中的语句用于确保打印机已经打开并准备输出。符号常量 BELL 和 TOP_OF_PAGE 能够随意在 check()函数中使用，因为它们已经在程序的顶部被全局地定义。这些常量中的每一个使用 fputc()函数调用被发送。因为 CRT 显示器是计算机运行程序 10.14 使用的标准的输出设备，所以 CRT 不必作为一个新的文件被打开。作为替代，文件名 stdout 用于发送 BELL 常量给显示器。

除了 BELL 代码以外，所有 CRT 显示器都有直接定位光标在不同的屏幕位置的控制码。这允许程序员把信息放置在屏幕的任何地方。因为这些代码对于各种 CRT 型号是不同的，所以应该为计算机查找手册确定适当的代码。另外，很多个人计算机的 C 编译器包含提供相同的光标定位能力的标准库函数。

第四部分

其他主题

第 11 章　数组，地址和指针
第 12 章　结构
第 13 章　动态数据结构
第 14 章　其他功能
第 15 章　C++ 简介

第 11 章　数组，地址和指针

C 语言的优点之一是它允许程序员访问程序使用的地址，这是其他高级语言所不具有的。不过，这些其他语言的程序员一般不知道，地址不受限制地遍布在它们的程序的可执行版本中。程序利用这些地址用于跟踪保存数据和指令的地方。

前面的 C 语言程序中，已经在调用 scanf()函数和传递所引用的参数中使用了地址。地址在处理数组、字符串和其他数据结构元素中也是非常有用的。这一章将探索存在于数组、地址和指针之间的异常强大的关系，本章中所讲解的编程技巧，可以扩展到后面章节中的字符串和结构体的章节中。

11.1　数组名称作为指针

与变量和函数参数一样，指针用于保存地址（可能需要复习 7.3 节中对指针的介绍），但是，它们还与数组名称紧密地联系在一起，这一节将详细描述这种关系。

图 11.1 给出了一个名称为 grade 的包含 5 个整数的一维数组的存储空间。假设每个整数需要 4 字节的存储空间。

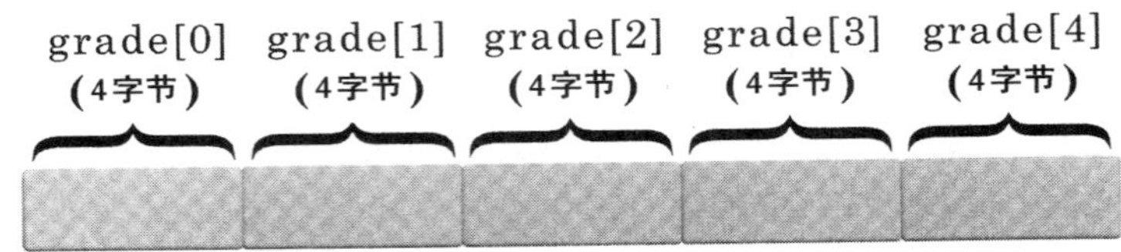

图 11.1　位于存储空间中的 grade 数组

使用下标，保存到 grade 数组中的第四个整数称为 grade[3]。但是下标的使用隐藏了被计算机广泛使用的地址。根据数组的基址，计算机在内部直接使用下标计算想得到的元素的地址，数组的基址是用于保存这个数组的第一个内存位置的地址。调用第四个保存的整数 grade[3]强制计算机在内部进入一个地址的计算（假设每个整数需要 4 字节），即

```
&grade[3] = &grade[0] + (3 * 4)
```

记住，地址运算符 & 意味着“地址”，因此，上面的语句可以理解为“grade[3]的地址等于 grade[0]的地址加 12”。图 11.2 给出了用于定位 grade[3]的地址计算，假设数组中的每个整数元素需要 4 字节的存储空间。

注意，指针所指的对象既可以是变量，也可以是用于保存地址的函数参数。如果创建一个变量指针来保存已存储到 grade 数组中的第一个整数的地址，能够模仿计算机访问数组元素使用的操作。在这样做之前，先考虑程序 11.1。

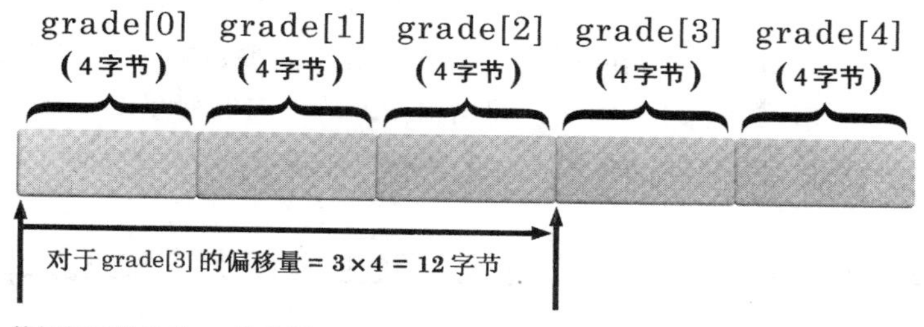

图 11.2　使用下标获得地址

程序 11.1

```
#include <stdio.h>
#define NUMELS 5
int main()
{
  int i;
  int grade[] = {98, 87, 92, 79, 85};

  for (i = 0; i < NUMELS; i++)
    printf("Element %d is %d\n", i, grade [i]);

  return 0;
}
```

当程序 11.1 运行时，其输出如下。

```
Element 0 is 98
Element 1 is 87
Element 2 is 92
Element 3 is 79
Element 4 is 85
```

程序 11.1 使用标准的下标符显示数组 grade 的值。现在，保存数组元素 0 的地址到一个指针中。然后，使用间接运算符*，能够用这个指针中的地址访问每一个数组元素。例如，如果把 grade[0]的地址保存到一个名称为 gPtr 的指针中(使用赋值语句 gPtr = &grade[0];)，然后，如图 11.3 所示，表达式*gPtr 就意味着“被 gPtr 指向的变量”，也就是 grade[0]。

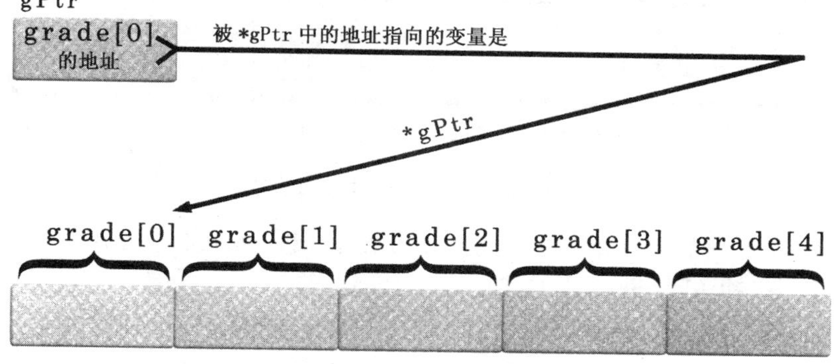

图 11.3　*gPtr 中的地址指向的变量是 grade[0]

指针的特征是偏移量能够包含在使用指针的表达式中。例如,表达式*(gPtr +1)中的1是一个偏移量。这个完整的表达式访问超出由gPtr指向的整数的一个整型变量①。同样,如图11.4所示,表达式*(gPtr +3)引用一个超出由gPtr指向的变量的三个整数的变量,也就是变量grade[3]。

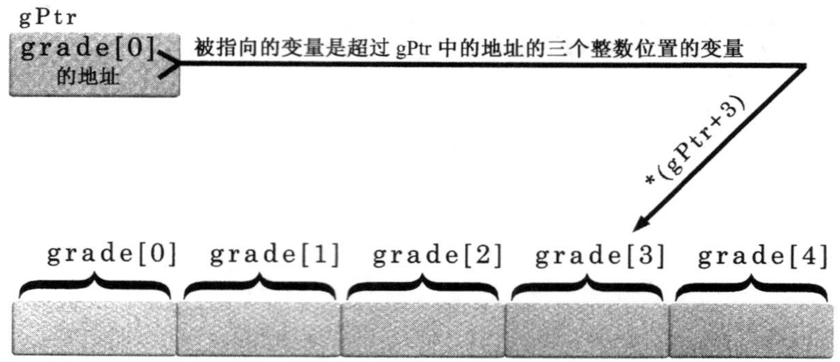

图11.4 距离gPtr中地址的偏移量3

表11.1列出了由下标和指针及偏移量引用的元素之间的完整对应关系。图11.5给出了表11.1中列出的关系。

表11.1 数组元素能够用两种方式访问

数组元素	下标符号	指针符号
元素0	grade[0]	*gPtr
元素1	grade[1]	*(gPtr +1)
元素2	grade[2]	*(gPtr +2)
元素3	grade[3]	*(gPtr +3)
元素4	grade[4]	*(gPtr +4)

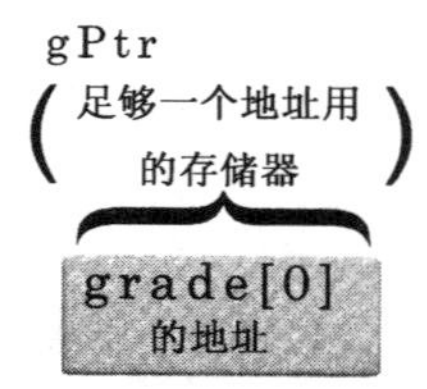

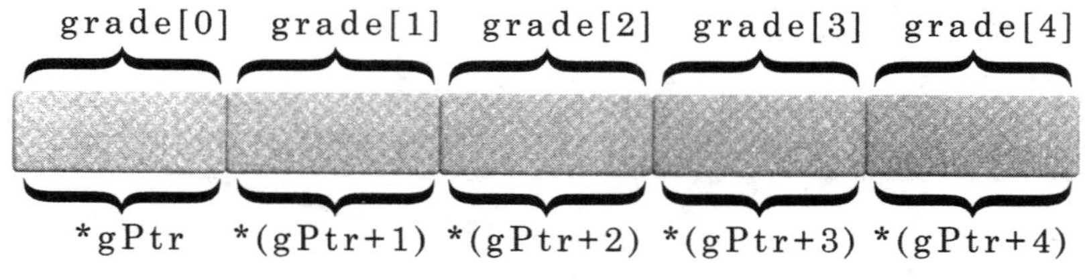

图11.5 数组元素和指针之间的关系

使用图11.5中给出的指针和下标之间的相应关系,程序11.1中使用下标访问的数组元素,现在能够使用指针访问,见程序11.2。

① 这个偏移量告诉将被跳过的变量数,字节数和变量数之间的对应关系由编译器处理。

程序 11.2

```
#include <stdio.h>
#define NUMELS 5
int main()
{
  int *gPtr; /* 声明一个指向int的指针 */
  int i;
  int grade[] = {98, 87, 92, 79, 85};

  /* 存储起始的数组地址 */
  gPtr = &grade[0];

  for (i = 0; i < NUMELS; i++)
    printf("Element %d is %d\n", i, *(gPtr + i) );

  return 0;
}
```

当程序 11.2 运行时，其输出如下。

```
Element 0 is 98
Element 1 is 87
Element 2 is 92
Element 3 is 79
Element 4 is 85
```

注意，这个结果与程序 11.1 产生的结果相同。

程序 11.2 中访问单个数组元素使用的方法看上去像计算机在内部访问所有的数组元素一样。程序员使用的任何下标，都会被编译器自动地转换成一个相等的指针表达式。在这个例子中，因为 gPtr 的声明包含指向整数的信息，加到 gPtr 中的地址的任何偏移量被自动地根据一个整数的数量缩放比例。例如，*(gPtr +3)指的是 grade[0]的地址加上 12 字节(3 ×4)的偏移量。这是图 11.2 中给出的 grade[3]的地址。

表达式*(gPtr +3)中的圆括号对正确地访问期望得到的数组元素是必要的。遗漏圆括号将使表达式变为*gPtr + 3，它的意思是加 3 给“被 gPtr 指向的变量”。因为 gPtr 指向 grade[0]，所以会将 3 与 grade[0]的值加在一起。还应注意，表达式*(gPtr +3)没有改变保存到 gPtr 的地址。一旦计算机使用这个偏移量从 gPtr 中的起始地址定位正确的变量，这个偏移量将丢弃，而 gPtr 中的地址保持不变。

尽管程序 11.2 中使用的指针 gPtr 被明确地创建保存 grade 数组的起始地址，实际上这是不必要的。创建数组时，编译器自动地为它创建一个内部的指针常量(pointer constant)，并把这个数组的基地址保存到这个指针中。指针常量相当于符号常量，一旦它被设置，保存到指针常量中的地址就不能改变。

对于所创建的每个数组，数组名称就成为编译器为这个数组创建的指针常量的名称，并且把数组保留的第一个位置的起始地址(即数组的基址)保存到指针中。这样，程序 11.1 和程序 11.2中声明的 grade 数组实际上为 5 个整数保留了足够的存储空间，同时创建了名称为 grade 的内部指针且将 grade[0]的地址保存到这个指针中。这在图 11.6 中显示。

历史注解:美国海军上将格雷斯·霍珀

1943 年,格雷斯·霍珀(Grace Hopper)在耶鲁大学获得哲学博士学位并随后加入海军预备队。在她被委派到哈佛大学的法令计算规划局工作期间,她给第一台大规模的机电式数计算机马克 1 号(Mark I)编程。后来她凭借杰出的数学天才成为通用自动计算机(UNIVAC)的高级程序员。

后来,霍珀成为了计算机语言的开发先锋并担任数据系统语言(CODASYL)委员会的会议协调员。她帮助开发了 COBOL 并被认为是这种语言的第一个实用程序的实现者。1959 年,她开发了 COBOL 编译器,这个编译器允许用标准化语言编写程序,第一次实现了程序在不同的计算机之间传递的功能。

在她的职业生涯中,一件有趣的事是她的航海日志中的一段话,日期为 1945 年 9 月 15 日 15 点 45 分:"第一个 bug 实例被发现"。这个 bug 是一个在 Mark I 计算机中使继电器短路的一个真正的昆虫。

霍珀在计算界依然是一个鲜明的人物,即使在 1986 年 8 月她 79 岁时从美国海军现役退休以后。

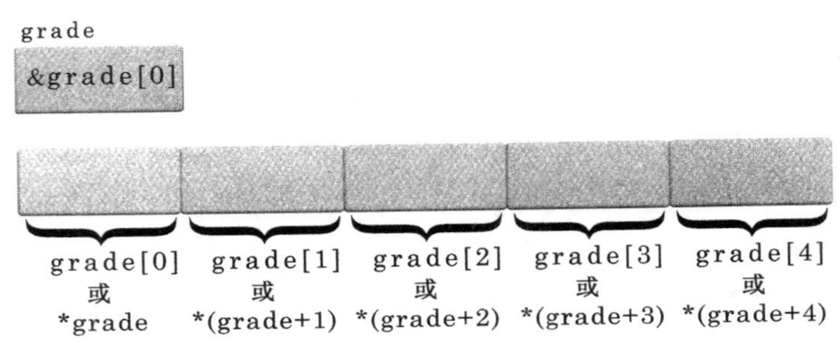

图 11.6 创建一个数组同样创建一个指针

这表示每次用下标访问 grade,都能够用一个对应的 grade 作为指针的访问取代。这样,在所有能使用表达式 grade[i]的地方,表达式*(grade + i)同样能够使用。程序 11.3 说明了这一点,程序中用 grade 作为指针访问它的所有元素。

程序 11.3

```
#include <stdio.h>
#define NUMELS 5
int main()
{
  int i;
  int grade[] = {98, 87, 92, 79, 85};

  for (i = 0; i < NUMELS; i++)
    printf("Element %d is %d\n", i, *(grade + i) );

  return 0;
}
```

程序 11.3 产生的输出与前两个程序相同。但是,将 grade 作为指针使程序 11.2中使用的指针 gPtr 声明和初始化没有必要。

在很多方面,数组名称和指针能够互换使用。但是,数组名称实际上是一个指针常量,同样,保存到数组名称中的地址不能够被赋值语句改变。因此,类似 grade = &grade[2];的语句是无效的。这不应该感到惊奇，因为数组名称的全部目的是正确地定位数组的基址，允许程序员改变基址将违背这个目的，并在任何数组元素被引用时导致严重的破坏。另外，试图给数组名称的地址赋值是无效的。因此，试图使用表达式 &grade 保存 grade 的地址将导致编译器错误。

观察数组的元素能够使用指针访问的一个有趣现象，是指针访问也能够使用下标符号取代。例如，如果 numPtr 被声明为指针变量，表达式*(numPtr + i)也能够写成numPtr[i]。这是正确的，即使 numPtr 完全没有被创建为数组。像以前一样，当编译器遇到下标符号时，它用指针符号内部地取代下标符号。直接使用指针的优点是它们比使用下标处理数组有更高的效率，因为避免了从下标到地址的内部转换。

练习 11.1

简答题

1. 使用指针符号取代下列每一个带有下标的变量。

   a. prices[5]
   b. grades[2]
   c. yield[10]
   d. dist[9]
   e. mile[0]
   f. temp[20]
   g. celsius[16]
   h. num[50]
   i. time[12]

2. 用下标符号取代下面每一个指针符号。

   a. *(message + 6)
   b. *amount
   c. *(yrs + 10)
   d. *(stocks + 2)
   e. *(rates + 15)
   f. *(codes + 19)

3. a. 列出声明语句 double prices[5];使编译器完成三个指定的任务。

   b. 如果每个双精度型数使用 4 字节的存储空间，要为 prices 数组保留多少存储空间？

   c. 为 prices 数组画一个与图 11.6 相似的图。

   d. 确定与 prices 数组的起始相关的字节偏移量是否相当于表达式*(prices + 3)中的偏移量。

编程练习

1. a. 编写一条声明，把字符串“This is a sample”保存到一个名称为 samtest 的数组中。包含这个声明在一个显示 for 循环中的 samtest 值的程序中，这个 for 循环使用指针访问这个数组中的每个元素。

   b. 修改练习 1a 编写的程序，只显示数组中的第 10 ~ 15 个元素(这些元素是字母 s，a，m，p，l 和 e)。

2. 编写一个声明，将下列值保存在一个名称为 rates 的静态数组中：12.9，19.6，11.4，13.7，9.5，15.2，17.6。包含这个声明在一个使用指针符号显示数组中值的程序中。

3. 重做 8.2 节中的编程练习 1，但要使用指针引用访问所有的数组元素。

4. 重做 8.2 节中的编程练习 2，但要使用指针引用访问所有的数组元素。

11.2　指针操作

由变量或函数的参数构造的指针包含值。但是，用指针保存的值是一个地址。于是，通过把数加给指针和从指针减去数，能够得到不同的地址。另外，指针中的地址能够使用任何关系运算符(==，! =，<，>，等等)比较，这些运算符对于比较其他变量是有效的。指针的另外一个特点，与所有的变量一样，是在声明它们时能够进行初始化。这一节将首先讲解如何用指针执行算术计算。还将讲解更多的关于初始化指针的知识。

指针运算

在指针上执行运算时必须小心，因为必须产生指向有意义的地址。在进行指针比较时，同样必须进行有意义的比较。考虑声明

```
int nums[100];
int *nPtr;
```

为了设置 nPtr 中 num[0]的地址，可以使用下面两个赋值语句中的任意一个。

```
nPtr = &nums[0];
nPtr = nums;
```

这两个赋值语句产生相同的结果，因为 nums 是一个本身包含数组中第一个位置的地址(即地址 num[0])的指针常量。图 11.7 给出了由前面的声明和赋值语句产生的内存分配，假设每个整数需要 4 字节的内存且 nums 数组的起始位置是地址 18934。

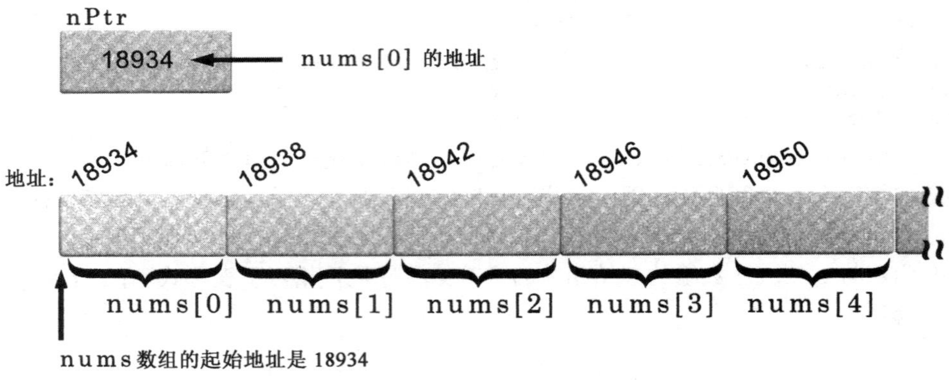

图 11.7 内存中的 nums 数组

一旦 nPtr 包含了一个有效的地址，就能够从这个地址增加或减少值，以产生新的地址。当对指针进行加减运算时，计算机自动地调整这些数，以确保这个结果仍然“指向”一个原始数据类型的值。例如，语句 nPtr = nPtr + 2;强制计算机按 2 的比例缩放这个数，以确保作为结果的地址是一个整数。假设每个整数需要 4 字节的存储空间，如图 11.7 所示，计算机把 2 乘以 4，然后把值 8 加到 nPtr 中的地址，作为结果的地址是 nums[2]的正确地址 18942。

将数加到指针的正确缩放比例的操作可以自动地完成，因为编译器把算术运算 pointer + number 转换成

```
pointer + number * sizeof(data type being pointed to)
```

这个自动的缩放比例确保表达式 nPtr + i 正确地指向超出当前正在被 nPtr 指向的一个元素的第 i 个元素，式中的 i 是任意正整数。这样，如果 nPtr 最初包含了 nums[0]的地址，则 nPtr + 2 是 nums[2]的地址，nPtr + 4 是 nums[4]的地址，nPtr + i 是 nums[i]的地址。

尽管已经在图 11.7 中使用真实的地址给出了这个缩放比例过程，程序员从不需要知道或关心计算机使用的真实地址。

地址也能够使用前缀和后缀自增、自减运算符进行自增或自减运算。把 1 加到指针使这个指针指向正在被指向的原始数据类型的后一个元素。从指针减去 1 使这个指针指向前一个元素。例如，如果指针变量 p 是一个指向整数的指针，表达式 p++ 使这个指针中的地址增加 1，指向下一个整数。这一点在图 11.8 中给出。

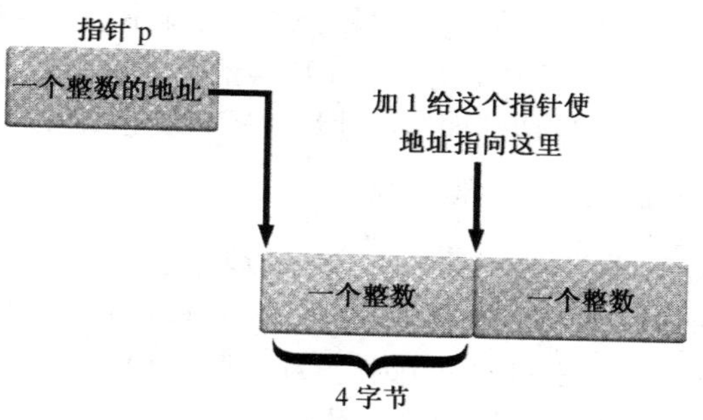

图 11.8　增量在与指针一起使用时被比例缩放

观察图 11.8，注意被加给这个指针的增量被正确地比例缩放，说明这个指针用于指向整数的事实。当然，确保正确的数据类型保存到这个指针中包含的新地址中取决于程序员。

自增和自减运算符能够用做前缀和后缀指针运算符。下面所有使用指针的组合都是有效的。

```
*ptNum++    /* 使用指针，然后给指针增 1 */
*++ptNum    /* 在使用指针前，给指针增 1 */
*ptNum--    /* 使用指针，然后给指针减 1 */
*--ptNum    /* 在使用指针前，给指针减 1 */
```

在 4 种可能的形式中，最普遍使用的是第一种 *ptNum ++。这是因为这样一个表达式，当从数组的起始地址到最后一个数组元素的地址“向前进”时，允许数组中的每一个元素都按地址进行访问。为了理解自增运算符的用法，考虑程序 11.4。这个程序中，数组 nums 中的每一个元素通过自增 nPtr 中的地址成功地获取。

程序 11.4

```
#include <stdio.h>
#define NUMELS 5
int main()
{
  int nums[NUMELS] = {16, 54, 7, 43, -5};
  int i, total = 0, *nPtr;

  nPtr = nums; /* 把 nums[0]的地址存储在 nPtr 中 */
  for (i = 0; i < NUMELS; i++)
    total = total + *nPtr++;
  printf("The total of the array elements is %d\n", total);

  return 0;
}
```

程序 11.4 产生的输出如下。

```
The total of the array elements is 115
```

程序中使用的表达式 total = total + *nPtr++ 是标准的累加表达式，能够用表达式 total += *nPtr++ 取代。在这个表达式内，*nPtr++ 项首先使这个程序取回被 nPtr 指向的整数，这通过这个项中的 *nPtr 部分做到。然后，后缀自增 ++ 给 nPtr 中的地址加 1，以使

nPtr 现在包含下一个数组元素的地址。当然，这个自增被编译器比例缩放，以使在 nPtr 中实际的地址是下一个元素的正确地址。

指针也能够进行比较，这在处理用于访问相同数组中的元素的指针时特别有用。例如，与在 for 循环中使用一个计数器正确地访问数组中的每个元素相比，指针中的地址能够与数组自身的起始地址和结尾地址比较。表达式

```
nPtr <= &nums[4]
```

为真(非零)，只要 nPtr 中的地址小于或等于 nums[4]的地址。因为 nums 是包含 nums[0]的地址的指针常量，&nums[4]项能够被相等的 nums + 4 项取代。使用这两种形式中的任何一种，程序 11.4 能够被重新编写为程序 11.5，以使在 nPtr 中的地址继续指向一个有效的数组元素时继续添加数组元素。

程序 11.5

```
#include <stdio.h>
#define NUMELS 5
int main()
{
  int nums[NUMELS] = {16, 54, 7, 43, -5};
  int total = 0, *nPtr;

  nPtr = nums;  /* 把 nums[0]的地址存储在 nPtr 中 */
  while (nPtr < nums + NUMELS)
    total += *nPtr++;
  printf("The total of the array elements is %d\n", total);

  return 0;
}
```

注意，程序 11.5 中累加表达式的紧凑形式:total = *nPtr++ 取代了较长的形式:total = total + *nPtr++。同样，表达式 nums + NUMELS 没有改变 nums 中的地址。因为 nums 是一个数组名称，而不是指针变量，它的值不能改变。表达式 nums + NUMELS 首先取回 nums 中的地址，把 5 加给这个地址(适当地比例缩放)，并使用这个结果进行比较。在这里，像 *nums ++ 这样的试图改变地址的表达式是不正确的。像*nums 或* (nums + i)这样的使用地址而不试图改变它的表达式是有效的。

历史注解:数字命理学

古希腊人把伟大的哲学和宗教意义与数联系在一起。他们认为自然(计算)的数 1，2，3，…是完美的范例，而对全部数(小数)的定量有些怀疑。狄番图(diophantus，公元前 3 世纪)称负数是“荒谬的”。

根据传统说法，海培查斯(Hipparchus，公元前 2 世纪)当他在毕达哥拉斯的团体外论述令人震惊的 2 的平方根的无理数性质时被溺死。负数的平方根第一次提及是由亚历山大大帝(公元 3 世纪)时期的海伦(Heron)提出的。这样的概念被怀疑，甚至被认为是邪恶的。当然，今天使用负数、无理数、“人造的”和复杂的数立刻描述这样的概念为在平面中的向量和点不再是异常的。那个戈尔登时代的希腊人或许会认为现代数学已经退化了。

指针初始化

像所有的变量一样，指针能够在声明时被初始化。但是，初始化指针时必须注意要在指针中设置地址。例如，初始化

```
int *ptNum = &miles;
```

只有在声明 ptNum 之前 miles 本身被声明为整型变量才是有效的。这里创建的是一个指向整数的指针，把这个地址设置在这个指向整型变量的指针中。如果变量 miles 在 ptNum 之后声明，即

```
int *ptNum = &miles;
int miles;
```

就会发生错误。这是因为 miles 的地址在定义 miles 之前已经使用了。因为在声明 ptNum 时，为 miles 保留的内存没有分配，miles 的地址还不存在。

指向数组的指针能够在它们的声明语句中进行初始化。例如，如果 prices 已经被声明为双精度型数的数组，下面两条声明中的任意一条能够用于初始化名称为 zing、指向 prices 中第一个元素的地址指针。即

```
double *zing = &prices[0];
double *zing = prices;
```

后一条初始化语句是正确的，因为 prices 本身就是一个包含适当类型的地址指针常量(这个例子中，变量名 zing 是为了加强任何变量名能够选择为指针的概念)。

练习 11.2

简答题

1. 使用间接运算符编写下面的表达式。
   a. xAddr 指向的变量。
   b. 地址在 yAddr 中的变量。
   c. ptMiles 指向的变量。
   d. 地址在 pdate 中的变量。
   e. distPtr 指向的变量。
   f. 地址在 hoursPt 中的变量。
2. 为下面声明编写英语句子。
   a. `char *keyAddr;`
   b. `int *ptDate;`
   c. `double *yldAddr;`
   d. `long *yPtr;`
   e. `float *p_cou;`
3. 对于声明

   ```
   int *xPt, *yAddr;
   long *ptAddr;
   double *pt_z;
   int a;
   long b;
   double c;
   ```

   确定下面语句中哪些是有效的。

a. yAddr = &a;
b. yAddr = &b;
c. yAddr = &c;
d. yAddr = a;
e. yAddr = b;
f. yAddr = c;
g. ptAddr = &a;
h. ptAddr = &b;
i. ptAddr = &c;
j. ptAddr = a;
k. ptAddr = b;
l. ptAddr = c;

编程练习

1. 用 for 语句取代程序 11.5 中的 while 语句。
2. a. 编写一个 C 语言程序，把下面的数保存到名称为 rates 的数组中:6.25，6.50，6.8，7.2，7.35，7.5，7.65，7.8，9.2，9.4，9.6，9.8，9.0。通过改变一个称为 dispPt 的指针中的地址显示这个数组中的值。在程序中使用一条 for 语句。
   b. 使用 while 语句修改练习 2a 中编写的程序。
3. a. 编写一个程序，把字符串“Hooray for All of Us”保存到名称为 strng 的数组中。使用声明 char strng[] = "Hooray for All of Us";，这确保字符串结尾转义序列符 \0 被包含在这个数组中。通过改变一个名称为 messPtr 的指针中的地址，显示这个数组中的字符。在程序中使用一条 for 语句。
   b. 修改练习 3a 中编写的程序，使用 while 语句:while(*messPtr != '\0')。
   c. 修改练习 3a 中编写的程序，从单词“All”开始显示。
4. 编写一个 C 语言程序，把下列数保存到 miles 数组中:15，22，16，18，27，23，20。使程序将保存在 miles 中的数据复制到另外一个名称为 dist 的数组中，然后显示 dist 数组中的值。
5. 编写一个程序，把下列字母保存到名称为 message 的数组中:This is a test。使程序将保存在 message 中的数据复制到另外一个名称为 mess2 的数组中，然后显示 mess2 数组中的字母。
6. 编写一个程序，声明三个名称分别为 miles，gallons 和 mpg 的一维数组。每个数组应该有容纳 10 个元素的能力。在 miles 数组中，保存值 240.5，300.0，189.6，310.6，280.7，216.9，199.4，160.3，177.4，192.3;在 gallons 数组中保存值 10.3，15.6，9.7，14，16.3，15.7，14.9，10.7，9.3，9.4。mpg 数组中的每个元素应该按 miles 数组中的相应元素除以 gallons 数组中的相应元素计算，例如:mpg[0] = miles[0]/gallons[0]。计算并显示 mpg 数组中的元素时使用指针。

11.3 传递和使用数组地址

当传递数组给函数时，传递的唯一项实际上是地址，即传递的是用于保存数组第一个位置的地址，如图 11.9 所示。因为为数组保存的第一个位置与数组元素 0 相对应，所以“数组的地址”也就是元素 0 的地址。

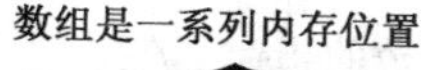

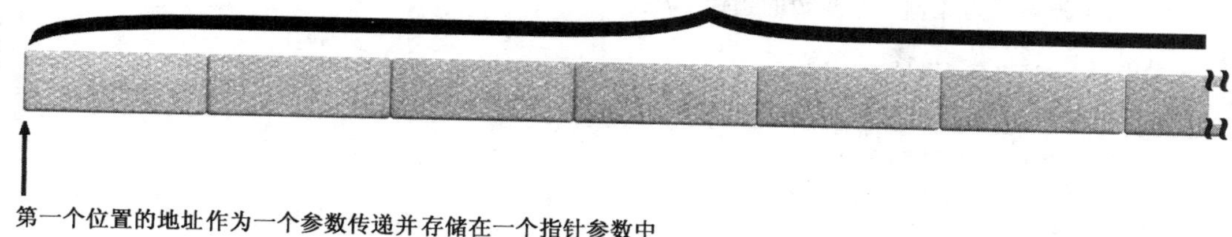

图 11.9　数组的地址是为这个数组保存的第一个位置的地址

作为传递一个特殊的数组给函数的例子，考虑程序 11.6。在这个程序中，nums 数组使用传统的数组符号传递给 findMax()函数。

程序 11.6

```
#include <stdio.h>
int findMax(int[], int); /* 函数原型 */

int main()
{
#define NUMELS 5
  int nums[NUMELS] = {2, 18, 1, 27, 16};

  printf("The maximum value is %d\n", findMax(nums,NUMELS));

  return 0;
}

int findMax(int vals[], int numEls) /* 找出最大值 */
{
  int i, max = vals[0];
  for (i = 1; i < numEls; i++)
    if (max < vals[i])
      max = vals[i];

  return (max);
}
```

当程序 11.6 执行时，显示的输出如下。

```
The maximum value is 27
```

findMax()首部行中名称为 vals 的参数实际上接收数组 nums 的地址。因此，vals 实际上是一个指针，因为指针是用于保存地址的变量(或参数)。由于传递给 findMax()中的地址是一个整型地址，所以另外一个适当的 findMax()的首部行是

```
findMax(int *vals, int numEls) /* 被声明为一个指向整数指针的 vals */
```

在这个首部行中的声明 int *vals 将 vals 声明成用于保存一个整数的地址。当然，这个被保存的地址是一个数组的起始位置。下面是一个重新编写的 findMax()函数的版本，它使用了新的 vals 指针声明，但保留引用各个数组元素下标的用法。

```
int findMax(int *vals, int numEls) /* 找出最大值 */
/* vals 被声明为指向一个整数的指针 */
{
  int i, max = vals[0];

  for (i = 1; i < numEls; i++)
    if (max < vals[i])
      max = vals[i];

  return(max);
}
```

需进行进一步的观察。不管 vals 在函数首部中是如何声明的，也不管它在函数体内是如何使用的，它确实是一个指针参数。因此，vals 中的地址可以修改。这种情况对名称 nums 不成立。因为 nums 是最初创建的数组名称，它是一个指针常量。正如 11.1 节中描述的那样，这意味着 nums 中的地址不能被改变，而且表达式 &nums 是无效的。但是，应用于名称为 vals 的指针参数没有这样的限制。在前一节中讲解过的所有地址运算符，都能够合法地应用于 vals。

下面将编写另外两个 findMax()函数版本，它们都使用指针而不是下标。第一个版本中，仅仅用指针符号替代下标符号;第二个版本中，使用地址运算改变指针的地址。

像前面陈述的一样，使用下标符号 arrayName[i]引用数组元素总是能够用指针符号 *(arrayName+i)取代。在对 findMax()函数的第一个修改中，只是通过用等效的符号 *(vals+i)取代所有 vals[i]形式的符号来建立这种对应性。

```
int findMax(int *vals, int numEls) /* 找出最大值 */
/* vals 被声明为指向一个整数的指针 */
{
  int i, max = *vals;

  for (i = 1; i < numEls; i++)
    if (max < *(vals + i))
      max = *(vals + i);

  return(max);
}
```

第二个 findMax()函数版本利用了保存到 vals 中的地址能够被改变的事实。每一个数组元素使用 vals 中的地址被取回之后，在 for 语句的改变列表中，地址本身被自增 1。表达式*vals++最初用于设置 max 为 vals[0]的值，还调整 vals 中的地址以指向保存到这个数组中的第二个整数。从这个表达式中获得的元素是 vals 被自增 1 之前的 vals 指向的数组元素。后缀自增不改变 vals 中的地址，直到这个地址已经被用于取回这个数组中的第一个整数之后为止。

```
int findMax(int *vals, int numEls) /* 找出最大值 */
/* vals 被声明为指向一个整数的指针 */
{
  int i, max;
  max = *vals++; /* 得到第一个元素和自增1 */

  for (i = 1; i < numEls; i++, vals++)
    if (max < *vals)
      max = *vals;

  return(max);
}
```

观察这个 findMax()函数的版本，最初在第 5 行中，这个最大值被设置为“被 vals 指向的事物”。

```
5  max = *vals++; /* 得到第一个元素和自增 1 */
```

因为 vals 最初在被传递给 findMax()的数组中包含元素 0 的地址，这个最初元素的值现在保存到 max 中。vals 中的地址然后被自增 1。被加到 vals 的 1 自动地根据保存整数的字节数进行比例缩放。这样，在自增 1 之后，保存到 vals 中的地址是下一个数组元素的地址。这在图 11.10 中说明。下一个元素的值与最大值相比较，这个地址再次被自增 1，这次是在 for 语句的改变列表内。这个过程继续进行，直到所有的数组元素已经被检查时为止。

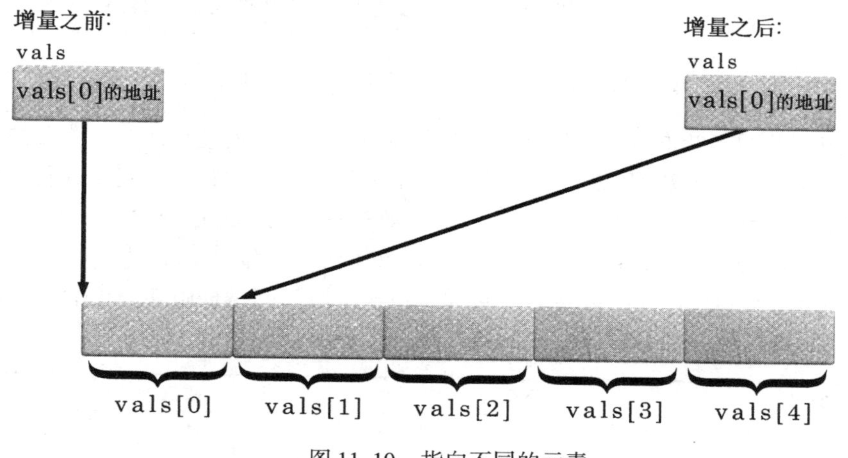

图 11.10　指向不同的元素

使用 findMax()的哪个版本是个人风格和口味的问题。一般来说，初级程序员感觉使用下标比使用指针更容易。此外，如果程序按应用和手边数据的自然存储空间结构使用数组，则使用下标访问会更加清楚地指出程序的意图。但是，当讲解有关字符串和数据结构的知识时，指针就变成了一个更加有用和强大的工具。在其他情况下，例如内存动态分配(参见 13.1 节)，使用下标没有简单容易的对等物。

从前面的讨论中可以进一步获得一个“小诀窍”。因为传递数组到函数实际上包括传递一个地址，正好能够传递任何有效的地址。例如，函数调用

```
findMax(&nums[2],3)
```

传递 nums[2]的地址给 findMax()。在 findMax()里面，指针 vals 保存这个地址，这个函数开始搜索符合这个地址元素中的最大值。这样，从 findMax()的观点来看，它已经接收一个地址并恰当地处理。

高级指针符号[①]

也能够使用指针符号访问多维数组，尽管随着数组维数的增加，指针符号会变得越来越有隐含意义。这个符号一个非常有用的应用是元素为字符串数组的情形，这种数组将在 11.5 节中介绍。在这里考虑二维数组的指针符号。例如，考虑声明

---

① 这个主题可以忽略而不会丢失连贯性。

```
#define ROWS 2
#define COLS 3
int nums[ROWS][COLS] = { {16,18,20},
                         {25,26,27} };
```

它创建了一个元素数组和一组名称为 nums，nums[0]和 nums[1]的指针常量。这些指针常量和 nums 数组元素之间的关系在图 11.11 中给出。

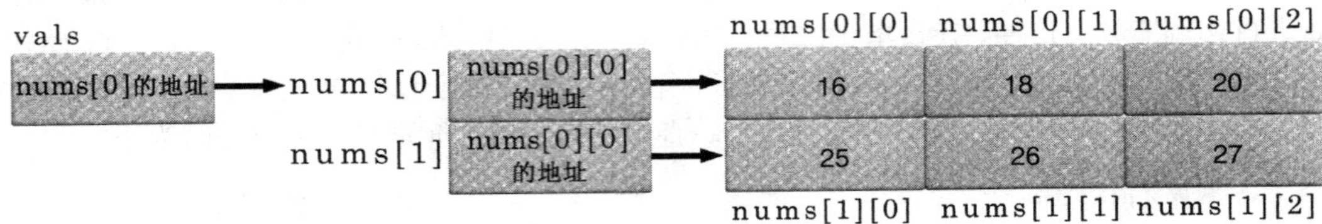

图 11.11　nums 数组的保存和相关的指针常量

与二维数组相关的指针常量的可用性，允许用各种方式访问数组元素。一种方式是把这个二维数组看成一个有两行的数组，每一行本身是一个有三个元素的数组。基于这种考虑，第一行中第一个元素的地址由 nums[0]提供，第二行中的第一个元素的地址由 nums[1]提供。这样，nums[0]指向的变量是 nums[0][0]，nums[1]指向的变量是 nums[1][0]。一旦理解了这些常量的性质，数组中的每个元素就能够通过对一个适当的指针施加一个恰当的偏移量进行访问。这样，下面的符号是相等的。

指针符号	下标符号	数值
*(*nums)	nums[0][0]	16
*(*nums +1)	nums[0][1]	18
*(*nums +2)	nums[0][2]	20
((nums +1))	nums[1][0]	25
((nums +1) +1)	nums[1][1]	26
((nums +1) +2)	nums[1][2]	27

现在能够更进一步，使用 nums 本身的地址和各自的指针符号取代 nums[0]和nums[1]。如图 11.11 所示，被 nums 指向的变量是 nums[0]，即*nums 是 nums[0]。同样，*(nums +1)是 nums[1]。使用这些关系式导致下面的相等的符号。

指针符号	下标符号	数值
*nums[0]	nums[0][0]	16
*(nums[0] +1)	nums[0][1]	18
*(nums[0] +2)	nums[0][2]	20
*nums[1]	nums[1][0]	25
*(nums[1] +1)	nums[1][1]	26
*(nums[1] +2)	nums[1][2]	27

当将二维数组传递给函数时，应采用相同的符号。例如，调用 calc(nums);，这个二维数组 nums 被传递给 calc()函数。在这里，像所有的数组参数一样，传递的是一个地址。calc()函数的一个合适的函数首部是

```
calc(int pt[2][3])
```

正如已经看到的那样，pt 的参数声明也可以是

```
int pt[][3]
```

使用指针符号，另外一个合适的声明是

```
int (*pt)[3]
```

在这个最后的声明中，创建一个指向三个整数的对象的指针要求使用圆括号。当然，每个对象相等于 nums 数组的一个单行。通过恰当地偏移这个指针，数组中的每个元素能够被访问。注意，如果没有使用圆括号，这个参数声明将变成

```
int *pt[3]
```

它创建一个三个指针的数组，每个指针指向一个整数。

一旦为 pt 做了正确声明(三个有效的声明中的任意一个)，函数 calc()内下面的符号是相等的。

指针符号	下标符号	数值
*(*pt)	pt[0][0]	16
*(*pt +1)	pt[0][1]	18
**pt +2)	pt[0][2]	20
((pt +1))	pt[1][0]	25
((pt +1) +1)	pt[1][1]	26
((pt +1) +2)	pt[1][2]	27

最后，在更高级的 C 语言程序中会遇到使用指针的两个新增符号。第一个符号是因为函数能够返回任何有效的 C 语言的标量值数据类型，包括指向任何标量值数据类型的指针。如果函数返回一个指针，则正在被指向的数据类型必须在函数的首部行和原型中声明。例如，首部行

```
int *calc()
```

声明 calc()返回一个指向整型值的指针。这意味着返回的是一个整型变量的地址。同样，首部行

```
double *taxes()
```

声明 taxes()返回一个指向双精度型值的指针。这意味着返回的是一个双精度型的变量地址。

除了声明指向整型数、双精度型数和 C 语言其他数据类型的指针以外，指针也能够被声明指向函数(包含函数的地址)。指向函数的指针是可能的，因为函数名像数组名称一样，它们本身是指针常量。例如，首部行

```
int (*calc)()
```

声明 calc 是指向返回一个整数的函数指针。这意味着 calc 包含一个函数的地址，这个地址在变量 calc 中的函数返回一个整型值。例如，如果函数 sum()返回一个整数，则赋值语句 calc = sum;是有效的。

练习 11.3

简答题

1. 下面的声明用来创建 prices 数组。

```
double prices[500];
```

为一个名称为 sortArray()的函数编写三种不同的首部行，这个函数接收这个 prices 数组作为一个名称为 inArray 的参数并返回空值。

2. 下面的声明用来创建 keys 数组。

```
char keys[256];
```

为一个名称为 findKey()的函数编写三种不同的首部行，这个函数接收 keys 数组作为一个名称为 select 的参数并返回空值。

3. 下面的声明用来创建 rates 数组。

```
double rates[256];
```

为一个名称为 prime()的函数编写三种不同的首部行，这个函数接收 rates 数组作为一个名称为 rates 的参数并返回一个双精度类型的值。

4. 这一节中介绍的 findMax()的最后一个版本中，vals 在 for 语句的改变列表内被增量 1。如果将其修改为自增 1 在 if 语句的条件表达式中完成，如

```
int findMax(int *vals, int numEls) /* 不正确的版本 */
{                                  /* vals 被声明为一个指针 */
  int i, max = *vals++; /* 得到第一个元素并增量 1 */

  for (i = 1; i < numEls; i++)
    if (max < *vals++)
      max = *vals;

  return (max);
}
```

则会产生不正确的结果。给出原因。

5. a. 确定下列程序的输出。

```
#include <stdio.h>
void arr(int[][3]);
int main()
{
  int nums[2][3] = {{33,16,29},
                    {54,67,99}};

  arr(nums);
  return 0;
}
void arr(int (*val)[3])
{
  printf("\n %d",*(*val) );
  printf("\n %d",*(*val + 1) );
  printf("\n %d",*(*(val + 1) + 2) );
  printf("\n %d",*(*val) + 1 );
  return;
}
```

b. 在这个 arr()函数中给定的 val 的声明，符号 val[1][2]在这个函数内部是有效的吗？

编程练习

1. 修改 findMax()函数，查找这个被传递数组的最小值。只使用指针编写这个函数并重命名这个函数为 findMin()。

2. a. 编写一个 C 语言程序，在 main()中有一条声明保存下列数到一个名称为 rates 的数组中：6.5，7.2，7.5，9.3，9.6，9.4，9.6，9.8，10.0。应该有一个对 show()函数的调用，这个函数用一个名称为 rates 的参数接收 rates，然后使用指针符号*(rates + i)显示这些数。

   b. 修改练习 2a 中编写的 show()函数，改变 rates 中的地址。使用表达式*rates 而不是*(rates + i)获得这个正确的元素。

3. a. 编写一个 C 语言程序，在 main()中包含一个保存字符串"Vacation is near"在名称为 message 的数组中的声明。包含一个对 display()的函数调用，这个函数用一个名称为 strng 的参数接收 message，然后使用指针符号*(strng + i)显示这个消息。

   b. 修改练习 3a 中编写的 display()函数，改变 message 中的地址。使用表达式*strng 而不是*(strng + i)获得这个正确的元素。

4. 编写一个 C 程序，声明三个名称为 price，quantity 和 amout 的一维数组。每个数组应该在 main()中声明，并具有容纳 10 个双精度类型数的能力。要保存到 price 中的数是：10.62，14.89，13.21，16.55，19.62，9.47，6.58，19.32，12.15，3.99；要保存到 quantity 中的数是：4，9.5，6，7.35，9，15.3，3，5.4，2.9，4.9。使程序传递这三个数组给一个名称为 extend()的函数，这个函数计算 amount 数组中的元素为 price 和 quantity 数组中的相应元素的乘积(例如，amount[1] =price[1]* quantity[1])。extend()把这些值放入 amount 数组中后，从 main()内显示这个数组中的值。使用指针编写 extend()函数。

11.4　使用指针处理字符串

指针在构造字符串处理函数中非常有用。当指针符号用在下标符号的位置访问字符串中的各个字符时，产生的语句更紧凑且更有效率。这一节将讲解在访问字符串中各个字符时下标和指针之间的相等性。

考虑 9.1 节中介绍的 strcopy()函数的最后版本，把字符从一个数组复制到另外一个数组，一次一个字符。为了方便，这个函数重复如下。

```
/* 复制字符串 2 到字符串 1  */
void strcopy(char string1[], char string2[]) /* 复制字符串 2 到字符串 1 */
{
  int i = 0;

  while (string1[i] = string2[i])
    i++;
}
```

注意，由于赋值语句包含在 while 语句测试部分内，因此将复制数组 string2 中的所有元素，包括终止 NULL 字符。就在 NULL 字符被赋值给 string1 之后，赋值表达式的值变成 0，while 循环在这一点终止。

strcopy()从下标符号到指针符号的转换现在是简单的。尽管 strcopy()的每个下标版本能够使用指针符号重新编写，下面是最后的下标版本的相等函数。

```
void strcopy(char *string1, char *string2)
            /* 复制字符串 2 到字符串 1 */
{
  while (*string1 = *string2)
  {
    string1++;
    string2++;
  }

  return;
}
```

在 strcopy()的下标和指针两种版本中，函数都接收正在被传递的数组名称。前面说过，传递数组名称给函数，实际上传递的是这个数组第一个位置的地址。在 strcopy()的指针版本中，两个被传递的地址分别保存到指针参数 string1 和 string2 中。

历史注解：由颠倒字母顺序而构成的单词和回文

某些最有挑战性和最令人着迷的单词游戏是颠倒单词的字母顺序和回文。

一个由颠倒字母顺序而构成的单词(anagram)是一个在单词或短语中产生另外一个单词或短语的字母的重新排列。尽管单词 door 的字母能够被重新排列成 orod 和 doro，但发现单词 odor 和 rood 更令人激动。顺读和倒读都相同的单词、短语或句子称为回文(palindrome)，例如 topsspot。

大部分知名的被颠倒字母顺序而构成的单词和回文的起源由于作者不详而丢失。以下是理查德·曼彻斯特(Richard Manchester)在《玩笑和游戏》(哈特出版有限公司，纽约，1977 年;229 页到 231 页)中所收集的一些。

倾向于由颠倒字母顺序而构成的单词(短语)如下。

- The Mona Lisa→No hat, a smile
- The United States of America→Attaineth its cause: freedom!

有趣的回文有下面这些。

- Live not on evil!
- 'Tis Ivan on a visit.
- Yreka Bakery
- Able was I ere I saw Elba.
- Madam, I'm Adam.
- A man, a plan, a canal: Panama!

可以编写计算机程序来检验这些回文并发现由颠倒字母顺序而构成的单词，但是人脑做这件事情可能更有效率。

strcopy()的指针版本中使用的声明 char *string2;和 char *string1;分别指出 string2 和 string1 是包含一个字符的地址，强调被传递的地址按指针值而不是数组名称处理。这些声明分别相当于声明 char strint2[]和 char strint1[]。

对 strcopy()内部的指针表达式*string2，这指的是这个元素的地址在 string2 中，取代相等的下标表达式 string2[i]。同样，指针表达式*string1 取代相等的下标表达式 string1[i]。表达式*string1 = *string2 使 string2 指向的元素被赋值给 string1 指向的元素。因为两个字符串的起始地址被传递给 strcopy()并分别保存到 string2 和 string1 中，表达式*string2 最初是指 string1[0]。

两个指针在 strcopy()中使用表达式 string2++ 和 string1++，连续地自增 1，只是引起每个指针“指向”各自的字符串中下一个连续的字符。像用下标版本一样，strcopy()的指针版本往前走，一个接一个地复制元素，直到复制字符串的结尾为止。

对字符串复制函数的一个最终的改变能够通过把指针后缀自增运算符包含在 while 语句的测试部分中实现。这个字符串复制函数的最终形式如下。

```
void strcopy(char *string1, char *string2) /* 复制字符串 2 到字符串1 */
{
  while (*string1++ = *string2++)
    ;
  return;
}
```

在表达式*string1++ = *string2++ 中不存在含糊之处，即使间接运算符*和增量运算符 ++具有相同的优先级。在这里，被指向的字符在指针被自增之前访问。只有在赋值*string1 = *string2 完成后，指针自增 1 正确地指向各自的字符串中的下一个字符。

包含在 C 编译器提供的标准库函数中的字符复制函数，其使用方法与 strcopy()的指针版本完全一致。

练习 11.4

简答题

1. 确定*text，*(text +3)和*(text +10)的值，假设 text 是一个字符数组且下列值已经被保存到数组中。

   a. now is the time
   b. rocky raccoon welcomes you
   c. Happy Holidays
   d. The good ship

编程练习

1. a. 下面这个 convert()函数，将传递给它的字符串中的每一个字符发送给 toUpper()函数，直到遇到 NULL 字符为止。这样就将字符串中的字符全部变成大写形式。

```
char toUpper(char); /* 函数原型 */
void convert(char strng[]) /* 转换一个字符串为大写字母 */
{
  int i = 0;

  while (strng[i] != '\0');
  {
    strng[i] = toUpper(strng[i]);
    i++;
  }

  return;
}
char toUpper(char letter) /* 转换一个字符为大写 */
{
  if( letter >= 'a' && letter <= 'z')
    return (letter - 'a' + 'A');
  else
    return (letter);
}
```

toUpper()函数接收传递给它的每个字符，首先检查它以确定这个字符是否是一个小写字母(一个小写字母是包含在 a 到 z 之间的任意一个字符)。假设字符使用标准的 ASCII 字符码保存，表达式 letter - 'a' + 'A'把一个小写字母转换成对应的大写字母。使用指针重新编写 convert()函数。

b. 把 convert()和 toUpper()函数包含在一个工作程序中。这个程序应该用一个字符串提示用户并用大写字母把这个字符串返回给用户。为字符串的输入和显示分别使用 gets()和 puts()函数。

2. 使用指针，重做9.1节的编程练习1。
3. 使用指针，重做9.1节的编程练习2。
4. 使用指针，重做9.1节的编程练习3。
5. 编写一个名称为 remove()的函数，将字符串中的某个字符全部删除。这个函数应该接收两个参数:字符串名和要被删除的字符。例如，message 包含字符串“HappyHolidays”，则函数调用 remove(message, 'H')的结果是将字符串“appyolidays”放置到 message 中。
6. 使用指针，重做9.1节的编程练习6。
7. 使用 getchat()，toupper()和 putchar()库函数编写一个程序，返回用大写字母形式输入的每个字母。这个程序在数字键1被按下时终止。
8. 编写一个C语言函数，使用指针将一个字符加到一个现存字符串的末端。函数应该用新的字符取代现存的 \0 字符，并在字符串的末端追加一个新的 \0 字符。
9. 编写一个C语言函数，使用指针从字符串末端删除一个字符。这通过移动 \0 字符向字符串的起始位置靠近一个位置有效地完成。
10. 编写一个名称为 trimfrnt()的C语言函数，将字符串前面的全部空格删除。使用指针编写这个函数。
11. 编写一个名称为 trimrear()的C语言函数，将字符串后面的全部空格删除。使用指针编写这个函数。

编程注解:为字符串分配空间

因为声明

```
char *message = "abcdef";
```

是有效的，很多初级程序员会认为下面的代码也是有效。

```
char *message;
strcpy(message,"abcdef");
```

strcpy 在这里是无效的，因为指针的声明只为一个值——一个地址保留足够的空间，没有为字符串分配空间，并且 message 没有被初始化指向一个有效的字符位置组。对于 message 的第一个声明，不是这样的情况，这个声明实际上保留两组位置——一组用于一个名称为 message 指针变量，另一组用于一个由7个字符组成的字符串。然后，后者被初始化为字符 a, b, c, d, e, f 和 \0，而前者被初始化为字母 a 的地址。只要完成了第一个声明，类似 strcpy(message, "ghijkl");的语句就是有效的，因为 message 指向的内存位置足以容纳这个新的字符串。这里是有意识地保证为任何将被复制的字符串分配足够的存储空间。

11.5　使用指针创建字符串

字符串的定义自动地包含指针。例如，定义 char message1[81];为 81 个字符保留存储空间并自动地创建一个包含 message1[0]的地址的指针常量 message1。作为指针常量，与指针相关的地址不能改变，它必须总是“指向”已创建的数组的开始处。

但是，开始时不按数组创建字符串，而使用指针创建字符串也是可能的。这与声明被传递的数组为数组或内部指向这个接收函数指针的参数概念相似。例如，定义 char *message2;为字符创建了一个指针。这里的 message2 是一个真正的指针变量。只要定义了一个指向字符的指针，类似 message2 = "this is a string";的赋值就能够进行。这里的 message2 接收计算机用于保存这个字符串的第一个位置的地址。

尽管 message 指向一个字符串，足以容纳新的字符串“ghijkl”，但字符串不能使用赋值运算符复制。message1 作为数组的定义和 message2 作为指针的定义，二者的主要差别是创建指针的方法。使用声明 static char message1[81];定义 message1 显式地要求用于这个数组的固定的存储空间数量，这使编译器创建一个指针常量。使用声明 char *message2;定义 message2 首先显式地创建一个指针变量。

然后，在实际指定字符串时，指针被用于保存这个字符串的地址。这个定义中的差别有存储空间和编程结果两方面的原因。

从编程的观点来看，定义 message2 作为一个指向字符的指针允许字符串赋值，如 message2 = "this is a string";。同样的赋值对于定义为数组的字符串不被允许。于是，语句 message1 = "this is a string";是无效的。但是，两个定义都允许使用一个字符串赋值进行初始化。例如，下面的两个初始化是有效的。

```
char message1[81] = "this is a string";
char *message2 = "this is a string";
```

message1 数组的初始化是简单的并遵循前面介绍的初始化字符数组的格式(见 9.2 节的编程注解)。同样的事实对 message2 是不正确的。message2 的初始化由设置一个初始地址给一个指针变量组成。

从保存的观点看，message1 和 message2 的空间分配是不同的，如图 11.12 所示。正如图中所示，两个初始化都使计算机内部保存同一个字符串。在 message1 的情况中，一个指定的 81 个存储空间被保留并且前 17 个位置被初始化。对于 message1，能够保存不同的字符串，但是每个字符串将覆盖前面已保存的字符。但是，message2 中并不如此。

message2 的定义为指针保留了足够的存储空间。然后，初始化使要被保存的字符串和字符串第一个字符的地址(这里为 t 的地址)被装入指针。如果以后给 message2 进行赋值，则最初的字符串会依然留在内存中，新的内存位置会分配给这个新的字符串。程序 11.7使用 message2 字符指针成功地“指向”两个不同的字符串。注意一个关键的地方是对最初的字符串访问丢失(如果第二个指针被用于保存最初的地址，访问肯定能够被保持)。

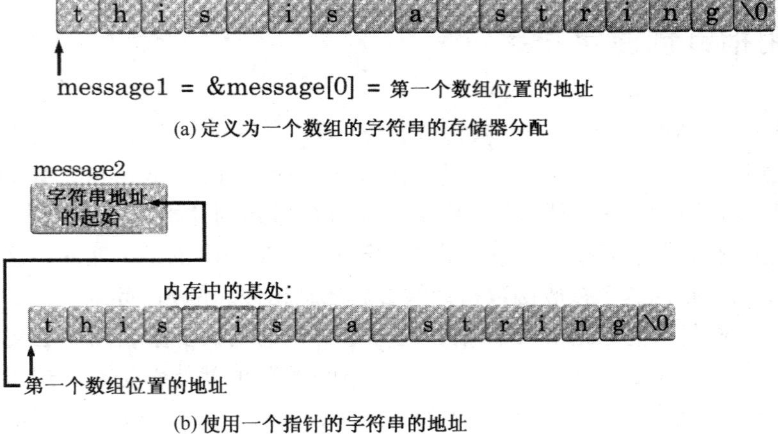

(a) 定义为一个数组的字符串的存储器分配

(b) 使用一个指针的字符串的地址

图 11.12 字符串存储空间分配

程序 11.7

```c
#include <stdio.h>
int main()
{
  char *message2 = "this is a string";

  printf("\nThe string is %s", message2);
  printf("\n The base address of this string is %p\n", message2);

  message2 = "A new message";
  printf("\nThe string is now: %s", message2);
  printf("\n The base address of this string is %p\n", message2);

  return 0;
}
```

程序 11.7 的输出如下①。

```
The string is: this is a string
 The base address of this string is 00420094

The string is now: A new message
 The base address of this string is 00420038
```

程序 11.7 中，变量 message2 最初被创建为一个指针变量，并被装入第一个字符串的起始内存地址。然后，printf()函数用于显示这个字符串。当 printf()函数遇到%s 转换控制序列符时，它告知这个函数一个字符串正在被引用。然后，printf()函数指望一个字符串常量或一个包含这个字符串中第一个字符的地址的指针。这个指针能够是一个数组名称或者是一个指针变量。printf()函数使用提供的地址正确地查找字符串，然后继续访问和显示字符，直到它遇到一个空字符时为止。正如输出所示，在第一个字符串中的第一个字符的十六进制地址是 00420094。

① 这个程序为这个消息使用的存储区的实际地址取决于计算机。

显示完第一个字符串和它的起始地址以后，程序 11.7 中的下一个赋值语句使计算机保存第二个字符串并改变 message2 中的地址指向这个新的字符串的起始位置。然后 printf() 函数显示这个字符串和它的起始内存的地址。

认识到赋值给 message2 的第二个字符串没有覆盖第一个字符串，只是改变 message2 中的地址以指向这个新的字符串是重要的。如图 11.13 所示的被保存到计算机里面的两个字符串，任何新增的字符串赋值给 message2 导致这个新的字符串的新增存储空间，以及一个保存到 message2 中地址的相应变化。

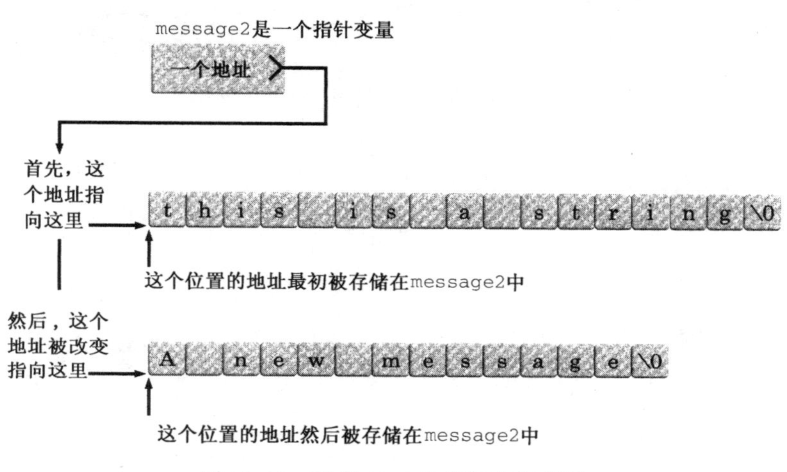

图 11.13　程序 11.7 的存储空间分配

指针数组

字符指针数组的声明是一个对单一字符串指针声明的非常有用的扩展。例如，声明

```
char *seasons[4];
```

创建一个 4 元素的数组，这里每一个元素是一个指向字符的指针。作为单个的指针，每个指针能够使用字符串赋值语句被赋值为指向一个字符串。于是，语句

```
seasons[0] = "Winter";
seasons[1] = "Spring";
seasons[2] = "Summer";
seasons[3] = "Fall";
```

设置合适的地址到各自的指针中。图 11.14 给出了为这些赋值语句装入指针中的地址。

如图 11.14 所示，seasons 数组没有包含赋值给这些指针的实际的字符串。这些字符串被保存到计算机的与这个程序相关的正常数据区域中别的地方。指针的数组只是包含每个字符串起始位置的地址。

seasons 数组的初始化也能够直接地被合并在如下的数组定义中。

```
char *seasons[4] = {"Winter",
                    "Spring",
                    "Summer",
                    "Fall"};
```

这个声明既创建一个指针数组又用适当的地址初始化这些指针。一旦地址已经被赋值给指针，每个指针能够被用于访问它的相应字符串。程序 11.8 使用 seasons 数组用 for 循环显示每个季节。

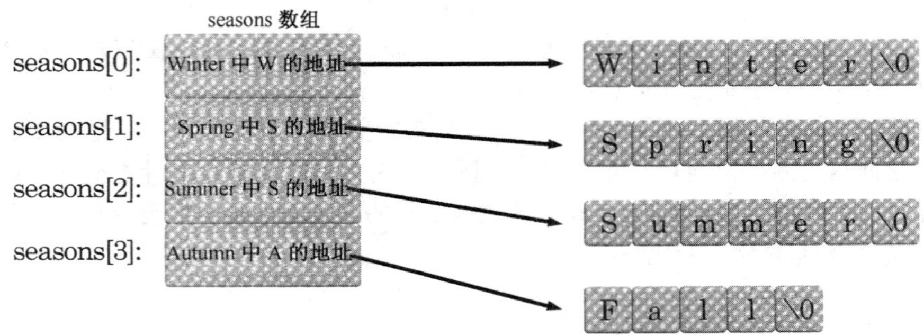

图 11.14 包含在 seasons[ ]指针中的地址

程序 11.8

```
#include <stdio.h>
int main()
{
  int n;
  char *seasons[] = {"Winter",
                     "Spring",
                     "Summer",
                     "Fall"};

  for(n = 0; n < 4; n++)
    printf("The season is %s.\n",seasons[n]);

  return 0;
}
```

程序 11.8 的输出如下。

```
The season is Winter.
The season is Spring.
The season is Summer.
The season is Fall.
```

使用指针列表的优点是合理的数据标题组能够集中在一起并用一个数组名称访问。例如,一年中的月份能够集中地组合在一个称为 months 的数组中,一星期中的每一天能够集中地组合在一个称为 days 的数组中。相同标题的组合允许程序员只要通过指定数组中标题的正确位置访问和输出一个合适的标题。程序 11.9 使用 seasons 数组正确地确定并显示与一个用户输入的月份相应的季节。

程序 11.9

```
#include <stdio.h>
int main()
{
  int n;
  char *seasons[] = {"Winter",
                     "Spring",
                     "Summer",
                      "Fall"};
```

```
    
    printf("\nEnter a month (use 1 for Jan., 2 for Feb., etc.): ");
    scanf("%d", &n);
    n = (n % 12) / 3; /* 创建正确的下标  */
    printf("The month entered is a %s month.\n",seasons[n]);

    return 0;
}
```

除了表达式 n = (n % 12)/3 外，程序 11.9 是相当简单的。这个程序要求用户输入一个月份并使用 scanf()函数调用接收与月份相应的数。

表达式 n = (n % 12)/3 使用一个常用的编程诀窍将一组数换算成一个更有用的一组数。这个例子中，第一组是数 1 到 12，第二组是数 0 到 3。于是，一年中与数 1 到 12 相应的月份使用这个表达式被调整，以符合写在下方的正确的季节。首先，表达式 n%12 将输入的月份调整到 0 到 11 范围之内，0 对应于 12 月，1 对应于 1 月，等等。然后，除以 3 使产生的数位于范围 0 到 3 之间，相当于可能的季节元素。除以 3 的结果被赋值给一个整型变量 n。当除以 3 时，月份 0，1 和 2 被设置成 0；月份 3，4 和 5 被设置成 1；月份 6，7 和 8 被设置成 2；月份 9，10 和 11 被设置成 3。这相当于下面的赋值。

月份	季节
12 月，1 月，2 月	冬季
3 月，4 月，5 月	春季
6 月，7 月，8 月	夏季
9 月，10 月，11 月	秋季

程序 11.9 的输出如下。

```
Enter a month (use 1 for Jan., 2 for Feb., etc.): 12
The month entered is a Winter month.
```

练习 11.5

简答题

1. 编写两条声明语句能够用于声明 char text[] = "Hooray!";的地方。
2. 确定下列代码段的每一个*text，*(text+3)和*(text+7)的值。
   a.
   ```
   char *text;
   char message[] = "the check is in the mail";
   text = message;
   ```
   b.
   ```
   char *text;
   char formal[] = {'t', 'h', 'i', 's', ' ', 'i', 's', ' ',
                    'a', 'n', ' ', 'i', 'n', 'v', 'i', 't',
                    'a', 't', 'i', 'o', 'n', '\0'};
   text = &formal[0];
   ```
   c.
   ```
   char *text;
   char more[] = "Happy Holidays";
   text = &more[4];
   ```
   d.
   ```
   char *text, *second;
   char blip[] = "The good ship";
   second = blip;
   text = second++;
   ```

3. 指出下列程序中的错误。

```
#include <stdio.h>
int main()
{
  int i = 0;
  char message[] = {'H', 'e', 'l', 'l', 'o', '\0'};

  for( ; i < 5; i++)
  {
    putchar(*message);
    message++;
  }

  return 0;
}
```

编程练习

1. a. 编写一个 C 语言函数，显示与用户输入的 1 到 7 之间的数相对应的一个星期的每一天。即，如果用户输入 2，则程序显示名称 Monday。在函数中使用指针数组。

   b. 把为练习 1a 编写的函数包含在一个完整的工作程序中。
2. 修改练习 1a 中编写的函数，以使它返回包含所显示的每一天的字符串地址。
3. 编写一个 C 语言函数，接收 6 行用户输入的文本并把输入的行保存为 6 个单独的字符串。在函数中使用指针数组。

11.6 编程错误和编译器错误

在使用本章中讲解的材料时，应注意如下可能的编程错误和编译器错误。

编程错误

1. 使用一个指针引用不存在的数组元素。例如，如果 nums 是一个 10 个整数的数组，表达式*(nums + 60)指向超出数组的最后一个元素的 50 个整型位置。因为 C 语言不会对数组的引用做任何边界检查，这种类型的错误不会被编译器捕捉。这是与使用一个下标引用一个超出边界的数组元素一样掩饰在它的指针符号形式中的同样的错误。
2. 不正确地应用地址和间接运算符。例如，如果 pt 是一个指针变量，表达式

   ```
   pt = &45
   pt = &(miles + 10)
   ```

   都是无效的，因为它们试图获得一个值的地址。但是，注意表达式 pt = &miles + 10 是有效的。在式中，10 被加给 miles 的地址。此外，确保最终的地址“指向”一个有效的数据元素是程序员的职责。
3. 指针常量的地址不能获得。例如，给定声明

   ```
   int nums[25];
   int *pt;
   ```

   赋值

   ```
   pt = &nums;
   ```

是无效的。在这里，nums 是本身相当于一个地址的指针常量。正确的赋值是 pt = nums。

4. 当字符串被定义为一个字符数组时，没有为结尾字符串的 NULL 字符提供足够的空间，且在初始化数组时也没有包含 NULL 字符。
5. 误解术语。例如，如果 text 被定义为

```
char *text;
```

变量 text 有时也称为一个字符串。于是，术语“保存字符串‘Hooray forthe Hoosiers’到 text 字符串”可能会遇到。严格地说，称 text 为一个字符串或一个字符串变量是不正确的。变量 text 是一个包含这个字符串中的第一个字符的地址的指针。不过，称一个字符指针为一个字符串的情况经常出现，应该对此引起注意。

6. 最后出现的常见错误一般是普通的对指针用法的错误。当初级 C 语言程序员对一个变量是否“包含”一个地址还是它本身就是一个地址而糊涂时，这种情况总是会出现。指针变量和指针参数包含了地址。尽管指针常量和地址是同义的，用下面两个限制把指针常量看成指针变量是有用的。

- 不能使用指针常量的地址。
- “包含在”指针常量中的地址不能被改变。

除了这两个限制，指针常量和变量几乎能够互换地使用。因此，当要求地址时，能够使用下面的任何一个。

- 指针变量名。
- 指针参数名。
- 指针常量名。
- 被地址运算符领先的非指针变量名(例如，&variable)。
- 被地址运算符领先的非指针参数名(例如，&argument)。

围绕着指针的某些混淆是由单词“指针”的随便使用引起的。例如，短语“函数要求一个指针参数”在认识到这个短语实际上意味着“函数要求一个地址作为一个参数”时更明显地被理解。同样，短语“函数返回一个指针”实际上意味着“函数返回一个地址”。因为地址被返回，一个合适的声明指针必须是可用于保存这个被返回的地址。如果曾经怀疑变量中实际上包含什么，或者它应该怎样被看待，可以使用 printf()函数显示这个变量的内容，即“被指向的事物”或“这个变量的地址”。经常看一看所显示的东西，有助于确定变量中的实际内容。

编辑器错误

下面的列表概括了在 UNIX 和 Windows 操作系统中典型的编译器错误消息。

错误	基于 UNIX 编译器错误消息	基于 Windows 编译器错误消息

试图初始化一个指向一个还没有被声明的变量的指针。例如：
`int *inum = #`
`int num = 7;`
	(S)Undeclared identifier num.	:error:'num':undeclared identifier

试图引用一个不是指针的变量，例如：
`int num = 7;`
`printf("%d", *num);`
	(S)Operand of indirection operator must be a pointer expression.	:error: illegal indirection

(续表)

错误	基于UNIX编译器错误消息	基于Windows编译器错误消息
不正确地应用地址运算符,例如: int * num; int val; num = &(val + 10);	(S)Operand of address operator must be an lvalue or function designator.	:error: C2102: '&' requires 1-value
试图获得一个指针常量的地址,例如: int nums[] = {16,18}; int * numsPtr; numsPtr = &nums;	(w)Operation between types "int*" and "int(*)[2]" is not allowed.	:error: C2440: '=': cannot convert from 'int (*__w64)[2]'to 'int*'

11.7 小结

1. 数组名称是一个指针常量。指针常量的值是数组中元素0的地址。于是，如果val是一个数组的名称，val和&val[0]能够互换地使用。
2. 使用下标符号访问数组元素的做法总是能够用指针符号取代。也就是说，符号a[i]总是能够用符号*(a+i)取代。这是准确的，不管a最初被明确地声明为数组还是指针。
3. 数组通过地址而不是通过值传递给函数。被调函数总是接收直接地访问最先已被声明的数组元素。
4. 当将一维数组传递给函数时，对于这个数组的参数声明能够是一个数组声明，或是一个指针声明。于是，下面的参数声明是相等的。

```
double a[]
double *a
```

5. 在下标符的地方，指针符号和指针运算对于处理字符串元素特别有用。
6. 字符串存储空间能够通过声明一个字符数组或声明一个要被指向一个字符的指针创建。指向字符的指针能够直接地赋值一个字符串。字符串赋值给字符数组是无效的，除非在一条声明语句中完成。
7. 指针能够增量、减量或比较。加到一个指针或从一个指针减去的数能够自动地比例缩放。使用的比例系数是保存最先指向的数据类型要求的字节的数量。

第12章　结　　构

在广义上，术语“结构”指的是一组单独的元素如何被安排或组织。例如，一个公司的结构是由部门组织和这个公司里的人员组成的。在编程中，“结构”指的是单独的数据项被安排形成一个有内聚性和有关系的单元的方法。

为了使这个讨论更加切合实际，考虑一个可能被保存为一个视频游戏中的人物的数据项，如图12.1所示。

图12.1中列出的每个单独的数据项本身是一个称为数据字段(data field)的实体。把所有的数据字段结合在一起形成一个称为记录(record)的单元[①]。在C语言中，记录也称为结构，本书中将交互地使用这两个术语。

尽管在一个视频游戏中可能存在许多人物，但每一个人物都有它单独的特征，在一个单独的游戏内，每个人物的结构形式应该是相同的。于是，在处理结构时，区别结构的形式和它的内容是很重要的。

结构的形式(form)由符号名称、数据类型和这个记录中单个数据字段的排列组成。结构的内容(content)由保存到符号名称中的实际数据组成。图12.2显示了图12.1中可接受的这个记录形式的内容。

名称：
类型：
地牢中的位置：
强度系数：
智力因素：
装甲类型：

图12.1　一个视频游戏人物的典型构成

名称：戈格
类型：怪物
地牢中的位置：G7
强度系数：78
智力因素：15
装甲类型：锁子甲

图12.2　一个结构的形式和内容

这一章中将描述建立、填充、使用和在函数之间传递结构所需要的C语言语句。

12.1　单一结构

使用结构包括使用任何C语言变量所需要的相同的两个步骤。首先，必须声明结构，然后指定的值能够被赋值给单个结构的数据项。为了声明一个结构，必须列出它的数据类型、数据名称和数据项的排列。例如，定义

```
struct
{
  int month;
  int day;
  int year;
} birth;
```

---

① 这与存储在一个文件中的单一记录相同。

给出一个名称为 birth 的结构的形式并为这个结构中列出的单独数据项保留存储空间。birth 结构由三个称为结构成员(member of the structure)的数据项组成。

把实际的数据值赋值给一个结构的数据项，称为填充结构(populating the structure)，这是一个相对简单的过程。一个结构的每个成员通过提供用一个句点分开的结构名称和单独数据项名称访问。这样，birth.month 指的是 birth 结构的第一个成员，birth.day 指的是这个结构的第二个成员，而 birth.year 指的是第三个成员。程序 12.1 演示了将值赋给 birth 结构的单独成员的过程。

程序 12.1

```
 1  #include <stdio.h>
 2  int main()
 3  {
 4    struct
 5    {
 6      int month;
 7      int day;
 8      int year;
 9    } birth;
10
11    birth.month = 12;
12    birth.day = 28;
13    birth.year = 1987;
14    printf("My birth date is %d/%d/%d\n",
15                birth.month,birth.day,birth.year % 100);
16
17    return 0;
18  }
```

程序 12.1 产生的输出如下。

```
My birth date is 12/28/87
```

注意，虽然已经在第 13 行中将 year 保存为一个 4 位数的值，如

```
13  birth.year = 1987
```

但还是用常规的两位数的形式显示输出 year。

与大多数 C 语言语句一样，一个结构定义的间距不是严格的。例如，这个 birth 结构也可以被定义成如下格式。

```
struct {int month; int day; int year;} birth;
```

同样，同所有的 C 语言定义语句一样，多个变量可以定义在同一个语句中。例如，定义语句

```
struct {int month; int day; int year;} birth, current;
```

创建了两个具有相同形式的结构。第一个结构的成员通过单独的名称 birth.month，birth.day 和 birth.year 访问，而第二个结构的成员通过单独的名称 current.month，current.day 和 current.year 访问。注意，这个特殊结构定义语句的形式与用于定义任何程序变量的形式是相同的：数据类型的后面是一个变量名称列表。

在定义结构时，列出没有跟随变量名称的结构的形式是常见的。但是，在这种情况中，结构成员列表的前面必须是一个用户选择的结构类型名称(structure type name)。例如，在声明

```
struct Date
{
  int month;
  int day;
  int year;
};
```

中，术语 Date 是结构类型名称。也就是说，它创建了一个这种声明形式的新结构类型。按照惯例，用户选择的结构类型名称的第一个字母要大写，像名称 Date 中一样，这有助于在后来的定义语句中识别它们。这里，Date 结构的声明创建一个新的没有实际保留任何内存位置的数据类型。这样，它不是一个定义语句，它只是声明了一个 Date 结构类型，并描述了各个数据项在这个结构内是如何排列的。结构成员用的实际存储空间只有在赋值给指定的变量名称时才会保留。例如，定义语句

```
struct Date birth, current;
```

为两个分别被命名为 birth 和 current 的 Date 结构变量保留存储空间。这些单独结构的每一个都具有前面为 Date 结构声明过的形式。

同所有的变量声明一样，结构可以被全局地或局部地声明。程序 12.2 给出了 Date 结构的全局声明。对于 main()函数内部，变量 birth 被定义为一个 Date 类型的局部变量。

程序 12.2

```
#include <stdio.h>
struct Date
{
  int month;
  int day;
  int year;
};

int main()
{
  struct Date birth;

  birth.month = 12;
  birth.day = 28;
  birth.year = 1987;
  printf("My birth date is %d/%d/%d\n",
  birth.month,birth.day,birth.year % 100);

  return 0;
}
```

编程注解：同类数据结构和异类数据结构

数组和结构都是结构化数据类型。这两个数据结构之间的区别是它们包含的元素的类型。数组是一种同类(homogeneous)数据结构，这意味着它的每个构成必须具有相同的类型。记录是一种异类(heterogeneous)数据结构，这意味着它的每个构成能够具有不同的数据类型。因此，这些记录的数组是一个元素具有相同的异类类型的同类数据结构。

程序 12.2 产生的输出与程序 12.1 产生的输出相同。

结构的初始化遵循与数组的初始化相同的规则:结构可以通过下面的具有一个初始化列表的定义进行初始化①。例如，语句

```
struct Date birth = {12, 28, 1987};
```

能够用于取代程序 12.2 中 main()函数内部的前 4 个语句。

注意初始化用逗号分隔，不是分号。结构的成员没有被限制为整型数据类型，同它们在 Date 结构中一样。能够使用任何有效的 C 数据类型。例如，考虑一个由下面的数据项组成的雇员记录。

```
Name:
Identification Number:
Regular Pay Rate:
Overtime Pay Rate:
```

对于这些数据项，一个合适的声明是

```
struct PayRecord
{
  char name[20];
  int idNum;
  double regRate;
  double otRate;
};
```

一旦这个 PayRecord 结构类型被声明，就能够定义和初始化使用这个类型的一个指定的结构变量。例如，定义

```
struct PayRecord employee = {"H. Price",12387,15.89,25.50};
```

创建了一个 PayRecord 类型的名称为 employee 的结构。employee 的各个成员用定义语句中花括号之间列出的各自的数据被初始化。

注意，单一结构只是为了把相关项组合和保存到一个共同名称之下的一个方便的方法。尽管单一结构在明确地确定它的成员之间的关系中是有用的，但是单独的成员能够被定义为单独的变量。使用结构的真正好处只有在相同的结构类型在一个列表中被重复多次使用时才能认识到。创建有相同结构类型的列表是下一节的主题。

在离开单一结构的主题之前，因为任何有效的 C 数据类型能够用做结构的单独成员，单独的成员也能够是数组和结构，这是一个有价值的说明。例如，字符数组被用做前面定义过的 employee 结构的一个成员。访问成员数组的元素要求给予这个结构的名称，后面跟随一个句点和这个数组的名称。例如，employee.name[4]指的是 employee 结构 name 数组中的第五个字符。

把一个结构包含在另一个结构内，遵循包含任何数据类型在一个结构中相同的规则。例如，假设一个结构由一个名称和一个出生日期组成，在这里，Date 结构已经被声明为

```
struct Date
{
  int month;
  int date;
  int year;
};
```

---

① 这对于 ANSI C 编译器是正确的。对于非 ANSI C 编译器，对于一个局部声明语句中的初始化，关键字 static 必须放置在关键字 struct 前面。这是因为静态局部结构可能被初始化，然而自动局部结构在非 ANSI C 的编译器中不能够被初始化。

合适的包含一个名称和 Date 结构的结构定义如下。

```
struct
{
  char name[20];
  struct Date birth;
} person;
```

注意，在声明这个结构时，术语 Date 是结构类型名称。在定义 person 变量时，person 是一个指定的结构名称。命名为 birth 的变量同样是正确的，这是一个指定的具有 Date 形式的结构名称。为了访问 person 结构中单独的成员，需用一个句点跟随结构名称，接着是另一个句点，然后是期望的成员。例如，person.birth.month 指的是在 person 结构中包含的 birth 结构中的 month 变量。

练习 12.1

简答题

1. 列出在你的驾驶执照上找到的数据项。
2. 为下列每个记录声明一个名称为 Stemp 的结构类型。
   a. 由学生的学号、完成的学分数和累积成绩分数平均值组成的学生记录。
   b. 由学生的姓名、出生日期、完成的学分数和累积成绩分数平均值组成的学生记录。
   c. 由人名和地址(街道、城市、国家和邮编)组成的邮件发送清单。
   d. 由股票名称、股票价格和购买日期组成的股票记录。
   e. 由整型零件号码、零件品名、库存零件号码和整型记录员号码组成的库存记录。
3. 对于练习 2 中声明的单一结构类型，定义一个合适的结构变量名称并用下面的数据初始化每个结构。

```
a. Identification Number: 4672
   Number of Credits Completed: 68
   Grade Point Average: 3.01
b. Name: Rhona Karp
   Date of Birth: 8/4/1980
   Number of Credits Completed: 96
   Grade Point Average: 3.89
c. Name: Kay Kingsley
   Street Address: 614 Freeman Street
   City: Indianapolis
   State: IN
   Zip Code: 47030
d. Stock:IBM
   Price: 115.375
   Date Purchased: 12/7/1999
e. Part Number: 16879
   Description: Battery
   Number in Stock: 10
   Reorder Number: 3
```

编程练习

1. a. 编写一个 C 语言程序，提示用户输入当前的月、日和年份，把输入的数据保存到一个恰当定义的结构中并用一种恰当的方式显示数据。
   b. 修改编程练习 1a 中编写的程序，用时、分和秒的形式接收当前的时间。

2. 编写一个程序，使用一个结构保存股票名称、每股预估的收益以及预估的股价收益比。使这个程序提示用户输入 5 个不同的股票项，每次使用相同的结构保存这些输入的数据。当输入某个特定的股票数据时，让程序根据输入的收益和股价收益比计算并显示预期的股票价格。例如，如果用户输入数据 XYZ 1.56 12，则 XYZ 股票的每股预期价格是 $1.56 \times 12 = 18.72$ 美元。
3. 编写一个 C 语言程序，接收用户用小时和分钟输入的时间。使程序计算并显示一分钟后的时间。
4. a. 编写一个 C 语言程序，接收用户输入的日期。使这个程序计算并显示下一天的日期。对于这个练习，假设所有的月份都只有 30 天。

   b. 修改在编程练习 4a 中编写的程序，按每个月中的实际天数计算。

12.2 结构数组

结构的实际能力在它们用于数组中时才被认识。例如，假设图 12.3 显示的数据必须处理。

雇员号	雇员姓名	雇员工资率
32479	Abrams, B.	6.72
33623	Bohm, P.	7.54
34145	Donaldson, S.	5.56
35987	Ernst, T.	5.43
36203	Gwodz, K.	8.72
36417	Hanson, H.	7.64
37634	Monroe, G.	5.29
38321	Price, S.	9.67
39435	Robbins, L.	8.50
39567	Williams, B.	7.20

图 12.3 雇员数据列表

很明显，雇员号能够保存到一个长整型数组中，姓名能够保存到一个指针数组中，而工资率能够保存到一个浮点型数组中。用这种方式组织数据时，图 12.3 中的每一列被认为是一个保存到它自己数组中的单独的列。使用数组，每个雇员的项之间的相应关系通过保存一个雇员的数据在每个数组中的相同数组位置来维护。这样的数组称为并行数组，将在这一节的末尾讨论。

将这个完整列表分成三个单独的数组会令人遗憾，因为与一个的职工相关所有项组成一个自然的数据组织为记录。如图 12.4 所示。

	雇员号	雇员姓名	雇员工资率
第一个结构 →	32479	Abrams, B.	6.72
第二个结构 →	33623	Bohm, P.	7.54
第三个结构 →	34145	Donaldson, S.	5.56
第四个结构 →	35987	Ernst, T.	5.43
第五个结构 →	36203	Gwodz, K.	8.72
第六个结构 →	36417	Hanson, H.	7.64
第七个结构 →	37634	Monroe, G.	5.29
第八个结构 →	38321	Price, S.	9.67
第九个结构 →	39435	Robbins, L.	8.50
第十个结构 →	39567	Williams, B.	7.20

图 12.4 记录列表

编程注解：使用 typedef 语句

在处理结构的声明语句时，一个常用的编程技术是使用 typedef 语句。这个语句为创建一个新的、典型的、更简短的现存结构类型名称提供了一个简单的方法(见 14.1 节对 typedef 的完整描述)。例如，假设已经声明了下面的全局结构。

```
struct Date
{
  int month;
  int day;
  int year;
}
```

然后，typedef 语句

```
typedef struct Date DATE;
```

使名称 DATE 成为术语 struct Date 的同义词。现在，只要变量被声明为一个 struct Date，都能够使用术语 DATE 取代。于是，声明

```
struct Date a, b, c;
```

能够被语句

```
DATE a, b, c;
```

取代。

同样，如果已经声明名称为 PayRecord 的记录结构并且存在语句

```
typedef struct payRecord PAYRECS
```

则声明

```
PAYRECS employee[10];
```

可以用在更长的声明中，比如

```
struct PayRecord dmployee[10];
```

按照惯例，所有的 typedef 名称用大写字母书写，但这不是强制的。用在一个 typedef 语句中的名称，可以是符合 C 语言标识符名称规则的任何名称。

使用结构，作为一个记录的数据组织的完整性能够由程序维护并体现。这种方法下，图 12.4 所示的列表能够作为一个 10 个结构的单一数组处理。声明一个结构的数组和声明任何其他变量类型的数组是相同的。例如，如果结构类型 PayRecord 被声明为

```
struct PayRecord {int idnum; char name[20]; double rate;};
```

然后，10 个这样的结构的数组能够定义为

```
struct PayRecord employee[10];
```

这个定义语句构造了一个 10 元素的数组，这个数组的每一个元素是一个 PayRecord 类型的结构。注意，10 个结构的数组的创建和任何其他数组的创建具有相同的形式。例如，创建一个名称为 empolyee 的 10 个整数的数组要求声明

```
int employee[10];
```

在这个声明中，数据类型是整型，而在前面的 empolyee 声明中，数据类型是一个 PayRecord 形式的结构。

一旦声明了一个结构的数组，特定的数据项就可通过给出这个跟随一个句点和一个合适的结构成员的数组中期望的结构的位置进行访问。例如，变量 employee[0].rate 访问 employee 数组中的第一个结构的 rate 成员。把结构包含作为一个数组的元素允许一个记录的列表使用标准数组编程技术处理。程序 12.3 显示了图 12.4 所示的前 5 个雇员的记录。

程序 12.3

```
1  #include <stdio.h>
2  #define NUMRECS 5
3  struct PayRecord /* 构造一个全局结构类型 */
4  {
5    int id;
6    char name[20];
7    double rate;
8  };
9
10 int main()
11 {
12   int i;
13   struct PayRecord employee[NUMRECS] = {{32479, "Abrams, B.", 6.72},
14                                         {33623, "Bohm, P.", 7.54},
15                                         {34145, "Donaldson, S.", 5.56},
16                                         {35987, "Ernst, T.", 5.43},
17                                         {36203, "Gwodz, K.", 8.72}
18                                        };
19
20   for (i = 0; i < NUMRECS; i++)
21     printf("%d %-20s %4.2f\n",
22            employee[i].id,employee[i].name,employee[i].rate);
23
24   return 0;
25 }
```

程序 12.3 显示的输出如下。

```
32479 Abrams, B.           6.72
33623 Bohm, P.             7.54
34145 Donaldson, S.        5.56
35987 Ernst, T.            5.43
36203 Gwodz, K.            8.72
```

观察程序 12.3，注意第 13 ~18 行中结构的数组初始化

```
13  struct PayRecord employee[NUMRECS] = {{32479, "Abrams, B.", 6.72},
14                                        {33623, "Bohm, P.", 7.54},
15                                        {34145, "Donaldson, S.", 5.56},
16                                        {35987, "Ernst, T.", 5.43},
17                                        {36203, "Gwodz, K.", 8.72}
18                                       };
```

尽管每个结构的初始化已经包含在内层大括号中，但这不是严格要求的，因为所有的成员已经被初始化。与所有的外部变量和静态变量一样，在缺乏明确的初始化情况下，静态和外部

数组或结构的数字元素都被初始化为 0，字符元素都被初始化为空值。包含在 `printf()` 函数调用中的 `%-20s` 格式强制每个名称在一个 20 个空格的字段中左对齐显示。

你可能遇到的一种较差的可供选择的结构数组是并行数组。并行数组(parallel array)是两个或多个数组，每个数组都有相同的元素个数且每个数组中的元素直接通过它们在数组中的位置建立联系。例如，程序 12.3 中使用的 `PayRecord` 结构的单个 `employee` 数组可以表示三个并行数组：一个雇员号数组，一个姓名数组和一个工资率数组。在这组并行数组集内，所有具有相同下标值的元素应该参照对应于相同个体的信息。

并行数组存在的问题是：如果只有其中的一个数组被重新排序，则数据项之间的对应关系容易丢失。这种情况的一个例子在编程练习 5 中提供。并行数组几乎不再使用，因为现在几乎所有的编程语言都提供结构。但是，在没有提供结构的语言中，例如 Fortran 语言早期的版本，并行数组仍在使用。

练习 12.2

简答题

1. 定义一个 500 个结构的数组，能够使用保存以下关于一个码头中已靠码头的小船的数据：小船业主的姓名、小船驾照号码、小船的长度和当前小船停靠码头的码头号。
2. 定义一个 100 个结构的数组，每个结构已经在 12.1 节的练习 2 中描述。
3. 使用声明

```
struct MonthDays
{
  char name[10];
  int days;
};
```

定义 12 个类型为 `MonthDays` 的结构。命名这个数组为 `convert[]`，并用一年中 12 个月份的名称和每个月中的天数初始化这个数组。

编程练习

1. 把简答题 3 中创建的数组包含在一个显示名称和每个月中的天数的程序中。
2. 使用简答题 3 中定义的结构编写一个 C 语言程序，接收来自一个用户的数字形式的月份，显示这个月份的名称和这个月份的天数。于是，如果输入的是 3，则程序应显示“`March has 31 days`”(三月份有 31 天)。
3. a. 声明一个适合于由一个整型的识别号码、一个姓名(最多由 20 个字符组成)、一个浮点型的工资率和一个浮点型的已工作小时数组成的雇员记录的单一结构类型。
   b. 使用编程练习 3a 中声明的结构类型，编写一个程序，交互式地接收下面的数据到一个 6 个结构的数组中。

识别号码	姓名	工资率	已工作的时间
3462	Jones	4.62	40.0
6793	Robbins	5.83	38.5
6985	Smith	5.22	45.5
7834	Swain	6.89	40.4
8867	Timmins	6.43	35.5
9002	Williams	4.75	42.0

输入了数据之后，程序应该创建一个列出每个雇员的姓名、号码和总工资的工资报表。包含所有职工的总计工资在报表的末端。

4. a. 声明一个适合于由一个整型汽车车牌号码、这辆汽车已行驶英里的整型值和一个每辆汽车已消耗的燃料加仑数的整型值组成的一个汽车记录的单一结构类型。

   b. 使用编程练习 4a 中已声明的结构类型，编写一个程序，交互式地接收下面的数据到一个 5 个结构的数组中。

汽车车牌号	行驶的英里	消耗的加仑数
25	1450	62
36	3240	136
44	1792	76
52	2360	105
68	2114	67

一旦输入了数据，程序就可创建一个列出每辆汽车车牌号和这辆汽车实际的英里每加仑的报表。在报表的最后，包含整个车队实际的平均英里每加仑。

5. a. 构建一组由 10 个整型标识号和 10 个工资率组成的并行数组。然后，确定相应于最高工资率的标识号码。确保通过排序工资率数组确定最高工资率，以使最高工资率具有下标值 0。

   b. 当排序工资率数组时，如编程练习 5a 中所指定的，在确定正确的标识号码时会遇到什么问题？

12.3 传递结构和返回结构

单一结构成员可以用与传递任何标量变量一样的方式传递给一个函数。例如，给定结构定义

```
struct
{
  int idNum;
  double payRate;
  double hours;
} emp;
```

则语句

```
display(emp.idNum);
```

传递这个结构成员 emp.idNum 的一个副本给一个名称为 display()的函数。同样，语句

```
calcPay(emp.payRate,emp.hours);
```

传递保存到结构成员 emp.payRate 和 emp.hours 中的值的副本给 calcPay()函数。display()和 calcPay()都必须声明它们各自参数的正确数据类型。

在大多数编译器上，结构的所有成员的副本也能够通过将这个结构名称作为一个参数传递给被调函数。例如，函数调用

```
calcNet(emp);
```

传递全部的 emp 结构的一个副本给 calcNet()。calcNet()的内部，必须进行一个恰当的声

明以接收这个结构。程序 12.4 为一个雇员记录声明一个全局的结构类型。然后在第 13 行中，这个类型被 main()使用。

```
13 struct Employee emp = {6787, 8.93, 40.5};
```

它也使用在第 23 行的 calcNet()中。

```
23 double calcNet(struct Employee temp)
```

在这些行中，这个类型用于分别定义具有名称 emp 和 temp 的指定结构。

程序 12.4

```
 1  #include <stdio.h>
 2  struct Employee /* 声明一个全局结构类型 */
 3  {
 4    int idNum;
 5    double payRate;
 6    double hours;
 7  };
 8
 9  double calcNet(struct Employee); /* 函数原型 */
10
11  int main()
12  {
13    struct Employee emp = {6787, 8.93, 40.5};
14    double netPay;
15
16    netPay = calcNet(emp); /* 传递emp中的数值的副本 */
17    printf("The net pay of employee %d is $%6.2f\n",
18                                        emp.idNum,netPay);
19
20    return 0;
21  }
22
23  double calcNet(struct Employee temp)
24  /* temp是具有结构 Employee 的数据类型 */
25  {
26    return(temp.payRate * temp.hours);
27  }
```

程序 12.4 产生的输出如下。

```
The net pay of employee 6787 is $361.66
```

观察程序 12.4，注意 main()和 calcNet()都使用相同的全局结构类型定义它们的单一结构。在 main()第 13 行中定义的结构和在第 23 行中 calcNet()中定义的结构是两个完全不相同的结构。对 calcNet()中的局部 temp 结构进行的任何改变不影响 main()的 emp 结构。实际上，因为两个结构对它们各自的函数是局部的，在两个函数中可使用相同的结构名称而不会引起混淆。

第 16 行中，函数 calcNet()被 main()调用。

```
16 netPay = calcNet(emp); /* 传递emp中的数值的副本 */
```

作为结果，emp 结构值的副本被传递给 temp 结构。然后，calcNet()函数使用被传递成员值中的两个值计算一个返回给 main()的值。

尽管 main()和 calcNet()中的两个结构都使用相同的全局定义的结构类型，但这不是严格要求的。例如，main()中的结构变量可以被直接定义为

```
struct
{
  int idNum;
  double payRate;
  double hours;
} emp = {6787, 8.93, 40.5};
```

同样，calcNet()中的结构变量可以被定义为

```
struct
{
  int idNum;
  double payRate;
  double hours;
} temp;
```

程序 12.4 提供的 Employee 结构类型的全局声明对后面的两个单独结构的说明是更可取的，因为这个全局结构类型集中了这个结构的组织声明。后来对这个结构进行的任何改变只需要对全局声明进行一次。对单一结构定义进行改变要求所有结构定义的出现定位在每个正在定义结构的函数中。对于更大的程序，若不小心遗漏了对这个结构定义某处的改变时，通常会导致错误。

传递结构的副本的可选办法是传递结构的地址。当然，这允许被调函数直接对最初的结构进行改变。例如，参阅程序 12.4，对 calcNet()的调用能够修改为

```
calcNet(&emp);
```

这个调用传递的是一个地址。为了正确地保存这个地址，calcNet()必须将它的参数声明为指针。为了接收这个地址，calcNet()的一个适当的函数首部行是

```
double calcNet(struct Employee *pt)
```

这里，pt 把参数声明为一个指向 Employee 类型结构的指针。无论何时调用 calcNet()时，指针变量 pt 都接收一个结构的起始地址。在 calcNet()内部，这个指针用于直接访问结构中的任何成员。例如，(*pt).idNum 指的是结构的 idNum 成员，(*pt).payRate 指的是结构的 payRate 成员，(*pt).hours 指的是结构的 hours 成员。这些关系如图 12.5 所示。

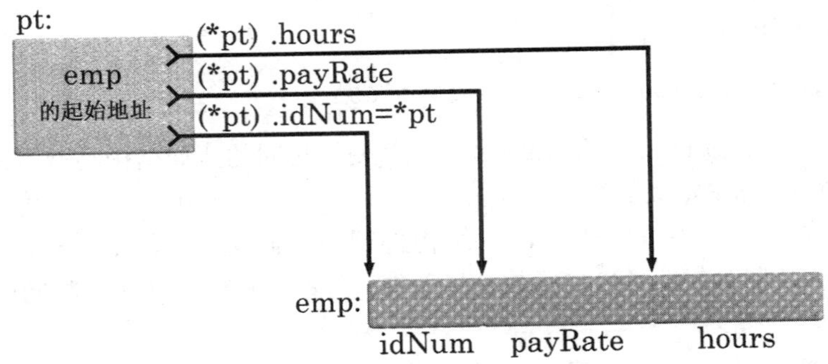

图 12.5　指针能够用于访问结构成员

图 12.5 中表达式*pt 周围的圆括号对于最初访问"地址在 pt 中的结构"是必须的。这个圆括号被一个标识符跟随，以访问这个结构内部期望得到的成员。在缺乏圆括号时，结构成员运算符优先于间接运算符*。因此，表达式*pt.hours 是*(pt.hours)的另外一种书写方式，这指的是地址在变量 pt.hours 中的变量。最后一个表达式显然没有意义，因为没有名称为 pt 的结构，并且 hours 没有包含地址。

如图 12.5 所示，emp 结构的起始地址也是这个结构的第一个成员的地址。因此，表达式*pt 和(*pt).idNum 指的都是 emp 结构的 idNum 成员。

指针的使用是如此普遍，以至于存在一个特殊符号的结构。一般的表达式(*pointer).member 总是能够用符号 pointer->member 代替，两个中的任一个表达式都能够用来定位期望的成员。例如，下面的表达式是相等的。

(*pt).idNum 能够用 pt->idNum 取代
(*pt).payRate 能够用 pt->payRate 取代
(*pt).hours 能够用 pt->hours 取代

程序 12.5 演示了传递一个结构的地址和用一个新符号直接访问这个结构的指针。

程序 12.5

```
 1  #include <stdio.h>
 2  struct Employee /* 声明一个全局结构类型 */
 3  {
 4    int idNum;
 5    double payRate;
 6    double hours;
 7  };
 8
 9  double calcNet(struct Employee *); /* 函数原型 */
10
11  int main()
12  {
13    struct Employee emp = {6787, 8.93, 40.5};
14    double netPay;
15
16    netPay = calcNet(&emp); /* pass an address*/
17    printf("The net pay for employee %d is $%6.2f\n",
18                                  emp.idNum, netPay);
19
20    return 0;
21  }
22
23  double calcNet(struct Employee *pt) /* pt 是一个指向一个 */
24  {                                   /* Employee 类型结构的指针 */
25
26    return(pt->payRate * pt->hours);
27  }
```

这个指针参数名称 pt 声明在程序 12.5 的第 23 行中。

```
23 double calcNet(struct Employee *pt)
```

当然，指针名称由程序员选择。当调用 calcNet()时，emp 的起始地址传递给这个函数。用这个地址作为起始点，结构的各个成员通过把它们的名称与指针包含在一起被访问。

同所有访问变量的C语言表达式一样，自增和自减运算符也能够应用于它们。例如，表达式

```
++pt->hours
```

给 emp 结构的 hours 成员加1。因为->运算符具有比自增运算符高的优先级，所以 hours 成员首先被访问，然后自增1。

作为一种选择，表达式(pt++)->hours 使用后缀自增运算符在 hours 成员被访问后增1给 pt 中的地址。同样，表达式(++pt)->hours 使用前缀自增运算符在 hours 成员被访问之前自增1给 pt 中的地址。但是，在这两种情况中，必须存在被充分定义的结构，以确保被自增的指针真实地指向合法的结构。

作为一个例子，图12.6给出有三个 Employee 类型结构的数组。假设 emp[1]的地址保存到指针 pt 中，表达式 ++pt 改变 pt 中的地址为 emp[2]的起始地址，而表达式 --pt 改变这个地址指向 emp[0]。

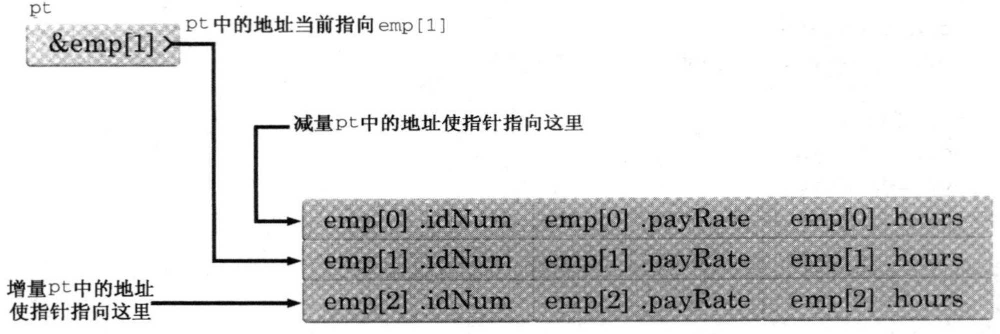

图12.6　改变指针地址

返回结构

实践中调用函数时，大多数结构处理函数通过接收作为一个参数的结构的地址而获得对结构的直接访问。然后，通过使用指针符号的函数能够直接地进行任何改变。但是，如果希望使函数返回一个单独的结构且编译器支持这个选项，则必须为返回完整的结构遵循与返回标量值相同的过程。这包括适当地声明函数并告知任何调用函数这个正在被返回的结构类型。例如程序12.6中，第31行的 getValues()函数中的 return 语句

```
31 return (newemp);
```

返回一个完整的结构给 main()。

程序12.6

```
1  #include <stdio.h>
2  struct Employee /* 声明一个全局结构类型 */
3  {
```

```
 4     int idNum;
 5     double payRate;
 6     double hours;
 7   };
 8
 9   struct Employee getValues(); /* 函数原型 */
10
11   int main()
12   {
13     struct Employee emp;
14
15     emp = getValues();
16     printf("\nThe employee id number is %d\n", emp.idNum);
17     printf("The employee pay rate is $%5.2f\n", emp.payRate);
18     printf("The employee hours are %5.2f\n", emp.hours);
19
20     return 0;
21   }
22
23   struct Employee getValues()
24   {
25     struct Employee newemp;
26
27     newemp.idNum = 6789;
28     newemp.payRate = 16.25;
29     newemp.hours = 38.0;
30
31     return (newemp);
32   }
```

当程序12.6运行时，其输出如下。

```
The employee id number is 6789
The employee pay rate is $16.25
The employee hours are 38.00
```

因为 getValues()函数返回一个结构，所以它的函数首部必须指定返回的结构类型。因为 getValues()没有接收任何参数，所以这个函数首部没有参数声明，而由下面的行组成。

```
23   struct Employee getValues()
```

在 getValues()的内部，第25行中变量 newemp 定义为一个返回的类型的结构

```
25   struct Employee newemp;
```

将值赋给 newemp 结构后，这个结构值通过将结构名称包含在 return 语句的括号里面返回。

在接收方，main()函数必须被告知函数 getValues()将返回一个结构。这是通过第9行中的 getValues()函数原型处理的。

```
9   struct Employee getValues(); /* 函数原型 */
```

注意，从函数返回一个结构的步骤，与6.2节中描述的返回标量值数据类型的步骤相同。

练习 12.3

简答题

1. 10.5 节中，一个假日日期的文件被输入到一个整型数组中。对于这些假日日期，声明一个适当的可以用于容纳使用日、月和年字段的每个假日的结构数组。
2. a. 什么数据类型能够用于保存单一的记录在一个文件中？
   b. 什么数据类型能够用于保存所有的记录在一个文件中？

编程练习

1. 编写一个名称为 days()的 C 语言函数，确定作为一个结构传递的任意日期自 1900 年 1 月 1 日起的天数。使用 Date 结构

```
struct Date
{
  int month;
  int day;
  int year;
};
```

   在编写 day()函数时，依惯例每年按 360 天、每月按 30 天计算。这个函数应该返回传递给它的任何日期结构的天数。
2. 编写一个名称为 difDays()的 C 语言函数，计算并返回两个日期之间相差的天数，每个日期使用下面的全局结构传递给这个函数。

```
struct Date
{
  int month;
  int day;
  int year;
};
```

   这个 difDays()函数应该调用编程练习 1 中的 days()函数两次。
3. 重新编写编程练习 1 中的 days()函数，以使它直接访问一个 Date 结构，相对于接收这个结构的一个副本。
4. a. 编写一个名称为 larger()的 C 语言函数，返回传递给它的任意两个日期中靠后的日期。例如，如果传递日期 10/9/2001 和 11/3/2001 给 larger()，则第二个日期应该返回。
   b. 把为编程练习 4a 编写的 larger()函数包含在一个完整的程序中。把由 larger()返回的日期结构保存到一个单独的日期结构中并显示被返回日期的成员值。
5. a. 修改为编程练习 1 编写的 days()函数，按每个月的实际天数计算，但假设每年只有 365 天(不计算闰年)。
   b. 修改为编程练习 5a 编写的函数，将闰年也考虑在内。
6. 重新编写程序 10.10，读取 Holidays.txt 文件到一个结构的数组中，这个数组中的每个单独的结构由一个整型日、月和年成员组成。

12.4　联合[①]

联合(union)是一种保留两个或多个变量在内存中相同区域的数据类型，这些变量可以是不同的数据类型。声明成联合数据类型的变量，能够用于容纳字符变量、整型变量、双精度型变量或任何其他有效的 C 语言数据类型。这些类型中的每一个都能够真正地赋值给联合变量，但是一次只能一个。

将保留字 union 用于保留字 struct 的地方，联合的声明和结构的声明在形式上是相同的。例如，声明

```
union
{
  char key;
  int num;
  double price;
} val;
```

创建一个名称为 val 的联合变量。如果 val 是一个结构，它应该由三个单独的成员组成。但是作为联合，val 包含能够是一个名称为 key 的字符变量、一个名称为 num 的整型变量或一个名称为 price 的双精度型变量的成员。实际上，联合有效地保留充分的内存位置，以适应它的最大成员的数据类型。然后，这个相同的内存位置组被不同的变量名称访问，取决于当前存在于被保留位置中的值的数据类型。被保存的每个值会使用被保留的内存位置的同样多的字节数覆盖前面的值。

单独的联合成员使用与结构成员相同的符号访问。例如，如果 val 联合当前用于保存一个字符，访问这个被保存的字符的正确变量名称是 val.key。同样，如果这个联合用于保存一个整数，这个值通过名称 val.num 访问，一个双精度型的值通过名称 val.price 访问。关于联合成员，确保正确的成员名称用于当前存在于这个联合中的数据类型是程序员的职责。

通常，第二个变量跟踪保存到这个联合中的当前数据类型。例如，下面的代码能够用于选择适当的 val 成员进行显示。在这里，变量 uType 中的值确定当前在 val 联合中所保存的数据类型。

```
switch(uType)
{
  case 'c': printf("%c", val.key);
            break;
  case 'i': printf("%d", val.num);
            break;
  case 'd': printf("%f", val.price);
            break;
   default : printf("Invalid type in uType : %c", uType);
}
```

因为它们在结构中，一个类型名称能够与一个联合结合以创建模板。例如，声明

```
union DateTime
{
  long days;
  double time;
};
```

① 本节可以忽略而不会丢失主题的连贯性。

提供一个没有实际保留任何内存位置的联合类型。然后，这个类型名称能够用于定义任意个数的变量。例如，定义

```
union DateTime first, second, *pt;
```

创建一个名称为 first 的联合变量、一个名称为 second 的联合变量和一个能够用于保存具有 DateTime 形式的任何联合地址的指针。一旦指向联合的指针被声明，一个用于访问结构成员的相同符号能够访问联合成员。例如，如果存在赋值 pt = &first;，则 pt -> days 指的是名称为 first 的联合的 days 成员。

联合本身可以是结构和数组的成员。相应地，结构、数组和指针可以是联合的成员。在每种情况中，用于访问一个成员的符号必须与被采用的嵌套一致。例如，在下面定义的结构中

```
struct
{
  char uType;
  union
  {
    char *text;
    double rate;
  } uTax;
} flag;
```

变量 rate 被引用为

```
flag.uTax.rate
```

同样，地址保存到指针 text 中的字符串的第一个字符的访问方式是

```
*flag.uTax.text
```

练习 12.4

简答题

1. 假设已经存在定义

```
union
{
  double rate;
  double taxes;
  int num;
} flag;
```

为这个联合编写适当的 printf()函数调用，显示这个联合的各个成员。

2. 定义一个名称为 car 的联合变量，包含一个名称为 year 的整数、一个名称为 name 的 10 个字符的数组和一个名称为 model 的 10 个字符的数组。
3. 定义一个名称为 lang 的联合变量，允许一个双精度型数通过变量名称 interest 和 rate 访问。
4. 声明一个具有类型名称 amt 的联合，包含一个名称为 intAmt 的整型变量、一个名称为 dblAmt 的双精度型变量和一个名称为 ptKey 的字符型指针。

编程练习

1. a. 确定下面代码段产生的显示。

```
union
{
  char ch;
  double btype;
} alt;
alt.ch = 'y';
printf("%f", alt.btype);
```

b. 将编程练习 1a 中的代码段包含在一个程序中，并运行程序以验证练习 1a 的答案。

12.5　编程错误和编译器错误

在使用本章介绍的材料时，应注意下列可能的编程错误和编译器错误。

编程错误

当使用结构或联合时会经常出现下列三种常见错误。

1. 试图把结构和联合作为完整的实体用在关系表达式中。例如，即使 TeleType 和 PhoneType 是两个相同类型的结构，表达式 TeleType == PhoneType 也是无效的。当然，结构或联合的单独的成员能够使用任何 C 语言的关系运算符进行比较。
2. 分配一个不正确的地址给结构或联合的一个成员的指针。只要指针是结构或联合的成员，确保赋一个地址给"指向"被声明的数据类型的指针。如果你被刚才关于"什么正在被指向"弄糊涂了，记住："如果感到怀疑就把它输出来"。
3. 保存一个数据类型在一个联合中并用不正确的变量名称访问它，能够导致一个定位特别棘手的错误。因为联合一次只能保存它的一个成员，所以必须小心保持跟踪当前被保存的变量。

编译器错误

下面的列表概括了将导致编译错误的常见错误和由基于 UNIX 和 Windows 编译器提供的典型的错误消息。

错误	基于 UNIX 编译器的错误消息	基于 Windows 编译器的错误消息

在声明一个结构时，使用错误的大括号类型，例如：
struct
[
  int month;
  int day;
  int year;
] birth;
	下面的错误将被报告在包含大括号的每一行：
	(S) Syntax error
		: error: syntax: error: missing ';' before '[':: error: syntax error: mission ']' before';

试图在声明内初始化一个结构的元素。例如：
struct
{
  int month = 6;
  int day;
  int year;
} birth;
	(S) Syntax error: possible mission ';' or ',' ?	: error: ' mouth ': only const static integral data members can be initialized inside a class or statict

(续表)

错误	基于 UNIX 编译器的错误消息	基于 Windows 编译器的错误消息

赋值一个指针给结构而不是这个结构的地址。例如:
int main()
{
  struct Date * ptr;
  struct Date birth;
  ptr = birth;
}
	(S) Operation between types "struct Date* "and "struct Date" is not allowed.	:error: '=':cannot convert from 'Date'to 'Date*'

12.6 小结

1. 结构允许单个的变量组合在一个共同的变量名称下。结构中的每个变量通过它的结构名称,后面跟随一个句号和变量名称进行访问。结构的另外一个术语是记录。声明结构的一般形式是

```
struct
{
  单个的成员声明;
} 结构变量名称;
```

2. 结构类型名称能够用于创建一个一般化的、描述结构中元素的形式和排列的结构类型。这个声明具有语法

```
struct 结构类型名
{
  单个的成员声明;
};
```

然后,各个结构变量能够像这个“结构类型名”一样定义。按照惯例,结构类型名的第一个字母总是大写字母。

3. 结构作为数组的元素特别有用。使用这种方式,每个结构变成记录列表中的一条记录。
4. 结构的各个成员用适合于正在被传递的成员的数据类型的方式传递给函数。大多数ANSI C编译器允许完整的结构被传递,在这种情况下,被调函数接收结构中每个元素的副本。结构的地址也能够被传递,这提供被调函数对这个结构的直接访问。
5. 结构成员能够是任何有效的 C 语言数据类型,包括结构、联合、数组和指针。当指针作为结构成员被包含时,能够创建一个链表。这样的一个列表在结构中使用指针“指向”(包含……的地址)列表中的下一个逻辑结构。
6. 联合用与结构相同的方式进行声明。联合的定义创建一个存储覆盖区域,每个联合成员使用相同的存储空间位置。因此,一次只有一个联合的成员可能是起作用的。

第 13 章　动态数据结构

到目前为止，已经使用的标量、数组和结构等变量都存在编译时保留的内存空间。由于编译器为每个在程序中定义的变量确定正确的存储分配，变量(标量、结构或数组)所需的内存从一组可获取的计算机内存中分配。一旦指定的内存位置已经被保留，这些位置在该变量的生存期就是固定不变的，不管变量有没有被使用。例如，如果函数为一个 500 个整数的数组请求内存，就会分配这个数组的内存并且从这个数组的定义点起被固定。如果某个应用程序要求少于 500 个整数，则未使用的分配的内存空间不会释放，直到该数组停止存在为止。另一方面，如果应用程序要求多于 500 个整数，则数组的大小必须增加并且定义数组的函数必须被重新编译。

与固定内存分配相对应的是动态内存分配。在动态内存分配中，存储空间增加或减少在运行时的程序控制之下。动态内存分配(dynamic memory allocation)，也称为运行时分配(run time allocation)，使它没有必要事先为标量、数组或结构变量保留固定的内存量，而是当程序正在运行时，进行内存空间的分配和释放请求。本章中将讲解这是如何实现的。还将研究通常在它们的构造中使用动态内存分配的三种列表类型：栈、队列和动态链表。从分析静态链表的结构开始，静态链表为大多数动态内存分配的应用程序提供实际的动机。静态链表是列表中的所有结构在编译时被分配的列表。

13.1　链表简介

为了理解链表和它们对动态内存分配的需要，考虑图 13.1 中显示的按字母顺序排列的姓名和电话号码列表。每个姓名和电话号码配对组成一个结构。假设必须编写一段程序代码，按字母顺序添加新的结构到列表，且要将由于删除结构而留下的存储空间作为其他用途。

尽管一个结构的数组能够用于插入和删除有序结构，但这不是有效的存储空间用法。从数组删除一个结构将在这个数组中创建一个空位置。为了关闭这个空位置，需要包含一个这个删除的结构不能再起作用的标记，或者向上移动所有在删除结构之后的元素。同样，增加一个结构要求在增加的结构之后的所有结构向下移动，以便为新的结构腾出空位，或者新的结构在现存数组的底部增加，然后这个数组被重新排序，以恢复姓名的正确字母顺序。因此，添加或删除结构要求对这样一个列表重新构造并重新编写列表，这是一种麻烦的、耗时的且效率低的做法。

Acme, Sam
(555) 898-2392

Dolan, Edith
(555) 682-3104

Lanfrank, John
(555) 718-4581

Mening, Stephanie
(555) 382-7070

Zemann, Harold
(555) 219-9912

图 13.1　按字母顺序的电话列表

链表为维持一个经常变化的列表不需要频繁地重新排序和重建构造提供了方便的方法。链表(linked list)是一组每个结构至少包含一个成员的结构，这个成员的值是列表中下一个逻辑上有序结构的地址。不是要求每个结构用适当的次序被物理地保存，而是每个新的结构被物理地增加到现存列表的末端或者被增加到计算机在它的存储空间中已经释放空间的任何地方。这个结构通过包含下一个结构的地址在直接领先它的结构中被“链接”在一起。从程序设计的观点来看，当前正在被处理的结构包含下一个结构的地址，不管下一个结构实际被保存到什么地方。这样的结构也称为自引用结构(self referencing structure)。

图13.2从概念上说明了图13.1中的电话列表怎样能够被构造成一个链表。尽管这个图示的Lanfrank结构的实际数据可能被物理地保存到计算机中的任何地方，包含在Dolan结构末端的地址能维持正确的字母表次序。这个保存到指针中的地址提供Lanfrank结构被保存的位置的起始地址。

为了理解Dolan结构中的这个指针的有效性，将一个June Hagar的记录插入到图13.2中所示的按字母表顺序的列表中。June Hagar的数据使用与用于现存结构相同的模板被保存到一个数据结构中。为了确保Hagar的电话号码被正确地显示在Dolan的电话号码之后，Dolan结构中的地址必须改变，以指向Hagar结构，而Hagar结构中的地址必须设置为指向Lanfrank结构。这在图13.3说明。

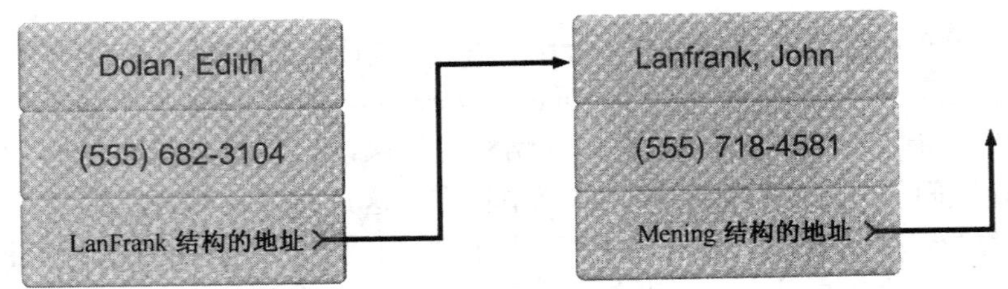

图13.2 使用指针连接结构

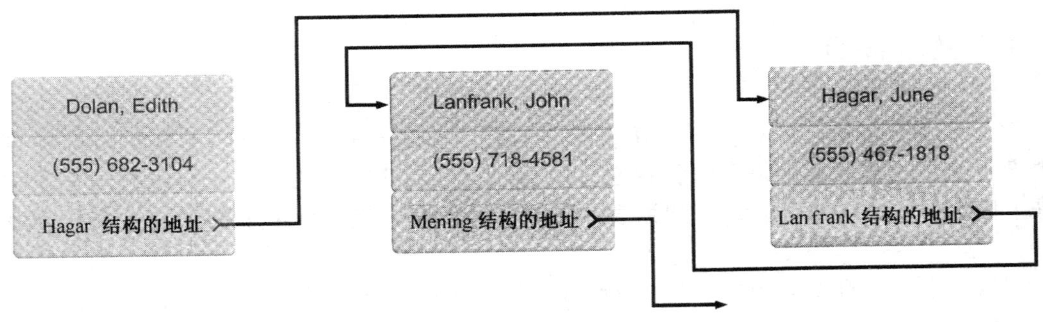

图13.3 调整地址指向适当的结构

注意，每个结构中的指针只是指向下一个有序结构的位置，即使那个结构没有用正确的次序被物理地定位。一个结构从这个有序列表的移出是与增加一个结构相反的过程。这个实际的结构，通过简单地改变领先于它的这个结构中的地址以指向直接跟随这个被删除的结构，被逻辑地从列表中移出。

链表中的每个结构具有相同的格式，但是很清楚，最后一个结构不能够有一个有效地指向另一个结构的指针值，因为没有结构了。为了适应这种情况，所有支持指针的程序设计语言都提供一个特定的指针值，称为NULL或NIL，它充当一个指出什么时候最后一个结构已经被处理的标记或标志。在C语言中，这个特定的指针值是一个NULL指针值，与它的字符串结尾的等效值一样，有一个值0。

除了列表结尾标记值之外，还必须为保存列表中的第一个结构的地址提供一个特定的指针。图 13.4 列举了一个由三个姓名组成的列表用的完整指针和结构组。

在结构中对指针的需求不应该使你感到惊奇。正如 12.1 节中讲解的那样，结构能够包含任何 C 语言数据类型，例如，结构

```
struct Test
{
  int idNum;
  double *ptPay;
};
```

声明一个由两个成员组成的结构模板。第一个成员是一个名称为 idNum 的整型变量，第二个变量是一个名称为 ptPay 的指针，这是一个指向双精度型数的指针。程序 13.1 演示了结构的指针成员可以像任何其他的指针变量一样被使用。

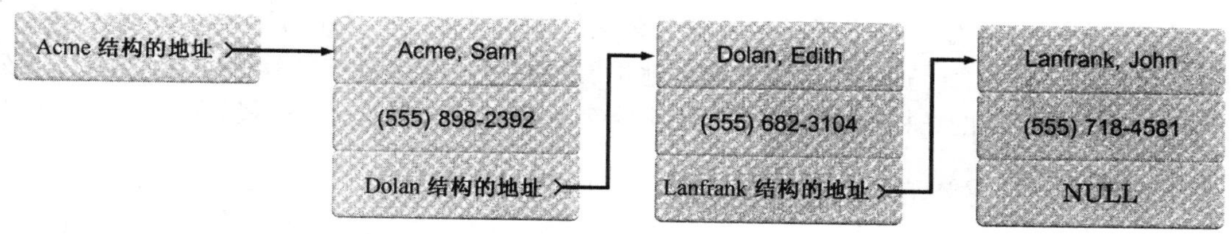

图 13.4　最初的和最终的指针值的使用

程序 13.1

```
#include <stdio.h>

struct Test
{
  int idNum;
  double *ptPay;
};

int main()
{
  struct Test emp;
  double pay = 456.20;

  emp.idNum = 12345;
  emp.ptPay = &pay;

  printf("Employee number %d was paid $%6.2f\n", emp.idNum,
                                                  *emp.ptPay);
  return 0;
}
```

程序 13.1 的输出如下。

```
Employee number 12345 was paid $456.20
```

图 13.5 给出了程序 13.1 中定义的 emp 结构的成员和名称为 pay 的变量之间的关系，赋给 emp.idNum 的值是值 12345，赋给 pay 的值是 456.20。变量 pay 的地址被赋给这个结构成

员 emp.ptPay。因为这个成员已经被声明为一个指向双精度型数的指针，把一个双精度型变量 pay 的地址放置在它之中是这个成员的一个正确用法。最后，因为点运算符(.)具有比间接运算符(*)更高的优先级，程序 13.1 中的 printf()函数调用中使用的表达式是正确的。表达式*emp.ptPay 与表达式*(emp.ptPay)是相等的，这个表达式能够被解释为“地址被包含在成员 emp.ptPay 中的变量”。

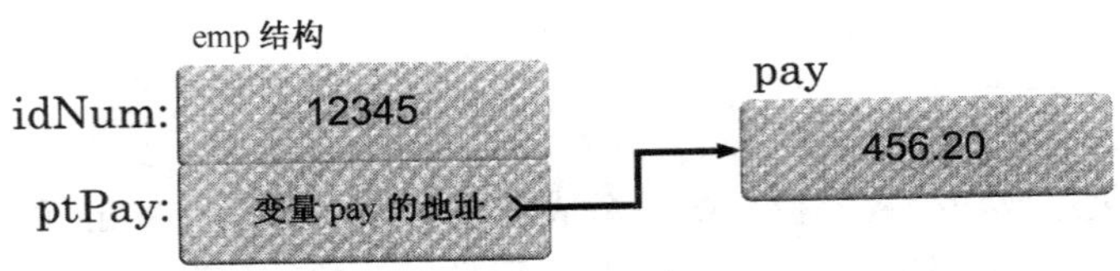

图 13.5　保存地址在结构成员中

尽管程序 13.1 中定义的指针只是以相当普通的方式被使用，这个程序确实说明了包含一个指针在结构中的概念。这个概念能够容易地扩展到创建一个适合于保存前面在图 13.1 中列出的姓名和电话号码的结构的链表。下面的声明为这样的结构创建了一个模板。

```
struct TeleType
{
  char name[30];
  char phoneNum[15];
  struct TeleType *nextaddr;
};
```

TeleType 模板由三个成员组成。第一个成员是一个 30 个字符的数组，适合于保存最大 29 个字母和一个字符串结尾标记 NULL 的姓名。下一个成员是一个 15 个字符的数组，适合于保存他们各自的区号的电话号码。最后的成员是一个指针，适合于保存一个 TeleType 类型结构的地址。

程序 13.2 通过明确地定义三个具有这种形式的结构说明 TeleType 模板的使用。这三个结构分别被命名为 t1，t2 和 t3。定义结构时，使用前面在图 13.1 中列出的数据对这些结构的每一个姓名和电话号码成员进行了初始化。

程序 13.2

```
#include <stdio.h>
#define MAXNAME 30
#define MAXPHONE 15

struct TeleType
{
  char name[MAXNAME];
  char phoneNum[MAXPHONE];
  struct TeleType *nextaddr;
};

int main()
{
  struct TeleType t1 = {"Acme, Sam","(555) 898-2392"};
  struct TeleType t2 = {"Dolan, Edith","(555) 682-3104"};
  struct TeleType t3 = {"Lanfrank, John","(555) 718-4581"};
```

```
    struct TeleType *first;      /* 创建一个指向结构的指针 */

    first = &t1;                /* 存储t1的地址在 first 指针中 */
    t1.nextaddr = &t2;          /* 存储t2 的地址在 t1.nextaddr 中 */
    t2.nextaddr = &t3;          /* 存储 t3 的地址在t2.nextaddr 中 */
    t3.nextaddr = NULL;         /* 存储NULL的地址在t3.nextaddr中 */

    printf("%s\n%s\n%s\n",first->name,t1.nextaddr->name,t2.nextaddr->name);

    return 0;
}
```

程序 13.2 产生的输出如下。

```
Acme, Sam
Dolan, Edith
Lanfrank, John
```

程序 13.2 示范了使用指针创建和访问这个结构成员的链表。如图 13.6 所示，每个结构包含列表中下一个结构的地址。

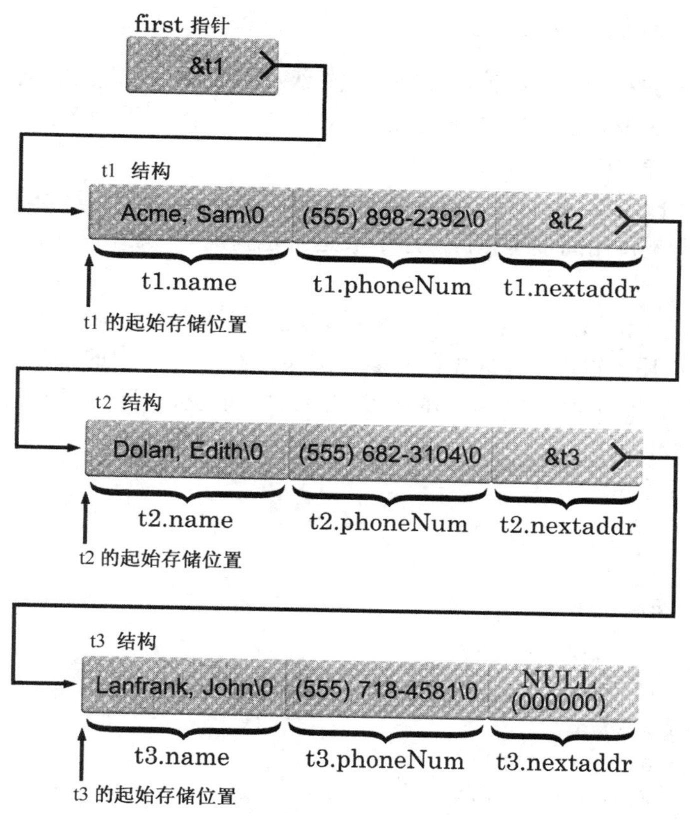

图 13.6　程序 13.2 中结构之间的关系

程序 13.2 中定义的这些结构的每一个姓名和电话号码成员的初始化是简单的。尽管每个结构由三个成员组成，但是只有每个结构的前两个成员被初始化。由于这两个成员都是字符数组，所以它们能够用字符串初始化。每个结构剩下的成员是一个指针。为了创建一个链表，每个结构的指针必须被赋值列表中的下一个结构的地址。程序 13.2 第 19 ~ 22 行中的 4 条赋值语句执行下面的正确赋值。

```
19  first = &t1;               /* 存储t1的地址在 first指针中 */
20  t1.nextaddr = &t2;         /* 存储t2 的地址在 t1.nextaddr 中 */
21  t2.nextaddr = &t3;         /* 存储t3 的地址在 t2.nextaddr 中 */
22  t3.nextaddr = NULL;        /* 存储NULL的地址在t3.nextaddr中 */
```

第 19 行的表达式 first = &t1，把列表中的第一个结构的地址保存到名称为 first 的指针中。第 20 行中的表达式 t1.nextaddr = &t2，把 t2 结构的起始地址保存到 t1 结构的指针成员中。同样地，第 21 行中的表达式 t2.nextaddr = &t3，把 t3 结构的起始地址保存到 t2 结构的指针成员中。为了结束列表，NULL 指针的值（这个值为 0）被保存到第 22 行中 t3 结构的指针成员中。

一旦值已经赋给每个结构的成员，并且正确的地址已经保存到适当的指针中，这些指针中的地址就可用于访问每个结构的姓名成员。例如，第 24 行中的表达式 t1.nextaddr -> name 指的是这个地址在 t1 结构的 nextaddr 成员中的结构的 name 成员。

```
24  printf("%s\n%s\n%s\n", first->name,t1.nextaddr->name,t2.nextaddr->name);
```

成员运算符的优先级和结构指针运算符的优先级相同，都是从左到右被计算。因此，表达式 t1.nextaddr -> name 被计算成(t1.nextaddr) -> name。因为 t1.nextaddr 包含 t2 结构的地址，所以正确的姓名被访问。

当然，表达式 t1.nextaddr -> name 能够被等效的表达式(*t1.nextaddr).name 取代，这个表达式明确地使用间接运算符。这个表达式也指的是“地址在 t1.nextaddr 中的变量的 name 成员”。

结构链表中的地址能够用于循环经过完整的列表。因为每个结构被访问，所以它能够用于选择一个指定的值或用于输出一个完整的列表。例如，程序 13.3 中的 display()函数说明一个 while 循环，这个循环使用每个结构的指针成员中的地址循环经过列表，并连续地显示保存到每个结构中的数据。

程序 13.3

```
#include <stdio.h>
#define MAXNAME 30
#define MAXPHONE 15

struct TeleType
{
  char name[MAXNAME];
  char phoneNum[MAXPHONE];
  struct TeleType *nextaddr;
};

int main()
{
  struct TeleType t1 = {"Acme, Sam","(555) 898-2392"};
  struct TeleType t2 = {"Dolan, Edith","(555) 682-3104"};
```

```
    struct TeleType t3 = {"Lanfrank, John","(555) 718-4581"};
    struct TeleType *first;    /* 创建一个指向结构的指针 */
    void display(struct TeleType *);        /* 函数原型 */

    first = &t1;          /* 存储 t1 的地址在first指针中 */
    t1.nextaddr = &t2;    /* 存储 t2 的地址在 t1.nextaddr 中 */
    t2.nextaddr = &t3;    /* 存储 t3 的地址在 t2.nextaddr 中 */
    t3.nextaddr = NULL;   /* 存储NULL 的地址在t3.nextaddr 中 */

    display(first);       /* 发送第一个结构的地址 */

    return 0;
  }

  void display(struct TeleType *contents) /*  contents是一个指针  */
  {                                       /* 给一个 TeleType 类型的结构 */
    while (contents != NULL)  /* 显示直到链表的结尾 */
    {
      printf("%-30s %-20s\n",contents->name, contents->phoneNum);
      contents = contents->nextaddr;      /* 获得下一个地址 */
    }
  }
```

程序 13.3 产生的输出如下。

```
Acme, Sam                    (555) 898-2392
Dolan, Edith                 (555) 682-3104
Lanfrank, John               (555) 718-4581
```

程序 13.3 示范了使用结构中的地址访问列表中下一个结构成员的重要技术。在调用 display()函数时，它接收名称为 first 的变量中保存的值。因为名称为 first 的变量是指针变量，所以传递的实际值是一个地址(t1 结构的地址)。这个 display()函数接收这个名称为 contents 的参数中被传递的值。为了正确地保存这个传递的地址，contents 被声明为一个指向 TeleType 类型的结构的指针。

在 display()函数内，while 循环用于循环通过这个被连接起来的结构，从这个地址在 contents 中的结构开始。while 语句中，被测条件式把 contents 中的值(这个值是一个地址)与 NULL 值进行比较。对于每个有效的地址，显示这个被编址的结构的姓名和电话号码成员。接着，contents 中的地址用当前结构的指针成员中的地址更新。然后，contents 中的地址被重新测试且当 contents 中的地址不等于 NULL 值时，程序继续。display()函数“不知道”在 main()中被声明的这个结构的名称，甚至不知道存在多少个结构，它只是循环通过这个链表，一个结构接着一个结构，直到它遇到列表结尾的 NULL 地址。因为 NULL 的值是 0，所以被测条件式能够用相等的表达式!contents 取代。

程序 13.3 的一个缺点是：三个结构在 main()中用名称定义、用于它们的存储空间在编译时被保留。如果要求第四个结构，则必须声明这个新增的结构并且程序需重新编译。在接下来的几节中，将讲解如何将包含指针成员的数据结构与动态内存分配结合起来，以创建三个不同的动态扩展和收缩列表的类型：栈、队列和动态链表。

历史注解:卢卡西维兹博士和 RPN

卢卡西维兹(Lukasiewicz)博士生于1878年,在波兰华沙大学成为一名受人尊敬的教授之前,他在波兰利沃夫大学学习和讲授数学。1919年,他受命担任波兰教育部部长,与斯坦利斯拉·赖斯利维斯克(Stanislaw Lesniewski)一起创办了华沙大学逻辑学学院。

第二次世界大战后,卢卡西维兹博士和他的妻子里贾纳(Regina)流亡到比利时。当他被提名担任都柏林皇家艺术院的教授后,他们迁到了爱尔兰,在那里定居到1956年他去世为止。

1951年,卢卡西维兹博士开发了一组新的后缀代数学符号,这个符号在20世纪60年代和70年代早期的微处理器的设计中起到了关键性作用。

当需要执行运算时,后缀代数学实际通过使用栈算法来完成。在栈算法中,数据被推进栈而在需要执行操作时弹出栈。这样的栈处理指令不需要地址操作数,并且使很小的计算机有效地处理大任务成为可能。

栈算法基于卢卡西维兹博士的研究,它与更普遍的前缀代数学相对应,成为了著名的反向波兰表示法(RPN)。由惠普公司开发的早期便携式计算器就使用了RPN,从而使栈算法成为许多科学家和工程师的首选。

练习 13.1

简答题

1. 使用如图13.6所示的结构链表,编写从列表中删除 Edith Dolan 的结构所需要的步骤序列。
2. 概括出你对练习1的答案,描述这个从链接结构的一个列表中移出第 n 个结构所需要的步骤序列。第 n 个结构的前面是第 $n-1$ 个结构,而后面是第 $n+1$ 个结构。确保正确地保存所有的指针值。

编程练习

1. 输入并执行程序13.1。
2. 输入并执行程序13.2。
3. 修改程序13.3,提示用户输入一个姓名。使程序在现存的列表中搜索这个姓名。如果姓名在列表中,则显示相应的电话号码,否则显示消息:`The name is not in the current phone directory`(该姓名不在当前的电话目录中)。
4. 编写一个包含10个整型数的链表的程序,使这个程序显示列表中的数。
5. a. 一个双重链表是一种每个结构包含一个指向列表中后面的结构和前面的结构指针的列表。为一个姓名和电话号码的双重链表定义一个适当的模板。
   b. 使用编程练习5a中定义的模板修改程序13.3,用反序列出这些姓名和电话号码。

13.2 动态内存分配

前面已经讲解过链表,下面讲解如何动态地(即,在运行时)为链表中的新结构分配空间,以及如何为列表中删除的结构重新分配空间。

C语言提供在表13.1所列出的4个函数:`malloc()`,`calloc()`,`realloc()`和`free()`,以控制动态分配和释放存储空间。这些函数的函数原型包含在`stdlib.h`头文件中。

尽管`malloc()`和`calloc()`函数能够经常地互换使用,但用得更多的是`malloc()`函数,因为它具有更普遍的用途①。使用 malloc()请求一个新的存储空间的分配时，程序员必须为它提供一个所需保存数量的指示。这可以通过请求一个指定的字节数或者更普遍地通过为一个特殊数据类型请求足够的空间来完成。例如，函数调用 malloc(10 *sizeof(char))请求足够的内存保存 10 个字符，而函数调用 malloc(sizeof(int))请求足够的内存保存一个整型数。

表 13.1　动态分配和释放存储空间的函数

函数名	描述
malloc()	保留传递给这个函数的参数请求的字节数。返回第一个保留位置的地址作为一个 void 数据类型的地址。或者返回 NULL,如果充足的存储区不可得到的话
calloc()	为一个被指定大小的 n 个元素的数组保留空间。返回第一个保留位置的地址并初始化所有保留的字节为 0。或者返回 NULL,如果充足的存储区不可得到的话
realloc()	改变前面分配的存储区的数量为一个新的数量。如果新的数量大于旧的数量,这个新增的存储空间没有被初始化并且最初分配的存储区中的内容保持不变;否则,新分配的存储区保持不变一直到新的数量的限制为止
free()	释放前面保留的一个字节块。第一个保留位置的地址作为参数传递给这个函数

一个类似的更有用的方式是数组和结构的动态分配。例如，表达式

```
malloc(200 * sizeof(int))
```

保留一个足够的字节数以保存 200 个整数②。尽管这个例子的声明中使用了常数 200，但通常的做法是使用一个变量或符号常量。由 malloc()分配的空间来自于计算机的空闲内存，这个内存形式上称为堆(heap)。堆由未分配的内存组成，这个内存能够在执行程序时根据请求分配给它。所有这样分配的内存被返回给堆，明确地使用 free()函数，或者在程序请求新增的内存时被自动地完成执行③。

动态分配内存时，没有预先指出有关计算机系统将物理地把被请求的字节数保留在哪里，而且没有清楚的名称访问新创建的内存位置。为了提供访问这些位置的能力，malloc()返回已经被保存的第一个位置的地址。当然，这个地址必须赋值给一个指针。通过 malloc()返回指针对创建数组或一组数据结构是特别有用的。在说明一个数组和结构的实际动态分配之前，需要考虑被 malloc()创建的一个逻辑问题。malloc()函数总是返回保留内存的第一个字节的地址。这里返回的地址被声明为一个指向 void 的指针。

因为返回的地址总是一个指向 void 的指针，所以不管所请求的数据类型如何，返回的地址必须总是被重新解释成指向期望得到的类型。为了使用这个地址引用正确的数据类型，必须将它重新解释成指向正确的、使用强制类型转换的类型。例如，如果变量 grades 是一个指向整型的指针，已经被 malloc()使用下面的语句创建。

```
grades = malloc(sizeof(int));
```

这个 malloc()总是将 grades 创建为一个指向 void 的指针，所以首先需重新定义 grades 为一个整型的地址。这通过下面的语句完成。

```
(int *)grades;
```

grades 中的地址不会被物理地改变，但是任何接下来使用 grades 中的地址的引用，现在都

---

① calloc()函数的优点是它初始化所有新分配的数字存储区为 0,而被分配的字符存储区被初始化为 NULL。

② 相应的 calloc()调用是 calloc(200,sizeof(int))。

③ 用一个相似的方式,编译器自动地提供所有自动变量和函数参数用的存储区动态分配和释放的相同类型,但是在这些例子中,分配和释放在堆存储区中进行。

将作为一个整型值而访问正确的字节数。例如，考虑下面的代码段，它用于创建一个整数数组，这个数组的大小由用户在运行时作为输入值确定。

```
int *grades;          /* 定义一个指向整数的指针 */

printf("\nEnter the number of grades to be processed: ");
scanf("%d", &numgrades);

 /* 这里是进行存储区请求的地方 */
grades = (int *) malloc(numgrades * sizeof(int));
```

在这个指令序列中，所创建的数组的实际大小取决于用户输入的值。因为指针名和数组名称有联系，在新创建的存储区中的每个值都能够使用标准的数组符号访问，例如 grades[i]，而不必使用等价的指针符号*(grades + i)。程序 13.4 以一个完整的程序上下文演示了这个代码序列。

程序 13.4

```
#include <stdio.h>
#include <stdlib.h>

int main()
{
  int numgrades, i;
  int *grades;

  printf("\nEnter the number of grades to be processed: ");
  scanf("%d", &numgrades);

  /* 这里是进行请求存储区的地方 */
  grades = (int *) malloc(numgrades * sizeof(int));

  /* 在这里我们检查这个分配是否被满足 */
  if (grades == (int *) NULL)
  {
    printf("\nFailed to allocate grades array\n");
    exit(1);
  }

  for(i = 0; i < numgrades; i++)
  {
    printf("  Enter a grade: ");
    scanf("%d", &grades[i]);
  }

  printf("\nAn array was created for %d integers", numgrades);
  printf("\nThe values stored in the array are:\n");

  for (i = 0; i < numgrades; i++)
    printf(" %d\n", grades[i]);

  free(grades);

  return 0;
}
```

程序 13.4 的输出如下。

```
Enter the number of grades to be processed: 4
  Enter a grade: 85
  Enter a grade: 96
  Enter a grade: 77
  Enter a grade: 92

An array was created for 4 integers
The values stored in the array are:
 85
 96
 77
 92
```

正如输出所标明的那样，动态内存分配成功地为 4 个整型值创建了存储区。

尽管程序 13.4 中对 malloc()的调用是相当简单的，关于这个调用的两个重要的概念应该注意。第一，注意第 15 ~ 20 行中的代码(为了方便再次在下面列出)，它们在调用 malloc()之后立即执行。

```
15  /* 在这里我们检查这个分配是否被满足 */
16  if (grades == (int *) NULL)
17  {
18    printf("\nFailed to allocate grades array\n");
19    exit(1);
20  }
```

这个代码段测试 malloc()的返回值以确保内存请求成功地满足。如果 malloc()不能获得想得到的存储空间，就返回 NULL，这在程序 13.4 中应该通过进行 malloc()调用的语句把 NULL 强制转换成一个指向整数的指针。因此，grades 必须随后在 if 语句中与(int *)NULL 比较。在为动态内存分配进行请求时，总是检查返回值是非常重要的，否则程序在进行一个随后的对不存在的内存访问时将失败。

其次，注意第 34 行中使用 free()函数在程序末端将已分配的存储块归还给操作系统①。

```
34  free(grades);
```

free()函数要求的唯一地址是被动态分配的存储区的起始地址。于是，任何随后被 malloc()返回的地址都能够由 free()使用，以使存储区归还给计算机。这个 free()函数不会改变传递给它的地址，而只是使先前分配的内存可用于将来的内存分配调用。

除了为数组请求数据空间之外，如在程序 13.4 中那样，malloc()还通常用于为结构动态地分配内存。例如，考虑已经声明一个名称为 OfficeInfo 的数据结构如下。

```
struct OfficeInfo
{
  任意数量的数据成员在此声明;
};
```

不管在 OfficeInfo 中声明的数据成员的类型和数量，调用 malloc(sizeof(struct OfficeInfo))都会为一个 OfficeInfo 类型的结构请求足够的内存。为了使用由malloc()提

① 这个被分配的存储区在程序完成执行时自动地返回给堆。在这个存储区不再需要时，使用 free()明确地把分配的存储块归还给堆是个良好的习惯。这对于更大更长运行的进行许多新增存储区的请求的程序尤其正确。

供的返回指针值，需再次要求将这个返回地址强制转换为一个正确的结构类型指针。这通常通过使用类似于下面的语句序列做到①。

```
struct OfficeInfo *Off; /* 创建一个指针存储这个被分配的地址 */

/*  为一个结构请求空间 */
Off = (struct OfficeInfo *) malloc(sizeof(struct OfficeInfo));

/* 检查空间是否被分配 */
if (Off == (struct OfficeInfo*) NULL)
{
  printf("\nAllocation of office info structure failed\n");
  exit(1);
}
```

这种动态分配的类型在许多高级程序设计情形中是非常有用的。情形之一是在软件栈、队列和动态链表的构造和维护中。所有这些应用都要求列表中每个数据结构至少包含一个指向一个数据成员的指针的动态链表的特殊情形，它们是后面三节的主题。

编程注解：检查 malloc()的返回值

在进行 malloc()和 realloc()函数调用时检查返回值是非常重要的。需要确保如果操作系统不能满足请求的分配，程序将适当地终止。否则，如果内存没有被分配，而随后的程序语句试图使用这个内存，程序将失败。由于存在两种能够使用检查返回值的编码风格，因此避免了这个问题。

第一种风格是程序 13.4 中编码的风格，为了方便重复如下。注意它清楚地把内存请求与后面的返回值的检查分开。

```
/* 这里是进行请求存储的地方 */
  grades = (int *) malloc(numgrades * sizeof(int));
/* 在这里我们检查分配是否被满足 */
if (grades == (int *) NULL)
{
  printf ("\nFailed to allocate grades array\n");
  exit (1);
}
```

作为另一种选择，请求和检查能够被组合在 if 语句内部，如

```
if ((grades = (int *) malloc(numgrades * sizeof(int))) == (int *) NULL)
{
  printf ("\nFailed to allocate grades array\n");
  exit (1);
}
```

① 此外，为了清楚起见，已经将存储区分配的请求与验证这个请求是否成功地满足区分开。但是，这些可以组合成：

```
if ((Off =(struct OfficeInfo * ) malloc(sizeof(struct OfficeInfo))) == (struct OfficeInfo)
* NULL)
{
  printf("\nAllocation of office info structure failed\n");
  exit(1);
}
```

练习 13.2

简答题

1. 描述 malloc()，calloc()，realloc()和 free()函数的作用。
2. 为什么 malloc()函数返回一个地址？这个地址表示什么？为什么通常需对这个返回地址使用强制类型转换？
3. 编写 malloc()函数调用，完成下面的事情。
   a. 为一个整型变量保留空间。
   b. 为一个 50 个整型变量的数组保留空间。
   c. 为一个浮点型变量保留空间。
   d. 为一个 100 个浮点型变量的数组保留空间。
   e. 为一个 NameRec 类型的结构保留空间。
   f. 为一个 150 个 NameRec 类型的结构数组保留空间。
4. 为练习 3b，3d 和 3f 编写 calloc()函数调用。

编程练习

1. 输入并执行程序 13.4。

13.3　栈

栈是一种特殊的链表类型。在栈中，对象只能被加到列表的顶部和从列表的顶部移去。因此，它是一个后进先出(LIFO)的列表，即最后加到列表的项是第一个移去列表的项。这种类型的例子是自助餐厅里的一堆盘子，放在这堆盘子顶部的那个盘子，是第一个被拿走的盘子。另外一个例子是桌子上的纸筐，放在纸筐中的最后一张纸，通常是最先被拿走的那一张。在计算机程序设计中，栈被用在所有的函数调用中，以分别保存和取回输入到函数的数据和从函数取回。

作为一个特殊的栈例子，考虑图 13.7，该图给出了一个三个姓名的列表。如图所示，列表顶部的姓名是 Barney。

如果现在将这个列表限制为只能从顶部添加和移去姓名，则列表就变成了一个栈。这要求清楚地指出列表的哪一端是顶部、哪一端是底部。因为在图 13.7 中姓名 Barney 物理地被放置到其他姓名的上面，这隐含地被认为是列表的顶部。但是，为了明确地表达这个信息，应使用箭头清楚地指出列表的顶部。

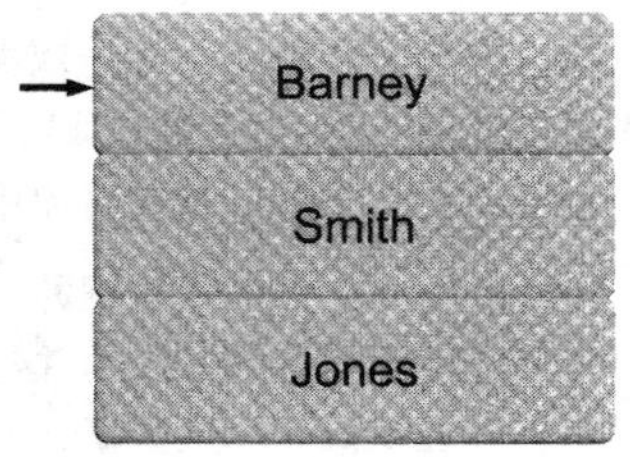

图 13.7　一个姓名的列表

图 13.8 演示了这个栈随着姓名的添加和删除如何扩展和收缩。例如 b 部分中将姓名 Ventura 添加到了列表中，而 c 部分添加了两个新姓名，而列表的顶部已经发生了变化。通过从 c 部分中的列表移去顶部的姓名 Lanfrank，这个栈收缩到 d 部分中显示的那些。现在，姓名 Ventura 驻留在栈的顶部。随着姓名继续从列表移去(e 和 f 部分)，栈继续收缩。

尽管图 13.8 是一个姓名列表的一个准确的表示法，但是它包含没有被一个真正的栈对象提供的附加信息。当添加姓名到一个栈或从栈删除它们时，没有对多少姓名已经被添加或被删除，或者在任何一个时间这个栈实际上包含多少个项保持统计。

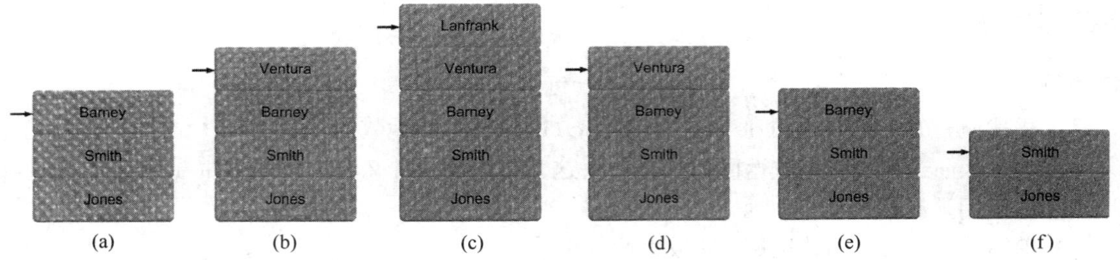

图 13.8 一个扩展和收缩的姓名的栈

例如，在检查图 13.8 的每个部分中，你能够确定多少个姓名在列表上。在一个真正的栈中，唯一能够被看到和被访问的项是在列表的顶部的项。为了找出列表包含多少个项，应该要求这个顶部项持续不断地移去，直到不再存在项为止。

栈的实现

创建栈要求以下四个组成部分。

- 一个结构定义
- 一个指定当前栈顶结构的方法
- 一个在栈上放置新结构的操作
- 一个从栈中移去结构的操作

PUSH 和 POP

将一个新结构放置在栈顶的操作称为入栈(PUSH)，而从栈移去结构的操作称为出栈(POP)。下面看一看这些操作是如何实现的。

图 13.9 说明了一个由三个结构组成的栈。正如显示的那样，每个结构由一个姓名成员和一个包含保存到栈上的前面的结构的地址指针成员组成。另外，有一个单独的将称为栈顶指针(tosp)的栈指针，它包含被加到栈的最后一个结构的地址。

历史注解:堆叠双端队列

栈和队列是一个称为双端队列(deque，发音为“deck”)的更一般数据对象的两种特殊形式。术语“deque”表示“双端队列”。

在一个双端队列的对象中，数据能够用四种方式之一处理。

1. 在开始处插入数据并从开始处移去数据，这是后进先出(LIFO)的栈。
2. 在开始处插入数据并从结束处移去数据，这是先进先出(FIFO)的队列。
3. 在结束处插入数据并从结束处移去数据，这表示一个反向的后进先出(LIFO)方法。
4. 在结束处插入数据并从开始处移去数据，这表示一个反向的先进先出(FIFO)的队列。

方式 1(栈对象)将在这一节中介绍，下一节将介绍方式 2(双端队列)。方式 3 和方式 4 有时用于跟踪内存地址，例如在用机器语言进行编程时或在一个文件中处理对象时。当一种高级语言(例如 C 语言)自动地管理数据区域时，用户可能不注意数据在哪里保存，也不会关心使用的是哪一种类型的双端队列。

如图 13.9 所示，把一个新结构推入栈中包括下面的算法。

PUSH(添加一个新结构到栈)
　动态地创建一个新结构
　把栈顶指针中的地址放入新结构的地址字段中
　填入新结构的剩余字段
　把新结构的地址放入这个栈顶指针中

例如，如果要推入一个新结构到如图 13.9 所示的栈中，产生结果的栈应该像图 13.10 中显示的那样出现。

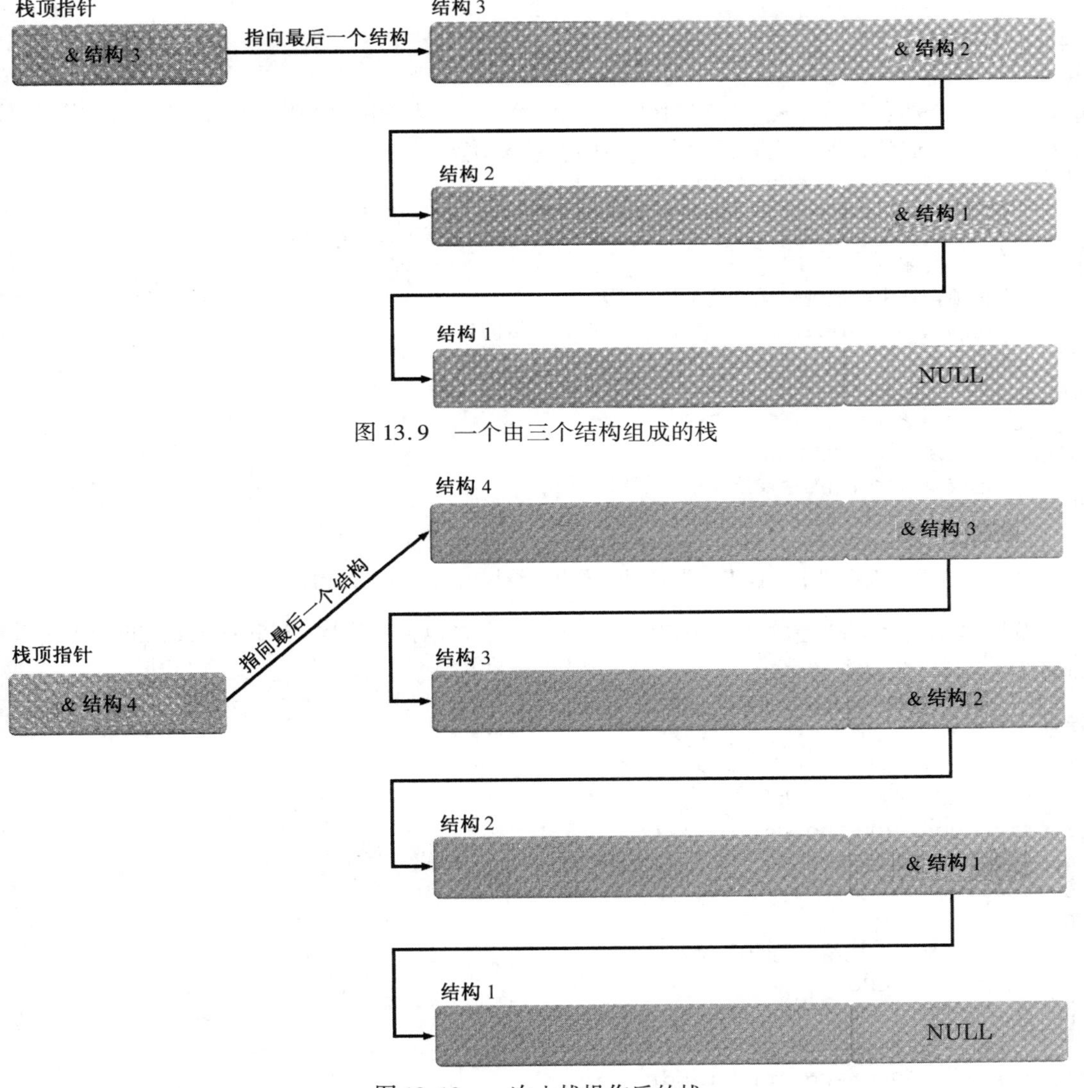

图 13.9　一个由三个结构组成的栈

图 13.10　一次入栈操作后的栈

唯一能够从栈移去的结构总是最顶部的结构。于是，对于图 13.10 所示的栈，下一个能够被移去的结构是结构 4。这个结构被移去(被弹出)后，结构 3 才能够移去。从栈弹出结构的操作由下面的算法定义。

POP(从栈的顶部移去一个结构)
  把栈顶指针指向的结构内容移入一个工作区域
  释放被栈顶指针指向的结构
  把在工作区域地址字段中的地址移入栈顶指针中

如果这些操作在图 13.10 所示的栈上执行,这个栈将恢复到如图 13.9 所示的状态。

作为动态分配栈的一个明确示范,假设要保存到栈上的数据的结构类型被声明为

```
#define MAXCHARS 30
struct NameRec
{
  char name[MAXCHARS];
  struct NameRec *priorAddr;
};
```

这只是由一个姓名和一个图 13.9 和图 13.10 中给出的类型的指针成员组成的一个结构。为这个特殊结构类型的入栈和出栈的操作现在能够被描述如下①。

函数 PUSH(一个姓名)
  分配一个新结构空间
  为姓名段赋一个值
  把栈顶指针中的地址值赋给这个指针字段
    (于是,每个结构包含一个指向前面的结构位置的指针)
  把这个新结构空间的地址赋给栈顶指针

函数 POP(一个姓名)
  如果栈顶指针不为 NULL
    把栈顶指针引用的字段值赋给一个临时结构
    释放这个栈顶部的结构空间
    把临时结构的指针成员赋给这个栈顶指针
      (于是,现在这个栈顶指针指向刚刚弹出的结构前面的那个结构)

按照这个伪代码描述的两个函数 push()和 pop()包含在程序 13.5 中,其中的栈顶指针被命名为 tosp。

程序 13.5

```
#include <stdio.h>
#include <stdlib.h>
#include <string.h>
#define MAXCHARS 30
#define DEBUG 0

/* 这里是一个栈结构的声明 */
struct NameRec
{
  char name[MAXCHARS];
  struct NameRec *priorAddr;
};

```

① 利用 isempty()函数可检验栈是否为空,如果栈为空返回 1,如果栈非空返回 0。这样,这个函数能用于确定弹出应该在什么时候终止。

```
/* 这里是这个栈顶指针的定义 */
struct NameRec *tosp;

int main()
{
  void readPush();  /* 函数原型 */
  void popShow();

  tosp = NULL;      /* 初始化这个栈顶指针 */
  readPush();
  popShow();

  return 0;
}

/* 得到一个姓名并把它推入这个栈上 */
void readPush()
{
  char name[MAXCHARS];
  void push(char *);

  printf("Enter as many names as you wish, one per line");
  printf("\nTo stop entering names, enter a single x\n");
  while (1)
  {
    printf("Enter a name: ");
    gets(name);
    if (strcmp(name,"x") == 0)
      break;
    push(name);
  }
}

/* 从这个栈弹出和显示姓名 */
void popShow()
{
  char name[MAXCHARS];
  void pop(char *);

  printf("\nThe names popped from the stack are:\n");
  while (tosp != NULL)  /* 显示直到栈结束 */
  {
    pop(name);
    printf("%s\n",name);
  }
}

void push(char *name)
{
```

```
  struct NameRec *newaddr;  /* 指向类型 NameRec 的结构的指针 */

  if (DEBUG)
    printf("Before the push the address in tosp is %p", tosp);

  newaddr = (struct NameRec *) malloc(sizeof(struct NameRec));
  if (newaddr == (struct NameRec *) NULL)
  {
    printf("\nFailed to allocate memory for this structure\n");
    exit(1);
  }
  strcpy(newaddr->name,name);   /* 存储这个姓名 */
  newaddr->priorAddr = tosp;    /* 存储前面的结构的地址 */
  tosp = newaddr;               /* 更新这个栈顶指针 */

  if (DEBUG)
    printf("\n  After the push the address in tosp is %p\n", tosp);
}

void pop(char *name)
{
  struct NameRec *tempAddr;

  if (DEBUG)
    printf("Before the pop the address in tosp is %p\n", tosp);

  strcpy(name,tosp->name);  /* 从这个栈顶取回姓名 */
  tempAddr = tosp->priorAddr;   /* 取回前面的地址 */
  free(tosp);                   /* 释放这个结构的存储空间 */
  tosp = tempAddr;              /* 更新这个栈顶 */

  if (DEBUG)
    printf("  After the pop the address in tosp is %p\n", tosp);
}
```

一般来说，程序 13.5 是简单的。函数 readPush()允许用户输入姓名并通过调用 push()函数把这个姓名推入栈中。同样，函数 popShow()通过调用 pop()函数从这个栈取出这个姓名然后显示它。注意，姓名的地址被作为一个参数用在 push()和 pop()中。程序 13.5 的输出如下。

```
Enter as many names as you wish, one per line
To stop entering names, enter a single x
Enter a name: Jane Jones
Enter a name: Bill Smith
Enter a name: Jim Robinson
Enter a name: x

The names popped from the stack are:
Jim Robinson
Bill Smith
Jane Jones
```

练习 13.3

简答题

1. a. 描述在栈上执行一次入栈操作所需要的步骤。
   b. 描述在栈上执行一次出栈操作所需要的步骤。
   c. 当栈为空时，栈顶指针应该包含什么值?
2. 假设由程序 13.5 分配的第一个结构被分配在内存位置 100，第二个在内存位置 150，第三个在内存位置 200。使用这个信息，构造一个与图 13.9 相似的图，显示栈顶指针 `tosp`中的值和在第三个姓名已经被推入栈上以后的每个结构。
3. 指出栈结构是否适合下面的每项任务。需给出理由。
   a. 一个文字处理器必须记住一行最多 80 个字符。按下退格键(Backspace 键)删除前面的字符，按下 Ctrl + 退格键删除整行。用户必须能够撤销删除操作。
   b. 客户必须为新汽车的交货等待一到三个月。经销商创建了一个将确定客户应该得到他们的汽车“公平”次序列表，列表要按照客户提交新车请求的次序而准备。
   c. 要求你在一堆杂志中往下搜索去年一月份出版的那一期。这一堆杂志是按照它们的出版时间依次堆放的。
   d. 一个编程团队接受了一些任务并按紧急情况安排它们的优先次序。
   e. 在公共汽车站上排队的乘客。

编程练习

1. 修改程序 13.5，以使传递给 `push()`和 `pop()`的参数是一个结构名而不是单一字段变量名。
2. 编写一个栈程序，接收一个由整型识别号和浮点型的每小时工资率组成的结构。
3. 给程序 13.5 添加一个菜单函数，菜单包括添加一个姓名到栈、从栈移去一个姓名以及列出没有移去任何结构的栈内容，供用户选择。

13.4　队列

第二个依靠链结构的数据结构称为队列(queue，发音“cue”)，其中的项按它们被输入的次序从队列移去。因此，队列是先进先出(FIFO)结构。

作为队列的例子，考虑一个希望购买某职业足球队季票的人员的等待列表。列表上的第一个人等待去取第一套可获得的票，第二个人应该等待去取第二套可获得的票。为了说明，假设当前列表上的人员姓名显示在图 13.11 中。

Harriet Wright ←—— 队列上最后一个人的姓名（入队）
Jim Robinson
Bill Smith
Jane Jones ←—— 队列上第一个人的姓名（出队）

图 13.11　一个有指针的队列

如图 13.11 所示，姓名已用与栈相同的方式添加，即当新的姓名添加到列表时，它会被堆叠在现有姓名的顶部。栈和队列之间的区别是姓名从列表弹出的方式。显然，列表上的人员期望按照他们被放置在列表上的次序——先进先出的次序——被提供服务。因此，与栈不同，最近添加到列表的姓名不是第一个被移出的姓名。相反，列表上最早的姓名总是下一个被移出的姓名。

为了保持列表在适当的次序中，使新的姓名添加到列表的一端而旧的姓名从另一端移出，使用两个指针是方便的：一个指针指向列表前面的下一个要被提供服务的人，另一个指针指向新人员将被添加的列表的一端。指向下一个要移出的姓名列表前面的指针，称为出队(queueOut)指针；指向一行中最后一个人并指出正在进入列表的下一个人要被放置在哪里的指针，称为入队(queueIn)指针。这样，对于如图 13.11 所示的列表，queueOut 指向 Jane Jones，而 queueIn 指向 Harriet Wright。如果 Jane Jones 现在从列表移出，Lou Hazlet 和 Teresa Filer 被添加，则队列和它相关的指针应该像图 13.12 中出现的一样。

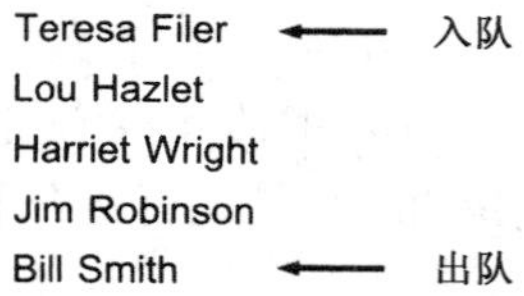

Teresa Filer ←—— 入队
Lou Hazlet
Harriet Wright
Jim Robinson
Bill Smith ←—— 出队

图 13.12 被更新的队列指针

入队和出队

放置一个新的项到队列的顶部，称为入队(enqueueing)，而从队列移出一个项的操作称为出队(serving)。除了指针，入队在与将一个项推入栈的一端是相似的。从队列出队与从栈的另一端出栈是相似的。下面看一看这些操作是如何进行的。

图 13.13 给出了一个由三个结构组成的队列。如图所示，每个结构由一个姓名成员和一个指针成员组成。与指针成员指向列表中前面的结构的栈不同，在队列中，每个指针成员指向下一个列表结构。另外，有两个单独的队列指针，入队指针包含添加给这个队列的最后一个结构的地址，出队指针包含保存到这个队列中的第一个结构的地址。

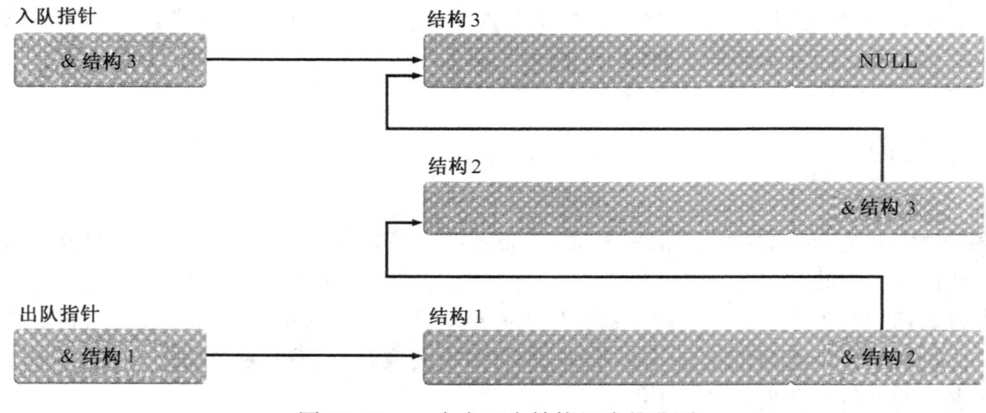

图 13.13 一个由三个结构组成的队列

把一个新结构推入(PUSHing)到一个现存的队列上，如图 13.13 所示的队列，包括下面的算法。

```
入队(添加一个新的结构给一个现存的队列)
  动态地创建一个新结构
  设置这个新结构的地址字段为 NULL
  填充新结构的剩余字段
```

设置前面的(被入队指针指向的)结构的地址给新创建的结构的地址
用新创建的结构的地址更新入队指针中的地址

如果要添加一个新的结构到图 13.13 所示的队列上，产生结果的队列应该如图 13.14所示的一样出现。

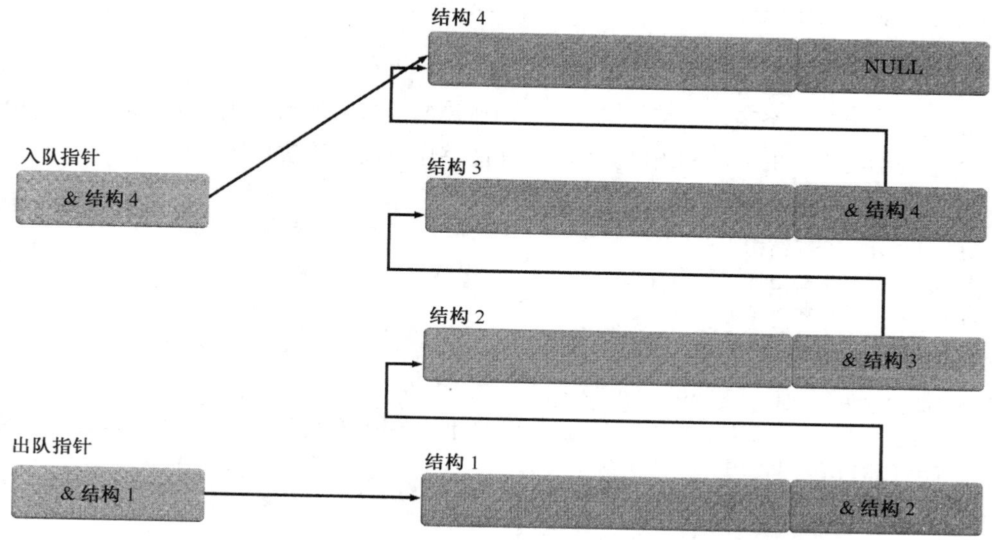

图 13.14　入队后的队列

唯一能够从一个队列移出的结构总是放置在这个队列上的最早的结构。因此，对于如图 13.14所示的队列，下一个能够被移出的结构是结构 1。这个结构被移出后(出队)，结构 2能够移出。从一个现存的结构弹出(POPing)一个结构的操作用下面的算法定义。

出队(从一个现存的队列移去一个结构)
　把出队指针指向的这个结构的内容移到一个工作区域中
　释放出队指针指向的这个结构
　把工作区域地址字段中的地址移到出队指针中

如果这些操作在图 13.14 中的队列上执行，这个队列应该由图 13.15所示的结构和指针组成。

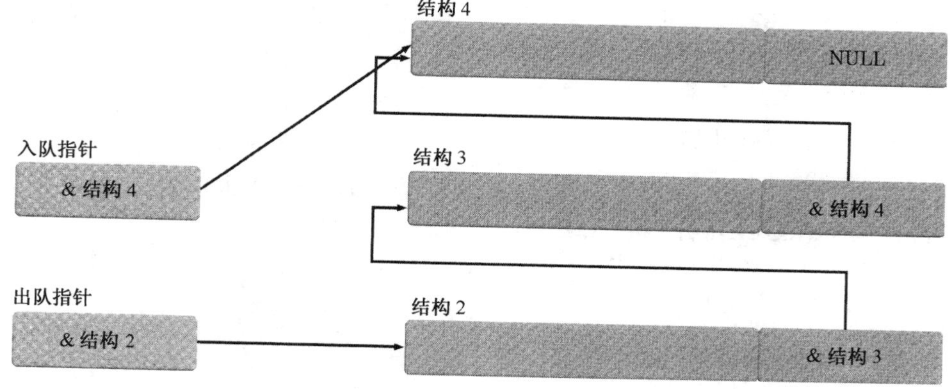

图 13.15　出队后的队列

作为一个动态地分配队列的特定示范，假设这个要保存到队列上的数据的结构类型被声明为

```
#define MAXCHARS 30
struct NameRec
{
  char name[MAXCHARS];
  struct NameRec *nextAddr;
};
```

这只是由一个姓名和一个图 13.13 到图 13.15 中所说明的类型的指针成员组成的一个结构。对于这个特殊的结构类型的入队和出队操作，现在能够用下面的算法描述。

```
入队(一个姓名)
  动态地创建一个新结构
  设置这个新结构的地址字段为 NULL
  为这个姓名字段赋一个值
  如果这是第一个被推入队列上的结构(即，queueOut 包含一个 NULL)
    用新创建的结构的地址更新出队指针中的地址
  如果队列不为空(即，入队指针不包含 NULL)
    设置这个前面的结构的地址字段(这被入队指针指向)为新创建的结构的地址(这样，每个结构包
    含一个指向这个队列中的下一个结构)
  用新创建的结构的地址更新入队指针中的地址

出队(一个姓名)
  如果出队指针不是一个 NULL
    把这个出队指针指向的结构的内容移入一个工作区域中
    释放出队指针指向的这个结构
    把这个工作区域地址字段中的地址移入这个出队指针
```

这些基本上与前面描述的算法相同，只是增加了考虑队列为空的特殊情况的适当过程[1]。对于这种情况，出队和入队两个指针都将包含 NULL 值。由这个伪代码描述的两个函数 enque()和serve()包含在程序 13.6 中。

程序 13.6

```
#include <stdio.h>
#include <stdlib.h>
#include <string.h>
#define MAXCHARS 30
#define DEBUG 0

/* 这里是一个队列结构的声明 */
struct NameRec
{
  char name[MAXCHARS];
  struct NameRec *nextAddr;
};

/* 这里是顶部和底部指针的定义 */
```

[1] 实际应用时，函数 isempty()和 isfull()也应该被定义，以分别简化出队和入队的代码。

```
struct NameRec *queueIn, *queueOut;

int main()
{
  void readEnque();  /* 函数原型 */
  void serveShow();
  queueIn = NULL;       /* 初始化队列指针 */
  queueOut = NULL;
  readEnque();
  serveShow();
}
/* 获得一个姓名并把它入队到这个队列上 */
void readEnque()
{
  char name[MAXCHARS];
  void enque(char *);

  printf("Enter as many names as you wish, one per line");
  printf("\nTo stop entering names, enter a single x\n");
  while (1)
  {
    printf("Enter a name: ");
    gets(name);
    if (strcmp(name,"x") == 0)
      break;
    enque(name);
  }
}
/* 从这个队列出队并显示姓名 */
void serveShow()
{
  char name[MAXCHARS];
  void serve(char *);

  printf("\nThe names served from the queue are:\n");
  while (queueOut != NULL)  /* 显示直到队列结尾 */
  {
    serve(name);
    printf("%s\n",name);
  }
}

void enque(char *name)
{
  struct NameRec *newaddr;  /* 指向 NameRec 类型的结构的指针 */

  if (DEBUG)
  {
    printf("Before the enque the address in queueIn is %p", queue
```

```
    printf("\nand the address in queueOut is %p", queueOut);
  }

  newaddr = (struct NameRec *) malloc(sizeof(struct NameRec));
  if (newaddr == (struct NameRec *) NULL)
  {
    printf("\nFailed to allocate memory for this structure\n");
    exit(1);
  }

  /* 接下来两个if语句处理空队列的初始化 */
  if (queueOut == NULL)
    queueOut = newaddr;
  if (queueIn != NULL)
    queueIn->nextAddr = newaddr; /* 填入前面结构的地址字段 */
  strcpy(newaddr->name,name);   /* 存储这个姓名 */
  newaddr->nextAddr = NULL;     /* 设置地址字段为NULL */
  queueIn = newaddr;            /* 更新队列顶部的指针 */

  if (DEBUG)
  {
    printf("\n  After the enque the address in queueIn is %p\n", queueIn);
    printf("  and the address in queueOut is %p\n", queueOut);
  }
}

void serve(char *name)
{
  struct NameRec *nextAddr;

  if (DEBUG)
    printf("Before the serve the address in queueOut is %p\n", queueOut);

  /* 从队列底部取回这个姓名 */
  strcpy(name,queueOut->name);

  /* 捕获下一个地址字段 */
  nextAddr = queueOut->nextAddr;

  free(queueOut);

  /* 更新队列底部的指针 */
  queueOut = nextAddr;
  if (DEBUG)
    printf("  After the serve the address in queueOut is %u\n",
                                                      queueOut);
}
```

一般来说，程序13.6是简单明了的:函数readEnque()允许用户输入姓名并通过调用函数enque()把这个姓名入队。同样，函数serveShow()通过调用serve()从这个队列取出姓名然后显示它。注意，姓名的地址被用做enque()和serve()两个函数的一个参数。这样做是为了方便和使例子简单。更完整地说，应将包含要被推入队列的数据结构名传递给enque()函数，将包含从这个队列弹出的数据结构名应该传递给 serve()函数。程序 13.6 的输出如下。

```
Enter as many names as you wish, one per line
To stop entering names, enter a single x
Enter a name: Jane Jones
Enter a name: Bill Smith
Enter a name: Jim Robinson
Enter a name: x

The names served from the queue are:
Jane Jones
Bill Smith
Jim Robinson
```

练习 13.4

简答题

1. a. 描述添加一个结构到一个现存队列所需要的步骤。
   b. 描述从一个现存队列移去一个结构所需要的步骤。
   c. 当队列为空时，入队和出队指针应该包含什么值?
2. 假设程序 13.6 分配的第一个结构被分配在内存位置 100，第二个在内存位置 150，第三个在内存位置 200。使用这个信息，构造一个与图 13.13 相似的图，显示这个队列指针中的值和在第三个姓名已经被推入到队列之后的每个结构。
3. 说明队列、栈或者两者都不是的结构是否适合下列任务。
   a. 一个坐在饭店里正在等待的消费者的列表。
   b. 一组在等待考试评分的学生。
   c. 按字母表顺序列出的姓名和电话号码的一个地址簿。
   d. 在医生办公室等待诊断的一些病人。

编程练习

1. 修改程序 13.6，以便给 enque()和 serve()两个函数的参数是一个结构名而不是单一的字段变量。
2. 编写一个接收由整型识别号码和浮点型的小时工资率组成的结构的队列程序。
3. 添加一个菜单函数给程序 13.6，菜单名称是添加一个姓名给队列、从队列移去一个姓名或者列出没有从移去任何结构的队列内容，供用户选择。

13.5　动态链表

栈和队列都是元素只能被加到或从列表一端移去的链表的例子。在动态链表中，这种能力被扩展允许从列表内部的任何地方添加或删除结构。当结构必须保持在一个指定的次序内(如字母表次序)，或者添加新结构必须扩展列表时，以及从列表移出结构必须收缩时，这种能力非常有用。

13.1 节中讲解过如何构造一个固定的链表组，这一节将展示如何为这样的列表动态地分配结构和释放结构。例如，在构造一个姓名列表中，最终需要的结构的准确数量可能事先并不知道。不过，可能期望通过姓名按字母表次序维护列表，不管有多少姓名从列表添加或移出。一个能够扩展和收缩的动态分配列表，就非常适合于这类列表的维护。

插入和删除

添加一个新结构到动态链表的操作称为插入(INSERT)，从列表移出一个结构的操作称为删除(DELETE)。下面看一看这些操作是如何实现的。

图13.16给出了一个由三个结构组成的链表。如图所示，每个结构由一个姓名成员和一个包含列表中下一个结构的地址的指针成员组成。下面看一下这种动态链表是如何操作的。

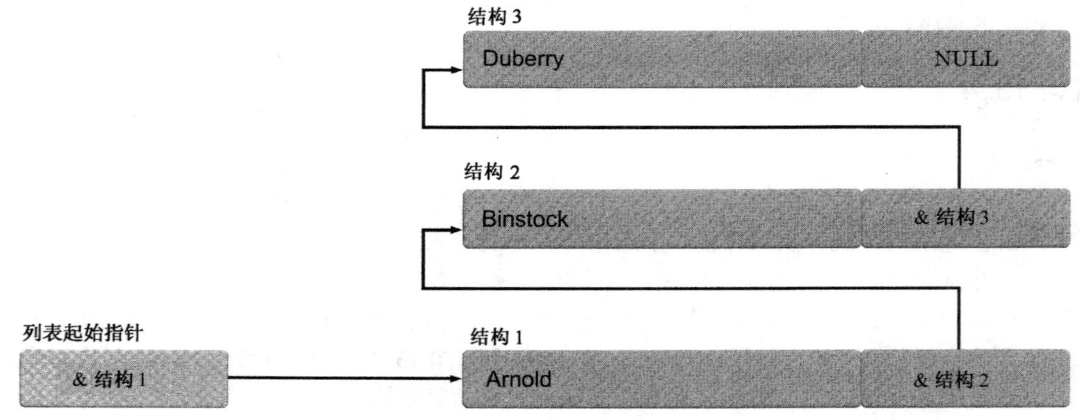

图13.16 最初的链表

首先，注意图13.16所示的每个结构包含一个指针成员，它是列表中下一个结构的地址。还要注意，列表的一个指针包含列表中第一个结构的地址，最后一个结构的指针成员是一个NULL地址。这个配置是所有动态链表都要求的，不管其他数据成员是否存在于结构中。

接下来，注意图13.16所示的这个结构是按照字母顺序排列的。一般来说，每个动态链表都是基于每个结构中的一个特殊字段的值被维护。列表在其上被排序的字段称为关键字段(key field)，而插入和删除操作需要保持这个字段的排序。

现在假设期望插入姓名Carter到列表中。在动态地为Carter结构分配新的存储空间以后，这个结构地址将不得不被调整到与图13.17中所示一样，以维持适当的字母表次序。

执行插入到一个列表中的算法如下。

```
插入(添加一个新结构到链表中)
  为一个新结构动态地分配空间
  If 在列表中不存在结构
    设置新结构的地址字段为 NULL
    设置第一个结构指针中的地址为新创建的结构的地址
  Else/ * 正在用一个现存的列表工作 * /
    确定这个新结构应该放置在哪里
      If 这个结构应该是列表中的第一个新结构
        把这个第一个结构指针的当前内容复制到新创建的结构的地址字段中
        设置这个第一个结构指针中的地址为新创建的结构的地址
      Else
      把前面结构的地址成员中的地址复制到新创建的结构的地址中
```

设置前面结构的地址成员的地址字段为新创建的结构的地址
EndIf
EndIf

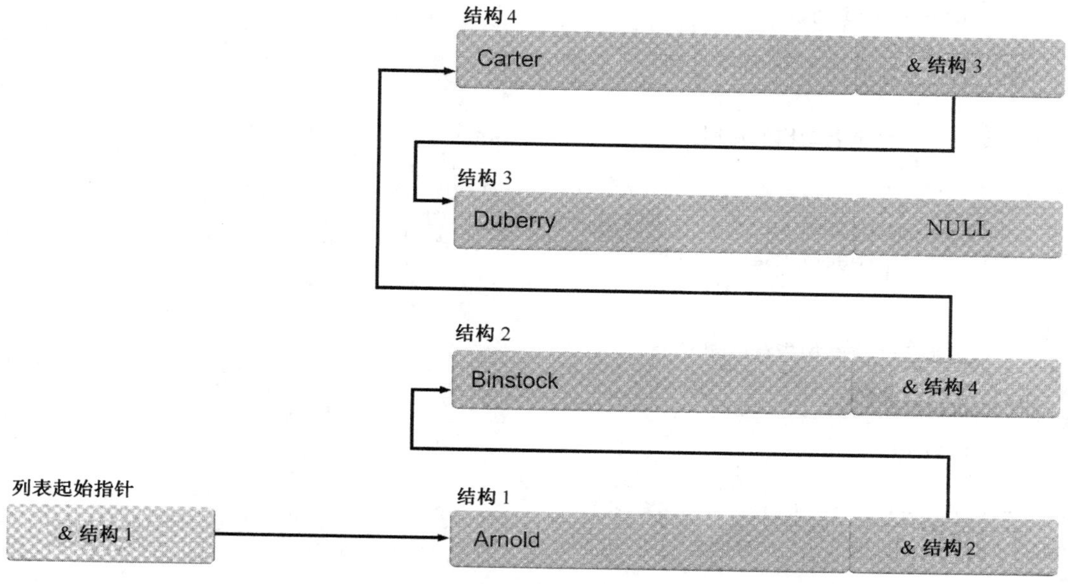

图 13.17　添加一个新姓名到列表

这个算法提供正确地更新图 13.7 中所示的一个列表中每个结构的指针成员步骤，必要时应包含第一个结构的指针。但是，这个算法没有指出如何确定在列表中应该进行插入的准确位置。这个插入点的定位能够通过这个现存列表的线性搜索（见 8.8 节）进行。确定正确的插入点的线性搜索算法用的伪代码如下。

插入一个新结构的线性定位
　If 这个新结构的关键字段少于第一个结构的关键字段，这个新结构应该是第一个新结构
　Else
　　While 在列表中仍有更多的结构
　　　把这个新结构的关键值与每个结构的关键值进行比较
　　　当这个新结构的关键值落在两个现存结构之间或属于现存列表的尾部时停止比较
　　EndWhile
　EndIf

作为插入到链表中的特定的示范，假设保存到列表中的数据结构类型被声明为

```
#define MAXCHARS 30
struct NameRec
{
  char name[MAXCHARS];
  struct NameRec *nextAddr;
};
```

这只是由一个姓名以及图 13.6 和图 13.7 中所说明的类型的指针成员组成的结构。这些插入和线性定位算法包含在程序 13.7 中。

程序 13.7

```
#include <stdio.h>
#include <stdlib.h>
#include <string.h>
#define MAXCHARS 30
#define DEBUG 0

/* 这里是一个链表结构的声明 */
struct NameRec
{
  char name[MAXCHARS];
  struct NameRec *nextAddr;
};

/* 这里是第一个结构指针的定义 */
struct NameRec *firstRec;

int main()
{
  void readInsert();  /* 函数原型 */
  void display();

  firstRec = NULL;       /* 初始化列表指针 */
  readInsert();
  display();

  return 0;
}

/* 获得一个姓名并把它插入到链表上 */
void readInsert()
{
  char name[MAXCHARS];
  void insert(char *);

  printf("\nEnter as many names as you wish, one per line");
  printf("\nTo stop entering names, enter a single x\n");
  while (1)
  {
    printf("Enter a name: ");
    gets(name);
    if (strcmp(name,"x") == 0)
      break;
    insert(name);
  }
}

void insert(char *name)
{
```

```
  struct NameRec *linear Locate(char *);   /* 函数原型 */
  struct NameRec *newaddr, *here;   /* 指向 NameRec 类型的结构的指针 */

  newaddr = (struct NameRec *) malloc(sizeof(struct NameRec));
  if (newaddr == (struct NameRec *) NULL)   /* 检查这个地址 */
  {
    printf("\nCould not allocate the requested space\n");
    exit(1);
  }

  /* 确定这个新结构应该放置在哪里并 */
  /* 更新所有的指针成员 */
  if (firstRec == NULL)   /* 当前没有列表存在 */
  {
    newaddr->nextAddr = NULL;
    firstRec = newaddr;
  }
  else if (strcmp(name, firstRec->name) < 0) /*  一个新结构  */
  {
    newaddr->nextAddr = firstRec;
    firstRec = newaddr;
  }
  else  /*  结构不是列表的第一个结构 */
  {
    here = linear Locate(name);
    newaddr->nextAddr = here->nextAddr;
    here->nextAddr = newaddr;
  }

  strcpy(newaddr->name,name);   /* 存储这个姓名 */
}

/*
这个函数确定一个新结构应该被插入在一个
现存列表内的哪个地方,它接收一个姓名的
地址并返回一个 NameRec类型的结构的地址
*/
struct NameRec *linear Locate(char *name)
{
  struct NameRec *one, *two;
  one = firstRec;
  two = one->nextAddr;

  if (two == NULL)
    return(one);   /* 转到现存单一结构之后的新结构 */
  while(1)
  {
```

```
    if(strcmp(name,two->name) < 0) /* 如果它被定位在列表内部 */
      break;
    else if(two->nextAddr == NULL)  /* 它转到最后的结构之后 */
    {
      one = two;
      break;
    }
    else  /* 反向搜索更多的结构 */
    {
      one = two;
      two = one->nextAddr;
    }
  }  /* 语句允许我们到这里 */

  return(one);
}
/* 从这个链表显示姓名 */
void display()
{
  struct NameRec *contents;

  contents = firstRec;
  printf("\nThe names currently in the list, in alphabetical");
  printf("\norder, are:\n");
  while (contents != NULL)  /* 显示直到列表尾部 */
  {
    printf("%s\n",contents->name);
    contents = contents->nextAddr;
  }
}
```

历史注解:人工智能

对于创建在工作时“学习”的动态机器的主要步骤之一是动态数据结构的开发。

1950年,艾伦·图灵(Alan Turing)计划了一个测试,在这个测试中,一位专家从一个隔离的终端输入一个问题,然后等待回答。当这位专家不能辨别返回屏幕的答案是由人类还是由机器产生的时,人工智能(AI)大概就完成了。尽管图灵的测试存在一些问题,但是它的观念已经产生了许多研究成果。

到20世纪60年代中期,很多人工智能研究人员相信建立“思维机器”的努力是没有用的。但是,今天许多活跃的研究和开发都专注在这些主题上,如动态问题解决方案、计算机想象力、并行处理、自然语言处理和语音与模式识别。所有这些都被包含在人工智能领域内。

近年来,随着更小、更快、更强大和更便宜的计算机的开发,允许机器模仿人类的技术的发展在最近几年已经迅速增长。大部分人赞同计算机从来不能取代所有的人类决策,同样也普遍赞成人类社会必须保持警惕和保持对要求人类同情、伦理和理解的重要决策的控制。

充分地测试程序13.7要求输入姓名到一个新列表,然后添加应该被插入在第一个姓名之前、最后一个姓名之后且在两个现存的姓名之间的姓名。程序13.7的输出如下。

```
Enter as many names as you wish, one per line
To stop entering names, enter a single x
Enter a name: Binstock
```

```
Enter a name: Arnold
Enter a name: Duberry
Enter a name: Carter
Enter a name: x

The names currently in the list, in alphabetical
order, are:
Arnold
Binstock
Carter
Duberry
```

注意第一个被输入的姓名强制 `insert()`函数创建列表，而第二个姓名强制 `insert()`把这个新姓名放置在列表的起始处。第三个姓名 Duberry 强制 `locate()`正确地确定这个姓名应该放置在列表的末端，而最后一个姓名 Carter 强制 `locate()`正确地把这个姓名定位在两个现存的姓名之间。

在链表中删除一个结构，基本上与插入一个结构的过程相反。即，删除要求确定当前被选择的结构停留的位置——在开始、在末端或在列表的中间，相应地调整所有指针值，然后释放这个被删除的结构的空间。删除算法的设计细节留作练习(见编程练习 1)。

练习 13.5

简答题

1. 画一个图表，说明程序 13.7 创建的链表是如何表示每个姓名被插入到列表内的。确保第一个结构的指针包含在图表中。
2. 编写从程序 13.7 创建的结构的链表中删除一个现存结构用的伪代码。删除一个链接的结构的算法，应该遵循为删除 13.1 节中简答题 2 的答案中开发的结构而开发的方法。

编程练习

1. 为简答题 2 中开发的算法编写 C 语言代码。
2. 编写一个名称为 `modify()`的函数，用于修改程序 13.7 中创建的结构的姓名成员。传递给 `modify()`的参数应该是要被修改的结构地址。`modify()`函数应该首先显示这个被选择的结构中的现存姓名，然后为这个成员请求新的数据。
3. 编写一个 C 语言程序，最初为用户提供一个选择菜单。这个菜单应该由下面的几个选项组成。
   a. 创建一个初始姓名链表
   b. 插入一个新结构到链表中
   c. 修改链表中的一个现存结构
   d. 从列表删除一个现存结构
   e. 退出程序
   根据用户的选择，程序应该执行合适的函数以满足请求。

13.6　编程错误和编译器错误

在使用本章介绍的材料时，应注意下列可能的编程错误和编译器错误。

编程错误

使用动态分配内存时，有下列 5 种最常见的错误。

1. 没有检查由 malloc()和 realloc()提供的返回代码。如果这两个函数中的任意一个返回一个 NULL 指针，应该通知用户没有分配内存，正常的程序操作必须用一种适当的方法改变。不能简单地假设所有对 malloc()和 realloc()的调用都将产生被请求的存储空间的分配。
2. 从动态创建的栈、队列和链表添加或删除结构时，没有正确地更新所有相关的指针地址。除非在更新所有地址时采取非常小心的做法，否则这些动态数据结构中的每个结构都会很快变得错误百出。
3. 在空间不再需要时，忘记释放前面分配的存储空间。只有当在期望持续运行并且能够根据用户需求分配空间进行许多请求的大型应用程序中，通常才会导致问题。
4. 在分别处理栈、队列和动态链表时没有保存包含栈顶指针、入队、出队和列表指针的地址的完整性。因为这些指针中的每一个都在各自的数据结构中定位一个起始位置，如果起始地址不正确，完整的列表将丢失。
5. 相对于前面的错误，同样损失惨重的是在从栈、队列或动态列表插入和移出结构时没有正确地更新内部结构指针。一旦在一个单独的链表内的内部指针包含一个不正确的地址，几乎不可能定位和重建这个丢失的结构组。

编译器错误

下面的列表概括了 UNIX 和 Windows 中典型的编译器错误消息。

错误	基于 UNIX 编译器的错误信息	基于 Windows 编译器的错误信息

当分配存储区时，忘记为 malloc()提供一个存储数量的参数。
例如：
`#include <stdlib.h>`
`int main()`
`{`
`  int* p;`
 	
`  p = (int* )malloc();`
`  return 0;`
`}`
	(E) Missing argument(s)	: error : 'malloc': function does not take 0 arguments

无论何时在程序中使用 malloc()时，忘记包含 stdlib.h 头文件。
例如：
`#include < stdio.h >`
`int main()`
`{`
`  int* p;`
 	
`  p = (int * ) malloc (sizeof`
`(int));`
`  return 0;`
`}`
	(W)Operation between types "int * " and "int" is not allowed.	: error: 'malloc': identifier not found, even with argument-dependent lookup

（续表）

错误	基于 UNIX 编译器的错误信息	基于 Windows 编译器的错误信息

忘记传递一个指针参数给 free()函数。例如：
`#include <stdio.h>`
`int main()`
`{`
`  int* p;`
`  p = (int * ) malloc (sizeof (int));`
`  free();`
`  return 0;`
`}`
	(E) Missing argument(s)	: error: ' free ': function does not take 0 arguments

在建立一个指向这个结构的指针成员时，忘记包含间接运算符。例如：
`struct NR`
`{`
`  char name[30];`
`  struct NR nameRec;`
`};`
而不是：
`struct NR`
`{`
`  char name[30];`
`  struct NR *nameRec;`
`};`
	(E) "struct NR" uses"struct NR" in its definition.	: error C2460: ' NR:: nameRec ': use 'NR', which isbeing defined

13.7　小结

1. 在编译时为变量固定内存分配的另一种方式是在运行时的动态内存分配。动态分配也称为运行时分配，在程序的控制下分配和释放内存，并且在处理一个能够随项从列表被添加或被删除而扩展和收缩的数据的列表时非常有用。在 C 语言中，用于动态内存分配的函数有 malloc()，calloc()，realloc()和 free()。
2. malloc()函数保留一个被请求的字节数和返回一个指向第一个被保留的字节的指针。例如，表达式 malloc(50 * sizeof(int))保留足够的字节数保存 50 个整数。malloc()函数将返回一个指向被保留的内存第一个字节的指针，或者如果这个请求没有被满足，则返回一个 NULL 指针。因为被返回的指针总是"指向"一个 void，所以它必须总是被强制转换成一个期望的类型指针。于是，这个特定的存储空间请求应该使用下面的表达式进行。

   ```
   pointerToInt = (int *) malloc(50 * sizeof(int))
   ```

   这里的 pointerToInt 已经被声明为一个指向整型的指针。
   使用 malloc()时，应该总是检查它的返回值以确保没有返回 NULL 指针，它表示存储空间请求没有被满足。继续用前面的例子，这个检查将采用的形式如下。

```
if (pointerToInt == (int *)NULL))
{
    这里执行一个错误处理程序——
    典型地是一个 exit
}
```

3. realloc()函数用与 malloc()函数相似的方法进行操作，但它被用来扩展或收缩一个现存的被分配的空间之外。如果新的数量大于前面被分配的空间，则只有新增的空间保持不被初始化而前面被分配的空间将保留它的内容；否则，新的空间将保留它前面的内容。同 malloc()一样，应检查由 realloc()提供的返回地址。
4. free()函数用于释放前面所分配的存储空间。
5. 栈是一个由只能够从列表顶部添加或移去的结构组成的列表。这样的结构中，最后被添加到列表的结构会第一个被移出，它是后进先出(LIFO)的。在栈中，每个结构的指针成员总是指向列表中前一个结构。另外，一个指针变量总是被要求包含当前栈顶结构的地址。
6. 队列是一个由被添加到列表顶部并从列表底部移出的结构组成的列表，其中的结构遵循先进先出(FIFO)的规则。队列中每个结构的指针成员总是指向列表中的下一个结构。另外，一个指针总是被要求包含当前队列顶部结构的地址，而另一个指针总是被要求包含当前队列底部结构的地址。
7. 动态链表是由能够从列表中的任意位置添加或移出的结构组成的列表。这样的列表被用于保持结构在特定的次序中，例如字母表次序。动态链表中的每个结构的指针成员总是指向列表中的下一个结构。另外，一个指针总是被要求包含列表中第一个结构的地址。

第14章　其他功能

前面几章已经介绍了C语言的基本功能、语句和结构。这些功能每一个方面的变化几乎都是永无止境的，对于许多程序员来说都是兴奋的源泉，他们利用这些基本语言模块的变化不断地发现新的表达的可能性。这一章将介绍在理解和运用C语言的过程中将会发现的很有用的新增特性。出于完整性考虑，本章还给出了一条语句，该语句是C语言的一部分，但几乎从来没有被懂行的C程序员使用过。

14.1　新增的特性

这一节将介绍5个新增的特性，这些特性中只有 typedef 声明和条件预处理程序命令被广泛地使用。

typedef 声明语句

typedef 声明语句允许构造一个现有的C数据类型名称的供替换的名称，这些供替换的名称是别名(alias)。例如，语句

```
typedef double REAL;
```

为 double 定义一个别名 REAL(即，一个同义字)。声明完这个别名后，名字 REAL 现在能够用来取代程序中的任何使用术语 double 的地方。例如，定义

```
REAL val;
```

相当于定义

```
double val;
```

typedef 语句不会建立新的数据类型，它只是为一个现存的数据类型建立一个新名称，在 typedef 语句中使用大写字母名称不是强制的，这样做只是为了告知程序员一个用户指定的名字，类似于在#define 语句中的大写字母名。事实上，由 typedef 语句产生的等效值经常能够被一条#define 语句同样好地产生。但是，两者之间的区别是 typedef 语句直接被编译器处理，而#define 语句被预处理器处理。typedef 语句的编译器处理允许用预处理器不可能用的文本替换物。例如，语句

```
typedef double REAL;
```

实际上指定 REAL 是一个将用另外一个变量名取代的占位符，后来的声明，例如

```
REAL val;
```

具有在跟随单词 typedef 的术语中用名称为 val 的变量取代名称为 REAL 的占位符的效果。用 val 取代 typedef 语句中的 REAL，并保留所有在 typedef 保留字后面术语造成等价的声明

double val;.

一旦理解了取代的机制，可以构造更加有用的等价值。考虑语句

```
typedef int ARRAY[100];
```

在这里，名称ARRAY实际上是任何后来被定义的变量的占位符。因此，类似ARRAY first, second;的语句相当于两个定义：int first[100];和int second[100];。这些定义通过用跟随保留字typedef后面术语中的变量名first和second取代名称ARRAY而获得。

作为另外一个例子，考虑语句

```
typedef struct
{
  char name[20];
  int idNum;
} empRecord;
```

这里的empRecord对于任何后来的变量都是一个方便的占位符，比如，声明empRecord employee[75];相当于声明

```
struct
{
  char name[20];
  int idNum;
} employee[75];
```

这个最后的声明通过直接用术语employee[75]取代最初的typedef语句中跟随单词typedef后的项中的单词empRecord而获得。

条件预处理器命令

除了#include命令之外，预处理器还提供许多其他有价值的命令，这些命令中的两个更有用的命令是条件命令#ifndef和#ifdef，前者意味着“如果没有被定义”，后者意味着“如果被定义”，这些命令的工作方式几乎与if和else语句相同，比如，#ifndef语句的语法如下。

```
#ifndef 条件式
  编译放置在这里的语句
#else
  编译放置在这里的语句
#endif
```

与if…else语句一样，#else命令是可选项。

#ifndef和#ifdef两个命令都允许条件编译(conditional compilation)，在条件编译中，直接跟随这些命令的语句，一直到#else或#endif命令，如果条件为真时才被编译，反之，如果条件为假，跟随#else的语句才被编译。

到目前为止，#ifndef是使用最频繁的条件预处理器命令，它的最常见用法是用下面的形式。

```
#ifndef 头文件
  #include <头文件>
#endif
```

例如

```
#ifndef stdio.h
  #include <stdio.h>
#endif
```

这个语句是检查 stdio.h 头文件是否已经被包含，如果它前面没有定义，#include 命令才会执行。这能防止 stdio.h 头文件的多次包含。

#ifdef 用一个类似于#ifndef 的方式工作，除了直接跟随在#ifdef 的语句，一直到#else或#endif 命令外，如果被测条件已经定义时才会执行。

#ifdef 和#ifndef 命令之间的关系是:表达式"#ifndef 条件式"执行与表达式"#ifdef !条件式"相同的任务，并且这两个表达式能够互换地使用。

枚举常量

除了使一个常数等于一个命名常量外，相关的整型值集能够使用一个枚举列表与一个常量集等效。枚举列表用保留字 enum 标识，跟随一个可选的、用户选择的名称和一个被要求的一个以上常量的列表。比如，考虑枚举

```
enum {Mon, Tue, Wed, Thr, Fri, Sat, Sun};
```

按照默认值，枚举列表中的第一个枚举名具有值 0。因此，前面的列表相当于下面的#define 语句列表。

```
#define Mon 0
#define Tue 1
#define Wed 2, 等等。
```

作为一种选择，显式值能够被赋值给每个枚举常量，用未指定的值从上一个被指定的值自动地延伸这个整数序列。于是，枚举列表

```
enum {Mon = 1, Tue, Wed, Thr, Fri, Sat, Sun};
```

使 Mon 等于 1，Tue 等于 2，Wed 等于 3，等等。

另外，任何一个整型常量能够等同于枚举名称，它们不需按照顺序，并且能够使用一个任选的枚举列表名。例如，枚举

```
enum escsequences {BELL = '\a',BACKSPACE = '\b',NEWLINE = '\n',
                                 RETURN = '\r', TAB ='\t'};
```

标识列表为 escsequences，把字符常量赋值给每个枚举名。注意枚举常量能够是任何一个有效的用户建立的标识符，但是列表中的每个名称必须是唯一的。然而，两个常量相等于同一个整型值是有效的。

条件表达式

除了用算术、关系、逻辑和位运算符形成的表达式之外，C 语言还提供条件表达式。条件表达式使用条件运算符?:，并且提供一种表达一个简单的 if…else 语句的替换方式。

条件表达式的一般形式是

表达式 1? 表达式 2:表达式 3

如果表达式1的结果为非0(真),则计算表达式2,否则计算表达式3。因此,完整的条件表达式的值可以是表达式2的值或者表达式3的值,取决于计算的是哪一个表达式。同往常一样,这个表达式的值能够赋值给变量。

在取代简单的 if…else 语句中,这个条件表达式是最有用的。例如,if…else 语句

```
if (hours > 40)
  rate = 0.045;
else
  rate = 0.02;
```

能够用下面的一行条件语句取代。

```
rate = (hours > 40) ? 0.045 : 0.02;
```

这里,完整的条件表达式

```
(hours > 40) ? 0.045 : 0.02
```

在进行任何一个赋值给 rate 之前被计算,因为条件运算符"?:"具有比赋值运算符更高的优先级。在条件表达式内,表达式 hours >40 首先被计算。如果这个表达式具有相当于一个逻辑真值的非0值,则这个完整的条件表达式的值被设置为0.045,否则它的值为0.02。最后,这个条件表达式的值(0.045或者0.02)被赋值给 rate 变量。

条件运算符"?:"在C语言中是唯一的三元(ternary)运算符,这意味着这个运算符连接三个操作数。第一个操作数总是首先被计算,它通常是一个使用逻辑运算符的条件表达式。

接下来的两个操作数是任何其他的有效表达式,它可以是单个常数、变量或更普通的表达式。这个完整的条件表达式由被条件运算符"?:"连接的全部三个操作数组成。

只有当 if…else 语句中的表达式不是很长或很复杂时,才能用条件表达式取代它。比如,语句

```
maxVal = a > b ? a : b;
```

是一个把变量 a 和 b 的最大值赋给 maxVal 的单行语句。这个语句一个更长的等价形式是

```
if (a > b)
  maxVal = a;
else
   maxVal = b;
```

考虑到表达式的长度,用条件表达式取代下面的 if…else 语句将不是很有用的。

```
if (amount > 20000)
  taxes = 0.025(amount - 20000) + 400;
else
  taxes = 0.02 * amount;
```

goto 语句

goto 语句(转向语句)提供把控制无条件地转向程序中的某些其他语句的能力。goto 语句的一般形式是

```
goto label;
```

这里的 label(标签)是根据创建变量名的规则而选择的任何唯一的名称。这个后面有一个冒

号的标签名必须出现在包含 goto 语句的函数中任何其他语句的前面。例如下面的代码段，如果试图除以 0，则把控制转向名称为 err 的标签。

```
if (denom == 0.0)
  goto err;
else
  result = num /denom;
    .
    .
err:  printf("Error - Attempted Division by Zero");
```

敏锐的读者将意识到在这个例子中，goto 提供了一个麻烦的解决这个问题的方法。它可能在 printf()语句上面要求第二个 goto 以停止这个语句的执行。通常，如果这是必要的话，为不寻常的条件调用一个 err 函数或者使用一条 break 语句更容易。

理论上，goto 语句是从来不需要的，因为 C 语言的正常结构提供了充分的灵活性来处理所有可能的流程控制要求。此外，goto 有使程序复杂化的倾向。例如，考虑以下代码。

```
if (a == 100)
  goto first;
else
  x = 20;
goto sec;

first: x = 50;
sec: y = 10;
```

不用 goto 编写的代码如下。

```
if (a == 100)
  x = 50;
else
  x = 20;
y = 10;
```

两个代码段都产生相同的结果，但是第二个版本明显地更容易阅读。事实上，通过在计算机上运行这个代码，使自己确信这两个代码段确实产生相同的结果是有价值的。如果用 goto 语句强行执行代码时，会让你体验到挫败的感觉。

在程序中即使只使用一个 goto 语句，也几乎总是不好的编程结构的标志。唯一令人信服地能使用 goto 的情形，可能是在某些条件错误要求从内循环或外循环结构里退出来的嵌套循环中(break 只能从内循环中退出)。如果这样的退出不断地在开发程序中使用，则应该将代码重新编写成一个从函数退出的函数。

练习 14.1

简答题

1. 为下列各项编写枚举列表。
   a. 枚举名 TRUE 和 FALSE 分别等于整数 1 和 0。
   b. 枚举名 JAN.，FEB.，MARCH，APRIL，MAY，JUNE，JULY，AUG.，SEPT.，OCT.，NOV.和 DEC.分别等于整数 1，2，3，…。
2. 指出下列枚举列表中的错误。

```
a. enum {SUMMER, SPRING, WINTER, FALL}
b. enum (RED = 1, YELLOW = 5, GREEN = 3, BLUE = 1)
c. enum {RED = 1, BLUE = 2, GREEN = 3, RED = 4, YELLOW = 5}
```

3. 使用条件表达式重新编写下列 if…else 语句。

```
a. if (a < b);
     minVal = a;
   else
     minVal = b;
b. if (num < 0)
     sign = -1;
   else
     sign = 1;
c. if (flag == 1)
     val = num;
   else
     val = num * num;
d. if (credit == plus)
     rate = prime;
   else
     rate = prime + delta
e. if (!bond)
     cou = .075;
   else
     cou = 1.1;
```

14.2 按位运算

C 语言用保存为一个或多个字节的完整数据实体操作，如字符型、整型和双精度型常量以及变量。除此之外，C 语言还提供字符型、整型常量和变量的单独的按位操作。

用来执行这些按位操作的运算符称为按位运算符(bit operator)，它们列在表 14.1 中。

表 14.1 按位运算符

运算符	描述
&	按位与
|	按位或
^	按位异或
~	取反
<<	左移
>>	右移

在表 14.1 中列出的所有运算符都是二元运算符，需要两个操作数。在使用按位运算符时，每一个操作数被处理为由一系列单个的 1 和 0 组成的二进制数。然后，每个操作数中的各个位在按位的基础上进行比较，其结果根据所选的运算确定。

按位与运算符

按位与(AND)运算符 &，在它的两个操作数之间产生按位与比较。在被比较的两个位都是 1 时，每个按位比较的结果才为 1，否则按位与运算的结果为 0。例如，假定执行下列的两个 8 位数的与运算。

```
1 0 1 1 0 0 1 1
1 1 0 1 0 1 0 1
```

为了进行按位与运算，一个操作数中的每一个位与另一个操作数中占有相同位置的位进行比较。图 14.1 说明了这两个操作数的位之间的对应关系。按位与比较由下列规则确定：当两个被比较的位都是 1 时，按位与比较的结果为 1；否则这个结果为 0。当然，每个比较的结果独立于任何其他位的比较。

```
 10110011
&11010101
---------------
 10010001
```

图 14.1　按位与运算的例子

程序 14.1 说明了按位与运算的使用。在这个程序中，变量 op1 被初始化为八进制值 325，这是二进制数 11010101 等值的八进制数，变量 op2 被初始化为八进制值 263，这是二进制数 10110011 的八进制表示。这两个二进制数在图 14.1 中说明。

程序 14.1

```
#include <stdio.h>
int main()
{
  int op1 = 0325, op2 = 0263;

  printf("%o ANDed with %o is %o\n", op1, op2, op1 & op2);

  return 0;
}
```

程序 14.1 产生的输出如下。

```
325 ANDed with 263 is 221
```

八进制数 325 和 263 的按位与运算的结果是八进制数 221。221 的等值二进制数是 10010001，这是图 14.1 说明的按位与运算的结果。

按位与运算在屏蔽(masking)或消除从一个操作数中被选择的位的过程中非常有用。这是下面事实的一个直接结果，任何一位(1 或 0)和 0 进行与运算强制结果位为 0，而任何一位(1 或 0)和 1 进行与运算留下原来的未被改变的位。例如，假设变量 op1 具有任意的位格式 xxxxxxxx，这里每一个 x 能够是 1 或 0，独立于这个数中的任何其他的 x。这个二进制数和二进制数 00001111 进行与运算的结果如下。

```
op1 = x x x x x x x x
op2 = 0 0 0 0 1 1 1 1
-----------------------
结果 = 0 0 0 0 x x x x
```

从这个例子能够看出，op2 中的 0 有效地屏蔽或消除了 op1 中对应的位，而 op2 中的 1 过滤(filter)或通过 op1 中各自对应的位，没有改变它们的值。在这个例子中，变量 op2 称为掩码(mask)。通过适当地选择掩码，操作数中的任何一个单独的位都能够在操作数外为检测而被选择或过滤。例如，使变量 op1 和掩码 00000100 进行与运算强制这个结果的所有的位都为 0，除了第三位。这个结果的第三位将是 op1 的第三位的副本。于是，如果与的结果为 0，则 op1 的第三位就一定为 0；如果与的结果为非 0 数，则第三位就一定为 1。

按位或运算符

按位或(OR)运算符，|，用更像按位与一样的方式执行它的两个操作数的按位比较。但是

按位或运算的比较由下列规则确定:如果任意一个被比较的位是1,按位或运算的比较结果为1;否则这个结果为0。当然,与所有的位运算一样,每个比较的结果都独立于其他任何位的比较。

```
 10110011
|11010101
---------
 11110111
```

图14.2 或运算的例子

程序14.2使用图14.2中给出的操作数的八进制数说明一个按位或运算。

程序 14.2

```
#include <stdio.h>
int main()
{
int op1 = 0325, op2 = 0263;

  printf("%o ORed with %o is %o\n", op1, op2, op1 | op2);

  return 0;
}
```

程序14.2产生的输出如下。

```
325 ORed with 263 is 367
```

八进制数325和263进行按位或运算的结果是八进制数367。这个367的二进制等值数是11110111,这是图14.2中说明的按位或运算的结果。

按位或运算在强制被选择的位具有一个1值或用于通过其他没有被改变的位的值中非常有用。这是下面事实的一个直接结果,任何一位(1或0)与1进行按位或运算强制这个结果位为1,而任何一位(1或0)与0进行按位或运算留下原来的没有被改变的位。例如,假设变量op1有任意位格式xxxxxxxx,这里每一个x能够是1或0,独立于这个数中任何其他的x。这个二进制数与二进制数11110000的按位或运算的结果如下。

```
op1 = x x x x x x x x
op2 = 1 1 1 1 0 0 0 0
----------------------
结果 = 1 1 1 1 x x x x
```

从这个例子能够看出,op2中的1强制这个结果位为1,而op2中的0过滤或通过op1中对应的位,不改变它们的值。于是,按位或和按位与执行着相同的屏蔽操作,除了在按位或运算中屏蔽的位被设置成1而不是清除为0之外。另一种看待这个问题的方法是:与一个0进行的按位或运算和与一个1进行的按位与运算有着同样的效果。

异或运算符

异或(XOR)运算符,^,执行它的两个操作数的按位比较。比较的结果由下列规则确定:如果比较的一位且仅有一位是1,则异或运算比较的结果为1;否则这个结果为0。

图14.3说明一个异或运算。如这个图所示,当被比较的两个位都有相同的值(都是1或都是0)时,这个结果为0。当两个位有不同的值(一位是1,另一位是0)时,这个结果才为1。此外,每一对或每一位的比较都独立于任何其他位的比较。

```
 10110011
^11010101
---------
 01100110
```

图14.3 异或运算的例子

异或运算能够用于创建一个变量中的任何一个单独位的相反值

或补码。这是下面事实的一个直接结果，任何一位(1 或 0)与 1 进行异或运算强制这个结果位为具有它的原有状态的相反值，而任何一位(1 或 0)与一个 0 进行异或运算保留原有的没有被改变的位。例如，假设变量 op1 有着任意的位模式 xxxxxxxx，在这里每一个 x 能够是 1 或 0，独立于这个数中的任何一个其他的 x。使用符号作为补码(相反的)值，这个二进制数与二进制数 01010101 的异或运算结果如下。

```
op1 = x x x x x x x x
op2 = 0 1 0 1 0 1 0 1
______________________
结果 = x x̄ x x̄  x x̄ x x̄
```

从这个例子可以看出，op2 中的 1 强制这个结果位为它们原有位值的补码。而 op2 中的 0 过滤或通过 op1 中的每一个位而不改变它们的原有值。

补码运算符

补码运算符，~，是一个改变它的操作数中每一位值 1 为 0，每一位值 0 为 1 的一元运算符。例如，如果变量 op1 包含一个二进制数 11001010，那么 ~op1 就是数 00110101。补码运算符被用于强制一个操作数中的任何位为 0，独立于用于保存这个数的位的实际数。例如，语句

```
op1 = op1 & ~07;
```

或它的简短形式

```
op1 &= ~07;
```

都把 op1 的后三位设置为 0，不管 op1 是怎样被保存到计算机内的。当然，如果用于保存 op1 的位数是已知的，那么这两个语句的任意一个都能够通过把 op1 的后三位与 0 进行与运算被取代。在一台使用 16 位保存整数的计算机中，适当的按位与运算是

```
op1 = op1 & 0177770;
```

对于使用 32 位保存整数的计算机，上面的按位与运算把最左边的或更高位的 16 个位也设置为 0，这是一个无意识的结果。用于 32 位的正确语句是

```
op1 = op1 & 027777777770;
```

在这种情形下使用补码运算符能使程序员不必确定操作数的内存大小，并且更重要的是，它使程序能在使用不同整数存储空间大小的机器之间移动。

不同大小的数据项

当位运算符 &，|和 ^用于不同大小的操作数时，较短的操作数总是被增加位的长度，以匹配较长的操作数。图 14.4 说明了一个 16 位无符号整数扩展为一个 32 位数的情况。

如这个图显示的一样，附加的位被增加到原有数的左边，用 0 填补。这是给这个数增加领先 0 的相等值，这个数的值没有影响。

当扩展有符号的数时，原有的最左边的位被复制在被增加到这个数的附加位中。同图 14.5所说明的一样，如果原有的最左边的位是 0，相应于一个正数，0 就被放置在附加位位置的每一个中。如果最左边的位是 1，相应于一个负数，1 就被放置在附加位位置的每一个中。在这两种情况下，作为结果的二进制数有着原有数的相同符号和大小。

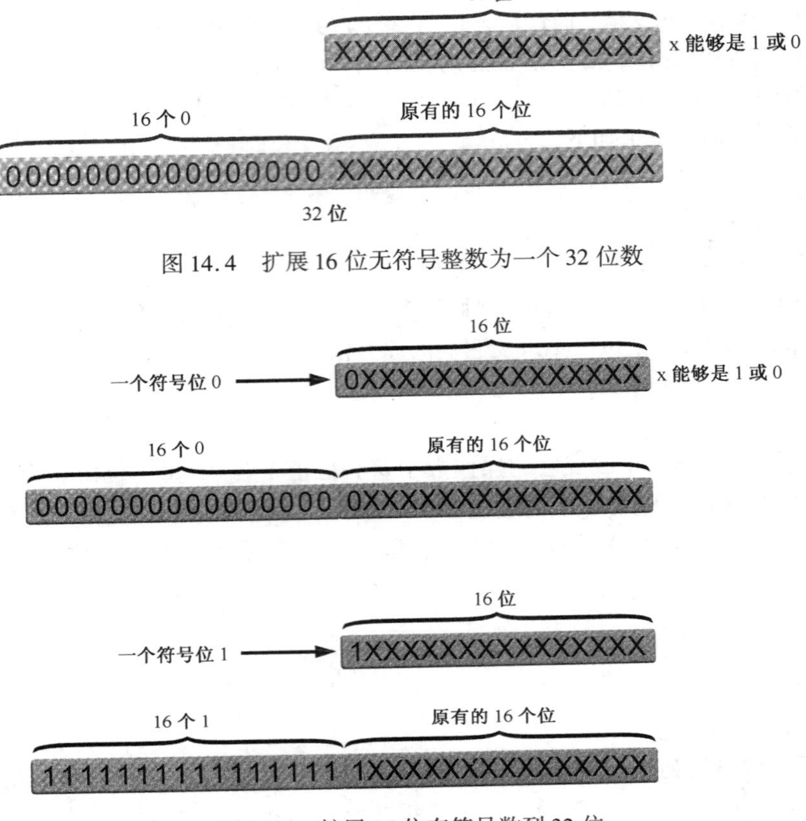

图 14.4　扩展 16 位无符号整数为一个 32 位数

图 14.5　扩展 16 位有符号数到 32 位

位移运算符

左移运算符 << 使一个操作数中的位被左移到一个给定的数量。例如，语句

```
p1 = op1 << 4;
```

使 op1 中的位向左移动 4 个位，用 0 填补空位。图 14.6 说明二进制数 1111100010101011 向左移动 4 个位时的结果。

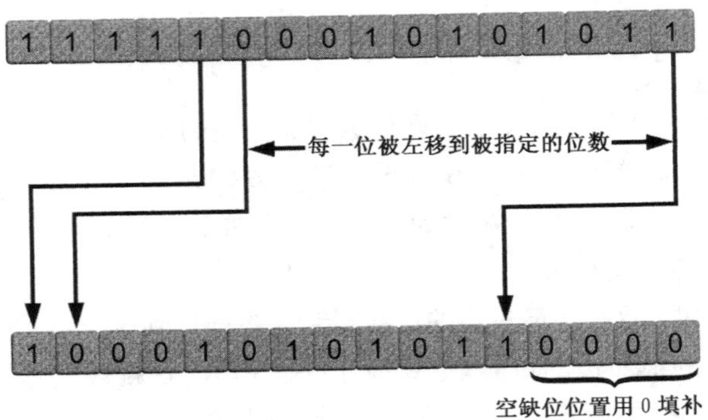

图 14.6　左移的例子

对于无符号整数，每一次左移相当于乘以 2。对于使用 2 的补码表示法的有符号数，只要最左边的位不改变值，这也是正确的。因为一个 2 的补码数最左边的位的改变表示被这个位表示的符号和大小都发生变化，这样的移动不代表简单地乘以 2。

右移运算符 ≫ 使一个操作数中的位被右移到一个给定的数量，例如，语句

```
op1 = op1 >> 3;
```

使 op1 中的位向右移动三个位，图 14.7(a)说明无符号的二进制数 1111100010101011 向右移动三个位置。正如被说明的一样，最右边的三个位被“移出末端”而丢失。

对于无符号数，最左边的位不是符号位。对于这种类型的数，被空缺的最左边的位总是用 0 填补。这是在图 14.7(a)中说明的情形。

对于有符号数，什么被填在空缺的位中取决于计算机。大多数计算机复制原有的数符号位。图 14.7(b)说明一个负二进制数右移到 4 位，这里这个符号位被复制在空缺的位中。图 14.7(c)说明正的有符号二进制数的右移相等值。

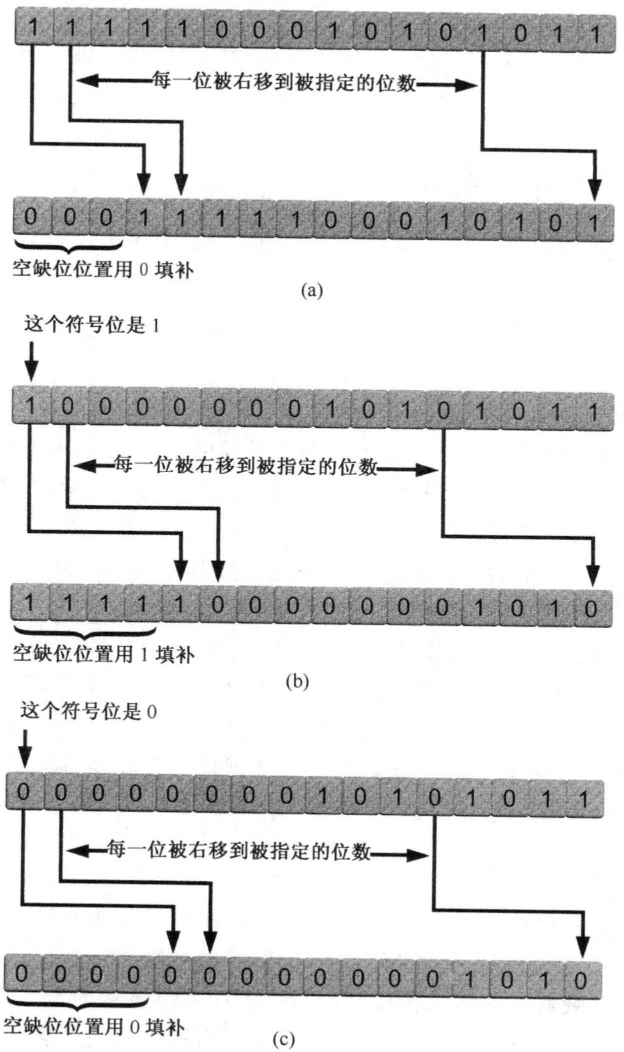

图 14.7　(a)无符号数的算术右移；(b)负二进制数的右移；(c)正二进制数的右移

在图 14.7(b)和图 14.7(c)中所说明的填补类型，在这里符号位被复制在空缺的位中，称为算术右移(arithmetic right shift)。在算术右移中，每一次向右移动相当于除以 2。

在右移有符号数中不需要复制符号位，有些计算机自动用 0 来填补空缺的位。这种类型的移动称为逻辑移位(logical shift)。对于最左边的位是 0 的正有符号数，算术右移和逻辑右移产生相同的结果。这两种移位的结果在对负数操作时才有不同。

练习 14.2

简答题

1. 确定下列操作的结果。

a.
```
  11001010
& 10100101
----------
```

b.
```
  11001010
| 10100101
----------
```

c.
```
  11001010
^ 10100101
----------
```

2. 写出练习 1 中给出的二进制数的八进制值。
3. 确定下列操作的八进制结果，假设为无符号数。
   a. 八进制数 0157 左移一位。
   b. 八进制数 0701 左移两位。
   c. 八进制数 0673 右移两位。
   d. 八进制数 067 右移三位。
4. 重做练习 3，假设这个数被看成有符号值。
5. a. 假设每一个 x 能够代表一个 1 或 0 的任意位格式 xxxxxxxx 被保存到整数变量 flag 中。确定能够与这个位格式进行按位与运算复制 flag 的第三位和第四位，并设置所有其他位为 0 的一个掩码的八进制值。flag 中最右边的位被认为是 0。
   b. 确定能够与 flag 中的位格式进行异或运算复制 flag 的第三位和第四位，并设置所有其他位为 0 的一个掩码的八进制值。同样，认为 flag 中最右边的位是 0。
   c. 确定能够被用于取反 flag 的第三位和第四位的值，并且保留所有其他位不改变的一个掩码的八进制值。确定应该用这个掩码值的位操作产生期望的结果。
6. a. 用 8 位写出十进制数 -1 的 2 的补码形式。提示:参考 1.8 节，回顾 2 的补码值。
   b. 重做练习 6a，用 16 位表示十进制数 -1 并把你的答案与前面的答案进行比较。通过符号扩展 8 位版本能够获得 16 位版本吗?

编程练习

1. 编写一个 C 语言程序，显示每一个输入到一个名称为 ch 的变量字符值的前 8 位。提示:假设每个字符用 8 位保存，通过使用相应于二进制数 10000000 的十六进制掩码 80 开始。如果这个屏蔽操作的结果为 0，则显示为 0;否则显示为 1。然后，把这个掩码向右移动一位以检测下一位，直到这个变量 ch 中所有的位都被处理。
2. 编写一个 C 语言程序，把一个名称为 okay 的整型变量中的位反过来，并把这个反过来的位保存到名称为 revOkay 的变量中。例如，如果位格式 11100101，相应于八进制数 0345，被赋值给 okay，那么，位格式 10100111，相应于八进制数 0247，应该被产生并保存到 revOkay 中。

14.3 宏

在#define 的最简形式中，#define 预处理器用于使常量和运算符等同于符号名。例如，语句

```
#define SALESTAX 0.05
```

使符号名 SALESTAX 等同于数 0.05。当 SALESTAX 被用在任何一个后来的语句或表达式中时，0.05 的相等值就被符号名所代替。由 C 语言预处理器进行的这种替换位于程序编译之前。

C 语言在能够用#define 语句被建立的等值上没有设置限制。所以，除了使用#define 预处理器语句用于简单的等值外，这些语句还能用于使符号名等同于文本、部分或完整的表达式，甚至可以包含参数。当这个等值由一个以上的单一值、运算符或变量组成时，这个符号名称为宏(macro)，在这个符号名的位置中文本的替换称为宏扩展(macro expansion)或宏替换(macro substitution)。单词“macro”指的是一个单词成为多个单词的直接的、在一行的扩展。例如，由下面语句建立的等值。

```
#define FORMAT "The answer is %f\n"
```

能用来编写语句

```
printf(FORMAT, 15.2);
```

当预处理器遇到这个语句时，符号名 FORMAT 被等值文本“The answer is %f \n”取代。编译器总是接受在这个文本已经被预处理器插入这个符号名之后被扩展的版本。

除了使用#define 语句用于直接的文本替换外，这些语句还能用于定义使用参数的等值。例如，在等值语句中

```
#define SQUARE(x) x * x
```

x 是一个参数。这里的 SQUARE(x)是一个被扩展为这个表达式 x * x 的真正的宏。在这个表达式中，x 本身被这个宏利用时所使用的变量或常量取代。例如，语句

```
y = SQUARE(num);
```

被扩展为语句

```
y = num * num;
```

使用类似 SQUARE(x)的宏的优点是：因为这个参数的数据类型没有被指定，宏能够用任何一种数据类型的参数使用。例如，如果 num 是一个整型变量，表达式 num * num 产生一个整型值。同样地，如果 num 是一个双精度型的变量，SQUARE(x)宏产生一个双精度型的值。这是一个被用在宏扩展中使用的文本替换过程的直接结果，并且是使 SQUARE(x)成为一个宏而不是一个函数的优点。

在用参数一起定义宏时必须小心。例如，在 SQUARE(x)的定义中，符号名 SQUARE 与包含参数用的左边的圆括号之间必须没有空格。但是，如果不止一个参数被使用时，在圆括号内能够有空格。

另外，因为一个宏的表达式含有直接的文本替换，如果你不小心地使用了宏，不期望的结果可能出现。例如，赋值语句

```
val = SQUARE(num1 + num2);
```

没有把 $(\text{num1} + \text{num2})^2$ 的值赋给 val。相反地，表达式

```
SQUARE(num1 + num2)
```

导致下面相等的语句

```
val = num1 + num2 * num1 + num2;
```

这个语句是由于 num1 + num2 项的直接文本替换被预处理器产生的表达式 x * x 中的参数 x 产生的结果。

为了避免不期望的结果，应总是用圆括号把所有的宏参数包围起来，无论它们出现在这个宏中的什么地方。例如，定义

```
#define SQUARE(x) (x) * (x)
```

能确保这个宏无论什么时候被调用都会产生正确的结果。现在，语句

```
val = SQUARE(num1 + num2);
```

被扩展以产生期望的赋值

```
val = (num1 + num2) * (num1 + num2);
```

如果包含的计算式或表达式相对简单，并且能够被保持在一行或至多两行时，宏是非常有用的。更大的宏的定义趋向于变得笨重和混淆，因此最好编写成函数。如有必要，一个宏的定义能够通过在按下回车键之前输入一个反斜线字符在一新行上继续延伸。这个反斜线起到转义字符的作用，转义字符使预处理器照字面意义看待这个回车，而不把它包含在后来的任何文本替换中。

使用宏而不是函数的优点是执行速度的加快。因为宏直接被扩展和被包含在每个使用宏的表达式或语句中，没有函数所要求的调用和返回过程的执行时间的损失。缺点是当宏被重复使用时所需的程序内存空间增加。每次使用宏，整个宏文本被重新产生并作为程序的整体部分被保存。因此，如果同样的宏在10个地方使用，最终的代码将包括这个宏的扩展文本形式的10个副本。但是，函数被保存到内存中只有一次。无论这个函数被调用多少次，都使用相同的代码。在程序中到处广泛使用的函数的一个副本所要求的存储空间，能够极大地少于定义为宏的相同代码的多个副本所需要的存储空间。

练习 14.3

简答题

1. 定义一个名称为 NEGATE(x)的宏，产生它的参数的负值。
2. 定义一个名称为 ABSVAL(x)的宏，产生它的参数的绝对值。
3. 定义一个名称为 CIRCUM(r)的宏，确定一个半径为 r 的圆的周长。这个周长由关系式：周长 $= 2.0 \times \pi \times r$ 确定，式中 $\pi = 3.1416$。
4. 定义一个名称为 MIN(x, y)的宏，确定它的两个参数的最小值。
5. 定义一个名称为 MAX(x, y)的宏，确定它的两个参数的最大值。

编程练习

1. 包含简答题 1 中定义的 NEGATE(x)宏在一个完整的 C 语言程序中，运行程序确认宏的不同情况的正确操作。
2. 包含简答题 2 中定义的 ABSVAL(x)宏在一个完整的 C 语言程序中，运行程序确认宏的不同情况的正确操作。
3. 包含简答题 3 中定义的 CIRCUM(r)宏在一个完整的 C 语言程序中，运行程序确认宏的不同情况的正确操作。
4. 包含简答题 4 中定义的 MIN(x, y)宏在一个完整的 C 语言程序中，运行程序确认宏的不同情况的正确操作。
5. 包含简答题 5 中定义的 MAX(x, y)宏在一个完整的 C 语言程序中，运行程序确认宏的不同情况的正确操作。

14.4　命令行参数

参数能够传递给程序中的任何函数，包括 main()函数。这一节中将讲解在程序初次调用并使 main()正确地接收和保存传递给它的参数的过程。这个过程的发送和接收双方面都必须考虑。幸运的是，传送参数给 main()函数的接口已经在 C 语言中被标准化了，所以发送和接收参数几乎都能够机械化地完成。

到目前为止，所有程序都能够在操作系统提示符之后通过输入程序的可执行版本的名称而调用。这些程序用的命令行由一个程序名称的单词组成。对于使用 UNIX 操作系统的计算机而言，这个提示符通常是 $ 符号，可执行的程序名称是 a.out。对于这些系统，简单的命令行

```
$a.out
```

开始当前存在于 a.out 中的最后被编译的源程序的程序执行。

如果使用一个基于 Windows 的 C 语言编译器，在一个 DOS 窗口中的对等的操作系统提示符通常是 C >，可执行的程序名称是一个有.exe 扩展名而不是.cpp 或.c 扩展名的与源程序相同的名字。假设正在使用一个具有 C > 操作系统提示符的 DOS 窗口，运行一个名称为 pgm14.3.exe 的可执行程序的完整命令行是 C >pgm14.3。如图 14.8 所示，这个命令行使程序 pgm14.3 从它的 main()函数开始执行，但是没有参数传递给 main()。

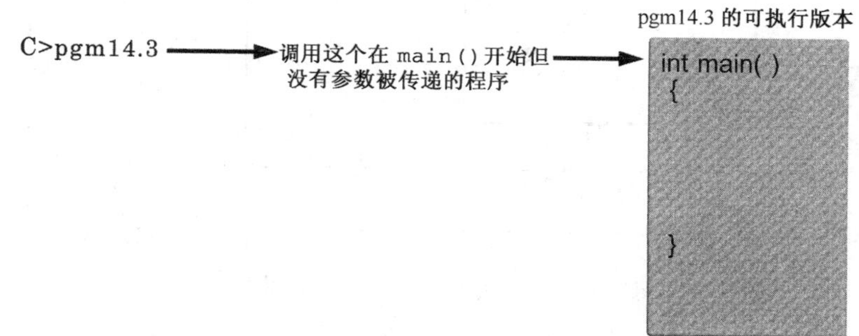

图 14.8　调用程序 pgm14.3.exe

现在假设期望直接把三个单独的字符串参数 three blind mice 传递到 pgm 14.3 的 main()函数中。发送参数到 main()函数是很简单的，它通过把这个参数包含在用于开始程序执行的命令行上完成。因为参数在命令行上输入，所以它们自然地被称为命令行参数(command line argument)。为了直接地把参数 three blind mice 传递到程序 pgm14.3 的 main()函数中，只需要把期望的单词加在命令行上的程序名后，即

```
C:>pgm14.3 three blind mice
```

一旦遇到命令行 pgm14.3 three blind mice，操作系统就把它作为包含 4 个字符串的一个序列保存。图 14.9 给出了这个命令行的存储情况，假设每个字符使用 1 字节的存储空间。正如图中所示，每个字符串以标准的 C 语言空字符 \0 终止。

图 14.9　保存到内存中的命令行

发送命令行参数到 main()总是这样简单。参数在命令行上输入，操作系统精细地把它们作为一个单独的字符串序列保存。现在必须处理这个过程的接收方，让 main()知道正在传递给它的参数。

被传递给 main()的参数，像所有的函数参数一样，必须被声明为这个函数定义的一部分。为了标准化传递给一个 main()函数的参数，只有两项被允许：一个数和一个数组。这个数是一个必须被命名为 argc 的整型变量，argc 是参数计数器(argument counter)的简写式。数组是一个必须被命名为 argv 的一维列表，argv 是参值(argument value)的简写式。图 14.10 给出了这两个参数。

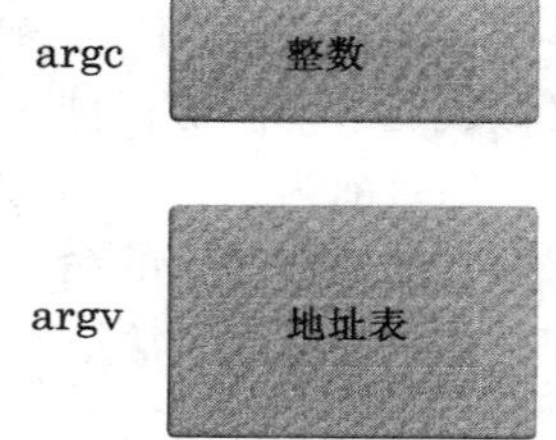

图 14.10　整数和数组被传递给main()

传递给 main()的整数是命令行上项的总数。这里传递给 main()的 argc 的值是 4，它包括这个程序名加上三个命令行参数。传递给 main()的一维列表是一个包含命令行上输入的每个字符串的起始存储空间地址的指针列表，如图 14.11 所示①。

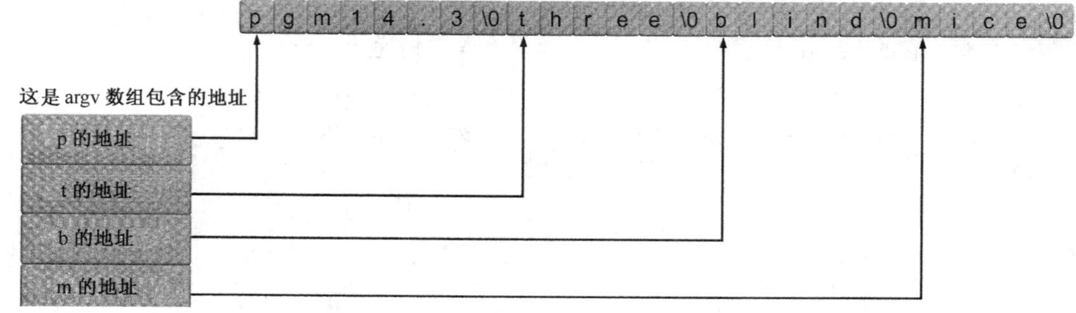

图 14.11　地址保存到 argv 数组中

① 如果存储的是这个程序全路径的名称，则图 14.11 中的 pgm14.3 应该用它的全路径的名称取代。

现在能够为 main()编写完整的函数定义，通过声明它们的名称和数据类型接收参数。对于 main()的两个参数，C 语言要求它们分别被命名为 argc 和 argv。因为 argc 是一个整数，所以它的声明将是 int argc。因为 argv 是一个它的元素指向实际命令行参数被保存的位置地址的数组，它的适当声明是 char *argv[]。这只不过是一个指针数组的声明。它被读为"argv 是一个元素指向字符的指针的数组"。把这些集合在一起，一个将接收命令行参数的 main()函数的全部函数首部是

```
int main(int argc, char *argv[]) /* 全部的 main()首部行 */
```

无论多少个参数从命令行上输入，main()只需要两条标准的由 argc 和 argv 提供的信息:命令行上的项数和指示每个参数被实际保存的位置的起始地址的列表。

程序 14.3 通过输出实际传递给 main()的数据验证的描述。在程序 14.3 中使用的变量 argv[i]包含一个地址。符号*argv[i]指的是被 argv[i]中的地址"指向的字符"。

程序 14.3

```
1  #include <stdio.h>
2  int main(int argc, char *argv[])
3  {
4    int i;
5
6    printf("\nThe number of items on the command line is %d\n\n",argc);
7    for (i = 0; i < argc; i++)
8    {
9      printf("The address stored in argv[%d] is %u\n", i, argv[i]);
10     printf("The character pointed to is %c\n", *argv[i]);
11   }
12
13   return 0;
14 }
```

假设程序 14.3 可执行的版本被命名为 pgm14.3.exe，则命令行 pgm14.3 three blind mice 的一个样本输出如下①。

```
The address stored in argv[0] is 3280036
The character pointed to is p
The address stored in argv[1] is 3280044
The character pointed to is t
The address stored in argv[2] is 3280050
The character pointed to is b
The address stored in argv[3] is 3280056
The character pointed to is m
```

当然，程序 14.3 显示的地址取决于用于运行这个程序使用的计算机。第 9 行中的%u 控制序列符使这些地址将作为无符号整数显示。图 14.12 给出了这个值被这个输出显示的命令行的存储区。与预料的一样，这个 argv 数组中的地址"指向"从命令行输入的每一个字符串的起始字符。

一旦命令行参数传递给了 C 语言程序，它们就能够像任何一个其他 C 语言字符串一样使用。程序 14.4 使它的命令行参数从 main()内显示。

① 如果存储的是这个程序的全路径名，则显示的第一个字符是磁盘驱动指示符，通常是 C。

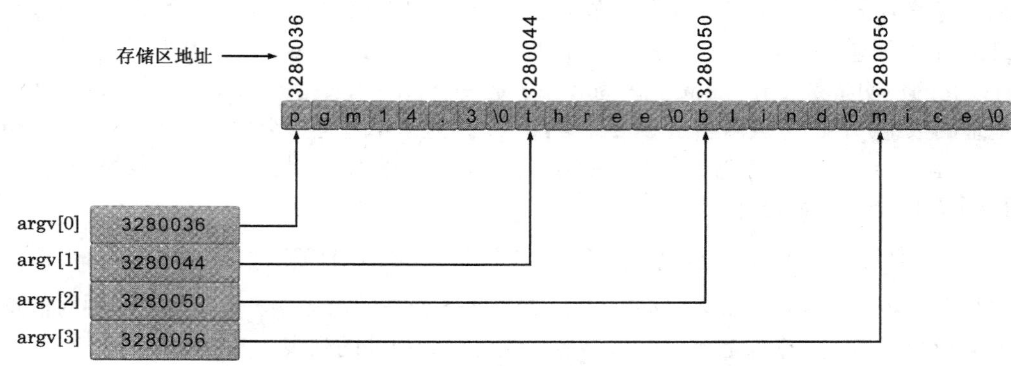

图 14.12　保存到内存中的命令行

程序 14.4

```
/* 一个显示命令行参数的程序 */
#include <stdio.h>
int main(int argc, char *argv[])
{
int i;

  printf("\nThe following arguments were passed to main(): ");
  for (i = 1; i < argc; i++)
    printf("%s ", argv[i]);
  printf("\n");

  return 0;
}
```

假设程序 14.4 的可执行版本名是 a.out，对于命令行 a.out three blind mice，这个程序的输出如下。

```
The following arguments were passed to main(): three blind mice
```

注意,在 argv[]中的地址传递给程序 14.4 中的 printf()函数时，将显示由这些地址指向的字符串。当这些相同的地址传递给程序 14.3 中的 printf()函数时，将显示这些地址的实际值。显示的不同是由 printf()函数所产生的。在printf()中使用%s 控制序列符时，如程序 14.4所示，它告知这个函数一个字符串将被访问。然后 printf()函数期待这个字符串中的第一个字符的地址，这正是 argv[]的每一个元素提供的信息。一旦 printf()接收这个地址，函数就执行间接定位操作，找出实际的字符串供显示。

接下来是有关命令行参数的一个最后注释。任何在命令行上输入的参数都被看做是一个字符串。为了传递数据给 main()，必须将这个被传递的参数转换成为它的数值副本。但是，由于大多数命令行参数被当做用于传递适当的处理控制信号给一个被调程序的标记使用，所以这很少是一个问题。

练习 14.4

简答题

1. 当调用执行主函数时，传递给它的数据的名称是什么？

2. 命名为 argc 和 argv 的参数的数据类型是什么？
3. a. argc 提供什么信息给 main()？
   b. argv 提供什么信息给 main()？
4. 如果在调用执行 main()函数时传递数据给它，必须使用变量名 argc 和 argv 吗？

编程练习

1. a. 编写一个程序，接收一个数据文件名作为命令行参数。使程序打开这个数据文件并在屏幕上逐行显示这个文件的内容。
   b. 为练习 1a 编写的程序能接收一个程序文件并正确地运行吗？
2. a. 修改为练习 1a 编写的程序，使显示的每一行的前面都有一个行号。
   b. 修改为练习 2a 编写的程序，使用命令行参数 -p，将这个程序列出的文件内容通过与系统相连的打印机输出。
3. 编写一个程序，接收命令行参数作为一个数据文件的名称。给出这个名称，程序应该显示这个文件中的字符数。提示：使用 10.3 节的 fseek()和 ftell()库函数。
4. 编写一个程序，接收两个整型值作为命令行参数。程序应该把输入的两个值相乘并显示结果。提示：命令行必须作为字符串数据接收，在相乘之前必须将它们转换成数值。

14.5 编程错误和编译器错误

在使用本章介绍的材料时，应注意下列可能的编程错误和编译器错误。

编程错误

1. 忘记枚举常量是一组相等于整数的符号常量。
2. 使用关系运算符 > 和 < 取代位移运算符 ≫ 和 ≪ 。
3. 忘记每个传递给 main()的参数作为一个字符串值被传递。这样，如果期望它作为一个数值使用，参数必须转换成数据类型。

编译器错误

下面的列表概括了将导致编译错误的常见错误和由基于 UNIX 和 Windows 编译器提供的典型的错误消息。

错误	基于 UNIX 编译器的错误信息	基于 Windows 编译器的错误信息
在单词 type 和 def 之间放置一个空格。例如： type def double REAL; 而不是 typedef double REAL;	(S) Definition of function type requires parentheses. (S) Syntax error: possible mission '}'?	:error:'def': undeclared identifier :error:'type': undeclared identifier
在定义宏时使用赋值语句。例如： #define SQUARE(X) = X* X; 而不是 #define SQUARE(X) X* X;	(S) Unexpected text ' = ' encountered.	没有错误报告，因为替换是可接受的。但是，当使用宏时，将会得到一个编译错误

(续表)

错误	基于 UNIX 编译器的错误信息	基于 Windows 编译器的错误信息
当 argc 被用做一个接收命令行参数的参数时，在 main()内声明 argc	(S) Identifier argc has already been defined	:error:redefinition of formal parameter 'argc'
忘记用#endif 结束一个#ifdef 的条件预处理器命令	(S) #if,#else,#elif,#ifdef,#ifndef block must be ended with #endif.	:fatal error: mismatched #if/#endif pair in file

14.6 小结

1. typedef 语句为任何 C 语言数据类型名称创建同义的名称，也称为别名，例如，语句

   ```
   typedef int WHOLENUM;
   ```

   使 WHOLENUM 成为 int 的一个同义名称。
2. 条件表达式提供表达一个简单的 if…else 语句的替换方式。条件表达式的一般形式是

   ```
   表达式 1?表达式 2:表达式 3
   ```

   它的等价的 if…else 语句是

   ```
   if  (表达式 1)
     表达式 2;
   else
     表达式 3;
   ```
3. C 语言还提供 goto 语句。在理论上，这个语句永远也不要使用。在实践中，它产生易混淆且无结构的代码，并且只应该用一种非常有限的和被控制的方式使用。
4. 字符和整型变量及常数的单个位能够使用 C 语言的位运算符操作。这些位运算符包括与(AND)、或(OR)、异或(XOR)、补码(~)、左移(≪)和右移(≫)运算符。
5. 与(AND)和或(OR)运算符在创建掩码时都是有用的。这些掩码能用于保留或从被选择的操作数中消除单独的位。异或(XOR)运算符在取反一个操作数的位中是有用的。
6. 当与(AND)和或(OR)运算符用于不同大小的操作数时，较短的操作数总是被增加位的长度，以匹配较长的操作数。
7. 位移运算符根据操作数是一个有符号值还是一个无符号值产生不同的结果。
8. 使用#define 命令，表达式能够相等于符号名称。当这些表达式包含参数时，它们称为宏。
9. 传递给 main()的参数称为命令行参数。C 语言提供一个标准的命令行参数传递过程，这个过程中 main()能够接收传递给它的任意个参数。每一个传递给 main()的参数被当做一个字符串，并使用一个名称为 argv 的指针数组保存。命令行上的参数总数保存到一个名称为 argc 的整型变量中。

第 15 章　C++ 简介

本章提供 C++ 的简介。本章中讲解的主题的更多详细信息，能够在第 16 章和第 17 章中找到，这两章的内容在配套网站(www. course. com)提供。

表 15.1 描述了 C 和 C++ 的异同。相同处在这个表的前 8 行介绍，它们说明了 C 和 C++ 之间的语句和运算符几乎是一对一的关系。这个表中的最后一行说明这两种语言之间的主要区别，一个与这两种语言的设计和编程方法都相关的区别。其他相同处和不同处在第 16 章和第 17 章详细地描述。但是，如果你熟悉表 15.1 的前 8 行所列出的主题，一个 C 语言程序员能够容易地开始用 C++ 编码。

从程序员的观点来看，表 15.1 的前 8 项基本是语法上的，也就是说，这 8 项只是编码相同操作的不同方式。表 15.1 中的最后一项明显地区别这两种语言，因为 C++ 面向对象的设计原理体现了构造程序的基本方法。

表 15.1　C 和 C++ 之间的对应关系

主题	C 语句、运算符和方法	C++ 语句、运算符和方法
标准输入和输出头文件	#include <stdio.h >	#include <iostream > using namespace std;
标准输入	scanf()函数 例如：scanf("%d",&price);	cin 对象 例如：cin >> price;
基本的数学和赋值运算符	+, -,* ,/, =	+, -,* ,/, =
标准输出	printf()函数，例如： printf("Hello World");	cout 对象 例如：cout << "Hello World";
格式化输出	控制序列符，例如： printf("%5.2f",2.756);	格式化操作(需要 iomanip 头文件) 例如：cout << fixed << setw(5) << setprecision(2) <<2.756;
注释分隔符	/* * /	/* * /和//
换行指示符	'\n'	'\n'和 endl
间接寻址	指针	指针和引用
程序设计	过程化	面向对象

15.1　C++ 中的过程化编程

表 15.1 中的前 8 项描述容易转化为等价的 C++ 语句和操作的基本 C 语言语句和操作。当全部看完这本书后，就知道了 C 语言是一种用语句产生 C 语言函数的过程化语言。因为 C++ 从 C 语言而创建，所有这样的 C 函数也能够在 C++ 中创建，这应该不感到惊奇。

C++ 的过程化性质含蓄地显示在表 15.1 中，在这个表中，等价的 C++ 方法与它的前任 C 语言并排地放置。这就是为什么 C++ 有时也称为“一种更好的 C”的原因，因为当增加一些有用的过程化特征(如第 16 章中描述的函数重载)时，C++ 就结合了 C 的一些方面。这也是很多介绍 C++ 的课程最初用过程化程序讲授的一个原因。因为这样做允许任何一个拥有过程化编程背景的学生相当容易地转变为 C++ 代码[1]。作为这个 C 过程化代码到 C++ 代码的容易转换的一个例子，考虑程序 15.1 和程序 15.2。

程序 15.1 是一个提示用户输入两个值并返回被输入数的乘积的 C 程序。这个同样的任务被程序 15.2 中等价的 C++ 程序执行，它使用从一个程序到另一个程序的语句之间的几乎一一对应的关系。

程序 15.1

```
/* 这是一个 C 语言过程化程序 */
#include <stdio.h>



int main()
{
  double price, total;
  int units;

  printf("Enter the price: ");
  scanf("%lf", &price);
  printf("Enter the number sold: ");
  scanf("%d", &units);

  total = price * units;
  printf("The total for the %d units is $%4.2f\n", units, total);

  return 0;
}
```

程序 15.2

```
// 这是一个 C++过程化程序
#include <iostream>
#include <iomanip>    // 格式化需要
using namespace std;

int main()
{
  double price, total;
  cin units;

  cout << "Enter the price: ";
  cin  >> price;
  cout <<  "Enter the number sold: ";
  cin  >> units;

  total = price * units;
```

[1] 这是作者的 *A First Bood of* C++ *and Program Development* 和 *Design Using* C++ 采用的方法。直接用面向对象的设计开始的另一个方法是作者的 *Object-Oriented Program Design Using* C++ 采用的方法。这几本书都由 Course Technology 出版发行。

```
17    cout << "The total for the " << units << " units is $"
18         << fixed << setw(4) << setprecision(2)
19         << total << endl;
20
21    return 0;
22  }
23
```

这两个程序使用相同的输入数据产生的输出如下。

```
Enter the price: 23.36
Enter the number sold: 15
The total for the 15 units is $350.40
```

观察这两个程序的代码，注意下列对应关系，从程序 15.1 中第 1 行的注释开始。

```
1   /* 这是一个 C 过程化程序 */
```

这个代码将同样在 C++ 中工作。但是，对于单行注释，C++ 提供一个更简单的可供选择的方法:用双斜线//开始。但是这个分隔符后面的任何文本只到当前行的末端才被接收为 C++ 中的注释。这用在程序 15.2 的第 1 行中。

```
1   // 这是一个 C++ 过程化程序
```

C++ 中的头文件不同于 C 语言中的头文件，但是执行相同的任务，并且在一个 C++ 程序中占据与它们在一个 C 程序中占据的相同位置。所以，当标准的 I/O 头文件由程序 15.1 第 2 行提供时

```
2   #include <stdio.h>
```

程序 15.2 中的头文件要求在第 2 行和第 3 行中列出代码

```
2 #include <iostream>
3 #include <iomanip>    // 格式化需要的
4 using namespace std;
```

两个程序都从第 6 行开始，对于所有剩余语句，除了马上将讨论的第 17 行之外，C 和 C++ 代码之间一一对应的关系变得更为明确。例如，在两个程序中比较第 6 ~ 16 行，这些行被重复在下面，并列排列。

C 程序 15.1

```
6    int main()
7    {
8      double price, total;
9      int units;
10
11     printf("Enter the price: ");
12     scanf("%lf", &price);
13     printf("Enter the number sold: ");
14     scanf("%d", &units);
15
16     total = price * units;
```

C ++ 程序 15.2

```
int main()
{
  double price, total;
  int units;

  cout << "Enter the price: ";
  cin  >> price;
  cout <<  "Enter the number sold: ";
  cin  >> units;

  total = price * units;
```

注意阴影行的代码，这些代码包括函数首部行(第6行)、main()函数的开始大括号(第7行)、声明语句(第8行和第9行)以及赋值语句(第16行)，它们在两个程序中是相同的。余下的语句(第11～14行)实际上用C++比用C更简单，在C++中cout被用在printf()的位置，cin被用在scanf()的位置。另外，在输入上，C++的cin要求C的scanf()函数所需要的地址运算符。

就程序15.1和程序15.2而言，两种语言的真正区别是它们如何格式化输出值。这里，使用在C语言程序第17行中的格式控制序列符。

```
17 printf("The total for the %d units is $%4.2f\n", units, total);
```

被C++程序的第17～19行中使用的下列格式化语法取代。

```
17  cout << "The total for the " << units << " units is $"
18       << fixed << setw(4) << setprecision(2)
19       << total << endl;
```

最后，注意C++使用endl表示换行，这等同于C语言的被一个flush()函数调用跟随的换行序列符'\n'(这在C++中也是可用的)。

程序15.1和程序15.2之间的紧密关系应该使你确信C程序员能够容易地用C++开始编写过程化程序代码。两种语言之间的这种对应使C程序员学习C++语言过程化程序相对简单，并在随本书提供的基于网络的两章中采用了这种方法。有了对C语言的认识，你应该准备理解和迅速适应一个使用这两个基于网络的C++章节的C++环境。

练习 15.1

简答题

1. 用等价的C++副本重新编写下列C语句。
   a. `printf("Hello World");`
   b. `printf("Enter an integer value");`
   c. `printf ("The sum of %d and %d is %d", 5, 6, 5 + 6);`
   d. `printf("%d plus %d is %d", num1, num2, num1+num2);`
2. 用等价的C++副本重新编写下列C语言格式化语句。
   a. `printf("%4d", 5);`
   b. `printf("%3d", result);`
   c. `printf ("The sum of %3d and %3d is %3d", num1, num2, num1+num2);`
   d. `printf("%5.2f", 2.756);`
3. 用等价的C++副本重新编写下列C语言输入语句。
   a. `scanf("%d", &units);`
   b. `scanf("%f", &price);`
   c. `scanf("%d %f", &units, &price);`
4. C和C++的本质区别是什么?

编程练习

1. a. 设计、编写、编译并执行一个C++程序，计算一个猪形硬币罐中包含的美元数量。目前这个硬币罐内有12个5角硬币、20个2角5分硬币、32个1角硬币、45个5分硬币和27个1分硬币。
   b. 手工检查由程序计算的值。在验证程序运行正确之后，修改它以确定一个包含0个5角硬币、17个2角5分硬币、19个1角硬币、10个5分硬币和42个1分硬币的硬币罐中的美元值。

2. a. 设计、编写、编译并执行一个 C++ 程序，计算进行一个 183.67 英里[①]的旅行所花费的时间。计算花费时间的方程式是

花费时间 = 总距离 / 平均速度

假设这次旅行期间的平均速度为每小时 58 英里。

b. 手工检查程序计算的值。在验证程序运行正确之后，修改它以确定进行一次 372 英里的旅行，在每小时 67 英里的平均速度下所花费的时间。

3. a. 设计、编写、编译并执行一个 C++ 程序，计算从 1 到 100 的数总和。计算这个总和的公式是

$sum = (n/2)[2a + (n-1)d]$

式中 n 为相加的项数，a 为第一个数，d 为每个数之间的差。

b. 手工检查由程序计算的值。在验证程序运行正确之后，修改它以确定从 100 到 1000 的整数之和。

4. a. 编写、编译并执行一个 C++ 程序，以显示提示

```
Enter the radius of a circle:
```

在接收一个半径值之后，程序应该使用公式

周长 = 2 × π × 半径值

计算并显示这个圆的周长。

b. 使用一个 3 英寸的半径测试程序计算的值，在手工确定程序产生的结果是正确的之后，使用程序来确定下列数据的周长。

数据集 1：半径 = 1.0
数据集 2：半径 = 1.5
数据集 3：半径 = 2.0
数据集 4：半径 = 2.5
数据集 5：半径 = 3.0
数据集 6：半径 = 3.5

5. a. 设计、编译和执行一个 C++ 程序，以显示提示

```
Enter the miles driven:
Enter the gallons of gas used:
```

在显示每个提示后，程序应该使用一个 `cin` 语句接收来自键盘的这个被显示的提示数据。在已用汽油的加仑数输入之后，程序应该计算并显示已获得的英里每加仑值。这个值应该包含在一个适当的消息中，并应该用方程式

英里每加仑 = 英里数 / 已用的加仑数

来计算。

b. 使用数据 176 英里和 10 加仑检查由程序计算的值。在手工确定程序产生的结果是正确的之后，使用程序确定下列数据的英里每加仑。

数据集 1：英里 = 250，汽油 = 16.5 加仑
数据集 2：英里 = 275，汽油 = 18.00 加仑

---

① 1 英里 = 1.6093 千米，1 英寸 = 2.54 厘米，1 加仑 = 4.5461 升。

数据集 3:英里 =312,汽油 =19.54 加仑

数据集 4:英里 =296,汽油 =17.39 加仑

6. a. 设计、编译并执行一个 C++ 程序，显示提示

```
Enter a number:
Enter a second number:
Enter a third number:
Enter a fourth number:
```

在显示每个提示后，程序应该使用一个 cin 语句接收来自键盘的这个被显示的提示数据。在第四个数被输入之后，程序应该计算并显示这些数的平均值。这个平均值应该包括在一个适当的消息中。

b. 使用数 100，0，100，0 检查由程序计算的值。在手工确定程序产生的结果是正确的之后，使用程序来确定下列数据的平均值。

数据集 1:100,100,100,100

数据集 2:92,98,79,85

数据集 3:86,84,75,86

数据集 4:63,75,84,82

15.2 面向对象的 C++

创建面向对象语言的驱动力之一是过程化结构代码无法不经过广泛地修改、再测试和再计算而被轻易地扩展。基于三个过程化语言中没有发现的特征，面向对象语言能更容易地用一种明显增加软件生产力的方式重新使用代码。一个面向对象语言要求的三个特征是类结构、继承性和多态性。

类结构(class construction)是创建程序员定义的数据类型的能力。像在 2.3 节认识到的一样，一个数据类型提供一组值和一组能够应用于这些值的操作。在程序员定义的数据类型中，这称为类(class)，为这个数据类型定义的值只能被指定为类的一部分的函数访问和操作。在 C++ 中创建类使用的基本结构在 16.4 节和 16.5 节中详细介绍。另外的一些类的特征，如类的作用域和从类的类型转换到内置数据类型，在 17.1 节到 17.4 节中介绍。

继承性(inheritance)是从一个类派生另外一个类的能力。这种特征允许现存的代码(它已经被全面测试)能被有效率地重复使用而不需要广泛地重新测试。一个派生的类是一种全新的数据类型，它把一个类的所有数据值和操作与创建一个不同的和被扩展的类的新数据与操作合并起来。例如，定义为所有实数的类能够扩展成创建一个复数类。最初的类称为父类(parent class)或基类(base class)，而派生的类称为儿子类(child class)或子类(subclass)。继承性的概念在 17.5 节介绍。

最后，多态性(polymorphism)允许相同的操作调用一个基类的数据值上的一组结果和在一个派生类的数据值上的一组不同的结果。例如，应用于一个实数的加法操作将产生不同于一个复数的加法操作的结果。

利用多态性，当它们被扩展成一个派生类时，在一个基类上的现有操作将不被干扰，不需要重新测试和重新验证它们。因此，只是扩展部分而不是整个基类需要被重新测试和重新验证。多态性在 17.5 节介绍。

一旦这三个关键特征结合到一种语言中，创建可以重用的源代码的好处就能够更容易地实现。作为一个特殊的例子，考虑创建一个动态创建过的数组、栈或队列所需要的源代码。假设一个程序需要使用三个数组：一个字符型数组，一个整型数组和一个双精度型数组。把这些作为三个不同的数组进行编码，要求一个最初的编程结果和为完全测试与验证每个数组的基本相同的代码所需要的附加时间。明显地，执行来自一个充分测试过的、与处理这个数组的操作全部一起提供一般数组类的每一个数组将更加有意义，例如排序、插入、查找最大值和最小值、定位值、随机移动值、复制数组、比较数组和动态地扩展和收缩数组。

这样的一般数据类型在 C++ 中是可得到的，C++ 不仅结合一个一般的、动态创建的数组类型，而且也结合 6 个其他一般的数据结构。这个特殊的数据类型库包含在一个称为标准模板库(STL)的类库中。

最后，应该注意在一个真正的面向对象的语言中，所有的程序都应该坚持面向对象的结构。这在 C++ 中不是真的，因为像在 15.1 节已经看到的一样，这个语言能够用于构造面向过程的根本不使用类的程序。由于这个原因，C++ 有时也称为一种混合的语言。

练习 15.2

简答题

1. 创建面向对象语言的一个主要动机是什么？
2. 被分类为面向对象的语言必须具有哪三个特征？
3. 定义下列术语：
   a. 类
   b. 继承性
   c. 多态性
4. 如果一个类从另外一个类派生而来，那么哪一个是基类，哪一个是子类？
5. 类的标准模板库(STL)提供什么？

15.3　编程错误和编译器错误

在使用本章介绍的材料时，应注意下列可能的编程错误和编译器错误。

编程错误

1. 错误地拼写一个函数名称或 C++ 提供的名称，例如输入 `cot` 而不是 `cout`。
2. 忘记用双引号封闭一个要被 `cout` 显示的字符串。
3. 忘记用符号 << 隔开 `cout` 语句中的单独数据项。
4. 忘记用符号 >> 隔开 `cin` 语句中的单独数据项。
5. 在每个 C++ 语句结尾遗漏分号。
6. 没有在 C++ 程序的顶部包括 C++ 的首部行：

```
#include <iostream>
using namespace std;
```

编译器错误

下面的列表概括了基于 UNIX 和 Windows 典型的错误消息。

错误	基于 UNIX 编译器的错误信息	基于 Windows 编译器的错误信息
忘记包含语句: using namespace std;	(S)The name lookup for "cout"did not find a declaration. (S)The name lookup for "cin"did not find a declaration. (S) The name lookup for " fixed" did not find a declaration.	:error:'cin':undeclared identifier :error:'cout':undeclared identifier
使用 #include <stdio.h> 而不是 #include <iostream>	(S)The name lookup for "cout"did not find a declaration. (S)The name lookup for "cin"did not find a declaration.	:error:'cin':undeclared identifier :error:'cout':undeclared identifier
在放置一个变量到输出流上时,忘记使用“输出”符号 ≪ 。例如: cout ≪ "sum = " sum;	(S)The text "sum" is unexpected.	:error: syntax error: mission ';'before identifier 'sum'
在使用 cout 时,不正确地将符号 ≪ 写成 < 。例如: cout < "Enter price:"	(S)The call does not match any parameter list for "operator < ". (I)"template < class _ T1, class _ T2 > std::operator < (const pair < _ T1, _ T2 > &, const pair < _ T1, _ T2 > &)" is not a viable candidate. (I)"template < class _ R1, std::operator < (const reverse _ iterator < _ RI > &)" is not a viable candidate.	The following warning, not an error, is triggered. :warning: ' < ': operator has no effect; expected operator with side-effect
当使用 cin 时,不正确地将符号 ≫ 写成 >	(S)The call does not mach any parameter	:error: binary ' > ' : no operator found which takes a right-hand operand of type 'int' (or there is no acceptable conversion)
当使用输入流时,忘记使用“输入”符号 ≫ ,例如: cin units;	(S)The text "units"is unexpected.	:error: syntax :error: mission ';'before identifier 'units'

15.4 小结

1. C++ 是一种面向对象的、同时也支持过程化编程的语言。
2. 使用 C++ 创建一个与 C 语言相似的过程化程序本质上就是改变输入语句和输出语句的语法。C++ 使用 cout 和 cin, 而 C 语言中使用 printf()和 scanf()。另外, C++ 要求一个与 C 语言中使用的头文件不同的头文件组。
3. 所有的面向对象语言, 包括 C++ , 必须提供创建类和提供继承性和多态性的能力。
4. 类是一种程序员定义的包含数据值的说明和能够在这些值上执行操作的数据类型。
5. 继承性是通过扩展一个现有类的定义从而创建一个新类的能力。
6. 多态性是使相同的函数执行不同任务的能力, 取决于它是这个类的一个成员。
7. C++ 程序中的每一个变量必须被声明为它能够保存的值的类型。一个函数内的声明可以放置在函数内任何地方, 尽管变量只有在它被声明后才能够使用。变量还可以在声明它们时被初始化。另外, 相同类型的变量可以使用一个声明语句声明。变量声明语句具有一般形式

```
dataType variableName(s);
```

8. 一个简单的包含声明语句的 C++ 程序通常具有形式

```
#include <iostream>
using namespace std;

int main()
{
  声明语句;
  其他语句;

  return 0;
}
```

尽管声明语句可以放置在函数体内的任何地方，但变量只有在声明之后才可以使用。

9. 使用 cout 显示来自一个 C++ 程序的显示输出的语句的一般形式是

```
cout << 表达式1 << 表达式2…<< 表达式n;
```

这里所有的表达式是字符串、变量或指定的值。

10. 使用 cin 接收来自键盘的数据输入语句的一般形式是

```
cin >> 变量1 >> 变量2…>> 变量n;
```

这里每个变量必须用符号 >> 领先。

11. 在一个 cin 语句前面显示一条消息告知用户关于要被输入的数据项的类型和数是一种良好的编程习惯，这样的一条消息称为提示。

12. 一个程序内的 cout 和 cin 的使用要求首部行

```
#include <iostream>
using namespace std
```

放置在这个程序的顶部。

附录 A　运算符优先级表

表 A.1 介绍 C 语言的运算符的符号、优先级、描述和结合性。靠近表格顶部的运算符比靠近底部的运算符有更高的优先级。每一行表格中的运算符具有相同的优先级和结合性。

表 A.1　C 语言运算符总结

运算符	描述	结合性
()	函数调用	从左到右
[]	数组元素	
->	结构成员指针引用	
.	结构成员引用	
++	自增	从右到左
--	自减	
-	一元求反	
!	逻辑反	
~	补运算	
(type)	类型转换(强制类型转换)	
sizeof	求字节运算符	
&	地址运算符	
*	间接运算符	
*	乘	从左到右
/	除	
%	模(求余)	
+	加	从左到右
-	减	
<<	左移	从左到右
>>	右移	
<	小于	从左到右
<=	小于或等于	
>	大于	
>=	大于或等于	
==	相等于	从左到右
!=	不等于	
&	按位与	从左到右
^	按位异或	从左到右
|	按位或	从左到右
&&	逻辑与	从左到右
||	逻辑或	从左到右
?:	条件表达式	从右到左
=	赋值	从右到左
+= -= *=	赋值	
/= %= &=	赋值	
^= |=	赋值	
<<= >>=	赋值	
,	逗号	从左到右

附录 B　ASCII 字符码

键	十进制	八进制	十六进制
Ctrl 1	0	0	0
Ctrl A	1	1	1
Ctrl B	2	2	2
Ctrl C	3	3	3
Ctrl D	4	4	4
Ctrl E	5	5	5
Ctrl F	6	6	6
Ctrl G	7	7	7
Ctrl H	8	10	8
Ctrl I	9	11	9
Ctrl J (\n)	10	12	A
Ctrl K	11	13	B
Ctrl L	12	14	C
回车键	13	15	D
Ctrl N	14	16	E
Ctrl O	15	17	F
Ctrl P	16	20	10
Ctrl Q	17	21	11
Ctrl R	18	22	12
Ctrl S	19	23	13
Ctrl T	20	24	14
Ctrl U	21	25	15
Ctrl V	22	26	16
Ctrl W	23	27	17
Ctrl X	24	30	18
Ctrl Y	25	31	19
Ctrl Z	26	32	1A
Esc	27	33	1B
Ctrl <	28	34	1C
Ctrl /	29	35	1D
Ctrl =	30	36	1E
Ctrl -	31	37	1F
空格键	32	40	20
!	33	41	21
″	34	42	22
#	35	43	23
$	36	44	24
%	37	45	25
&	38	46	26
′	39	47	27
(	40	50	28
)	41	51	29
*	42	52	2A

(续表)

键	十进制	八进制	十六进制
+	43	53	2B
,	44	54	2C
-	45	55	2D
.	46	56	2E
/	47	57	2F
0	48	60	30
1	49	61	31
2	50	62	32
3	51	63	33
4	52	64	34
5	53	65	35
6	54	66	36
7	55	67	37
8	56	70	38
9	57	71	39
:	58	72	3A
;	59	73	3B
<	60	74	3C
=	61	75	3D
>	62	76	3E
?	63	77	3F
@	64	100	40
A	65	101	41
B	66	102	42
C	67	103	43
D	68	104	44
E	69	105	45
F	70	106	46
G	71	107	47
H	72	110	48
I	73	111	49
J	74	112	4A
K	75	113	4B
L	76	114	4C
M	77	115	4D
N	78	116	4E
O	79	117	4F
P	80	120	50
Q	81	121	51
R	82	122	52
S	83	123	53
T	84	124	54
U	85	125	55
V	86	126	56
W	87	127	57
X	88	130	58
Y	89	131	59
Z	90	132	5A
[	91	133	5B

（续表）

键	十进制	八进制	十六进制
\	92	134	5C
]	93	135	5D
^	94	136	5E
_	95	137	5F
'	96	140	60
a	97	141	61
b	98	142	62
c	99	143	63
d	100	144	64
e	101	145	65
f	102	146	66
g	103	147	67
h	104	150	68
i	105	151	69
j	106	152	6A
k	107	153	6B
l	108	154	6C
m	109	155	6D
n	110	156	6E
o	111	157	6F
p	112	160	70
q	113	161	71
r	114	162	72
s	115	163	73
t	116	164	74
u	117	165	75
v	118	166	76
w	119	167	77
x	120	170	78
y	121	171	79
z	122	172	7A
{	123	173	7B
|	124	174	7C
}	125	175	7D
~	126	176	7E
Del	127	177	7F

附录C　标准C语言库

标准C语言库通过ANSI C标准定义,由声明在15个头文件中的函数、定义和宏组成。表C.1列出了这些头文件和程序类型。

表C.1　标准C语言库头文件

名称	函数类型
<assert.h>	诊断程序
<ctype.h>	单个字符测试
<errno.h>	错误检测
<float.h>	系统定义的浮点型界限
<limits.h>	系统定义的整数界限
<locale.h>	区域定义
<math.h>	数学
<stjump.h>	非局部的函数调用
<signal.h>	异常处理和中断信号
<stdarg.h>	可变长度参数处理
<stddef.h>	系统常量
<stdio.h>	输入/输出
<stdlib.h>	多种公用函数
<string.h>	字符串处理
<time.h>	时间和日期函数

这15个头文件中,最常用的文件是包含大约三分之一的全部标准库函数和宏的<stdio.h>。其次最常用的头文件由<ctype.h>,<math.h>,<stdlib.h>和<string.h>组成。最常用的包含在这5个头文件的每一个中的函数在这个附录中介绍。

<stdio.h>

在<stdio.h>中定义的函数、宏和数据类型与输入和输出有关,最常用的见下表。

原型	描述
int fclose(FILE *)	关闭一个文件流
int fflush(FILE *)	使任何被缓冲的但未被写入的输出数据写在输出上;没有定义输入
int fgetc(FILE *)	如果遇到文件结束,从文件返回下一个字符(被转换为一个整数)或EOF
char fgets(char *s, int n, FILE *)	最多读取n-1个字符到s数组中;在包含在这个数组中的一个换行符停止。这个数组自动地用\0终止
FILE *fopen (char *fname, char *mode)	按指定的模式打开名为fname的文件,这些模式包括: "r"为读取打开一个文件 "w"为写入打开一个文件,如果文件存在,旧的内容被丢弃 "a"为在这个文件末尾写入打开一个文件,如果文件不存在,创建一个新文件 "r+"为读取和写打开一个文本文件 "w+"为更新创建一个文本文件,如果文件存在,旧的内容被丢弃 "a+"为在这个文件末端写入打开一个文件;如果文件不存在,创建一个新文件
int fprintf(FILE *, char *format, args)	在格式字符串的控制下写入这个args到这个文件流

（续表）

原型	描述
int fputc(int c,FILE *)	写入被转换为无符号字符的 c 到这个文件流
int fputs(char *s, FILE *)	写入字符串 s 到这个文件流
int fscanf(FILE *, char *format, &args)	在格式字符串的控制下从这个文件流读取
int fseek(FILE *,long off-set, intorigin)	设置这个文件的位置；这个位置被设置从原点偏移字符；这个原点可能是 SEEK_SET，SEEK_CUR 或 SEEK_END，它们分别是这个文件的开始、当前位置或结束
long ftell(file *)	如果有错误，返回这个当前文件的 -1L 的位置
int fgetc(FILE *)	作为一个宏写入 fgetc()
int getchar (void)	与 getc(stdin)相同
char *gets(char *s)	读取下一个输入行到 s 数组中，用 \0 取代换行符
void perror(char *s)	打印这个字符串 s 和一个与最后一个被报告的错误号(errno)相对应的编译器定义的错误信息
int printf (char *format, args)	在格式字符串的控制下写入输出到标准的输出；相当于 fprintf(stdout, char * format, args)
int putc(intc, FILE *)	作为一个宏写入 fputc()
int putchar(int c)	与 putc(c, stdout)相同
int puts(char *s)	写入这个被一个换行字符跟随的字符串 s 到 stdout
rewind(FILE *)int scanf (char *format, &args)	在格式字符串的控制下从标准输入读取；相当于 fscanf(stdin, char * format, args)
int sscanf(char *s, char *format, &args)	除了输入被从这个 s 字符串读取之外，相当于 scanf()
sprintf(char *s, char *format, args)	除了输出被写到这个 s 字符串之外，相当于 printf()；这个字符串以 \0 结尾并且必须足够大以容纳这个数据
int ungetc(int c, FILE *)	把 c(被转换成无符号字符)推回这个文件流之上

<ctype.h>

如果参数满足条件，在 <ctype.h> 中声明的每个函数返回一个非 0(真)整数，如果不满足，返回一个 0 数值(假)。这个参数必须有一个可代表一个无符号字符的数值。

原型	描述
int isalnum(int c)	c 是文字数字的(文字或数字)
int isalpha(int c)	c 是一个字母
int iscntrl(int c)	c 是一个控制字符
int isdigit(int c)	c 是一个数字
int isgraph(int c)	c 是可打印的(排除空格)
int islower(int c)	c 是小写字母
int isprint(int c)	c 是可打印的(包括空格)
int ispunct(int c)	c 是可打印的(除了空格、字母或数字之外)
int isspace(int c)	c 是一个空格、进纸、换行、退格或制表符
int isupper(int c)	c 是大写字母
int isxdigit(int c)	c 是十六进制数字
int tolower(int c)	转换 c 为小写字母
int toupper(int c)	转换 c 为大写字母

<math.h>

这个头文件包含数学函数和宏。

原型	描述
double acos(double x)	x 的反余弦
double asin(double x)	x 的反正弦
double atan(double x)	x 的反正切
double ceil(double x)	不小于 x 的最小整数
double cos(double x)	x 的余弦
double cosh(double x)	x 的双曲余弦
double exp(double x)	e^x
double fabs(double x)	x 的绝对值
double floor(double x)	不大于 x 的最大整数
double fmod(double x, double y)	x/y 的余数,用 x 的符号
double ldexp(x, n)	$x*2^n$
double log(double x)	ln(x)
double log10(double x)	log10(x)
double mod(double x, double * ip)	x 的小数部分,用 x 的符号,x 的整数部分,用 x 的符号,都被 ip 指向
double pow(x, y)	x^y
double sin(double x)	x 的正弦
double sinh(double x)	x 的双曲正弦
double sqrt(double x)	x 的平方根
double tan(double x)	x 的正切
double tanh(double x)	x 的双曲正切

<stdlib.h>

这个头文件声明数字转换和存储器分配函数。

原型	描述
int abs(int n)	整数的绝对值
long labs(long n)	长整型的绝对值
double atof(char *s)	转换 s 为双精度型
int atoi(char *s)	转换 s 为整型
int atol(char *s)	转换 s 为长整型
int rand(void)	伪随机整数
void srand(unsigned int seed)	伪随机整数用的种子
void *calloc(size _n, size _n)	为 n 个对象的数组分配空间,每个大小为 n,初始化所有被分配的字节为 0
void *malloc(size _tn)	为一个大小为 n 的对象分配空间
void *realloc(void *p, size _n)	重新分配空间到大小为 n, 内容保持与旧的相同,等于新的大小
void free(void *p)	释放指向的空间
void exit(int status)	正常程序终止

<string.h>

这个头文件包含字符串处理函数。所有用字母 str 开头的函数采用 NULL 终止的字符串作为参数且返回一个 NULL 终止的字符串,用字母 mem 开头的函数不采用 NULL 终止的字符串且在内存中处理数据。

原型	描述
char *strcat(char *d, char *s)	连接字符串 s 到字符串 d
char *strncat(char *d, char *s, int n)	连接字符串 s 中至多 n 个字符到字符串 d
char *strcpy(char *d, char *s)	复制字符串 s 到字符串 d
char *strncpy(char *d, char *s, int n)	复制字符串 s 中的至多 n 个字符到字符串 d;如果 s 少于 n 个字符,用\0 垫上

（续表）

原型	描述
char *strcmp(char *d, char *s)	比较字符串 d 与字符串 s;如果 d < s,返回 <0,如果 d == s,返回 0,如果 d > s,返回 >0
char *strncmp(char *d, char *c, int n)	比较字符串 d 中至多 n 个字符与字符串 s,如果 d < s,返回 <0,如果 d == s,返回 0,如果 d > s,返回 >0
char *strchr(char *d, char *c)	返回一个指向字符串 d 中 c 第一次出现的指针,或者如果没有找到 c,返回指向 NULL 的指针
char *strrchr(char *d, char *c)	返回一个指向字符串 d 中 c 第一次出现的指针,或者如果没有找到 c,返回指向 NULL 的指针
char *strstr(char *d, char *s)	返回一个指向字符串 d 中字符串 s 第一次出现的指针,或者如果没有找到 s,返回指向 NULL 的指针
intstrlen(char *d)	返回字符串 d 的长度,不包括终止符 NULL
void *memcpy(void *d, void *s, int n)	从 s 复制 n 个字符到 d
void *memmove(void *d, void *s, int n)	和 memcpy 相同,但即使 d 和 s 部分相同也运行
void *memcmp(void *d, void *s, int n)	比较 d 的首先 n 个字符与 s;和 strcmp 的返回相同
void *memchr(void *d, char c, int n)	返回一个指向被 d 指向的 n 个字符中 c 第一次出现的指针,或者如果没有找到 c,返回指向 NULL 的指针
void *memset(void *d; char c, int n)	c 出现的地方用 n 填充 d

附录 D　输入，输出和标准错误重定向

printf()函数产生的显示正常地发送到你正在操作的终端，这个终端称为标准输出设备，因为它是 C 程序与计算机的操作系统之间的接口，用一种标准的方式，被自动地定向到显示设备。

在大多数系统上，程序被调用过程中使用输出重定向符号，>，重定向 printf()产生的输出可以发送到某些设备或者文件。除了这个符号外，还必须指定期望显示的结果要被发送到的地方。

为了说明，假设命令执行一个名称为 salestax 的已编译的程序，没有重定向时，是

```
salestax
```

salestax 在计算机的系统提示符显示在终端之后输入这个命令。在 salestax 程序运行时，任何在这个程序内部的 printf()函数调用自动地使这个适当的显示发送到终端。假设期望使程序产生的显示发送到一个名称为 results 的文件。为此，需要命令

```
salestax > results
```

重定向符号，>，告知操作系统把任何由 printf()函数产生的显示直接地发送到名称为 results 的文件，而不是到系统所使用的标准输出设备。然后，这个发送到 results 的显示能够使用编辑程序或另外的操作系统命令检查。例如，在基于 UNIX 的系统上，命令

```
cat results
```

使 results 文件的内容显示在终端上。在基于 Windows 系统上相应的命令是

```
type results
```

在将输出重定向到一个文件时，应用下面的规则。

1. 如果文件不存在，将创建文件。
2. 如果文件存在，文件将用新的内容覆盖。

除了输出重定向符号外，还可以使用输出添加符号 >>。这个添加符号用与重定向符号相同的方式使用，但使任何新的输出添加到文件的末尾。例如，命令

```
salestax >> results
```

使 salestax 产生的任何输出被添加到 results 文件的末尾。如果这个 results 文件不存在，它将被创建。

除了使 printf()产生的显示重定向到文件外，使用 > 或 >> 符号，显示也能够被发送到与计算机连接的物理设备，如打印机。但是，你必须知道计算机为访问期望的设备所使用的名称。例如，在一台 IBM 个人计算机或兼容计算机上，连接到终端的打印机的名称被指定为 prn，而在 UNIX 系统上，它通常是 lpr。于是，如果正在一台 IBM 或兼容机上工作，则命令

```
salestax > prn
```

使在 salestax 程序中产生的显示直接发送到与终端连接的打印机。除了 printf()外，输出重定向还影响 puts()和 putchar()以及任何其他为显示使用标准的输出设备函数产生的显示的位置。

相应于输出重定向，使用输入重定向符号，<，为一个单独的程序运行重新指定标准的输入设备是可能的。此外，输入用的新来源必须被直接指定在输入重定向符号的后面。

输入重定向同输出重定向一样地操作，但影响 scanf()，gets()和 getchar()函数的输入来源。例如，命令

```
salestax < dataIn
```

使 salestax 内的任何正常地从键盘接收它们的输入的输入函数转向从这个 dataIn 文件接收输入。这个输入重定向同它的输出副本一样，只在程序的当前执行时才有效果。如你可能期望的一样，同一个运行能够有输入和输出重定向。例如，命令

```
salestax < dataIn > results
```

产生一个从 dataIn 文件的输入重定向和一个到 results 文件的输出重定向。

除了标准的输入和输出重定向以外，所有错误消息被发送给某个设备的设备也能够被重定向。在很多系统上，这个文件被给出为设备文件 2 的一个操作系统的指定。因此，重定向

```
2> err
```

使应该正常被显示在标准错误设备(一般是终端)上的任何错误消息被重定向到一个名称为 err 的文件。与标准的输入和输出重定向一样，标准错误重定向能够包含在调用一个程序使用的相同的命令行上，例如，命令

```
salestax < dataIn > show 2> err
```

使这个被编译的名称为 salestax 的程序从一个名称为 dataIn 的文件接收它的标准输入，把它的结果写入一个名称为 show 的文件并发送任何错误消息到一个名称为 err 的文件。

因为输入、输出和错误消息的重定向通常是计算机使用的操作系统的一个特征，而不是 C 编译器的典型部分，所以必须检查特定操作系统手册，以确保这些特色是可得到的。

附录 E　浮点数存储

用于保存整型值的 2 的补码的二进制代码在 1.8 节中介绍过。在这个附录中，介绍通常用于 C++ 中分别被存储为浮点型和双精度型的单精度和双精度数的二进制保存格式。单精度和双精度值通常统称为浮点值。

像它们使用小数点分隔数的整数部分和小数部分的十进制副本一样，浮点数用一个具有二进制点的常规二进制格式表示。例如，考虑二进制数 1011.11，这个二进制点左边的数(1011)代表数的整数部分，二进制点右边的数(11)代表小数部分。

为了保存一个浮点型二进制数，需使用一个与小数的科学计数法相似的代码。为了获得这个代码，把常规二进制数格式分离成一个尾数和一个指数。下面的例子说明用这种科学计数法表示的浮点数。

常规二进制形式	二进制科学记数法
1010.0	1.01 exp 011
-10001.0	-1.0001 exp 100
0.001101	1.101 exp -011
-0.000101	-1.01 exp -100

在二进制科学计数法中，术语“exp”代表“指数”，exp 前面的二进制数是尾数，跟随 exp 的二进制数是指数。除了数 0 外，尾数总是有一个直接被一个二进制点跟随的领先 1。这个指数表示 2 的幂，并指出在这个尾数中应该被移动的二进制点的位数以获得常规的二进制形式。如果这个指数为正数，二进制点向右移动；如果这个指数为负数，二进制点向左移动。例如，数

1.01 exp 011

中的指数 011 表示将二进制点向右移动三位，所以数变成 1010。

数

1.101 exp -011

中的指数 -011 表示将二进制点向左移动三位，所以数变成 0.001101。

保存浮点数时，符号、尾数和指数被单独地保存到分开的字段内。每个字段使用的位数决定这个数的精度。单精度(32 位)、双精度(64 位)和扩展精度(80 位)浮点数据格式由电气和电子工程师协会(IEEE)标准 754 1985 定义，具有表 E.1 给予的特征。单精度型浮点数的格式在图 E.1 中给出。

表 E.1　IEEE 标准 754-1958 浮点说明规则

数据格式	符号位	尾数位	位
单精度	1	23	8
双精度	1	52	11
扩展精度	1	64	15

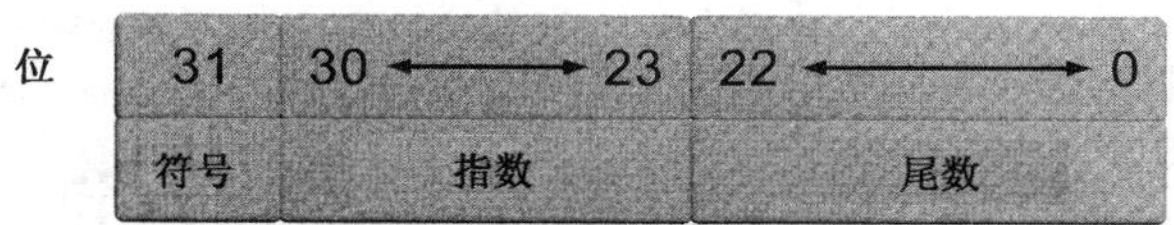

图 E.1　单精度浮点数保存格式

图 E.1 显示的符号位指的是尾数的符号。符号位 1 表示负数，符号位 0 表示正数。因为所有的尾数，除了数 0 以外，有一个被它们的二进制点跟随的领先 1，这两个项从来不会明显地被保存。二进制点隐含地直接居留在尾数 22 位的左边且前面有一个 1。二进制数 0 通过设置所有的尾数和指数位为 0 被指定。对于这种唯一的情况，被隐含的领先尾数位才是 0。

指数段包含一个被 127 偏移的指数。例如，5 的指数应该使用数 132(127 + 5) 的二进制等值被保存。使用 8 个指数位，这被编码为 100000100。把 127 加给每个指数，允许不在这个指数段内编码负指数不用一个明确的符号位。例如，指数 - 011，这相当于 - 3，应该使用 + 124 (127 - 3) 的相应二进制等值被保存。

图 E.2 给出了十进制数 - 59.75 作为一个 64 位的单精度二进制数的编码和保存。

1	10000100	11011110000000000000000

图 E.2　十进制数 - 59.75 的编码和保存

符号、指数和尾数被确定如下。

- 59.75

它的常规二进制的等值是

- 111011.11

用二进制科学计数法表示，这个数变成

- 1.1101111 exp 101

负号通过设置符号位为 1 表示。尾数的领先 1 和二进制点被省略，并且 32 位尾数段被编码为

11011110000000000000000

通过把指数的值 101 加到 1111111(这是 12710 偏差值的相应二进制等值)，得到指数段的编码

$1111111 = 127_{10}$
$+101 = 5_{10}$
$10000100 = 132_{10}$

附录 F　创建个人函数库

大多数 C 语言程序员创建和保存他们在工作中发现的有用的源代码在一个单独的文件夹或目录中，这被称为程序员的个人函数库。两个这样的用来接收和验证用户输入的整型值的函数 `getanInt()`和 `isvalidInt()`在 9.3 节中介绍过。

在工作中，你将发现有用的新增函数，包括如下这些。

- 接收和验证用户输入的值是一个双精度型数的函数
- 从输入字符串删除领先空格的函数
- 从输入字符串删除尾随空格的函数

表 F.1 介绍了这些函数的原型，包括在 9.3 节介绍过的两个整数函数。这些函数的每一个的源代码在 www.course.com 网站可得到。注意，`isvalidInt()`函数的源代码比 9.3 节中介绍的 `isvalidInt()`函数的源代码更健全，因为它在检查剩余字符之前首先从所输入的字符串删除所有领先和尾随的空格。

表 F.1　随本书提供的有用的 C 函数

原型	描述
`int getanInt()`	返回一个用户输入的有效整数
`double getaDouble()`	返回一个用户输入的有效双精度数字
`int isvalidInt(char[])`	如果被传递给这个函数的字符数组(字符串)能够转换成一个有效整数,这个函数返回 1,否则返回 0
`int isvalidDouble(char[])`	如果被传递给这个函数的字符数组(字符串)可以转换成一个有效双精度数值,这个函数返回 1,否则返回 0
`void trimleft(char[])`	删除被传递给这个函数的字符数组(字符串)中的所有领先空格
`void trimright(char[])`	删除被传递给这个函数的字符数组(字符串)中的所有尾随空格

尽管表 F.1 中列出的函数都是通用的函数，最后 4 个函数被包含是因为它们被最前面两个函数或其中一个要求。因此，`getanInt()`调用函数 `trimleft()`，`trimright()`和 `isvalidInt()`，而 `getaDouble()`调用函数 `trimleft()`，`trimright()`和 `isvalidDouble()`。

为了接收用户输入的值，`getanInt()`和 `getaDouble()`两个函数都可以用相同的方式使用。例如，语句

```
number = getaDouble();
```

从键盘读取用户输入的数据。如果这个数据表示一个有效的双精度值，数据被接收并保存到名称为 `number` 的变量中。在这里，`number` 能够是任何程序员选择的已经被声明为 `double` 类型的变量名。如果这个输入的数据不符合一个有效的双精度值，函数将显示一条错误消息并请求用户重新输入一个值。明显地，`getaDouble()`函数还能够通过强制类型转换被返回的数为一个浮点数而用于接收一个浮点型的值。

同样地，`getanInt()`函数被用来接收一个有效的整型数。例如，语句

```
years = getanInt();
```

读取并保存一个用户输入的有效的整数到名称为 `years` 的变量中。再一次，这个变量名是程序员可选择的，但是应该被声明为一个整型变量。

附录 G　简答题答案

第 1 章

练习 1.1

简答题

1. 一个位是最小和最基本的数据项。它是一个能够处于开或关两种状态之一的开关(通常是一个晶体管)。这样,一个位能够表示值 0 和 1。
2. 1 字节是 8 位的一个组合。1 字节可以表现 256 种不同的模式。
3. 1 字节使用一个 8 位的模式,例如 00110011 表示计算机中的字符。
4. 一个字是一个或多个字节组合的一个单元。某些常见的计算机包含的字的大小是早期的个人计算机,如苹果 IIe 型和海军准将型计算机使用一个字节;第一台 IBM 个人计算机使用 2 字节;基于奔腾芯片的个人计算机使用 4 字节。
5. 中央处理器的两个主要部分是控制单元和算术逻辑单元(ALU)。控制单元监视计算机的全部操作,而 ALU 执行被这个系统提供的所有算术和逻辑函数。
6. 随机存储器(RAM)和只读存储器(ROM)之间的主要区别是随机存储器是易失性的,而只读存储器是非易失性的。RAM 和 ROM 都是随机访问的,这意味着内存的每一段能够随机地像任何其他段一样快速地被访问。
7. a. 输入输出单元提供计算机到与计算机相连的外围设备的访问接口。
   b. 三种应该被连接到输入输出单元的设备是键盘、显示器和打印机。
8. 二级存储器是一个程序和数据用的永久内存区。三个二级存储器的例子包含磁带、磁盘和光盘。
9. 顺序存储器和直接存取存储器的区别是:顺序存储器允许数据在一个从头到尾的连续流中被读取或写入,而直接存取存储器允许数据不受保存介质上的位置约束可从任何一个文件或程序中被读取或写入。直接存取存储器允许计算机直接地跳转到内存中的一个指望点,而不像顺序存储器要求的那样经过所有的插入点。换句话说,这些数据能够被更加快速地访问。
10. 微处理器是一个 CPU 微芯片。在日常生活中,微处理器被用在笔记本计算机和桌面计算机、计算器甚至是数式手表中。

练习 1.2

简答题

1. a. 计算机程序是一个独立的用于操作计算机产生指定结果的指令和数据集。
   b. 程序设计是开发和编写一个程序的过程。
   c. 程序设计语言是能够用于构造一个程序的数据和指令组。
   d. 高级语言的指令类似人类语言(如英语)并且可以在各种类型的计算机上运行的语言。

e. 低级语言使用直接被约束到某种计算机类型的指令的语言。

f. 机器语言是一种由能够被计算机执行的二进制代码组成的编程语言。

g. 汇编语言是一种为操作和内存地址使用符号名的编程语言。

h. 面向过程语言的指令只能被用来创建独立的称为过程的单元的高级语言。

i. 面向对象语言是定义和处理对象产生结果的高级语言。

j. 源程序是用一种计算机语言编写的程序。

k. 编译器是在执行任何单独的语句之前把高级语言转换为一个完整的单元的程序。

l. 汇编器是将汇编语言程序转换或翻译为机器语言的程序。

2. a. 高级语言能够被转换在各种类型的计算机上运行，而低级语言被直接地限制到一种计算机类型。

   b. 面向过程的语言创建逻辑上一致的指令组或过程产生一个指定的结果，而面向对象的语言创建和处理对象产生指定的结果。

3. 汇编器转换汇编语言程序，而编译器和解释器转换高级源程序。一个编译器在任何一条语句被实际地执行之前把一个高级源程序转换为一个完整的单元，而解释器一次一个把单独的源程序语句转换为可执行的语句。在转换之后，每个被解释的语句直接被执行。

4. a. 把内存位置 1 中的数据与内存位置 2 中的数据相加。
   把内存位置 3 中的数据与内存位置 2 中的数据相乘。
   把内存位置 4 中的数据与内存位置 3 中的数据相减。
   把内存位置 3 中的数据与内存位置 5 中的数据相除。

   b. $3+5=8$
   $6\times3=18$
   $6-14=-8$
   $6/4=1.5$

5. ADD 1, 2
   MUL 3, 2
   SUB 4, 3
   DIV 3, 5

6. $(10+20)\times0.6=18$

练习 1.3

简答题

1. a. 修理一个漏气的车胎：
   停车在一个安全的地方，水平场地
   拉起停车制动闸
   取来千斤顶、扳手和备用轮胎
   检查备用轮胎中的气压
   用千斤顶升起汽车，取出损坏的轮胎
   移开轮毂罩
   用扳手松开每个凸出的螺帽

放置凸出的螺帽到轮毂罩中
从轮轴取出轮胎
放置备用轮胎到轮轴上
恢复每个凸出的螺帽并用手拧紧
用扳手安全地拧紧所有的螺丝帽柄
把轮毂罩放回原处
释放千斤顶
归还千斤顶、扳手并把损坏的轮胎放到车厢
(注意:另一种解决方案是打电话给其他的人让他们来修理。)

b. 打电话:
拿起话筒
拨号码
等待应答
与对方通话，或响应电子指令

c. 去商店买面包:
来到商店
找到面包店部
选择一块合适的面包
然后到结账区
为面包付账

d. 烤一只火鸡:
彻底地清洗火鸡，去掉内脏杂碎
把火鸡放到烤肉用的平底锅里
如果需要，放调味品
将肉类温度计插入火鸡胸部
用金属薄片覆盖火鸡
在 325 度的烤箱中烘烤 4 ~ 5 小时，直到达到适宜的内部温度为止
移开金属薄片
继续烘烤直到火鸡的外部表面变成褐色为止

2. 标识杯子:
#1，#2 和#3，#3 是空杯子
冲洗#3
把#1 的内容倒入#3 中
冲洗#1
把#2 的内容倒入#1 中
冲洗#2
把#3 的内容倒入#2 中
冲洗#3

3. h 和 50 相乘，记下这个数作为 h 的合计。
把 q 和 25 相乘，记下这个数作为 q 的合计。

把 d 和 10 相乘，记下这个数作为 d 的合计。
把 n 和 5 相乘，记下这个数作为 n 的合计。
把 h, q, d, n 和 p。累加，记下这个数作为合计。
把这个合计除以 100 获得这个美元数。

4. 比较第一个整数和第二个整数：
如果第一个小于第二个，然后比较第二个和第三个
如果第二个小于第三个，那么第一个最小
如果第二个大于第三个，然后比较第一个和第三个
如果第一个小于第三个，那么第一个最小
如果第一个大于第三个，那么第三个最小
如果第一个大于第二个，然后比较第二个和第三个
如果第二个大于第三个，那么第三个最小
如果第二个小于第三个，那么第二个最小

5. a. 如果数量大于 100，继续不断地从这个数量减去 100。
被减去 100 的次数的数量是需要的 100 美元的数量。
如果这个剩余数量大于 50，继续不断地从这个数量减去 50 直到这个数量小于 50。
被减 50 的次数的数量是需要的 50 美元的数量。
如果这个剩余数量大于 20，继续不断地从这个数量减去 20 直到这个数小于 20。被减去 20 的次数的数量是需要的 20 美元的数量。
如果这个剩余数量大于 10，继续不断地从这个数减去 10 直到这个数小于 10。被减去 10 的次数的数量是需要的 10 美元的数量。
如果这个剩余数量大于 5，继续不断地从这个数减去 5 直到这个数小于 5。
被减去 5 的次数的数量是需要的 5 美元的数量。
然后，这个剩余数量是需要的 1 美元的数量。

b. 合计乘以 1 得乘积 1。
乘积 1 是 1 美元的数量。

6. a. 把单词 Jones 的第一个字母与每个单词的第一个字母比较。
如果第一个字母相配，比较每个单词中的第二个字母。
如果第二个字母相配，比较第三个字母。
如果第三个字母相配，比较第四个字母。
如果第四个字母相配，比较第五个字母。
如果第五个字母相配，单词相配。
如果一个字母不相配，单词不相配。
如果一个字母不相配，继续进行这个表中下一个单词并重复这个比较。

b. 如果这个姓名是按字母表次序排列的，你将不需要从列表的开始通过每个姓名。你能够跳到以 J 开头的姓名，或者甚至正好直接跳到 Jones 被保存的位置。

7. 第一步：看第一个字母。如果它是一个'e'，则设置总数为 1，否则设置总数为 0。
第二步：看下一个字母，如果它是'e'，则总数加上 1。
第三步：继续重复第二步直到遇到一个句点'.'。

8. 第一步:比较第一个位置中的数和第二个位置中的数，如果第一个位置中的数大于第二个位置中的数，则交换。

   第二步:比较当前第二个位置中的数和当前第三个位置中的数，如果第二个位置中的数大于在三个位置中的数，则交换。

   第三步:比较当前第一个位置中的数和当前第二个位置中的数，如果第一个位置中的数大于第二个位置中的数，则交换。

练习 1.4

简答题

1. 1) 详细说明这个程序的要求:保证这个程序的要求被清楚地陈述和你理解了要达到什么目的。
   2) 设计和开发:这包括分析问题、开发一个解决方案、编码这个解决方案和测试以及纠正这个程序。
   3) 文档材料:为将使用这个程序的人提供适当的用户文档材料和为将不得不维护这个程序的人提供程序员文档材料。
   4) 维护:使对于解决方案所要求的修改保持最新，无论是由于要求的变化还是因为错误在程序执行期间被发现。
2. a. 准确地找出这个存货清单的问题是什么和对这个解决方案被期望的是什么。
   b. 咨询阿・喀普先生更加明确地定义这个问题，或者向你推荐能够更加明确地定义这个问题的其他人或文档。
3. a. 一个输出:美元数量。
   b. 5 个输入:5 角硬币数量、2 角 5 分硬币数量、1 角硬币数量、5 分硬币数量、1 分硬币数量。
   c. 美元数量 = 0.50 × 5 角硬币数量 + 0.25 × 2 角 5 分硬币数量 + 0.10 × 1 角硬币数量 + 0.05 × 5 分硬币数量 + 0.01 × 1 分硬币数量。
   d. 美元数量 = 0.50 × 0 + 0.25 × 17 + 0.10 × 24 + 0.05 × 16 + 0.01 × 12 = 7.57。
4. a. 一个输出:距离(distance)。
   b. 两个输入:速度(rate)、消耗时间(elapsed time)。
   c. 距离 = 速度 × 时间。
   d. 距离 = 55 × 2.5 = 137.5。
   e. 用给定的分钟时间除以 60，把时间转换成小时时间。
5. a. 一个输出:Ergies 的数量。
   b. 两个输入:Fergies，Lergies。
   c. Ergies = Fergies × Lergies。
   d. Ergies = 14.65 × 4 = 58.6。
6. a. 三行输出。
   b. 三个输入。
   c. 每个输入变成一行输出。
7. a. 一个输出:距离(distance)。
   b. 三个输入:s，d 和 t。
   c. 距离 = $s \times t - 0.5 \times d \times t \times t$。

d. 距离 = ((60 × 5280)/3600 × 10) − 0.5 × 12 × 10 × 10 = 280 英尺。

(注意:必须首先把 60 米每小时转换成英尺每秒。)

8. 通常人们只是想象他们被关心的问题的那一部分和用他们熟悉的术语。一旦他们看到屏幕上的代码的效果,其他可能发生的事物自身就会出现。但是,一旦你已经编写一个应用程序的代码,对它进行改变一般是非常耗费时间的,并且在很多情况下重做比完成原有编码花费更多的时间。这对通常希望新增的代价要少于原有编码的价值的客户进行解释是非常困难的。在某些情况中,这个客户可能对你说,你应该已经预计到这些问题。在开始给解决方案编码前,展示这个程序将做什么和将不做什么几乎总是好的。

9. 如果你在准确地需要什么方面有经验,正在出售一个现有的程序给一个新客户,或者你和这个客户总体上同意什么将被产生,固定价格是一个好的选择。否则,对于双方来说通常都不是好的选择。一个好处是你确实知道你工作的收入将是多少且客户知道他们将支付多少。缺点是除非双方都清楚将产生什么,你可能用很小的附加资金结束做两倍和三倍被签约的工作量。这个情况是因为客户在看到程序之后,新的特征本身马上就会出现。作为程序员,你可以声称这些是新增的特征,而客户可以声称它们是正常的,你应该已经合并为一个有用程序的一部分。无论这个问题如何被解决,通常一方或双方可能感觉他们已经被欺骗了。

10. 当某项工作的准确性质和范围事先不知道或没有明确地被指定时,小时工资率通常是更可取的。对于新的工程项,这通常是一个好的安排。当对编程中描述什么将被产生有一个清楚的理解,或你正在出售你先前已经开发的一个应用程序时,一般可采用固定价格。

11. 一个清楚的书面描述要完成的编程工作的内容通常是一个好主意。用户将准确地知道程序员被期望做什么。一旦这个程序员按照说明完成了程序,他的工作就完成了。你作为程序员将准确地知道为了履行你的职责,你需要做什么。用户不能在最后一分钟决定他期望你增加附加特征或功能性而不为附加的工作雇佣你。缺点是这将限制你作为程序员拥有的自由度。你可能有如何使这个程序对用户更加友好或更加容易处理的更好想法,但是,除非这在签约时被明确地指定,你需要坚持做这个用户最初要求做的事。用户同样有较少的自由。除非双方对被提议的修改取得一致意见,否则用户会坚持做原来被指定要做的事情。

12. (100 字符/销售额) × (15 销售额/天) × (6 天/星期) × (52 星期/年) × 2 年 = 936 000 个字符,或大约 1 百万个字符。因为每个字符用一个字节保存,所以最小的保存是 1 百万个字节(1 MB)。

13. 假设打字员平均每分钟打字 50 个单词,平均每个单词由 5 个字符组成,输入所有的销售额花费的时间是[300(字符/销售额) × (200 销售额)]/[(50 单词/分钟) × (5 字符/单词)] = 60 000 字符)/(250 字符/分钟) = 240 分钟 = 4 小时不停顿地打字。

练习 1.5

简答题

1.
```
#include <stdio.h>

int main()
{
  double rad, cir;   /* 声明一个输入和输出项   */
```

```
    rad = 2.0;      /* 设置半径的值 */
    cir = 2.0 * 3.1416 * rad;   /* 计算这个周长 */
    printf("The circumference of the circle is f", cir);

    return 0;
}
```

2. 如果一个圆的面积被要求输出，下面对程序 1.1 的修改不得不进行：
声明一个变量保存这个面积的值，加一行计算这个面积，加一行输出这个面积的值，修改注释表反映这些改变。

3. a. 使用公式：mile(英里) = 0.625 × kilometer(千米)，计算一个用千米值给定的一个距离的英里值。使用这个信息，编写一个 C 程序，以计算 86 千米的英里值。
b. 要求的输出是一个英里值。
c. 这个程序将有一个输入(86 千米)。
d. 英里 = 0.625 × 千米。
e. 0.625 × 86 千米 = 53.75 英里。
f. 获得这个输入的千米值。
计算：英里 = 0.625 × 千米的值。
显示这个结果的英里值。

4. a. 用年复利的存款的最终余额由公式：余额 = 本金 × (1.0 + 利率) × (最终年份 - 起始年份)确定。使用这个信息，编写一个 C 程序，计算最初在 1627 年用 24 美元的本金和年复利 5% 的存款在 2006 年的最终余额。
b. 一个输出：余额。
c. 4 个输入：本金、利率、起始年份、最终年份。
d. 余额 = 本金 × (1.0 + 利率) × (最终年份 - 起始年份)。
e. 余额 = 24 × (1.0 + 0.05) × (2006 - 1627) = 24 × 1.05 × 379 = 9550.80。
f. 获得这个输入值本金、利率、最终年份和起始年份。
计算：余额 = 本金 × (1.0 + 利率) × (最终年份 - 起始年份)。
显示这个结果余额值。

5. a. 4 个输出：每个人的周总收入和净收入。
b. 总收入 = 小时工资率 × 工作时间。
净收入 = 总收入 - 税率 × 总收入 - 医疗保险率 × 总收入 = 总收入 × (1 - 税率 - 医疗保险率)。
如果收入税率和医疗保险率被认为是将不会改变的固定数，这个公式能够写为：净收入 = 总收入 × (1 - 0.2 - 0.02) = 0.78 × 总收入
c. 8 个输入：每个人的小时工资率、已工作时间、收入税率和医疗保险率(注意：如果你认为收入税率和医疗保险率是固定的，那么有 4 个输入)。
d. 总数入 1 = $8.43 × 40 = $337.20。
净收入 1 = $0.78 × 337.20 = $263.02。
总数入 2 = $5.67 × 35 = $198.45。
净收入 2 = 0.78 × $198.45 = $154.79。
e. 获得这个输入值小时工资率 1、小时工资率 2、已工作时间 1、已工作时间 2。
计算每个工人的总收入为：总收入 = 小时工资 × 已工作时间。

计算每个工人的总收入为:净收入 = 0.78 × 总收入。

显示这两个工人的总收入和净收入。

6. a. 一个输出:z。

   b. 三个输入:x, u 和 s。

   c. $z = (x - u)/s$。

   d. $z = (85.3 - 80)/4 = 1.325$。

   e. 获得这三个输入 x, u, 和 s 的值。

   使用公式 $z = (x - u)/s$ 计算这个标准常态偏差值。

   显示这个被计算返回的 z 值。

7. a. 一个输出:y 的值。

   b. 一个输入:x 的值。

   c. $y = e^x$。

   d. $y = 2.71810 = 22\ 003.64$。

   e. 获得这个输入的 e 和 x 的值。

   使用公式 $y = e^x$ 计算 y 的值。

   显示这个 y 的值。

第2章

练习2.1

简答题

1. m1234()有效。不是一种帮助记忆的方法
   power()有效。是一种帮助记忆的方法
   add5()有效。可能是一种帮助记忆的方法
   taxes()有效。是一种帮助记忆的方法
   invoices()有效。是一种帮助记忆的方法
   salestax()有效。是一种帮助记忆的方法
   newBalance()有效。是一种帮助记忆的方法
   a2b3c4d5()有效。不是一种帮助记忆的方法
   abcd()有效。不是一种帮助记忆的方法
   do()无效。违反规则3,是一个保留字
   newBal()有效。是一种帮助记忆的方法
   absVal()有效。是一种帮助记忆的方法
   A12345()有效。不是一种帮助记忆的方法
   while()无效。违反规则3,是一个保留字
   netPay()有效。是一种帮助记忆的方法
   amount()有效。是一种帮助记忆的方法
   1A2345()无效。违反规则1,以一个数开头
   int()无效。违反规则3,是一个保留字
   12345()无效。违反规则1,以一个数开头
   $taxes()无效。违反规则1,以一个特殊字符开头

2. 这些函数可能被用来确定一个已购商品订单的付账单。每个函数的用途，如它的名字所示，在为每个函数调用的注释语句(/＊…＊/)中给出，显示如下。

```
input(); /* 输入这个被购买的项目 */
salestax(); /* 计算要求的销售税 */
balance(); /* 确定所欠余额 */
calcbill(); /* 确定和输出账单 */
```

3. a. maxVal()
   b. minVal()
   c. lowerToUpper()
   d. upperToLower()
   e. sortNums()
   f. sortNames()
4. 回车和换行。

练习2.2

简答题

1. a. 可以。
   b. 它不是标准形式。为了使程序更可读和更容易调试，应该使用本书2.2节中介绍的标准形式。
2. a. 一行中的两个反斜线导致一个反斜线被显示。
   b. printf("\\is a backslash. \n");

练习2.3

简答题

1. 一组值和一组操作的结合。
2. a. 一个内置的数据类型是作为这种语言整体部分被提供的一种数据类型。
   b. 整型和浮点型。
3. a. 整型和字符型。
   b. 浮点型。
4. a. 浮点型或双精度型。
   b. 整型。
   c. 浮点型或双精度型。
   d. 整型。
   e. 浮点型或双精度型。
   f. 字符型。
5. 634 000
   195.162
   83.95
   0.002 95
   0.000 462 3

6. 1.26e2
   6.5623e2
   3.42695e3
   4.8932e3
   3.21e-1
   1.23e-2
   6.789e-3
7. KINGSLEY 用 8 字节，如下。

```
|<-------------------------- 8字节的存储器 -------------------------->|
01001011 01001001 01001110 01000111 01010011 01001100 01000101 01011001
    K        I        N        G        S        L        E        Y
```

8. 应该为姓氏提供一个与练习 7 中已提供的图形相似的图形。但是，因为每个字母需要一个字节的存储空间，所以保存姓氏所要求的字节数将与姓氏中的字母总数相同。
9. 计算机将使用变量和声明语句让计算机知道它将要使用什么类型的值。例如，如果这个程序要求整数类型，它将声明 int 数据类型的变量。

练习 2.4

简答题

1. a. $(2 \times 3) + (4 \times 5)$
   b. $(6 + 18) / 2$
   c. $4.5 / (12.2 - 3.1)$
   d. $4.6 \times (3.0 + 14.9)$
   e. $(12.1 + 18.9) \times (15.3 - 3.8)$
2. a. 27
   b. 8
   c. 0
   d. 220
   e. 23
   f. 20
   g. 6
   h. 2
   i. 10
   j. 1
3. a. 27.0
   b. 8.0
   c. 1.0
   d. 220.0
   e. 22.667
   f. 19.778

g. 6.0

h. 2.0

4. a. 21.3 （双精度型）

b. 21.8 （双精度型）

c. 8.0 （双精度型）

d. 8.0 （双精度型）

e. 23.0 （双精度型）

f. 65 （整型）

g. 19.7 （双精度型）

h. 6.0 （双精度型）

i. 16 （整型）

5. a. $n / p + 3 = 5$

b. $m / p + n - 10 \times amount = 10$

c. $m - 3 \times n + 4 \times amount = 24$

d. $amount / 5 = 0$

e. $18 / p = 3$

f. $-p \times n = -50$

g. $-m / 20 = -2$

h. $(m + n)/(p + amount) = 10$

i. $m + n / p + amount = 53$

6. a. $n / p + 3 = 5.0$

b. $m / p + n - 10 \times amount = 10.0$

c. $m - 3 \times n + 4 \times amount = 24.0$

d. $amount / 5 = 0.2$

e. $18 / p = 3.6$

f. $-p \times n = -50.0$

g. $-m / 20 = -2.5$

h. $(m + n)/(p + amount) = 10.0$

i. $m + n/p + amount = 53.0$

7. a. `printf("%d",15);`

b. `printf("%d",33);`

c. `printf("%f %d",526.768,33);`

8. answer1 是整数 5。

answer2 是整数 2。

9. 9 被 4 除的余数是 1。

17 被 3 除的余数是 2。

10. a. ‘m’ − 5 = ‘h’

b. ‘m’ + 5 = ‘r’

c. ‘G’ + 6 = ‘M’

d. ‘G’ − 6 = ‘A’

e. ‘b’ - ‘a’ = 1

f. ‘g’ - ‘a’ + 1 = 6 + 1 = 7

g. ‘G’ - ‘A’ + 1 = 6 + 1 = 7

11. 十进制数9的八进制值是11。
    十进制数9的十六进制值是9。
    十进制数14的八进制值是16。
    十进制数14的十六进制值是E。

练习2.5

简答题

1.
`proda`	有效
`newbal`	有效
`9ab6`	无效。以一个数字开头
`c1234`	有效
`while`	无效。C++关键字
`sum.of`	无效。小数点是不允许的
`abcd`	有效
`$total`	无效。以特殊字符开头
`average`	有效
`c3`	有效
`new bal`	无效。包含一个空格
`grade1`	有效
`12345`	无效。用一个数字开头
`a1b2c3d4`	有效
`finGrad`	有效

2.
`Salestax`	有效
`Harry`	有效。没有意义
`Maximun`	有效
`3sum`	无效。用一个数字开头
`a234`	有效。没有意义
`sue`	有效。没有意义
`Okey`	有效
`for`	无效。C++关键字
`r2d2`	有效。没有意义
`c3p0`	有效。没有意义
`a`	有效。没有意义
`tot.al`	无效。包含小数点
`firstNum`	有效
`average`	有效
`awesome`	有效。没有意义

c$five 无效。包含特殊字符
ccAl 有效。没有意义
sum 有效
goforit 有效。没有意义
netpay 有效

3. a. intcount;
   b. floatgrade;
   c. doubleyidld;
   d. charinitial;
4. a. intnum1,num2,num3;
   b. floatgrade1,grade2,grade3,grade4;
   c. doubletempa,tempb,tempc;
   d. charch,let1,let2,let3,let4;
5. a. intfirstnum,secnum;
   b. floatprice,yield,coupon;
   c. doublematurity;
6. a. intmonth;intday =30;intyear;
   b. doubleheurs;doublerate;doubleotime =15.62;
   c. floatprice;floatamount;floattaxes;
   d. charin_key;charch;charchoice ='f';
7. a.

```
#include <stdio.h>
int main()
{
  int num1;     /* 声明整型变量 num1 */
  int num2;     /* 声明整型变量 num2 */
  int total;    /* 声明整型变量 total */

  num1 =25;     /* 赋值整数 25 给 num1 */
  num1 =30;     /* 赋值整数 30 给 num2 */
  /* 赋值 num1 与 num2 的和给 total */
  total =num1 +num2;
  printf("The total of %d and %d is %d.\n",num1,mum2,total");
  /* 这将输出:The total of 25 and 30 is 55.*/
  return 0;
}
```

   b. 输出:The total of 25 and 30 is 55.
8. 每个变量都有类型(如整型、浮点型等)、一个数值和一个它存储在存储区中的地址。
9. a. 所有的定义都是声明,但不是所有的声明都是定义。
   b. 定义语句为这个变量在存储器中保留存储空间。从这种意义上说,变量被定义语句创建(取得存在)。在一个变量被使用之前,它必须存在。因此,定义语句必须领先于任何使用这个变量的语句。

第3章

练习3.1

简答题

1. a. 这个清单在编写时遗漏了变量声明、在 width 变量赋值时遗漏了一个分号、遗漏一个 length 变量用的数值和遗漏 printf 语句结束的圆括号和分号。更正后的清单如下。

```
#include <stdio.h>
int main()
{
int length, width, area;

width = 15;
length = 20; /* 必须被赋值 */

area = length * width;
printf("The area is %d", area);

return 0;
}
```

b. 这个清单在编写时包含一个应该放置在这些数值被赋给长度和宽度之后的面积计算,而且没有结束大括号'}'。更正后的清单如下。

```
#include <stdio.h>
int main()
{
int length, width, area;

length = 20;
width = 15;

area = length * width;
printf("The area is %d", area);

return 0;
}
```

c. 这个清单在编写时在这个变量声明语句中应该是一个逗号的位置包含一个分号,并且这个面积变量的赋值被颠倒。更正后的清单如下。

```
#include <stdio.h>
int main()
{
int length = 20, width = 15, area

area = length * width;
printf("The area is %d", area);

return 0;
}
```

2. a. 10

   b. 13

c. -3

d. 23

e. 19.68

f. 19.58

g. 19

3. 第二个表达式是正确的,因为赋值 25 给 b 是在减法之前完成的。在没有圆括号的情况下,这个减号具有更高的优先级,表达式 a - b 被计算,产生一个值,比如说 10。这个后来试图把数值 25 赋值给这个数值是不正确的,相当于表达式 10 = 25。数值只能被赋值给变量。

练习 3.2

简答题

1. a. `sqrt(6.37);`

   b. `sqrt(x - y);`

   c. `pow(3.63,3);`

   d. `pow(81,.24);`

   e. `abs(pow(a,2.0) - pow(b,2.0))`或 `abs(a* a - b* b);`

   f. `exp(3.0);`

2. a. `c = sqrt((a* a) + (b* b));`或 `c = sqrt(pow(a,2.0) + pow(b,2.0));`

   b. `p = sqrt(abs(m - n));`

   c. `sum = (a* (pow(r,n) - 1))/(r - 1);`

练习 3.3

简答题

1. a. `scanf("%d", &firstnum);`

   b. `scanf("%f", &grade);`

   c. `scanf("%lf", &secnum); /* 这里要求 lf */`

   d. `scanf("%c", &keyval);`

   e. `scanf("%d %d %f", &month, &years, &average);`

   f. `scanf("%c %d %d %lf %lf",&ch , &num1, &num2, &grade1, &grade2);`

   g. `scanf("%f %f %f %lf %lf",&interest,&principal,&capital,&price,&yield);`

   h. `scanf("%c %c %c %d %d %d",&ch , &letter1,&letter2, &num1,&num2,&num3);`

   i. `scanf("%f %f %f %lf %lf %lf",&temp1, &temp2, &temp3,&volts1,&volts2);`

2. a. `int day;`

   b. `char firChar;`

   c. `float grade;`

   d. `double price;`

   e.
   ```
   int num1;
   int num2;
   char ch1;
   ```

   f.
   ```
   float firstnum;
   float secnum;
   ```

```
int count;
```

g.
```
char ch1;
char ch2;
int flag;
doubl eaverage;
```

3. a. 遗漏变量 num1 前面的地址运算符 &。正确的形式是

```
scanf("%d", &num1);
```

b. 遗漏变量 firstnum 前面的地址运算符 &,并且错误的转换控制序列符用于变量 price。正确的形式是

```
scanf("%d %f %lf", &num1, &firstnum, &price);
```

c. 错误的转换控制序列符用于变量 num1 和 secnum。正确的形式是

```
scanf("%d %f %lf", &num1, &secnum, &price);
```

d. 遗漏所有变量前面的地址运算符 &。正确的形式是

```
scanf("%d %d %lf", &num1, &num2, &yield);
```

e. 遗漏全部控制字符串,正确的形式是

```
scanf("%d %d", &num1, &num2);
```

f. 颠倒地址和控制字符串,正确的形式是

```
scanf("%d", &num1);
```

练习 3.4

简答题

1. 这个程序的输出是

```
answer1 is the integer 5
answer2 is the integer 2
```

2. 这个程序的输出是

```
The remainder of 9 divided by 4 is 1
The remainder of 17 divided by 3 is 2
```

3. a. 逗号位于这个控制字符串内且语句没有用分号终止。这个语句将产生一个编译器错误,即使分号被追加到这个语句。
   b. 这个语句使用一个浮点控制序列符用于一个整型参数。这个语句将编译并打印出一个不可预料的结果。
   c. 这个语句使用一个整型控制序列符用于一个浮点型常量。这个语句将编译并打印出一个不可预料的结果。
   d. 这个语句对这个数字参数没有使用控制序列符。语句将编译并打印出字母 a b c。数字数值将被忽略。
   e. 这个语句使用一个浮点型控制序列符用于一个整型参数。这个语句将编译并打印

出一个不可预料的结果。

f. 控制字符串中遗漏了 f 转换字符。语句将编译并打印出%3.6。第二个数字数值没有结果。

g. 这个格式字符串必须出现在这个参数之前。这个语句将编译但不会产生输出。

4. a. |5|
   b. |5|
   c. |56829|
   d. |5.26|
   e. |5.27|
   f. |53.26|
   g. |534.26|
   h. |534.00|
5. a. 数字是 26.27
   数字是 682.30
   数字是 1.970

   b.
```
$   26.27
   682.30
     1.97
 --------
$  710.54
```
   c.
```
$   26.27
   682.30
     1.97
 --------
$  710.54
```
   d.
```
   34.16
   10.00
    ----
   44.17
```

练习 3.5

简答题

1. a. `#define TRUE 1`
   `#define FALSE 2`
   b. `#define AM 0`
   `#define PM 1`
   c. `#define Rate 3 .25`
2. a. 终止分号没有被要求。
   b. 数值和符号常量名被颠倒。
   c. 数值必须是一个数字。

第4章

练习4.1

简答题

1. a. 真。数值为1。
   b. 真。数值为1。
   c. 真。数值为1。
   d. 真。数值为1。
   e. 真。数值为1。
   f. 数值为10。
   g. 数值为4。
   h. 数值为0。
   i. 数值为10。

2. a.
```
a % b * c && c % b * a
= ((a % b) * c) && ((c % b) * a)
= ((5 % 2) * 4) && ((4 % 2) * 5)
= (1 * 4) && (0 * 5)
= 4 && 0                    /* 与"真AND假"相同 */
= 0
```
   b.
```
a % b * c || c % b * a
=((a % b) * c) || ((c % b) * a)
= ((5 % 2) * 4) || ((4 % 2) * 5)
= (1 * 4) || (0 * 5)
= 4 || 0                    /* 与"真OR假"相同 */
= 1
```
   c.
```
b % c * a && a % c * b
=((b % c) * a) && ((a % c) * b)
= ((2 % 4) * 5) && ((5 % 4) * 2)
= (2 * 5) && (1 * 2)
= 10 && 2                   /* 与"真AND真"相同 */
= 1
```
   d.
```
b % c * a || a % c * b
= ((b % c) * a) || ((a % c) * b)
= ((2 % 4) * 5) || ((5 % 4) * 2)
= (2 * 5) || (1 * 2)
= 10 || 2                   /* 与"真OR真"相同 */
= 1
```

3. a. `age == 30`
   b. `temp > 98.6`
   c. `height < 6.0`
   d. `month == 12`
   e. `letter_in == 'm'`

f. `age == 30 && height > 6.0`
g. `day == 15 && month == 1`
h. `age > 50 || years_empl >= 5`
i. `id < 500 && age > 55`
j. `length > 2 && length < 3`

4. a. 1

   b. 0

   c. 1

练习 4.2

简答题

1. a.
```
if (angle == 90)
        printf("The angle is a right angle");
    else
        printf("The angle is not a right angle");
```
   b.
```
if(temperature > 100)
        printf("above the boiling point of water");
    else
        printf("below the boiling point of water");
```
   c.
```
if(number > 0)
        positiveSum = number + positiveSum;
    else
        negativeSum = number + negativeSum;
```
   d.
```
if(slope < .5)
        flag = 0;
    else
        flag = 1;
```
   e.
```
if((num1 - num2) < .001)
        approx = 0;
    else
        approx = (num1 - num2)/2.0;
```
   f.
```
if((temp1 - temp2) > 2.3)
        error = (temp1 - temp2) * factor;
```
   g.
```
if((x > y) && (z < 20))
        scanf("%d", &p);
```
   h.
```
if((distance > 20) && (distance < 35))
        scanf("%d", &time);
```
2. a.
```
if (score > 70)
        pass = pass + 1;
    else
        fail = fail + 1;
```
   b.
```
if(c == 15)
    {
        credit = 10;
        limit = 1000;
    }
    else
    {
```

```
            credit = 5;
            limit = 400;
        }
```

c.
```
if(id > 22)
        factor = 0.7;
```

d.
```
if(count == 10)
        average = sum / count;
        printf("%f", average);
```

3. 这个错误是预期的关系表达式 letter == 'm'被写成了赋值表达式 letter = 'm'。在这个表达式被计算时,字符'm'被赋值给 letter 变量,并且这个表达式本身的值是'm'。因为这是一个非 0 值,它被作为真值且这个消息被显示。

看待这个问题的另一种方法是认识到这个 if 语句。在这个程序被编写时,相当于下面两个语句

```
letter = 'm';
if(letter) printf("Hello there!");
```

这个程序的一个正确的版本是

```
#include <stdio.h>
int main()
{
char letter;
printf("Enter a letter: ");
scanf("%c", &letter);
if (letter == 'm') printf("Hello there!");
return 0;
 }
```

练习 4.3

简答题

1. 这个程序输出是"The if part is true"。
2. 因数 = 1.06。
3. a.
```
if (grade == 'A')
    {
      if (weight > 35)
        bin = 1;
      else   t = s + a;
        }
```

b.
```
sum= 0;
    if (count < 5)
    {
      if (grade < 50)
        fail = fail + 1;
    }
```

4. a. 是。

b. 程序 4.5 是一个更好的程序,因为进行的计算典型地比较少。例如,如果 45 000 被输入程序 4.5 中的变量 monthlySales,第一个 if 语句被执行并被发现为假。然后第一个 elseif 语句被执行,发现为真。这个 if 链的进一步执行停止。对于这个练习的程序,这不是真的。在这里,所有的 if 语句被执行,不管哪个具有真条件。

程序 4.5 还要求更少的比较，使用更简单的关系表达式。

5. a. 这个程序将运行。但是，它将产生不正确的结果。

b 和 c. 这个程序只计算 monthlySales 小于 20 000.00 的正确收入。如果 10 000.00 或更大的值被输入，第一个 else if 语句被执行，所有其他的将忽略。即，对于 10 000.00 或更大的值，收入 >= 10 000.00 将被计算和被显示。使 if 语句用来在 else if 语句的位置，这个程序将正确地工作，但无效果。

练习 4.4

简答题

1.
```
switch(material)
{
case 1:
   factor = 1.5;
   density = 2.76;
   break;
case 3:
   factor = 2.5;
   density = 2.85;
   break;
case 7:
   factor = 3.5;
   density = 3.14;
   break;
default:
   factor = 1.0;
   density = 1.25;
}
```

2.
```
switch(letterGrade)
 {
case 'A':
   printf("The numerical grade is between 90 and 100");
   break;
case 'B':
   printf("The numerical grade is between 80 and 89.9");
   break;
case 'C':
   printf("The numerical grade is between 70 and 79.9");
   break;
case 'D':
   printf("How are you going to explain this one");
   break;
default:
   printf("Of course I had nothing to do with the grade.");
   printf("\nThe professor was really off the wall.");
}
```

3.
```
switch(bondType)
  {
  case 1:
    inData();
    check();
    break;
  case 2:
    dates();
```

```
    leapYr();
    break;
  case 3:
    yield();
    maturity();
    break;
  case 4:
    price();
    roi();
    break;
  case 5:
    files();
    save();
    break;
  case 6:
    retrieve();
    screen();
    break;
}
```

第5章

练习5.1

简答题

1. 循环语句是 while 语句、for 语句和 do…while 语句。
2. 这4个元素是循环语句、一个必须被计算的条件式、一个最初设置这个被测条件式的语句和一个在这个循环代码段内改变这个条件式以使它最终变成假的语句。
3. a. 进入控制循环也称为前测试循环,是一个被测条件式在循环代码段的开始处(在循环的开始处)被计算的循环。

   b. while 和 for。
4. a. 退出控制循环也称为后测试循环,是一个被测条件式在循环代码段的结束处(在循环的结束处)被计算的循环。

   b. do…while。
5. a. 前测试循环是一个被测条件式在循环代码段的开始处被计算的循环,而后测试循环是一个被测条件式在循环代码段的结尾处被计算的循环。

   b. 如果条件式最初为假,那么在前测试循环中的语句将从来不会执行。

   c. 如果条件式最初为假,那么在后测试循环中的语句只执行一次。
6. 在计数器控制循环中,循环的次数在这个循环执行之前是已知的,而在条件控制循环中,这个循环的次数是未知的并且根据某些设置条件而终止。

练习5.2

简答题

1. 因为条件式在循环代码段之前计算,while 语句产生进入控制循环。
2.
```
int count = 10;
while (count <= 20)
{
printf("%d ",count);
count++;
}
```

3.
```
int count = 10;
while (count <= 20)
{
printf("%d ",count);
count = count + 2;
}
```

4.
```
int count = 20;
while (count >= 10)
{
printf("%d ",count);
count--;
}
```

5.
```
int count = 20;
while (count >= 10)
{
printf("%d ",count);
count = count-  2;
}
```

6. 共显示 21 个数字,其中 1 为第一个数字、21 为最后一个数字。

练习 5.3

简答题

1. 累加语句。
2. 标记是一个将引起循环终止的特定的数值或一些数值范围的起点。
3. `break` 语句产生从循环或选择语句中直接退出,而 `continue` 语句产生循环或选择语句中的被测条件式被直接重新计算。
4. 这个程序产生正确的平均值,它还产生所有没有显示出来的所有中间平均值。从程序员的观点来看,只有一个平均值应该被计算,这就是所有数字已经被输入之后的最终平均值。因此,程序 5.7 是一个更正确的程序,它不计算没有必要的结果。

练习 5.4

简答题

1.
```
a. for(i= 1; i<= 20; i++)
b. for(icount= 1; icount<= 21; icount+= 2)
c. for(J = 1; J <= 100; J += 5)
d. for(icount= 20; icount>= 1; icount--)
e. for(icount= 21; icount>= 1; icount-= 2)
f. for(count = 1.0; count <= 16.2; count += 0.2)
g. for(xcnt= 20.0; xcnt>= 10.0; xcnt-= 0.5)
```

2. a. 20
   b. 10
   c. 20
   d. 20
   e. 10
   f. 77
   g. 21

3. a. 10
   b. 1024
   c. 75
   d. -5
   e. 40 320
   f. 0.031 250
4. 20 16 12 8 4 0

第 6 章

练习 6.1

简答题

1. a. 要求一个整型数值。
   b. 要求三个数值:一个整型和两个浮点型,按此次序。
   c. 要求三个数值:一个整型和两个双精度型,按此次序。
   d. 要求三个数值:一个字符型和两个浮点型,按此次序。
   e. 要求两个浮点型。
   f. 要求六个数值:两个整型,两个字符型和两个浮点型,按此次序。
   g. 要求三个数值:两个整型和一个字符型,按此次序。
2. a. `void check(int num1, float num2, float num3)`
   b. `void findAbs(float num)`
   c. `void mult(float num1, float num2)`
   d. `void sqrIt(int num)`
   e. `void powFun(int num, intpower)`
   f. `void makeTable()`
3. a. `void check(int, float, float);`
   b. `void findAbs(float);`
   c. `void mult(float, float);`
   d. `void sqrIt(int);`
   e. `void powFun(int, int);`
   f. `void makeTable();`

练习 6.2

简答题

1. a. 要求一个整型数值,并返回一个整型数值。
   b. 要求三个数值:一个整型和两个双精度型,按此次序,并返回一个双精度型数值。
   c. 要求三个数值:一个整型和两个双精度型,按此次序,并返回一个双精度型数值。
   d. 要求三个数值:一个字符型和两个浮点型,按此次序,并返回一个字符型数值。
   e. 要求两个浮点型,并返回一个整型数值。
   f. 要求六个数值:两个整型、两个字符型和两个浮点型,按此次序,并返回一个浮点型数值。
   g. 要求三个数值:两个整型和一个字符型,按此次序,并不返回数值。

2. a. `void check(int num1, float num2, double num3)`
   b. `float findAbs(float num )`
   c. `float mult(float num1, float num2)`
   d. `long sqrIt(intnum)`
   e. `void makeTable()`

第 7 章

练习 7.1

简答题

1. a.

变量名	数据类型	作用域
price	integer	全局到 main(),roi()和 step()
years	long integer	全局到 main(),roi()和 step()
yield	float	全局到 main(),roi()和 step()
bondtype	integer	局部到 main()
integererest	float	局部到 main()
coupon	float	局部到 main()
mat1	integer	局部到 roi()
mat2	integer	局部到 roi()
count	integer	局部到 roi()
effectiveint	float	局部到 roi()
first	float	局部到 step()
last	float	局部到 step()
numofyrs	integer	局部到 step()
fracpart	float	局部到 step()

   b. 见下面三个代码段。

```
int price;
long int years;
float yield;

int main()
{
  int bondtype;
  float interest, coupon;
      .
      .

  return 0;
}

float roi(int mat1, int mat2)
{
  int count;
  float effectiveInt;
       .
       .
  return(effectiveInt);
}
```

```
int step(float first, float last)
{
  int numofyrs;
  float fracpart;
      .
      .
  return(10*numofyrs);
}
```

c. roi()——期待:两个整型数值;返回:一个浮点数值。

step()——期待:两个浮点型数值;返回:一个整型数值。

2. a.

变量名	数据类型	作用域
key	字符型	全局到 main(),func1()和 func2()
number	长整型	全局到 main(),func1()和 func2()
a,b,c	整型	局部到 main()
x,y	浮点型	局部到 main()
secnum	浮点型	局部到 func1()和 func2()
num1,num2	整型	局部到 func1()
o,p	整型	局部到 func1()
q	浮点型	局部到 func1()
first,last	浮点型	局部到 func2()
a,b,c,o,p	整型	局部到 func2()
r	浮点型	局部到 func2()
s,t,x	浮点型	局部到 func2()

b. 见下面的程序段。

```
char key;
long int number;

int main()
{
  int a,b,c;
  float x,y;
      .
      .
  return 0;
}

float secnum;

int func1(int num1, int num2)
{
  int o,p;
  float q;
      .
      .
  return(p);
}
```

```
float func2(float first, float last)
{
  int a,b,c,o,p;
  float r;
  float s,t,x;
     .
     .
  return(s * t);
}
```

c. func1()——期待:两个整型数值;返回:一个整型数值。

func2()——期待:两个浮点型数值;返回:一个浮点型数值。

3. 所有函数参数具有与它们被定义的函数有关的局部作用域。注意,尽管函数参数采用一个取决于调用函数的一个数值,这些参数能够改变它们各自函数内的数值。这使它们的行为表现得像是在被调用函数内的局部变量。

4. 这个程序的输出是

```
The value of firstnum is 20
The value of firstnum is now 10
```

练习 7.2

简答题

1. a. 可用于局部变量的存储类有自动变量、静态变量和寄存器变量。但是,认识到并不是所有在函数内部声明的变量都必须是局部变量是重要的。这样的例子是一个外部变量。

   b. 可用于全局变量的存储类有外部变量和静态变量。

2. 局部自动变量对声明它的函数是唯一的。每次这个函数被调用时,这个自动变量被重新创建,好像它以前从来不存在一样。局部静态变量对声明它的函数也是唯一的。但是,静态变量在它的函数被再次调用时保留它的最后数值并且不被重新处理。

3. 第一个函数声明 yrs 为一个静态变量并在这个函数被编译时只一次赋值 1 给它。随后,这个函数每一次被调用时,变量 yrs 中的数值被增加 2。第二个函数也声明 yrs 为静态变量,但是每次它被调用时,赋这个值 1 给它且在这个函数被完成后 yrs 的值将总是3。每次它被调用时通过重新设置 yrs 的值为1,第二个函数使声明这个变量为静态变量的目的无效。

4. a. 静态全局变量在任何函数体外被声明(而且不必在文件的顶部),而且可能总是被初始化。如果它没有明确地被初始化,它被编译器隐含地初始化为 0 或为一个空值(对于字符或字符数组)。一个静态全局变量的声明还为这个变量创建存储区。一个全局外部变量的声明不为这个变量创建存储区,并因此从来不能够被用于初始化一个变量。外部变量的声明只是告知编译器这个变量在别的什么地方被创建过(被定义过)。另外,静态全局变量对于它们被声明的那个文件是私有的。因此,静态全局变量不可能在另外一个文件中被声明为外部变量。静态变量和外部变量的声明都能够在一个函数内进行,在这种情况下,它们不再是全局声明。

   b. 如果一个变量用外部变量声明,那么必须有一个并且只有一个为这个程序中某个地方的同一个变量的全局定义。它能够在作为程序一部分的任何文件中声明。

5. 变量声明的位置决定它的作用域。

6. a. extern char choice; /* 放置在文件2的顶部 */
   b. extern int flag; /* 放置在pduction()的内部或其中 */
   c. extern long date; /* 放置在pduction()的上方，roi()的下方 */
   d. extern long date; /* 放置在roi()的内部或其中 */
   e. extend double coupon; /* 放置在roi()的内部或其中 */
   f. extern char bondType ; /* 放置在文件1的顶部 */
   g. extern double maturity; /* 放置在price()的上方，main()的下方 */

练习7.3

简答题

1. &average 意味着“命名为 average 的变量地址”。
2. 变量的地址总是它的起始位置。

   因此:

   &temp 是 16892

   &dist 是 16896

   &date 是 16900

   &miles 是 16908
3. 地址被存储在指针中。
4. a. float *amount;
   b. double *price;
   c. int *minutes;
   d. char *key;
   e. int *yield;
   f. float *coupon;
   g. double *rate;
   h. char *securityType;
   i. int *datePt;
   j. double *yldAddr;
   k. float *amtPpt;
   l. char *ptrchr;
5. 所有的指针声明必须有一个星号,因此,c,e,g 和 i 是指针声明。
6. a. void whatNow(char *m1Ptr,char *m2Ptr, float *m3Ptr,
      float *m4Ptr,int *m5Ptr)
   b. void whatNow(char *, char *, float *, float *, int *);

练习7.4

简答题

1. void time(int * sec,int * min,int * hours)。
2. 在 main()函数中,变量 min 和 hour 指的是整型数量,而在 time()中,变量 min 和 hour 是指向整型的指针。因此,共有4个不同的变量,其中两个已知在 main()中,两个已知在 time()中。计算机(实际上是编译器)保持跟踪每个变量而没有混淆。但是,区分它们对于程序员来说可能是相当困难的。
3. 在 main()函数中使用时,程序员必须记住按整型变量使用名称 min 和 hour。在time()中时,程序员必须“切换”观点并使用相同的名字为指针变量。调试这样一个程序可能是十分令人灰心丧气的,因为相同的名字被用在两个不同的上下文中。为此,通过采用与其他变量使用的那些名称不同的指针名称避免这种类型情况是更明智的。一个有用的诀窍是用 ptr 附加在每个指针名前面或者用 Addr 附加在每个指针名后面。

4. 间接运算符的优先级高于乘法运算符,因此被首先执行。使用圆括号将使这个表达式更加清楚:

```
(*pt1) * (*pt2)
```

第8章

练习8.1

简答题

1. a. `#define SIZE 60`
      `double rate[SIZE];`
   b. `#define SIZE 30`
      `double temp[SIZE];`
   c. `#define SIZE 25`
      `char code[SIZE];`
   d. `#define SIZE 100`
      `int year[SIZE];`
   e. `#define SIZE 26`
      `double rate[SIZE];`
   f. `#define SIZE 1000`
      `double distance[SIZE];`
   g. `#define SIZE 20`
      `int code[SIZE];`
2. a. grade[0] 指存储在这个数组中的第一个元素。
      grade[2] 指存储在这个数组中的第三个元素。
      grade[6] 指存储在这个数组中的第七个元素。
   b. grade[0] 指存储在这个数组中的第一个元素。
      grade[2] 指存储在这个数组中的第三个元素。
      grade[6] 指存储在这个数组中的第七个元素。
   c. amps[0] 指存储在这个数组中的第一个元素。
      amps[2] 指存储在这个数组中的第三个元素。
      amps[6] 指存储在这个数组中的第七个元素。
   d. dist[0] 指存储在这个数组中的第一个元素。
      dist[2] 指存储在这个数组中的第三个元素。
      dist[6] 指存储在这个数组中的第七个元素。
   e. velocity[0] 指存储在这个数组中的第一个元素。
      velocity[2] 指存储在这个数组中的第三个元素。
      velocity[6] 指存储在这个数组中的第七个元素。
   f. time[0] 指存储在这个数组中的第一个元素。

time[2] 指存储在这个数组中的第三个元素。

time[6] 指存储在这个数组中的第七个元素。

3. a. a) `scanf("%d %d %d", &grade[0], &grade[2], &grade[6]);`

b) `scanf("%lf %lf %lf", &grade[0], &grade[2], &grade[6]);`

c) `scanf("%lf %lf %lf", &s[0], &s[2], &s[6]);`

d) `scanf("%lf %lf %lf", &dist[0], &dist[2], &dist[6]);`

e) `scanf("%lf %lf %lf", &velocity[0], &velocity[2], &velocity[6]);`

f) `scanf("%lf %lf %lf", &time[0], &time[2], &time[6]);`

b.
```
#define MAXGRADES 20
    int grade[MAXGRADES];
    int i;

    /* 输入成绩分数 */
    for (i = 0; i < MAXGRADES; i++)    {
    printf("Enter a grade: ");
    scanf("%d", &grade[i]);
    }
```

4. a.
```
a) printf("%d, %d, %d" grade[0], grade[2], grade[6]);
b) printf("%lf, %lf, %lf" grade[0], grade[2], grade[6]);
c) printf("%lf, %lf, %lf" amps[0], amps[2], amps[6]);
d) printf("%lf, %lf, %lf" dist[0], dist[2], dist[6]);
e) printf("%lf, %lf, %lf" velocity[0], velocity[2], velocity[6]);
f) printf("%lf, %lf, %lf" time[0], time[2], time[6]);
```

b.
```
for( i= 0; i< 20; i++ )
printf ( "%d\n", grade[i] );
```

5. a. a[1] a[2] a[3] a[4] a[5]

b. a[1] a[3] a[5]

c. b[3] b[4] b[5] b[6] b[7] b[8] b[9] b[10]

d. b[3] b[6] b[9] b[12]

e. c[2] c[4] c[6] c[8] c[10]

练习 8.2

简答题

1. a.
```
#define SIZE 10
int grade[SIZE] = {89, 75, 82, 93, 78, 95, 81, 88, 77, 82};
```

b.
```
#define SIZE 5
double  amount[SIZE] = {10.62, 13.98, 18.45, 12.68, 14.76};
```

c.
```
#define SIZE 100
double  rate[SIZE] = {6.29, 6.95, 8.25, 8.35, 8.40, 8.42};
```

d.
```
#define SIZE 64
double  temp[SIZE] = {78.2, 69.6, 68.5, 83.9, 55.4, 68.0, 49.8,
                      58.3, 62.5, 71.6};
```

e.
```
#define SIZE 15
char code[SIZE] = { 'f', 'j', 'm', 'q', 't', 'w', 'z' };
```

2.
```
char string[13] = "Good Morning";
char string[]   = {'G','o','o','d',' ','M','o','r','n','i','n','g', '\0'};
char string[13] = {'G','o','o','d',' ','M','o','r','n','i','n','g', '\0'};
```

练习8.3

简答题

1.
```
void sortArray(double inArray[500])
void sortArray(double inArray[])
```
2.
```
void findKey(char select[256])
void findKey(char select[])
```
3.
```
double prime(double rates[256])
double prime(double rates[])
```

练习8.5

简答题

1. a. `intarray[6][10];`
   b. `intcodes[2][5];`
   c. `charkeys[7][12];`
   d. `charletter[15][7];`
   e. `doublevals[10][25];`
   f. `doubletest[16][8];`

第9章

练习9.1

简答题

1. char。
2. NULL或'\0'。
3. message[3]相应于“Hello there”中的第二个“l”。
4. 这个输出是：

   there

练习9.2

简答题

1. 真。
2. 4个字符。
3. 0。
4. atof()。

练习9.3

简答题

1. 当一个数字作为一个字符串输入时，这个字符串中的每个字符可以被检查以保证它用被要求的数据类型(int,float,double)编译。

2. 数据类型检查能够保证月、日和年都作为整数输入。某些简单的合理检查应该保证一个月份在 1 和 12 之间,日数在 1 和 31 之间和年份在应用程序合理的限制之间。更复杂的合理检查可能检查 1、3、5、7、8、10 和 12 月中的日数在 1 和 31 之间,4、6、9 和 11 月中的日数在 1 和 30 之间以及 2 月中的日数在 1 和 28 之间,除了这一年是闰年之外。在闰年,2 月中日数必须在 1 和 29 之间。
3. 答案将多样化。学生可能需要包含这样的函数,如 `isvalidInt()`和 `getanInt()`在其他的函数之中。

练习 9.4

简答题

1. a. `!four score and ten!`
   b. `!  Home!!`
   c. `!Home!  !`
   d. `!  Ho!`
   e. `!Ho!`

2. a. 第一个输出:`Have a nice day!`
   第二个输出:`H`
   b. 在第一个输出中,`%s` 格式期望一个用字符串数组名 `text` 提供的字符串变量。在第二个输出中,`%c` 期望来自这个字符串的一个字符;包含在 `text` 或 `*text` 的第一个元素中的数据。

第 10 章

练习 10.1

简答题

1. i)
```
FILE *memo;
memo = fopen("coba.mem","w");
```
   ii)
```
FILE *letter;
letter = fopen("book.let","w");
```
   iii)
```
FILE *coups;
coups = fopen("coupons.bnd","a");
```
   iv)
```
FILE *yield;
yield = fopen("yield.bnd","a");
```
   v)
```
FILE *priFile;
priFile = fopen("prices.dat","r");
```
   vi)
```
FILE *rates;
rates = fopen("rates.dat","r");
```

2. a. i)
```
FILE *data;
data = fopen("Data.txt","r");
```
   ii)
```
FILE *prices;
prices = fopen("prices.txt","r");
```
   iii)
```
FILE *coups;
coups = fopen("coupons.dat","r");
```

iv) `FILE *exper;`
`exper = fopen("exper.dat","r");`

b. i) `FILE *data = fopen("Data.txt","r");`
ii) `FILE *prices = fopen("prices.txt","r");`
iii) `FILE *coups = fopen("coupons.dat","r");`
iv) `FILE *exper = fopen("exper.dat","r");`

3. a. i) `FILE *data;`
`data = fopen("Data.txt","w");`
ii) `FILE *prices;`
`prices = fopen("prices.txt","w");`
iii) `FILE *coups;`
`coups = fopen("coupons.dat","w");`
iv) `FILE *exper;`
`exper = fopen("exper.dat","w");`

b. i) `FILE *data = fopen("Data.txt","w");`
ii) `FILE *prices = fopen("prices.txt","w");`
iii) `FILE *coups = fopen("coupons.dat","w");`
iv) `FILE *exper = fopen("exper.dat","w");`

4. 一个被保存的 C 程序是一个文件,它包含存储在一个二级存储器介质上一个共同名称下的字符集。
5. 答案可能多样的,取决于学生正在使用什么系统。在 DOS,VMX 和 Windows 3.1 系统上,文件名可以多至 8 个字符和一个可选的被 3 个字符跟随的小数点。在 Windows 95/NT/2000/XP 或 Mac OS X 系统上,一个文件名可能多至 255 个字符。在早期的 UNIX 系统版本上,文件名可能由最大 14 个字符组成。在当前的版本上,一个文件名可能多至 255 个字符。
6. `FILENAME_MAX = 26`
`FOPEN_MAX = 20`

练习 10.2

简答题

1. `fprintf()`要求一个外部文件指针,`fscanf()`要求一个内部文件指针。
2. `fputc(c,filename), fputs(string,filename), fprintf(filename,"format",args)`
3. `fgetc(filename), fgets(stringname,n,filename,), fscanf(filename,"format",&args)`
4. 键盘。
5. 显示器(监控器)。

练习 10.3

简答题

1. 文件中的字符被顺序地存储,一个接着一个。

2. 文件中的字符被顺序地存储的事实不会强制我们必须顺序地访问这个文件。标准库函数 rewind(),fseek()和 ftell()能够用于提供对一个文件的随机访问。
3. fseek()。
4. fseek()函数调用移动字符指针到文件中的最后一个字符,这是在偏移位置 10 的 EOF 字符。ftell()函数报告当前指向的字符的偏移量,这是 EOF 字符。因此,ftell()返回 10。

练习 10.4

简答题

1. 传递一个文件名要求声明这个被传递的参数作为一个指向 FILE 的指针。pFile()的定义是 pFile(fname)

   ```
   FILE *fname;
   ```

2. a. FILE *getFile()
   函数中必须至少有一个变量与可以被用做返回值的这个声明一致。例如:

   ```
   File *fname;
   ```

   b. FILE *file;
   如果调用 getFile()的函数正在使用一个全局变量获得这个被返回的数值,这个声明能够省略。

练习 10.5

简答题

1. a. 存储日期在三个单独的数组中的优点是存储这些日期或显示这些日期没有计算要求。为了获得日期,只需从各自的数组取出月份、日数和年份。
   b. 用这种方式存储日期意味着必须使用三个单独的数组。这将占据计算时间和存储区。这种方式还使进行比较和计算日期有一些困难,因为你不得不用三个数组工作,而不只是一个一维数组。
2.
   ```
   year = date/10000
   date = date % 10000
   month = date/100
   date = date%100
   day = date
   ```
3. 答案将多样化。
   一个 isWeekday()或 isWeekend()函数可能是有用的。
   一个 compareDate()函数比较两个日期可能是有用的。如果第一个日期比第二个日期更迟,这个函数将返回 -1;如果两个日期相等,返回 0;如果第二个日期比第一个日期更迟,返回 1。
   一个 dateAdd()函数添加一个时间(也许是日数)的确定数量到一个日期并返回这个新日期,就像一个 dateSubtract()函数可能是有用的一样。

练习 10.6

简答题

1. 文本文件是这个文件中的每一个字符被一个唯一的代码表示的文件,而二进制文件是一种数据用计算机的内部数字代码被存储的文件。

2. 25 在文本文件中是 5053。

   25 在二进制文件中是 00011001。

3. -25 在文本文件中是 455053。

   -25 在二进制文件中是 11100111。

第 11 章

练习 11.1

简答题

1. a. `*(prices + 5)`
   b. `*(grades + 2)`
   c. `*(yield + 10)`
   d. `*(dist + 9)`
   e. `*mile`
   f. `*(temp + 20)`
   g. `*(celsius + 16)`
   h. `*(num + 50)`
   i. `*(time + 12)`
2. a. `message[6]`
   b. `amount[0]`
   c. `yrs[10]`
   d. `stocks[2]`
   e. `rates[15]`
   f. `codes[19]`
3. a. 声明语句 `double prices[5];`产生 5 个双精度数字的存储空间，创建一个名为 `prices` 的指针常量，并且使这个指针常量指向第一个元素的地址(`&prices[0]`)。
   b. `prices` 数组中的每个元素包括 4 个字节，对于 20 个字节的总数有 5 个元素。
   c. `prices`

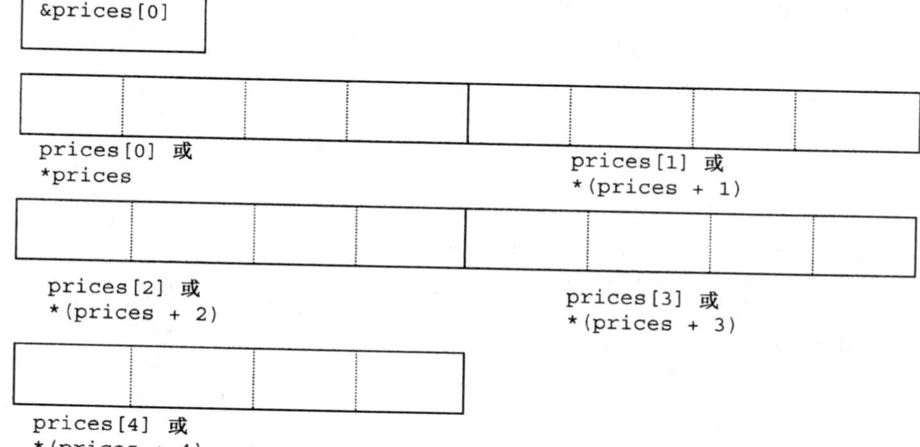

   d. 这个元素的字节偏移量从这个数组的起始处是 $3 \times 4 = 12$ 字节。

练习 11.2

简答题

1. a. `*xAddr`
   b. `*yAddr`
   c. `*ptYld`
   d. `*ptMiles`
   e. `*mptr`
   f. `*pdate`
   g. `*disPtr`
   h. `*tabTp`
   i. `*hoursPt`
2. 对于这个问题能够给出许多描述。答案样本如下。
   a. `keyAddr` 是一个指向一个字符型的指针。
   `keyAddr` 指向一个字符。
   地址在 `keyAddr` 中的变量是字符型变量。
   b. `ptDate` 是一个指向一个整型的指针。
   `ptDate` 指向一个整数。
   地址在 `ptDate` 中的变量是一个整型变量。
   c. `yldAddr` 是一个指向一个双精度型的指针。
   `yldAddr` 指向一个双精度数。
   地址在 `yldAddr` 中的变量是一个双精度型变量。
   d. `yPtr` 是一个指向一个长整型的指针。
   `yPtr` 指向一个长整数。
   地址在 `yPtr` 中的变量是一个长整型变量。
   e. `p_cou` 是一个指向一个长浮点型的指针。
   `p_cou` 指向一个长浮点型数字。
   地址在 `p_cou` 中的变量是一个长浮点型变量。
3. 只有 a 和 h 是有效的赋值语句。

练习 11.3

简答题

1.
```
void sortArray(double inArray[500])
void sortArray(double inArray[])
void sortArray(double *inArray)
```
2.
```
void findKey(char select[256])
void findKey(char select[])
void findKey(char *select)
```
3.
```
double prime(double rates[256])
double prime(double rates[])
double prime(double *rates)
```

4. 采用这种方法的问题位于下面这个语句中：

```
if(max < *vals++)
      max = *vals;
```

这个语句把当前的数值与 max 进行比较,但另一方面在进行任何赋值之前,给这个指针中的地址加 1。因此,通过表达式 max = *vals 赋值给 max 的元素是超出这个圆括号中指向的元素的一个元素。

5. a. 33

   16

   99

   34

   b. 是,符号 val[1][2]在函数内是有效的。注意:这相当于*(*(val +1) +2)。

练习 11.4

简答题

1. a.
```
*text = 'n'
*(text + 3) = ' '
*(text + 10) = ' '
```
   b.
```
*text = 'r'
*(text + 3) = 'k'
*(text + 10) = 'o''
```
   c.
```
*text = 'H'
*(text + 3) = 'p'
*(text + 10) = 'd'
```
   d.
```
*text = 'T'
*(text + 3) = ' '
*(text + 10) = 'h'
```

练习 11.5

简答题

1.
```
char *text = "Hooray!";
char text[] = {'H', 'o', 'o', 'r', 'a', 'y', '!', '\0'};
```

2. a.
```
*text = 't'
*text + 3) = ' '
*(text + 7) = 'c'
```
   b.
```
*text = 't'
*(text + 3) = 's'
*(text + 7) = ' '
```
   c.
```
*text = 'y'
*(text + 3) = 'o'
*(text + 7) = 'a'
```
   d.
```
*text = 'T'
*(text + 3) = ' '
*(text + 7) = 'd'
```

3. message 是一个指针常量。因此,语句 message ++ 试图改变它的地址是无效的。正确的语句是:

```
putchar(*(message + i));
```

在这里,message 中的地址没有被改变,被指向的字符在偏移相应于 message 的地址 i 个字节的字符中。

第 12 章

练习 12.1

简答题

1. 答案可能多样化。建立一个驾照的数据项可能包含姓名、年龄、身高、体重、眼睛颜色、出生日期和地址。

2. a.
```
struct Stemp
{
      int idNum;
      int credits;
      float avg;
};
```

b.
```
struct Stemp
{
      char name[40];
      int month;
      int day;
      int year;
      int credits;
      float avg;
};
```

c.
```
struct Stemp
{
      char name[40];
      char street[80];
      char city[40];
      char state[2];
      char zip[10];
};
```

d.
```
struct Stemp
{
      char name[40];
      float price;
      char date[10];
      /* 假设日期的格式为 mm/dd/yyyy */
};
```

e.
```
struct Stemp
{
      int partNum;
      char desc[100]
      int quant;
      int reorder;
};
```

3. a. `StempstudentRec = { 4672, 68, 3.01};`
   b. `StempstudentRec = {"RhonaKarp", 8, 4, 1980, 96, 3.89};`
   c.
   ```
   StempmailList = {"Kay Kingsley", "614 Freeman Street",
           "Indianapolis", "IN", 47030};
   ```
   d. `Stempstock = {"IBM", 115.375, "12/7/1999"};`
   e. `StempInven = {16879, "Battery", 10, 3};`

练习 12.2

简答题

1.
```
structStemp
{
       char lastName[40];
       int boatNumber;
       int length;
       int dockNumber;
};

struct Stemp boats[500];
```

2. a. `structStempstudent[100];`
   b. `structStempstudent[100];`
   c. `structStempaddress[100];`
   d. `structStempstock[100];`
   e. `structStempinven[100];`

3.
```
struct MonthDays convert[MONTHS]={"January",31,"February",
28,"March",31,"April",30,"May",31,"June",30,"July",31,
"August",31,"September",30,"October",31,"November",30,
"December",31 };
```

练习 12.3

简答题

1.
```
structDate
{
       int month;
       int day;
       int year;
};

struct Date holidays[20];
```

2. a. 一个 struct 能够存储文件的一个记录。
   b. 一个 structs 数组能够存储一个文件的所有记录。

练习 12.4

简答题

1.
```
printf("\nTherate is %f",flag.rate);
printf("\ntaxes are %f",flag.taxes);
printf("\nnum is %d",flag.num);
```

2.
```
union
{
```

```
    int year;
    char name[10];
    char model[10];
  } car;
```

3. union

```
  {
    double interest;
    double rate;
  } lang;
```

4. unionamt

```
  {
     int intAmt;
     double dblAmt;
     char *ptKey;
  };
```

5. a. 因为一个数值没有被赋值给 alt.btype,产生的显示是不可预料的(留驻在这个存储位置的'y'的代码被变量 alt.ch 和 alt.btype 重叠)。因此,或者一个垃圾数值将被显示,或者这个程序甚至可能崩溃。

第 13 章

练习 13.1

简答题

1. 为了删除 Edith Dolan 记录 t2,Sam Acme 记录中的指针 t1.nextaddr 必须被改变到指向 John Lanfrank 记录 t3。
2. 为了删除第 n 条记录,必须执行一次检查以了解这个记录是第一个、最后一个还是中间的一个。如果这个记录是第一个,一个指针应该被重新赋值以指向第二条记录。如果这个要被删除的记录是最后一个,那么第($n-1$)个记录应该包含 NULL 指针。最后,如果这个记录既不是第一个也不是最后一个,这个第($n-1$)个记录应该指向第($n+1$)个记录。

练习 13.2

简答题

1. malloc()保留被传递给它的参数请求的字节数量并返回第一个被保留位置的地址。calloc()为一个被指定大小的 n 个元素的数组保留空间,并返回第一个被保留位置的地址以及初始化所有被保留的字节为 0。realloc()改变前面分配的内存大小为一个新的大小。free()释放一个前面被保留字节的块。
2. malloc()函数返回这个程序的恰当地址,以便知道这个计算机系统物理地保留这个被请求的字节数在什么地方。这个地址表示这个已经被保留的第一个位置的地址。一个强制类型转换被典型地使用在这个返回地址上,因为这个返回地址总是一个指向一个 void 的指针,不考虑被请求的数据类型。
3. a. malloc(sizeof(int))
   b. malloc(50 * sizeof(int))
   c. malloc(sizeof(float))

d. malloc(100 * sizeof(float))
e. malloc(sizeof(structNameRec))
f. malloc(150 * sizeof(structNameRec))

4. calloc(50, sizeof(int)), calloc(100, sizeof(float)), calloc(150, sizeof(structNameRec))

练习 13.3

简答题

1. a. PUSH(入栈)操作步骤:
   动态地创建一个新的结构。
   把栈顶指针中的地址放入到这个新结构的地址字段中。
   填充这个新结构的剩余字段。
   把这个新结构的地址放入到栈顶指针中。

   b. POP(出栈)操作步骤:
   把被栈顶指针指向的这个结构内容移到一个工作区域。
   释放栈顶指针指向的这个结构。
   把工作区域的地址字段中的地址移到栈顶指针中。

   c. 当栈为空时,栈顶指针的值为 NULL。

2. 注意,下面的图假设姓名 Jane Jones, Bill Smith 和 Jim Robinson 按这个次序被添加到这个栈:

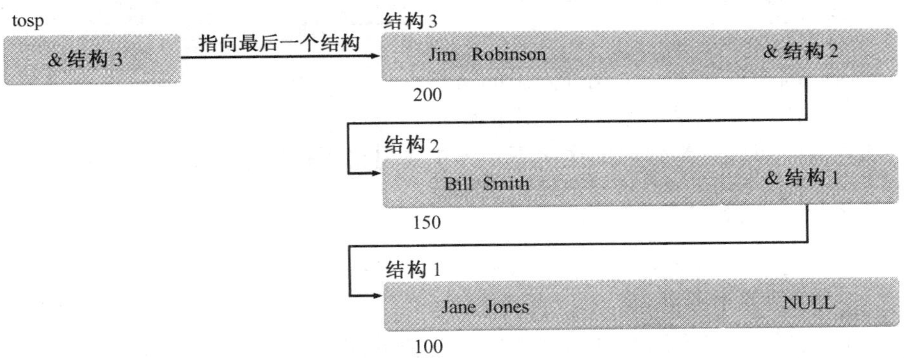

3. a. 像这个被陈述的问题一样,对于一个栈来说这是理想的,因为在进行删除时这个输入的最后字符是第一个出来的字符。而且,这个删除能够存储在一个栈中用于撤销操作。
   b. 不是,因为按栈次序这个列表上的最后一个人应该是第一个收到一辆汽车的人。
   c. 是,因为这个搜索是从最近的到最早的。
   d. 不是,在一个栈中优先权是后进先出。
   e. 不是,因为排队中第一个人是上公共汽车的第一个人,这不是在一个栈中使用的后进先出的次序。

练习 13.4

简答题

1. a. 入队(添加一个新结构到一个现存的队列)步骤:
   动态地创建一个新结构。

设置这个新结构的地址字段为 NULL。
填充这个新结构的剩余字段。
设置前面结构(被 queueIn 指针指向的结构)的地址字段为新的被创建结构的地址。
用新的被创建结构的地址更新 queueIn 指针中的地址。

b. 出队(从一个现存队列移去一个结构)步骤:
把 queueOut 指针指向的这个结构内容移到一个工作区域。
释放 queueOut 指针指向的这个结构。
把工作区域地址字段中的地址移到 queueOut 指针中。

c. 当队列为空时,queueIn 和 queueOut 将为 NULL。

2. 注意,下面的图假设姓名 Jane Jones, Bill Smith 和 Jim Robinson 按这个次序被添加到这个队列:

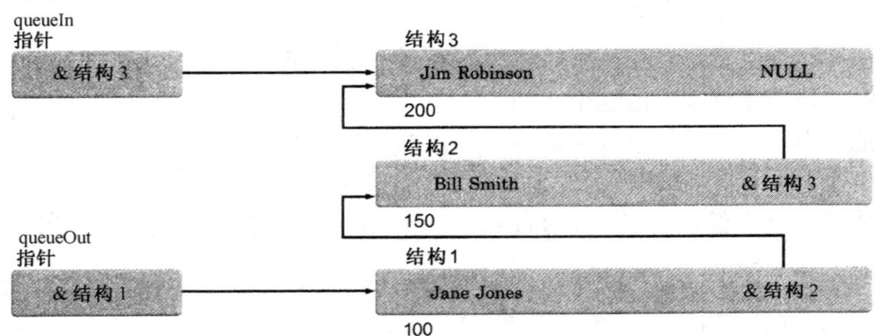

3. a. 队列,因为这代表一个先进先出的情形。
   b. 队列,因为这也是一个先进先出的情形。
   c. 两个都不是,因为取回的次序不是先进先出也不是后进先出。
   d. 队列,因为这也是一个先进先出的情形。

练习 13.5

简答题

1. 学生应该画一个与图 13.16 和图 13.17 相似的图。
2. 如果这个结构是第一个,设置 firstrec 为 firestrec->nextAddr。
   如果这个结构是最后一个,设置前面的结构指针为 NULL。
   如果这个结构在中间,设置这个前面结构的指针指向下一个结构。
   释放结构。

第 14 章

练习 14.1

简答题

1. a. `enum{FALSE, TRUE};`
   b. `enum{JAN=1, FEB, MARCH, APRIL, MAY, JUNE, JULY, AUG, SEPT, OCT, NOV, DEC}`
2. a. 遗漏分号。

b. 数字 1 被赋值两次，这个()应该是{}并遗漏分号。

c. 符号名 RED 被使用两次,并遗漏一个分号。

3. a. `minVal = (a < b) ? a :b;`
   b. `sign = (num < 0) ? -1 :1;`
   c. `val = (flag == 1) ? num :num * num;`
   d. `rate = (credit == plus) ? prime :prime + delta;`
   e. `cou = (!bond) ? .075 : 1.1;`

练习 14.2

简答题

1. a. 10000000

   b. 11101111

   c. 01101111

2. 为了获得八进制表示法,从右边开始取 3 位为一组,然后把每组转换成 0 到 7 的十进制数字。最后一组将只由两位组成,不是 3 位。

```
11001010 = 11 001 010 = 312
10100101 = 10 100 101 = 245
10000000 = 10 000 000 = 200
11101111 = 11 101 111 = 347
01101111 = 01 101 111 = 137
```

3. a.
```
0157 = 001 101 111
       001 101 111 << 1 = 011 011 110 = 0336
```
   b.
```
0701 = 111 000 001
       111 000 001 << 2 = 100 000 100 = 0404
```
   c.
```
0673 = 110 111 011
       110 111 011 >> 2 = 001 101 110 = 0156
```
   d.
```
067 =110 111
     110 111 >> 3 = 000 110 = 06
```

4. a. 0336

   b. 0404

   c. 0756

   d. 076

5. a. 014

   b. 363

   c. 014,使用异或

6. a. 11111111

   b. 1111111111111111

练习 14.3

简答题

1. `#define NEGATE(x) (x)`
2. `#define ABSVAL(x) ((x) < 0 ?(-x) :(x))`
3. `#define CIRCUM(r) (2.0 * 3.1416*(r))`

4. `#define MIN(x,y) ((x) < (y) ? (x) :(y))`
5. `#define MAX(x,y) ((x) > (y) ? (x) :(y))`

练习 14.4

简答题

1. 命令行参数。
2. argc 是一个整数,argv 是一个数组 char 指针。
3. a. argc 提供这个命令行上项目的数量。
   b. argv 提供指出每个参数被实际上存储在什么位置的起始地址的列表。
4. 是,必须使用变量名 argc 和 argv。

第 15 章

练习 15.1

简答题

1. a. `cout << "Hello World";`
   b. `cout << "Enter an integer value";`
   c. `cout << "The sum of " << 5 << " + " << 6 << " is " << (5+6);`
   d. `cout << num1 << " plus " << num2 << " is " << num1+num2;`
2. a. `cout << setw(4) << 5; printf("%4d", 5);`
   b. `cout << setw(3) << result; printf("%3d", result);`
   c. `cout << "The sum of " << setw(3) << num1 << " and " << setw(3) << num2 << " is " << setw(3) << num1+num2;`
   d. `cout << fixed << setw(5) << setprecision(2) << 2.756;`
3. a. `cin >> units;`
   b. `cin >> price;`
   c. `cin >> units >> price;`
4. C 语言是过程语言,而 C ++ 是一个面向对象的语言。这两种语言之间的主要语法差别是输入和输出怎样编排的格式。如在程序 15.1 和程序 15.2 中看到的一样。

练习 15.2

简答题

1. 主要动机之一是过程结构代码要被容易地延伸而不用大量的修订、重新测试和重新计算。
2. 一种语言要被分类为面向对象必须具有下面的特征:
   类结构、继承性和多态性。
3. a. 类——一种由程序员定义的数据类型。
   b. 继承性——从另外一个类派生一个类的能力。
   c. 多态性——使用相同的操作调用一组在一个基类的数据数值上的结果和一组在一个派生类的数据数值上的不同结果。
4. 最初的(第一个)类称为基类,而子类(第二个)称为派生类。
5. 类的标准模板库(STL)提供在 C ++ 中可得到的普通数据类型,例如一个数组类。